数学·统计学系列

代数学教程(第二卷·抽象代数基础)

Algebra Course(Volume II.Basics of Abstract Algebra)

王鸿飞 编

哈爾濱工業大學出版社
HARBIN INSTITUTE OF TECHNOLOGY PRESS

内 容 简 介

本书共4章，介绍了群论基础、环论基础、域论基础、伽罗瓦理论的相关知识.本书适合高等学校数学相关专业师生及数学爱好者阅读参考.

图书在版编目(CIP)数据

代数学教程.第二卷，抽象代数基础/王鸿飞编.—哈尔滨：哈尔滨工业大学出版社，2024.1(2024.9重印)

ISBN 978-7-5603-8679-9

Ⅰ.①代… Ⅱ.①王… Ⅲ.①代数－教材②抽象代数－教材 Ⅳ.①O15

中国国家版本馆CIP数据核字(2023)第119942号

DAISHUXUE JIAOCHENG. DIERJUAN，CHOUXIANG DAISHU JICHU

策划编辑 刘培杰 张永芹
责任编辑 李广鑫
封面设计 孙茵艾
出版发行 哈尔滨工业大学出版社
社　　址 哈尔滨市南岗区复华四道街10号 邮编150006
传　　真 0451-86414749
网　　址 http://hitpress.hit.edu.cn
印　　刷 哈尔滨博奇印刷有限公司
开　　本 787 mm×1 092 mm 1/16 印张25.5 字数431千字
版　　次 2024年1月第1版 2024年9月第2次印刷
书　　号 ISBN 978-7-5603-8679-9
定　　价 68.00元

抽象代数的奠基者

伽罗瓦(1811—1832)

克罗内克(1823—1891)

戴德金(1831—1916)

凯莱(1821—1895)

韦伯(1842—1913)

弗罗贝尼乌斯(1849—1917)

施坦尼茨(1871—1928)

诺特(1882—1935)

阿廷(1898—1962)

◎编者的话

在这个专题中,我们将叙述抽象代数的领域.它的研究对象是带有运算的集合,这里的集合可以是各种数学对象的整体.

首先被人们熟知的运算是数的运算,然后是其他的数学对象——多项式、矩阵、变换等的运算.在很多情况下,更为重要的不是集合本身,而是赋予它的运算.虽然不同对象的运算在形式上往往有很大的差异,但它们有着相同的本质:都是两个对象按照一定的规则确定出唯一的第三个同种对象.

众所周知,数的运算具有一些良好的性质——结合律、交换律等,但是运算的对象拓展以后,并非总能如此,例如,一般来说,矩阵的乘法就不满足交换律.如此,我们需要研究满足各种规律的运算的集合,这就产生了抽象代数的一些基本系统——群、环、域.

抽象代数很重要的一个作用是可以把表面上看起来毫无关联的数学系统统一起来;另一个作用是可以把那些隐藏在具体运算中的规律揭示出来.例如,只有满足交换律的运算才可能具有唯一的逆运算,这就解释了为什么一般来说,矩阵的乘法没有逆运算——除法.

抽象代数的另外一个名称是近世代数，这一名称说明了抽象代数的出现时间并不久远.被誉为天才数学家的伽罗瓦是近世代数的创始人之一.他深入研究了一个方程能用根式求解所必须满足的本质条件，所提出的现在被称为"伽罗瓦域""伽罗瓦群"和"伽罗瓦理论"的内容都是近世代数所研究的最重要的课题.伽罗瓦的群理论被公认为19世纪最杰出的数学成就之一.他给方程可解性问题提供了全面而透彻的解答，解决了困扰数学家们长达数百年之久的问题.最重要的是，群论开辟了全新的研究领域，以结构研究代替计算，把从偏重计算研究的思维方式转变为用结构观念研究的思维方式，并把数学运算归类，使群论迅速发展成为一门崭新的数学分支，对近世代数的形成和发展产生了巨大影响.

最后，我们来谈一谈这本书编写上的一些想法.首先，我们只是叙述抽象代数的理论基础，因为抽象代数包含了太多的分支——群论、环论、域论、伽罗瓦理论、格论等，要在一本书里完整地叙述这些基本知识是不可能的.其次，抽象代数包含太多的概念和繁杂的理论，准确、清晰、自然地叙述那些内容对编者来说是困难的，为此我们参阅和引用了较多的现有文献，因此整个教程的形成在很大程度上依赖于各种文献.例如，第一章"群论基础"是以(英)W.莱德曼的《群论引论》(彭先愚译)为基础的；第二章"环论基础"引用了(美)G.伯克霍夫与S.麦克莱恩的《近世代数概论》(王连祥，徐广善译)的部分内容；第三章"域论基础"和第四章"伽罗瓦理论"参考了郝鈵新的《域论基础》.

本教程在写法上，思路清晰、语言流畅，概念及定理解释得合理、自然，非常便于自学，适合大学师生以及数学爱好者阅读.应当说，搜集、整理和组织《代数学教程》材料的过程，也是编者学习的过程.众多优秀文献给予了编者诸多帮助，特别是附在本书末的那些文献.诚然，《代数学教程》中所整理的定理并非编者所证明，更非编者所发现，甚至它们的叙述方式也不属于编者.但在编者看来，那些定理就像一个个艺术品一样，它们是如此的完美，以至于有立刻整理的冲动！这里，还可以提及美国数学家V.J.卡茨在他的著作《数学史通论》(李文林，等译)的序言中的一段话："从事数学研究，发现新的定理和技巧是一回事，以一种使其他人也能掌握的方式来阐述这些定理和技巧则又是一回事."

由于作者水平有限，疏漏之处在所难免，请广大读者批评指正.

王鸿飞

2023年10月

于浙江衢州

◎目录

群论基础[1]

第

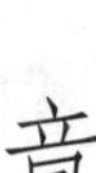

章

§1 带有运算的集合

1.1 代数运算的基本概念

算术和代数学要和不同本质的诸对象发生关系，这些对象就是整数、有理数、实数或复数，多项式，代数分式等. 这时，首先要考虑四种基本运算的性质：加法、减法、乘法和除法.

对于各种对象所施行的这些运算，有许多性质在很多方面乃是相同的. 正因为如此，所以在近世代数中，便自然地，并十分合理地建立起那些最一般的结构，这些结构具有我们感兴趣的性质.

在这样抽象的形式下，最容易阐明某些性质的意义与相互的依凭性，因为不论是在数的具体领域内，还是在多项式的具体领域内以及其他等，除了我们希望研究的那些性质外，还有其他的一些性质存在着，这样反而会把事情弄得更复杂了.

从集合论的观点来看，四个基本运算的任一个运算，都是已给一个集合的三个元素间的某种关系. 但是，这种关系与其他关系(例如，第一卷第四章所考虑的序关系) 在下列方面是不同的：在所有四种运算情形下，根据两个元素就可以找到第三个元素(已给运算的结果)，使第三个元素与已知的两个元素之间存在着给定的关系. 这种类型的关系，我们给它特殊的称谓，这就是：

---

① 本章部分内容取自(英)W. 莱德曼的《群论引论》(彭先愚 译).

定义 1.1.1 在非空集合 S 中定义的一个代数运算是指这样的一个对应,由于它,对于 S 中任意一对按照次序而取的元素 a,b,有唯一确定的 S 中的第三个元素 c 和它对应.

利用函数的概念(参看《代数学教程(第一卷・集合论)》),我们可以把上面的定义说得简单一些,即在集合 S 中定义的一个代数运算是指集合 $S\times S$ 到 S 的一个映射 f:对于 S 中任意两个元素 a,b,通过 f,唯一确定 S 中一个元素 c,满足 $f(a,b)=c$. 既然运算 f 涉及 S 的两个元素,于是 f 称为 S 的一个二元运算.

有时,为了指出 S 是带有运算的集合,就把 S 及其运算 f 看成是一个整体,并称之为代数系统,记为(S, f). 此外,很自然地,集合 S 上可以同时定义多个运算:$f_1,\cdots,f_m$,而成为代数系统$(S, f_1,\cdots,f_m)$.

习惯上,我们常用所谓的算符[①]"$\circ$""$*$""$\bullet$"来表示那些抽象的运算,例如用 $a\circ b=c$ 来表示 $f(a,b)=c$ 等. 由于在一般情况下,(a,b),(b,a) 是 $S\times S$ 中不同的元,故 $a\circ b$ 未必等于 $b\circ a$.

下面是一些代数运算的例子.

(1) 自然数集 $\mathbf{N}$ 上的加法和乘法是 $\mathbf{N}$ 上的二元代数运算;减法和除法不是 $\mathbf{N}$ 上的二元代数运算,因为两个自然数相减或相除可能得到的不是自然数.

(2) 整数集 $\mathbf{Z}$ 上的加法、减法、乘法都是 $\mathbf{Z}$ 上的二元代数运算;除法不是 $\mathbf{Z}$ 上的二元代数运算.

(3) 非零实数集 $\mathbf{R}^*$ 上的乘法、除法是 $\mathbf{R}^*$ 上的二元代数运算;加法和减法不是 $\mathbf{R}^*$ 上的二元代数运算,因为两个非零实数相加或相减可能得出 0.

(4) 矩阵加法和乘法是 n 阶实矩阵集合上的二元代数运算.

(5) 设 S 是一个非空集合,$\mathscr{P}(S)$ 是 S 的幂集,则集合的交运算"$\cap$"、并运算"$\cup$"是 $\mathscr{P}(S)$ 上的二元代数运算.

(6) 逻辑连接词合取"$\wedge$"、析取"$\vee$"、蕴含"$\rightarrow$"、等价"$\leftrightarrow$"都是真值集合 $\{0,1\}$ 上的二元代数运算.

但是我们普通意义上实数集的除法,按照定义 1.1.1 则不是运算,因为对于实数 $a,0$ 就没有实数与之对应,更谈不上唯一性了. 不过习惯上早已把除法叫作除法运算,为了弥补在概念上的不严密性,我们可以把除法叫作实数集的一个部分运算. 同样,乘方

$$a,b\rightarrow a^b \quad (a,b\in\mathbf{R},\text{并且 } a>0)$$

---

① 至于一些具体的运算,则我们早已知道它的运算符了,例如实数 a,b 的加法运算可以表示为 $a+b$.

也是实数集 **R** 的一个部分运算.

我们可以将二元代数运算的概念加以推广.

定义 1.1.2 对于集合 A,n 为正整数,一个从 A^n 到 D 的映射 f,称为集合 A 到 D 的一个 n 元运算. 如果 $D\subseteq A$,则称 A 对该运算是封闭的. 这时也简单地把 f 称为 A 上的一个 n 元运算.

普通的减法不是自然数集合上的二元运算,因为两个自然数相减可能得负数,而负数不属于 **N**. 所以集合 **N** 对减法运算不封闭.

求一个数的相反数是实数集 **R** 上的一元运算;求一个数的倒数是非零实数集 $\mathbf{R}^*$ 上的一元运算;在幂集合 $\mathscr{P}(S)$ 上,如果规定全集为 S,那么求集合的绝对补运算可以看作 $\mathscr{P}(S)$ 上的一元运算;在空间直角坐标系中求某一点 (x,y,z) 的坐标在 x 轴上的投影可以看作实数集 **R** 上的三元运算 $f((x,y,z))=x$,因为参与运算的是有序的三个实数,而结果也是实数.

类似于二元运算,也可以使用算符表示 n 元运算. 设 $f((a_1,a_2,\cdots,a_n))=b$,则可记为

$$\circ(a_1,a_2,\cdots,a_n)=b$$

在代数系统的抽象理论中是不提元素性质的. 假如所有可能的运算结果都知道或者能够用指定的法则决定,那么这个代数系统就完全给定了. 在 n 个元素的有限代数系统中共有 n^2 个这样的运算结果,它们可以方便地列入 $n\times n$ 的运算表中. 下面的表 1 显示了 n 元代数系统 $(S,\circ)$ 运算表的一般形式.

表 1

$\circ$	a_1	a_2	$\cdots$	a_n
a_1	$a_1\circ a_1$	$a_1\circ a_2$	$\cdots$	$a_1\circ a_n$
a_2	$a_2\circ a_1$	$a_2\circ a_2$	$\cdots$	$a_2\circ a_n$
$\vdots$	$\vdots$	$\vdots$		$\vdots$
a_n	$a_n\circ a_1$	$a_n\circ a_2$	$\cdots$	$a_n\circ a_n$

在表 1 中,运算结果 $x\circ y$ 都安置在用 x 标示的行和用 $y\circ x$ 标示的列的交点上.

这种表有时称为凯莱表,它是凯莱[①]在 1854 年的论文 *On the theory of groups, as depending on the symbolic equation* $\theta^n=1$ 中首次提出的. 在这篇

① 凯莱(Arthur Cayley,1821—1895),英国数学家.

论文中,它们被简单地称为表格并只被用作展示.

例如,设 $S=\{1,2\}$,下面的凯莱表给出了其幂集 $\mathscr{P}(S)$ 上的对称差 $\ominus$ 的运算表(表 2):

表 2

$\ominus$	$\varnothing$	$\{1\}$	$\{2\}$	$\{1,2\}$
$\varnothing$	$\varnothing$	$\{1\}$	$\{2\}$	$\{1,2\}$
$\{1\}$	$\{1\}$	$\varnothing$	$\{1,2\}$	$\{2\}$
$\{2\}$	$\{2\}$	$\{1,2\}$	$\varnothing$	$\{1\}$
$\{1,2\}$	$\{1,2\}$	$\{2\}$	$\{1\}$	$\varnothing$

由表 2,我们有

$$\varnothing \ominus \{1\}=\{1\},\{1\} \ominus \varnothing=\{1\},\{1\} \ominus \{1,2\}=\{2\}$$

等.

1.2 代数系统的特殊元素 —— 单位元 · 零元

既然,对于拥有加法、乘法等运算的数的集合来说,0,1 等一些特殊元素起着重要的作用,那么我们就在一般的情形下来引进它们的概念.

定义 1.2.1 设 $\circ$ 为 S 上的二元运算,如果存在元素 e_l(或 e_r) $\in S$ 使得对任何 $x \in S$,都有 $e_l \circ x=x$(或 $x \circ e_r=x$),则称 e_l(或 e_r) 是 S 中关于运算 $\circ$ 的一个左单位元(或右单位元). 若 $e \in S$ 关于 $\circ$ 既是左单位元,又是右单位元,则称 e 为 S 上关于运算 $\circ$ 的单位元.

只是由于一般的代数运算未必满足交换律,因此单位元的概念才有左、右之分.

作为例子,我们来讨论 n 阶满秩方阵集合上乘法,以及加法运算的单位元. 例如对于二阶满秩方阵,给定集合

$$A=\left\{\begin{pmatrix} a & b \\ 0 & 0 \end{pmatrix} \middle| \text{ 其中 } a,b \text{ 为任意实数}\right\}$$

定义 A 上的二元运算为矩阵的乘法运算,试求它的左单位元、右单位元和单位元(如果它们存在).

首先,对任何实数 e 和 A 中任意的二阶矩阵 $\begin{pmatrix} a & b \\ 0 & 0 \end{pmatrix}$ 都有

$$\begin{pmatrix} 1 & e \\ 0 & 0 \end{pmatrix}\begin{pmatrix} a & b \\ 0 & 0 \end{pmatrix}=\begin{pmatrix} a & b \\ 0 & 0 \end{pmatrix}$$

故它有无穷多个形如 $\begin{pmatrix}1 & e\\0 & 0\end{pmatrix}$ 的左单位元，但 A 中不存在这样的二阶矩阵 $\begin{pmatrix}c & d\\0 & 0\end{pmatrix}$ 使得对于集合 A 中的任何二阶矩阵 $\begin{pmatrix}a & b\\0 & 0\end{pmatrix}$ 都有

$$\begin{pmatrix}a & b\\0 & 0\end{pmatrix}\begin{pmatrix}c & d\\0 & 0\end{pmatrix}=\begin{pmatrix}a & b\\0 & 0\end{pmatrix}$$

成立，因此它没有右单位元.

没有右单位元的矩阵集合的例子表明单位元有着不确定性，但是当左、右单位元都存在时，这种不确定性就消失了.

定理 1.2.1 设 $\circ$ 为 S 上的二元运算，e_l，e_r 分别为运算 $\circ$ 的左单位元和右单位元，则有

$$e_l=e_r=e$$

且 e 为 S 上关于运算 $\circ$ 的唯一的单位元.

证明 根据定义

$$e_l=e_l\circ e_r,\ e_l\circ e_r=e_r$$

所以，$e_l=e_r$.

把 $e_l=e_r$ 记作 e. 假设 S 中存在单位元 e'，则有

$$e'=e\circ e'=e$$

所以，e 是 S 中关于运算 $\circ$ 的唯一的单位元.

下面的零元的概念是数零概念的推广.

定义 1.2.2 设 $\circ$ 为 S 上的二元运算，若存在元素 θ_l(或 θ_r) $\in S$ 使得对任意的 $x\in S$ 有 $\theta_l\circ x=\theta_l$(或 $x\circ\theta_r=\theta_r$)，则称 θ_l(或 θ_r) 是 S 上关于运算 $\circ$ 的左零元(或右零元). 若 $\theta\in S$ 关于运算 $\circ$ 既是左零元，又是右零元，则称 θ 为 S 上关于运算 $\circ$ 的零元.

对于二阶满秩方阵，给定集合

$$A=\left\{\begin{pmatrix}a & b\\0 & 0\end{pmatrix}\ \middle|\ \text{其中 } a,b \text{ 为任意实数}\right\}$$

定义 A 上的二元运算为矩阵的乘法运算，现在我们来找出它的左零元、右零元和零元(如果它们存在).

对 A 中任意二阶矩阵 $\begin{pmatrix}a & b\\0 & 0\end{pmatrix}$ 都有

$$\begin{pmatrix}0 & 0\\0 & 0\end{pmatrix}\begin{pmatrix}a & b\\0 & 0\end{pmatrix}=\begin{pmatrix}0 & 0\\0 & 0\end{pmatrix},\ \begin{pmatrix}a & b\\0 & 0\end{pmatrix}\begin{pmatrix}0 & 0\\0 & 0\end{pmatrix}=\begin{pmatrix}0 & 0\\0 & 0\end{pmatrix}$$

从而矩阵$\begin{pmatrix}0 & 0\\0 & 0\end{pmatrix}$既是左零元，也是右零元，即是零元.

下面这个定理告诉我们这个结果不是偶然的.

定理 1.2.2 设$\circ$为S上的二元运算，θ_l，θ_r分别为运算$\circ$的左零元和右零元，则有

$$\theta_l=\theta_r=\theta$$

且θ为S上关于运算$\circ$的唯一的零元.

证明 设关于运算$\circ$有左零元θ_l以及右零元θ_r存在，那么必有

$$\theta_l=\theta_l\circ\theta_r=\theta_r$$

用反证法. 若存在两个零元θ和θ'，则必有

$$\theta=\theta\circ\theta'=\theta'$$

所以，θ是S中关于运算$\circ$的唯一的零元.

定理 1.2.3 设集合S中元素的个数大于1，而$\circ$为S上的二元运算. 如果运算$\circ$存在单位元e和零元θ，则$\theta\neq e$.

证明 用反证法，设$\theta=e$，那么对于任意$x\in S$，必有

$$x=e\circ x=\theta\circ x=\theta=e$$

于是，S中所有元素都是相同的，这与S中含有多个元素相矛盾.

1.3 二元运算的一般性质——结合律·交换律·分配律

从上一目的一些例子我们看到，一个代数运算是可以任意规定的，并不一定有多大意义. 假如我们任意取几个集合，任意给它们规定几个代数运算，我们很难确定，可以由此算出什么好的结果来. 所以以下将遇到的代数运算都适合某些从实际中来的规律. 常见的这种规律的第一个规律就是结合律.

我们看一个集合A，一个$A\times A$到A的代数运算$\circ$.

在A里任意取出三个元a，b，c，假如我们写下符号$a\circ b\circ c$，那么这个符号没有什么意义，因为代数运算只能对两个元进行运算. 但是我们可以先对a与b进行运算，而得到$a\circ b$，因为$\circ$是$A\times A$到A的代数运算，$a\circ b\in A$，所以我们又可以把这个元同c来进行运算，而得到一个结果. 这样得来的结果可以用加括号的方法来表示，所用的步骤也就叫作加括号的步骤. 由上面所描述的步骤得来的结果，用加括号的方法写出来，就是$(a\circ b)\circ c$，但我们还有另外一种加括号的步骤，它的结果用加括号的方法写出来是$a\circ(b\circ c)$. 在一般情形之下，由这两个不同的步骤所得的结果也未必相同.

我们举个例子.

例 $A=\{\text{所有整数}\}$,代数运算是普通减法,那么

$$(a-b)-c\neq a-(b-c),\text{除非 } c=0$$

现在我们给出结合律的定义.

定义 1.3.1 设$\circ$是集合 A 上的二元代数运算,如果对于 A 中任意三个元素 a,b,c,等式

$$(a\circ b)\circ c=a\circ(b\circ c)$$

都成立,则称运算$\circ$满足结合律,或说运算$\circ$在 A 上是可结合的.

让我们看一看,结合律有什么作用.首先,运算的结合性使我们可以说 A 的三个元素 a,b,c 的运算结果:这个结果可理解为$(a\circ b)\circ c$ 和 $a\circ(b\circ c)$ 中的任意一个,并且可以不加括号而写成 $a\circ b\circ c$.但是,没有结合性质我们也可以定义 n 个元素 $a_1,a_2,\cdots,a_n$ 的运算 $a_1\circ a_2\circ\cdots\circ a_n$.即用归纳法给 A 中若干个元素的乘积下定义:当 $n=1$ 时,即仅有一个元素的情形,我们定义

$$\circ a_1=a_1$$

如果对于 n 个元素的运算已有定义,那么我们定义这样 $n+1$ 个元素的运算,即

$$a_1\circ a_2\circ\cdots\circ a_n\circ a_{n+1}=(a_1\circ a_2\circ\cdots\circ a_n)\circ a_{n+1}$$

按照这个定义,三个元素的运算结果等于$(a_1\circ a_2)\circ a_3$,四个元素的运算结果等于$((a_1\circ a_2)\circ a_3)\circ a_4$,五个元素的运算结果等于$(((a_1\circ a_2)\circ a_3)\circ a_4)\circ a_5$,诸如此类.

然而我们也可以用归纳法定义任意加括号的 n 个元素的运算.当然,谈到加括号就需要求括号的组满足一定的条件.两对括号或者互相在外,或者一对完全包括在另一对的内部;至于$(a_1[a_2)]$这样的类型就没有逻辑意义.其次,同一元素永不包括在两对括号内,一个元素以及全体元素也不必加括号.

一个元素的运算结果,和前面一样,等于这个元素本身.设对于个数小于或等于 n 的 A 中的元素来说,任意加括号的运算已被定义.要求定义任意加括号的 $n+1$ 个元素 $a_1,a_2,\cdots,a_n,a_{n+1}$ 的运算.$n+1$ 个元素的全体被分成若干组,每一组由包括在"最外面"的括号(即该括号不在其他括号内)内的元素所组成,或者由括号外的一个元素所组成.设这样分组的最后一个元素是 $a_{k+1},a_{k+2},\cdots,a_{n+1}$.除了最后一组,所有各组的全部元素个数是 $k<n+1$,而最后一组元素的个数是 $n+1-k<n+1$.也就是说,按照归纳假定,这两个运算结果已被定义,即得出 A 中的两个元素,就把这两个元素的运算结果作为给出的 $n+1$ 个元素任意加括号的运算结果.

很容易看出,在没有括号的这种特殊情形,这个定义与前面的运算 $a_1\circ a_2\circ\cdots\circ a_n$ 的定义是一致的(最后一组仅含有一个元素).当运算不满足结合性时,即

使是对于三个元素的乘积，已经有 a,b,c 存在，使 $a\circ(b\circ c)\neq(a\circ b)\circ c$，因而上面两种定义对于三个元素来说已不是一致的. 我们将证明当运算具有结合性时，两种定义对于任意个数的元素得出同一的结果.

定理 1.3.1 假如一个集合 A 的代数运算 $\circ$ 适合结合律，那么对于 A 的任意 $n(n\geqslant 2)$ 个元素 $a_1,a_2,\cdots,a_n$，可以对 $a_1\circ a_2\circ\cdots\circ a_n$ 任意加括号而其值不变. 因而符号 $a_1\circ a_2\circ\cdots\circ a_n$ 也就总有意义.

证明 要证定理，只要证明任意加括号而得的结果等于按次序由左向右加括号所得的结果

$$(\cdots((a_1\circ a_2)\circ a_3)\cdots\circ a_{n-1})\circ a_n \tag{1}$$

即可.

首先，不难验证结论对于 $n=1,2,3$ 成立.

现在对 n 用归纳法，假定对少于 n 个元素结论成立，现在证明对 n 个元素结论也成立.

设有由 $a_1\circ a_2\circ\cdots\circ a_n$ 任意加括号而得到的乘积 m，下面证明 m 等于式(1). 设在 m 中最后一次计算是前后两部分 p 与 q 相乘

$$m=(p)\circ(q)$$

今参与运算 q 的元素个数小于 n，故由归纳假设，q 等于按次序自左向右加括号所得的乘积 $(q_0)\cdot a_n$. 由结合律

$$m=(p)\circ(q)=(p)\circ((q_0)\circ a_n)=((p)\circ(q_0))\circ a_n$$

但参与运算 $(p)\circ(q_0)$ 的元素个数小于 n，故由归纳假设，$(p)\circ(q_0)$ 等于按次序由左向右加括号所得的乘积

$$(p)\circ(q_0)=(\cdots((a_1\circ a_2)\circ a_3)\cdots\circ a_{n-2})\circ a_{n-1}$$

因而

$$m=((p)\circ(q_0))\circ a_n=((\cdots((a_1\circ a_2)\circ a_3)\cdots\circ a_{n-2})\circ a_{n-1})\circ a_n$$

即 m 等于式(1).

由于这个定理，假如结合律成立，我们就可以随时应用 $a_1\circ a_2\circ\cdots\circ a_n$ 这个符号，这对于我们当然是一件极方便的事.

一个代数运算常适合另一个规律，就是交换律.

我们知道，在一个 $A\times A$ 到 D 的代数运算之下，$a\circ b$ 未必等于 $b\circ a$. 但是凑巧 $a\circ b$ 也可以等于 $b\circ a$.

定义 1.3.2 设 $\circ$ 是集合 A 上的二元代数运算，如果对于 A 中任意两个元素 a,b，等式

$$a\circ b=b\circ a$$

都成立,则称运算$\circ$满足交换律,或说运算$\circ$在A上是可交换的.

下面我们证明一个与定理1.3.1类似的结果.

定理1.3.2 如果集合A的代数运算$\circ$同时适合结合律与交换律,那么对于$a_1\circ a_2\circ\cdots\circ a_n$可以任意改变元素的次序而不改变其值.

证明 对元素的个数用归纳法.当只有一个元素a_1时定理自然成立,现假定当元素的个数等于$n-1$时定理为真.在这个假定下,我们来证明,当元素的个数等于n时定理亦真.

设将$a_1\circ a_2\circ\cdots\circ a_n$中各元素任意改变次序而得一式

$$P=a_{i_1}\circ a_{i_2}\circ\cdots\circ a_{i_n}$$

这里$i_1,i_2,\cdots,i_n$还是$1,2,\cdots,n$这n个整数,不过次序不同.于是,因子a_n必在P中某处出现,因而P可以写成

$$P=(P')\circ a_n\circ(P'')$$

P'或P''中可能没有元素,但照样适用以下的论证.由交换律,有

$$P=P'\circ(a_n\circ P'')=P'\circ(P''\circ a_n)=(P'\circ P'')\circ a_n$$

现在$P'\circ P''$中只有$n-1$个元素$a_1,\cdots,a_{n-1}$,只不过次序有改变,故由归纳假定,有

$$P'\circ P''=a_1\circ\cdots\circ a_{n-1}$$

因此

$$P=(P'\circ P'')\circ a_n=a_1\circ\cdots\circ a_{n-1}\circ a_n$$

从而归纳法完成,定理得证.

我们一般所熟知的一些重要代数运算,都是适合交换律的.以后要碰到一些不适合交换律的代数运算,那时我们会感觉到,运算起来很不方便,所以交换律也是一个重要的规律.

结合律和交换律都只同一种代数运算发生关系.现在要讨论同两种代数运算发生关系的一种规律,就是分配律.我们来看两种代数运算$\odot$和$\oplus$.

设$\odot$是一个$B\times A$到A的代数运算,$\oplus$是一个A的代数运算.那么,对于任意的B中的b和A中的a_1,a_2来说

$$b\odot(a_1\oplus a_2)\text{ 和 }(b\odot a_1)\oplus(b\odot a_2)$$

都有意义,都是A中的元素,但这两个元素未必相等.

定义1.3.3 称代数运算$\odot$,$\oplus$适合左(第一)分配律,假如对于B中的任何b,A中的任何a_1,a_2,均有

$$b\odot(a_1\oplus a_2)=(b\odot a_1)\oplus(b\odot a_2)$$

现在我们证明:

定理 1.3.3 假如 $\oplus$ 适合结合律，而且 $\odot$，$\oplus$ 适合左分配律，那么对于 B 中的任何元素 b，A 中的任何元素 $a_1, a_2, \cdots, a_n$，有

$$b \odot (a_1 \oplus \cdots \oplus a_n) = (b \odot a_1) \oplus \cdots \oplus (b \odot a_n)$$

成立.

证明 我们用归纳法证明. 当 $n=1,2$ 时，定理是成立的. 假定当 $a_1, a_2, \cdots$ 的个数只有 $n-1$ 个时，定理是成立的，现在我们看有 n 个元素时的情形. 这时

$$\begin{aligned} b \odot (a_1 \oplus \cdots \oplus a_n) &= b \odot [(a_1 \oplus \cdots \oplus a_{n-1}) \oplus a_n] \\ &= [b \odot (a_1 \oplus \cdots \oplus a_{n-1})] \oplus (b \odot a_n) \\ &= [(b \odot a_1) \oplus \cdots \oplus (b \odot a_{n-1})] \oplus (b \odot a_n) \\ &= (b \odot a_1) \oplus \cdots \oplus (b \odot a_n) \end{aligned}$$

类似于左分配律，我们给出右分配律的定义.

定义 1.3.4 称代数运算 $\odot$，$\oplus$ 适合右（第二）分配律，假如对于 B 中的任何 b，A 中的任何 a_1, a_2，均有

$$(a_1 \oplus a_2) \odot b = (a_1 \odot b) \oplus (a_2 \odot b)$$

同定理 1.3.3 一样，我们有：

定理 1.3.4 假如 $\oplus$ 适合结合律，而且 $\odot$，$\oplus$ 适合右分配律，那么对于 B 中的任何元素 b，A 中的任何元素 $a_1, a_2, \cdots, a_n$，有

$$(a_1 \oplus \cdots \oplus a_n) \odot b = (a_1 \odot b) \oplus \cdots \oplus (a_n \odot b)$$

成立.

分配律的重要性在于它们能让两种代数运算中有一种联系.

1.4 逆运算·逆元

设给出了一个代数运算，对于 M 中的一对元素 a, b，有 S 中的另一元素 c 与它们对应. 我们可由这个代数运算得出两个代数运算，即把 a, b 中的一个当作所求的，而把 c 当作已知的，这样得出的代数运算叫作原来运算的逆运算. 这样一来，第一个逆运算是对于元素对 c, b，使得元素 a 与它们对应，而第二个逆运算是对于元素对 c, a，使元素 b 与它们对应. 正如大家都知道的，每一个代数运算的逆运算并不是都存在的. 例如，对于自然数来说，加法和乘法是已经定义了的，但它们的逆运算 —— 减法和除法 —— 并不能永远施行. 重要的是：

定理 1.4.1 如果一个可交换的代数运算存在着一个逆运算，那么另一个逆运算也同时存在，而且它们是一致的.

这种情况，几乎是显然的，也很容易完全形式地证明. 我们把原来的代数运算用记号 f 表示，即 $f(a,b)=c$. 设第一个逆运算存在（当然，第二个存在也一

样)，即对于任意 b,c，存在一个唯一的元素 $a=f_1(c,b)$，使得 $f(a,b)=c$. 用 a 的表达式代替 a 得，$f(f_1(c,b),b)=c$，这个等式对于 b,c 的任意值都是正确的. 由于代数运算 f 的交换性，应有 $f(b,f_1(c,b))=c$；再把记号 b 改成 a，即得：对于任意 a,c，有 $f(a,f_1(c,a))=c$. 但这就是说，$f_1(c,a)$ 是这样的元素 b，它满足等式 $f(a,b)=c$. 假设对于某两个 a,c，又存在一个 $b'\neq b$，使得 $f(a,b)=c$，那么按照 f 的交换性，将有 $f(b',a)=c$，这是不可能的，因为已经知道，$f(b,a)=c$，而且对于给定的 a,c，仅存在一个 b 满足这个等式，即 $b=f_1(c,a)$. 因此，对于任意 a,c，存在一个唯一的元素 $b=f_1(c,a)$，使得

$$f(a,f_1(c,a))=c$$

这就是说，对于任意 a,c，第二个逆运算是存在的，而且与第一个逆运算一致

$$f_2(c,a)=b=f_1(c,a)$$

这样，对于整数来说，加法的运算是交换的，因此有唯一的一个逆运算 —— 减法. 对于正实数来说，运算 $f(a,b)=a^b$ 是非交换的，因为对于任意 a，b，a^b 不一定等于 b^a. 两个逆运算都存在而且是不同的，即

$$f_1(c,b)=\sqrt[b]{c}\ ,f_2(c,b)=\log_a c$$

就数而言，倒数与负数的概念对于逆运算 —— 除法和减法 —— 来说非常有意义，如此，就让我们对一般的代数系统来引入类似的概念.

定义 1.4.1 设 $\circ$ 为 S 上的二元运算，$e\in S$ 为运算 $\circ$ 的单位元. 对于 S 中的任意一个元素 a，如果存在 $b_l\in S$（或 $b_r\in S$）使得

$$b_l\circ a=e(\text{或 } a\circ b_r=e)$$

则称 b_l（或 b_r）是 x 的左（或右）逆元. 如果 $b\in S$ 既是 a 的左逆元，又是 a 的右逆元，则称 b 是 a 的逆元.

要注意的是，逆元的概念是相互的. 具体地说，当 b 是 a 的左逆元时，a 也是 b 的右逆元；当 b 是 a 的右逆元时，a 也是 b 的左逆元；当 b 是 a 的逆元时，a 也是 b 的逆元.

与单位元和零元的情形不同，要保证逆元的唯一性，除了需要左逆元和右逆元的存在性之外（当然单位元是存在的），还需要运算的可结合性.

定理 1.4.2 设 $\circ$ 为 S 上的可结合的二元运算，且存在单位元 e. 对于 $a\in S$，如果存在左逆元 b_l 和右逆元 b_r，则有

$$b_l=b_r$$

并且这样的逆元是唯一的.

事实上

$$b_l = b_l \circ e = b_l \circ (a \circ b_r)$$

由 ∘ 的可结合性，知

$$b_l \circ (a \circ b_r) = (b_l \circ a) \circ b_r = e \circ b_r = b_r$$

由此 $b_l = b_r$.

下面证明逆元的唯一性. 设存在两个逆元 b 和 b'，那么必有

$$b' = b' \circ e = b' \circ (a \circ b) = (b' \circ a) \circ b = e \circ b = b$$

由这个定理可知，对于可结合的二元运算来说，元素 a 的逆元如果存在，则必唯一. 通常把这个唯一的逆元记作 a^{-1}.

1.5 代数系统的同构

一个重要的问题是确定给出的两个代数系统 A 和 B 是否有某种共性. 如我们将要看到的一样，同构和同态的概念允许我们比较不同的代数系统.

下面我们就来详细地阐明第一个概念. 设

$$(A, \circ): a, b, c, \cdots$$

及

$$(\overline{A}, \overline{\circ}): \overline{a}, \overline{b}, \overline{c}, \cdots$$

是两个（有限或无限的）代数系统. 假设 A 的元素与 $\overline{A}$ 的元素之间存在一个一一对应

$$\phi: A \leftrightarrow \overline{A}$$

就是说对于 A 中每一元素 x，按照某种法则我们可以在 $\overline{A}$ 中指定一个唯一的象 $\overline{x} = \phi(x)$，以及 $\overline{A}$ 中每一元素 $\overline{y}$ 是 A 中唯一的元素 y 的象，因此 $\overline{y} = \phi(y)$. 换句话说，A 的元素和 $\overline{A}$ 的元素以这样的方式配对，使得 A 与 $\overline{A}$ 的每一个元素恰在一对中出现. 此外，假设这个对应具有性质 $x \circ y = z$ 当且仅当 $\overline{x}\ \overline{\circ}\ \overline{y} = \overline{z}$；或者，更正式地写成

$$\phi(x \circ y) = (\phi(x))\ \overline{\circ}\ (\phi(y))$$

则我们就说 A 与 $\overline{A}$ 是同构的（isomorpic，即“形状相同”的希腊语），我们写成

$$A \cong \overline{A}$$

要举出相互同构且带有一个代数运算的集合的例子并不困难. 举例来说，如果对于每一个偶数 $2k$，我们使整数 $3k$ 和它对应，那么就可以在偶数的集合和 3 的倍数的集合之间建立起一个相互单值对应. 对于这两个集合定义的加法来说，这个对应就是一个同构对应.

现在让我们来比较一下正实数集合中的乘法运算和全部实数集合中的加法运算. 如果对于每一个正实数，我们使这个数的以 10 为底的对数和它相对

应,那么我们就可以得到一个相互单值的映射,将第一个集合映成第二个集合.等式

$$\lg(ab)=\lg a+\lg b$$

表明,这个映射是一个同构映射.

需要指出的是,如果各带一个代数运算的两个集合 A 和 $\overline{A}$ 同构,那么一般来说,它们之间的同构对应可以用多种不同的方法来建立.

作为例子,我们考虑的第一个集合 A 是所有形如 $p+q\sqrt{2}$ 的数,其中 p,q 为整数;第二个集合 $\overline{A}$ 是形如 $m-n\sqrt{5}$ 的数的集合,其中 m,n 为整数,定义在这两个集合中的运算均是数的加法.于是在对应

$$p+q\sqrt{2}\leftrightarrow m-n\sqrt{5}$$

之下,A 与 $\overline{A}$ 同构.这种对应是同构,因为对任意

$$a=p+q\sqrt{2}\text{ 和 }b=p'+q'\sqrt{2}$$

我们有

$$a+b=(p+q\sqrt{2})+(p'+q'\sqrt{2})=(p+p')+(q+q')\sqrt{2}$$

与这个和对应的是 $\overline{A}$ 中的数

$$(p+p')-(q+q')\sqrt{5}$$

另一方面,与 a,b 对应的数是

$$p-q\sqrt{5},p'-q'\sqrt{5}$$

它们的和为

$$(p-q\sqrt{5})+(p'-q'\sqrt{5})=(p+p')-(q+q')\sqrt{5}$$

这就是说,映射的和与和的映射对应.可是 A 和 $\overline{A}$ 间的同构关系还可以用另一种对应

$$p+q\sqrt{2}\leftrightarrow m+n\sqrt{5}$$

来建立,这是容易验证的.

很显然,每一个带代数运算的集合都与它自身同构(所谓自同构):只要把这个集合的恒等映射当作同构映射即可.其次,同构关系是对称的——由 $A\cong\overline{A}$,即可得出 $\overline{A}\cong A$;它也是传递的——由 $A\cong\overline{A}$,$\overline{A}\cong\overline{\overline{A}}$,可得出 $A\cong\overline{\overline{A}}$.

从同构的定义还可以看出,相互同构的集合具有相同的基数.特别是,如果这些集合都是有限的,那么它们必是由同样多个元素组成的.

正如在一般集合论中势相同的集合被看作彼此等价一样,相互同构的代数系统也看作本质上相同的对象.相互同构的带有代数运算的集合的不同之处,

仅在于其元素的性质不同，或是因为运算的名称和用来表示运算的符号不一样. 但从运算的性质来看，它们是完全没有区别的，即对于带运算的某一集合，凡是可以根据这个运算的性质而不必利用元素的特性来证明的那些结论，都可以自动地转移到所有和这个集合同构的集合上去. 因此，在今后我们将把相互同构的集合看作带同一运算集合的不同样品，这样我们就将代数运算划分出来作为真正的研究对象. 只有在构造各种各样的具体例子时，我们才不得不讨论具体的集合，以及根据这些集合中元素的特性来定义的运算.

1.6　代数系统的同态

在上一目(1.5)我们讨论了两个代数系统是同构的情况，即它们具有相同的结构. 现在我们就要考虑一种更一般的关系，在这种关系下，代数系统有着相似的“结构”，或者说，我们将要讨论同态. 为了把这个概念讲得更准确些，我们假设有一个$(A, \circ)$到$(\overline{A}, \bar{\circ})$内的映射

$$\phi: A \to \overline{A}$$

像前面一样，$x \in A$ 的像用 $\phi(x)$ 表示，所以 $\bar{x} = \phi(x)$ 是 $\overline{A}$ 中由映射 ϕ 与 x 相联系的唯一元素. 假如对于所有 $x, y \in A$，有

$$\phi(x \circ y) = (\phi(x)) \bar{\circ} (\phi(y)) \tag{1}$$

我们称 ϕ 是同态映射. (1) 是我们加在 ϕ 上的唯一条件.

我们举一个例子. 设 A 是全体整数的集合，以加法为代数运算；而 $\overline{A}$ 是由 1 和 -1 这两个数所组成的集合，并且以乘法作为代数运算，这个运算显然是可以定义的. 现在取映射 ϕ 使 1 和每一个偶数相对应，-1 和每一个奇数相对应，我们就得出一个 A 到 $\overline{A}$ 的同态映射. 事实上，“偶数加奇数等于奇数”这样的规则对应于等式“$1 \cdot (-1) = -1$”，依此类推.

在整个理论的进一步发展中，A 到 $\overline{A}$ 的满射的同态映射对于我们来说比较重要，关于这种同态映射，我们给出一个专门的术语.

定义 1.6.1　假如对于代数运算 $\circ$ 和 $\bar{\circ}$ 来说，有一个 A 到 $\overline{A}$ 的满射的同态映射存在，我们就说，这个映射是一个同态满射，并说对于代数运算 $\circ$ 和 $\bar{\circ}$ 来说，A 与 $\overline{A}$ 同态.

定理 1.6.1　假如对于代数运算 $\circ$ 和 $\bar{\circ}$ 来说，A 与 $\overline{A}$ 同态. 那么：

(1) 若 $\circ$ 适合结合律，则 $\bar{\circ}$ 也适合结合律；

(2) 若 $\circ$ 适合交换律，则 $\bar{\circ}$ 也适合交换律.

证明　我们用 ϕ 来表示 A 到 $\overline{A}$ 的同态满射.

(1) 假定 $\bar{a}, \bar{b}, \bar{c}$ 是 $\overline{A}$ 的任意三个元素. 那么因为 ϕ 是满射，我们可以在 A 内

找到三个元素 a,b,c,使得在 ϕ 之下

$$a \to \bar{a}, b \to \bar{b}, c \to \bar{c}$$

于是,由于 ϕ 是同态满射,有

$$a \circ (b \circ c) \to \bar{a} \mathbin{\bar{\circ}} (\bar{b} \mathbin{\bar{\circ}} \bar{c}), (a \circ b) \circ c \to (\bar{a} \mathbin{\bar{\circ}} \bar{b}) \mathbin{\bar{\circ}} \bar{c}$$

但按题设

$$a \circ (b \circ c) = (a \circ b) \circ c$$

如此,$\bar{a} \mathbin{\bar{\circ}} (\bar{b} \mathbin{\bar{\circ}} \bar{c})$ 和$(\bar{a} \mathbin{\bar{\circ}} \bar{b}) \mathbin{\bar{\circ}} \bar{c}$ 是 A 内的同一元素的像,因而

$$\bar{a} \mathbin{\bar{\circ}} (\bar{b} \mathbin{\bar{\circ}} \bar{c}) = (\bar{a} \mathbin{\bar{\circ}} \bar{b}) \mathbin{\bar{\circ}} \bar{c}$$

由 $\bar{a},\bar{b},\bar{c}$ 的任意性知 $\bar{\circ}$ 适合结合律.

(2) 我们考虑 $\bar{A}$ 的任意两个元素 $\bar{a},\bar{b}$,并且假设在 ϕ 之下

$$a \to \bar{a}, b \to \bar{b} \quad (a,b \in A)$$

那么

$$a \circ b \to \bar{a} \mathbin{\bar{\circ}} \bar{b}, b \circ a \to \bar{b} \mathbin{\bar{\circ}} \bar{a}$$

但

$$a \circ b = b \circ a$$

所以

$$\bar{a} \mathbin{\bar{\circ}} \bar{b} = \bar{b} \mathbin{\bar{\circ}} \bar{a}$$

即 $\bar{\circ}$ 适合交换律.

设 ϕ 是集合 A 到 $\bar{A}$ 的一个同态满射,用 $\phi(A)$ 来表示 A 的所有元素在 ϕ 之下的像的集合,并称之为原系统 A 在 ϕ 下的同态像. 既然 ϕ 是满射,于是 $\phi(A)$ 与 $\bar{A}$ 重合:$\phi(A) = \bar{A}$.

现在我们来证明关于特殊元素相对应的定理.

定理 1.6.2 假如对于代数运算 $\circ$ 和 $\bar{\circ}$ 来说,ϕ 是 A 到 $\bar{A}$ 的同态. 那么:

(1) 若 e 是 A 中关于 $\circ$ 运算的单位元,θ 是 A 中关于 $\circ$ 运算的零元,那么 $\phi(e)$ 和 $\phi(\theta)$ 分别是 $\bar{A}$ 中关于 $\bar{\circ}$ 运算的单位元和零元;

(2) 如果 a^{-1} 是 A 中元素 a 的关于 $\circ$ 运算的逆元,则 $\phi(a^{-1})$ 是 $\phi(a)$ 关于 $\bar{\circ}$ 运算的逆元.

证明 任取 $\bar{A}$ 的一个元素 $\bar{a}$,并设 a 在 ϕ 下的像是 $\bar{a}$. 由于 ϕ 是同态满射,于是

$$e \circ a \to \phi(e) \mathbin{\bar{\circ}} \bar{a}, a \circ e \to \bar{a} \mathbin{\bar{\circ}} \phi(e), a \to \bar{a}$$

又 e 是 A 的单位元,即

$$e \circ a = a \circ e = a$$

成立.

这样，$\phi(e)\,\bar{\circ}\,\bar{a}$，$\bar{a}\,\bar{\circ}\,\phi(e)$，$\bar{a}$ 是 A 里的同一元素的像，因而

$$\phi(e)\,\bar{\circ}\,\bar{a}=\bar{a}\,\bar{\circ}\,\phi(e)=\bar{a}$$

$\phi(e)$ 是 $\overline{A}$ 中关于 $\bar{\circ}$ 的单位元.

零元和逆元的情形可类似地证明.

注意，如果集合 A 具有 $\circ$ 的逆运算，那么对它的同态像 $\overline{A}$ 不能下同样的论断. 因为我们不能证明方程

$$\bar{a}x=\bar{b},\ y\bar{a}=\bar{b}$$

在 $\overline{A}$ 中的解是唯一的，虽然在这种情形我们仍能够证明这两个方程的确都有解.

事实上，设 $\bar{a}$，$\bar{b}$ 是 $\overline{A}$ 的两个元素，而 a，b 分别是它们在 A 中的某两个原像，也就是说在 ϕ 之下

$$a\to\bar{a},\ b\to\bar{b}$$

如果元素 c 满足集合 A 中的方程 $ax=b$，那么由于映射 ϕ 的同态性质，元素

$$\bar{c}=\phi(c)$$

将能满足 $\overline{A}$ 中的方程 $\bar{a}x=\bar{b}$.

另一方面，我们要指出，如果在集合 $\overline{A}$ 中结合律或交换律成立，或在 $\overline{A}$ 中单位元存在，或 $\overline{A}$ 中的运算具有逆运算，但对集合 A 不能推出同样的结论.

下面的命题是关于同态的第三个定理.

定理 1.6.3 设 $\otimes$，$\oplus$ 都是集合 A 的代数运算，而 $\overline{\otimes}$，$\overline{\oplus}$ 是集合 $\overline{A}$ 的代数运算，并且存在一个 $\overline{A}$ 到 A 的满射 ϕ，使得 A 与 $\overline{A}$ 对于代数运算 $\otimes$，$\overline{\otimes}$ 来说同态，对于代数运算 $\oplus$，$\overline{\oplus}$ 来说也同态. 那么：

(1) 若 $\otimes$，$\oplus$ 适合第一分配律，则 $\overline{\otimes}$，$\overline{\oplus}$ 也适合第一分配律；

(2) 若 $\otimes$，$\oplus$ 适合第二分配律，则 $\overline{\otimes}$，$\overline{\oplus}$ 也适合第二分配律.

证明 我们只证明定理的第一部分. 第二部分可以完全类似地进行证明.

任取 $\overline{A}$ 的三个元素 $\bar{a}$，$\bar{b}$，$\bar{c}$，并且假定在 ϕ 之下

$$a\to\bar{a},\ b\to\bar{b},\ c\to\bar{c}\quad(a,b,c\in A)$$

于是在 ϕ 之下

$$a\otimes(b\oplus c)\to\bar{a}\,\overline{\otimes}\,(\bar{b}\,\overline{\oplus}\,\bar{c})$$

$$(a\otimes b)\oplus(a\otimes c)\to\overline{(a\otimes b)}\,\overline{\oplus}\,\overline{(a\otimes c)}=(\bar{a}\,\overline{\otimes}\,\bar{b})\,\overline{\oplus}\,(\bar{a}\,\overline{\otimes}\,\bar{c})$$

但依假设

$$a\otimes(b\oplus c)=(a\otimes b)\oplus(a\otimes c)$$

所以

$$\bar{a}\,\overline{\otimes}\,(\bar{b}\,\overline{\oplus}\,\bar{c})=(\bar{a}\,\overline{\otimes}\,\bar{b})\,\overline{\oplus}\,(\bar{a}\,\overline{\otimes}\,\bar{c})$$

这就是说，$\overline{\otimes}$，$\overline{\oplus}$ 适合第一分配律.

§2　群的基本概念

2.1　群的概念·群的例子

在同一个集合内，可以同时给定多个代数运算. 我们最初仅考虑只有一个代数运算的集合. 然而研究带有一个任意代数运算的集合，将是一件有很少成效的工作，因为这个概念实在是太过于宽泛了，因而也缺乏内容. 在历史上，由于数学本身以及数学以外的部门在应用上有所需要，于是划分出一类特别的带有一个代数运算的集合，并对它进行了详尽的研究，这里指的就是所谓的群. 这个概念现在已经成为数学中最基本的概念之一.

群的定义比较常见的有两种，我们先讲第一种.

群的第一定义　一个非空集合 G 对于一个叫作乘法[1]的代数运算来说作成一个群[2]，假如：

Ⅰ. 对于这个乘法来说是闭的：对于 G 的每两个元素 a，b，这个运算相应地确定一个属于 G 且被称为 a，b 的积的元素 ab；

Ⅱ. 结合性：$a(bc)=(ab)c$，这里 a，b，c 是 G 的任意三个元素；

Ⅲ. 可逆性：对于 G 内的任意两个元素 a 和 b，方程 $ax=b$ 和 $ya=b$ 在 G 内是可解的，也就是，在 G 内存在这样的元素 c 和 d，使得 $ac=b$ 和 $da=b$.

一个群称为交换群（亦称阿贝尔群），如果除了以上各点外，还有交换律成立：对于 G 的任何元素 a，b 均有 $ab=ba$.

让我们来举几个最简单的群的例子，这些例子以后经常要引用到，在大多数情形下，验证群的定义中各项要求是否满足，这项工作多半留给读者去做.

(1) 全体整数对加法运算组成一个群 —— 整数加法群. 这是一个阿贝尔群，在它里面 0 这个数起着单位元素的作用.

---

① 我们已经看到，一个代数运算用什么符号来表示，是可以由我们自由决定的，有时可以用 $\circ$，有时可以用 $\bar{\circ}$. 一个群的代数运算一般为便利起见，不用 $\circ$ 来表示，而用普通乘法的符号来表示，就是我们不写 $a\circ b$，而写 ab. 因此我们就把一个群的代数运算叫作乘法. 当然一个群的乘法一般不是普通的乘法.

② 在 1830 年，对伽罗瓦来说群是在复合运算下封闭的 S_n 的子集 H，即若 $\alpha,\beta\in H$，则 $\alpha\beta\in H$. 1854 年，凯莱第一次定义了抽象群，明确提出结合性、逆和单位元. 然后他证明（见凯莱定理）每一个有 n 个元素的抽象群本质上是 S_n 的子群.

(2) 用同样的办法可以得出全体有理数的加法群，全体实数和全体复数的加法群.

(3) 全体偶数对加法组成一个群. 这个偶数加法群和整数加法群同构. 事实上，将每个偶数 $2k$ 映成整数 k 的映射是一个同构映射. 某一整数 n 的倍数的全体，也对加法组成一个群. 奇数的集合对于加法运算已经不能成为一个群，因为这个运算会使我们超出集合的范围. 全体非负整数的集合对于加法也不能组成一个群，因为在这个集合里逆运算 —— 减法 —— 不能无限制地进行.

(4) 整数对于乘法不能组成一个群，因为逆运算 —— 除法 —— 不能经常进行. 对于乘法来说，全体有理数也不能组成一个群，因为不能用零去除. 全体不等于零的有理数对乘法来说组成一个群 —— 有理数乘法群. 这个群的单位元素就是 1.

(5) 也可以说正(异于零) 有理数乘法群. 这个群能以下述方式同态地映射到整数加法群上，任何正有理数 a 能写成形式 $a=2^n b$，此处，数 b 的分子和分母与数 2 互素，而整数 n 大于、等于或小于零. 映射 $a\to n$ 就是所要求的同态映射. 注意，对乘法来说负有理数已经不能组成一个群了.

(6) 全体异于零的(或全体正的) 实数，与全体异于零的复数对于乘法也同样各组成一个群. 正实数乘法群和全体实数加法群同构.

(7) 数 1 和 -1 对于数的乘法运算组成一个群 —— 二阶有限群，整数加法群可同态映射到这个群上，全体非零实数乘法群也能同态映射到它上 —— 规定所有正数对应数 1，所有负数对应数 -1 即可.

(8)1 的 n 次根的全体复数对于乘法组成一个 n 阶有限群. 这就证明了任意阶的有限群存在. 在 $n=2$ 时便得到前例中的群. 要记住，1 的所有 n 次根，都是其中一个根的幂，即所谓 1 的 n 次本原根的幂.

(9)1 的任何次根的全体复数，对乘法也组成一个群；这是全体单位根群，它有无限多个元素.

(10) 绝对值等于 1 的全体复数对于乘法组成一个群. 这个群与圆周旋转群同构. 让我们考察圆周以逆时针方向绕其中心的全体旋转的集合. 角度 2π 的旋转认为与角度 0 的旋转相重合，并且一般地，角度为 2π 倍数的彼此不同的任何两个旋转我们认为是同一的. 用以下方式在这个旋转的集合中定义群的运算：两个旋转的和认为是它们接连施行的结果；显然，角度为 α 与 β 的旋转之和，在 $\alpha+\beta<2\pi$ 时，是角度为 $\alpha+\beta$ 的旋转；在 $\alpha+\beta\geqslant 2\pi$ 时，是角度为 $\alpha+\beta-2\pi$ 的旋转. 易于检验这里得到的是一个群. 这个群与上述绝对值等于 1 的复数乘法群上的同构对应，只要在角度为 α 的旋转和以 α 为辐角的复数间建立对应就可

得到.

上面所考察的群都是交换的.非交换群的例子将在以后遇到.

以下我们还要说明几个名词和符号.

1.一个群 G 的元素的个数可以有限也可以无限.

定义 2.1.1 如果一个群 G 只含有有限个元素,则称 G 为有限群.同时把 G 所含有元素的个数称为 G 的阶数,记为 $|G|$.不是有限的群称为无限群.

在我们列举过的群的例子中,(7) 和(8) 是有限群,其他都是无限群.下面的乘法表(表 1 ~ 4) 分别显示了 2,3 和 4 阶的群.

表 1

	1	a
1	1	a
a	a	1

表 2

	1	a	b
1	1	a	b
a	a	b	1
b	b	1	a

表 3

	1	a	b	c
1	1	a	b	c
a	a	1	c	b
b	b	c	1	a
c	c	b	a	1

表 4

	1	a	b	c
1	1	a	b	c
a	a	b	c	1
b	b	c	1	a
c	c	1	a	b

2. 在一个群里结合律是成立的，所以 $a_1a_2\cdots a_n$ 有意义，是 G 的一个元. 这样，我们当然可以把 n 个相同的元素 a 相乘. 因为我们用普通乘法的符号来表示群的乘法，这样得来的一个元素我们也用普通符号 a^n 来表示

$$a^n = \underbrace{aa\cdots a}_{n个} \quad (n 是整数)$$

并且也把它叫作 a 的 n 次方，并表示为 a^n.

2.2　群的性质·群的第二定义

由(群的)乘法的结合性得出的推论我们已经在一般意义上讨论过了，现在讨论由乘法的可逆性可得出的一些推论. 首先由此得出群 G 的第四个性质是:

Ⅳ. G 内存在左单位元 e_1，使得等式 $e_1a=a$ 对 G 的任意元素 a 都成立.

证明　设 e_1 是对于 G 的某一元素 b 的方程 $yb=b$ 的解，就是说，$e_1b=b$. 对于任一 a，方程 $bx=a$ 有解 c，即 $bc=a$，于是

$$e_1a=e_1(bc)=(e_1b)c=bc=a$$

因此，对于 G 的任一元素 a，总有 $e_1a=a$.

完全同样地可证明在 G 内有右单位元 e_r 存在，使得对于 G 的任一元素 a 总有 $ae_r=a$. 结合上节定理 1.2.1，我们得到:

定理 2.2.1　在任一群 G 内必存在一个单位元素而且仅有一个.

由可逆性得出群 G 的第五个性质是:

Ⅴ. 对于 G 内的每一个元素 a，在 G 内存在一个左逆元 b_1，使得 $b_1a=e$.

证明　根据可逆性 Ⅲ(群的第一定义)，方程 $ya=e$ 有解，即存在元素 b，有 $ba=e$. 因此，元素 $b_1=b$ 具有性质 $b_1a=e$，这就是说，它是 a 的左逆元.

像上面那样，我们可以证明右逆元的存在性. 如此根据上节定理 1.4.2，我们有:

定理 2.2.2　群 G 内的任一元素 a 必定存在一个逆元素而且仅有一个.

通常我们把(群 G) 元素 a 的唯一逆元记为 a^{-1}.

在 2.1 中，那些关于加法的数群，它们的单位元素是数 0，对于数 a 的逆元素是 $-a$. 那些关于乘法的数群，它们的单位元素是数 1，而对于数 a 的逆元素是倒数 $\frac{1}{a}$.

现在我们可以表述并证明群元素乘积的逆的一个性质:群元素乘积的逆等于其分别逆的相反次序的乘积.

事实上，设 a,b 是任意两个群元素，e 是单位元素，则 $(ab)(b^{-1}a^{-1})$ 按照乘法

结合律可以写为

$$(ab)(b^{-1}a^{-1})=a(bb^{-1})a^{-1}=aea^{-1}=aa^{-1}=e$$

就是说，$(ab)^{-1}=b^{-1}a^{-1}$.

当 n 是正整数时，我们已经规定过符号 a^n 的意义. 这个定义对于任一自然数 n 是有意义的. 对于 $n=0$，我们定义 $a^0=e$，其中 e 是群 G 的单位元素. 对于负整数 $n=-m$，方幂 $a^n=a^{-m}$ 可以定义为 $(a^{-1})^m$ 或 $(a^m)^{-1}$. 这两个定义是等价的，因为

$$a^m(a^{-1})^m=\underbrace{(aa\cdots a)}_{m个}\underbrace{(a^{-1}a^{-1}\cdots a^{-1})}_{m个}=e$$

由此可见

$$(a^{-1})^m=(a^m)^{-1}$$

乘积 $\prod\limits_{i=1}^{n}a_i$ 的性质，当各个因子相同时，就变成熟知的方幂的性质：$a^ma^n=a^{m+n}$.

其次，利用关于 n 的归纳法容易证明：$(a^m)^n=a^{mn}$.

对于交换群，从乘积诸因子重排的可能性就推出：$(ab)^n=a^nb^n$.

我们曾经指出，对于自然数 m 和 n，如何证明这些等式，但是这些等式对于任何整数 m 和 n 仍然成立，为此只要考虑可能情形：$m\geqslant 0(m\leqslant 0)$，$n\geqslant 0(n\leqslant 0)$，即可验证各式的正确性.

Ⅳ 和 Ⅴ 两个性质非常重要，因为它们可以替代群的第一定义里的第三条公理：从 G 内存在单位元素与逆元素一事，在结合性成立的条件下，即可推得在 G 内可施行可逆性.

事实上，方程 $ax=b$ 有解 $a^{-1}b$，而方程 $yb=a$ 有解 ab^{-1}.

因此，也可以把群定义为具有单位元素、逆元素，且有可结合性运算的一个集合：

群的第二定义　一个非空集合 G 对于一个叫作乘法的代数运算来说作成一个群，假如：

Ⅰ. 对于这个乘法来说是闭的；

Ⅱ. 结合性：$a(bc)=(ab)c$，这里 a,b,c 是 G 的任意三个元；

Ⅳ.（左）单位元：G 内存在单位元 e，使得 $ea=a$ 对 G 的任意元 a 都成立；

Ⅴ.（左）逆元：对于 G 内的每一个元素 a，在 G 内存在一个逆元 a^{-1}，使得 $a^{-1}a=e$.

和群的第一定义相比，第二定义应用起来比较方便.

应当注意,性质 Ⅲ 并不代表在 G 内有乘法的逆运算存在,因为它只肯定元素 c 和 d 的存在性,而未肯定这些元素是唯一的. 利用单位元素及逆元素的概念,可以证明这些元素的唯一性.

定理 2.2.3 按照可逆性 Ⅲ 而存在的方程 $ax=b$ 和 $ya=b$ 的解,对于 G 的任何元素 a 和 b 都是唯一的.

证明 如果 c_1 和 c_2 是方程 $ax=b$ 的任意两个解,那么 $ac_1=b$ 和 $ac_2=b$,这就是说,$ac_1=ac_2$. 以 a^{-1} 左乘这个等式,我们得 $c_1=c_2$. 同理可证方程 $ya=b$ 的解的唯一性. 定理证毕.

从方程 $ax=b$ 和 $ya=b$ 的解的唯一性就推出:在群 G 内存在对于乘法运算的两个逆运算. 在 G 为交换群的情形下,这两个逆运算便是相同的. 事实上,如果 c 是方程 $ax=b$ 的解,则有 $ac=b$,而这又说明 c 是方程 $ya=b$ 的解.

定义 2.2.1 对于交换群 G 内的乘法运算的逆运算叫作除法. 这个运算施行于元素 a 和 b 的结果,也就是,方程 $ax=b$ 和 $ya=b$ 的解,叫作元素 b 和 a 的商,并表示为 $b:a$ 或 $\frac{b}{a}$.

2.3 有限群的另一定义

对于有限群,我们常用到一个定义,这个定义与以上的一般定义稍微有点不同. 因为有限群在群论里占极重要的地位,我们对于这个定义还要讨论一下.

首先指出一般群的一个重要性质.

Ⅲ$'$. 消去性:若 $ax=ax'$,则 $x=x'$;若 $ya=y'a$,则 $y=y'$.

证明 假定 $ax=ax'$,两边各左乘 a^{-1}:$a^{-1}(ax)=a^{-1}(ax')$. 由于乘法的结合律,$(a^{-1}a)x=(a^{-1}a)x'$,即为 $x=x'$;同样的过程可得 $y=y'$.

如此,假如一个有乘法的集合适合 Ⅰ,Ⅱ,Ⅲ,那么它一定适合 Ⅰ,Ⅱ,Ⅲ$'$. 现在反过来问:假定一个集合适合 Ⅰ,Ⅱ,Ⅲ$'$,它是不是一定适合 Ⅰ,Ⅱ,Ⅲ 呢?回答是:不一定.

例 $G=\{$所有不等于零的整数$\}$.

对于普通乘法来说这个 G 适合 Ⅰ,Ⅱ,Ⅲ$'$,可是不适合 Ⅲ.

但如果 G 是一个有限集,情形就不同了. 因为我们有:

定理 2.3.1 一个有乘法的有限集合 G 若适合 Ⅰ,Ⅱ 和 Ⅲ$'$,则它也适合 Ⅲ.

证明 我们先证明,$ax=b$ 在 G 中有解.

假定 G 有 n 个元,这 n 个元我们用 $a_1,a_2,\cdots,a_n$ 来表示. 我们用 a 从左边来乘所有的 a_i 而作成一个集合

$$G'=\{aa_1,aa_2,\cdots,aa_n\}$$

由于 Ⅰ,$G'\subseteq G$.

但当 $i\neq j$ 时，$aa_i\neq aa_j$.

否则的话，由消去律，$a_i=a_j$，与假定不合. 因此 G' 有 n 个不同的元，而

$$G'=G$$

这样，以上方程里的 $b\in G'$，这就是说，$b=aa_k$.

a_k 是以上方程的解. 同样可证，$ya=b$ 可解. 证毕.

由这个定理我们可以得到：

有限群的另一定义　一个有乘法的有限非空集合 G 作成一个群，假如 Ⅰ，Ⅱ，Ⅲ′ 能被满足.

由上面的例子，我们知道，这个定义所要求的条件比一般群的定义所要求的要少一点. 所以在证明一个有限集合是一个群时，这个定义是一个很有力的工具. 至于这个定义不能用到无限集合上去，由上面同一例子可以知道.

我们知道，一个有限集合的代数运算常用一个表来表明. 一个有限群的乘法若用表来表示，则许多群的性质都可以直接从表上看出. 首先，封闭性意味着群表中的每一项都是原来集合的元素；其次，单位元素的存在相当于这件事实：群表里一定有一行元素同横线上的元素一样（包括排列次序），也一定有一列与垂线左边的元素一样（包括排列次序）；表的每一行和每一列中，群的任意元素必定出现一次而且也只出现一次，这是因为在群中消去律是成立的；最后，交换群并且只有交换群将有关于主对角线对称的群表. 所以给了一个有限集合，一个代数运算，若是我们列出表，以上条件不符合，就知道这个集合不能作成一个群. 可惜结合律在表中不易看出.

作为例子，我们来考虑 6 阶群：$G=\{1,a,b,c,d,e\}$. 它具有下面的乘法表（表 5）

表 5

	1	a	b	c	d	e
1	1	a	b	c	d	e
a	a	b	1	e	c	d
b	b	1	a	d	e	c
c	c	d	e	1	a	b
d	d	e	c	b	1	a
e	e	c	d	a	b	1

这个表使得矩阵乘法运算的某些性质是显然的. 封闭性是明显的；单位元素是存在的：表 5 中第一行和第一列由 G 的元素按原来的次序排列而成；消去律的存在亦是明显的：这个表的每一行和每一列都包含了 G 的全体元素. 只是验证结合律有些困难. 对于所有 x，y 和 z 验算 $x(yz)=(xy)z$ 是一件烦琐的工作，即使对于一个小的群也是如此. 在表 5 中，结合律成立，例如

$$(ac)d=ed=b, a(cd)=a^2=b$$

但是它的普遍有效性最好采用另外的论证方法来证实.

一个正方形的表，它的每一行和每一列都由按某种次序排列的同样的元素组成，有时被称为拉丁方. 因而有限群的乘法表总是一个拉丁方，但反过来就不一定对，因为结合律可能不满足. 例如下面的 5×5 的拉丁方（表 6）不能解释为某个群的乘法表，因为

$$(ab)c=dc=a$$

而

$$a(bc)=ad=c$$

与结合律矛盾.

表 6

	1	a	b	c	d
1	1	a	b	c	d
a	a	1	d	b	c
b	b	c	1	d	a
c	c	d	a	1	b
d	d	b	c	a	1

容易验证下面六个矩阵的集合 H

$$\boldsymbol{I}=\begin{pmatrix}1&0\\0&1\end{pmatrix}, \boldsymbol{A}=\begin{pmatrix}-1&-1\\1&0\end{pmatrix}, \boldsymbol{B}=\begin{pmatrix}0&1\\-1&-1\end{pmatrix}$$

$$\boldsymbol{C}=\begin{pmatrix}0&1\\1&0\end{pmatrix}, \boldsymbol{D}=\begin{pmatrix}1&0\\-1&-1\end{pmatrix}, \boldsymbol{E}=\begin{pmatrix}-1&-1\\0&1\end{pmatrix}$$

对于矩阵乘法是封闭的. 例如

$$\boldsymbol{B}=\boldsymbol{A}^2, \boldsymbol{A}^3=\boldsymbol{C}^2=\boldsymbol{D}^2=\boldsymbol{E}^2=\boldsymbol{I}, \boldsymbol{AD}=\boldsymbol{C}, \boldsymbol{AC}=\boldsymbol{E}$$

等. 此外，我们会发现 H 的乘法表与前面的表 5 本质上全同，只要用 $\boldsymbol{I}$ 代替 1，用大写字母代替小写字母. 因此，假如按照表 5，$xy=z$，H 中对应的矩阵就满足关

系式 $\boldsymbol{XY}=\boldsymbol{Z}$. 相反地,$H$ 中任意一个乘法关系将与 G 中对应的关系配对. 但是正如大家熟知的,任何矩阵的乘法都是可结合的. 于是对于 H 中任意三个元素,有 $(\boldsymbol{XY})\boldsymbol{Z}=\boldsymbol{X}(\boldsymbol{YZ})$. 因而我们证明了 $x(yz)=(xy)z$ 在 G 中也成立. 因此我们也就在 G 中验证了结合律. 上面这种情况可这样来描述:H 提供了一个 G 的具体模型.

2.4 群元素的阶

有一个重要的概念是利用单位元 e 来规定的.

设 G 是任一群,在其中任取一元素 g,依次作它的各次方幂得到无限序列

$$g,g^2,g^3,\cdots$$

由群的性质知这些方幂都是 G 的元素. 这时,有两个可能的情形:或者列举在上面的 g 的所有次幂彼此都不相同,或者存在两个整数 s 与 t 使得 $s>t$,且

$$g^s=g^t$$

因此

$$g^{s-t}=e$$

于是,在这种情况下,g 的某一正整数乘幂等于单位元素,因而一定存在一个 g 的最小正整数指数次幂等于单位元素[①]. 这一点引导出下面的定义.

定义 2.4.1 设 g 为某一群 G 的元素,假如所有 g 的幂彼此都不同,就说 g 是无限阶的. 假如 g 的各次幂不是都不相同,那么能使 $g^m=e$ 的最小正整数称为元素 g 的阶(或称为周期).

在一个有限群里,所有元素的阶都是有限的(但不同元素的阶未必相同). 全体单位根群(2.1 的第(9) 个例子) 表明[②],也存在这样的无限群,其所有元素的周期均有限. 所有元素的周期都是有限的群称为周期群. 另一方面,也存在这样的群,在它们里面除单位元之外,所有元素的周期都是无限的. 这样的群习惯上叫作无扭群,整数加法群就是这样的例子(2.1 的第(1) 个例子). 最后,在一个群里既包含周期无限的元素,也包含不等于单位元素的有限周期元素,这样的群就可以很自然地称为混合群. 例如在有理数乘法群(2.1 的第(4) 个例子) 中,数 -1 的阶是 2,所有其余异于单位元的数是无限阶的.

如果元素 a 的阶等于 m,那么 $a^m=e$,但是当 $0<k<m$ 时,$a^k\neq e$. 还有,假

---

① 特别是在有限群的情况是一定会出现的:G 的元素不能是无限多,所以在刚才的序列中必有重复出现.

② 除零外,这个群里所有元素都有无限阶.

如 $n=mq$，则我们有

$$a^n=(a^m)^q=e$$

这句话反过来说也是正确的.

定理 2.4.1 假如 a 是 m 阶的，那么 $a^n=e$，当且仅当 n 是 m 的倍数.

证明 用 m 除 n，设 q 为商，r 为余数

$$n=mq+r$$

这里 $0\leqslant r<m$. 因而

$$e=a^n=(a^m)^q a^r=e\cdot a^r=a^r$$

这一点与 m 的最小性相矛盾，除非 $r=0$. 因此

$$n=mq$$

易于验证下面关于群的一个元素的阶的事实：

(1) 单位元素是唯一的一阶元素.

(2) 元素 a 与 a^{-1} 有相同的阶.

(3) 假如 $b=tat^{-1}$，此处 t 是任意元素，那么 a 与 b 是同阶的.

定理 2.4.2 设 a 是 m 阶元素，假如 s 是某一个整数，那么 a^s 是 $m/(m,s)$ 阶元素，其中 (m,s) 表示 m,s 的最大公约数.

证明 设 $d=(m,s)$. 于是我们有

$$m=dm',s=ds'$$

这里 $(m',s')=1$. 我们必须证明 a^s 是 m' 阶的. 现在

$$(a^s)^{m'}=a^{s'dm'}=(a^{m'd})^{s'}=(a^m)^{s'}=e$$

因为 a 是 m 阶的. 尚需证明，假如 t 是任一正整数，使得

$$(a^s)^t=e \tag{1}$$

那么 $t\geqslant m'$. 假设式(1) 正确，那么根据定理 2.4.1，$m\mid st$，即 $m'd\mid s'dt$，因此 $m'\mid s't$. 但是 m' 与 s' 互素，因此 $m'\mid t$，从而 $m'\leqslant t$.

在群是交换的时候，下面的定理成立：

定理 2.4.3 设 $b_1,b_2,\cdots,b_m$ 是交换群的元素，它们的阶分别为两两互素的 $r_1,r_2,\cdots,r_m$，则乘积

$$b=b_1b_2\cdots b_m$$

的阶是 $r=r_1r_2\cdots r_m$.

证明 由于

$$b^r=b_1^rb_2^r\cdots b_m^r=e$$

所以 b 的阶是 r 的因子. 设 q 是 r 的素因子，则 q 出现在某个因子 r_i 中，并且 $\frac{r}{q}$ 被

其余 r_j 整除,但不被 r_i 整除.因此

$$b^{\frac{r}{q}}=b_1^{\frac{r}{q}}b_2^{\frac{r}{q}}\cdots b_m^{\frac{r}{q}}=b_i^{\frac{r}{q}}\neq e$$

因为这对 r 的任意素因子 q 都对,所以 b 的阶恰是 r.

定理 2.4.4 设 G 为一个有限交换群,于是在 G 中存在一个元素,它的阶是 G 中所有元素的阶的倍数.

证明 取 G 中一个具有最大阶的元素 g,它的阶为 n.我们来证明,G 中所有元素的阶都是 n 的因子.反证法,假如有一个元素 g_1,它的阶 n_1 不是 n 的因子.由 $n_1\nmid n$ 可知,存在一素数的方幂 p^r,使

$$p^r\mid n_1,\text{但 } p^r\nmid n$$

令

$$n_1=p^r\cdot h,n=p^s\cdot m$$

其中 $s<r,(m,p)=1$.于是元素 g_1^h 与 g^{p^s} 的阶分别为 p^r 与 m,由定理 2.4.3,元素 $g_1^hg^{p^s}$ 的阶为 $p^r\cdot m>p^s\cdot m=n$.这与 n 的选择矛盾.

§3 变换群·循环群

3.1 变换群

到现在为止我们已经有了几个群的例子,但这些例子或是利用普通数和普通加法、乘法来作成的,或是些极简单的,阶数不大的抽象群,并且大部分都是交换群.在这一节里我们要讨论一种具体的群.这种群一方面本身非常重要,另一方面它能给我们一个非交换群的例子,并且表明,一个群的元素不一定是数.

设 M 是对象 $a,b,c,\cdots$ 的一个有限或无限集.我们知道,M 到其自身的映射

$$\varphi:M\to M$$

叫作 M 的一个变换.它是一个法则,根据这个法则,对于每一个 $x\in M$,有唯一指定的对象 $y\in M$ 与之对应,称之为 x 在 φ 下的像.我们宁愿写成 $y=x\varphi$,而不用记号 $y=\varphi(x)$,因为后者更习惯用于分析和拓扑中.

两个变换 φ 与 ϕ 是相等的,当且仅当对于所有的 $x\in M,x\varphi=x\phi$.两个变换 φ 与 ϕ 的合成 $\varphi\circ\phi$ 规定为这样一个变换,它是逐次施行已给变换(先 φ 而后 ϕ)的结果,就是说,对于任一 $x\in M$,我们认为

$$x(\varphi\circ\phi)=(x\varphi)\phi$$[1]

设 φ,ϕ 与 ψ 是三个 M 到自身的变换，我们要证明这些变换的合成永远服从结合律. 设 x 是 M 的任一对象，令

$$x\varphi=y,y\phi=z,z\psi=w$$

那么

$$x[\varphi\circ(\phi\circ\psi)]=(x\varphi)(\phi\circ\psi)=y(\phi\circ\psi)=(y\phi)\psi=z\psi=w$$

以及

$$x[(\varphi\circ\phi)\circ\psi]=[x(\varphi\circ\phi)]\psi=[(x\varphi)\phi]\psi=(y\phi)\psi=z\psi=w$$

由于 x 是 M 的任意一个对象，所以可得

$$\varphi\circ(\phi\circ\psi)=(\varphi\circ\phi)\circ\psi$$

一个集合的变换在一定程度上表达了这个集合的对称性质. 事实上，一个几何图形的对称性究竟意味着什么呢？这就是说，它可以被某些变换（反射、旋转等）变成自身，而在这些变换之下某些关系（如距离、角度、相对位置等）保持不变，用我们的语言说，就是这个图形，就其度量性质来说，能够容许某些变换.

现在我们把集合 M 的全体变换放在一起，作成一个集合 $S=\{\varphi,\phi,\psi,\cdots\}$. 容易明白，变换的合成是这个集合 S 的代数运算. 如此，我们把这个运算称为变换的乘法并用乘法符号 $\circ$ 表示. 对于这个乘法来说，S 有一个单位元素，也就是 M 的恒等变换

$$\varepsilon:x\rightarrow x\quad(\text{对于 } M \text{ 的任意元素 } x)$$

因为

$$\varepsilon\circ\varphi:x\rightarrow x(\varepsilon\circ\varphi)=x\varphi$$

$$\varphi\circ\varepsilon:x\rightarrow x(\varphi\circ\varepsilon)=x\varphi$$

由 x 的任意性，有

$$\varepsilon\circ\varphi=\varphi\circ\varepsilon=\varphi$$

但 S 对乘法还不能构成一个群，因为一个任意的变换 φ 不一定有逆元. 例如，考虑两个元素的集合 $\{1,2\}$ 上的所有变换

$$\varepsilon:1\rightarrow 1,2\rightarrow 2$$

$$\varphi_1:1\rightarrow 1,2\rightarrow 1$$

$$\varphi_2:1\rightarrow 2,2\rightarrow 2$$

$$\varphi_3:1\rightarrow 2,2\rightarrow 1$$

---

① 可以把乘积 st 理解为先施行 t，而后再施行 s，这样，元素 a 在变换 s 之下的像用 sa 表示是比较适当的.

用一个任意的 φ 从左边来乘 φ_1，得到

$$\varphi \circ \varphi_1: 1 \to 1(\varphi \circ \varphi_1) = 1, 2 \to 2(\varphi \circ \varphi_1) = 1$$

这就是说，无论 φ 是 $\{1,2\}$ 的哪一个变换，都有

$$\varphi \circ \varphi_1 \neq \varepsilon$$

换句话说，φ_1 没有逆元.

一般地，如果变换 $\varphi: M \to M$ 和 $\phi: M \to M$ 具有性质 $\varphi\phi = \varepsilon: M \to M$，那么称 ϕ 是 φ 的左逆元素，而 φ 是 ϕ 的右逆元素. 这些定义同"单射"和"满射"等概念有密切关系.

定理 3.1.1 变换 $\varphi: M \to M$ 是单射当且仅当它有右逆元素，φ 是满射当且仅当它有左逆元素.

证明 如果 φ 有右逆元素 $\phi: \varphi\phi = \varepsilon$，并且 $x\varphi = x'\varphi$，那么

$$x = x(\varphi\phi) = (x\varphi)\phi = (x'\varphi)\phi = x'(\varphi\phi) = x'$$

于是由 $x\varphi = x'\varphi$ 可推出 $x = x'$，因此 φ 是单射. 类似地，如果 φ 有左逆元素 ψ，则 $\psi\varphi = \varepsilon$. 因此 M 中的任何元素 y 都可写成

$$y = y\varepsilon = y(\psi\varphi) = (y\psi)\varphi$$

这表明 y 是某一元素 x 的 φ 一像. 因此 φ 是满射.

反过来，已知任意 $\varphi: M \to M$，我们首先如下构造第二个变换 $\phi: M \to M$. M 中有一些元素，其中每个元素 y 是 M 的一个或多个元素 x 在 φ 之下的像，对每个元素 y，在这些元素 x 中任意选出①一个元素作为像 $y\phi$. 那么，对形式为 $x\varphi$ 的任何一个 y，有

$$y(\phi\varphi) = (y\phi)\varphi = x\varphi = y$$

再令 φ 按任意方式映射到 M 中其余的元素 y，例如映射到(非空)集合 M 的某个固定元素上.

现在，如果 φ 是满射，那么每个 y 都有形式 $x\varphi$，因此 $\phi\varphi = \varepsilon$，所以 φ 有 ϕ 作为它的左逆元素. 另一方面，如果 φ 是单射，那么，对每个 x，$(x\varphi)\phi$ 一定是唯一的 x，即上面所说的 $y = x\varphi$ 中的 x. 因此 $\varphi\phi = \varepsilon$，所以 ϕ 是 φ 的右逆元素，如断言所述.

推论 1 变换 $\varphi: M \to M$ 是一一映射当且仅当它既有右逆元素又有左逆元素. 如果 φ 是一一映射，那么它的任意右逆元素等于它的任意左逆元素.

事实上，如果 φ 有右逆元素 ϕ 和左逆元素 ψ，那么

---

① 在这样的元素组成的集合是无限的情况下，选择公理(参见《代数学教程(第一卷. 集合论)》) 断言：对每个 y，可以选择无限多个这样的 x.

$$\phi=\varepsilon\phi=(\psi\varphi)\phi=\psi(\varphi\phi)=\psi\varepsilon=\psi$$

把变换 $\varphi:M\to M$ 的(双边)逆元素定义为满足

$$\varphi\varphi^{-1}=\varphi^{-1}\varphi=\varepsilon$$

的任意变换 φ^{-1}. 这些等式也表明 φ^{-1} 叫作 φ 的(双边)逆元素,因此进一步有:

推论 2 变换 $\varphi:M\to M$ 是一一映射当且仅当 φ 有(双边)逆元素 φ^{-1}. 如果 φ 是一一映射,那么它的逆元素是唯一的,并有

$$(\varphi^{-1})^{-1}=\varphi$$

这个推论可以直接证明,因为 φ^{-1} 只不过是这样一个变换,它把 M 的每个元素 $y=x\varphi$ 变回原来唯一的元素 x. 在 M 是有限的特殊情况下,φ 是单射当且仅当 φ 是满射,因此在这种情况中左逆元素和右逆元素的更细致的讨论是没有意义的.

对于集合 M 到另一个集合 T 的映射 $\varphi:M\to T$,定理 3.1.1 及其推论以及它们的证明也都成立. 我们只需注意,左逆元素 ϕ 或者右逆元素 ψ 是第二个集合 T 到集合 M 的映射,并注意

$$\phi\varphi=\varepsilon_T:T\to T,\varphi\psi=\varepsilon_M:M\to M$$

这里 ε_M 和 ε_T 分别是 M 和 T 上的恒等变换.

回到群的问题,如前所述,所有变换的集 S 本身一般不作成一个群,但它的一个子集 G 对于上述运算来说却可能作成一个群. 因为群要求每个元素都有唯一的逆元素,所以按照推论 2 可得出 G 作成一个群的必要条件.

定理 3.1.2 假定 G 是集合 M 的若干个变换所作成的集合,并且 G 包含恒等变换. 若是对于上述乘法来说 G 作成一个群,那么 G 只包含 M 的一一变换.

现在我们规定:

定义 3.1.1 一个集合 M 的若干一一变换对于以上规定的乘法作成的一个群叫作 M 的一个变换群.

以上我们得到了变换作成群的必要条件,并且按照这个条件规定了变换群这个名词. 但变换群是不是存在,换一句话说,我们能不能找得到若干个一一变换,使得它们作成一个群,结论还不知道. 事实上这种群是存在的.

定理 3.1.3 一个集合上的所有的一一变换作成一个变换群 G.

证明 我们来验证 G 满足群定义的 Ⅰ,Ⅱ,Ⅳ,Ⅴ 四个条件.

Ⅰ. 假如 φ,ϕ 是两个一一变换,那么 $\varphi\circ\phi$ 也是一一变换.

因为对于 M 中的任意元 x,由于 ϕ 是一一变换,在 M 中有 y 存在且满足条件

$$\phi:y\to x=y\phi$$

由于 φ 是一一变换,在 M 中有 z 存在且满足条件

$$\varphi : z \to y = z\varphi$$

这样

$$\varphi \circ \phi : z \to (z\varphi)\phi = y\phi = x$$

所以 $\varphi \circ \phi$ 是 M 到 M 的满射.

假如 $a \neq b$,那么

$$a\varphi \neq b\varphi, (a\varphi)\phi \neq (b\varphi)\phi$$

即

$$a(\varphi \circ \phi) \neq b(\varphi \circ \phi)$$

所以 $\varphi \circ \phi$ 是一一变换.

Ⅱ.既然结合律对一般的变换的乘法都成立,自然对于一一变换也成立.

Ⅳ.恒等变换 ε 是一一变换.

Ⅴ.对于任意一个变换 ϕ,我们可以确定另一个对应

$$\varphi^{-1} : y \to x = y\varphi^{-1}$$

其中 $y = x\varphi$.

容易验证,这个对应亦是 M 上的变换并且还是一一变换.同时

$$\varphi^{-1} \circ \varphi = \varphi \circ \varphi^{-1} = \varepsilon$$

就是说 φ^{-1} 是 φ 的逆元.

这样,我们证明了变换群的确是存在的.以上的定理当然不是说,除了全体一一变换所作成的集合以外,没有其他的变换群存在.

例如,设 M 是一个平面的所有的点作成的集合,那么平面的一个点绕一个定点的旋转可以看成 M 的一个一一变换.我们让 G 包含所有绕一个定点的旋转,那么 G 作成一个变换群.因为假如我们用 τ_θ 来表示转 θ 角的旋转,就有:

Ⅰ.$\tau_{\theta_1}\tau_{\theta_2} = \tau_{\theta_1+\theta_2}$,$G$ 是闭的;

Ⅱ.结合律成立是显然的;

Ⅳ.恒等变换 $\varepsilon = \tau_0$.

Ⅴ.$\tau_\theta^{-1} = \tau_{-\theta}$.

但 G 显然不包括 M 的全部一一变换.

所以给了一个集合 M,除了定理 3.1.3 的最大的变换群以外,的确还可以有别的较小的变换群.通常我们不考察全体这样的变换,而仅考察某些具有给定附加性质 α 的变换,或简称为 α - 变换.为了使集合 M 的所有 α - 变换组成一个群,显然,满足下列两个条件即可:

(1) 两个 α - 变换的乘积必须具有性质 α.

(2)α - 变换的逆变换必须具有性质 α.

这个要注意,在考察以后的例子时将用到,那些例子的每一个都是某个集合 M 在某性质 α 条件下的全体 α - 变换群.

变换群一般不是交换群. 假如 τ_1 是平面的一个平移,它把原点 $(0,0)$ 平移到 $(1,0)$;τ_2 是绕原点转 $\frac{\pi}{2}$ 的旋转,那么 τ_1 和 τ_2 都是刚才那个例子的集合 M 的一一变换,但

$$\tau_1\tau_2:(0,0) \to (0,1)$$

$$\tau_2\tau_1:(0,0) \to (1,0)$$

$$\tau_1\tau_2 \neq \tau_2\tau_1$$

这样,变换群告诉我们非交换群的存在.

变换群在数学上,尤其在几何上的实际应用极广,但就是在群的理论上这种群也有它的重要性,因为我们可以证明:

定理 3.1.4 任何一个群都同一个变换群同构.

证明 假定 G 是一个群,G 的元是 $a,b,c,\cdots$. 我们在 G 里任意取出一个元素 g,那么

$$\varphi_g: x \to xg = x\varphi_g,\text{对于 } G \text{ 的任意元素 } x$$

是集合 G 的一个变换. 因为给了 G 的任意元 x,我们能够得到一个唯一的 G 的元 $x\varphi_g$. 这样由 G 的每一个元 g,可以得到 G 的一个变换 φ_g.

我们把所有这样得来的 G 的变换放在一起,作成一个集合 $\overline{G} = \{\varphi_a, \varphi_b, \varphi_c, \cdots\}$,那么

$$\phi: x \to \varphi_x,\text{对于 } G \text{ 的任意元素 } x$$

是 G 到 $\overline{G}$ 的满射. 依 G 的消去律:若 $g \neq h$,则 $xg \neq xh$. 这表明:若 $g \neq h$,则 $\varphi_g \neq \varphi_h$,所以 ϕ 是 G 与 $\overline{G}$ 间的一一映射.

再进一步看

$$x\varphi_{gh} = x(gh) = (xg)h = (x\varphi_g)h = (x\varphi_g)\varphi_h = x(\varphi_g\varphi_h)$$

这就是说

$$\varphi_g\varphi_h = \varphi_{gh}$$

所以 ϕ 是 G 与 $\overline{G}$ 间的同构映射,于是 $\overline{G}$ 是一个群. 但 G 的单位元 e 的像

$$\varphi_e: x \to xe = x$$

是 G 的恒等变换 ε,由本段定理 3.1.2,$\overline{G}$ 是 G 的一个变换群. 这样 G 与 G 的一个变换群 $\overline{G}$ 同构.

这个定理告诉我们,任意一个抽象群都能够在变换群里找到一个具体的实例.

3.2 置换·对称群

研究作用在有限集 M 上的一一变换是特别重要的.为简单起见,M 的对象经常用整数 $1,2,\cdots,n$ 表示.M 到自身上的一一变换称为 n 次置换.它可用下面的符号明显地表示出来

$$s=\begin{pmatrix}1 & 2 & \cdots & n\\ a_1 & a_2 & \cdots & a_n\end{pmatrix} \tag{1}$$

这里 $a_j=s(j)$ 是 j 在 s 下的像.因此式(1)中的第二行是整数 $1,2,\cdots,n$ 的一个重新排列.根据初等代数我们知道,共有 $n!$ 个这样的排列.因此共有 $n!$ 个 n 次置换.全部的置换集将以 S_n 表之.

我们注意到式(1)所给出的置换可以用各种不同的等价方式表示出来,事实上,我们可以随意地安排式(1)中的各列.例如,下面的符号

$$\begin{pmatrix}1 & 2 & 3 & 4\\ 2 & 3 & 1 & 4\end{pmatrix}=\begin{pmatrix}2 & 1 & 4 & 3\\ 3 & 2 & 4 & 1\end{pmatrix}=\begin{pmatrix}4 & 2 & 1 & 3\\ 4 & 3 & 2 & 1\end{pmatrix}=\cdots$$

全部表示同一个置换.这些符号中的第一个,顶上一行的对象按自然次序排列,称为标准形式.明显看出,任一置换容许 $n!$ 个等价的形式.因为顶上一行可以任意选择而第二行按规定相应地排列.

设

$$t=\begin{pmatrix}1 & 2 & \cdots & n\\ b_1 & b_2 & \cdots & b_n\end{pmatrix}=\begin{pmatrix}a_1 & a_2 & \cdots & a_n\\ c_1 & c_2 & \cdots & c_n\end{pmatrix} \tag{2}$$

是另一个置换,此处 $b_j=s(j)$ 及 $c_j=s(a_j)$.置换的合成遵循合成映射的规则.可是,为了简便,我们把乘积写成 ts 而不写成 $t\circ s$.因而 ts 是一置换,它是首先施行 s 置换,然后施行 t 置换的结果.这样的规定是适合的.当 t 像式(2)所指出的那样,已经对用 s 右乘做好"准备",乘积 ts 可以立即写出,即

$$ts=\begin{pmatrix}1 & 2 & \cdots & n\\ c_1 & c_2 & \cdots & c_n\end{pmatrix}$$

因为对于任一 $j(j=1,2,\cdots,n)$,$s(j)=a_j$ 及 $t(a_j)=c_j$,所以 $ts(j)=t(s(j))=t(a_j)=c_j$.

例如,当

$$t=\begin{pmatrix}1 & 2 & 3 & 4\\ 2 & 3 & 4 & 1\end{pmatrix},s=\begin{pmatrix}1 & 2 & 3 & 4\\ 3 & 1 & 2 & 4\end{pmatrix}$$

时，在 s 恰当地重新排列之后，我们看出

$$ts=\begin{pmatrix}1&2&3&4\\2&3&4&1\end{pmatrix}\begin{pmatrix}1&2&3&4\\3&1&2&4\end{pmatrix}=\begin{pmatrix}1&2&3&4\\1&2&4&3\end{pmatrix}$$

顺便提一下

$$st=\begin{pmatrix}1&2&3&4\\3&1&2&4\end{pmatrix}\begin{pmatrix}1&2&3&4\\2&3&4&1\end{pmatrix}=\begin{pmatrix}1&2&3&4\\4&2&3&1\end{pmatrix}$$

这证明置换乘法一般是非交换的.

置换

$$\varepsilon=\begin{pmatrix}1&2&\cdots&n\\1&2&\cdots&n\end{pmatrix}=\cdots=\begin{pmatrix}a_1&a_2&\cdots&a_n\\a_1&a_2&\cdots&a_n\end{pmatrix}$$

使所有的对象不变，它明显地满足关系 $s\varepsilon=\varepsilon s=s$，因而是恒等置换. s 的逆元素用下面的符号给出

$$s^{-1}=\begin{pmatrix}a_1&a_2&\cdots&a_n\\1&2&\cdots&n\end{pmatrix}$$

（在非标准形式下）因为易于验证

$$ss^{-1}=s^{-1}s=\varepsilon$$

例如

$$\begin{pmatrix}1&2&3&4\\2&3&4&1\end{pmatrix}^{-1}=\begin{pmatrix}2&3&4&1\\1&2&3&4\end{pmatrix}=\begin{pmatrix}1&2&3&4\\4&1&2&3\end{pmatrix}$$

不需要去验算结合律，因为它已经包括在映射的一般性质内. 因此我们证明了下面的定理.

定理 3.2.1 关于 n 个对象的所有置换的集 S_n 形成一个 $n!$ 阶的群，称为 n 次对称群，合成规则是这些对象到自身上的映射上合成.

做少许的练习，读者就会习惯于得出两个或更多置换的乘积而不用写出中间步骤. 例如，设

$$s_1=\begin{pmatrix}1&2&3&4\\2&3&1&4\end{pmatrix},s_2=\begin{pmatrix}1&2&3&4\\4&1&2&3\end{pmatrix},s_3=\begin{pmatrix}1&2&3&4\\4&3&2&1\end{pmatrix}$$

为了得出乘积 $s_3s_2s_1$，我们依次考察当置换 s_1,s_2,s_3 相继施行时，每一个对象所经过的变化. 因而

$$1\to2\to1\to4$$
$$2\to3\to2\to3$$
$$3\to1\to4\to1$$
$$4\to4\to3\to2$$

此处每一行中的箭头表示 s_1，s_2 与 s_3 的作用(按这次序)，且从左向右念. 所以

$$s_3s_2s_1=\begin{pmatrix}1&2&3&4\\4&3&1&2\end{pmatrix}$$

作为进一步的实例，我们列举 S_3 的 6 个置换

$$\varepsilon=\begin{pmatrix}1&2&3\\1&2&3\end{pmatrix},s_1=\begin{pmatrix}1&2&3\\2&3&1\end{pmatrix},s_2=\begin{pmatrix}1&2&3\\3&1&2\end{pmatrix}$$

$$s_3=\begin{pmatrix}1&2&3\\2&1&3\end{pmatrix},s_4=\begin{pmatrix}1&2&3\\3&2&1\end{pmatrix},s_5=\begin{pmatrix}1&2&3\\1&3&2\end{pmatrix}$$

审查一下群 S_3 的结构，我们认出 S_3 是与前面 § 2 中 2.3 的群表 5 所表示的抽象群同构的. 这同构是通过将 ε 与 1 配对，将 s_1 与 a，s_2 与 b，…… 配对而建立的. 例如，根据置换相乘的规则，我们看出

$$s_1s_3=\varepsilon,s_2s_3=s_4$$

它们对应群表中的关系

$$ac=e,bc=d$$

因而我们得到这个抽象群的另一种表示.

我们转而讨论置换的轮换表示。设集 M 分成两个互不相交的子集，比如说

$$M_1=\{1,2,\cdots,m\},M_2=\{m+1,m+2,\cdots,n\}$$

又 s 与 t 是 M 的这种置换，使得 s 只作用在 M_1 上，而让 M_2 的每一个对象不变，t 只作用在 M_2 上而不改变 M_1 的任一个对象. 那么很明显 $ts=st$，因为 s 与 t 的作用互不干扰. 因而我们注意到，作用在互不相交的对象集上的置换互相交换.

循环地交换 m 个对象的置换称为 m 次轮换. 因而假如对象用 $1,2,\cdots,m$ 表示，这个置换使用下面的符号表示

$$s=\begin{pmatrix}1&2&\cdots&m-1&m\\2&3&\cdots&m&1\end{pmatrix}\tag{3}$$

假如我们想象 m 个对象安放在圆周的 m 个位置上，那么 s 移动每一个对象到下一个位置，因此，特别地，最后的对象就占有第一个位置. 通常将轮换写成缩写符号

$$s=(1,2,\cdots,m)$$

认为它等价于(3). 因此

$$s(i)=i+1,i=1,2,\cdots,m;s(m)=1\tag{4}$$

因为无论从哪一个对象开始运算都没有关系，所以我们能够用下面任一个等价的形式表示 s

$$(1,2,\cdots,m)=(2,3,\cdots,m,1)=\cdots=(m,1,\cdots,m-1) \tag{5}$$

s 的作用能用方程(4) 描写,或者更简单地用

$$s(j)=j+1 \pmod m \tag{5'}$$

描写,(5′) 的右边理解为约化成模 m 的最小正剩余.类似地,s 的 h 次幂的作用总结为

$$s^h(j)=j+h \pmod m \tag{6}$$

因此很明显 $s^m=\varepsilon$,而当 $0<h<m$ 时 $s^h\neq\varepsilon$.因而我们看出 m 次轮换是 m 阶的.

今后,我们约定在置换 s 下固定不变的对象无须明显地在 s 的符号中写出.例如,当 $n=3$ 时

$$(1\ 2\ 3)=\begin{pmatrix}1 & 2 & 3\\ 2 & 3 & 1\end{pmatrix}$$

而当 $n=5$ 时

$$(1\ 2\ 3)=\begin{pmatrix}1 & 2 & 3 & 4 & 5\\ 2 & 3 & 1 & 4 & 5\end{pmatrix}$$

严格地讲,符号(1 2 3) 在此处表示两个不相同的置换,各自具有不相同的次数.但是根据上下文,涉及多少对象,因而哪些对象不变一般是清楚的.

将一置换表示为一些轮换的乘积通常是方便的,这些轮换分别作用在不相交的对象集上.比如,当 $n=7$ 时

$$s=(1\ 2)(4\ 6\ 7)$$

表示置换

$$s=\begin{pmatrix}1 & 2 & 3 & 4 & 5 & 6 & 7\\ 2 & 1 & 3 & 6 & 5 & 7 & 4\end{pmatrix}$$

不论什么置换都可以分解成互不相交的轮换.为了说明这一点,我们引入 s 下的轨道的概念.选取任一对象 h,看重复应用 s 之后对 h 会产生什么影响.集

$$h,s(h),s^2(h),\cdots \tag{7}$$

称为 h 的轨道.因为式(7) 中的对象不能全部不同,一定有非负整数 p,q,使得 $q>p$ 而且 $s^q(h)=s^p(h)$.因而 $s^{q-p}(h)=h$.因此存在一个最小正整数 u,使得

$$s^u(h)=h \tag{8}$$

于是很清楚,s 包含 h 阶轮换

$$(h,s(h),s^2(h),\cdots,s^{u-1}(h)) \tag{9}$$

假如 k 是任一不包含在式(9) 中的对象,那么,设 v 是使得 $s^v(h)=h$ 的最小正整数.因而 k 生成轮换

$$(k, s(k), s^2(k), \cdots, s^{v-1}(k)) \tag{10}$$

重要的是注意轮换(9) 与(10) 没有公共元素,因为若假设

$$s^a(h) = s^b(k)$$

那么

$$k = s^{a-b}(h)$$

用 v 除 $a-b$,我们得到

$$a - b = dv + r$$

此处 $0 \leqslant r < v$,因而就有

$$k = s^r(h)$$

这与 k 的选择矛盾.假如有一个对象不包含在(9)与(10)内,这个对象将生成另外的轮换,它与前面的轮换不相交.我们如此继续建立轮换,一直到所有的对象都包括为止.在 s 下保特不变的对象生成一个长度为 1 的轮换,根据我们的约定,它可以省去.用更专门的术语,我们可以说在 M 的对象之间已经建立了一个等价关系,两个对象是等价的,当且仅当它们属于同一轨道因而属于同一轮换.像读者将要知道的那样,M 上的一个等价关系总是导致将 M 分成不相交的等价类的一个划分.在目前,这些等价类相当于 s 的轮换因子.因此我们已经证明了下面的定理.

定理 3.2.2 一个置换可以分解成互不相交的轮换的乘积.这些轮换互相交换,而且除了这些轮换因子重新排列之外,这个分解是唯一的.

例 设

$$s = \begin{pmatrix} 1 & 2 & 3 & 4 & 5 & 6 & 7 & 8 \\ 4 & 5 & 6 & 1 & 7 & 8 & 2 & 3 \end{pmatrix}$$

从对象 1 开始,我们看出它的轨道是 1,4.因而 s 包含轮换(1 4).对于任一不在这个轮换内的对象,比如说 2,我们继续去找它的轨道,得到 2 的轨道 2,5,7,它给出轮换(2 5 7).最后我们得到轨道 3,6,8,因而得到轮换(3 6 8).因为不再有对象需要考虑,所以我们证明了

$$s = (1\ 4)(2\ 5\ 7)(3\ 6\ 8)$$

3.3 循环群·整数加群与剩余类群

前两目,我们认识了两种具体的群(变换群和对称群),但具体的群是很多的,是研究不完的.所以我们现在又要返回来讨论一般的抽象群.依照上两目的定理,如果我们能把变换群完全研究清楚,那么就等于把全体抽象群都研究清楚了.但经验告诉我们,研究变换群并不比研究抽象群容易.所以研究抽象群一

般还是用直接方法.

研究群的最大目的可以用一句话说完,就是要把所有的抽象群都找出来.说详细些,就是要看一看,一共有多少个互相不同构的群存在.为达到这个目的,我们并不企图一下子就把所有的群都找出来.因为否则问题太复杂了.我们的方法是:把群分成若干类.比方说,有限群,无限群,交换群,非交换群等,然后看一看,每一类有多少不同的群.可惜到现在为止,我们对于群的知识还非常有限,已经完全弄清楚了的群只有少数几类,其余大多数的群还在等待我们去解决.在这一目里我们要把已经完全解决了的一类群讨论一下.

看一个群 G,我们问 G 的元会不会都是 G 的某一个固定元 a 的乘方?我们说这个情形是可能的.

设 Z 是所有整数的集合.我们知道 Z 对于普通加法来说作成一个群.这个群我们把它叫作整数加群.这个群的全体的元就都是 1 的乘方.这一点,假如把 Z 的代数运算不用 $+$ 而用 $\circ$ 来表示,就很容易看出.我们知道 1 的逆元是 -1.假定 m 是任意正整数,那么

$$m=\overbrace{1+1+\cdots+1}^{m\text{个}}=\overbrace{1\circ 1\circ\cdots\circ 1}^{m\text{个}}=1^m$$

$$-m=\overbrace{(-1)+(-1)+\cdots+(-1)}^{m\text{个}}=\overbrace{(-1)\circ(-1)\circ\cdots\circ(-1)}^{m\text{个}}=1^{-m}$$

这样 Z 的不等于 0 的元都是 1 的乘方.但 0 是 Z 的单位元,依照定义:$0=1^0$.

现在我们规定:

定义 3.3.1 若一个群 G 的每一个元都是 G 的某一个固定元 a 的乘方,我们就把 G 叫作循环群.我们也说,G 是由元 a 所生成的,并且用符号 $G=(a)$ 来表示,a 叫作 G 的一个生成元.

我们再举一个重要的例子.设 m 是大于 1 的固定整数,在本段中 m 称为模.假如两整数的差 $a-b$ 能被 m 整除,那么这两个整数 a 与 b 就称为关于模 m 同余,或者称为模 m 同余,这用符号写成

$$a\equiv b(\bmod m)$$

这相当于说:存在一个整数 k 使得

$$a=b+km$$

例如,$18\equiv 3(\bmod 5)$,$12\equiv 4(\bmod 8)$,$-2\equiv 1(\bmod 3)$.

任何一个整数都恰与集

$$Z_m=\{0,1,2,\cdots,m-2,m-1\}$$

中的每一个整数模 m 同余.因而 Z_m 被称为模 m 的完全剩余集.事实上,这些数

是模 m 的最小非负剩余.

容易检验下面关于同余的法则:

假如 $a_1 \equiv b_1 \pmod m$, $a_2 \equiv b_2 \pmod m$,那么

$$a_1 + a_2 \equiv b_1 + b_2 \pmod m, a_1 a_2 \equiv b_1 b_2 \pmod m \tag{1}$$

由于第一个式子,我们能用下面的规则赋予集合 Z_m 一个加法群结构. 这个规定是:$a + b$ 是 Z_m 中与 $a + b$ 模 m 同余的元素,换句话说,元素的合成是普通的加法,假如和大于 m,就将元素的和约化到模 m 的最小非负剩余. 单位元素是零,a 的逆元素是$(m-a)$. 因而 Z_m 是一个群,它称为模 m 的完全剩余类的加法群. 例如,当 $m=5$ 时,$1+2=3$,$3+4=2$,$2+3=0$. 等等.

现在作出模 m 的完全剩余类的加法群 Z_m 的乘法表(表 1):

表 1

	0	1	…	$m-2$	$m-1$
0	0	1	…	$m-2$	$m-1$
1	1	2	…	$m-1$	0
⋮	⋮	⋮	⋮	⋮	⋮
$m-1$	$m-1$	0	…	$m-3$	$m-2$

这样得到的剩余类的加群是循环群,因为1显然是 Z_m 的一个生成元:Z_m 的每一个元素可以写成

$$1^i = \overbrace{1 + 1 + \cdots + 1}^{i\text{个}}$$

读者也许会问,是否可以用相似的方法利用(1) 在剩余集中引入一个乘法群结构. 但是不久就会明白,即使略去零剩余 —— 它明显地不能是阶大于 1 的乘法群的元素 —— 我们也达不到目的. 像我们在 §2,2.3 中所看到的那样,消去律要求假如 $cx = cy$,则 $x = y$. 但是,例如,我们有 $22 \equiv 4 \pmod 6$,而 $11 \not\equiv 2 \pmod 6$,所以消去律对于模 m 的乘法一般并不成立.

尽管如此,我们将看到,同余式中的消去律在某些情况下是容许的. 为了分析这种情况,我们需要从初等数论中借用一些结果和记号:a 与 b 的最大公约数用(a,b) 表示;特别地,当$(a,b)=1$ 时,我们说 a 与 b 互素;如果 a 能整除 b,我们写成 $a \mid b$. 下面的事实只引用不证明.

(i) 假如 $m \mid kc$ 及$(m,k)=1$,那么 $m \mid c$.

(ii) 假如$(m,a)=1$ 及$(m,b)=1$,那么$(m,ab)=1$.

(iii) 假如$(m,a)=1$,那么存在整数 u 与 v 使得 $au + mv = 1$.

现在我们可以说:假如$(k,m)=1$,那么,由同余式

$$kx \equiv ky(\bmod m) \tag{2}$$

可得 $x \equiv y(\bmod m)$. 因为(2) 相当于 $m \mid k(x-y)$,从而由(i),$m \mid x-y$,即 $x \equiv y(\bmod m)$. 因此假如某一因子与模互素,那么它就可以消去.

在集

$$1,2,\cdots,m$$

中那些与 m 互素的整数个数用 $\varphi(m)$(欧拉函数) 表示. 例如,$\varphi(m)=6$,因为有 6 个整数 n 使得 $1 \leqslant n \leqslant 9$ 及$(n,9)=1$. 当 p 是素数时,在集 $1,2,\cdots,p$ 的所有整数中,除最后一个整数外,都与 p 互素,因此

$$\varphi(m)=p-1$$

还有,当 $m=p^t$ 时,此处 t 是正整数,集 $1,2,\cdots,p^t$ 中只有 p 的倍数不与 p 互素. 因为共有 p^{t-1} 个 p 的倍数,所以

$$\varphi(p^t)=p^t-p^{t-1}$$

通常约定 $\varphi(1)=1$.

一般地,令

$$Z_m^*=\{a_1,a_2,\cdots,a_{\varphi(m)}\} \tag{3}$$

为与 m 互素的最小的正剩余集,因而$(a_i,m)=1$ 及 $0<a_i<m$. 其中某一剩余,比如说 a_1,等于 1. 由(ii),集合(3) 中任意两个元素的积还与 m 互素;当这个积大于 m 时,它就不包括在(3) 内而与(3) 中的某一个元素同余. 事实上任意一个与 m 互素的整数都是这样,因此我们可以写成

$$a_i \cdot a_k \equiv a_h(\bmod m)$$

且在 Z_m^* 中用乘法这样来定义一个合成法则:如果必要,就将乘积约化到模 m 的最小正剩余;例如 $4\times 5 \equiv 2(\bmod 9)$,$4\times 7 \equiv 1(\bmod 9)$. 假如已经明白我们只在模 m 中算术运算,使得等式只适合用于模 m,那么简单地将 Z_m^* 中的乘法表达如下是合适的:$a_i \cdot a_k \equiv a_h$.

从同余式的性质易于推导出 Z_m^* 中交换律和结合律是满足的;也很清楚 $1(=a_1)$ 是单位元素. 剩下需要证明每一元素 $a \in Z_m^*$ 具有一逆元素. 既然$(a,m)=1$,我们能够应用(iii) 推出下面形式的等式存在:$au+mv=1$. 这相当于 $au \equiv 1(\bmod m)$. 因此 u 是 Z_m^* 中 a 的逆元素. 因而在所指定的合成规则下,Z_m^* 形成一个 $\varphi(m)$ 阶的阿贝尔群,称为以 m 为模的不可约剩余类群.

我们以上给了两种循环群的例子(整数加群与剩余类群),下面的定理表明,这些例子实际上已经穷举了所有的循环群.

定理 3.3.1 假定 G 是一个由元 a 所生成的循环群,那么 G 的构造完全可

以由 a 的阶来决定：

a 的阶若是无限，则 G 与整数加群同构；

a 的阶若是一个有限整数 m，则 G 与模 m 的剩余类加群同构.

证明　第一种情形：a 的阶无限. 这时 $a^h=a^k$，当且仅当 $h=k$.

由 $h=k$，可得 $a^h=a^k$. 显然，假如 $a^h=a^k$ 而 $h\neq k$，我们可以假定 $h>k$，而得到 $a^{h-k}=e$，与 a 的阶是无限的假定不合.

这样

$$a^k \rightarrow k$$

是 G 与整数加群 $\overline{G}$ 间的一一映射，但

$$a^h a^k=a^{h+k} \rightarrow h+k$$

所以 $G\cong\overline{G}$.

第二种情形：a 的阶是 m，$a^m=e$. 这时 $a^h=a^k$，当且仅当 $m\mid h-k$.

假如 $m\mid h-k$，那么

$$h-k=mq, h=k+mq$$

$$a^h=a^{k+mq}=a^k a^{mq}=a^k(a^m)^q=a^k e=a^k$$

假如 $a^h=a^k$，那么 $h-k=mq+r, 0\leqslant r\leqslant m-1$，于是

$$e=a^{h-k}=a^{mq+r}=a^{mq}a^r=ea^r=a^r$$

由阶的定义，$r=0$，也就是说，$m\mid h-k$.

这样

$$a^k \rightarrow k$$

是 G 与剩余类加群 $\overline{G}$ 间的一一映射，但

$$a^h a^k=a^{h+k} \rightarrow h+k$$

所以 $G\cong\overline{G}$.

证毕.

让我们看一看，到现在为止我们对于循环群已经知道了些什么. 假如有一个循环群，这个群一定有一个生成元，这个元一定有一个固定的阶. 这个阶或是无限大，或是一个正整数 m. 我们知道，生成元的阶是无限大或是一个给定的正整数 m 的循环群是有的(整数加群与剩余类群). 由定理 3.3.1，我们知道，抽象地来看，生成元的阶是无限大的循环群只有一个，生成元的阶是给定的正整数 m 的循环群也只有一个. 至于这些循环群的构造，我们也知道得很清楚：

假如 $G=(a)$，a 的阶是无限大，那么：

G 的元是　　　　$\cdots, a^{-2}, a^{-1}, a^0, a^1, a^2, \cdots$

G 的乘法是　　　　$a^h a^k=a^{h+k}$

假如 $G=(a)$，a 的阶是 m，那么 G 的元可以写成

$$a^0, a^1, a^2, \cdots, a^{n-1}$$

G 的乘法是

$$a^h a^k = a^{r_{hk}}$$

这里 $h+k=nq+r_{hk}$，$0 \leqslant r_{hk} \leqslant m-1$.

这样，我们对于循环群的存在问题、数量问题、构造问题都已能解答，而这正是我们研究一种代数系统的目的所在.

最后，我们指出，在以元素 a 为生成元的无限循环群中，元素 a^{-1} 同样也可以取作生成元；而由元素 a 的任何其他幂所生成的循环群则不能等于整个群. 可以证明：

定理 3.3.2 在 m 阶循环群 $G=(a)$ 中，元素 a^k，$0 \leqslant k \leqslant m-1$，能被取作生成元的充分必要条件是 k 与 m 互素.

事实上，如果 $(k,m)=1$，就有这样的整数 u 和 v 存在，使得

$$ku + mv = 1$$

在这时

$$(a^k)^u = a^{1-mv} = a \cdot a^{-mv} = a$$

另一方面，如果对于某一整数 k 有 $(a^k)^s = a$，则两个指数的差 $ks-1$ 应该能被 m 所整除(参看 2.4)

$$ks - 1 = mq$$

由此得出

$$ks - mq = 1$$

也就是说

$$(k,m) = 1$$

借用 $\varphi(m)$，定理 3.3.2 的另一种说法是：m 阶循环群里 m 阶元素的个数是 $\varphi(m)$.

现在来导出 $\varphi(m)$ 的计算式. 若 m 是某个素数的幂：$m=q^v$，则在 q^v 个 m 阶元素 a 的方幂中，除去 q^{v-1} 个 a^q 的方幂，都是 m 阶元素，因此

$$\varphi(q^v) = q^v - q^{v-1} = q^{v-1}(q-1) = q^v\left(1-\frac{1}{q}\right) \tag{4}$$

其次，如果 m 分解成互素的因子 $m=rs$，每个 m 阶元可以唯一地表示成一

个 r 阶元与一个 s 阶元的乘积[①],反过来,这样的乘积也是 m 阶元. r 阶元属于由 a^s 生成的 r 阶循环群,它的个数是 $\varphi(r)$.

类似地,s 阶元的个数是 $\varphi(s)$. 因此,作为它们的乘积的个数是

$$\varphi(m)=\varphi(r)\varphi(s)$$

若像上面一样,若

$$m=\prod_{i=1}^{k} r_i=\prod_{i=1}^{k} q_i^{v_i}$$

是 m 的互素素数幂的分解,利用前述公式就能得到

$$\varphi(m)=\varphi(r_1)\varphi(r_2)\cdots\varphi(r_k)$$

再利用式(4) 就得到

$$\begin{aligned}\varphi(m)&=q_1^{v_1-1}(q_1-1)q_2^{v_2-1}(q_2-1)\cdots q_k^{v_k-1}(q_k-1)\\&=m\left(1-\frac{1}{q_1}\right)\left(1-\frac{1}{q_2}\right)\cdots\left(1-\frac{1}{q_k}\right)\end{aligned}$$

由上节定理 2.4.4 即得下面循环群的判别条件:

定理 3.3.3 一个有限交换群 G 为循环群的充分必要条件是对于所有正整数 m,在 G 中适合方程 $x^m=e$ 的元素 x 的个数不超过 m.

证明 充分性:按定理 2.4.4,在 G 中有一个元素 g,它的阶 n 是 G 中所有元素阶的倍数. 换句话说,群 G 中所有元素都适合方程 $x^n=e$.

由定理的条件,$|G|\leqslant n$. 显然,$n\leqslant|G|$,因而 $|G|=n$. 这就证明,$G=(g)$ 为循环群.

---

① 事实上,可以证明:如果整数 r 与 s 互素,则群 G 中任一个阶为 $r\cdot s$ 的元素都是一个唯一确定的阶为 s 的方幂 $a^{\lambda r}$ 与一个唯一确定的阶为 r 的方幂 $a^{\mu s}$ 的乘积.

证明 假如 r 与 s 互素,故存在整数 λ,μ 使

$$\lambda r+\mu s=1 \qquad (*)$$

令 $b=a^{\lambda r},c=a^{\mu s}$,则显然 $a=bc$. 又

$$b^s=(a^{\lambda r})^s=(a^{rs})^{\lambda}=e$$

又若有 $b^m=e$,则 $a^{\lambda rm}=e$,注意到 a 的阶为 $r\cdot s$,故

$$rs\mid \lambda rm,s\mid \lambda m$$

又由(∗)知$(s,\lambda)=1$,所以 $s\mid m$,因此元素 b 的阶为 s. 同理可证明元素 c 的阶为 r.

设另有 s 阶元素 b' 和 r 阶元素 c' 的乘积等于 a. 于是

$$a^{\lambda r}=(b')^{\lambda r}\cdot(c')^{\lambda r}=(b')^{\lambda r}\cdot e=(b')^{\lambda r} \qquad (**)$$

但由(∗)知,$\lambda r=1-\mu s$,故

$$(b')^{\lambda r}=(b')^{1-\mu s}=b'\cdot(b'^{\mu s})^{-1}=b'$$

从而由(∗∗)知,$b'=a^{\lambda r}=b$. 于此

$$c'=(b')^{-1}\cdot a=a^{-\lambda r}\cdot a=a^{1-\lambda r}=a^{\mu s}=c$$

唯一性得到证明.

由循环群的性质不难证明条件的必要性，证明留给读者.

§4 子　　群

4.1 群的子集

因为群 G 是元素的集合，所以集合论中通常的定义和符号可以应用到 G 上. 因而，假如 $A,B,C,\cdots$ 是 G 的子集，我们用 $A\subseteq B$ 来表示 A 的每一元素也是 B 的元素，包括 A 与 B 相等的可能情况. 并集 $A\cup B$ 是这样一些元素的集，它们或者属于 A 或者属于 B，或者同时属于 A 与 B. 交集 $A\cap B$ 由同时属于 A 与 B 的元素所组成；假如不存在这样的元素，我们写 $A\cap B=\varnothing$（空集）. 记号 $a\in A$ 表示元素 a 属于 A（事实上前面的课文已经采用了这个符号）.

G 中所定义的乘法给予 G 的子集间一个附加的结构. 给定任意两个子集 A 与 B，我们规定

$$AB$$

为所有能以形式 ab 表示的元素的集，此处 $a\in A$ 及 $b\in B$. 这些乘积不一定彼此不同，因为可能 $a_1\neq a_2,b_1\neq b_2$，但是 $a_1b_1=a_2b_2$. 可是我们强调 AB 只被当作一个集合，因此其中元素的重现不予考虑. 像平常一样，子集是相等的当且仅当它们包含同样的不同元素. 以后，子集间的相等总是按以上的意义去理解. 当然，一般

$$AB\neq BA$$

但是即使 $AB=BA$，这一等式并不意味 A 的每一元素与 B 的每一元素可交换. 我们只能够推断，对于任一 $a\in A$ 及任一 $b\in B$，存在元素 $a'\in A$ 及 $b'\in B$，使得 $ab=a'b'$.

容易验证子集的乘法是结合的，即

$$(AB)C=A(BC)$$

因此，刚才的等式的每边可简单地以 ABC 表示. 用一个明了的缩写，我们令

$$A^2=AA,A^3=AAA$$

因而 A^2 是能用 a_1a_2 的形式表示的元素的集合，此处 a_1 与 a_2 遍历 A.

容易建立下面的法则

$$(A\cup B)C=AC\cup BC,C(A\cup B)=CA\cup CB$$

$$(A\cap B)C=AC\cap BC, C(A\cap B)=CA\cap CB$$

我们注意某些集合只包含单独一个元素这种特殊情况. 因而假如 x 与 y 是 G 的元素,那么 Ax 是所有形为 ax 的元素的集合,yAx 由所有形为 yax 的元素所组成,此处 a 遍历 A. 我们看到

$$x^{-1}(A_1\cap A_2\cap\cdots\cap A_k)x=x^{-1}A_1x\cap x^{-1}A_2x\cap\cdots\cap x^{-1}A_kx$$

当 G 是阿贝尔加法群时,两个集 A 与 B 的合成写为

$$A+B$$

它是所有能以 $a+b$ 的形式表示的元素的集,此处 $a\in A$ 及 $b\in B$. 特别地,子集

$$A+A$$

(它不能简略为 $2A$) 是所有元素 $a+a'$ 的集合,此处 a 与 a' 属于 A. 当 x 是 G 的一个固定元素时,子集

$$A+x$$

由元素 $a+x(a\in A)$ 所组成,对于 $A+(-x)$,我们用记号 $A-x$ 表示.

一般来说,消去律不适用于子集的乘法,即,假如 $AC=BC$,我们不能推导出 $A=B$. 但是 $Ax=Bx$ 蕴含 $A=B$,而 $Ax=C$ 等价于 $A=Cx^{-1}$. 相似的结果适用于单独一个元素乘以该集. 在以后我们将遇到一个重要的情况,即

$$Ax=xA \text{ 或 } x^{-1}Ax=A$$

这式子意味对每一 $a\in A$,存在一个元素 $a'\in A$ 使得 $ax=xa'$.

4.2　子群

我们特别对群 G 的服从群的公理的那些子集感兴趣,这样的子集称为 G 的子群. 准确些说,如果群 G 的子集 H 对于群 G 的运算也构成一个群,那么 H 称为 G 的子群.

我们着重指出,在子群的定义中,要求群 G 的子集合对定义于 G 中的运算成为群,这子集合才算是子群,而不能说群 G 的凡是自成为群的任何子集都是子群. 例如,正有理数的集合对于乘法作成一个群,且作为一个子集合包含在由所有有理数所作成的加法群内,当然不是这个群的子群.

"H 是 G 的子群"这个关系是可传递的:如果 H 是 G 的子群,而 G 是 $\overline{G}$ 的子群,则 H 是 $\overline{G}$ 的子群.

当 H 是 G 的子群时,我们往往写成

$$H\leqslant G$$

而不写成 $H\subseteq G$,符号"$\leqslant$"只用于子集是群的情形. 我们将用"$<$"表示严格包含.

为了确定群 G 的(非空) 子集合 H 究竟是不是群 G 的子群,只要验证两点就够了:

定理 4.2.1 群 G 的非空子集 H 作成 G 的一个子群的充分必要条件是:

(ⅰ) 在 H 中包含 H 的任何两个元素的乘积(封闭性);

(ⅱ) 在 H 中,与其每一元素本身在一起,还含有它的逆元素.

事实上,我们没有提到结合律,因为它的有效性对整个 G 成立,自然对子集 H 的元素也成立.而集合 H 是非空的,同时又由于条件(ⅰ)和(ⅱ),于是群 G 的单位元素也属于 H.

定理 4.2.1 中的(ⅰ)和(ⅱ)两个条件也可以用一个条件来代替.

定理 4.2.2 一个群 G 的非空子集 H 作成 G 的一个子群的充分必要条件是:(ⅲ)假如 $a \in H, b \in H$,那么 $ab^{-1} \in H$.

证明 我们先证明,(ⅰ)和(ⅱ)成立,(ⅲ)就也成立.假定 a,b 属于 H,由(ⅱ),$b^{-1} \in H$,由(ⅰ),$ab^{-1} \in H$.

现在我们反过来证明,由(ⅲ)可以得到(ⅰ)和(ⅱ).假定 $a \in H$.由于(ⅲ),$aa^{-1} = e \in H$,于是

$$ea^{-1} = a^{-1} \in H$$

假定 $a \in A, b \in B$,由刚证明的,$b^{-1} \in H$,由(ⅲ),$a(b^{-1})^{-1} = ab \in H$.

假如所给子集是一个有限集合,那么 H 作成子群的条件更要简单.

定理 4.2.3 一个群 G 的非空有限子集 H 作成 G 的一个子群的充分必要条件是:假如 $a \in H, b \in H$,那么 $ab \in H$.

证明 这个条件是必要的,无须证明.我们证明它是充分的.因为 H 是有限集合,我们只需证明,若是 H 适合以上条件,H 就适合群定义的条件 Ⅰ,Ⅱ,Ⅲ′.但这是非常明显的,因为 Ⅰ 就是给的条件,Ⅱ,Ⅲ′ 在 G 里是成立的,在 H 里也自然成立.证毕.

我们注意,每一个群 G 显然具有子群 $H = \{e\}$ 及 $H = G$.位于这两个极端之间的子群称为真子群.

在 2.1 目中所举出的群中,有许多子群的例子.例如,偶数加法群是全体整数群的子群;而后者又是全体有理数加法群的子群.所有这些子群和一切由数所组成的加法群一样,都是复数加法群的子群.正有理数乘法群和由 1 和 -1 两个数所作成的乘法群,是由所有不等于零的有理数所组成的乘法群的子群.n 次交错群是同次对称群的子群.

上一段所引述的第一个例子表明,一个群的真子群可能和这个群本身同构 —— 在 2.1 目中已经建立了整数加法群和偶数加法群间的同构.不难理解,

没有一个有限群能和它的真子群同构.

假如 H 是一个子群，a 是它的一个元素，那么 H 的封闭性意味着 $a \in H$. 另一方面，H 的任一元素 b 总可以写为 $(ba^{-1})a$. 因为 $ba^{-1} \in H$，这证明 $b \in Ha$，所以 $H \subseteq Ha$，因此

$$Ha = H \tag{1}$$

可以同样地证明

$$aH = H \tag{1'}$$

相反地，设 a 是 G 的一元素，满足式(1). 那么，特别地

$$a = ea \in H$$

因此式(1) 或式(1′) 是 G 中一元素属于子群 H 的必要和充分条件.

读者可以验证这些讨论易于推广，因此我们可以陈述下面的结果：

定理 4.2.4 G 的子集 S 包含于子群 H，当且仅当

$$HS = SH = H$$

特别地，当 $S = H$ 时，我们得出

$$H^2 = H \tag{2}$$

看到这一点是有趣的，即当 H 是有限集合时，由定理 4.2.3 知关系式(2)反过来意味 H 是一个群. 于是我们有：

定理 4.2.5 假如 H 是 G 的有限子集，那么 H 是一子群当且仅当 $H^2 = H$.

当 H 是 G 的(有限或无限的) 子群，x 是 G 的任一元素时，那么子集

$$H' = x^{-1}Hx$$

也是 G 的一个子群. 因为假如 $x^{-1}ax$ 与 $x^{-1}bx$ 是 H' 的任意两个元素，此处 a，$b \in H$，那么

$$(x^{-1}ax) \cdot (x^{-1}bx) = x^{-1}abx \in H'$$

还有

$$x^{-1}ex = e \in H', x^{-1}a^{-1}x = (x^{-1}ax)^{-1} \in H'$$

进一步这两个子群是同构的，因为

$$\varphi : a \to x^{-1}ax, a \in H$$

是一个 H 到 H' 上的一一映射，而且具有性质

$$(a\varphi)(b\varphi) = (ab)\varphi$$

因此 $H \cong H'$.

4.3 交集与生成元

通过研究子群常能阐明群的结构，因此掌握构造子群的方法是重要的.

群G中任意两个子群H和F的交不可能是一个空集合，因为群G中任何一个子群都包含元素e. 这个交实际上是群G的一个子群：如果D是子群H和F的交，$D=H\cap F$，且设元素a和b属于D，则这两个元素的乘积和它们的逆元既包含在H内，又包含在F内，因而也同样属于D.

如果在群G中所给出的不是两个，而是任意有限多个，或者甚至是无限多个子群，则所有这些子群的交中任意两个元素的乘积包含在这些子群中的每一个内，因而包含在它们的交内. 对于逆元来说，这个事实也是正确的. 因此，群G中任意一组子群的交是这个群的子群. 这样，群G中所有子群的交显然就是单位子群$\{e\}$.

另一方面，两个子群的并集

$$H\cup F$$

一般不是子群. 因为假如$a\in H$及$b\in F$，没有理由假设ab属于H或者属于F，从而ab在$H\cup F$中.

为了得出包含H与F的最小子群，需要一个更精致的构造方法.

我们在一个群G里任意取出一个非空子集S来，包含元$a,b,c,d,\cdots$，那么S当然不见得是一个子群. 但是我们可以把S扩大一点，而得到一个包含S的子群.

利用S的元以及这些元的逆元，可以作各种乘积，比方说

$$ab,a^{-2}c,b^3cb^{-1},d,c^{-1}$$

等等. 我们作一个集合H，让它刚好包含所有这样的乘积，也就是说，H是由群G中所有等于集合S中有限多个元素幂（正幂和负幂）积的元素所组成. 很明显，这些乘积的集合形成一个群，因为我们将两个含有有限个因子的积相乘得出另外一个同样类型的乘积，且这些乘积的逆也属于这个集.

H显然包含S. 包含S的子群一般不止一个，比方说，G就是这样的一个. 但一个包含S的子群H'一定包含H. 这一点容易看出：H'既然是一个子群，必须适合定理4.2.1中（ⅰ），（ⅱ）两个条件，因而，由于它包含所有S的元素$a,b,c,\cdots$，它必须包含所有的上面所作的那些乘积；这就是说，$H'\supseteq H$. 这样看起来，H是包含S的最小的子群. 由此，我们也可以说，H是包含S的群的交集. 自然地，可能发生$H=G$.

如上得到的H叫作由S生成的子群，而元素$a,b,c,\cdots$称为H的生成元. 我们用符号(S)或$(a,b,c,\cdots)$来表示这个过程

$$H=(S)\text{ 或 }H=(a,b,c,\cdots) \tag{1}$$

不过应该指出，生成元不是唯一的，一般也不假定它们是没有多余的. 例

如,如果生成元

$$a \in (b,c,\cdots)$$

则 a 是多余的. 在这种情况下我们用下式代替(1)

$$H=(b,c,\cdots)$$

我们主要对有限生成群感兴趣. 很明显这样的群总具有一组不多余的生成元. 因为事实上我们可以从任一个生成元集出发,然后消去那些可以用其他生成元表示的生成元.

每一个群 G 总能表成式(1) 的形式,例如我们可以把所有 G 的元素当作生成元,然后假如需要就去掉多余的生成元. 就实际应用来说,要求尽可能地减少生成元的个数.

为了说明这个概念,让我们再一次回到6阶群 $G(\cong S_3)$,它在 §2,2.3 中用表5 表示. 我们发现六个元素都用 a 与 c 表示如下

$$1=c^2=a^3, a=a, b=a^2, c=c, d=ca, e=ca^2 \tag{2}$$

因而在这种情况中我们写成

$$G=(a,c) \tag{3}$$

另外,可以证明

$$G=(b,d) \tag{4}$$

因为 a 与 c,所以整个群能用 b 与 d 表出,即

$$a=b^2, c=db$$

在式(3) 或(4) 中的生成元肯定没有多余的,因为这个群是非交换群,因而不能用单独一个元素生成,假如它由单独一个元素生成,那么它将是循环的,因而是交换群.

认识到不多余的生成元仍然可以用非平凡的关系式联系起来是重要的,比如查阅 2.3 目中表 5,我们发现

$$ac=ca^2 \tag{5}$$

它等价于

$$(ac)^2=1 \tag{5'}$$

因为 $(ac)^2=acac=acca^2=a^1a^2=a^3=1$. 不可能解出任何一个这样的方程,使得某一生成元可以用其他的生成元表示. 像式(5) 或(5′) 那样的方程称为定义关系. 用一组生成元和一组定义关系来指定一个特殊的群常常是方便的. 现在我们来说明方程

$$a^3=c^2=(ac)^2=1 \tag{6}$$

可以作为一组定义关系. 的确,包含在式(6) 中的知识足以构造整个乘法表. 首

先，我们注意到六个元素

$$1, a, a^2, c, ca, ca^2 \tag{7}$$

肯定是不相同的. 例如，假如 $a=ca^2$，那么 $a^{-1}=c$，这与 a 和 c 是不多余的生成元这一事实相矛盾. 其次，我们利用式(6) 来验证式(7) 对乘法是封闭的. 例如

$$(ca)(ca^2)=c(ac)a^2=cca^2a^2=c^2a^4=a, a^2c=a(ac)=aca^2=ca^4=ca$$

等等，这里利用式(5)，将因子 c 有规律地移到左边，直到乘积与式(7) 中的某一个元素相同为止. 在这种记号下完整的乘法表(表 1) 如下：

表 1

	1	a	a^2	c	ca	ca^2
1	1	a	a^2	c	ca	ca^2
a	a	a^2	1	ca^2	c	ca
a^2	a^2	1	a	ca	ca^2	c
c	c	ca	ca^2	1	a	a^2
ca	ca	ca^2	c	a^2	1	a
ca^2	ca^2	c	ca	a	a^2	1

它还提供了首先在 §2,2.1 的表 4 中所呈现的那个群的另一种表示方法.

只有一个生成元 a 的群是 a 生成的循环群，可以写为(a). 元素 a 的各次幂当然属于循环子群(a). 但是元素 a^n 和 a^m 的乘积等于 a^{n+m}，而元素 a^n 的逆是 a^{-n}，所以这些幂本身组成一个子群，由此可知循环子群(a) 由元素 a 的所有的幂所组成. 这个事实表明，如果元素 a 是一个无限阶元素，则循环子群(a) 是一个可数子群，而在元素 a 的阶数为有限时，(a) 为有限群. 在后一种情形下，子群(a) 的阶即等于元素 a 的阶.

假如 $A, B, C, \cdots$ 是群 G 的子集，由它们所生成的群表示为

$$(A, B, C, \cdots)$$

它定义为全部有限乘积的集合，在这些乘积中每个因子是 A 或 B 或 $C\cdots$ 的元素或这样的元素的逆，它们在乘积中按任一次序排列并且可以重复. 现在我们把所有 $A \cup B \cup C \cup \cdots$ 的元素当作生成元，这就归结到先前的生成元的概念. 因而我们同样可以写为

$$(A \cup B \cup C \cup \cdots)$$

当然，假如 A 是子群，我们有 $A=(A)$.

就其特例而言，如果已知群 G 中有一组子群，而 M 是这些子群的集合并，

也就是说,如果 M 是这样一个集合,它由群 G 中至少在一个给定的子群中出现的元素所组成,则 (M) 就是群 G 中包含所有这些子群的最小子群. 这个子群 (M) 称为由这些已给子群所生成的子群. 如果已知子群 A_α,其中 α 遍历某个足标集合 N,则 (M) 可记作 $A_\alpha, \alpha \in N$. 在特例,如果所给的只有两个子群 A 和 B,则子群 (M) 可用记号 $(A \cup B)$ 表示,其余类推. 由以上所述可知:

定理 4.3.1 群 G 中一组已给子群所生成的子群,由 G 中所有这样的一些元素所组成,它们等于取自这些子群的有限多个元素的乘积.

需注意的是:在 A 和 B 都是群 G 的子群时,集合 AB 不一定是一个子群,也就是说,两个子群 A 和 B 的乘积 AB 一般说来并不等于子群 (A,B). 我们只能断定

$$AB \subseteq (A,B)$$

群 G 的子群 A 和 B 所生成的子群 (A,B) 与这两个子群的乘积 AB 相重合的充分必要条件是 A 与 B 可换.

事实上,如果

$$AB \subseteq (A,B)$$

则对于任意两个元素 $a \in A$ 和 $b \in B$,包含在 (A,B) 中的元素 ba 应该等于某一元素 $a'b'$, $a' \in A$ 和 $b' \in B$,这就是说

$$BA \subseteq AB$$

另一方面,我们可以证明元素 ab 包含在乘积 BA 内. 事实上,我们可以利用上面已经证明了的包含关系而得出

$$(ab)^{-1} = b^{-1}a^{-1} = a''b'', a'' \in A \text{ 和 } b'' \in B$$

由此即有 $ab = b''^{-1}a''^{-1}$,也就是说 $BA \supseteq AB$,因而 $AB = BA$.

反过来,如果 A 和 B 可换,则任意一个 a_1ba_2 或 b_1ab_2 这种形式的三个元素的乘积都显然能够表成 $a'b'$ 这种形式 —— 在第一种情形只要利用 A 和 B 可换这个事实将 ba_2 换成一个和它相等的乘积 $a_2'b'$,然后命 $a_1a_2' = a'$ 即可;在第二种情形将 b_1a 换成 $a'b_1'$,然后命 $b_1'b_2 = b'$. 如果已经证明了任何从 A 和 B 中轮流取出的 $n(n \geqslant 3)$ 个因子的乘积都包含在 AB 内,并且给出了一个由 $n+1$ 个因子构成的同样的乘积,那么我们就可以将前面 n 个因子的乘积换成一个和它相等的乘积 $a'b'$ 而重新回到三个因子相乘的情形来. 这就证明了子群 (A,B) 中任何一个元素都包含在集合 AB 内.

一个阿贝尔群中的所有子群当然都是彼此可换的. 在一个(有限或无限)对称群中,具有下述性质的两个子群 A 和 B 同样也是可换的,即:任何一个符号,如果它在群 A,B 之一的至少一个置换下被改变,那么它在另一个子群的所

有置换下都不变.事实上,这两个子群中的元素本身将是可换的.其次,我们建议读者自己去证明,在三次对称群中,由置换

$$(1\ 2\ 3)\ 和(1\ 2)$$

所生成的两个循环子群是可换的;而在同一群中由置换

$$(1\ 2)\ 和(2\ 3)$$

所生成的两个循环子群则不可换.

4.4 生成系

如果由群 G 中一个子集合 M 所生成的子群(M) 和群 G 本身重合,则集合 M 就称为这个群的生成元素系,或简称生成系.任何一个群都有生成系 —— 只要取由群 G 中所有元素所组成的集合,或取由 e 以外所有元素所组成的集合作为 M 就行了.由上面所述可知,要使集合 M 是群 G 的生成系,其充分必要条件是:G 中任何一个元素至少可用一种方式表成 M 中有限多个元素幂乘积的形式.

假设

$$G=(M)$$

如果生成系 M 的任何子系都不是 G 的生成系,则 M 就称为 G 的既约生成系.

例 1 任何循环群都有一个生成系,即由这个群的一个生成元素所组成的生成系.反之,任何一个具有单独元生成系的群都是循环群.要注意的是:在一个循环群中通常也可以找出由一个以上的元素所组成的既约生成系来,例如整数 2 和 3 就组成整数加法群的一个既约生成系.

例 2 在 §3,3.2 曾提到过,所有 n 次置换都是对换之积.由此推出,包含在这个群中的所有对换的集合是 n 次对称群的一个生成系.

n 次对称群同样也可由两个生成元

$$a=(1\ 2),b=(1\ 2\ \cdots\ n)$$

所生成.事实上

$$b^{-k}ab^{k}=(k+1,k+2),k\leqslant n-2$$

如果 $i<j-1$,则有

$$(j,j-1)\cdots(i+2,i+1)(i+1,i+2)\cdots(j-1,j)=(i,j)$$

也就是说,子群(a,b) 包含所有对换,因而和整个对称群重合.

例 3 有理数

$$1,\frac{1}{2},\frac{1}{6},\frac{1}{24},\cdots,\frac{1}{n!},\cdots$$

组成有理数加法群 Q 的一个生成系.不难看出,这个集合的任何一个无限子集合都是 Q 的生成系.除此以外,还可以证明,有理数加法群 Q 没有任何既约生成系.事实上,假设 M 是 Q 的一个生成系,而 a 是 M 中任意一个元素.我们用 H 来表示除 a 外 M 中所有其他元素的集合 M' 所生成的子群.集合 M' 不可能是空集合.如若不然,所有的有理数都将是 a 的倍数,而这是不可能的.如果 b 是 M' 中任意一个元素,则由有理数的性质可知,可以找到这样一个不等于零的整数 k 使 ka 是有理数 b 的倍数,因而包含在子群 H 中.有理数 $\frac{1}{k}a$ 属于群 Q,因而可以表作 M 中某些有理数的倍数的有限和,也就是说表成

$$\frac{1}{k}a = sa + h$$

这种形式,其中 s 是一个整数,可能等于零;而 h 则为子群 H 中的元素,由此得出

$$a = s(ka) + kh$$

也就是说,a 包含在 H 里,因而 $H = Q$,因此集合 M' 是群 Q 的生成系.

例 4 正有理数乘法群有一个既约生成系,这个生成系由所有素数所组成.

如果群 G 有一个由有限多个元素组成的生成系,则 G 就称为具有有限生成系的群.很显然,所有有限群和所有循环群都是具有有限生成系的群.无限循环群的例子表明,不能由生成元的个数为有限这一事实推出群本身为有限群.

对于具有有限生成系的群,我们可以有下面的结论.

定理 4.4.1 在一个具有有限生成系的群中,任何一个生成系都包含这样一个有限子集合,它是这个群的既约生成系.

因为任何一个有限生成系都可去掉其中多余的元素而使之成为既约生成系,所以只要证明,在上述的条件下,任何一个无限生成系都包含一个同样可以作为所论群的生成系的有限子集合即可.假设 G 是以 $a_1, a_2, \cdots, a_n$ 为生成元的群

$$G = (a_1, a_2, \cdots, a_n)$$

而 M 个是这个群的另一生成系.任何一个元素 a_i,$i = 1, 2, \cdots, n$,都可表作 M 中有限多个元素的幂的乘积.我们可以对每一个元素 $a_i (i = 1, 2, \cdots, n)$ 挑选出一个这样的表示式,并将出现在这些表示式中的 M 的元素归集在一起,而得出 M 的一个有限子集合 M'.由 M' 生成的子群 (M') 包含所有元素 $a_1, a_2, \cdots, a_n$,因而与 G 重合.

要注意的是，在一个具有有限生成系的群中，不同的既约生成系一般说来可以包含不同数目的元素(参看例 1).

定理 4.4.2 一个具有有限生成系的群的任何同态像本身也是一个具有有限生成系的群.

事实上，如果

$$G=(a_1,a_2,\cdots,a_n)$$

而同态对应 ϕ 将群 G 映到群 $\overline{G}$ 上，则元素

$$a_1\phi,a_2\phi,\cdots,a_n\phi \tag{1}$$

组成 $\overline{G}$ 的一个生成系. 事实上，如果 $\overline{a}$ 是群 $\overline{G}$ 中任意一个元素，而 a 是它在群 G 中的一个原像，则 $\overline{a}$ 就能够按照用元素 $a_1,a_2,\cdots,a_n$ 的幂来表示 a 的方式，用元素(1) 的幂表示出来. 当然，元素(1) 中可能有某些元素彼此重合，也就是说，我们所得出的(1) 是群 $\overline{G}$ 的一个有重复的生成系. 此重复的元素是可以去掉的，然而，将来我们也可考虑含有重复元素的生成系.

定理 4.4.3 任何具有有限生成系的无限群都是可数群.

事实上，如果元素 $a_1,a_2,\cdots,a_n$ 是群 G 的生成元素，则群中任何元素都能表成乘积

$$a_{i_1}^{\lambda_1}a_{i_2}^{\lambda_2}\cdots a_{i_s}^{\lambda_s}$$

的形式(一般说来，表示方式有许多种)；任何一个 i_k 都是整数 $1,2,\cdots,n$ 中的一个，并且当 $k\neq j$ 时，可能有 $i_k=i_j$. 各个指数的绝对值的和

$$h=|\alpha_1|+|\alpha_2|+\cdots+|\alpha_s|$$

称为这个乘积的长度. 不难看出，当长度 h 为一定时，生成元素 $a_1,a_2,\cdots,a_n$ 的幂积只有有限多个. 因此所有这些元素的幂积的集合是可数多个有限集合的和，也就是说，是一个可数集合，因而群 G 不会比一个可数群更大一些.

本节中的例 3 和例 4 表明，不具有有限生成系的可数群是存在的. 因此具有有限生成系的群实际上是位于有限群和可数群之间的一类群.

就一个具有有限生成系的群来说，它的任何一个子群当然不会比一个可数群再大. 然而存在这样的群的例子，它具有有限生成系，但它的某些子群却不具有有限生成系.

还可以指出，用与以上所述完全相同的方法可以证明：

定理 4.4.4 如果群 G 有一个基数为 κ 的生成系(没有重复出现的元素)，则这个群本身的基数也是 κ.

4.5 陪集

设 H 是 G 的子群，x 是 G 的任一元素，那么 Hx 称为 G 对于 H 的右陪集，或者更精确地说，称为由 x 生成的右陪集或者包含 x 的右陪集. 因为很清楚，由于 $e\in H$，故 $x\in Hx$. 当 $x=a\in H$ 时，那么由定理 4.2.3，$Ha=H$. 这表示 H 本身是一个陪集，它可以写成 He 或者更一般地写成 Ha，此处 a 是 H 的任一元素.

从这些讨论中可以看到，两个不同元素可以生成同一个陪集. 现在让我们求出使得

$$Hx=Hy \tag{1}$$

的必要和充分条件，这里 x 与 y 是 G 的元素. 假如式(1) 正确，那么，特别地，$x=ex\in Hy$，因此存在元素 $a\in H$，使得

$$x=ay$$

或者

$$xy^{-1}\in H \tag{2}$$

相反地，假如式(2) 成立，那么

$$Hx=Hay=Hy$$

任意两个陪集或者全同或者没有公共元素，换句话说，假如两个陪集具有一个公共元素，那么它们就全同. 因为假设

$$z\in Hx\cap Hy$$

那么存在 H 的元素 a 与 b，使得

$$z=ax=by$$

因而

$$xy^{-1}=a^{-1}b\in H$$

这意味着 $Hx=Hy$. 我们把这些结果总结在下面的命题中.

定理 4.5.1 设 H 是群 G 的子群，那么陪集 Hx 与 Hy 是全同的当且仅当 $xy^{-1}\in H$. 任意两个陪集或者全同或者没有公共元素.

值得以更抽象的观点观察一下这种情况. 我们说元素 $x,y\in G$ 是等价的(对于 H)，写成 $x\sim y$，假如存在一个元素 $a\in H$ 使得 $z=ay$，或者等价地说，假如

$$Hx=Hy$$

即假如 x 与 y 位于 H 的同一右陪集内. 很清楚，事实上这确定了一个等价关系. 因为(1)$x\sim x$，(2)$x\sim y$ 意味 $y\sim x$，(3) 假如 $x\sim y$ 及 $y\sim z$，那么 x,y 与 z

都位于同一陪集中，因此 $x \sim z$.

一般地说，当某一个等价关系已经在某一个集上规定，这个集就可以表示成不相交子集的并集，即所有不同的等价类的并集. 在目前的情况中，等价类是右陪集，所以 G 是所有不同的陪集的并集. 为了更正式地表示这个结果，我们从每个陪集中选择一个代表. 假如 t_i 是其中一个代表，对应的陪集可以表示为 Ht_i. 不同的右陪集的集合可能是无限的甚至是不可数的. 在这种情况下我们用一个指标集 I 来描写，它的元素与陪集一一对应. G 是所有不同陪集的并集（所谓 G 关于 H 的右侧分解）这件事，因而可用公式表为

$$G = \bigcup_{i \in I} Ht_i \tag{3}$$

这些代表的集合 $\{t_i \mid i \in I\}$ 称为 H 在 G 中的右横截. 明显的，横截不是唯一的，例如知道一个横截 $\{t_i \mid i \in I\}$，最一般的横截就是

$$\{a_i t_i \mid i \in I\}$$

这里 a_i 是 H 的任一元素.

下面这几个例子可以用来说明右侧分解的概念：

例 1 设 G 是整数加法群，H 是由能被 4 整除的所有整数组成的子群. 两个整数 a 和 b 属于群 G 对于群 H 的同一右陪集的充分必要条件是：a 和 b 被 4 除时所得的余数相同. 因此，G 对 H 的右侧分解由四个右陪集构成，即由群 H 本身和被 4 除时余数分别是 1，2，3 的整数所组成的三个集合.

例 2 设 G 是三次对称群而 $H = ((1\ 2))$. G 对 H 的右侧分解由三个陪集构成，即由元素 e，(1 2) 所组成的子群 H 本身；由元素(1 3) 和(1 2 3) 所组成的陪集 $H \cdot (1\ 3)$；由元素(2 3) 和(1 3 2) 所组成的陪集 $H \cdot (2\ 3)$.

例 3 设 G 是实元素的 n 阶满秩矩阵所组成的群，而 H 是由行列式等于 1 的矩阵所组成的子群. 我们可以把行列式相等的矩阵归入同一陪集而得出 G 对 H 的右侧分解.

如果在任意群 G 中取群 G 本身作为子群 H，则 G 对 H 的左侧分解仅由一个陪集构成；如果 H 是单位子群 E，则群 G 中的每一个元素都组成一个独立的陪集.

用与前面右陪集类似的方法我们可以考虑 H 的左陪集. 标准的左陪集是 $xH\,(x \in G)$，容易验证

$$xH = yH$$

当且仅当存在一个元素 $y \in H$ 使得 $x = yb$，或当且仅当

$$y^{-1}x \in H \tag{4}$$

像前面一样，两个左陪集或者全同或者没有公共元素，于是 G 可以划分成所有不同的左陪集的不相交并集(所谓 G 关于 H 的左侧分解)，因而

$$G=\bigcup_{j\in J} s_j H$$

此处 J 是列举左陪集的指标集，而如 $\{s_j\}$ 是左陪集的代表集，或者，像我们将要说的那样，$\{s_j\}$ 是 H 在 G 中的左横截.

对于交换群当然没有必要区别右侧分解和左侧分解. 在非交换群的情形，这两种分解可能不相同. 例如三次对称群对子群 $H=((1\ 2))$ 的左侧分解就和上面例 2 中所说到的右侧分解不相同. 这个分解由下面三个陪集所构成：即子群 H 本身；陪集 $(1\ 3)\cdot H$，出现于这个陪集中的元素有 $(1\ 3)$ 和 $(1\ 3\ 2)$；以及由元素 $(2\ 3)$，$(1\ 3\ 2)$ 所组成的陪集 $(2\ 3)\cdot H$. 然而有一个事实却是可以肯定的，即：

定理 4.5.2 任何一个群 G 对于任意子群 H 的两种分解都由同样个数的陪集构成(在陪集个数为无限时这句话的意思是说，G 对 H 的左陪集和右陪集分别所成的集合有相同的基数).

换句话说，式(3) 中指标集 I 与式(4) 中 J 具有相同的基数.

事实上，从分解式(3) 出发我们将证明

$$G=\bigcup_{i\in I} t_i^{-1} H \tag{5}$$

是 G 的左陪集分解式.

首先我们看出式(5) 中的陪集彼此不相同，因为假如

$$t_i^{-1}H=t_k^{-1}H$$

那么

$$(t_k^{-1})^{-1}t_i^{-1}\in H, t_k t_i^{-1}\in H$$

因而 $Ht_k=Ht_i$，这是不可能的，除非 $i=k$. 其次，每一元素 $x\in G$ 包含在式(5) 右边的并集中，因为 x^{-1} 一定在分解式(3) 的某一个右陪集中，比如说 $x^{-1}\in Ht_p$，因而 $x\in t_p^{-1}H$，这证明了式(5)，同时我们也证明了左陪集可用与右陪集相同的指标集来列举. 我们记住 H 是一陪集(左陪集或右陪集). 当 H 有限时，设 $H=\{a_1,a_2,\cdots,a_m\}$，则 Ht 的元素是

$$a_1t,a_2t,\cdots,a_mt$$

因此每一陪集包含 m 个元素.

在每一种分解中，群 G 对子群 H 的不同陪集的个数(在陪集的个数为无限的情形下则是这些陪集所成集合的势)，即 I(或者 J) 的基数，称为子群 H 在群 G 中的指数，表示为 $[G:H]$. 如果陪集的个数是有限的，那么 H 就称为一个具

有有限指数的子群.

在有限群中,并且只有在有限群中,所有子群都有有限指数.事实上,单位子群的指数和整个群的基数相等.在无限循环群中所有不等于单位子群的子群都是具有有限指数的子群,并且对于任何一个自然数 n,这个群包含一个,而且仅有一个,指数为 n 的子群.这一结论的证明是以4.6中定理4.6.1的证明为依据的.

另一方面,也存在这样的群,它们里面所有真子群的指数都是无限的.例如有理数加法群 G 就是这样的一个群.事实上,如果 H 是群 G 中一个真子群,则在 H 之外可以找到一个元素 a,使元素 pa 包含在 H 内,这里 p 是某一素数.有理数

$$a,\frac{1}{p}a,\frac{1}{p^2}a,\cdots,\frac{1}{p^n}a,\cdots$$

都不包含在 H 内,且属于群 G 对子集 H 的不同的陪集.事实上,如果

$$\frac{1}{p^n}a=\frac{1}{p^k}a+h,h\in H,n>k$$

则 $a=p^{n-k}a+p^n h$,也就是说,a 本身就包含在 H 内,而这是和我们的假定相违背的.

定理4.5.3(庞加莱[①]定理) 有限多个具有有限指数的子群的交也具有有限指数.

显然只要对两个子群相交的情形证明这个定理就行了.设子群 H 和 F 在群 G 中有有限指数,而 D 是这两个子群的交.两个元素 a 和 b 属于群 G 对于群 D 的同一右陪集,当且仅当 $ab^{-1}\in D$,也就是说,当且仅当 $ab^{-1}\in H,ab^{-1}\in F$.因此,如果我们取群 G 对 H 的右陪集和对 F 的右陪集的所有非空交,我们就得出 G 对 D 的所有右陪集.由于子群 H 和 F 的指数都是有限的,故这些交的个数也是有限的,因而 D 在 G 中的指数也是有限的.我们还可以进一步断言,D 在群 G 中的指数不大于 H 和 F 在这个群中的指数的乘积.

在有限群的情形,由一个群按其子群的分解这个概念还可以引出下面这个重要的结论,它是关于有限群的最古老和最重要的定理之一.

定理4.5.4(拉格朗日定理)[②] 设 G 是 n 阶有限群,假如 H 是 m 阶的子群,

---

① 亨利·庞加莱(Jules Henri Poincaré;1854.4.29—1912.7.17)法国数学家、天体力学家、数学物理学家、科学哲学家.

② 这个定理是以拉格朗日的名字命名的,1770年他知道 S_n 的某种子群的阶是 $n!$ 的因数.群的概念是60年后由伽罗瓦发现的,有可能伽罗瓦是第一个圆满证明该定理的人.

那么：

(1)m 除尽 n，即 $n=hm$；

(2)h 等于指数$[G:H]$，因此分别存在 G 的右陪集和左陪集分解式

$$G=\bigcup_{i=1}^{h} Ht_i, G=\bigcup_{i=1}^{h} s_iH \tag{6}$$

证明　分解式(6)的存在已经在一般的情况下证明过，此处 h 是指数. 我们只需证明

$$n=hm$$

计算一个分解式两边元素的个数就可以立即得出这个结果. 因为我们已经知道每一陪集包含 m 个元素，而 G 是 h 个不相交陪集的并. 这就证明了 G 的全部元素数 $n=hm$.

推论 1　如果 G 是 n 阶有限群，则 G 的每一元素的阶是 n 的某一因子. G 的所有元素满足方程

$$x^n=e$$

证明　设 a 是 G 的元素，因为 G 是有限的，元素 a 的阶一定也是有限的，比如说阶是 r，因而元素

$$e,a,a^2,\cdots,a^{r-1}(a^r=e)$$

形成一个 r 阶循环子群. 由拉格朗日定理，r 能除尽 n，因此 $n=sr$，这里 s 是正整数，因此

$$a^n=(a^r)^s=e$$

推论 2　素数阶的群没有真子群，因而必然是循环群.

证明　设 G 是一个 p 阶群，这里 p 是素数. 任一子群的阶或者是 1 或者是 p，即这个子群或者只包含单位元素或者与 G 同阶.

假如 a 是 G 的任一非单位元素，那么 a 的阶大于 1，而且是 p 的一个因子. 因而 a 是 p 阶的，这些元素

$$e,a,a^2,\cdots,a^{p-1}$$

是不同的，因而是 G 的全部元素.

例　§2.2.6 的表 5 中给出的 6 阶群中，a,b,c,d,e 的阶分别是 3,3,2,2,2.

当 G 是加法交换群且 H 是 G 的子群时，H 的标准陪集写为

$$H+x$$

我们有

$$H+x=H+y$$

当且仅当

$$x - y \in H$$

或者说

$$x = y + a$$

此处 a 是 H 的一个元素. 在这种情况中,我们有时说 x 与 y 模 H 同余,写为

$$x \equiv y(\mathrm{mod}\ H)$$

拉格朗日定理是下面关于任意群的一个定理的特例:

定理 4.5.5 如果 H 和 F 是群 G 中两个具有有限指数的子群,且 H 包含在 F 内,又设 h 和 f 分别是 H 和 F 在群 G 中的指数,则子群 H 在子群 F 中的指数 k 同样也是有限的,并且

$$h = kf$$

事实上,如果两个元素 a 和 b 包含在群 G 对子群 H 的同一左陪集内,那么它们也一定包含在 G 对于群 F 的同一左陪集内. 因此,群 G 对 F 的每一个左陪集都能分解成为群 G 对 H 的若干个完整的左陪集. 由这一点就已经看出 H 在 F 中的指数是有限的了. 如果 F 由群 G 对 H 的 k 个左陪集构成,则任何一个左陪集 $aF(a \in G)$ 同样也由 k 个这样的陪集构成:只要将所有出现在 F 的群 G 对 H 的左陪集从左边乘上 a,我们就可以得出这些陪集来. 这样一来,定理就完全被证明了.

如果 G 是有限群而 $H = \{e\}$,我们就得出拉格朗日定理.

最后,可能出现这样的情况,即每一个左陪集 aH 同时也是一个右陪集. 在这一情况下,任意给定元素 a,包含着 a 的那个左陪集必定和包含着 a 的那个右陪集相等,也就是说,对每个元素 a 都必有

$$aH = Ha \tag{7}$$

具有性质(7),即和 G 中每个元素 a 可交换的子群 H 称为 G 的一个正规子群或不变子群.

如果 H 是正规子群,则两个陪集的积仍是陪集

$$aH \cdot bH = a \cdot Hb \cdot H = abHH = abH$$

4.6 循环群的子群

首先考虑无限循环群的情况

$$G: e, a, a^{-1}, a^2, a^{-2}, \cdots \tag{1}$$

不考虑平凡子群 $\{e\}$,我们可以说 G 的每一个子群 H 由 a 的某些幂组成,包括 e 在内,因而

$$H: e, a^m, a^n, \cdots$$

这里 m,n 是正整数或负整数. 因为当 a^m 属于 H 时,a^{-m} 也属于 H,于是 G 的每一个非平凡子群至少包含 a 的一个具有正指数的幂,因而 H 中存在一个 a 的幂具有最小的正指数,比如 a^h. 因此,H 包含所有下面这样形式的元素

$$a^{hq}(q=0,\pm 1,\pm 2,\cdots) \tag{2}$$

即 H 包含由 a^h 生成的循环群. 我们断定除列举在式(2)中的元素外,H 中不存在别的元素. 因为设 a^t 是 H 的任一元素,用 m 除 t,因而有

$$t=mq+r$$

此处 $0\leqslant r<m$,因此

$$a^t=a^{mq}a^r$$

或

$$a^ta^{-mq}=a^r$$

既然左边的两个因子都属于 H,那么 x^r 也是 H 的一个元素. 但是这与 h 的最小性相矛盾,除非 $r=0$,因而 $t=mq$,即式(2)包含 H 的全部元素. 如此,便得出:

定理 4.6.1 无限循环群 G 的每一非平凡子群本身也是一个无限循环群,因而与 G 同构.

当我们讨论有限循环群的子群时就更有趣了,有关结论总结在下面的定理中.

定理 4.6.2 设

$$G:e,a,a^2,\cdots,a^{m-1}(a^m=e) \tag{3}$$

是 m 阶循环群,那么对应每一个 m 的因子 h,存在且仅存在一个 h 阶的子群,它可以由 $a^{m/h}$ 生成.

证明 (1) 设 $m=hq$,元素

$$e,a^q,a^{2q},\cdots,a^{(h-1)q} \tag{4}$$

是不同的,因为它们间的等式会导致关系式

$$a^{iq}=e$$

此处

$$0<iq<hq(=m)$$

与 a 是 m 阶元素相矛盾. 因此式(4)形成一个 h 阶的子群,它由 h 阶元素 a^q 生成.

(2) 反之,假设 $h\mid m$,比如说 $m=hq$,而

$$H:e,b_2,b_3,\cdots,b_{h-1}$$

是一个 h 阶的子群,每一个 b_i 是 a 的一个幂,例如

$$b_i = a^{\lambda_i}, i = 2, 3, \cdots, h-1$$

此处 λ_i 是一整数且满足

$$0 < \lambda_i < m$$

因为 H 是 h 阶的，拉格朗日定理推论 1 表明

$$b_i^h = e$$

即

$$a^{h\lambda_i} = e$$

由本定理的假设，$a^m = e$，于是 $m \mid h\lambda_i$. 因而存在整数 k_i 使得

$$h\lambda_i = k_i m = k_i h q$$

或

$$\lambda_i = k_i q$$

这证明了 H 的每一元素是 a^q 的幂. 只有 h 个这样的幂不相同，它们列举在式(4) 中. 因而 H 是式(4) 的子集，但 H 是 h 阶的，它必然与式(4) 给出的集全同，这证明了后者是唯一的 h 阶子群.

4.7 直积

我们现在来讨论由两个群构造出一个新的群的简单方法. 从两个群的情形开始. 设 G_1 与 G_2 是任意群，考虑所有对(a,b) 的集，这里 a 与 b 分别遍历 G_1 与 G_2. 这些对的集可以表示成

$$G_1 \times G_2$$

对于 $G_1 \times G_2$ 中任意两个元素(a_1, b_1)，(a_2, b_2)，我们赋予它下面的合成规则

$$(a_1, b_1)(a_2, b_2) = (a_1 a_2, b_1 b_2)$$

其中第一个分量是作 G_1 的乘法，第二个分量是作 G_2 的乘法. 由于群 G_1，G_2 的乘法有结合律，所以新规定的乘法显然也适合结合律.

令 e_1，e_2 分别是群 G_1，G_2 的单位元素，于是对所有的$(a,b) \in G_1 \times G_2$ 有

$$(a,b)(e_1, e_2) = (e_1, e_2)(a,b) = (a,b)$$

即 $G_1 \times G_2$ 在新定义的乘法下有单位元素(e_1, e_2). 对于所有的$(a,b) \in G_1 \times G_2$ 有

$$(a,b)(a^{-1}, b^{-1}) = (e_1, e_2)$$

即 $G_1 \times G_2$ 中每个元素有逆元素.

以上讨论表明，$G_1 \times G_2$ 在所定义的乘法下作成一群. 我们称这个群为群 G_1 与 G_2 的外直积，记为 $G_1 \otimes G_2$. 显然直积 $G_1 \otimes G_2$ 的结构完全被群 G_1，G_2 的结

构所决定.

如果 G_1 与 G_2 分别是 h 阶与 k 阶的有限群，那么 $G_1 \otimes G_2$ 也是有限群并且阶数为 hk.

外直积的定义不难推广到多个群的情形. 设 $G_1, G_2, \cdots, G_r$ 是任意 r 个群，那么集合

$$G_1 \times G_2 \times \cdots \times G_r$$

由所有 r 重元素

$$(a_1, a_2, \cdots, a_r)$$

构成，这里 $a_i \in G_i (i=1,2,\cdots,r)$，而乘法就在 r 重元素的每一分量中施行

$$(a_1, a_2, \cdots, a_r)(b_1, b_2, \cdots, b_r) = (a_1 b_1, a_2 b_2, \cdots, a_r b_r)$$

其中 $a_i, b_i \in G_i, i=1,2,\cdots,r$.

容易验证，集合 $G_1 \times G_2 \times \cdots \times G_r$ 在上述定义的乘法下作成一群，称为群 $G_1, G_2, \cdots, G_r$ 的直积，记为

$$G_1 \otimes G_2 \otimes \cdots \otimes G_r$$ ①

假如每一 G_i 是有限的，那么显然

$$| G_1 \otimes G_2 \otimes \cdots \otimes G_r | = \prod_{i=1}^{r} | G_i |$$

前面我们是从“外部”，即从两个看上去不相关的群 G_1, G_2 出发来定义一个新的群. 现在我们从内部来考察一下 $G = G_1 \otimes G_2$. 令

$$N_1 = \{(a, e_2) \mid a \in G_1\}, N_2 = \{(e_1, b) \mid b \in G_2\}$$

容易验证，N_1 与 N_2 都是 G 的子群，而且还是正规子群.

事实上，对于任意的 $(a_1, b_1) \in G$，有

$$(a_1^{-1}, b_1^{-1})(a, e_2)(a_1, b_1) = (a_1^{-1} a a_1, b_1^{-1} b_1) = (a_1^{-1} a a_1, e_2) \in N_1$$

$$(a_1^{-1}, b_1^{-1})(e_1, b)(a_1, b_1) = (a_1^{-1} a_1, b_1^{-1} b b_1) = (e_1, b_1^{-1} b b_1) \in N_2$$

这就说明，N_1, N_2 都是 G 的正规子群.

又若作 G_1 到 N_1 的映射 $a \to (a, e_2)$，则显然这是一个群同构；同样，映射 $b \to (e_1, b)$ 是 G_2 到 N_2 的一个同构. 于是有 $G = N_1 N_2$. 另外，还显然有 $N_1 \cap N_2 = \{(e_1, e_2)\}$. 这样 G 可以“分解”为两个交仅含单位元 (e_1, e_2) 的正规子群的乘

① 按习惯，当每个群 G_i 可交换并且群的运算用加号(+)表示时，直积也叫直和，即

$$G_1 \oplus G_2 \oplus \cdots \oplus G_r = \{(a_1, a_2, \cdots, a_r) \mid a_i \in G_i\}$$

对于任意的 $(a_1, a_2, \cdots, a_r), (b_1, b_2, \cdots, b_r) \in G_1 \otimes G_2 \otimes \cdots \otimes G_r$，加法为

$$(a_1, a_2, \cdots, a_r) + (b_1, b_2, \cdots, b_r) = (a_1 + b_1, a_2 + b_2, \cdots, a_r + b_r)$$

积. 我们称 G 是 N_1 与 N_2 的内直积.

引入一般的内直积的概念:

定义 4.7.1 设 G 是一个群, $N_i(i=1,2,\cdots,r)$ 是它的 r 个正规子群且适合下列条件:

(1) $G=N_1N_2\cdots N_r$;

(2) $N_i\cap N_1\cdots N_{i-1}N_{i+1}\cdots N_r=\{e\}$ 对一切 $i=1,2,\cdots,r$ 成立.

则称 G 是 $N_1,N_2,\cdots,N_r$ 的内直积.

读者自然要问及两种直积之间的关系. 事实上它们在同构的意义下是一致的,这一点我们将在下面看到.

现在来指出群可以内直积分解的若干充要条件.

引理 设 N 与 M 是群 G 的正规子群,且 $N\cap M=\{e\}$,那么 N 的每一元素与 M 的每一元素可交换.

证明 对于任意的 $x\in N, y\in M$,我们来证明必有 $xy=yx$. 为此我们来看元素

$$z=x^{-1}y^{-1}xy\text{①}$$

因为 N 是正规子群,所以 $x_1=y^{-1}xy\in N$,因此 $z=x^{-1}x_1\in N$. 类似的可以证明 $z\in M$. 因而 $z\in N\cap M=\{e\}$.

这就是说 $z=e$,即 $xy=yx$. 证毕.

定理 4.7.1 设 $N_1,N_2,\cdots,N_r$ 是群 G 的正规子群,则 G 是 $N_i(i=1,2,\cdots,r)$ 的内直积的充要条件是:

(1) $G=N_1N_2\cdots N_r$;

(2) 每一元素 $x\in G$ 都能唯一地表示成 $x=x_1x_2\cdots x_r$ 的形式,其中 $x_i\in N_i, i=1,2,\cdots,r$.

证明 设 G 是 $N_i(i=1,2,\cdots,r)$ 的内直积,我们来证明条件(2)成立. 设 $x\in G$ 有两种分解式

$$x=x_1x_2\cdots x_r=y_1y_2\cdots y_r, x_i, y_i\in N_i$$

对于任意两个不同的正规子群 N_i 与 N_j,因为 $N_i\cap N_j\subseteq N_i\cap N_1\cdots N_{i-1}N_{i+1}\cdots N_r=\{e\}$. 由引理,对于任意的 $x_i\in N_i, x_j\in N_j$,均有 $x_ix_j=x_jx_i$. 于是可以写

$$y_1^{-1}x_1=y_2\cdots y_rx_r^{-1}x_{r-1}^{-1}\cdots x_2^{-1}=y_2\cdots y_{r-1}(y_rx_r^{-1})x_{r-1}^{-1}\cdots x_2^{-1}$$

① 元素 z 称为 x 与 y 的换位子.

$$=y_2\cdots y_{r-1}x_{r-1}^{-1}(y_rx_r^{-1})\cdots x_2^{-1}$$
$$=\cdots\cdots$$
$$=(y_2x_2^{-1})(y_3x_3^{-1})\cdots(y_rx_r^{-1})\in N_2N_3\cdots N_r$$

因此 $y_1^{-1}x_1\in N_1\cap N_2N_3\cdots N_r=\{e\}$，即 $y_1=x_1$. 消去 x_1,y_1 得到 $x_2x_3\cdots x_r=y_2y_3\cdots y_r$，再用同样的方法可得 $y_2=x_2,y_3=x_3,\cdots,y_r=x_r$. 如此，分解的唯一性成立.

反过来，如果定理的条件成立，要证明 $N_i\cap N_1\cdots N_{i-1}N_{i+1}\cdots N_r=\{e\}(i=1,2,\cdots,r)$ 成立. 令 $x\in N_i\cap N_1\cdots N_{i-1}N_{i+1}\cdots N_r$，那么 x 有表达式

$$x=x_i=x_1\cdots x_{i-1}x_{i+1}\cdots x_r$$

其中 $x_j\in N_j(j=1,2,\cdots,r)$，即

$$e\cdots ex_ie\cdots e=x_1\cdots x_{i-1}ex_{i+1}\cdots x_r$$

由分解的唯一性知 $x=x_i=e$. 证毕.

与线性空间分解成子空间的直和的情况类似，不难证明定理 4.7.1 中的"唯一分解"这个条件可以用另一个更简单的条件来代替：

定理 4.7.2 N_i,G 同定理 4.7.1，则 G 是 $N_i(i=1,2,\cdots,r)$ 的内直积的充要条件是：

(1)$G=N_1N_2\cdots N_r$；

(2) 单位元 e 具有唯一分解性：若 $x_1x_2\cdots x_r=e,x_i\in N_i$，则 $x_i=e(i=1,2,\cdots,r)$.

证明 首先注意到若 $x\in N_i\cap N_j(i\neq j)$，则 $x=x_i=x_j,x_i\in N_i,x_j\in N_j$. 于是 $x_ix_j^{-1}=e,x_i=e,x_j=e$，即 $N_i\cap N_j=\{e\}$. 按引理，若 $y_i\in N_i,y_j\in N_j(i\neq j)$，则 $y_iy_j=y_jy_i$.

设 $x=x_1x_2\cdots x_r=y_1y_2\cdots y_r,x_i,y_i\in N_i$，则由于 $y_iy_j=y_jy_i$ 对一切 $y_i\in N_i,y_j\in N_j(i\neq j)$ 均成立，因此可得

$$x_1y_1^{-1}x_2y_2^{-1}\cdots x_ry_r^{-1}=(x_1x_2\cdots x_r)(y_1y_2\cdots y_r)^{-1}=e$$

于是 $x_iy_i^{-1}=e,y_i=x_i$. 证毕.

定理 4.7.3 设群 G 是它的正规子群 $N_i(i=1,2,\cdots,r)$ 的内直积，又设 $H=N_1\otimes N_2\otimes\cdots\otimes N_r$ 是 $N_i(i=1,2,\cdots,r)$ 的外直积，则 G 与 H 同构.

证明 由表示式 $x=x_1x_2\cdots x_r(x_i\in N_i)$ 的唯一性我们可以在 $G=N_1N_2\cdots N_r$ 与 $H=N_1\otimes N_2\otimes\cdots\otimes N_r$ 之间建立一个一一对应，即

$$x=x_1x_2\cdots x_r\rightarrow(x_1,x_2,\cdots,x_r)$$

下面要来证明它确实是一个同构映射.

先由表示式的唯一性我们来证明

$$N_i \cap N_j = \{e\}，当 i \neq j$$

事实上，如果 $x \in N_i \cap N_j$，但 $x \neq e$，那么 x 就要有两种不同的表示式

$$x = e \cdots e\ x\ e \cdots e = e \cdots e\ x\ e \cdots e$$

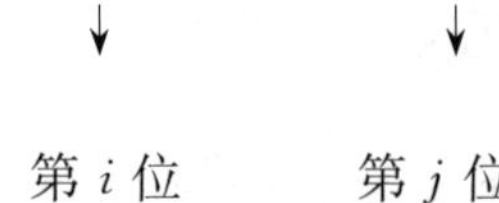

这就证明了 $N_i \cap N_j = \{e\}$，当 $i \neq j$. 由引理，对于任意的 $x_i \in N_i, x_j \in N_j$，有 $x_i x_j = x_j x_i$. 因此，对于任意的 $x, y \in G$，由

$$x = x_1 x_2 \cdots x_r, y = y_1 y_2 \cdots y_r$$

得出

$$xy = (x_1 y_1)(x_2 y_2) \cdots (x_r y_r)$$

这就证明了上述定义的映射保持乘法，因而是一个同构.

由于定理 4.7.3，有时我们不区分外直积与内直积，统称为群的直积.

我们知道，直积 $G_1 \otimes G_2 \otimes \cdots \otimes G_r$ 的结构完全被群 $G_1, G_2, \cdots, G_r$ 的结构所决定. 因此，如果一个群能够分解成某一些群的直积，那么这个群的研究就可以归结为另一些群（一般说来，它们比原来的群简单些）的研究.

这样一来，在群 G 分解成一些正规子群 $N_1, N_2, \cdots, N_r$ 的直积时，群 G 的研究也就归结为正规子群 $N_1, N_2, \cdots, N_r$ 的研究. 如果一个群不能分解成两个非平凡的正规子群的直积，那么这个群就称为不可分解的. 显然，任意一个有限群总可以分解成一些不可分解的群的直积.

群的直积分解是群论中一个重要的问题，我们就不细说了. 这里我们仅讨论有限交换群的情形. 设 G 是有限交换群而 p 是一素数，又设 P 是 G 中阶为 p 的幂的元素的集，即这些元素满足形式为 $x^{p^m} = e(m \geqslant 0)$ 的方程. 显然，P 是子群，因为假如 $x^{p^m} = y^{p^m} = e$，那么 $\left(\dfrac{x}{y}\right)^{p^m} = e$. 假如 p 不能整除 G 的阶，那么 $P = \{e\}$. 我们称 P 为 G 的 $p-$ 准素群. 下面，我们证明当 G 的阶被一个以上素数除尽时，准素群给出一个 G 的直积分解式.

定理 4.7.4（准素分解） 每个有限交换群都是它的 $p-$ 准素分量的直积：$G = G_{p_1} \otimes G_{p_2} \otimes \cdots \otimes G_{p_r}$.

证明 设 $x \in G$ 是任一非单位元，并设它的阶为 d. 由算术基本定理，存在不同的素数 $p_1, p_2, \cdots, p_r$ 和正指数 $\alpha_1, \alpha_2, \cdots, \alpha_r$ 使得

$$d = p_1^{\alpha_1} p_2^{\alpha_2} \cdots p_r^{\alpha_r}$$

定义 $q_i=\frac{d}{p_i^{\alpha_i}}$,从而 $p_i^{\alpha_i}q_i=d$.由此对每个 i,$x^{q_i}=e$(因为 $x^d=e$).而 $q_1,q_2,\cdots,q_r$ 的最大公约数是 1(d 的可能的素因数只有 $p_1,p_2,\cdots,p_r$,但 $p_i\nmid q_i$.所以没有一个 p_i 是公因数),由此存在整数 $s_1,s_2,\cdots,s_r$ 使得 $1=\sum_i s_iq_i$,所以

$$x=\sum_i x^{s_iq_i}\in G_{p_1}G_{p_2}\cdots G_{p_r}$$

记 $H_i=G_{p_1}\cdots G_{p_{i-1}}G_{p_{i+1}}\cdots G_{p_r}$.按定义 4.7.1,只需证明:如果

$$x\in G_{p_i}\cap H_i$$

则 $x=e$.因为 $x\in G_{p_i}$,对某个 $h\geqslant 0$,有 $x^{p_i^h}=e$.因为 $x\in H_i$,有 $x=\prod_{j\neq i}y_j$,其中 $y_j^{p_j^{g_j}}=e$.因此 $x^u=e$,其中 $u=\prod_{j\neq i}p_j^{g_j}$,而 p_i^h 和 u 互素,从而存在整数 s 和 t 使得 $1=sp_i^h+tu$,所以 $x=x^{sp_i^h+tu}=x^{sp_i^h}\cdot x^{tu}=e$.

例 与模 15 互素的最小正剩余是

$$1,2,4,7,8,11,13,14$$

它们形成一个 8 阶的交换群(见 4.8 目).我们将看到它与两个分别由元素 2 与 11 所生成的循环群的直积同构.事实上,剩余 2 生成 4 阶的循环群,即

$$C_4:1,2,4,8(2^4=16\equiv 1(\bmod 15))$$

相似地,11 生成 2 阶的循环群

$$C_2:1,11(11^2=121\equiv 1(\bmod 15))$$

既然整个群是交换群,我们只需要验证内直积定义 4.7.1 中的两个条件(1)与(2).取所有可能的积,我们得到

$$1,2,4,8,11,22,44,88$$

关于模 15 约化后成为

$$1,2,4,8,11,7,14,13$$

因为这是全部群,所以条件(1)适用,而且我们立即看出

$$C_4\cap C_2=\{e\}$$

这证明这个群是与 $C_4\otimes C_2$ 同构的.

下面的简单命题,具有某些独特的重要性,将在下一目用到.

定理 4.7.5 设 G 是一有限群,它的所有元素满足方程

$$x^2=e \tag{1}$$

即每一个非单位元素都是 2 阶的,那么 G 与下面形式的交换群同构

$$C_2\otimes C_2\otimes\cdots\otimes C_2$$

因而 G 的阶是 2 的幂.

证明 由拉格朗日定理的推论 2,当 G 是 2 阶的(唯一) 群时,定理明显是正确的. 因而假设 G 是阶大于 2 的群. 设 a 与 b 是不等于 1 的不相同的元素. 根据假设

$$a^2 = b^2 = e$$

所以

$$a = a^{-1}, b = b^{-1}$$

其次,考虑元素 ab,由式(1),$(ab)^2 = e$,从而

$$ab = (ab)^{-1} = b^{-1}a^{-1} = ba$$

这证明了 G 是交换群. 设 $u_1, u_2, \cdots, u_r$ 是 G 的一组不多余的生成元,因为 G 是交换群,生成元的乘积可以用这样的方式进行整理,使得每一元素可以表成规范形式

$$u_1^{k_1} u_2^{k_2} \cdots u_r^{k_r} \tag{2}$$

但是由于有式(1),所以式(2) 中的指数可以限制只取 0 与 1. 于是,所有的乘积将是不相同的,因为两个这样的乘积之间的一个等式会导致关系式

$$u_1^{h_1} u_2^{h_2} \cdots u_r^{h_r} = e$$

这里每一 h_i 或者是 0 或者是 1. 这将使我们能够用另外的生成元来表示某一个生成元,这与生成元是不多余的假设相矛盾. 因此规范形式(2) 是唯一的,这等于说

$$G = (u_1) \otimes (u_2) \otimes \cdots \otimes (u_r)$$

因而

$$G \cong C_2 \otimes C_2 \otimes \cdots \otimes C_2 (\text{共 } r \text{ 个因子})$$

4.8 1 阶到 8 阶群的概论

我们还没有找到成功的方法来构造所有可能的预先指定阶数的抽象群. 除少数简单的情形外,我们事先也不知道存在多少个这样的群.

可是,迄今为止我们所叙述的基本方法足以给出全部 1 阶到 8 阶的群,因为素数阶的群已经讨论过(定理 4.5.4(拉格朗日定理),推论 2),所以只需要更详细地讨论阶 g 等于 4,6 或 8 的情况.

存在两个 4 阶的群,它们都是阿贝尔群.

因为假如 $g = 4$,不等于 e 的元素只能是 4 阶或 2 阶(见定理 4.5.4(拉格朗日定理),推论 1).

(1) 首先,假如 G 包含一个 4 阶元素 a,这个元素生成 G:事实上,G 的四个元素是

$$e, a, a^2, a^3 (a^4 = e)$$

我们有 $G = C_4$,4 阶循环群.

(2) 其次,假设 G 没有 4 阶元素,那么所有与 e 不同的元素都是 2 阶的. 我们从定理 4.7.5 推断

$$G = C_2 \otimes C_2$$

因而 G 由两个元素 a 与 b 生成,而 G 的 4 个元素是

$$e, a, b, ab \tag{1}$$

其中

$$a^2 = b^2 = e, ab = ba \tag{2}$$

这个群称为四群(克莱因的"四群"),常以 V 表示.

由于没有别的可能性,我们断定任一 4 阶群或者与 C_4 同构,或者与 $V(\cong C_2 \otimes C_2)$ 同构,这些群的乘法表曾经用另外的记号在 §2,2.1 的表 3 与表 4 中表示过.

存在两个 6 阶的群,一个是循环群,另一个是非阿贝尔群.

(1) 首先,假如 G 具有 6 阶元素 a,那么

$$G = (a) = C_6$$

(2) 其次,假设不存在 6 阶元素,那么每一个不等于 e 的元素的阶,是 2 或 3(定理 4.5.4(拉格朗日定理),推论 1). 因为 G 的阶不是 2 的幂,所以不是所有 G 的元素都能满足 4.7 目中式(1). 因而至少有一个 3 阶元素 a,使得

$$e, a, a^2 \tag{3}$$

是 G 的三个不同元素,而

$$a^3 = e \tag{4}$$

假如 c 是 G 的另外一个元素,则 6 个元素

$$e, a, a^2, c, ca, ca^2 \tag{5}$$

是不相同的,像我们对列举在 4.3 目式(7) 中的元素所指出的那样.

假如式(5) 中的元素形成一个 6 阶群,封闭性公理必须满足. 特别地,c^2 必然是这些元素中的一个. 我们不能有一个形式为 $c^2 = ca^i (i = 0, 1, 2)$ 的等式,因为这意味 c 属于集合(3). 所以只剩下以下三种可能性:

$$①c^2 = e, ②c^2 = a, ③c^2 = a^2 \tag{6}$$

在 ② 与 ③ 的假设下,元素 c 不能是 2 阶的,因此必须是 3 阶的. 但是用 c 左乘 ② 与 ③ 的两边,我们应分别得到 $e = ca$ 及 $e = ca^2$,这两个等式都不正确,因而我们断定 ① 必然成立,即

$$c^2 = e \tag{7}$$

首先,考虑 ac,它必然是式(5) 中的元素之一.既然它不能等于 c 或者等于 a 的某一次幂,我们只剩下

$$ac = ca \text{ 或者 } ac = ca^2 \tag{8}$$

两种可能.头一个等式使得这个群是阿贝尔群.让我们找出在这种情况下 ac 的阶:

$$(ac)^2 = a^2c^2 = a^2 \neq e, (ac)^3 = a^3c^3 = c^3 = c \neq e$$

所以元素 ac 必然是 6 阶的,这与我们最初的假设不符,因而式(8) 中的第二个等式必然成立,$ac = ca^2$,或者,等价地,$(ac)^2 = e$.

这一点我们可以参考 4.3 目中式(5) 或(5′).总结以上的讨论我们可以说,假如存在一个 6 阶的群 G 与 C_6 不同,那么

$$G = (a, c)$$

服从关系 $a^3 = c^2 = (ac)^2 = e$.

这并不证明这样的群存在.但是我们碰巧知道确实存在这样的群,它的乘法表就在 §4,4.3 中.因此恰好存在两个 6 阶群.

存在 5 个 8 阶群,3 个是阿贝尔群,2 个是非阿贝尔群.

3 个 8 阶阿贝尔群容易写出,即:

(1)$C_8 = (a)$,这里 $a^8 = e$(表 2).

(2)$C_4 \times C_2 = (a) \times (b)$,其中 $a^4 = b^2 = e, ab = ba$(表 3).

(3)$C_2 \times C_2 \times C_2 = (a) \times (b) \times (c)$,此处 $a^2 = b^2 = c^2 = e$, $ab = ba$, $bc = cb$, $ac = ca$(表 4).

可以说这些群是所有可能的 8 阶阿贝尔群,我们将在这里根据前面讨论的原则推导出这个结果.假如这个群包含一个 8 阶的元素,则它一定是群 C_8,而假如所有与 e 不同的元素都是 2 阶的,那么它与群(3) 同构.

因而我们将假定与 e 不同的每一元素或者是 4 阶的或者是 2 阶的,而且至少存在一个 4 阶元素 a,满足

$$a^4 = e, a^2 \neq e \tag{9}$$

假如 b 是不含于(a) 的一个元素,那么 8 个元素

$$e, a, a^2, a^3, b, ab, a^2b, a^3b \tag{10}$$

是不相同的,因此构成整个群,假如这样的群存在.

于是 b^2 一定是这些元素中的一个,而且事实上一定是前 4 个元素中的一个,因为 b 不是 a 的幂.等式 $b^2 = a$ 或 $b^2 = a^3$ 必须排除,因为它们将意味 b 的阶是 8.因此还有两种可能性

$$\text{①} b^2 = e \text{ 或 } \text{②} b^2 = a^2 \tag{11}$$

① 假设 $b^2=e$,乘积 ba 一定是式(10) 中最后三个元素之一.

ⅰ. 假如 $ba=ab$,这个群是阿贝尔群,它就是(2) 中所举出的群.

ⅱ. 假如 $ba=a^2b$,我们将推导出 $b^{-1}a^2b=a$,从而

$$(b^{-1}a^2b)^2=b^{-1}a^4b=b^{-1}eb=e=a^2$$

然而这是不可能的,因此我们必须断定.

ⅲ. $ba=a^3b$,或者,等价地,$(ab)^2=e$. 由下面的关系式

$$a^4=b^2=(ab)^2=e \tag{12}$$

所定义的群事实上确实存在,它用 D_4 表示,称为 8 阶的二面体群(表 5).

例如,让读者自己去证实,矩阵

$$\boldsymbol{A}=\begin{pmatrix} e^{\frac{2\pi i}{n}} & 0 \\ 0 & e^{-\frac{2\pi i}{n}} \end{pmatrix},\boldsymbol{B}=\begin{pmatrix} 0 & 1 \\ 1 & 0 \end{pmatrix}$$

形成 $2n$ 阶二面体群 $D_n=(a,b)$ 的一个忠实表示. D_n 由下面的定义关系给出

$$a^n=b^2=(ab)^2=e$$

② 假设 $b^2=a^2$. 在这种情况下 a 与 b 都是 4 阶的. ba 又一定是式(10) 最后三个元素之一,我们将依次考虑:

ⅰ. 假如 $ba=ab$,这个群是阿贝尔群. 元素 $c=ab^{-1}$ 是 2 阶的. 既然 $ba^{-1}=c^{-1}$ 是2阶的且 $b=c^{-1}a$,生成元 b 可以用 c 代替,因此8个元素可以写成像式(10) 中的那样,不过用 c 代替 b. 我们又得到群(2).

ⅱ. 关系式 $ba=a^2b$ 是不可能的,因为它会导致 $ba=b^2b$,即 $a=b^2$,这是不允许的.

ⅲ. 唯一剩下的选择,即 $ba=a^3b$,是可以实现的. 我们将看到,这导致下列关系式所定义的群

$$a^4=e,a^2=b^2,ba=a^3b \tag{13}$$

为了说明这样的群的确存在,我们构造一个忠实的矩阵表示

$$\boldsymbol{A}=\begin{pmatrix} \sqrt{-1} & 0 \\ 0 & -\sqrt{-1} \end{pmatrix},\boldsymbol{B}=\begin{pmatrix} 0 & 1 \\ 1 & 0 \end{pmatrix}$$

读者不难证实这些矩阵在适当改变记号之后满足关系式(13),也不难证实下面 8 个矩阵

$$\boldsymbol{I},\boldsymbol{A},\boldsymbol{A}^2,\boldsymbol{A}^3,\boldsymbol{B},\boldsymbol{AB},\boldsymbol{A}^2\boldsymbol{B},\boldsymbol{A}^3\boldsymbol{B}$$

是不相同的,因此构成一个乘法矩阵群,它与按照(②,iii) 所规定的群同构.

这个群称为四元数群(表 6). 我们想起四元数就是超复数

$$a_0 1+a_1 \mathrm{i}+a_2 \mathrm{j}+a_3 \mathrm{k}$$

其中系数 a_0, a_1, a_2, a_3 是实数，而符号 1,i,j,k 满足方程

$$\mathrm{i}^2=\mathrm{j}^2=-1, \mathrm{ij}=-\mathrm{ji}=\mathrm{k}$$

或者，等价地

$$\mathrm{i}^{-4}=1, \mathrm{i}^2=\mathrm{j}^2, \mathrm{ji}=\mathrm{i}^3\mathrm{j}$$

除了记号不同，这与式(13)一致.

总结上面对 8 阶群的讨论，我们附上 5 个可能的 8 阶抽象群的完整的乘法表(表 2 ~ 表 6)

表 2 ($C_8=(a), a^8=e$)

	1	a	a^2	a^3	a^4	a^5	a^6	a^7
1	1	a	a^2	a^3	a^4	a^5	a^6	a^7
a	a	a^2	a^3	a^4	a^5	a^6	a^7	1
a^2	a^2	a^3	a^4	a^5	a^6	a^7	1	a
a^3	a^3	a^4	a^5	a^6	a^7	1	a	a^2
a^4	a^4	a^5	a^6	a^7	1	a	a^2	a^3
a^5	a^5	a^6	a^7	1	a	a^2	a^3	a^4
a^6	a^6	a^7	1	a	a^2	a^3	a^4	a^5
a^7	a^7	1	a	a^2	a^3	a^4	a^5	a^6

表 3 ($C_4\times C_2=(a)\times(b), a^4=b^2=e$)

	1	a	a^2	a^3	b	ab	a^2b	a^3b
1	1	a	a^2	a^3	b	ab	a^2b	a^3b
a	a	a^2	a^3	1	ab	a^2b	a^3b	b
a^2	a^2	a^3	1	a	a^2b	a^3b	b	ab
a^3	a^3	1	a	a^2	a^3b	b	ab	a^2b
b	b	ab	a^2b	a^3b	1	a	a^2	a^3
ab	ab	a^2b	a^3b	b	a	a^2	a^3	1
a^2b	a^2b	a^3b	b	ab	a^2	a^3	1	a
a^3b	a^3b	b	ab	a^2b	a^3	1	a	a^2

表 4 $(C_2 \times C_2 \times C_2 = (a) \times (b) \times (c), a^2 = b^2 = c^2 = e)$

	1	a	b	c	ab	ac	bc	abc
1	1	a	b	c	ab	ac	bc	abc
a	a	1	ab	ac	b	c	abc	bc
b	b	ab	1	bc	a	abc	c	ac
c	c	ac	bc	1	abc	a	b	ab
ab	ab	b	a	abc	1	bc	ac	c
ac	ac	c	abc	a	bc	1	ab	b
bc	bc	abc	c	b	ac	ab	1	a
abc	abc	bc	ac	ab	c	b	a	1

表 5 (二面体群)$a^4 = b^2 = (ab)^2 = e$)

	1	a	a^2	a^3	b	ab	a^2b	a^3b
1	1	a	a^2	a^3	b	ab	a^2b	a^3b
a	a	a^2	a^3	1	ab	a^2b	a^3b	b
a^2	a^2	a^3	1	a	a^2b	a^3b	b	ab
a^3	a^3	1	a	a^2	a^3b	b	ab	a^2b
b	b	a^3b	a^2b	ab	1	a^3	a^2	a
ab	ab	b	a^3b	a^2b	a	1	a^3	a^2
a^2b	a^2b	ab	b	a^3b	a^2	a	1	a^3
a^3b	a^3b	a^2b	ab	b	a^3	a^2	a	1

表 6 (四元数群)$a^4 = e, a^2 = b^2, ba = a^3b$)

	1	a	a^2	a^3	b	ab	a^2b	a^3b
1	1	a	a^2	a^3	b	ab	a^2b	a^3b
a	a	a^2	a^3	1	ab	a^2b	a^3b	b
a^2	a^2	a^3	1	a	a^2b	a^3b	b	ab
a^3	a^3	1	a	a^2	a^3b	b	ab	a^2b
b	b	a^3b	a^2b	ab	a^2	a	1	a^3
ab	ab	b	a^3b	a^2b	a^3	a^2	a	1
a^2b	a^2b	ab	b	a^3b	1	a^3	a^2	a
a^3b	a^3b	a^2b	ab	b	a	1	a^3	a^2

4.9 乘积定理・双陪集

在本节开头我们定义了两个子集的乘积，现在我们来考察两个集都是一个群的子群的情况.我们将会看到两个子群的积不总是一个子群.但是在有限子群的情况中可以得到关于乘积中元素个数的明确知识.

定理 4.9.1(乘积定理)　设 A 与 B 是子群.

(1) 那么子集 AB 是一个群当且仅当 $AB=BA$.

(2) 在确定有限子群的情况时，无论它们的乘积可不可交换，总有 $|AB|=|BA|=\dfrac{|A|\cdot|B|}{|A\cap B|}$.

证明　(1) 因为 A 与 B 是子群，我们有 $A^2=A$ 及 $B^2=B$.首先，假设 $AB=BA$ 成立，设 $H=AB$，那么

$$H^2=ABAB=A^2B^2=AB=H$$

这证明了 H 的封闭性.显然，$e\in H$，因为 $e\in A$ 及 $e\in B$.最后假如 a 与 b 分别是 A 与 B 的任意元素，那么 $b^{-1}a^{-1}\in BA$，因而，由 $AB=BA$，$b^{-1}a^{-1}\in AB=H$，即 $(ab)^{-1}\in H$，这就完成了 H 是群的证明.

反之，假设 $H=AB$ 是群，因而假如 a 与 b 分别是 A 与 B 的任意元素，那么 $ab\in H$，$a^{-1}b^{-1}\in H$，还有 $(a^{-1}b^{-1})^{-1}\in H$，即 $ba\in H$，这意味

$$BA\subseteq AB$$

特别地，$b^{-1}a^{-1}=a_1b_1$，此处 a_1 与 b_1 分别是 A 与 B 的某个元素，因而 $(a^{-1}b^{-1})^{-1}=ab=b_1^{-1}a_1^{-1}$，即

$$AB\subseteq BA$$

因而我们断定 $AB=BA$.

(2) 设 $D=A\cap B$.因为 D 是 B 的子群，我们可以将 B 分解成对于 D 的陪集，比如说

$$B=Dt_1\cup Dt_2\cup\cdots\cup Dt_n \tag{1}$$

这里

$$Dt_i\neq Dt_j,\text{假如 } i\neq j \tag{2}$$

及

$$n=\frac{|B|}{|D|} \tag{3}$$

用 A 左乘式(1)，注意因为 $D\subseteq A$，故 $AD=A$，我们得到

$$AB=At_1\cup At_2\cup\cdots\cup At_n \tag{4}$$

我们断定式(4)右边任意两个陪集没有一个公共元素.因为假如不是这样,我们将有下面这样形式的等式

$$u_1t_i \neq u_2t_j$$

这里 $u_1,u_2 \in A$ 及 $i \neq j$,因此

$$t_it_j^{-1} = u_1^{-1}u_2$$

于是根据式(1),上式左边的元素属于 B,而右边的元素属于 A.因而每边都表示 D 的一个元素.但是 $t_it_j^{-1} \in D$ 意味 $Dt_i = Dt_j$,这与式(2)矛盾.因此式(4)中的陪集是不相交的.又因为每一陪集包含 $|A|$ 个元素,我们有

$$|AB| = |A| \cdot n = \frac{|A| \cdot |B|}{|A \cap B|}$$

显然,以上的证明对 A 与 B 是对称的,所以也有 $|BA| = \frac{|A| \cdot |B|}{|A \cap B|}$.

转入下一个议题.我们曾经在本节4.5目中看到,一个群对于某一子群的陪集的分解,可以看作一个集相对于适当定义的等价关系划分成不同的等价类的例子.

现在,我们仿照弗罗贝尼乌斯[①]的做法,讨论另一种等价关系,它涉及两个子群.设 A 与 B 是 G 的子群,它们可以相同.我们说两个元素 $x,y \in G$ 是等价的,写成 $x \sim y$,假如存在元素 $u \in A$ 和 $v \in B$ 使得

$$y = uxv \tag{5}$$

容易验算这是 G 上的等价关系,因为:

(1) $x \sim x$,因为我们可以取 $u = e, v = e$.

(2) 假如 $x \sim y$,那么 $y \sim x$,因为式(5)意味 $x = u^{-1}yv^{-1}$.

(3) 假如 $x \sim y, y \sim z$,即 $y = uxv$ 及 $z = u'yv'$,这里 $u' \in A, v' \in B$,那么 $z = (u'u)x(vv')$,所以 $x \sim z$.

因此,根据上面的等价关系的定义,集 G 可以分成不相交的等价类.包含 x 的等价类是复形 AxB,它称为 G 对于 A 与 B 的双陪集.我们从每一等价类中选择一个代表就得到分解式

$$G = \bigcup_{i \in I} At_iB \tag{6}$$

此处 I 可能是无限的指标集.它与双陪集一一对应.显然,(6)是左陪集或右陪集分解式的推广,只要取 A 或 B 为平凡群 $\{e\}$ 就可以看出这一点.与单陪集分解式不同的是,式(6)中的双陪集一般不具有相同的基数.

① 弗罗贝尼乌斯(Frobenius, Ferdinand Georg, 1849—1917)德国数学家.

当 G 是有限群时，我们要进一步讨论这个问题，设 $|G|=g$，设 $|A|=a$ 及 $|B|=b$. 首先，我们注意到复形 At_iB 与 $(t_i^{-1}At_i)$ 具有相同基数，因为将 ut_iv 与 $t_i^{-1}(ut_iv)$ 对应是这两个集合的元素之间的一一对应，因此

$$|At_iB|=|(t_i^{-1}At_i)B|$$

因为 $t_i^{-1}At_i$ 是一子群(参看 §4,4.2 目)，及

$$|t_i^{-1}At_i|=|A|=a$$

应用定理 4.9.1 到子群 $t_i^{-1}At_i$ 和 B，我们得出

$$|At_iB|=\frac{ab}{d_i}$$

这里 $d_i=|t_i^{-1}At_i\cap B|$. 整理这些结果，我们得到下面的定理.

定理 4.9.2(弗罗贝尼乌斯定理)　设 G 是 g 阶的有限群，A 与 B 分别是 a 阶与 b 阶的子群. 那么存在元素 $t_1,t_2,\cdots,t_r$ 使得 G 是双陪集的不相交的并，即

$$G=At_1B\cup At_2B\cup\cdots\cup At_rB$$

At_iB 中元素的个数是$\frac{ab}{d_i}$，其中 $d_i=|t_i^{-1}At_i\cap B|$，从而 $g=ab\sum_{i=1}^{r}d_i^{-1}$.

双陪集 AxB 还可以写为

$$AxB=\bigcup_{b\in B}Axb=\bigcup_{a\in A}axB$$

这样一来，双陪集 AxB 是一切形如 $Axb(b\in B)$ 的右陪集的并，同时也是一切形如 $axB(a\in A)$ 的左陪集的并. 因此，群 G 的双陪集分解(6)，实际上就是 G 的普通左或右陪集分解按照某种方式的重组与合并. 现在进一步问：包含在双陪集 AxB 中的 A 的右陪集有多少个？这由下面的定理给出：

定理 4.9.3　群 G 的双陪集 AxB 中，含 A 的右陪集的个数等于 $[B:(B\cap x^{-1}Ax)]$.

证明　建立集合 $S=\{Axb\mid b\in B\}$，$T=\{B\cap x^{-1}Ax\mid b\in B\}$；对于每个 $b\in B$，使得 $B\cap x^{-1}Ax$ 与 Axb 对应：

$$\varphi:\ Axb\to B\cap x^{-1}Ax$$

如果 $Axb=Axb'(b,b'\in B)$，则 $xbb'^{-1}x^{-1}\in A$，$bb'^{-1}\in x^{-1}Ax$，从而 $bb'^{-1}\in B\cap x^{-1}Ax$，因此

$$(B\cap x^{-1}Ax)b=(B\cap x^{-1}Ax)b'$$

这说明 φ 是 S 到 T 的一个映射.

类似地，可以证明 φ 是一个单射. 又，φ 是满射是显然的. 因此，φ 是 S 到 T 的双射. 这也就证明了所需的结论.

§5 正规子群

5.1 正规子群·单纯群

从上一节的4.5中我们知道,非交换群可能具有这样的一些子群,它们的左侧分解和右侧分解并不相同.但是任何一个群对单位子群(以及对这个群本身)的两种分解一定是一致的.不难验证,上一节4.5中的例3也给出了两种分解相一致的一个情形,而这种情形却不像上述那样明显了.

如果群G对子群H的左侧分解和右侧分解一致,则子群H称为群G的正规子群或不变子群,此时常用专门的符号表示,即

$$H \lhd G$$

换句话说,如果对于任何一个元素a,由a所决定的群G对子群H的两个陪集——左陪集和右陪集——相一致

$$aH = Ha$$

则H是G的正规子群.

这个等式表明,群G的子群H是G的正规子群的充分必要条件是:子群H和群G中任意元素可换,即对G中任意一个元素a和H中任意一个元素h,在H中可找到这样的元素h'和h'',使

$$ah = h'a, ha = ah'' \tag{1}$$

正规子群的概念还可以用多种别的方法来定义.每一次我们都选取对所论情况用起来最方便的那一种定义.现在我们举出两个这样的定义.

设a,b是群G中的两个元素.如果在G中至少可以找到这样一个元素g,使得

$$b = g^{-1}ag$$

则a和b称为在群G中共轭.有时也说,b可由a经元素b变形得出.

因为式(1)中的第二个等式可以改写成

$$a^{-1}ha = h''$$

的形式,并且a和h分别是G和H中的任意元素,所以我们得出了正规子群的下面一个定理:

定理5.1.1 群G的正规子群H在包含其中每一个元素h的同时,也包含群G中一切与h共轭的元素.

这个定理可以用来作为正规子群的定义，即成立：

定理5.1.2 设 H 是群 G 的一个子群，如果 H 在包含其中每一个元素 h 的同时，也包含群 G 中一切与 h 共轭的元素，那么 H 是正规的.

这个性质常常在下面这个更一般的形式下用起来更为方便：

定理5.1.3 设在一个具有生成系 M 的群 G 中，给出一个由元素集合 S 所生成的子群 H，如果 S 中任意元素经 M 中的元素及其逆元变形后都不超出 H 的范围，则 H 是 G 的正规子群.

事实上，不难验证等式

$$g^{-1}(h_1^{\alpha_1}h_2^{\alpha_2}\cdots h_n^{\alpha_n})g=(g^{-1}h_1g)^{\alpha_1}(g^{-1}h_2g)^{\alpha_2}\cdots(g^{-1}h_ng)^{\alpha_n}$$

$$(g_1g_2)^{-1}h(g_1g_2)=g_2^{-1}(g_1^{-1}hg_1)g_2$$

但是 G 中任何一个元素都有

$$g=g_1g_2\cdots g_k$$

的形式，其中 $g_i\in M$ 或 $g_i^{-1}\in M(i=1,2,\cdots,k)$；而 H 中任何一个元素都有

$$h=h_1^{\alpha_1}h_2^{\alpha_2}\cdots h_n^{\alpha_n}$$

的形式，其中 $h_i\in S(i=1,2,\cdots,n)$. 因此我们永远有 $g^{-1}ag\in H$. 而这正是我们所要证明的.

不难看出，在 M 的所有元素都具有有限阶的情形下，定理的陈述中提及 M 中元素的逆元是多余的.

如果 U 是群 G 的一个子群，而 g 是 G 中一个任意的元素，那么集合 $g^{-1}Ug$ 显然是由子群 U 中的元素经 g 变形后所得出的元素所组成的，这个集合也是一个子群. 事实上，如果元素 u_1 和 u_2 属于 U，则

$$(g^{-1}u_1g)\cdot(g^{-1}u_2g)=g^{-1}(u_1u_2)g \tag{2}$$

$$(g^{-1}u_1g)^{-1}=g^{-1}u_1^{-1}g$$

子群 $g^{-1}Ug$ 称为群 G 中与 U 共轭的子群. 同样也说，子群 $g^{-1}Ug$ 是由子群 U 经元素 g 变形得出的. 因为由

$$g^{-1}u_1g=g^{-1}u_2g$$

可得出 $u_1=u_2$，故根据式(2) 我们可以断定映射

$$u\rightarrow g^{-1}ug$$

是子群 U 到子群 $g^{-1}Ug$ 上的一个同构映射.

由上面关于与正规子群中的元素共轭的元素所讲的事实可知，群 G 中所有与正规子群 H 共轭的子群都应该全部包含在 H 内.

事实上，我们还可以更进一步地断言，假如子群 $g^{-1}Hg$ 是正规子群 H 的真

子群,也就是说,假如 H 中有一个不属于 $g^{-1}Hg$ 的元素 h_0,则与元素 h_0 共轭的元素 gh_0g^{-1} 将不会包含在 H 内. 在另一方面,因为群 G 中任何一个与其所有共轭子群相重合的子群,在包含其中每一个元素的同时也包含所有与这个元素共轭的元素,所以我们可以得出下面的定理:

定理 5.1.4 群 G 的正规子群,并且仅有这样一种子群,重合于群 G 中所有与它共轭的子群.

现在,我们将集中几个关于正规子群的基本事实:

(1) 指数为 2 的子群是正规子群.

假设 H 在 G 中的指数是 2,在这种情况下恰好存在两个 G 中的 H 陪集,一个是 H,另一个是 $G-H$,即那些不属于 H 的 G 的元素. 因而,假如 $t\in G-H$,那么 $G-H=Ht$. 同样的讨论可用于左陪集,所以 $G-H=tH$,而且 $Ht=tH$,只要 $t\notin H$. 另一方面,假如 $w\in H$,那么 $H=Hw=wH$. 因而方程 $xH=Hx$ 对所有 $x\in G$ 成立,即 H 是 G 的正规子群.

(2) 群 G 中任意一组正规子群的交也是这个群中的正规子群.

事实上,如果子群 D 是这些已知的正规子群的交,则与 D 中某一元素共轭的每一个元素也应同时包含在所有这些正规子群内,因而也包含在它们的交内.

利用正规子群这一性质,我们可以像在上一节 4.4 目中对子群的情形所做的那样,来讨论由群 G 中一个子集 M 所生成的正规子群. 这个正规子群是群 G 中所有包含子集 M 的正规子群的交.

(3) 群 G 中任意一组正规子群所生成的正规子群和这一组正规子群所生成的子群重合.

事实上,如果已知一组正规子群 H_α(α 遍历某一组足标),则子群(H_α)中的任何一个元素都可以写成

$$h_1h_2\cdots h_k$$

的形式,其中每一个因子 h_i 都包含在某一 H_{α_i} 内($i=1,2,\cdots,k$). 如果 $g\in G$,则

$$g^{-1}(h_1h_2\cdots h_k)g=(g^{-1}h_1g)(g^{-1}h_2g)\cdots(g^{-1}h_kg)$$

但因为

$$g^{-1}h_ig\in H_{\alpha_i},i=1,2,\cdots,k$$

故与子群(H_α)中某一元素共轭的每一个元素,本身也包含在这个子群内.

从这里可以知道,群 G 中正规子群的一个递增序列的并集也是这个群的一个正规子群. 这一点是很容易直接证明的.

引入共轭类的概念(5.3 目)后,则下面的说法成为显然:

(4) 子群 H 在 G 中是正规的，当且仅当它是 G 的共轭类的并集.

事实上，等式 $H=(e)\cup(a)\cup(b)\cup\cdots$ 显然等于说，只要 w 属于 H，就有 $x^{-1}wx$ 也属于 H，其中 x 是 G 的任一元素. 这意味着 $x^{-1}Hx\subset H$，因而 $H\lhd G$.

正规子群既然与群中任意元素可换，当然也与这个群的任意子群可换. 由此根据上一节 4.3 可知，由群 G 的正规子群 H 和任意子群 F 所生成的子群 (H,F) 与乘积 HF 相重合. 换句话说，子群 (H,F) 中的任何一个元素可以表成乘积 hf 的形式，其中 $h\in H$，$f\in F$，在同一前提下子群 (H,F) 也与 FH 重合.

定理 5.1.5 如果 H 是群 G 的正规子群，而 G 的子群 F 包含整个 H：$H\subset F\subset G$，则 H 也是群 F 的正规子群.

事实上，任何元素，$f^{-1}hf$，$h\in H$，$f\in F$，属于 H.

然而须注意的是：如果 H 是群 G 的正规子群，K 是 H 的正规子群，则 K 虽然是群 G 的子群，却不一定是群 G 的正规子群. 换句话说，一个群是另一个群的正规子群这一性质是不可传递的.

下面我们可以见到许多这方面的例子. 阿贝尔群的任何一个子群都是正规子群. 但是也存在所有子群都是正规子群的那种非交换群. 所有这样的非交换群都称为哈密尔顿①群. 特别地，任何一个哈密尔顿群都含一个和下面这个群 K 同构的子群：群 K 称为四元数群，它本身也是一个哈密尔顿群. 我们用 K 表示 8 次对称群中由置换

$$a=(1\ 2\ 3\ 4)(5\ 6\ 7\ 8)\ \text{和}\ b=(1\ 5\ 3\ 7)(2\ 8\ 4\ 6)$$

所生成的子群.

不难用直接置换的方法验证下面的关系式

$$a^4=e \tag{3}$$

$$b^4=e \tag{4}$$

$$a^2=b^2 \tag{5}$$

$$aba=b \tag{6}$$

从这些关系式我们可得出

$$bab=a^3(aba)b=a^3b^2=a^5=a \tag{7}$$

$$a^3b=b^2ab=ba \tag{8}$$

$$b^3a=a^2ba=ab \tag{9}$$

因为 $a^2\cdot a=a\cdot a^2$，$b^2\cdot b=b\cdot b^2$，故利用关系式(5) 我们可以用调换因子位置

① 哈密尔顿(William Rowan Hamilton，1805—1865) 英国数学家、物理学家、力学家.

（即不减少因子的个数）的方法，将元素 a 和 b 的任何一个幂积表成这两个元素的一次幂交替出现的乘积，另外可能还要从左边乘上一个 a^3 或 b^3；另一方面，只要这样一个乘积不和下面 8 个乘积之一相合，我们就可以利用(6)(7)(8) 和 (9) 来减少它的因子个数. 这 8 个乘积是

$$e,a,b,ab=(1\ 8\ 3\ 6)(2\ 7\ 4\ 5),ba=(1\ 6\ 3\ 8)(2\ 5\ 4\ 7)$$

$$a^2=b^2=(1\ 3)(2\ 4)(5\ 7)(6\ 8)$$

$$a^3=(1\ 4\ 3\ 2)(5\ 8\ 7\ 6),\ b^3=(1\ 7\ 3\ 5)(2\ 6\ 4\ 8)$$

但这 8 个乘积是 8 个不同的元素，故 K 是一个 8 次非交换群.

根据拉格朗日定理，群 K 中任何一个不等于 E 或 K 本身的子群，其阶必为 2 或 4. 事实上 K 中有一个唯一的 2 阶子群，即(a^2)，和三个 4 阶子群，即(a)，(b) 和(ab). 如果我们用元素 a 和 b 去作这四个循环子群的生成元的变形，那么利用式(3) ~ (7) 我们就可以发现，所有这四个子群都是 K 的正规子群.

对任何一个群来说，这个群本身和单位子群都是它的正规子群. 除了这两个正规子群之外不再有其他正规子群的群，称为单纯群. 单纯群是在某种意义上和哈密尔顿群相对立的一类群.

一个阿贝尔群是单纯群，当且仅当它是一个循环群，并且它里面的每一个不等于 e 的元素都是它的生成元. 因此，根据上一节 4.4 中所做的关于循环群生成元的按语可以断定一个阿贝尔群是一个单纯群的充分必要条件是：这个群是一个循环群，并且它的阶数是一个素数. 然而，不论是有限的或无限的非交换单纯群都是存在的. 举例来说，下面(§7，7.3) 将要证明，当 $n>4$ 时交错群 A_n 也是单群，这个结论在伽罗瓦理论中起着很大的作用.

5.2 商群

正规子群的重要性主要在于这个事实：正规子群的陪集的集合能够具有群的结构. 假设 $H\lhd G$，并考虑两个陪集 Ha 与 Hb 的积. 因为 $aH=Ha$ 及 $H^2=H$，我们得出

$$HaHb=HHab=Hab \tag{1}$$

因而两个陪集的积还是一陪集. 注意到式(1) 确实是陪集间的关系，即它与陪集的代表无关是极其重要的. 更准确地说，我们断定，假如 $Ha=Ha'$ 及 $Hb=Hb'$，那么 $Hab=Ha'b'$. 事实上，我们的假设蕴含 $a'=ua$，$b'=vb$，此处 $u,v\in H$，那么 $a'b'=uavb=uv'ab$，此处 v' 是 H 的某一适当的元素. 因而像所要求的那样，我们有 $Ha'b'=Hab$.

假如我们利用对于 H 的等价性概念，事情可以稍微不同的方式提出. 像在

4.5 目所说的那样，假如存在元素 $u \in H$ 使得 $a' = ua$，我们写成 $a \sim a'$. 因为 $Ha = aH$，我们也可以换一种规定 $a' = au'$，此处 $u' \in H$. 因此某一特殊元素 $a \in G$ 的等价类$[a]$是与陪集 $Ha(=aH)$ 等同的. 于是式(1)表示了等价类的乘法，即

$$[a][b] = [ab] \tag{2}$$

它与类的代表无关.

由于式(1)，在子集的乘法下陪集集合是封闭的. 这产生了一个希望，即陪集的集合实际上形成一个群. 验证结合律是不存在困难的，因为它适用于所有的子集(见 §4,4.1). 对于陪集的乘法，单位元素是作为陪集的群 H，因为

$$H(Ht) = (Ht)H = Ht$$

最后，Ht 的逆元素是陪集 Ht^{-1}，因为$(Ht)(Ht^{-1}) = H = (Ht^{-1})(Ht)$. 我们所构造的群用 G/H 表示，称为 G 关于 H 的商群. G/H 的阶等于 H 在 G 中的指数，即

$$|G/H| = [G:H] \tag{3}$$

商群的概念不但对于群论是基本的，而且是数学中最重要的概念之一. 因此我们重复某些与商群有关的要点：

(1) G/H 的元素是 H 的不同陪集，合成规则是子集的乘法(或者是陪集的加法，当 G 用加法写出时).

(2) 单位(零)元素是群 H，把它当作一个陪集.

(3) 我们究竟用右陪集或左陪集是没有关系的，因为 H 是正规的，因而 $Ha = aH$.

(4) 记住某一特殊陪集的代表不是唯一的(见 §4,4.5).

(5) 商群这一名词及 G/H 这一记号只有当 H 是正规子群时才用.

接着我们将要讨论几个例子来阐明商群的概念.

(1) 设 Z 是所有整数的(加法)群，又设 $m > 1$ 是一个固定的整数，那么集

$$H: 0, \pm m, \pm 2m, \cdots, \pm km, \cdots$$

形成 Z 的子群. 因为 Z 是阿贝尔群，所以 H 是正规子群. 假如 a 是任一整数，我们能写成 $a = qm + r$，此处 $0 \leqslant r < m$. 因为 qm 在 H 中，a 位于陪集 $H + r$ 中(见 §4,4.5 末尾). 考虑到 r 的可能值，我们看到

$$H(= H + 0), H + 1, H + 2, \cdots, H + (m + 1) \tag{4}$$

是不同的陪集，即 Z/H 的元素. 这些陪集与 Z_m 的元素一一对应(见 §3,3.3). 假如 Z_m 的元素暂时用 $\bar{0}, \bar{1}, \cdots, \overline{m-1}$ 表示，我们可以将这对应表示如下

$$H + r \leftrightarrow \bar{r}$$

我们注意到在这个对应下合成规则被保持. 因为

$$(H + r) + (H + s) = H + t$$

此处 $t \equiv r + s \pmod m$ 及 $0 \leqslant t < m$,根据 Z_m 中的合成规则,这恰为

$$\bar{r} + \bar{s} = \bar{t}$$

因此我们断定

$$Z/H \cong Z_m$$

(2) 在四元数群中(§4,4.8,表6),元素 $a^2 = b^2$ 显然与 a 及 b 可交换. 因为 a 与 b 生成整个群,因而 $a^2 = b^2$ 与四元数群的每一元素可交换,因此

$$H = \{e\} \cup \{a^2\} (a^4 = e)$$

是一正规子群. G/H 的元素可列举如下

$$H, Ha, Hb, Hab \tag{5}$$

因为我们预先知道存在$[G : H] = 8/2 = 4$ 个陪集,而式(5)中的陪集是不同的,这一点易于验证,例如 $Hb = \{b\} \cup \{a^2 b\}$. 因为$G/H$ 是4阶的群,因此一定或者与 C_4 或者与 $C_2 \times C_2$ 同构(见 §4,4.8). 注意到G/H 的每一元素的平方等于单位元素 H,这个问题就完全解决了. 事实上,因为 $Hb^2 \in H$,所以$(Ha)^2 = Ha^2 \in H$,类似地,$(Hb)^2 = Hb^2 \in H$;最后,既然 G/H 必然是4阶阿贝尔群,我们有

$$(Hab)^2 = (Ha)^2 (Hb)^2 = H$$

因而 $G/H \cong C_2 \otimes C_2$(见 §4,4.7,定理4.7.5).

5.3 共轭类·中心化子·正规化子

在5.1目,我们曾经引入群 G 中二元素共轭的概念. 现在我们来更为详细地考察这个概念. 暂时把共轭关系记为 $\sim$:$\bar{x} \sim x$. 我们来验证这是一个等价关系. 因为:

ⅰ. 自反性:$a \sim a$,取 $g = e$;

ⅱ. 对称性:$b \sim a$ 蕴含 $a \sim b$. 因为假如 $b \sim a$,即 $b = g^{-1} a g$,那么将有 $a = (g^{-1})^{-1} b g^{-1}$,所以 $a \sim b$.

ⅲ. 传递性:假如 $a \sim b$ 及 $b \sim c$,那么 $a \sim c$. 因为我们已有 $a = g^{-1} b g$ 及 $b = h^{-1} c h$,消去 b 后,$a = (hg)^{-1} c (hg)$,即 $a \sim c$.

我们记得,在一个集上定义一个等价关系后,这个集就划分成为不相交的类,每类由与某一特殊元素等价的那些元素组成. 在目前情况中,这些类称为共

轭类. 包括特殊元素 a 的共轭类以 (a) 表之，它包含 G 中所有与 a 共轭的元素，且包含 a 本身，因而

$$(a)=g_1^{-1}ag_1\cup g_2^{-1}ag_2\cup\cdots$$

我们可以假设 $g_1=e$. 假如 b 是不包含在 (a) 内的元素，那么 b 生成一个新的共轭类

$$(b)=h_1^{-1}bh_1\cup h_2^{-1}bh_2\cup\cdots$$

共轭关系的传递性保证 (a) 与 (b) 没有公共元素. 用这种方法进行下去，我们得出 G 的共轭类分解式，因而

$$G=(a)\cup(b)\cup(c)\cup\cdots$$

我们称 $a,b,c,\cdots$ 为不同类的代表，但是要记住这些代表不是唯一的，事实上，$(a)=(a')$ 当且仅当 $a'=g^{-1}ag\,(g\in G)$.

各个共轭类的元素个数不一定相同，例如 S_3 可分成三个共轭类如下：

$$\{(1)\},\{(1\ 2\ 3),(1\ 3\ 2)\},\{(1\ 2),(1\ 3)(2\ 3)\}$$

当 G 是无限时，可以存在无限多的共轭类，某一特殊的共轭类可能包含无限多元素. 重要的是，得到关于构成某一给定类的元素的更精确的知识，并且当类是有限时决定它的大小. 显然，类 (e) 只包含单独一个元素 e，因为对于所有属于 G 的 x，有 $x^{-1}ex=e$.

为了更详细地考察这个问题，我们引入中心化子这个概念. 设 a 是 G 的固定元素，用 $C(a)$ 表示 G 中所有与 a 可交换的元素的集合，因而

$$C(a)=\{t\in G\mid ta=at\}$$

容易验证 $C(a)$ 是 G 的子群. 因为(ⅰ)假如 $s,t\in C(a)$，那么 $a(st)=sat=(st)a$，所以 $st\in C(a)$；(ⅱ)$e\in C(a)$；(ⅲ)假如 $t\in C(a)$，那么 $t^{-1}a=at^{-1}$，即 $t^{-1}\in C(a)$.

附带提一下，除非 $G=\{e\}$，否则总有 $|C(a)|\geqslant 2$. 因为假如 $a=e$，那么 $C(a)=G$；假如 $a\neq e$，那么 $a\in C(a)$ 及 $e\in C(a)$.

其次，考虑 G 对于 $C(a)$ 的陪集分解式，即

$$G=\bigcup_i C(a)t_i,i\in I$$

此处 I 是对应的指标集.

我们断定 $C(a)$ 的陪集与 (a) 中的元素一一对应，这个对应由下面的映射建立

$$\theta:C(a)x\rightarrow x^{-1}ax \tag{1}$$

首先我们必须证明 θ 具有明确的定义，记住 $C(a)x$ 可以等同地写为 $C(a)ux$，此

处 u 是 $C(a)$ 的任一元素. 因而我们必须证明用 ux 代 x 并不改变(1)的右边. 事实上

$$(ux)^{-1}a(ux)=x^{-1}u^{-1}aux=x^{-1}ax$$

因为 $u\in C(a)$. 既然 x 是 G 的任一元素,映射 θ 显然是到类 (a) 上的满射. 最后,我们看出 θ 是单射,因为假如 $x^{-1}ax=y^{-1}ay$,那么 $xy^{-1}\in C(a)$,从而 $C(a)x=C(a)y$. 因而,像所断定的那样,θ 是双射.

我们整理这些结果如下:

定理 5.3.1 设 a 是 G 的元素,$C(a)$ 是 a 的中心化子,那么共轭类的元素与 G 中 $C(a)$ 的陪集一一对应,特别,当 $C(a)$ 的指数有限时,$|(a)|=[G:C(a)]$.

推论 1 假如 G 是 m 阶有限群,又假如 h_a 是 (a) 中元素的个数,那么 $h_a\mid m$.

证明 设 $|C(a)|=c_a$,那么由定理 5.3.1,$h_a=m/c_a$,即 $m=c_ah_a$.

推论 2(类方程) 若 G 是有限群,则

$$|G|=\sum_a[G:C(a)] \tag{2}$$

此处是对共轭类的代表元求和.

证明 群 G 有限时,其共轭类分解式可写为

$$G=\bigcup_{a\in G}(a)$$

从而,计算这个方程式每边元素的个数并且注意到定理 5.3.1,即得

$$|G|=\sum_a|(a)|=\sum_a[G:C(a)]$$

关系式(2)叫作群的类方程.

中心化子的概念可以推广到 G 的任一非空子集 A,因而 A 的中心化子 $C(A)$ 由 G 的所有那些元素所组成,它们与 A 的每一元素可交换,即

$$C(A)=\{t\in G\mid ta=at,\text{对于所有的 } a\in A\}$$

像前面一样,中心化子 $C(A)$ 总是 G 的子群,可能是单位元子群. 事实上 $C(A)$ 是群 $C(a)$ 的交集,此处 a 遍历 A.

当需要表示 $C(A)$ 与包含 A 的群 G 有关时,我们更精确地写成 $C_G(A)$.

整个群 G 的中心化子 $C(G)$ 称为它的中心. 换句话说,G 的中心是与它的每个元素可交换的元素所形成的集

$$C(G)=\{z\in G\mid tz=zt,\text{对于所有的 } t\in G\}$$

这也是 G 的子群,并且还是一个阿贝尔群.

显然,当且仅当群与其中心重合时,它才是阿贝尔群. 再,单位元必然位于

中心内. 如果一个群不包含其他的中心元素,那么就叫作具有平凡中心的群或无中心的群. 还要指出,中心群的任何子群在群中是正规的.

中心的元素的特点是它自身就构成一个共轭类,因为假如 z 只与本身共轭,那么 $t^{-1}zt=z$,其中所有的 $t\in G$,这意味 $z\in C(G)$. 出于这个理由,中心元素有时称为自共轭元素. 此时群的类方程为

$$|G|=|C(G)|+\sum_{a\notin C(G)}[G:C(a)]$$

下面的结果是有趣的,因为它证明一类重要的群存在非平凡中心.

定理 5.3.2 假如 G 是有限群,使得 $|G|=p^m$,此处 p 是素数及 $m>0$,那么 G 的中心 $C(G)$ 具有 p^v 阶,其中 $0<v\leqslant m$.

证明 在目前情况下,类方程(2) 成为

$$p^m=h_1+h_2+\cdots+h_k \tag{3}$$

此处 $h_i\mid p^m(i=1,2,\cdots,k)$. 既然 p 是素数,这意味每一 h_i 或者等于 1 或者等于 p 的幂. 我们已知 $h_1=1$,假设恰好存在 $j(j\geqslant 1)$ 个 i 的值使得 $h_i=1$,则我们能将式(3) 写成下面的形式

$$p^m=j+ps$$

其中,s 是某一整数. 于是 j 可被 p 整除,因为 2 是正的,我们断定 $j\geqslant p$. 因而至少存在 p 个自共轭元素,即 $C(G)$ 是非平凡的. 既然 $C(G)$ 是 G 的子群,拉格朗日定理提供了更进一步的知识,即 $|C(G)|=p^v$,其中 $0<v\leqslant m$.

具有 p^m 阶的群,称为 p 群.

我们现在讨论一个不同于中心化子的交换性概念,给出一非空子集 A,我们考虑 G 的这样一些元素 s,它们满足子集间的关系

$$sA=As \tag{4}$$

因而式(4) 意味对于每一 $a\in A$,存在 $a_1,a_2\in A$ 使得 $sa=a_1s$ 及 $sa=a_2s$. 我们留给读者直接去验证:那些满足式(4) 的元素 s 形成 G 的子群. 这个子群称为 A 的正规化子,表示为 $N(A)$,或者更精确地表示为 $N_G(A)$. 显然,$C(A)$ 的每一元素皆满足式(4),因为它与 A 的每一元素可交换. 因而

$$C(A)\subseteq N(A)$$

但是一般情况下正规化子大于中心化子.

现在 $A=H$ 是 G 的子群而 $N(A)$ 是它的正规化子. 正如我们已经看见过的那样(5.1 目),当 x 是 G 的任一元素时,$H'=x^{-1}Hx$ 也是 G 的一个子群,它与 H 同构,虽然一般情况下与 H 不相同,可是通过不同的元素 x 与 y 的共轭可以产生同一子群. 事实上,方程

$$x^{-1}Hx = y^{-1}Hy \tag{5}$$

等价于 $Hxy^{-1} = xy^{-1}H$，所以 $xy^{-1} \in N(H)$. 因而式(5)成立当且仅当 $x = sy$，此处 $s \in N(H)$. 群 H 本身也算作 H 的一个共轭，于是我们得到：

定理 5.3.3 子群 H 的共轭子群 $s^{-1}Hs$ 与 H 重合当且仅当 $s \in N(H)$.

显然 $H \subseteq N(H)$，因为假如 $u \in H$，那么 $u^{-1}Hu = H$.

结合定理 5.1.4 以及定理 5.3.3，我们得出：

推论 子群 H 在 G 中正规的充分必要条件是 H 的正规化子是整个 G：$N(H) = G$.

定理 5.3.4 设 H 是群 G 的非空子群，那么与 H 共轭的子群数等于 $[G:N(H)]$.

证明 只要证明 H 的所有共轭子群与 G 关于 $N(H)$ 的所有陪集间可建立双射即可. 设 M 是 G 中含 H 的共轭子群类(即与 H 共轭的全体子群)，考虑对应 σ

$$x^{-1}Hx \to xN(H), \text{对任意 } x \in G$$

若 $x^{-1}Hx = y^{-1}Hy$，则有 $(yx^{-1})H = H(yx^{-1})$，从而

$$yx^{-1} \in N(H), xN(H) = yN(H)$$

即 σ 是 M 到 $N(H)$ 的左陪集的一个映射. 又容易验证 σ 还是满射和单射，从而为双射.

5.4 群的同态・同态基本定理

设 G 是一个群，而 $\overline{G}$ 是带有一个代数运算的非空集合 —— 这个代数运算我们也把它叫作乘法，也用普通表示乘法的符号来表示.

现在假设存在一个 G 到 $\overline{G}$ 的同态映射 ϕ. 即是说，对 G 中的每个元素 a，指定了一个像 $\overline{a} = \phi(a)$，使得 G 中元素的运算能被它们的像保持：乘积 ab 总是映到乘积 $\overline{a} \cdot \overline{b}$.

如果 ϕ 是满的，即 $\overline{G}$ 的每个元素是 G 的至少一个元素 a 的像，则按照一般的称呼，ϕ 是 G 到 $\overline{G}$ 上的同态.

对于 G 到 $\overline{G}$ 上的同态映射，集合 G 中的那些元素，在同态映射之下被映成 $\overline{G}$ 中同一元素 $\overline{a}$ 者，可以归为一个类 G_a，每个元素 a 都属于一个而且仅属于一个类 G_a. 这就是说，集合 G 可以分解成为许多元素类，这些元素类和 $\overline{G}$ 中的元素双方单值地相对应. 类 G_a 称为 $\overline{a}$ 的逆像.

例如，如果将整数 m 映成某一群中元素 a 的幂 a^m，那么这个映射就是整数

加群到元素 a 所生成的循环群的一个同态. 事实上,在这个映射之下和 $m+n$ 的像将是积 $a^{m+n}=a^m a^n$. 如果 a 是一个无限阶元素,则这个同态就是一个同构.

现在让我们专门研究群的同态.

定理5.4.1 如果在集合 $\overline{G}$ 中定义来元素的积 $\overline{a}\,\overline{b}$,并且有一个群 G 被同态地映射成 $\overline{G}$,那么 $\overline{G}$ 也是一个群. 简短地说,一个群的同态像仍是一个群.

证明 $\overline{G}$ 显然适合群定义的条件 Ⅰ. G 的乘法适合结合律,而 G 与 $\overline{G}$ 同态,由 1.6,定理 1.6.1,$\overline{G}$ 的乘法也适合结合律,所以存在适合群定义的条件 Ⅲ. 由 1.6,定理 1.6.2,$\overline{G}$ 包含单位元和任意元的逆元,即 $\overline{G}$ 也适合 Ⅳ,Ⅴ 两个条件. 如此 $\overline{G}$ 满足群的所有公理,即它也是一个群.

我们举一个例.

例 1 设集合 A 包含 a,b,c 三个元素,且它的乘法由表 1 规定:

表 1

	a	b	c
a	a	b	c
b	b	c	a
c	c	a	b

直接验证这乘法适合结合性相当费事①,它最好用间接的方法来证实. 这就是我们下面将做的,并且还进一步证明,A 作成一个群.

我们知道,全体整数对于普通加法来说作成一个群 G. 我们把 A 同 G 来比较一下. 为此作一个映射 ϕ:

$$x\to a,\text{如果 } x\equiv 0(\mathrm{mod}\ 3)$$
$$x\to b,\text{如果 } x\equiv 1(\mathrm{mod}\ 3)$$
$$x\to c,\text{如果 } x\equiv 2(\mathrm{mod}\ 3)$$

ϕ 显然是一个满射. 我们证明,ϕ 是一个同态满射. 首先要注意,G 和 A 的代数运算都是适合交换律的,所以只要 $x+y\to\overline{x}\,\overline{y}$,那么必有 $y+x\to\overline{y}\,\overline{x}$. 所以要判别 ϕ 是不是同态满射,只要验证 $x+y$ 的情形就够了. 现在我们分 6 种情形来验证.

(ⅰ) 若 $x\equiv 0(\mathrm{mod}\ 3)$,$y\equiv 0(\mathrm{mod}\ 3)$,那么将有 $x+y\equiv 0(\mathrm{mod}\ 3)$. 如此在 ϕ 之下

$$x\to a,\ y\to a,\text{而 } x+y\to a=aa$$

① 要完全地验证结合律在这时要做 $3^3=27$ 次验算. 即使去掉当 x,y 或 z 有一个是单位元时容易得出 $(xy)z=x(yz)$,也还需要做 23 次验算.

(ⅱ)若 $x\equiv 0(\mathrm{mod}\ 3)$,$y\equiv 1(\mathrm{mod}\ 3)$,则 $x+y\equiv 1(\mathrm{mod}\ 3)$. 在 ϕ 之下

$$x\to a, y\to b, \text{而 } x+y\to b=ab$$

(ⅲ)若 $x\equiv 0(\mathrm{mod}\ 3)$,$y\equiv 2(\mathrm{mod}\ 3)$,则 $x+y\equiv 2(\mathrm{mod}\ 3)$. 在 ϕ 之下

$$x\to a, y\to c, \text{而 } x+y\to c=ac$$

(ⅳ)若 $x\equiv 1(\mathrm{mod}\ 3)$,$y\equiv 1(\mathrm{mod}\ 3)$,则 $x+y\equiv 2(\mathrm{mod}\ 3)$. 在 ϕ 之下

$$x\to b, y\to b, \text{而 } x+y\to c=bb$$

(ⅴ)若 $x\equiv 1(\mathrm{mod}\ 3)$,$y\equiv 2(\mathrm{mod}\ 3)$,则 $x+y\equiv 0(\mathrm{mod}\ 3)$. 在 ϕ 之下

$$x\to b, y\to c, \text{而 } x+y\to a=bc$$

(ⅵ)若 $x\equiv 2(\mathrm{mod}\ 3)$,$y\equiv 2(\mathrm{mod}\ 3)$,则 $x+y\equiv 1(\mathrm{mod}\ 3)$. 在 ϕ 之下

$$x\to c, y\to c, \text{而 } x+y\to b=cc$$

这样 G 与 A 同态,A 是一个群.

我们要注意,假如 G 同 $\overline{G}$ 的次序调换一下,那么定理 5.4.1 不一定成立,即是说,假如 $\overline{G}$ 同 G 同态,那么 $\overline{G}$ 不再一定是一个群. 下面是这种情形的一个例子.

例 2 $\overline{G}=\{$所有奇数$\}$,$\overline{G}$ 对于普通乘法来说不作成一个群. 再取 $G=\{e\}$,则 G 对于乘法 $ee=e$ 来说显然作成一个群. 但 $\phi:\overline{a}\to e$ 显然是 $\overline{G}$ 到 G 的一个同态满射.

当然在我们考虑之下的映射若是一个同构映射,G 同 $\overline{G}$ 的次序就没有关系了.

以后我们若是说两个群 G 与 $\overline{G}$ 同态(同构),我们的意思永远是:它们对于一对乘法来说同态(同构).

由一般代数系统的同态性质(1.6 目,定理 1.6.2),直接得出

定理 5.4.2 假定 G 同 $\overline{G}$ 是两个群,在 G 到 $\overline{G}$ 的一个同态满射之下,G 的单位元 e 的像是 $\overline{G}$ 的单位元,G 的元 a 的逆元 a^{-1} 的像是 a 的像的逆元.

在 G 与 $\overline{G}$ 间的一个同构映射之下,两个单位元互相对应,互相对应的元的逆元互相对应.

现在让我们对同态映射 $G\to\overline{G}$ 所决定的分类做更深入一步的考察. 在这里我们要建立起同态和正规子群之间的一个重要关系.

定理 5.4.3 群 G 中被同态 $G\sim\overline{G}$ 映射成 $\overline{G}$ 中单位元素 $\overline{e}$ 的元素类 G_e 是 G 的一个正规子群,其余的元素类是这个正规子群的陪集.

证明 首先可证 G_e 是一个子群. 如果 a 和 b 被这个同态映射成 $\overline{e}$,则 ab 将被映射成 $\overline{e}^2=\overline{e}$. 因此 G_e 在包含任意两个元素的同时也包含着它们的积. 其次,a^{-1} 被映射成 $\overline{e}^{-1}=\overline{e}$,因此 $\overline{e}$ 也包含着每一个元素的逆元素.

左陪集 aG_e 中的元素全都被映射成元素 $\bar{a}\bar{e}=\bar{a}$. 反之,如果 a' 被映射成 $\bar{a}$,那么可以找到一个元素 x,得

$$ax=a'$$

这时将有

$$\bar{a}\bar{x}=\bar{a}$$

即

$$\bar{x}=\bar{e}$$

这就是说. x 属于 G_e,因而 a' 属于 G_e.

这样,群 G 中被映射成元素 $\bar{a}$ 的元素类恰好就是左陪集 aG_e.

完全同样地可以证明,被映射成 $\bar{a}$ 的元素类同时也必定是右陪集 G_ea. 因此,左陪集和右陪集相重合

$$aG_e=G_ea$$

即 G_e 是一个正规子群,这就完成了我们的证明.

正规子群 G_e 中的元素在所给的同态之下被映射成单位元素 $\bar{e}$,这个正规子群称为所给同态的核①. 当然,可能发生 G_e 是 G 的单位元子群,在这方面,注意下面的结果是有用的.

定理 5.4.4 群同态 $G\sim\overline{G}$ 映射是单射当且仅当核 G_e 只包含单位元素.

证明 假设 $\phi:G\sim\overline{G}$ 是单射,设 $u\in G_e$,那么 $\phi(e)=\phi(u)=\bar{e}$. 因为 ϕ 是单射的,因而 $u=e$. 反之,假设 $G_e=\{e\}$,又假设 $\phi(x)=\phi(y)$,那么 $\phi(xy^{-1})=\phi(x)\phi(y^{-1})=\bar{e}$. 因而 $xy^{-1}\in G_e$,因此 $xy^{-1}=e,x=y$,这就证明了 ϕ 是单射的.

设 N 是群 G 的正规子群: $N\lhd G$. 对于每个 $a\in G$,我们定义

$$\phi(a)=Na$$

显然

$$\phi(ab)=Nab=NaNb=\phi(a)\phi(b)$$

因此,ϕ 是 G 到 G/N 的一个同态,映上是明显的. 这个同态称为群 G 到它的商群的自然同态. 自然同态的核就是正规子群 N. 这就说明,不但同态的核是正规子群,而且每个正规子群也都是某一同态的核.

现在让我们来进一步提出问题:假设已经给定了 G 的一个正规子群 N,如何去构造一个同态于 G 的群 $\overline{G}$ 来,使得 N 的陪集恰好和 $\overline{G}$ 的元素相对应?

为了达到这个目的,我们来考虑 G 关于 N 的商群. 即取 N 的陪集作为所要

① 设 ϕ 是所给的同态映射,则它的核有时候以符号表示为 $\ker\phi$.

造出的群$\overline{G}$的元素. 我们注意到,如果一个群G被同态地映射成另一群$\overline{G}$,那么G的元素和同态核G_e在G中的陪集(双方单值地)相对应. 这一对应显然是一个同构. 事实上,如果Ha和Hb是两个陪集,则它们的积将是Hab;这三个陪集在$\overline{G}$中的相应元素将是$\overline{a}$,$\overline{b}$和$\overline{(ab)}$,而由同态性质可知

$$\overline{(ab)}=\overline{a}\cdot\overline{b}$$

这样一来,我们就得出了

$$G/G_e\cong\overline{G}$$

这样,就证明了群的同态基本定理:

定理 5.4.5 如果群G被同态地映射成群$\overline{G}$,则$\overline{G}$和商群G/G_e同构,其中G_e是同态的核;反之,群G可同态地映射成每个商群G/N(其中N为正规子群).

为了研究一个群的性质,我们常常需要找到这个群的一些同态像. 定理5.4.5告诉我们,找同态像的问题可以归结为找这个群的正规子群的问题.

在一个阿贝尔群中,每一个子群都是正规子群. 有时,如果把群运算记成加法,那么阿贝尔群及其子群称为模. 陪集$a+H$称为G对H的同余类,而商群G/N则称为G对N的同余类模.

两个元素a,b属于同一同余类,当且仅当它们的差属于H. 这样两个元素称为对H同余,记为

$$a\equiv b(\mathrm{mod}\ H)$$

或简写作

$$a\equiv b(H)$$

如果a和b(对H)同余,则在同态$G\sim G/N$下同余类模中的相应元素$\overline{a}$,$\overline{b}$相等;反之,如果$\overline{a}=\overline{b}$,则$a\equiv b(\mathrm{mod}\ H)$.

举例来说,在整数系统中一个数m的所有倍数显然组成一个模. 因此,如果差$a-b$可被m整除,我们就记作

$$a\equiv b(\mathrm{mod}\ m)$$

在这一情况下同余类可由$0,1,2,\cdots,m-1$来代表. 而同余类模则是一个m阶循环群.

5.5 商群的子群

设N是G的正规子群. 我们想要考察G/N的子群,并研究它们与G的子群的关系.

首先建立一个一般性的定理:

定理 5.5.1 设 $\phi: G \to \overline{G}$ 为群之间的满同态，而 $\ker \phi = N$，于是 ϕ 给出了 G 中所有包含 N 的子群 H（即 $N \subseteq H \subseteq G$）与 $\overline{G}$ 中全部子群之间的一个一一对应：$H \to \phi(H)$；并且对应 ϕ 下，有

(1)$H \triangleleft G$ 当且仅当 $\overline{H} \triangleleft \overline{G}$；

(2)$H_2 \subseteq H_1$ 当且仅当 $\phi(H_2) \subseteq \phi(H_1)$，且$[H_1 : H_2] = [\phi(H_1) : \phi(H_2)]$.

证明 首先G的子群H在ϕ下的像$\phi(H)$是$\overline{G}$的子群(定理5.4.1). 另一方面，对于 $\overline{G}$ 的子群 $\overline{H}$，考虑它的完全原像 $\phi^{-1}(\overline{H})$

$$\phi^{-1}(\overline{H}) = \{x \in G \mid \phi(x) \in \overline{H}\}$$

因为 $\overline{H}$ 中的单位元素就是陪集 N，所以容易看出，$\phi^{-1}(\overline{H})$ 不但是 G 的一个子群，而且一定包含 N. 由于 ϕ 是满同态，所以

$$\phi(\phi^{-1}(\overline{H})) = \overline{H}$$

由 ϕ^{-1} 的定义可知，对于 G 的任意子群 H，有

$$\phi^{-1}(\phi(H)) \supseteq H$$

我们来证明，当 $H \supseteq N$ 时

$$\phi^{-1}(\phi(H)) = H$$

设 $x \in \phi^{-1}(\phi(H))$，即 $\phi(x) \in \phi(H)$，因而有 $h \in H$ 使 $\phi(x) = \phi(h)$. 进而 $\phi(h^{-1}x) = \phi(e) = \overline{e}$，就是说 $h^{-1}x \in N$. 于是

$$x \in hN \subseteq HN = H$$

这就证明了 $\phi^{-1}(\phi(H)) = H$. 以上讨论表明，同态ϕ建立了G中所有包含N的子群与 $\overline{G}$ 的子群之间的一个一一对应.

(1) 如果 H 是G 的一个包含 N 的正规子群，即对于所有的 $x \in G$，有

$$x^{-1}Hx = H$$

那么

$$\phi(x^{-1}Hx) = \phi(x)^{-1}\overline{H}\phi(x)$$

由ϕ是满同态可知，$\phi(H)$ 在$\overline{G}$中也正规. 反过来，如果 $\overline{H}$ 是$\overline{G}$ 的一个正规子群，那么对于所有的 $x \in G$，下式成立

$$\phi(x^{-1}\phi^{-1}(\overline{H})x) = \phi(x)^{-1}\overline{H}\phi(x) = \overline{H}$$

即

$$x^{-1}\phi^{-1}(\overline{H})x \subseteq \phi^{-1}(\overline{H})$$

这就是说，$\phi^{-1}(\overline{H})$ 也是 G 的正规子群. 因此，同态 ϕ 也建立了 $\overline{G}$ 的全部正规子群与G 中所有包含 N 的正规子群之间的一一对应.

(2) 第一个结论是显然的. 现在假设$[H_1:H_2]=r$,则有 $H_1=\bigcup_{i=1}^{r} x_iH_2$. 我们断言 $i\neq j$,$\phi(x_i)\overline{H_2}\cap\phi(x_j)\overline{H_2}=\varnothing$. 假若 $\phi(x_i)\overline{h_2}=\phi(x_i)\overline{H_2}\cap\phi(x_j)\overline{H_2}$,则有 $\phi(x_j^{-1}x_i)\in\overline{H_2}$,这意味着 $x_j^{-1}x_i\in H_2$,即 $x_iH_2=x_jH_2$,矛盾. 因而 $\overline{H_1}=\bigcup_{i=1}^{r}\phi(x_i)\overline{H_2}$,即$[\phi(H_1):\phi(H_2)]=r$.

考虑群到商群的自然同态:

$$\phi:G\to G/N$$

并对这个同态应用定理 5.5.1,我们得出:

定理 5.5.2 设 N 为群 G 的一个正规子群,那么自然同态 $\phi:G\to G/N$ 建立了 G 中所有包含 N 的子群与 G/N 中全部子群之间一个一一对应. 并且在这个对应下,正规子群与正规子群相对应.

进一步来了解 G/N 的子群的形式是有趣的. 具体地说,我们要建立:

定理 5.5.3 设 G 是一个群,而 $N\lhd G$,则商群 G/N 的子群具有形式 H/N,其中 $N\leqslant H\leqslant G$;反之,若 H 是群 G 的一个子群且 $H\supseteq N$,则 $N\lhd H$ 且 H/N 是 G/N 的一个子群[①].

证明 (1) 设 $\overline{H}$ 是 G/N 的正规子群,并令 $H=\{x\mid x\in G, xN\in\overline{H}\}$.

首先证明,H 是一个群并且 N 是它的正规子群. 对于任意 $x\in N$,$xN=N$ 成为商群 G/N 的单位,因而 $xN=N$ 亦属于 G/N 的子群 $\overline{H}$,由此得出 $N\subseteq H$.

又任取 $x,y\in H$,则 $xN\in\overline{H}$,$yN\in\overline{H}$. 但是 $\overline{H}$ 是 G/N 的子群,故 yN 的逆元 $y^{-1}N\in\overline{H}$. 于是

$$(xy^{-1})N=(xN)(y^{-1}N)\in\overline{H}$$

由 H 的定义,$xy^{-1}\in H$,这说明 H 构成一个群,更准确地说有 $N\leqslant H\leqslant G$. 由 $N\lhd G$ 以及定理 5.1.5,有 $N\lhd H\leqslant G$.

最后,我们来证明,$\overline{H}$ 可以写为 H/N. 一方面,当 $xN\in\overline{II}$ 时 $x\in H$,从而 $xN\in H/N$,这样一来,$H/N\subseteq\overline{H}$.

反之,任取 $xN\in H/N$,则 $x\in H$,于是 $xN\in\overline{H}$,从而 $\overline{H}\subseteq H/N$. 综上,$\overline{H}=H/N$.

(2) 设 $N\subseteq H\leqslant G$,则 $N\lhd H$. 因为关系式 $x^{-1}Nx=N$ 对所有 G 中的 x 适用,因而特别对于所有 H 中的 x 也适用. 因此构造商群是合法的.

现在任取 N 关于 H 的两个陪集 xN,$yN(x,y\in H)$. 由 H 是群知 $xy^{-1}\in$

① 由定理 5.5.2,得出:$H/N\lhd G/N$ 当且仅当 $N\lhd H\lhd G$.

H，从而

$$(xN)(yN)^{-1}=xN\cdot y^{-1}N=(xy^{-1})N\in H/N$$

这就证明了 N 关于 H 的所有陪集构成一个群，即 H/N，它是 G/N 的一个子群.

5.6 两个同构定理

转到商群 G/N 中来考虑问题，假定 H 是中间群：$N\lhd H\lhd G$，因为定理 5.5.3(脚注)，我们能够构造商群

$$(G/N)/(H/N)$$

幸好，由于下面一个定理，使形成商群的商群的复杂性不是很难确定.

定理 5.6.1(第一同构定理) 设 $N\lhd G$ 以及 H 是 G 的正规子群，使得

$$N\lhd H\lhd G$$

那么

$$(G/N)/(H/N)\cong G/H \tag{1}$$

证明 考虑映射

$$\phi: G/N\to G/H$$

它由以下规则定义

$$\phi(Nx)=(Hx)(x\in G) \tag{2}$$

首先，我们必须验证式(2)的确是一个有意义的定义. 不变更陪集 Nx，式(2)左边的元素 x 可以用 ux 代替，此处 $u\in N$，我们必须证明这代替不会变更式(2)的右边. 因为 $N\leqslant H$，我们有 $u\in H$，所以 $Hu=H$(§4，4.2，定理 4.2.4). 从而 $Hux=Hx$，正像所要求的那样. 其次我们看到 ϕ 是同态. 由于 H 的正规性，

$$\phi(Nx)\phi(Ny)=(Hx)(Hy)=(Hxy)=\phi(Nxy)$$

显然，ϕ 是满的，因为，在式(2)中，x 是 G 的任意元素，所以 H 的所有陪集都会在式(2)的右边出现，因而

$$\phi(G/N)=G/H \tag{3}$$

剩下需寻求 $\ker\phi$. 现在$(Nx)\in\ker\phi$ 当且仅当$(Hx)=(H)$，H 是 G/H 的单位元素. 这等价于条件 $x\in H$. 因而 $\ker\phi$ 是陪集(Na)的并集，此处 a 遍历 H，换句话说

$$\ker\phi=H/N \tag{4}$$

利用式(3)及(4)，我们看出式(1)是群的同态基本定理的直接推论.

容易记住第一同构定理：在"分式"$(G/N)/(H/N)$ 中可"消去"N. 证明了这个同构定理，我们可以更好地欣赏它. 商群$(G/N)/(H/N)$由代表元本身为(G/N 的)陪集为(H/N 的)陪集所构成. 第一同构定理的直接证明是非常麻烦

的.

如果 $\phi: G \to \overline{G}$ 是两个群之间的满同态，而 ϕ 的核为正规子群 N. 那么由群的同态基本定理，我们有同构：$G/G_e \cong \overline{G}$. 利用这个同构，定理 5.6.1 可以成为较为一般的形式.

定理 5.6.2 设 $\phi: G \to \overline{G}$ 为群之间的满同态，而 $\ker \phi = N$. 如果 $N \triangleleft H \triangleleft G, \phi(H) = \overline{H}$，那么有

$$G/H \cong \overline{G}/\overline{H}$$

再一次回到同态的一般情况

$$\phi: G \to \overline{G}$$

我们要问这个映射如何影响 G 的某个给定的子群 H. 我们考虑限制映射

$$\phi_H: H \to G$$

它由下面明显的规则所定义

$$\phi_H(a) = \phi(a)(a \in H)$$

引进新符号 ϕ_H 似乎是没有必要，事实上 ϕ 与 ϕ_H 之间的区别有时却被忽略. 但是可以坚持 ϕ 与 ϕ_H 是不同的映射，因为它们有着不同的"定义域". 像在所有同态映射中那样，像群

$$\overline{H} = \phi_H(H)(= \phi(H))$$

是 $\overline{G}$ 的子群，而 ϕ_H 的核显然由 H 中属于 ϕ 的核内的元素所组成，即

$$\ker \phi_H = H \cap \ker \phi$$

值得更详细地考虑，当自然满同态

$$\varphi: G \to G/N, \varphi(x) = (Nx)$$

限制到 G 的子群 H 中时，会产生什么结果. 这一象群可以明确地写成

$$\overline{H} = \varphi_H(H) = \bigcup_a (Na)$$

此处 a 遍历 H，要注意这个并集可能包含多余的项. 另一方面，$\overline{H}$ 是 G/N 的子群，正像我们在前面所看到的那样，它一定具有形式 $\overline{H} = B/N$，其中 $N \leqslant H \leqslant G$. 在目前情况下，我们不能说 $B = H$，因为 H 不必包含 N，所以 H/N 可能没有意义. 寻求 B 的方法已在前面给出，这方法就是将式(2) 中的括号去掉，因而

$$B = \bigcup_a Na \quad a \in H$$

这可以更精确地用子集记号表示出来，即

$$B = NH$$

用另一种方法验证 B 是一个子群是有益的. 因为既然 N 是正规的，$Na = aN$ 对每一个 $a \in H$ 成立，因此 $NH = HN$. 因而由乘积定理(§4,4.9)，B 是一

个群.因而我们注意到

$$\varphi_H(H)=NH/N$$

其次,因为 $\ker\varphi=N$,我们从式(1) 推出

$$\ker\varphi_H=H\cap N$$

我们注意到,作为一个核,$H\cap N$ 在 H 中是正规的.

将群同态定理(定理 5.4.5) 应用到 φ_H 上,有

$$H/\ker\varphi_H\cong\varphi_H(H)$$

将式(3) 及(4) 代入上式,我们将结果写在下面:

定理 5.6.3(第二同构定理)[①] 如果 N 是 G 的一个正规子群,H 是 G 的一个子群,则 $N\cap H$ 是 N 的正规子群,且有

$$HN/N\cong H/(H\cap N)$$

值得考虑关于正规子群的内直积(§4,4.7).假如

$$G=A\times K$$

那么 K 的每一元素与 A 的每一元素交换,因而假如 $v\in K$,我们肯定有 $v^{-1}Av=A$. 还有假如 $u\in A$,那么 $u^{-1}Au=A$(§4,4.2,定理 4.2.4).因为每一元素 $x\in G$ 可以表为 $x=uv$,那么 $u^{-1}Au=A$. 因此 $A\triangleleft G$. 类似地可证明 $K\triangleleft G$,即在一直积中,每一因子是正规子群.

其次,我们注意到

$$G/K\cong A \tag{5}$$

假如我们令 $K=N,A=H$. 注意到 $KA=A\times K=G,A\cap K=\{e\}$,那么式(5) 立即从第二同构定理得出.或者,利用更直接的论证,我们注意到 G 中 K 的陪集的形式是 Ku,其中 $u\in A$. 因为假如 $x=uv(u\in A,v\in K)$ 是 G 的任意元素,那么 $Kx=Kuv=Kvu=Ku$,因为 $Kv=K$. 还有,假如 $Ku_1=Ku_2$,此处 $u_1,u_2\in A$,那么 $u_1u_2^{-1}\in A\cap K=\{e\}$,因此 $u_1=u_2$,因而

$$Ku\to u$$

提供了在群 G/K 与 A 之间的双射同态.

显然由于对应

$$(u,v)\leftrightarrow(v,u),u\in A,v\in K$$

有

$$A\times K\cong A\times K$$

---

① 在模的情形我们自然可把 HN 写成 (H,N).

5.7 群的自同构

当G的像群与G重合时，出现一个有趣的G的同构类型. G到自身G的同构σ

$$G \to G$$

称为自同构. 特别σ是G到自身上的双映射，即σ置换G的元素. 当然，反过来就不一定正确，因为除此之外σ还必须满足关系

$$\sigma(xy) = (\sigma x)(\sigma y), x, y \in G \tag{1}$$

应用§3中的讨论，我们断定G的所有自同构的集合在映射的合成下形成一个群. 假如

$$\tau: G \to G$$

是另一个自同构，我们用$\sigma\tau$代替表示σ与τ的积. 因而$\sigma\tau$在元素$x \in G$上的作用以下面的规律定义

$$\sigma\tau(x) = \sigma(\tau(x))$$

G的所有自同构的群以$A(G)$表示，称为G的(全)自同构群. 若G有限，则显然$A(G)$也有限. $A(G)$的单位元素是恒等自同构ε. 它使G的每一元素不变，即

$$\varepsilon(x) = x, x \in G$$

σ的逆元素以σ^{-1}表示，因而$\sigma^{-1}(x)$是G的唯一元素y，它满足$\sigma(y) = x$. 对每一x，这样的元素必定存在，因为σ是满射的.

既然σ是单射的，所以$\ker \sigma = \{e\}$. 这意味着σ保持每一元素的阶. 因为假如$\sigma(x) = y$及$x^m = e$，那么由式(1)

$$e = \sigma(x^m) = (\sigma(x))^m = y^m$$

因而y的阶不大于x的阶. 用σ^{-1}代替σ，我们导出相反的不等式. 因而x与y具有相同的阶，它可以是无限大.

对于循环群来说，它的自同构群一定是交换的：

定理 5.7.1 循环群的自同构群是交换群.

证明 设$G = (a)$为循环群，而σ, τ是自同构群$A(G)$中的任二自同构，且

$$\sigma(a) = a^r, \tau(a) = a^s \quad (r, s\text{ 是整数})$$

则由σ, τ是群G的自同构，故

$$(\sigma\tau)(a) = \sigma[\tau(a)] = \sigma(a^s) = [\sigma(a)]^s = a^{rs}$$

$$(\tau\sigma)(a) = \tau[\sigma(a)] = \tau(a^r) = [\tau(a)]^r = a^{sr}$$

从而$(\sigma\tau)(a) = (\tau\sigma)(a)$；又由于$a$是循环群$G$的生成元，于是，对于任意的$x \in$

G,都有

$$(\sigma\tau)(x)=(\tau\sigma)(x)$$

从而 $\sigma\tau=\tau\sigma$,即 $A(G)$ 是交换群.

下面进一步讨论群的一种特殊的自同构.我们将 G 的固定元素 g 与一个映射联系起来:设 g 是群 G 的一个固定元素,那么把 x 变为

$$\overline{x}=g^{-1}xg \tag{2}$$

的变换是 G 的一个自同构.首先,由(2) 可以唯一地解出 x 来

$$x=g\overline{x}g^{-1}$$

因此这个对应是双方单值的.其次,有

$$\overline{x}\,\overline{y}=(g^{-1}xg)(g^{-1}yg)=g^{-1}(xy)g=\overline{x\,y}$$

所以这个对应是一个同构映射.

像式(2) 这样由共轭导出的自同构称为 G 的内自同构.所有其余的同构(如果还有的话) 称为外自同构.

引出这个概念后,定理 5.1.2 可以表述为:在所有内自同构之下不变的子群是正规子群.

下面,我们证明所有内自同构的集合 $I(G)$ 在映射曲合成一形成一个群.比如,设 σ,τ 是两个由下式给出的内自同构

$$\sigma(x)=g^{-1}xg,\tau(x)=h^{-1}xh,x\in G$$

那么

$$\sigma\tau(x)=\sigma(h^{-1}xh)=g^{-1}h^{-1}xhg=(hg)^{-1}x(hg) \tag{3}$$

因而合成映射 $\sigma\tau$ 对应于通过 hg 产生的共轭.这证明了 $I(G)$ 的封闭性.显然,$\varepsilon\in I(G)$,因为我们可以取 $g=e$,σ^{-1} 对应于通过 g^{-1} 产生的共轭,即

$$\sigma^{-1}=gxg^{-1}(x\in G)$$

关于群 $I(G)$ 更准确的结果由下面的命题所提供.

定理 5.7.2 设 Z 是 G 的中心,那么 $I(G)\simeq G/Z$.

证明 元素 g 与由 g 所导出的内自同构 σ 之间的对应确定为映射

$$\Phi:G\rightarrow I(G)$$

Φ 定义为

$$\Phi(g)=\sigma(g\in G)$$

于是等式(3) 说明 $\Phi(gh)=\Phi(g)\Phi(h)$,即 Φ 是同态.显然,Φ 是满射的,因为每一个内自同构都由 Φ 作用在一适当的 G 的元素上而得到,因而

$$\Phi(G)=I(G)$$

其次,我们想要求 $\ker\Phi$.因为 $g\in\ker\Phi$ 当且仅当由 g 导出的内自同构是恒等

自同构. 但是这等式等于说 $g \in Z$. 因而 $\ker \Phi = Z$. 应用群的同态基本定理立即证明本定理.

在阿贝尔群中,所有内自同构缩减成恒等映射,因而只有外自同构是可能的非平凡自同构. 下面的简单例子可以用来做具体说明.

(1) 无限循环群 $C=(x)$. 只要 $\sigma(x)$ 知道,比如说,$\sigma(x)=x^m$,此处 m 是一整数,则任一自同构 σ 就决定了. 假如 x^k 是 C 的任一元素,那么 $\sigma(x^k)=(\sigma x)^k=x^{km}$. 因而像群是 $\sigma(C)=(x^m)$. 但是,对于一个自同构,$\sigma(C)=C$,因而我们必须有 $m=1$ 或 $m=-1$. 两种情况都是可能的,第一种情况是恒等映射. 因而 C 恰好有两个自同构.

(2) 有限循环群 $C_n=(x)$,$x^n=e$. 像前面一样,只有 $\sigma(x)=x^m$ 需要规定. 在任一自同构下,元素的阶保持不变. 因 x^m 一定是 n 阶的,而当且仅当 $(m,n)=1$ 时这才会发生(见 §2,定理 2.4.2). 于是每选一个这样的 m 导致一个自同构. 因而 C_n 有 $\varphi(n)$ 个自同构,这里 $\varphi(n)$ 表示欧拉函数.

(3) 四群 $V=(a,b)$,$a^2=b^2=e$,$ab=ba$. 这群有三个 2 阶元素,它们只能在 σ 下置换. 结果是 6 个置换各决定一个自同构. 因为,假如这三个二阶元素以 x,y,z 表示(在任一排列中),那么 $xy=z$. 所以假如 $\sigma(x)=x'$,$\sigma(y)=y'$,$\sigma(z)=z'$,我们将有 $x'y'=z'$. 即 V 具有 6 个自同构,即 $A(V)\cong S_3$(见 §7).

定理 5.7.3 设 H 是群 G 的一个子群,$C_G(H)$ 和 $N_G(H)$ 分别为 H 在 G 中的中心化子和正规化子,则商群 $N_G(H)/C_G(H)$ 同构于 H 的全自同构群 $A(H)$ 的一个子群.

证明 对 $N_G(H)$ 中的每一个元素 s,我们作一个 H 的自同构 σ:$\sigma(x)=s^{-1}xs$. 这就提供了一个 $N_G(H)$ 到 $A(H)$ 内的同态,其核显然就是 H 在 G 中的中心化子 $C_G(H)$. 再由群的同态基本定理得出本定理.

假如 σ 是 G 的一个自同构,我们能够研究它在 σ 的子群 H 上的效果. 在各种情况下,H 在 σ 下的像是 G 的子群 $\sigma(H)$. 假如

$$\sigma(H)=H$$

成立(作为子集间的等式),那么我们说 H 在 σ 下是不变的. 例如 H 在 G 中是正规的当且仅当在所有内自同构中它是不变的. 在那种情况下,对每一 $g\in G$,映射 $H\to g^{-1}Hg$ 是 H 的自同构.

一个子群 H 如果在所有自同构下不变就称为特征子群. 当然,所有特征子群都是正规的. 例如,中心 Z 是特征子群. 因为假如 $g\in Z$,那么对所有 $x\in G$,$gx=gx$ 成立. 因而,对任一 $\sigma\in A(G)$,$(\sigma g)(\sigma x)=(\sigma x)(\sigma g)$;但是因为 σ 是满射的,可以使 σx 等于任一元素 $y\in G$. 因而对于所有的 $y\in G$,$(\sigma g)y=y(\sigma g)$

成立，即

$$\sigma(Z) \subseteq Z$$

用 σ^{-1} 代 σ，我们得到相反的不等式，所以 $\sigma(Z)=Z$.

特征子群一定是正规子群，但反之不成立. 例如，讨论克莱因四群 $V=(a,b)$，$a^2=b^2=e$，$ab=ba$. 记 $c=ab$. $N=\{e,a\}$ 是 V 的一个正规子群(因为 V 是交换群，它的每个子群都是正规的)，但它不是 V 的特征子群. 因为在 V 的自同构

$$\sigma=\begin{pmatrix} e & a & b & c \\ e & b & a & c \end{pmatrix}$$

下，有 $\sigma(N)=\{e,b\}N$.

我们以证明下面的定理来结束本目.

定理 5.7.4 假设 N 是 G 的正规子群及 H 是 N 的特征子群，那么 H 在 G 中是正规的.

证明 设 $g\in G$. 那么，像我们刚才所说的那样，在式(2) 中定义的映射 σ 是 N 的自同构. 因此，因为 H 在 N 中是特征的，所以我们有 $\sigma(H)=H$. 因而 $g^{-1}Hg=H$，即 H 在 G 中是正规的.

5.8 交换群的鉴定 · 换位子群

我们知道，多数的群都是非交换的. 辨别一个群是否为交换群(阿贝尔群)，或者与交换群相近的程度可以有许多种方法和标准. 比如说：群 G 是阿贝尔群当且仅当 $C(G)=G$. 所以群 G 的中心 $C(G)$ 越大，可以认为 G 越接近阿贝尔群. 又比如说：元素 g 是中心元素当且仅当 g 与自身共轭，所以有限群 G 为阿贝尔群当且仅当 G 中的每一个元素均是一个共轭类，即共轭类数量达到了最大值 $|G|$. 所以一个有限群的共轭类数越大，也可以说明它越接近阿贝尔群.

现在我们再给出一个标准. 设 G 是一个群，对于任意 $a,b\in G$，必可确定 G 中一个特殊元素 $aba^{-1}b^{-1}$，通常记为

$$[a,b]=aba^{-1}b^{-1}$$

我们把它叫作 a 与 b 的换位子. 这名称是由于下面的缘故：由换位子的定义，$[a,b]ba=ab$；就是说换位子这个元素左乘 ba 得到的是 ab(a,b 换了位置).

元素 a 与 b 的换位子是 $[a,b]=aba^{-1}b^{-1}$，b 与 a 的换位子是 $[b,a]=bab^{-1}a^{-1}$，它们未必相等，但它们的乘积 $[a,b][b,a]=e$ 是单位元，所以 $[a,b]^{-1}=[b,a]$.

一般来说，两个换位子的乘积就不一定是换位子了. 即对 $a,b,c,d\in G$ 来说，未必存在 $x,y\in G$ 使得 $[a,b][c,d]=[x,y]$. 这样，所有换位子的集合不满

足封闭性.但是,可以证明,G 的如下子集

$$G^{(1)}=\{G\text{ 中有限个换位子相乘所得的乘积}\}$$

构成一个子群.

事实上,(有限个换位子的乘积)·(有限个换位子的乘积)=有限个换位子的乘积,所以 $G^{(1)}$ 对 G 的乘积是封闭的;单位元 e 包含在 $G^{(1)}$ 中,这是因为 e 可以表示为换位子的形式:$e=[e,e]=eee^{-1}e^{-1}$.再由于 $[a,b]^{-1}=[b,a]$ 知换位子的逆仍是换位子,所以有限个换位子乘积的逆仍是有限个换位子的乘积,仍在 $G^{(1)}$ 中.综上所述,$G^{(1)}$ 是 G 的子群,称为换位子群或导群.

从换位子的定义,如果 a 与 b 可交换,那么 $[a,b]=aba^{-1}b^{-1}=bab^{-1}a^{-1}=e$;反过来,若

$$[a,b]=aba^{-1}b^{-1}=e$$

等式两端依次右乘 b 与 a,我们得到

$$ab=ba$$

即 a 与 b 是可交换的.于是

定理 5.8.1 一个群可交换的充分必要条件是它的换位子群是单位群.

一个群 G 内可交换的元素越多,换位子就越少,换位子群也就越小,这也就表示 G 离阿贝尔群越近.

现在我们来了解更多的关于换位子群的性质.

定理 5.8.2 设 $G^{(1)}$ 是群 G 的换位子群,则 $G^{(1)}$ 是群 G 的不变子群,且 $G/G^{(1)}$ 是交换群.

证明 设 $c\in G^{(1)}$,$g\in G$,由于 $gcg^{-1}c^{-1}\in G^{(1)}$,$(gcg^{-1}c^{-1})c\in G^{(1)}$,即 $gcg^{-1}\in G^{(1)}$,就是说,$G^{(1)}$ 是 G 的不变子群.

任取 $G^{(1)}a,G^{(1)}b\in G/G^{(1)}$,其中 $a,b\in G$.由 $ab(ba)^{-1}=aba^{-1}b^{-1}\in G^{(1)}$ 知 $G^{(1)}(ab)=G^{(1)}(ba)$(定理 4.5.1),即

$$(G^{(1)}a)(G^{(1)}b)=(G^{(1)}b)(G^{(1)}a)$$

所以 $G/G^{(1)}$ 是交换群.

下面的定理表明,在一个群 G 的所有正规子群中,换位子群 $G^{(1)}$ 是使得 G 对它的商群为交换群的最小子群.

定理 5.8.3 设 $G^{(1)}$ 是群 G 的换位子群,而 N 是 G 不变子群,则 G/N 是交换群的充分必要条件是,$G^{(1)}\leqslant N$.

证明 因为,G/N 是交换群,所以对每个 $a,b\in G$,都有

$$N(ab)=(Na)(Nb)=(Nb)(Na)=N(ba)$$

于是,按照两个陪集重合的条件(定理 4.5.1),知 $ab(ba)^{-1}\in N$,但 $ab(ba)^{-1}=$

$aba^{-1}b^{-1}$,所以

$$aba^{-1}b^{-1} \in N$$

又由于 N 是子群,它包含有限个换位子的乘积,所以 $G^{(1)} \leqslant N$.

反过来,若 $G^{(1)} \leqslant N$,则根据第一同构定理(参阅 5.6 目)有:

$$G/N \cong (G/G^{(1)})/(N/G^{(1)})$$

即 G/N 同构于$(G/G^{(1)})$ 的商群,从而必定是交换群,证毕.

§6 子群列

6.1 正规群列与合成群列

在数学上研究复杂对象时通常将它们分解成较简单的"不可约"成分,比如整数分解成素数,多项式分解成不可约因子,等等.为了使这种分解有意义,分解必须是唯一的.在群 G 的情况中,这方法在于用适当的附加的性质考查某些下降或上升的子群序列.

群 G 的始于 G 而终于单元子群 $E=\{e\}$ 的一个包含在另一个子群的有限序列

$$\{G=G_0 \supseteq G_1 \supseteq \cdots \supseteq G_h = E\} \tag{1}$$

称为这个群的一个正规群列,假如每一个子群 G_v 都是 G_{v-1} 中的正规子群,$v=1,2,\cdots,h$.特别的,子群 G_1 是群 G 中的正规子群,群 G_2 是子群 G_1 中的正规子群,尽管它不一定是 G 本身的正规子群.

显然,任何一个群都具有正规群列,例如,只要取群列$\{G \supseteq E\}$ 就可以了.如果 H 是 G 的一个异于 G 的也异于 E 的正规子群,那么群列$\{G \supseteq H \supseteq E\}$ 也是正规的.换句话说,在任何一个群里,可以通过这个群的一个给定的正规群列而求得一个正规群列.

商群

$$G/G_1, G_1/G_2, \cdots, G_{h-1}/E$$

叫作正规群列式(1) 的因子.这些因子的个数,即群列(1) 中的数 h,叫作群列(1) 的长度.注意,正规群列的长度并不是群列(1) 中的项的个数,而是因子 G_{v-1}/G_v 的个数,两者相差 1.

如果正规群列式(1) 中的每个 G_i 都出现在另一正规群列

$$\{G=H_0 \supseteq H_1 \supseteq \cdots \supseteq H_m = E\} \tag{2}$$

中我们就说式(2) 是式(1) 的一个加细,例如,在群 S_4 中正规群列

$$\{S_4 \supset A_4 \supset V \supset E\}$$

就是正规群列

$$\{S_4 \supset V \supset E\}$$

的一个加细(参看 6.3).

一个群的两个正规群列说是同构的,假如它们的长度相同并且它们的因子可以这样一一对应起来,使得相对应的因子是同构的群.

在这个定义里,并没有假定所指的对应要保持因子的相互位置. 例如,在 6 阶循环群 $G=(a)$,$a^6=e$ 中,正规群列$\{G\supset (a^2)\supset E\}$与$\{G\supset (a^3)\supset E\}$同构,因为第一个群列的因子是阶为 2,3 的循环群,而第二个群列的因子是阶为 3,2 的循环群. 在这两个群列中因子的位置是不一样的.

为了方便起见,下面我们也用记号 $\cong$ 来表示正规群列之间的同构关系.

如果一个正规群列

$$\{G \supseteq G_1 \supseteq \cdots\}$$

中最末一项是 G 的一个正规子群 N,但这个正规子群不一定等于 E,我们就说这个列是从 G 到 N 的一个正规群列. 由这样一个群列可得出商群 G/N 的一个正规群列

$$\{G/N \supseteq G_1/N \supseteq \cdots \supseteq N/N=E\}$$

反之亦然. 根据第二同构定理,第二个群列的因子和第一个群列的因子同构.

定理 6.1.1 如果两个正规群列$\{G\supseteq G_1 \supseteq \cdots \supseteq G_r=E\}$和$\{G\supseteq H_1 \supseteq \cdots \supseteq H_r=E\}$同构,那么任给第一个群列的一个加细可以作出第二个群列的一个加细和它同构.

事实上,每个因子 G_{v-1}/G_v 都和一个完全确定的因子 H_{u-1}/H_u 同构. 任给 G_{v-1}/G_v 的一个正规群列,可以相应地得出 H_{u-1}/H_u 的一个同构的正规群列. 因此,任给一个从 G_{v-1} 到 G_v 的正规群列,可以相应地得出一个从 H_{u-1} 到 H_u 的同构的正规群列来.

现在我们可以证明下面的正规群列基本定理了. 这个定理是由施赖埃尔(Otto Schreier,1901—1929,奥地利数学家)所首先证明的.

定理 6.1.2(正规群列基本定理) 任意群 G 的任意两个正规群列

$$\{G\supseteq G_1 \supseteq G_2 \supseteq \cdots \supseteq G_r=E\},\{G\supseteq H_1 \supseteq H_2 \supseteq \cdots \supseteq H_s=E\}$$

有彼同构的加细群列

$$\{G\supseteq \cdots \supseteq G_1 \supseteq \cdots \supseteq G_2 \supseteq \cdots \supseteq E\} \cong \{G\supseteq \cdots \supseteq H_1 \supseteq \cdots \supseteq H_2 \supseteq \cdots \supseteq E\}$$

证明　如果 $r=1$ 或 $s=1$，证明是显然的，因为这时一个群列是$\{G\supseteq E\}$，另一群列自然是它的一个加细.

我们先对 r 用完全归纳法证明这个定理当 $s=2$ 时成立，然后再对 s 用完全归纳法证明它对任意 s 成立.

当 $s=2$ 时第二个群列是这种形式

$$\{G\supseteq H\supseteq E\}$$

命 $D=G_1\cap H$，$B=G_1H$. 这时 D 和 B 都是 G 中的正规子群. 有可能出现 $B=G$ 或 $D=E$ 的情况. 根据归纳假设，长度分别为 $r-1$ 和 2 的正规群列

$$\{G_1\supseteq G_2\supseteq\cdots\supseteq G_r=E\}\text{ 与 }\{G_1\supseteq D\supseteq E\}$$

有彼此同构的加细群列

$$\{G_1\supseteq\cdots\supseteq G_2\supseteq\cdots\supseteq E\}\cong\{G_1\supseteq\cdots\supseteq D\supseteq\cdots\supseteq E\}\tag{3}$$

其次，根据第一同构定理有

$$B/H\cong G_1/D,B/G_1\cong H/D$$

因此

$$\{B\supseteq G_1\supseteq D\supseteq E\}\cong\{B\supseteq H\supseteq D\supseteq E\}\tag{4}$$

式(3) 的右端乃是式(4) 的左端的一个加细. 相应于这个加细，我们可以找到式(4) 右端的一个与之同构的加细

$$\{B\supseteq G_1\supseteq\cdots\supseteq D\supseteq\cdots\supseteq E\}\cong\{B\supseteq\cdots H\supseteq D\supseteq\cdots\supseteq E\}\tag{5}$$

由式(3) 和(5) 即得

$$\{G\supseteq B\supseteq G_1\supseteq\cdots\supseteq G_2\supseteq\cdots\supseteq E\}\cong\{G\supseteq B\supseteq\cdots\supseteq H\supseteq D\supseteq\cdots\supseteq E\}$$

这样我们就对 $s=2$ 的情形证明了基本定理.

对于任意的 s，根据以上所证，我们可以把第一个群列$\{G\supseteq G_1\supseteq\cdots\}$ 加细，使之同构于$\{G\supseteq H_1\supseteq E\}$ 的一个加细

$$\{G\supseteq\cdots\supseteq G_1\supseteq\cdots\supseteq G_2\supseteq\cdots\supseteq E\}\cong\{G\supseteq\cdots\supseteq H_1\supseteq\cdots\supseteq E\}\tag{6}$$

根据归纳假设，右端那个群列中出现的一个截段$\{G_1\supseteq\cdots\supseteq E\}$ 和群列$\{H_1\supseteq H_2\supseteq\cdots\supseteq H_s=E\}$ 有彼此同构的加细

$$\{H_1\supseteq\cdots\supseteq E\}\cong\{H_1\supseteq\cdots\supseteq H_2\supseteq\cdots\supseteq E\}\tag{7}$$

式(7) 的左端给出式(6) 的右端的一个加细. 对于这个加细，我们可找出式(6) 的左端的一个与之同构的加细来. 这样一来，我们就有

$$\{G\supseteq\cdots\supseteq G_1\supseteq\cdots\supseteq G_2\supseteq\cdots\supseteq E\}\cong\{G\supseteq\cdots\supseteq H_1\supseteq\cdots\supseteq E\}\cong\{G\supseteq\cdots\supseteq H_1\supseteq\cdots\supseteq H_2\supseteq\cdots\supseteq E\}$$

（最后一个 $\cong$ 根据(7)）

这就完成了定理的证明.

从两个同构的正规群列中去掉重复出现的项，所得的群列仍是同构的. 因此我们可以将基本定理中所讲到的那种加细永远理解为无重复的加细.

6.2 合成群列

我们记得，假如一个群的阶大于 1，又没有非平凡正规子群，这个群就称为单纯群. 对于任意一个群，下面的定义描写了一类重要的正规子群.

正规子群 $A(\neq G)$ 称为 G 的极大正规子群，假如不存在与 G,A 不同的正规子群 H，使得 $G \triangleright H \triangleright A$.

由定理 5.5.3(5.5 目)，这等于说 G/A 没有真正规子群. 因而上面的定义可以改写为：

判别准则　正规子群 $A(\neq G)$ 是 G 的极大正规子群，当且仅当 G/A 是单纯群.

一个群可以有几个构造和阶彼此不同的极大正规子群. 假如 G/A 是素数阶，那么 A 是极大正规子群. 还有，假如 G 是单纯群，那么 $\{e\}$ 是唯一的极大正规子群.

在一个正规群列中，一个项可以重复出现任意多次. 如果不出现这样的情况，我们就说它是一个无重复的正规群列. 如果一个无重复的正规群列不能进一步加细为一个无重复的正规群列，我们就称它为一个合成群列. 换句话说，如果群列

$$\{G = G_0 \supset G_1 \supset \cdots \supset G_h = E\}$$

中任意一个子群 $G_v(v=1,2,\cdots,h)$ 都是子群 G_{v-1} 的极大正规真子群，那么这个群列是 G 的一个合成群列.

例如，对称群 S_3 中，正规群列

$$\{S_3 \supset A_3 \supset E\}$$

就是一个合成群列. 同样，在 S_4 中群列

$$\{S_4 \supset A_4 \supset V \supset \{e,(12)(34)\} \supset E\}$$

也是一个合成群列. 事实上，这两个群列中每个群在位于它前面的群中的指数都是素数，由此即知这两个群列都是不可能进一步加细的.

合成群列不是任意群都有的. 例如，存在着那样一种群，在它们里面每个正规群列都可以加细，这样的群就没有合成群列. 无限循环群就是这样一个例子. 事实上，假设在一个无限循环群中给出了一个无重复的正规群列

$$\{G \supset G_1 \supset \cdots \supset G_{h-1} \supset E\}$$

并设 G_{h-1} 的指数为 m，那么 $G_{h-1}=(a^m)$，因此在 G_{h-1} 和 E 之间永远还可以找出

一个指数为 $2m$ 的子群 (a^{2m}) 来. 一般来说,一个具有合成群列的阿贝尔群一定是有限的,因为这个群的合成因子只能是素数阶的循环群.

一个正规群列成为一合成群列,当且仅当它的任意两个相邻的项 G_{v-1} 和 G_v 之间除了这两个群本身之外不能再插进 G_{v-1} 的正规子群. 根据 5.4 目,这一条件也就是相当于说 G_{v-1}/G_v 是单群. 单因子 G_{v-1}/G_v 称为合成因子. 在上面给出的两个合成群列的例子中,所有合成因子都是循环群,其阶数分别为 2,3 和 2,3,2,2.

因为极大正规子群一般是不唯一的,一个群可以有不止一个的合成列. 可是下面的基本定理肯定合成因子(直到重排和同构)是唯一的. 因此合成因子组成群的固有性质.

定理 6.2.1(若尔当[①]—赫尔德定理[②]) 同一群 G 的任意两个合成群列彼此同构.

这个定理由正规群列的基本定理立即得出. 事实上,这两个群列和它们的无重复加细相同.

我们用两个例子说明这定理,它们都相当简单. 因为我们还没有碰见过阶为合数的单群(见 §7,7.3).

(1) 设 G 是 6 阶(§4,4.8)的非阿贝尔群,它能用下面的关系定义

$$a^3 = b^2 = (ab)^2 = e$$

子群 $A=(a)$ 是 3 阶群,在 G 中的指数是 2. 因而 $A \lhd G$(5.1,正规子群的基本事实(1),及

$$G \rhd A \rhd \{e\}$$

是合成列,因为因子

$$G/A \cong C_2 \text{ 及 } A \cong C_3$$

是素数阶的因而是单群.

(2) 设 $G=(s)$ 是 6 阶循环群,那么 $A_2=(s^2)$ 是 3 阶子群. 又因为阿贝尔群的所有子群是正规的,我们有合成列

$$G \rhd A_2 \rhd \{e\}$$

它有合成因子

$$G/A_2 \cong C_2 \text{ 与 } A_2 \cong C_3 \tag{1}$$

或者,我们能从 2 阶子群 $A_3=(s^3)$ 开始,构成合成列

① 若尔当(Marie Ennemond Camille Jordan,1838—1922)法国数学家.

② 赫尔德(Otto Ludwig Hölder,1859—1937)德国数学家.

$$G \rhd A_3 \rhd \{e\}$$

它的因子

$$G/A_3 \cong C_3 \text{ 与 } A_3 \cong C_2$$

与式(1) 相同,但是次序相反. 我们看到,虽然(1) 与(2) 中的群 G 不是同构的,但在(1) 与(2) 中出现的合成因子是相同的. 在两种情况中合成因子都是素数阶. 这个性质是很重要一类群的特点. 我们将在下面一同研究.

对具有合成群列的群来说,正规群列的基本定理还可以导出:

定理 6.2.2 如果 G 有一个合成群列,那么 G 的任何一个正规群列都可以加细成为一个合成群列. 特别,任给 G 的一个正规子群列都可找出 G 的一个合成群列来,使之以这个正规子群为它的一个加细.

6.3 可解群及其判定

下面的概念产生于描述其根可用根式来表示的多项式所对应的自同构群所拥有的性质.

定义 6.3.1 如果一个群具有一个正规群列,它的每个因子都是阿贝尔群,这个群就称为可解的.

例如,群 S_3 和 S_4 都是可解群.

由基本定理可知,在一个可解群中任何一个正规群列都可以加细成为一个具有阿贝尔因子的正规群列. 特别,如果这个群具有合成群列,那么每个合成因子都是单纯阿贝尔群.

下面的命题常用来决定给定的群是否可解.

定理 6.3.1 如果群 G 具有正规子群 H 使得 H 和 G/H 都是可解的,则 G 是可解群.

证明 假如这些条件满足,我们有正规群列

$$\{H \rhd H_1 \rhd \cdots \rhd H_r \rhd E\} \tag{1}$$

以及

$$\{(G/H) \rhd (G_1/H) \rhd \cdots \rhd (G_t/H) \rhd H\} \tag{2}$$

(应该记得 G/H 任一子群可以写成 A/H,以及 H 是 G/H 的单位元素.) 由假设,式(1) 与式(2) 的每个因子是交换群,特别,G_t/H 是交换群. 因为由第一同构定理(定理 5.6.1)

$$(G_{i-1}/H)/(G_i/H) \cong G_{i-1}/G_i, G_0 = G$$

我们推断

$$\{G \rhd G_1 \rhd \cdots \rhd G_t \rhd H \rhd H_1 \rhd \cdots \rhd H_r \rhd E\}$$

是 G 的正规群列，其中每一个因子是交换群，因而 G 是可解的.

推论 设 $H_1, H_2, \cdots, H_s$ 是群G 的正规子群，令 $N=\bigcap_{i=1}^{s} H_i$. 如果每一个商群 G/H_i 都是可解群($1 \leqslant i \leqslant s$)，则 G/N 也是可解群.

证明 对 s 作归纳. 对于任意 $i \neq j, 1 \leqslant i, j \leqslant s$，我们有

$$G/H_j \supseteq H_iH_j/H_j \cong H_i/(H_i \cap H_j)$$

所以 $H_i/(H_i \cap H_j)$ 与可解群G/H_j 的一个子群同构，因而是可解群(参阅下一同定理 6.4.1)，另一方面

$$(G/(H_i \cap H_j))/(H_i/(H_i \cap H_j)) \cong G/H_i$$

也是可解群. 于是由定理 6.3.1, $G/(H_i \cap H_j)$ 是可解群.

假设 $s > 2$，并且已知 $G/\bigcap_{i=1}^{s-1} H_i$ 是可解群. 令 $M=\bigcap_{i=1}^{s-1} H_i$，于是

$$G/M \supseteq MH_s/M \cong H_s/(M \cap H_s) = H_s/N$$

因此 H_s 是可解群. 又因为

$$(G/N)/(H_s/N) \cong G/H_s$$

可解，所以由定理 6.3.1, G/N 是可解群.

利用换位子群的概念，可以给出可解群的另一个等价定义. 我们来导入群的各阶换位子群的概念，定义：

$$G^{(1)} = G \text{ 的一切换位子生成的群}$$

$$G^{(2)} = (G^{(1)})^{(1)}$$

$$\cdots\cdots$$

$$G^{(h)} = (G^{(h-1)})^{(1)}$$

$$\cdots\cdots$$

我们把 $G^{(h)}$ 叫作群 G 的 h 阶换位子群.

于是可以建立下面的定理，它给出了可解群的一个等价定义.

定理 6.3.2 群 G 是可解群的充分必要条件是存在一个正整数 k 使得 $G^{(k)}=\{e\}$.

证明 设群 G 可解，也就是 G 有一个可解列

$$G=G_0 \triangleright G_1 \triangleright \cdots \triangleright G_{k-1} \triangleright G_k = \{e\}$$

其中 G_{i-1}/G_i 都是交换群.

因为 G/G_1 可交换，知 $G_1 \supseteq G^{(1)}$；同样的，因为 G_1/G_2 都可交换，知 $G_1 \supseteq {G_1}^{(1)} \supseteq (G^{(1)})^{(1)} = G^{(2)}$；一般的，$G_i \supseteq {G_i}^{(1)}$. 由于 $G_k=\{e\}$，于是有 $G^{(k)}=\{e\}$.

反之，假如有一个正整数 k 使得 $G^{(k)}=\{e\}$，则我们得到

$$G \supseteq G^{(1)} \supseteq G^{(2)} \supseteq \cdots \supseteq G^{(k)} = \{e\}$$

这里,对于每个 i,$G^{(i)}$ 是 $G^{(i-1)}$ 的不变子群,并且 $G/G^{(1)}$ 是交换群(定理 5.8.2). 这就是说,G 有一个可解列,即 G 可解.

6.4 可解群的性质·有限群的情形

关于可解群,我们有以下诸定理.

定理 6.4.1 可解群的同态像是可解群;可解群的子群与商群是可解群.

证明 设 G 是任何一个可解群,于是存在正规群列

$$\{G=G_0 \triangleright G_1 \triangleright \cdots \triangleright G_{r-1} \triangleright G_r=E\} \tag{1}$$

并且 G_{i-1}/G_i 都是交换群,$i=1,2,\cdots,r$.

(1) 若 $G \sim \overline{G}$,则子群列

$$\overline{G}=\overline{G_0} \supset \overline{G_1} \supset \cdots \supset \overline{G_r}=\{\overline{e}\}$$

是 $\overline{G}$ 的正规子群列,这里 $\overline{G_i}$ 表示 G_i 的同态像. 并且(参看 5.5 末尾的讨论)

$$G_{i-1}/G_i \sim \overline{G_{i-1}}/\overline{G_i}$$

由 G_{i-1}/G_i 的交换性知 $\overline{G_{i-1}}/\overline{G_i}$ 亦是可换的,所以 $\overline{G}$ 是可解群.

(2) 现在任取 G 的一个子群,如果它正好等于子群列式(1) 中的某个 $G_k(0 \leqslant k \leqslant r)$,则它显然是可解的. 现在对于 G 的任一不重合于序列式(1) 中任何群的子群 H,我们考虑下面的子群列

$$H=H_0 \supset H_1 \supset \cdots \supset H_{s-1} \supset H_r=\{e\} \tag{2}$$

这里 $H_i=G_i \cap H, i=0,1,\cdots,r$.

容易验证,子群列(2) 中 H_i 是 H_{i-1} 的正规子群,$i=1,\cdots,s$.

为了证明商群 H_{i-1}/H_i 的交换性,考虑 $1-1$ 同态映射 $\varphi: H \to G$ 为 $\varphi(h)=h$,对任意的 $h \in H$. 于是 G_i 关于 φ 的逆像为同时属于 G_i 和 H 的那些元素:$\varphi^{-1}(G_i)=G_i \cap H=H_i$,这样一来同态映射 φ 诱导出

$$H_{i-1}/II_i \to G_{i-1}/G_i$$

的一个 $1-1$ 同态映射. 这说明,H_{i-1}/H_i 同构于 G_{i-1}/G_i 的一个子群. 但是交换群的子群是交换群. H 的可解性由此得证.

(3) 设 N 是 G 的正规子群,于是对于(1) 中每个 G_i,G_iN 是 G 的子群,从而有子群序列

$$G=G_0N \supseteq G_1N \supseteq \cdots \supseteq G_rN=N \supseteq \{e\}$$

进一步,这是一个正规子群列. 事实上,对于每个 i,利用明显的记号[①],有

---

① 这里 g_i 是 G_i 的元素,n 是 N 的元素,而 g_in 是 $G_{i+1}N$ 的元素.

$$(g_i n)G_{i+1}N(g_i n)^{-1} \subseteq g_i G_{i+1} N g_i^{-1} = g_i G_{i+1} g_i^{-1} N \subseteq G_{i+1}N$$

第一个包含关系成立是因为

$$n(G_{i+1}N)n^{-1} \subseteq NG_{i+1}N \subseteq (G_{i+1}N)(G_{i+1}N) = G_{i+1}N^{①}$$

等号成立是因为 $Ng_i^{-1} = g_i^{-1}N$(因为 $N \lhd G$,从而它的右陪集等于它的左陪集);最后一个包含关系成立是因为 $G_{i+1} \lhd G_i$. 包含关系$(g_i n)G_{i+1}N(g_i n)^{-1} \subseteq G_{i+1}N$ 意味着 $G_{i+1}N$ 是 G_iN 的正规子群(定理 5.1.3).

第二同构定理给出

$$G_i/(G_i \cap G_{i+1}N) \cong G_i(G_{i+1}N)/G_{i+1}N = G_iN/G_{i+1}N$$

最后一个等式成立是因为 $G_iG_{i+1} = G_i$.

因为 $G_{i+1} \lhd G_i \cap G_{i+1}N \lhd G_i$(第一个正规性利用了定理 5.1.5),第一同构定理给出同态满射 $G_i/G_{i+1} \to G_i/(G_i \cap G_{i+1}N)$(参阅定理 5.6.1 的证明),从而复合出同态满射 $G_i/G_{i+1} \to G_iN/G_{i+1}N$. 因 G_i/G_{i+1} 是交换群,它的同态像 $G_iN/G_{i+1}N$ 亦是可交换的,如此,我们得到了 G/N 的一个正规群列,其任意相邻两群构成的商群均可交换,从而 G/N 可解. 证毕.

借助定理 6.3.2,可以给予定理 6.4.1 的第二部分亦更简明的证明.

可解群的子群可解:因为 G 可解,所以有一个正整数 k 存在,使得 $G^{(k)} = \{e\}$. 对于 G 的子群 H 来说,有

$$H^{(1)} \leqslant G^{(1)}, H^{(2)} = (H^{(1)})^{(1)} \leqslant (G^{(1)})^{(1)} = G^{(2)}, \cdots$$

最后,有

$$H^{(k)} \leqslant G^{(k)} = \{e\}$$

于是 $H^{(k)} = \{e\}$,从而 H 是可解群.

可解群的商群可解:设 N 是可解群 G 的正规子群,考虑自然同态 $\phi: G \to G/N$. 对任一 $g \in G$,有 $\phi(g) = gN = \overline{g}$. 下面用 $\overline{G} = G/N$ 表示 G 在 ϕ 之下的像群. 由陪集的定义,对 $g, h \in G$ 有

$$ghg^{-1}h^{-1} \xrightarrow{\phi} (ghg^{-1}h^{-1})N = \overline{ghg^{-1}h^{-1}} = \overline{g} \cdot \overline{h} \cdot \overline{g^{-1}} \cdot \overline{h^{-1}}$$

就是说,ϕ 把 G 的换位子映为 $\overline{G}$ 的换位子. 反之,$\overline{G}$ 任一换位子$[\overline{g}, \overline{h}]$ 必是 G 中换位子$[g, h]$ 在 ϕ 之下的像. 这样,ϕ 把 G 的换位子群 $G^{(1)}$ 映为 $\overline{G}$ 的换位子群 $\overline{G}^{(1)}$:$G^{(1)} \xrightarrow{\phi} \overline{G}^{(1)}$. 同样的,$G^{(2)} \xrightarrow{\phi} \overline{G}^{(2)}, \cdots, G^{(k)} \xrightarrow{\phi} \overline{G}^{(k)}$. 因为同态映射把单位元映为单位元,所以当 $G^{(k)} = \{e\}$ 时,必有$\overline{G}^{(k)} = \{\overline{e}\}$,这里 $\overline{e}$ 是 $\overline{G} = G/N$ 的单位元 N. 于是证得 G/N 是可解群.

① 因为 $G_{i+1}N$ 是子群,所以$(G_{i+1}N)(G_{i+1}N) = G_{i+1}N$,参阅定理 4.2.4.

对于有限的群,应用定理 6.3.1 可以得到下面的结论.

定理 6.4.2 所有有限交换群都是可解的.

证明 设 A 是有限交换群. 假如 $|A|=p$, p 是素数,那么合成群列

$$\{A \triangleright E\}$$

指出 A 的可解性. 于是我们关于 $|A|$ 应用归纳法,而且假设 A 的阶是合数. 那么 A 具有真子群 H[①], H 在 A 中必然是正规的. 因为 H 与 A/H 是阶较 $|A|$ 小的交换群,归纳假设意味 H 与 A/H 是可解的,因而由定理 6.3.1 得 A 是可解的.

定理 6.4.3 所有有限 p 群都是可解的.

证明 假设 G 是 p 群,也就是 p^m 阶的群: $|G|=p^m$,此处 p 是素数. 当 $m=1$,群肯定是可解的. 所以我们关于 m 用归纳法. 由定理 5.3.2(§5), G 的中心 Z 是非平凡的,于是必然 $Z \triangleleft G$. 现在, Z 是可解的,因为它是阿贝尔群,而 G/Z 是 p - 群. 它的阶小于 p^m,因而由归纳法 G/Z 是可解的. 于是由定理 6.3.1, G 是可解的.

最后,对于有限群,我们提出可解群的一个一般性的刻画.

定理 6.4.4[②] 有限阶的群是可解的,必要而且只要从 G 到 E 的合成群列中的商群都是素数阶的.

证明 必要性. 假设有限群 G 存在正规群列

$$\{G \triangleright G_1 \triangleright \cdots \triangleright G_s \triangleright E\} \tag{4}$$

而每一 G_{i-1}/G_i 都是有限交换群, $i=1,2,\cdots,s+1$ ($G_0=G, G_{s+1}=E$).

若 G_{i-1}/G_i 的阶不是素数,则交换群 G_{i-1}/G_i 一定不是单纯群(§5,5.1),于是我们可以在 G_{i-1} 与 G_i 之间插入一个异于 G_{i-1} 和 G_i 的子群 H_i,使得

$$G_{i-1} \triangleright H_i \triangleright G_i$$

其中商群 H_i/G_i 为交换群 G_{i-1}/G_i 的子群,并且 G_{i-1}/H_i 同构于 G_{i-1}/G_i 的商群 $(G_{i-1}/G_i)/(H_i/G_i)$. 因而它们都仍然是交换群.

因为 G 是有限的,所以正规群列(4)的长度 s 是有限的($s \leqslant |G|$). 这就是说,经过若干次的插入之后,我们总可以达到一个正规群列

---

① 可以证明,一个阶为合数的有限群具有一个真子群. 设 G 是这样的群,如果 G 是循环的,那么由定理 4.6.2 知结论成立;在相反的情形下,设 $a \neq e$ 是 G 中的 r 阶元素,则

$$A=\{a,\cdots,a^{r-1},a^r=e\}$$

形成一个 r 阶循环群,并且它是非循环群 G 的真子群.

② 合成群列的这个性质在历史上是可解群的最初定义,但是这个定义不能用于无限群.

$$\{G = H_0 \rhd H_1 \rhd \cdots \rhd H_t = E\}$$

它不能再插入新的项，换句话说，每一个商群

$$H_{i-1}/H_i, i = 1, 2, \cdots, t$$

都是可交换的单纯群，也就是素数阶的循环群.

充分性. 既然在 G 的这个合成群列中，每个因子群都是素数阶群，当然是交换群，而合成群列必是正规群列，所以 G 是可解群.

§7　置换群理论

7.1　S_n 的共轭类

在 §3(3.2) 我们引入对称群族 $S_n(n=1,2,\cdots)$，描述了它们的某些基本性质. 本节致力于这些群的更详细的研究，这些群及其子群在有限群论中起了基本的作用.

在本段中，我们考虑分解 S_n 到它的共轭类(见 §5,5.3) 的问题. 为此，我们需要计算乘积 $\tau^{-1}\alpha\tau$ 的技巧，此处 α 与 τ 是 S_n 的任意元素. 利用 §3(3.2) 的符号，设

$$\alpha = \begin{pmatrix} 1 & 2 & \cdots & n \\ a_1 & a_2 & \cdots & a_n \end{pmatrix} \tag{1}$$

这符号缩写为

$$\alpha = \begin{pmatrix} i \\ a_i \end{pmatrix} \tag{2}$$

这里 $i=1,2,\cdots,n$. 为了简化符号，我们设

$$\tau = \begin{pmatrix} 1 & 2 & \cdots & n \\ 1' & 2' & \cdots & n' \end{pmatrix} = \begin{pmatrix} i \\ i' \end{pmatrix} \tag{3}$$

这里 $1'2'\cdots n'$ 是对应于 $12\cdots n$ 的重新排列. 像我们在 §3(3.2) 所说过的那样，关于 τ 的说明可以用非标准形式表达，其效果是同样的. 特别，我们可以写成

$$\tau = \begin{pmatrix} a_i \\ a'_i \end{pmatrix} \tag{4}$$

此处式(4) 的第一行与式(1) 的第二行是相同的. 于是我们有

$$\tau^{-1}\alpha\tau = \begin{pmatrix} i' \\ i \end{pmatrix} \begin{pmatrix} i \\ a_i \end{pmatrix} \begin{pmatrix} a_i \\ a'_i \end{pmatrix} = \begin{pmatrix} i' \\ a'_i \end{pmatrix}$$

这结果可以描述如下：为了得出$\tau^{-1}\alpha\tau$，可用τ作用在α的表示式的每一符号上，即作用在式(1)的两行上，因而

$$\tau^{-1}\alpha\tau=\begin{pmatrix} i\tau \\ a_i\tau \end{pmatrix} \tag{5}$$

例 设$n=4$及

$$\alpha=\begin{pmatrix} 1 & 2 & 3 & 4 \\ 2 & 4 & 1 & 3 \end{pmatrix},\tau=\begin{pmatrix} 1 & 2 & 3 & 4 \\ 1 & 4 & 2 & 3 \end{pmatrix}$$

用τ作用在α的每一符号上我们得出

$$\tau^{-1}\alpha\tau=\begin{pmatrix} 1 & 4 & 2 & 3 \\ 4 & 3 & 1 & 2 \end{pmatrix}=\begin{pmatrix} 1 & 2 & 3 & 4 \\ 4 & 1 & 2 & 3 \end{pmatrix}$$

其次应用这个方法到m次轮换. 比如说

$$\gamma=(a_1a_2\cdots a_m)=\begin{pmatrix} a_1 & a_2 & \cdots & a_{m-1} & a_m \\ a_2 & a_3 & \cdots & a_m & a_1 \end{pmatrix}$$

因而由式(5)

$$\tau^{-1}\gamma\tau=\begin{pmatrix} a'_1 & a'_2 & \cdots & a'_{m-1} & a'_m \\ a'_2 & a'_3 & \cdots & a'_m & a'_1 \end{pmatrix}=(a_1'a_2'\cdots a_m')$$

或者更简单地

$$\tau^{-1}\gamma\tau=(a_1\tau a_2\tau\cdots a_m\tau) \tag{6}$$

我们已经知道(§3,3.2,定理3.2.2)每一置换α能用本质上唯一的方式表成不相交轮换的乘积，因而

$$\alpha=\gamma_1\gamma_2\cdots\gamma_q \tag{7}$$

这里$\gamma_1,\gamma_2,\cdots,\gamma_q$是不相交的轮换，分别含有

$$m_1,m_2,\cdots,m_q \tag{8}$$

个对象. 对于目前的讨论，保留长度为1的轮换使得所有n个对象都在乘积式(7)中列出是方便的. 式(8)中的整数称为α的轮换类型. 将式(8)中的数按数值增加的次序排列是方便的. 因而所有可能的S_n的轮换类型与式(8)中的满足下列条件的这组整数一一对应，即

$$1\leqslant m_1\leqslant m_2\leqslant\cdots\leqslant m_q$$

及

$$m_1+m_2+\cdots+m_q=n \tag{9}$$

γ是任意的. 或者，假如α包含e_1个1次轮换，e_2个2次轮换，…，e_n个n次轮换，则α的轮换类型可以用下列非负整数描写

$$e_1, e_2, \cdots, e_n$$

它们满足

$$e_1 + 2e_2 + \cdots + ne_n = n. \tag{10}$$

下面的结果将轮换类型与 S_n 的共轭类联系.

定理 7.1.1 两个置换在 S_n 中共轭当且仅当它们具有相同的轮换类型.

证明 设 α 分解成不相交轮换,因而

$$\alpha = \gamma_1\gamma_2\cdots\gamma_q = (x_1x_2\cdots)(y_1y_2\cdots)\cdots(z_1z_2\cdots),$$

这里 γ_i 是 m_i 次,$m_1 + m_2 + \cdots + m_q = n$.

假如 τ 是任意像式(3) 中所指出的那样的置换,那么

$$\begin{aligned}\beta &= \tau^{-1}\gamma\tau = (\tau^{-1}\gamma_1\tau)(\tau^{-1}\gamma_2\tau)\cdots(\tau^{-1}\gamma_q\tau)\\ &= (x_1'x_2'\cdots)(y_1'y_2'\cdots)\cdots(z_1'z_2'\cdots)\\ &= \gamma_1'\gamma_2'\cdots\gamma_{q'}\end{aligned}$$

其中 $\gamma_1', \gamma_2', \cdots, \gamma_{q'}$ 是不相交轮换,因为 τ 是一一映射. 因而 β 具有与 α 相同的轮换类型.

反之,假如 α 与 β 像上面那样,具有相同的轮换类型,那么置换

$$\tau = \begin{pmatrix} x_1 & x_2 & \cdots & y_1 & y_2 & \cdots & z_1 & z_2 & \cdots \\ x'_1 & x'_2 & \cdots & y'_1 & y'_2 & \cdots & z'_1 & z'_2 & \cdots \end{pmatrix}$$

具有性质 $\tau^{-1}\alpha\tau = \beta$,因而 α 与 β 共轭.

因而 S_n 中存在的共轭类与 S_n 中可能有的轮换类型同样多,换句话说,S_n 中的共轭类个数k 等于将n 分成正加数的划分式(9) 的个数,或者等于将 n 分成非负加数的划分式(10) 的个数. 当用后一种说法时,常将划分表示为

$$1^{e_1}2^{e_2}\cdots n^{e_n} \tag{11}$$

频率为零的部分在具体情况下常被省略,例如

$$1^3 3\ 4^2$$

是 14 的划分 $1+1+1+3+4+4$. 遗憾的是,没有简单的公式能够将类的个数 k 表示成 n 的函数. 表 1 对开头几个 n 的值给出了 k:

表 1

n	1	2	3	4	5	6	7	8
k	1	2	3	5	7	11	15	22

例如,当 $n=5$,划分式(11) 是

$$1^5, 1^3 2, 1^2 3, 12^2, 14, 23, 5$$

在另一方面,不难说出某一特殊的 S_n 的共轭类中有多少元素.

定理 7.1.2(柯西[①]) 假设α具有对应划分$1^{e_1}2^{e_2}\cdots n^{e_n}$的轮换类型,那么在$S_n$中与$\alpha$共轭的置换个数等于

$$h_\alpha=\frac{n!}{1^{e_1}e_1!\ 2^{e_2}e_2!\ \cdots n^{e_n}e_n!} \tag{12}$$

证明 轮换类型α可以如下表示

$$\underbrace{(\cdot)(\cdot)\cdots(\cdot)}_{e_1}\ \underbrace{(\cdot\cdot)(\cdot\cdot)\cdots(\cdot\cdot)}_{e_2}\cdots, \tag{13}$$

它对应划分式(11).

在式(13)中恰好有n个空位,将n个对象用任意方式填进去,我们就得出S_n的一个元素.在每一情况下我们都得到一个与α有相同轮换类型的置换.共有$n!$个排列对象的方式.但是,不是所有的排列都产生S_n的不同元素.考虑出现在式(13)中e_j个$j(1\leqslant j\leqslant n)$次轮换.首先,这$e_j$个轮换可以用$e_j!$种方式在它们中间置换,而不会改变所得出的$S_n$的元素;其次,每一轮换

$$(a_1a_2\cdots a_j)$$

可以用j个不同方式写出,因为

$$(a_1a_2\cdots a_j)=(a_2a_3\cdots a_ja_1)=\cdots=(a_ja_1\cdots a_{j-1})$$

因而就j次轮换而论,S_n的每一元素共计算了$e_j!\ j^{e_j}$次.α共轭类的一个特殊元素总共重复了$1^{e_1}e_1!\ 2^{e_2}e_2!\ \cdots n^{e_n}e_n!$次.因而在这类中不同元素的个数由式(12)给定.

从定理5.3.1(§5,5.3)我们知道h_α是群S_n中α的中心化子的指数.因而我们有下面的结果.

定理 7.1.3 假如α是具有轮换类型式(11)的置换,那么α在S_n中的中心化子的阶是

$$1^{e_1}e_1!\ 2^{e_2}e_2!\ \cdots n^{e_n}e_n! \tag{14}$$

例 设φ是一包含n个对象的轮换,比如说

$$\varphi=(12\cdots n)$$

在这情况中$e_1=e_2=\cdots=e_{n-1}=0,e_n=1$.因而由式(14),$\varphi$的中心化子是$n$阶的.但是$\varphi$肯定与$e(=\varphi^0),\varphi,\varphi^2,\cdots,\varphi^{n-1}$交换,它们是$S_n$的$n$个不同元素.因而在这情况中,$\varphi$的中心化子与$\varphi$所生成的循环群重合.

7.2 对换

2次轮换称为对换.典型的对换,例如

---

① 柯西(Cauchy,Augustin Louis,1789—1857),法国数学家.

$$\tau=(ab) \tag{1}$$

交换 a 与 b 而保持所有其他元素不变. 我们注意

$$\tau^2=e, \tau=\tau^{-1}$$

这里 e 是恒等置换. 群 S_n 共包含 $\frac{1}{2}n(n-1)$ 个对换.

下面,我们令 S_n 作用在一组未定元

$$x_1, x_2, \cdots, x_n \tag{2}$$

上,假设 α 将 i 置换成 α_i,我们定义

$$x_i\alpha=x_{\alpha_i}, i=1,2,\cdots,n$$

更一般地,假如 f 是未定元式(2) 的任一函数,我们令

$$f(x_1, x_2, \cdots, x_n)\alpha=f(x_{\alpha_1}, x_{\alpha_2}, \cdots, x_{\alpha_n}) \tag{3}$$

特别,我们考虑差积

$$\begin{aligned}\Delta=\prod_{i<j}(x_i-x_j)=&(x_1-x_2)(x_1-x_3)(x_1-x_4)\cdots(x_1-x_n)\times\\&(x_2-x_3)(x_2-x_4)\cdots(x_2-x_n)\times\\&(x_3-x_5)\cdots(x_3-x_n)\cdots\times\\&(x_{n-1}-x_n)\end{aligned} \tag{4}$$

显然,假如未定元受到置换 α 的作用,则函数 Δ 或者保持不变或者乘以 (-1). 因而在式(3) 的符号中

$$\Delta\alpha=\zeta(\alpha)\Delta \tag{5}$$

其中 $\zeta(\alpha)=\pm1$.

定义 7.2.1 置换 α 按照 $\zeta(\alpha)=1$ 或 $\zeta(\alpha)=-1$ 称为偶置换或奇置换;函数 $\zeta(\alpha)$ 称为 S_n 的交错特征标.

关于这函数的最重要的事实用下面的命题表出.

定理 7.2.1 如果 α 与 β 是任意的置换,那么

$$\zeta(\alpha\beta)=\zeta(\alpha)\zeta(\beta) \tag{6}$$

即两个偶置换或两个奇置换的积是偶置换,而一个偶置换与一个奇置换的积是奇置换.

证明 我们应用运算 β 到式(3) 的两边,根据运算合成的定义,有

$$(\Delta\alpha)\beta=\Delta(\alpha\beta)$$

因而

$$\Delta(\alpha\beta)=\zeta(\alpha)\Delta(\alpha\beta)$$

常数 $\zeta(\alpha)$ 没有受到 β 作用的影响. 应用式(3) 到 $\alpha\beta$ 与 β,我们得到关系式

$$\zeta(\alpha\beta)\Delta=\zeta(\beta)\Delta$$

从而得出结论.更一般地,有

$$\zeta(\alpha_1\alpha_2\cdots\alpha_q)=\zeta(\alpha_1)\zeta(\alpha_2)\cdots\zeta(\alpha_q) \tag{7}$$

$\zeta(\alpha)$ 的定义可以改写得使函数 Δ 不明显出现.每一 Δ 的因子 (x_i-x_j) 对应一整数对 (i,j),使得 $1\leqslant i<j\leqslant n$.设 α 使 i 成为 α_i,使 j 成为 α_j,在应用 α 之后,(x_i-x_j) 变成 $(x_{\alpha_i}-x_{\alpha_j})$.假如 $\alpha_i<\alpha_j$,则它是 Δ 的因子;假如 $\alpha_i>\alpha_j$,则 Δ 包含因子 $-(x_{\alpha_i}-x_{\alpha_j})$.假如 $i-j$ 与 $\alpha_i-\alpha_j$ 符号相反,我们说对 (i,j) 带来一逆序.当考虑到所有的对 (i,j) 时,设 t 是逆序的总数,那么

$$\zeta(\beta)=(-1)^t$$

数字 t 易于用如下方法找到.将置换 α 写成标准形式,例如

$$\alpha=\begin{pmatrix}1 & 2 & 3 & 4 & 5 & 6\\ 3 & 4 & 6 & 2 & 5 & 1\end{pmatrix},t=9$$

设 k 是第二行的任一数.假如 k 被 $s(s\geqslant 0)$ 个小于 k 的整数跟随,我们就说 k 有 s 分.对每一 k 记分,从而总分 t 易于找出.例如,3 有两分,因为它被 2 与 1 跟随,而 6 有 3 分,因为它被 2,5 与 1 跟随.在这例中 $t=9$,所以 $\zeta(\alpha)=-1$.

显然,恒等置换 e 使 Δ 不变,因此

$$\zeta(e)=1 \tag{8}$$

其次,对任一置换 α,

$$\zeta(\alpha)\zeta(\alpha^{-1})=\zeta(e)=1$$

从而

$$\zeta(\alpha)=\zeta(\alpha^{-1}) \tag{9}$$

即逆置换具有相同的交错特征标.

假如 α 与 β 是任意的置换,则

$$\zeta(\beta^{-1}\alpha\beta)=\zeta(\beta^{-1})\zeta(\alpha)\zeta(\beta)=\zeta(\alpha)$$

因而共轭置换具有相同的特征标,即在 S_n 的每一共轭类上,ζ 是常数.

像在式(1)中那样,设 τ 是某一对换,那么由定理 7.1.1,τ 与特殊对换 $\sigma=(12)$ 共轭.σ 的作用改变了 (x_1-x_2) 的符号,且用式(4)中第二行的因子与第一行的其他因子交换,并不引进更多的负号,因而 $\zeta(\sigma)=-1$,因此 $\zeta(\tau)=-1$.因而所有对换是奇置换.

为了找到 m 次轮换的特征标,我们利用公式

$$(a_1a_2\cdots a_m)=(a_1a_2)(a_1a_3)\cdots(a_1a_m) \tag{10}$$

通过计算右边的积容易证明这公式,即

$$a_1\to a_2,a_2\to a_1\to a_3,a_3\to a_1\to a_4,\text{等等}$$

因为式(10)包含 $m-1$ 个对换因子,因此我们有

$$\zeta(a_1a_2\cdots a_m)=(-1)^{m-1} \tag{11}$$

下面式(10)的推论值得写下.

定理 7.2.2 每一置换能够用许多方式表示为对换的积.在任一这样的积中,对换因子的个数按照给定的置换是偶置换或奇置换而总为偶数或奇数.

证明 设 α 是给定的置换.我们已经知道(§3,3.2)α 可以表成轮换的积.根据式(10),每一轮换是对换的积,因而我们肯定有

$$\alpha=\tau_1\tau_2\cdots\tau_s \tag{12}$$

此处每一 τ 是一对换,这乘积不是唯一的,例如我们能嵌入一对因子

$$(ab)(ba)$$

它等价于恒等置换.较难看出的是,假如 $a\neq 1$ 与 $b\neq 1$,我们有关系式

$$(ab)=(1a)(1b)(1a) \tag{13}$$

当其中对象 1 被与 a 和 b 不同的任一对象所代替时,也存在类似的关系.可是,(12)意味 $\zeta(\alpha)=(-1)^s$,因为 $\zeta(\alpha)$ 只由 α 决定,因此按照 α 是偶置换成奇置换,s 就是偶数或奇数.

利用 §4(4.3)中引入的术语我们有

推论 群 S_n 由一组对换所生成.

利用式(13),这结论可以变得更精确.

定理 7.2.3 群 S_n 由 $n-1$ 个对换

$$(12),(13),\cdots,(1n)$$

所生成.

7.3 交代群

我们来讨论定义 7.2.1 中所引入的偶置换与奇置换之间的区别.我们从一个关于任一置换群的简单结果开始,这个置换群是对于某一合适的 n 值的 S_n 的任一子群.

定理 7.3.1 在每一置换群 G 中,偶置换形成一个正规子群.它或者等于 G 或者在 G 中的指数是 2.

证明 设 H 是 G 中偶置换的集.由上一目式子(6),式(8)与(9),H 是 G 的子群.假如 $H=G$,我们就没有什么可证明的.假如 $H\neq G$,那么 G 至少包含一个奇置换 σ,而陪集 $H\sigma$ 与 H 不同.设 δ 为 G 的任一奇置换,那么 $\sigma\delta^{-1}$ 是偶置换,即 $\sigma\delta^{-1}\in H$,$H\sigma=H\delta$(§4,4.5,定理 4.5.1).因而 G 中只有两个 H 的陪集,所以 $[G:H]=2$.像所断定的那样,根据 §5,5.1 中讨论的正规子群的基本事实

(2),H 在 G 中是正规的.

我们特别对 $G=S_n$ 的情况感兴趣.

定义 7.3.1 S_n 的所有偶置换的集($n\geqslant 2$)形成 $\frac{1}{2}n!$ 阶的群 A_n,称为 n 次交代群.

例如,群 A_4 是 $\frac{1}{2}\times 4!=12$ 阶的,由下列置换(按照 S_4 的共轭类排列)组成

$$A_4=C_0\cup C_1\cup C_2$$

这里

$C_0=\{e\}$

$C_1=\{(12)(34),(13)(24),(14)(23)\}$

$$C_2=\{(123),(124),(132),(134),(142),(143),(234),(243)\} \tag{1}$$

我们可以问除了 A_4 以外,S_4 是否还有其他正规子群.不讨论 $n=1$ 或 $n=2$ 时的平凡情况,当 $n=3$ 或 $n=4$ 时我们将从最初等的原则出发,利用以下事实来回答问题:正规子群必须是共轭类的并集,其中包含单位元素组成的类(见§5,5.1,正规子群的基本事实 4°).

S_3 的类是

$$\{e\},\{(12),(13),(23)\}\text{ 及}\{(123),(132)\}$$

分别含有 1 个,3 个与 2 个元素.只有当我们将单位元素与最后一类合并才得到一个元素个数可以除尽 $|S_3|(=6)$ 的集,对于子群这是必需的.事实上

$$A_3=\{e\}\cup\{(123)\}\cup\{(132)\}$$

因此这是 S_3 的唯一真正规子群.

群 S_4 具有 5 个共轭类(表 1).其中三类由偶置换组成的列举在式(1)中,剩下的两类是

$$C_3=\{(12),(13),(14),(23),(24),(34)\}$$

及

$$C_4=\{(1234),(1243),(1324),(1342),(1423),(1432)\}$$

因为 $|C_0|=1$,$|C_1|=3$,$|C_2|=8$,$|C_3|=1$,$|C_4|=6$,只有

$$V=C_0\cup C_1\text{ 及 }A_4=C_0\cup C_1\cup C_2$$

具有能整除 $|S_4|(=24)$ 的基数,这对于子群是需要的.我们已经知道 $A_4\lhd S_4$,值得注意的是

$$V=\{e\}\cup\{(12)(34)\}\cup\{(13)(24)\}\cup\{(14)(23)\}$$

碰巧是群.因为我们令 $\alpha=(12)(34)$ 及 $\beta=(13)(24)$,那么 $\alpha\beta=\beta\alpha=(14)(23)$ 及 $\alpha^2=\beta^2=e$.

因而 $V\triangleleft A_4$,而 V 具有四群(§4,4.8)的结构.我们于是已经证明 A_4 与 V 是 S_4 的仅有的真正规子群.附带说一句,因为 V 只包含偶置换,我们有 $V\triangleleft A_4$.

在合成列(§5,5.7)

$$S_3\triangleright A_3\triangleright\{e\},S_4\triangleright A_4\triangleright V\triangleright B\triangleright\{e\},\text{其中 } B=\{e,(12)(34)\}$$

中,所有的合成因子都是素数阶,这证明 S_3 与 S_4 都是可解群(§5,5.7).过一会我们将看到,当 $n>4$ 时,S_n 在这方面的性态不一样.

对群 A_n 我们选择一组相当简单的生成元是有用的.

定理 7.3.2 当 $n\geqslant 3$ 时,群 A_n 能为 $n-2$ 个三元轮换

$$(123),(124),\cdots,(12n) \tag{2}$$

所生成.

证明 由定理 7.2.3,每一置换能表成形状为 $(1i)$ 的对换的积.对于偶置换,对换因子的个数一定是偶数,因而 A_n 为因子对 $(1i)(1j)$ 等所生成.因为 $(1i)^2=e$,我们可以假定在每一因子对中 $i\neq j$.现在

$$(1i)(1j)=(1ij) \tag{3}$$

假如 $i=2$,这一对对换等于列举在式(2)中的某一三元轮换.假如 $j=2$,我们看出

$$(1i)(12)=(1i2)=(12i)^2$$

最后假如 $i>2$ 及 $j>2$,我们利用关系式

$$(1ij)=(12j)(12i)(12j)^{-1}$$

因而在所有情况下,式(3)的右边都能用式(2)的生成元表示出来.

我们回忆一下单群(§5,5.1)的概念,马上就来证明关于交代群的一个有名的结果,它是由伽罗瓦得到的.

定理 7.3.3 当 $n\neq 4$ 时,群 A_n 是单群.

证明 我们已经知道 V 是 A_4 的真正规子群,因而 A_4 不是单群.从现在起我们将假定 $n>4$.这定理等于说,假如 $N\triangleleft A_4$ 及 $|N|>1$,那么 $N=A_n$.关键性的假设是 N 在 A_n 中是正规的.因而假如 $\alpha\in N$,又假如 δ 是任一偶置换,那么 $\delta^{-1}\alpha\delta\in N$,因而也有 $\delta^{-1}\alpha\delta\alpha^{-1}\in N$.这定理的证明分成几步.

i.假定 N 包含一个 3-轮换.比如说

$$\alpha=(abc)$$

我们将证明 N 包含所有 3-轮换

$$\xi=(xyz)$$

此处 x,y,z 是任意预先指定的不同对象.由定理 7.3.2 意味 $N=A_4$.

置换

$$\phi=\begin{pmatrix}a & b & c\\ x & y & z\end{pmatrix}$$

是 S_n 的元素,其中凡未在 ϕ 中提到的对象在 ϕ 的作用下是不变的.我们有

$$\phi^{-1}\alpha\phi=\xi$$

既然 $n\geqslant 5$,至少有两个对象 e,f 不包含在 α 内,对换 $\tau=(ef)$ 与 α 交换,于是

$$(\tau\phi)^{-1}\alpha(\tau\phi)=\xi$$

显然,或者 ϕ 属于 A_n,或者 $\tau\phi$ 属于 A_n.因而 α 在 A_n 中与 ξ 共轭,于是我们断定 $\xi\in N$.

ⅱ.其次,我们假定 N 包含置换 ω

$$\omega=\gamma\delta\varepsilon\cdots \tag{4}$$

这里 $\gamma,\delta,\varepsilon,\cdots$ 是不相交轮换,而 γ 的次数超过 3,比如说

$$\gamma=(a_1a_2\cdots a_m),m>3$$

因为 $\sigma=(a_1a_2a_3)$ 是偶置换,它与式(4)的所有轮换,除第一个之外,都是交换的,因而

$$\omega_1=\sigma^{-1}\omega\sigma=(\sigma^{-1}\gamma\sigma)\delta\varepsilon\cdots$$

属于 N,于是 $\omega_1\omega^{-1}$ 也属于 N.因为 $\delta,\varepsilon,\cdots$ 与 γ 及 $\sigma^{-1}\gamma\sigma$ 两元素都交换,我们得出

$$\omega_1\omega^{-1}=\sigma^{-1}\gamma\sigma\gamma^{-1}=(a_2a_3a_1a_4\cdots a_m)(a_ma_{m-1}\cdots a_4a_3a_2a_1)=(a_1a_3a_m)$$

因而 N 包含一个 3-轮换,于是我们从 ⅰ 推导出 $N=A_n$.从现在开始我们可以假定 N 的所有置换是次数为 1,2 或 3 的不相交轮换的积.

ⅲ.假设 N 包含一置换 ω,它至少含有两个 3-轮换,例如

$$\omega=\alpha\beta\lambda$$

这里 $\alpha=(a_1a_2a_3)$,$\beta=(b_1b_2b_3)$,而 λ 与 a_i 或 $b_i(i=1,2,3)$ 无关.选取

$$\sigma=(a_2a_3b_1)$$

我们看出 σ 与 λ 交换.因而 N 包含元素

$$\begin{aligned}\sigma^{-1}\omega\sigma\omega^{-1}&=(\sigma^{-1}\alpha\sigma)(\sigma^{-1}\beta\sigma)\beta^{-1}\alpha^{-1}\\&=(a_1a_3b_1)(a_2a_2b_3)(b_3b_2b_1)(a_3a_2a_1)\\&=(a_1a_2b_1a_3b_3)\end{aligned}$$

这与次数大于 3 的轮换不会在 N 中出现的假设矛盾.

ⅳ.当因子只有单独一个 3-轮换时,典型的元素具有形式

$$\omega=(a_1a_2a_3)\lambda$$

其中 λ 是不相交对换的积，因而 $\lambda^2=e$，而 N 包含元素

$$\omega^2=(a_1a_2a_3)$$

这又使我们回到 i.

v. 最后，我们必须讨论这种情况，即 N 的所有元素除 e 之外，都是不相交对换的积. 当 $n=4$，这种情况实际上存在，并且就是前面所提到的群 V. 可是，因为我们假定 $n>4$，所以我们可以讨论如下：因为对换因子的个数必须是偶数，N 的典型元素形状如下

$$\omega=(a_1a_2)(b_1b_2)\lambda$$

其中 λ 不包含 a_1,a_2,b_1,b_2. 选择第五个元素 c，它与刚才提到的元素不同. 我们依次利用变换元素 $\sigma=(a_2b_1b_2)$ 及 $\delta=(a_1b_2c)$ 从 ω 来进一步构造 N 的元素如下

$$\omega_1=\sigma^{-1}\omega\sigma=(a_1b_1)(b_2a_2)\lambda$$

$$\omega_2=\omega_1\omega^{-1}=(a_1b_1)(b_2a_2)(b_1b_2)(a_1a_2)=(a_1b_2)(a_2b_1)$$

$$\omega_3=\delta^{-1}\omega_2\delta=(b_2c)(a_2b_1)$$

$$\omega_3\omega_2^{-1}=(b_2c)(a_2b_1)(a_2b_1)(a_1b_2)=(a_1b_2c)$$

因而，与我们的假设相反，N 终究包含了一个 3－轮换. 这就结束了本定理的证明.

我们现在可以回到 $n>4$ 时关于 S_n 的正规子群的问题.

定理 7.3.4　当 $n>4$，S_n 的唯一真正规子群是交代群 A_n.

证明　假定 $H\lhd S_n$ 及 $|H|>1$. 首先，我们将证明 H 不能是 2 阶群，因为假如

$$H=\{e,\xi\mid\xi^2=e\}$$

那么 ξ 必须或者是对换，或者是不相交对换的积. 在前一种情况，设 $\xi=(ab)$，存在对象 c，与 a 和 b 不同. 因为 $H\lhd S_n$，元素 $(ac)^{-1}(ab)(ac)=(bc)$ 就属于 H，H 就要包含多于 2 个的元素. 其次，假设 $\xi=(a_1a_2)(b_1b_2)\lambda$，此处 λ 与 a_1,a_2,b_1,b_2 无关. 那么，假如 $\sigma=(a_2b_1b_2)$，$\sigma^{-1}\xi\sigma\in H$，但 $\sigma^{-1}\xi\sigma\neq\xi$，这与假设 $|H|=2$ 矛盾. 因而 $|H|>2$. 由定理 7.3.1，H 的元素至少有一半是偶置换. 因而，假如 $D=H\cap A_n$，那么 $|D|>1$. 显然 $D\lhd A_n$. 因为 A_n 是单群，所以 $D=A_n$，这意味着

$$A_n\leqslant H \tag{5}$$

由于 H 是 S_n 的真子群，我们有 $|H|\leqslant\frac{1}{2}n!$. 因而 $|A_n|=|H|$. 而我们从式(5)断定 $A_n=H$.

7.4 稳定子群

在本节的7.4～7.6目中，我们用G表示n元集合$M=\{a_1,a_2,\cdots,a_r\}$上的一个置换群. M中的元素称为点. 如果g是G中的一个元素，用a^g表示a在g下的像. 即

$$g=\begin{pmatrix}a_1 & a_2 & \cdots & a_n\\ a_1^g & a_2^g & \cdots & a_n^g\end{pmatrix}=\begin{pmatrix}a\\ a^g\end{pmatrix}$$

下面介绍置换群的一些子群.

取定M中一个元素a，用G_a表示G中保持a不变的全部置换所成的集合，用a^G表示a在G中置换作用下的像集合

$$G_a=\{g\in G \mid a^g=a\},a^G=\{a^g \mid g\in G\}$$

定理 7.4.1 G_a是G的一个子群，G_a的阶满足等式$|G|=|G_a|\cdot|a^G|$.

证明 首先来证明G_a是一个子群. 因为恒等置换一定在G_a中，所以G_a非空. 如果g_1与g_2都在G_a中，那么

$$a^{g_1}=a^{g_2}=a$$

因此

$$a^{g_1g_2}=(a^{g_1})^{g_2}=a^{g_2}=a$$

所以$g_1g_2\in G_a$. 这就证明了G_a是一个子群.

为了计算G_a的阶，我们讨论G对G_a的陪集分解. 设

$$a^G=\{a=a_1,a_2,\cdots,a_r\}$$

并设

$$a_i=a^{g_i},g_i\in G,i=1,2,\cdots,r$$

可以证明

$$G=G_ag_1\cup G_ag_2\cup\cdots\cup G_ag_r$$

首先，陪集$G_ag_i(i=1,2,\cdots,r)$中每个置换都把a映到a_i，所以陪集G_ag_1，$G_ag_2,\cdots,G_ag_r$各不相同. 下面证明G中每个元素都必属于这些陪集中的一个. 任取$g\in G$，那么$a^g\in a^G$. 设$a^g=a_k,1\leqslant k\leqslant r$，则

$$a^g=a^{g_k},gg_k^{-1}\in G_a,g\in G_ag_k$$

这就证明了上述陪集分解式. 从这个陪集分解式就可得出等式

$$|G|=|G_a|\cdot|a^G|$$

定理证毕.

定义 7.4.1 群 G_a 称为 G 对 a 的稳定子群.

如果 $a^g=a$,则称 a 是 g 的一个不动点.关于不动点和稳定子群,有下面的一些简单性质.

引理 1 设 h 及 g 都是 M 上的置换,$a\in M$,如果 a 是 h 的不动点,那么 a^g 是 $g^{-1}hg$ 的不动点.

证明 根据假设,有

$$(a^g)^{g^{-1}hg}=a^{hg}=a^g$$

所以 a^g 是 $g^{-1}hg$ 的不动点.

引理 2 设 G 是 M 上一个置换群,$g\in G$,$a\in M$,则 $g^{-1}G_ag=G_{a^g}$.

证明 由引理 1,知 $g^{-1}G_ag$ 是 G_{a^g} 子群.另一方面,由引理 1 可得到

$$(g^{-1})^{-1}G_{a^g}g^{-1}\leqslant G_a$$

因而 $G_{a^g}\leqslant g^{-1}G_ag$,所以 $g^{-1}G_ag=G_{a^g}$.

定理 7.4.2 (1) 如果 $a^G=\{a=a_1,a_2,\cdots,a_r\}$,则与 G_a 共轭的子群一定是下述子群之一

$$G_{a_1},G_{a_2},\cdots,G_{a_r}\quad(\text{其中可能有相同的})$$

(2) 如果 G_a 在 $a_1,a_2,\cdots,a_r$ 中共有 t 个不动点,那么 G_a 一共有 r/t 个不同的共轭子群.

证明 根据 G 对 G_a 的陪集分解:

$$G=G_ag_1\cup G_ag_2\cup\cdots\cup G_ag_r\ (a^{g_i}=a_i,i=1,2,\cdots,r)$$

此及 $G_a\leqslant N_G(G_a)$,可知 G_a 的共轭子群一定是

$$g_i^{-1}G_ag_i=G_{a^{g_i}}=G_{a_i}\ (i=1,2,\cdots,r)$$

中的一个.

如果 G_a 还保持 $a_i(a_i\in a^G)$ 不变,那么

$$G_a\leqslant G_{a_i}$$

但是上面已经证明了 G_a 与 G_{a_i} 是共轭的,所以 $G_a=G_{a_i}$.如果 G_a 在 a^G 中一共有 t 个不动点.不妨设为 $a_1,a_2,\cdots,a_t$,那么就有

$$G_a=G_{a_2}=\cdots=G_{a_t}$$

对于 $G_ag_i(i=1,2,\cdots,r)$ 中任一元素 h_i,都有

$$h_i^{-1}G_ah_i=G_ah_i=G_{a_i}$$

所以

$$G_ag_i\leqslant N_G(G_a),i=1,2,\cdots,t$$

而当 $i=t+1,\cdots,r$ 时,G_ag_i 中任一元素都不属于 $N_G(G_a)$.因此

$$N_G(G_a)=G_a \cup G_a g_2 \cup \cdots \cup G_a g_t$$

于是

$$[N_G(G_a):G_a]=t,[G:N_G(G_a)]=r/t$$

所以 G_a 共有 r/t 个共轭子群.

例 1 设 $G=\{e,(a_1,a_2),(a_1,a_3),(a_2,a_3),(a_1,a_2,a_3),(a_1,a_3,a_2),(a_4,a_5),(a_1,a_2)(a_4,a_5),(a_1,a_3)(a_4,a_5),(a_2,a_3)(a_4,a_5),(a_1,a_2,a_3)(a_4,a_5),(a_1,a_3,a_2)(a_4,a_5)\}$.

G 是 S_5 的一个 12 阶子群. 下面列出 $G_{a_i}(i=1,2,\cdots,5)$ 及其共轭子群.

$$G_{a_1}=\{e,(a_2,a_3),(a_4,a_5),(a_2,a_3)(a_4,a_5)\}$$

$$G_{a_2}=\{e,(a_1,a_3),(a_4,a_5),(a_1,a_3)(a_4,a_5)\}$$

$$G_{a_3}=\{e,(a_1,a_2),(a_4,a_5),(a_1,a_2)(a_4,a_5)\}$$

$$G_{a_4}=G_{a_5}=\{e,(a_1,a_2),(a_1,a_3),(a_2,a_3),(a_1,a_2,a_3),(a_1,a_3,a_2)\}$$

因为 $a_1^G=a_2^G=a_3^G=\{a_1,a_2,a_3\}$,所以 G_{a_1},G_{a_2},G_{a_3} 组成一个共轭子群类. 又因

$$a_4^G=a_5^G=\{a_4,a_5\}$$

而且

$$G_{a_4}=G_{a_5}$$

因而 G_{a_4} 的共轭子群只有它自身. 所以 $G_{a_4} \lhd G_a$.

可以将稳定子群的概念加以推广. 设 Δ 是 M 的个非空子集,用 G_Δ 表示 G 中那些保持 Δ 中每个点都不变的置换所成的集合

$$G_\Delta=\{g \in G \mid a^g=a,\text{对任意的 } a \in \Delta\}$$

可以和前面一样证明 G_Δ 是 G 的一个子群. 当 Δ 中一个点 a 组成时,G_Δ 就是 G_a. 我们有

$$G_\Delta=\bigcap_{a\in\Delta} G_a(\Delta \neq \phi),G_{\Delta\cup\Gamma}=G_\Delta \cap G_\Gamma=(G_\Delta)_\Gamma$$

由定理 7.4.1 可得下述有用公式

$$[G:G_{ab}]=|a^G|\cdot|b^{G_a}|=|b^G|\cdot|a^{G_b}|$$

用 Δ^g 表示 Δ 在 g 下的像集,则 G_Δ 的共轭子群也有和 G_a 类似的性质

$$g^{-1}G_\Delta g=G_{\Delta^g}$$

其中 g 是 G 中的任意置换. 特别的,如果对 G 中每个置换 g 都有 $\Delta^g=\Delta$,那么 $G_\Delta \trianglelefteq G$.

如果我们考虑 G 中那些保持集合 Δ 不变的置换,令

$$G_{\{\Delta\}}=\{g \in G \mid \Delta^g=\Delta\}$$

那么 $G_{\{\Delta\}}$ 也是 G 的一个子群. 由 G_Δ 及 $G_{\{\Delta\}}$ 的定义知

$$G_\Delta \leqslant G_{\{\Delta\}}$$

不仅如此,我们还有下面的结论.

定理 7.4.3 G_Δ 是 $G_{\{\Delta\}}$ 的正规子群.

证明 任取 $g \in G_\Delta, h \in G_\Delta$,要证 $h^{-1}gh \in G_\Delta$. 如果 a 是 Δ 中的一个点,那么因为 $h^{-1} \in G_{\{\Delta\}}$,故有

$$a^{h^{-1}} \in G_\Delta$$

因此

$$a^{h^{-1}gh} = [(a^{h^{-1}})^g]^h = (a^{h^{-1}})^g = a$$

所以

$$h^{-1}gh \in G_\Delta, G_\Delta \trianglelefteq G_{\{\Delta\}}$$

例 2 对于例 1 中的 G,令 $\Delta = \{a_1, a_2\}$,则

$$G_\Delta = \{e, (a_4, a_5)\}, G_{\{\Delta\}} = \{e, (a_1, a_2), (a_4, a_5), (a_1, a_2)(a_4, a_5)\}$$

很容易看出 $G_\Delta \trianglelefteq G_{\{\Delta\}}$.

7.5 可迁群

像集合 $a^G = \{ a^g \mid g \in G\}$ 与 M 重合的情形,特别重要,兹给予定义:

定义 7.5.1 设 G 是 $M = \{a_1, a_2, \cdots, a_n\}$ 上的一个置换群,如果对于任一 $a_i (i = 1, 2, \cdots, n)$,都有 G 中的一个置换 g_i,它将 a_1 变换到 a_i,那么 G 就称为 M 上的可迁群,简称可迁群;否则这群称为非可迁群.

可迁群亦称为传递群,应该注意这概念只适用于置换群.

如果 $a_1^{g_i} = a_i, a_1^{g_j} = a_j$,那么置换 $g_i^{-1} g_j$ 将 a_i 映成 a_j

$$a_1^{g_i^{-1} g_j} = a_1^{g_j} = a_j$$

因此,如果 G 在 M 上是可迁的,那么对于 M 中任意两个点 a_i, a_j,都可以找到一个置换 g,使得

$$a_i^g = a_j$$

显然,对称群 S_n 是可迁群,因为它包含所有可能的置换,其中包括对换 $g = (a_1, a_i)$,它将 a_1 变换到 a_i. 在另一方面,4 阶的 4 次群

$$V_1 = \{(1), (12), (34), (12)(34)\}$$

是非可迁的,因为它没有将 1 转变成 3 的置换,附带指出,这群与下面的群同构

$$V_2 = \{(1), (12)(34), (13)(24), (14)(23)\}$$

恰好相反,V_2 是可迁群. 这两个群都与四群(§2,2.1,表 3)同构.

对于可迁群来说,任一 $a \in M$,都有 $a^G = M$. 因此,我们可以将上一目中的结果用于可迁群而得下面的若干结论:

定理 7.5.1 设 G 是 $M = \{a = a_1, a_2, \cdots, a_n\}$ 上的一个可迁群,G_a 是 G 对 a 的稳定子群,则

(1) 若 g_i 是 G 中将 a 映到 a_i 的一个置换($i = 1, 2, \cdots, n$),那么陪集 $G_a g_i$ 由 G 中将 a 映到 a_i 的全体置换组成,而 $G = G_a \cup G_a g_2 \cup \cdots \cup G_a g_n$.

(2) 稳定子群 G_a 在 G 中的指数是 n:$[G: G_a] = n$①.

因为有限群的阶可以被它的任一子群的指数除尽(§4,4.5,定理 4.5.4),我们有下面有用的推论.

推论 1 可迁群的阶,必为其次数所整除.

这个推论的逆是不正确的:阶数为次数整数倍的群,未必可迁. 例如前面的例子{(1),(12),(34),(12)(34)}就是这样的(非可迁)群.

由这个推论,知道若 n 次置换群的阶数小于 n,则不能为可迁群.

推论 2 可迁的交换群,其阶数等于它的次数.

证明 设 G 是 $\{1, 2, \cdots, n\}$ 上的一个 n 次可迁交换群,而 G_1 是 1 的稳定子群,按照定理 7.5.1 的第二个结论,只需要证明 $G_1 = \{I\}$ 即可. 任取 s 属于 G_1,既然 G 可迁,对任何 $i(1 \leqslant i \leqslant n)$,存在 G 的置换 s_i 变 1 为 i,于是

$$s(i) = s(s_i(1)) = s_i(s(1)) = s_i(1) = i$$

这里第二个等号利用了群 G 的交换性. 所以 s 只能是单位置换. 证毕.

定理 7.5.2 G 是 n 元集合 M 上的可迁置换群,$a \in M$,如果 G_a 有 t 个不动点,那么 G_a 有 n/t 个共轭子群.

可迁性概念可以推广.

定义 7.5.2 设 G 是 $M = \{a_1, a_2, \cdots, a_n\}$ 上的一个置换群,如果对于 M 中的任意 k 个点 $a_{i_1}, a_{i_2}, \cdots, a_{i_k}$,都有 G 中的一个置换 g,使得

$$a_1^g = a_{i_1}, a_2^g = a_{i_2}, \cdots, a_k^g = a_{i_k}$$

---

① 这个条件也是充分的. 事实上,假设 G_a 在 G 中的指数是 n. 并设

$$G = G_a g_1 \cup G_a g_2 \cup \cdots \cup G_a g_n$$

是 G 按子群 G_a 的右分解. 首先,

$$g_1, g_2, \cdots, g_n \tag{1}$$

中没有两个在对象 a 上有相同的效果. 因为假若 g_i 与 g_j 两个置换都将 a 变为 a_k,那么 $g_i g_j^{-1}$ 使 a 不变,因此 $g_i g_j^{-1} \in G_a$,于是 $G_a g_i = G_a g_j$(参看 4.5 目,定理 4.5.1). 除非 $i = j$,否则这是不可能的. 因而我们能将置换组(1)按某种次序排列,使得在这样的排列下,置换组(1)分别将 a 变为 $a_1, a_2, \cdots, a_n$. 这就证明了 G 是可迁的.

那么 G 就称为 k 重可迁群(或 k — 可迁群).

和可迁群一样,由 k 重可迁群的定义可推出:对于 M 的任意两个 k 元子集 $\{a_{i_1},a_{i_2},\cdots,a_{i_k}\}$ 及 $\{a_{j_1},a_{j_2},\cdots,a_{j_k}\}$,都有 G 中一个置换 g 使得

$$a_{i_1}^g=a_{j_1},a_{i_2}^g=a_{j_2},\cdots,a_{i_k}^g=a_{j_k}$$

当然,可迁群是 k 重可迁群的一个特殊情形.从定义还可以看出,k 重可迁群一定也是 $k-1$(如果 $k-1>0$) 重可迁群.一个置换群如果包含一个 k 重可迁的子群,那么这个群也一定是 k 重可迁的.如果 G 是一个可迁群,但不是 2 重可迁的,则称 G 是一个单可迁群.

例如,由轮换(123456) 生成的 6 次置换群

$$\{e,(123456),(135)(246),(14)(25)(36),(153)(264),(165432)\}$$

是一个可迁群,但不是 2 重可迁的,所以是一个单可迁群.

因为 S_n 包含全部的 n 次置换,所以 S_n 是 n 重可迁群.下面来证明交代群 $A_n(n\geqslant 3)$ 的可迁重数是 $n-2$.

证明 对于任意 $n-2$ 个点 $a_{i_1},a_{i_2},\cdots,a_{i_{n-2}}$,总可适当选取 $a_{i_{n-1}},a_{i_n}$ 的次序,使

$$g=\begin{pmatrix}a_1 & a_2 & \cdots & a_{n-2} & a_{n-1} & a_n\\ a_{i_1} & a_{i_2} & \cdots & a_{i_{n-2}} & a_{i_{n-1}} & a_{i_n}\end{pmatrix}$$

是一个偶置换.因此 $g\in A_n$,A_n 是 $n-2$ 重可迁群.

从定义直接判断一个置换群是否为 k 重可迁群是很麻烦的.下面来给出一个较为简单的方法.

定理 7.5.3 设 G 是 $M=\{a_1,a_2,\cdots,a_n\}$ 上的一个可迁群.G 是 $k(k\geqslant 2)$ 重可迁群的一个必要充分条件是 G_{a_1} 作为 $n-1$ 个点 $\{a_2,\cdots,a_n\}$ 上的置换群是 $k-1$ 重可迁的.

证明 设 G 是 k 重可迁的.在 $\{a_2,\cdots,a_n\}$ 中任取 $k-1$ 个点 $a_{i_2},a_{i_3},\cdots,a_{i_k}$,由 G 的 k 重可迁性,在 G 中有一个置换 g 使得

$$a_1^g=a_1,a_2^g=a_{i_2},\cdots,a_k^g=a_{i_k}$$

$g\in G_{a_1}$ 并把 $a_2,\cdots,a_n$ 依次映到 $a_{i_2},a_{i_3},\cdots,a_{i_k}$.所以 G_{a_1} 是 $k-1$ 重可迁的.

反过来,设 G_{a_1} 是 $k-1$ 重可迁的.任取 M 中 k 个点 $a_{i_1},a_{i_2},\cdots,a_{i_k}$,因为 G 是可迁的,故有 $g\in G$ 使 $a_1^g=a_1$.设

$$g=\begin{pmatrix}a_{i_1} & a_{i_2} & \cdots & a_{i_k} & \cdots\\ a_{j_1} & a_{j_2} & \cdots & a_{j_k} & \cdots\end{pmatrix}$$

由 G_{a_1} 的 $k-1$ 重可迁性,存在 $h\in G_{a_1}$,使

$$a_{i_2}^h = a_{j_2}, a_{i_3}^h = a_{j_3}, \cdots, a_{i_k}^h = a_{j_k}$$

于是

$$gh = \begin{pmatrix} a_{i_1} & a_{i_2} & \cdots & a_{i_k} & \cdots \\ a_1 & a_2 & \cdots & a_k & \cdots \end{pmatrix}$$

或

$$(gh)^{-1} = \begin{pmatrix} a_1 & a_2 & \cdots & a_k & \cdots \\ a_{i_1} & a_{i_2} & \cdots & a_{i_k} & \cdots \end{pmatrix}$$

所以 G 是 k 重可迁的.

从定理7.5.3的证明可看出,如果把 a_1 换成另一个点 a_i,结论仍然成立.因此有下述推论.

推论1 设 G 是 n 次可迁群,如果 G_{a_1} 是 $n-1$ 次 $k-1$ 重可迁群,那么 G_{a_i} $(i=2,3,\cdots,n)$ 也都是 $n-1$ 次 $k-1$ 重可迁群.

证明 如果 G_{a_1} 是 $n-1$ 次 $k-1$ 重可迁群,那么 G 是 n 次 k 重可迁群.因此 $G_{a_i}(i=2,3,\cdots,n)$ 是 $n-1$ 次 $k-1$ 重可迁群.

反复应用定理7.5.3,还可得下述结论:

推论2 如果 G 是 n 次 k 重可迁群,那么 G 的保持 $r(r<k)$ 个点的稳定子群是 $n-r$ 次 $k-r$ 重可迁群;而 G 的保持 k 个点的稳定子群是一个 $n-k$ 次非可迁群.

定理7.5.3不仅可以用来推断可迁群的可迁重数,还可以用来讨论多重可迁群的阶.

定理7.5.4 如果 G 是 n 次 k 重可迁群,那么 G 的阶是 $C_n^k=n(n-1)\cdot\cdots\cdot(n-k+1)$ 的一个倍数.

证明 反复应用定理7.5.1及定理7.5.3,即得

$$\begin{aligned} |G| &= n\cdot|G_{a_1}| = n(n-1)|G_{a_1a_2}| = \cdots \\ &= n(n-1)\cdots(n-k+1)|G_{a_1a_2\cdots a_k}| \end{aligned}$$

设 G 是一个 n 次置换群,如果 G 是 n 重或 $n-1$ 重可迁的,那么 G 的阶一定是

$$n(n-1)\cdots 2 = n!$$

的倍数,所以 G 一定是 n 次对称群 S_n.

如果 G 是 n 次 $n-2$ 重可迁群,那么 G 的阶一定是

$$n(n-1)\cdots 3 = n!/2$$

的倍数,所以 G 一定是 n 次对称群 S_n 或 n 次交代群 A_n.

我们也知道 S_n 确实是 n 重可迁群，A_n 确实是 $n-2$ 重可迁群，所以，S_n 是唯一的 n 次 n 重可迁置换群，A_n 是唯一的 n 次 $n-2$ 重(非 $n-1$ 重) 可迁置换群.

7.6　非可迁群

设 G 是作用在 $M=\{a_1, a_2, \cdots, a_n\}$ 上的非可迁群. 同以前一样，我们用 a_1^G 表示 a_1 在 G 中置换作用下的像集合，那么因 G 的非可迁性，$a_1^G=M_1$ 是 M 的一个真子集. 在 M 中取 $a_k \notin M_1$，令 $M_2=a_k^G$，那么必有

$$M_1 \cap M_2=\varnothing$$

如果 $M_1 \cup M_2 \neq M$，那么还可在 M 中找一个既不属于 M_1 也不属于 M_2 的点 a_h；令 $M_3=a_h^G$，那么，M_1, M_2, M_3 是 M 的两两不相交的非空子集. 这样继续下去，就可把 M 分成一些不相交的子集 $M_1, M_2, \cdots, M_s$，使得 M 中每个点恰属于一个 $M_i (1 \leqslant i \leqslant s)$，而且每个 M_i 的点都可以用 G 中的置换互变，而不同的 M_i 中的点不能用 G 中的置换互变. 这些 M_i 称作 G 的可迁集. 更一般地，我们有下述定义：

定义 7.6.1　设 G 是 M 上的一个置换群，M_1 是 M 的一个子集. 如果 $M_1^G=M_1$，则称 M_1 是 G 的一个不变区. 如果 M_1 是 G 的一个不变区，而且 M_1 中任意两个点都可以用 G 中的置换互变，就称 M_1 是 G 的一个可迁集或轨道.

从定义立刻知道，G 是可迁群的充分必要条件是 G 只有一个可迁集，即 M.

如果 G 是 M 的置换群，那么对任一 $a \in M$，a^G 就是 G 的一个可迁集；而且，G 的每个可迁集都可以这样得到. 现在把可迁集的点数称为它的长度，那么由定理 7.4.1 立得：

定理 7.6.1　G 的可迁集的长度是 G 的阶的因子.

如果 M_1 是 G 的一个可迁集，那么对任一 $g \in G$ 都有 $M_1^G=M_1$. 因此

$$g_1^{-1} G_{M_1} g=G_{M_1} g=G_{M_1}$$

这里 g 是 G 的任何置换.

所以 G_{M_1} 是 G 的一个正规子群.

例 3　7.4 目例 1 中的置换群 G 共有两个可迁集：$M_1=\{a_1, a_2, a_3\}$ 及 $M_2=\{a_4, a_5\}$；而 $G_{M_1}=\{e,(a_4, a_5)\} \lhd G, G_{M_2}=G_{a_2} \lhd G$.

设 G 是 M 上一个非可迁群，取定 G 的一个不变区 M_1，设

$$M_1=\{a_1, a_2, \cdots, a_k\}(k<n)$$

把 M 中其他点记成 $b_1, b_2, \cdots, b_m (m+k=n)$. 那么 G 中每个置换都可以表成

$$g=\begin{pmatrix} a_1 & a_2 & \cdots & a_k & b_1 & b_2 & \cdots & b_m \\ a_{i_1} & a_{i_2} & \cdots & a_{i_k} & b_{j_1} & b_{j_2} & \cdots & b_{j_m} \end{pmatrix}$$

$$= \begin{pmatrix} a_1 & a_2 & \cdots & a_k \\ a_{i_1} & a_{i_2} & \cdots & a_{i_k} \end{pmatrix} \begin{pmatrix} b_1 & b_2 & \cdots & b_m \\ b_{j_1} & b_{j_2} & \cdots & b_{j_m} \end{pmatrix}$$

$$= \begin{pmatrix} b_1 & b_2 & \cdots & b_m \\ b_{j_1} & b_{j_2} & \cdots & b_{j_m} \end{pmatrix} \begin{pmatrix} a_1 & a_2 & \cdots & a_k \\ a_{i_1} & a_{i_2} & \cdots & a_{i_k} \end{pmatrix}$$

令

$$g_1 = \begin{pmatrix} a_1 & a_2 & \cdots & a_k \\ a_{i_1} & a_{i_2} & \cdots & a_{i_k} \end{pmatrix}, g_2 = \begin{pmatrix} b_1 & b_2 & \cdots & b_m \\ b_{j_1} & b_{j_2} & \cdots & b_{j_m} \end{pmatrix}$$

那么 g_1 是 M_1 上的一个置换,其作用与 g 在 M_1 上的作用一样. g_2 是差集 $M-M_1$ 上的置换,其作用与 g 在 $M-M_1$ 上的作用一样. g_1,g_2 由 g 唯一确定而且 g_1 与 g_2 是可交换的

$$g = g_1 g_2 = g_2 g_1$$

g_1 称为由 g 诱导出的 M_1 上的置换. 用 G^{M_1} 表示 G 中全部置换诱导出的 M_1 上的置换所成的集合. 我们来证明:

定理 7.6.2 设 M_1 是 G 的一个不变区,则

(1)G^{M_1} 是 M_1 上的置换群,如果 M_1 是一个可迁集,则 G^{M_1} 在 M_1 上是可迁的;

(2)G^{M_1} 是 G 的一个同态像,且 $G^{M_1} \cong G/G_{M_1}$.

证明 (1) 如果 $g_1,h_1 \in G^{M_1}$,那么有 $g,h \in G$,使

$$g = g_1 g_2, h = h_1 h_2$$

其中 g_2,h_2 都是作用在 $M-M_1$ 上的置换. 于是

$$gh = (g_1 g_2)(h_1 h_2) = (g_1 h_1)(g_2 h_2)$$

式中 $g_1 h_1$ 是 M_1 上的置换,$g_2 h_2$ 是 $M-M_1$ 上的置换. 因此,$g_1 h_1$ 是 gh 诱导出的 M_1 上的置换,$g_1 h_1 \in G^{M_1}$. 所以 G^{M_1} 是一个群.

如果再设 M_1 是 G 的可迁集,那么对 M_1 中任意两个点 a_i,a_j,有 $g \in G$,使

$$a_i^g = a_j$$

所以 G^{M_1} 在 M_1 上是可迁的.

(2) 作 G 到 G^{M_1} 上的映射:

$$\phi: g \to g_1$$

这个映射是满的而且是保持运算的,所以是一个满同态,因此 G^{M_1} 是 G 的一个同态像.

如果 $\phi(g) = g_1$ 是恒等置换,那么 g 一定使 M_1 中每个点都保持不变,故 $g \in G_{M_1}$. 当然,当 $g \in G_{M_1}$ 时,g 所诱导出 M_1 上的置换一定是恒等置换,$g \in$

G_{M_1}. 所以 ϕ 的核是 G_{M_1}，因而 $G^{M_1} \cong G/G_{M_1}$.

定义 7.6.2 G^{M_1} 称为 G 在 M_1 上的成分. 如果 M_1 是 G 的一个可迁集，则称 G^M 为 G 的一个可迁成分.

从 G 的每个可迁集都可以得到 G 的一个可迁成分. 因此，如果 G 有 s 个可迁集，那么 G 就有 s 个可迁成分，因而得到 G 的 s 个可迁的同态像.

例 4 例 3 中的 G 有两个可迁集

$$M_1=\{a_1,a_2,a_3\} \text{ 及 } M_2=\{a_4,a_5\}$$

所以 G 有两个可迁成分：

$$G^{M_1}=\{e,(a_1,a_2),(a_1,a_3),(a_2,a_3),(a_1,a_2,a_3),(a_1,a_3,a_2)\}\cong G/G_{M_1}$$

$$G^{M_2}=\{e,(a_4,a_5)\}\cong G/G_{M_2}$$

例 5 $G=\{e,\ (a_1,a_2)(a_3,a_4),\ (a_5,a_6),\ (a_1,a_2)(a_3,a_4)(a_5,a_6),\ (a_1,a_3)(a_2,a_4)(a_7,a_8),\ (a_1,a_3)(a_2,a_4)(a_5,a_6)(a_7,a_8),\ (a_1,a_4)(a_2,a_3)(a_7,a_8),\ (a_1,a_4)(a_2,a_3)(a_5,a_6)(a_7,a_8)\}$ 是一个 8 元非可迁群，有三个可迁集

$$M_1=\{a_1,a_2,a_3,a_4\},M_2=\{a_5,a_6\},M_3=\{a_7,a_8\}$$

相应的可迁成分为：

$$G^{M_1}=\{e,(a_1,a_2)(a_3,a_4),(a_1,a_3)(a_2,a_4),(a_1,a_4)(a_2,a_3)\}$$

$$G^{M_2}=\{e,(a_5,a_6)\},G^{M_3}=\{e,(a_7,a_8)\}$$

保持 M_i 不动的正规子群是：

$$G_{M_1}=\{e,(a_5,a_6)\}$$

$$G_{M_2}=\{e,(a_1,a_2)(a_3,a_4),(a_1,a_3)(a_2,a_4)(a_7,a_8),(a_1,a_4)(a_2,a_3)(a_7,a_8)\}$$

$$G_{M_3}=\{e,(a_1,a_2)(a_3,a_4),(a_5,a_6),(a_1,a_2)(a_3,a_4)(a_5,a_6)\}$$

容易验证

$$G/G^{M_i}\cong G_{M_i},i=1,2,3$$

因为非可迁置换群 G 的可迁成分是 G 的可迁的同态像，因此可以通过可迁群来研究和构造非可迁置换群.

7.7 置换表示

一直到 20 世纪初，群的抽数概念才充分地为数学家所重视和接受. 关于群论较早的文献，包括柯西、伽罗瓦与约当的经典著作在内，几乎都专门讨论置换群，即对称群 S_n 的子群. 可是，它们的许多结果同样很好地应用到任意有限群，而不依赖群的元素是置换这假设. 即使在近代群论的范围内，置换群的研究也是十分有趣的问题. 不仅这些群提供了有限群的大量的十分容易理解的例子，而且，像凯莱在 1854 年所讲过的那样，每一有限群与某一置换群同构.

设

$$G=\{a_1,a_2,\cdots,a_g\} \tag{1}$$

是 g 阶有限群. 假如 x 是其中任一元素,积

$$xa_1,xa_2,\cdots,xa_g \tag{2}$$

是 G 的 g 个不同元素. 因而构成整个群. 因此式(2) 是式(1) 的重新排列,即我们能够将下面的 g 次置换与 x 相联系

$$x\rho=\begin{pmatrix}a_1 & a_2 & \cdots & a_g\\ a_1x & a_2x & \cdots & a_gx\end{pmatrix}$$

这置换所作用的对象是群本身的元素. 利用下面缩写的记号是方便的

$$x\rho=\begin{pmatrix}a_i\\ a_ix\end{pmatrix},i=1,2,\cdots,g \tag{3}$$

$x\rho$ 在G上的作用可以简短地说成对G的每一元素在右边乘以x. 元素排列的次序是不重要的. 特别,假如 u 是 G 的固定元素,那么像我们在式(2) 中已经讲过的那样,积 $a_iu(i=1,2,\cdots,g)$ 是 G 的所有元素. 因此,我们能写

$$x\rho=\begin{pmatrix}a_iu\\ a_iux\end{pmatrix} \tag{4}$$

现在设 y 是G 的另一个元素,设

$$y\rho=\begin{pmatrix}a_i\\ a_iy\end{pmatrix} \tag{5}$$

是与 y 相联系的置换. 计算式(3) 与式(5) 的积,利用式(4) 我们得出

$$(x\rho)(y\rho)=\begin{pmatrix}a_i\\ a_ix\end{pmatrix}\begin{pmatrix}a_i\\ a_iy\end{pmatrix}=\begin{pmatrix}a_i\\ a_ix\end{pmatrix}\begin{pmatrix}a_ix\\ a_ixy\end{pmatrix}=\begin{pmatrix}a_i\\ a_ixy\end{pmatrix}$$

因而

$$(x\rho)(y\rho)=(xy)\rho \tag{6}$$

这证明了映射

$$\rho:G\to S_g$$

是G到S_g内的同态. 此外,ρ是单射的,即它的核仅仅包含G的单位元素e(§5,定理 5.4.4). 因为假如

$$x\rho=e$$

即 S_g 的单位元素,这意味着

$$a_ix=a_i,i=1,2,\cdots,g$$

这明显地意味 $x=e$. 事实上,假如 $x\neq e$,$x\rho$ 就置换了G 的每一元素. 因为 ρ 是

单射的，所以 G 在 ρ 下的像与 S_g 的某一子群同构.

其次，我们将分解 $x\rho$ 成不相交轮换. 设 x 是 r 阶的，那么

$$x^r = e \tag{7}$$

从 G 的任一元素 a 开始，我们知道 $x\rho$ 的作用是将 a 变成 ax，而 ax 依次改变成 ax^2，ax^2 的像是 ax^3 等等，一直到 ax^{r-1} 为止，ax^{r-1} 的像由(7) 等于 a. 因而 $x\rho$ 包含轮换

$$(a, ax, ax^2, \cdots, ax^{r-1}) \tag{8}$$

它含有 G 的 r 个不同元素. 假如 $r < g$，我们选择不含在式(8) 中的元素 b，我们又能构成另一个轮换

$$(b, bx, bx^2, \cdots, bx^{r-1}) \tag{9}$$

显然，式(8) 与式(9) 没有公共元素. 因为，假如它们有公共元素，那么 $b = ax^t$ $(0 \leqslant t \leqslant r-1)$，这与 b 的选择矛盾. 我们如此继续建立轮换，每一轮换包含 r 个元素，直到 G 的 g 个元素都包含在这些轮换内. 因而，比如说

$$x\rho = (a, ax, ax^2, \cdots, ax^{r-1})(b, bx, bx^2, \cdots, bx^{r-1})\cdots(f, fx, fx^2, \cdots, fx^{r-1})$$

所有轮换都具有相同长度的置换称为正则置换. 附带说一句，最后的式子断定 r 是 g 的因子.

我们总结以上结果如下；

定理 7.7.1(凯莱)　设 $G = \{a_1, a_2, \cdots, a_g\}$ 是 g 阶抽象群，对 G 的每一元素 x 我们联系一个正则置换

$$x\rho = \begin{pmatrix} a_1 & a_2 & \cdots & a_g \\ a_1 x & a_2 x & \cdots & a_g x \end{pmatrix}$$

这样定义的映射 $\rho: G \to S_g$ 是单同态，所以 G 与 S_g 的某一个子群同构. 假如 x 是 r 阶的，那么 $x\rho$ 是 g/r 个 r 次轮换的积.

当抽象群 G 群与群 G' 同构，而 G' 的元素是具体的数学实体，例如置换或矩阵时，我们根据情况说 G' 是 G 依据置换或矩阵的忠实表示. G 的所有性质 G' 也都具有. 反之，关于 G' 的任何不依赖其元素特殊性质的事实，同样地适用于 G. 由于用具体元素实现计算通常更为方便，因而表示的存在使我们能够阐明抽象群的构造. 这方法类似于利用坐标讨论几何问题. 由凯莱定理所提供的特殊表示称为 G 的右正则表示. 当 G 用乘法表给出时，右正则表示可以立即看出来：在 $x\rho$ 的两行符号中顶上一行是乘法表中用 1 领头的一列，底下一行是乘法表中用 x 领头的一列. 给出右正则表示实际上等于给出乘法表的构造.

例　在 §2,2.3 表 5 给出的 6 阶非阿贝尔群中，右正则表示的元素分解成许多轮换如下

$$1\rho=\begin{pmatrix}1 & a & b & c & d & e\\ 1 & a & b & c & d & e\end{pmatrix}=(1)(a)(b)(c)(d)(e)$$

$$a\rho=\begin{pmatrix}1 & a & b & c & d & e\\ a & b & 1 & d & e & c\end{pmatrix}=(1ab)(cde)$$

$$b\rho=\begin{pmatrix}1 & a & b & c & d & e\\ b & 1 & a & e & c & d\end{pmatrix}=(1ba)(ced)$$

$$c\rho=\begin{pmatrix}1 & a & b & c & d & e\\ c & e & d & 1 & b & a\end{pmatrix}=(1c)(ae)(bd)$$

$$d\rho=\begin{pmatrix}1 & a & b & c & d & e\\ d & c & e & a & 1 & b\end{pmatrix}=(1d)(ac)(be)$$

$$e\rho=\begin{pmatrix}1 & a & b & c & d & e\\ e & d & c & b & a & 1\end{pmatrix}=(1e)(ad)(bc)$$

有时把右正则表示的典型元素写成 ρ_x，而不写成 $x\rho$ 更为方便. 因而 ρ_x 可以简明地用下面的公式描写

$$a\rho_x=ax, a\in G \tag{10}$$

更一般地，我们可以考虑同态

$$\theta: G\to S_n$$

它不需要是单射的(忠实的)，其中 n 是适当的整数. 当这样的同态存在时，我们说 G 具有 n 次的置换表示. 下面是构造这种表示的相当一般的方法：设 H 是 G 的子群，又设

$$G=Ht_1\cup Ht_2\cup\cdots\cup Ht_n \tag{11}$$

是 G 的关于 H 的右陪集的分解式，这里 $n=[G:H]$(见 §4,4.5). 假如 x 是 G 的固定元素，右陪集 $Ht_ix\ (i=1,2,\cdots,n)$ 是不同的，因此必与列举在式(11) 中的右陪集相同，因而

$$x\theta=\begin{pmatrix}Ht_1 & Ht_2 & \cdots & Ht_n\\ Ht_1x & Ht_2x & \cdots & Ht_nx\end{pmatrix}$$

是 n 次的置换，置换的对象是 n 个 H 在 G 中的右陪集. 利用类似于本节开头所用过的论证，容易证明 θ 是同态，即

$$(x\theta)(y\theta)=(xy)\theta$$

假如 k 在 θ 的核内，我们必有

$$Ht_ik=Ht_i, i=1,2,\cdots,n$$

它等价于条件 $t_ik\in Ht_i$ 或者 $k\in t_i^{-1}Ht_i(i=1,2,\cdots,n)$. 可是任一与 H 共轭的子群具有 $t_i^{-1}Ht_i$ 的形式，其中 i 取某一合适的值，因为假如 y 是 G 的任一元素，

它位于某一个陪集内,例如 $y \in Ht_i$,即 $y = ut_i$,这里 $u \in H$,那么 $y^{-1}Hy = t_i^{-1}Hut_i = t_i^{-1}Ht_i$. 因而我们可以说 θ 的核由所有与 H 共轭的群的交集组成. 我们将这些结果搜集到下面的定理中.

定理 7.7.2 设 H 是 G 的子群,具有有限指数 n,设 $t_1, t_2, \cdots, t_n$ 是 H 在 G 中的横截(§4,4.5),我们将 G 的每一元素 x 与下面的置换相关联

$$x\theta = \begin{pmatrix} Ht_1 & Ht_2 & \cdots & Ht_n \\ Ht_1x & Ht_2x & \cdots & Ht_nx \end{pmatrix}$$

照这样所定义的映射 $\theta: G \to S_n$ 是同态,θ 的核由所有与 H 共轭的群的交集组成.

我们用一个例子来结束本目,这个例子说明如何用这些概念来得到关于群的结构的知识.

例 交代群 A_5 没有阶为 30,20 或 15 的子群. 换句话说,我们断定假如 H 是 A_5 的真子群,那么 $[A_5:H] \geqslant 5$. 假设 H 是真子群,令 $[A_5:H] = n$. 由定理 7.7.2,存在同态 $\theta: A_5 \to S_n$. 设 K 是 θ 的核,我们知道(§5,5.4)K 是 A_5 的正规子群. 但 A_5 是单群(定理 7.3.3). 因而或者 $K = \{e\}$ 或者 $K = A_5$. 后一种可能性立即被排除,因为由定理 7.7.2,K 包含在 H 中,因此 $|K| \leqslant |H| \leqslant |A_5|$. 因此我们必须有 $K = \{e\}$,即 θ 是单射. 因而 A_5 在 θ 的像包含 60 个 S_n 的不同元素,而这是不可能的,除非 $n \geqslant 5$.

§8 有限群的素数幂子群

8.1 柯西定理

拉格朗日定理说明,假如 G 是 n 阶的有限群,那么 G 的子群的阶一定能整除 n. 可是这定理的逆定理不成立;就是说,当 m 整除 n 时,我们不能保证 n 阶群 G 有 m 阶子群,因为我们已经知道存在这样的 n 阶群(§7,7.7 目最后一个例子). 但是当 m 是素数或是素数的方幂时,这样的子群是存在的.

我们从柯西发现的一个命题的推广开始:

定理 8.1.1 设 G 是有限群,p 是整除群 G 阶的任意素数,则 G 中存在阶为 p 的元素.

注意,群 G 有 p 阶元素和 G 有 p 阶子群是等价的.

证明 设 $n = pm$ 是 G 的阶. 这时如果 $m = 1$,则 G 是 p 元群,从而是循环

群，故 G 中存在 a，它的阶为 p. 因而定理成立.

我们对 m 施行归纳法. 假定对一切 $1 \leqslant k < m$ 命题成立. 现在来分析 $n = pm$ 的情形，为此在 G 中任取 $a \neq e$，设其阶为 h. 分两种情形讨论：

若 $p \mid h$，则元素 $(a)^{h/p}$ 的阶为 p，定理获证.

在第二种情形，即 $p \nmid h$ 时，由于 $h \mid pm$，所以 $h \mid m$. 此时又分为两种情况：

（ⅰ）G 是交换群. 考虑由元素 a 生成的子群 $H = (a)$，它是 G 的正规子群. 于是商群

$$| G/H | = p \cdot \frac{m}{h}, 1 \leqslant \frac{m}{h} < m$$

是有限交换群（因 G 的交换性）. 由归纳假设，群 G/H 有 p 阶元，任取其一，设为 bH. 设 b 的阶为 r，则

$$(bH)^r = b^r H = H$$

从而 $p \mid r$，于是元素 $(b)^{r/p}$ 的阶为 p. 归纳完毕. 故在 G 可交换的情况下，定理得证.

（ⅱ）群 G 不可交换. 考虑群 G 的类方程（参阅本章 5.3 目）

$$| G | = | C | + \sum_{a \notin C(G)} [G : C(a)] \tag{1}$$

这里 C 是群 G 的中心.

如果 $p \mid | C |$，但 C 是交换群，由（ⅰ）知 C，因而 G 存在 p 阶元素.

如果 $p \nmid | C |$，则由 $p \mid | G |$ 以及（1）知有某个指数 $[G : C(b)]$ 不能被 p 整除，于是 $C(b)$ 的阶为 $\frac{n}{[G : C(b)]} = p \cdot \frac{m}{[G : C(b)]}$，这里 $\frac{m}{[G : C(b)]}$ 是正整数并且小于 m，由归纳法假设知 $C(b)$ 有一个 p 阶元素，从而 G 有 p 阶元素.

归纳完成. 从而定理完成证明.

现在建立重要的 p－群的概念：

定义 8.1.1 设 p 是一个素数，群 G 说是一个 p－群，如果它的每一个元素的阶都有限，并且是 p 的方幂.

由定义可知，每一个有限 p－群的阶数一个是 p 的方幂. 因为，若 G 是有限 p－群，则 $| G |$ 的素因子分解中出现其他素数，例如 $q, q \neq p$. 则由定理 8.1.1，G 中存在 q 阶元素，与 G 是 p－群矛盾. 反之，如果 $| G | = p^s$，则 G 的每一元素的阶均整除 p^s，因而使 p 的方幂，就是说 G 是 p－群. 这样，就得到了下面的定理：

定理 8.1.2 一个有限群 G 是 p－群的充要条件是 $| G | = p^s$.

现在，可以把定理 5.3.2 更简明地重述如下：

定理 8.1.3 有限 p − 群的中心仍是 p − 群.

定理 8.1.4 阶数为 p^s 的 p − 群 G 恒有这样的组成列:

$$G = G_0 > G_1 > G_2 > \cdots > G_{s-1} > G_s = \{e\} \tag{2}$$

其中 G_i 为 G 的正规子群且列中商群 G_i/G_{i+1} 的阶数均为 p.

证明 对 s 用归纳法. $s=1$ 时定理成立是明显的. 假设对 p^{s-1} 元群,定理已证. 现在来看 p^s 元群 G. 由定理 8.1.3 知 G 的中心 C 的元数是 $p^k(1 \leqslant k \leqslant s)$,故 C 中必有元素 a 存在,其阶为 p(定理 8.1.1). 令 $G_{s-1}=(a)$,则 G_{s-1} 为 G 的正规子群,其元数为 p,从而商群 $G^* = G_i/G_{s-1}$ 的数为 p^{s-1}. 按归纳假设知 G^* 有组成列

$$G^* = G_0{}^* > G_1{}^* > G_2{}^* > \cdots > G_{s-1}{}^* > G_s{}^* = \{e^*\}$$

其中诸 $G_i{}^*$ 为 G^* 的正规子群,且商群 $G_i{}^*/G_{i+1}{}^*$ 的阶数均为 p.

令 G_i 为 $G_i{}^*$ 在自然同态映射($G \sim G^*$)下的完全原像($i=0,1,\cdots,s-2$),则 G_i 为 G 的正规子群且(参考本章定理 5.5.1 以及定理 5.6.2)

$$G_i/G_{i+1} \cong G_i{}^*/G_{i+1}{}^* \quad (i=0,1,\cdots,s-2)$$

于是诸 $G_i(i=0,1,\cdots,s-2)$ 与原有的 $G_{s-1}=(a)$ 及 $G_s=\{e\}$ 便构成欲求的组成列(2).

8.2 西罗定理

由定理 8.1.1,素数 p 除尽 $|G|$ 时,G 中存在阶数 p 的子群. 下面我们将进一步证明:假如 p^r 是素数 p 的幂,使得 p^r 整除 $|G|$,但 p^{r+1} 不能整除 $|G|$,即 p^r 是能整除 $|G|$ 的素数 p 的最高次幂,那么 G 至少具有一个 p^r 阶的子群. 这件值得注意的事实在 1872 年被挪威数学家西罗①所发现. 在群论中这件事具有深远的影响. 它提供了在群的算术性质和结构性质之间的精巧联系的最突出的例子之一.

通常用三个定理介绍西罗得出的结果. 本节我们将要给出这三个定理.

西罗第一定理(存在性定理) 假如 p^r 是能整除群 G 的阶的素数 p 的最高次幂. 那么,G 至少具有一个 p^r 阶的子群.

证明 对 $|G|$ 用归纳法. 当 $|G|=2$ 时,G 自身就是定理中所要求的子群,此时定理成立.

---

① 西罗(P. L. Sylow,1832—1918) 挪威数学家. 1855 年,他成为一名中学教师. 尽管教书的职业花费了他大量的时间,但西罗还是挤出时间来研究阿贝尔的论文. 西罗最重要的成就 —— 西罗定理是他在 1872 年获得的.

假设 $|G|<n$ 时,定理成立.现在来看 $|G|=n$ 时,设 $n=p^r\cdot q.(p,q)=1$.用 C 来表示 G 的中心,并设 C 的阶为 c,此时分两种情况:

情形 1 $p\mid c$,因为 C 是有限交换群,由定理 8.1.1 知,C 中一定有一个 p 阶元素 a,于是 (a) 就是 G 的一个 p 阶正规子群.G 关于 (a) 的商群 $G^*=G/(a)$ 的阶为 $p^{r-1}\cdot q$,小于 n.由归纳假设,G^* 有阶为 p^{r-1} 的子群 H^*,于是 H^* 在自然同态映射 $(G\sim G^*)$ 下的完全原像 H 就是 G 的一个 p^r 阶子群(参考本章定理 5.5.1).

情形 2 $p\nmid c$.考虑 G 的共轭元素类.设 G 的非中心元素分成 s 个类,它们的元素数分别为:$h_1,h_2,\cdots,h_s$,那么群 G 的类方程

$$n=c+\sum_{i=1}^{s}h_i$$

因为 $p\mid n,p\nmid c$,所以至少有一个 $h_t(1\leqslant t\leqslant s)$ 不能被 p 整除.但 h_t 是某元素 b 的中心化子 $C(b)$ 在 G 中的指数,故子群 $C(b)$ 的阶数为 $\frac{n}{h_t}=p^r\cdot\frac{q}{h_t}$,由归纳法假设知 $C(b)$ 有一个 p^r 阶子群,此即 G 的一个 p^r 阶子群.归纳完成.

定义 8.2.1 令 G 是 n 阶有限群.假设 $n=p^r\cdot q$,此处 p 是素数且 $(p,q)=1$.那么,任一 G 的 p^r 阶的子群称为 G 的西罗 $p-$ 群(简称为西罗群).

群 G 对应于同一素数可以具有不止一个西罗群.事实上,假如 P 是 p^r 阶子群,$x^{-1}Px$ 也是 p^r 阶子群,此处 x 是 G 的任一元素.换句话说,西罗群的共轭群也是西罗群.当然,共轭群不需要彼此不相同.但是下面的定理告诉我们不能存在另外的西罗群.

西罗第二定理(共轭性定理) 有限群 G 的所有属于同一素数的西罗群在 G 中彼此共轭.

证明 像在定义 8.2.1 中那样,令 $|G|=p^r\cdot q$,此处 $(p,q)=1$.假设 A 与 B 是 p^r 阶子群,我们利用 G 对于 A 与 B 的双陪集分解(§4,定理 4.9.2),因而在目前情况中,

$$G=At_1B\cup At_2B\cup At_1B\cup\cdots\cup At_sB$$

$$n=p^{2r}\sum_{i=1}^{s}d_i^{-1}\tag{1}$$

$$d_i=|t_i^{-1'}At_i\cap B|$$

将(1)两边除以 p^r 我们得到

$$q=p^r\sum_{i=1}^{s}d_i^{-1}\tag{2}$$

因为 d_i 是 B 的子群的阶,因而必须等于 p 的非负幂.因而(2)右边每一项或者

等于 1,或者是 p 的具有正指数的幂.但是 q 不可以被 p 整除,因此右边必须至少有一项等于 1,比如说 $p^r d_j^{-1}=1$. 即 $d_j=p^r$. 于是我们有

$$p^r=|t_j^{-1}At_j\cap B|$$

既然群 $t_j^{-1'}At_j$ 与 B 都是 p^r 阶,它们的交集只有当它们等同时才能够是 p^r 阶.因而

$$B=t_j^{-1}At_j$$

即 A 与 B 是共轭的,像本定理所断定的那样.

推论 1 有限群 G 对于给定的素数 p 具有唯一的西罗群 P,当且仅当 P 在 G 中是正规的.

证明 唯一性条件等于说对于 G 中所有 x, $x^{-1}Px=P$,但是这意味 P 是正规子群.

因为交换群的子群总是正规的,所以有限交换群的西罗群必然是唯一的.西罗群的概念与 p－准素群(§4)的概念是一致的.现在定理 4.7.4(§4)可以重新阐述如下:

推论 2 有限阿贝尔群是它的西罗群的直积.

下面的定理更精确地给出关于西罗群个数的结果.

西罗第三定理(计数性定理) 若素数 p 整除 G 的阶,则 G 中西罗 p－子群的个数 m 是 $|G|$ 的因子,并且 $m\equiv 1(\mathrm{mod}\ p)$.

证明 首先,由西罗第二定理,G 的所有西罗 p－子群构成 G 的一个共轭子群类,依定理 5.3.6,有

$$m=[G:N(H)]$$

由此即得 $m\mid |G|$.

其次,设 H 是 G 的一个西罗 p－子群,其阶为 p^r,并设 G 关于子群 H 的双陪集为

$$G=(Hx_1H)\cup(Hx_2H)\cup\cdots\cup(Hx_sH) \tag{3}$$

由定理 4.9.3,Hx_2H 中右陪集的个数 t_j 为

$$t_j=[H:(H\cap x^{-1}Hx)],j=1,2,\cdots,s \tag{4}$$

由于 $|H|=p^r$,故 $t_j\mid p^r$. 又由(3)可得:

$$[G:H]=t_1+t_2+\cdots+t_s \tag{5}$$

由(4)知,若某个 $t_j=1$,则

$$H=H\cap x_j^{-1}Hx_j\subseteq x_j^{-1}Hx_j$$

但 $|H|=|x_j^{-1}Hx_j|=p^r$,故 $H=x_j^{-1}Hx_j$. 从而

$$x_jH = Hx_j, x_j \in N(H)$$

这里 $N(H)$ 表示 H 的正规化子.

反之,若 $a \in N(H)$,则 $Ha \subseteq H \subseteq N(H)$. 现在设 Ha 含在双陪集 $Hx_jH(1 \leqslant j \leqslant s)$ 中,由于 $a \in Ha$,所以

$$a \in N(H) \cap (Hx_jH), Ha = aH$$

令 $a = hx_jh'(h, h' \in H)$,则 $x_j = h^{-1}ah'^{-1}$. 于是由此易知

$$Ha = Hx_j = x_jH, Hx_jH = H$$

因此又有

$$t_j = [H : (H \cap x^{-1}Hx)] = 1$$

以上表明,在 $t_1, t_2, \cdots, t_s$ 中等于1的个数就是 $x_1, x_2, \cdots, x_s$ 含在 $N(H)$ 中的个数,也就是 H 在 $N(H)$ 中的指数 $[N(H) : H]$(注意到 H 是 $N(H)$ 正规子群).

于是,$t_1, t_2, \cdots, t_s$ 中共有 $[N(H) : H]$ 个是1,而其余的 t_i 都是 p 的正整数次幂. 于是由(5)知

$$p \mid ([G : H] - [N(H) : H])$$

但是

$$[G : H] = [G : N(H)] \cdot [N(H) : H] = m \cdot [N(H) : H] \tag{6}$$

所以

$$p \mid (m - 1) \cdot ([N(H) : H]) \tag{7}$$

又因为现在 H 是 G 的西罗 p-子群,故 $p \nmid [G : H]$. 从而由(6)知,$p \nmid [N(H) : H]$. 再由(7)得 $p \mid (m - 1)$,即 $m \equiv 1 (\mathrm{mod}\ p)$.

8.3 推广

如果 G 的阶是 $n = p^r \cdot q$(p, q 互素),那么 G 除了 p 阶子群和 p^r 阶子群外,我们进一步可以证明,G 还存在 $p^2, p^3, \cdots, p^{r-1}$ 阶的子群.

定理 8.3.1(弗罗贝尼乌斯) 设 G 是 n 阶有限群. 又设 p 是素数使得 p^b 整除 n. 此处 b 是正整数,那么 G 具有 m 个 p^b 阶的子群,此处 m 是满足 $m \equiv 1 (\mathrm{mod}\ p)$ 的正整数.

证明 按题设,我们写出

$$n = p^bk \tag{1}$$

这里 k 是正整数,它不需要与 p 互素,列出所有 G 的 p^b 个不同元素组成的子集,

设为 $\mathscr{K}$. 因而假如有 S[①] 个这样的子集,我们写成

$$\mathscr{K}: K_1, K_2, \cdots, K_s \tag{2}$$

下面我们将证明子集(2) 中至少有一个是子群.

(1) 利用 §4 关于基数的记号,子集 K 属于 $\mathscr{K}$ 当且仅当

$$|K| = p^b$$

假如 x 是 G 的任一元素. 那么 $|K| = |Kx|$,因而 Kx 也属于 $\mathscr{K}$. 从而,映射

$$K_i \to K_i x, i = 1, 2, 3, \cdots, s$$

构成 $\mathscr{K}$ 的一个置换. 在这个意义上,我们说 G 作用在 $\mathscr{K}$ 上. 关于这作用,我们可以如下规定 $\mathscr{K}$ 上的一个等价关系:子集 K_i 与 K_j 称为等价的,如果存在 G 的元素 x,使得 $K_i = K_j x$. 读者不难证实这规定满足通常的等价关系公理. 这样,$\mathscr{K}$ 分成互不相交的等价类或像在这里习惯上所称的轨道. 元素 K 所在的轨道,我们将以 $o(K)$ 表示,它由所有形状为 Kx $(x \in G)$ 的子集组成. 现在,$\mathscr{K}$ 按轨道的分解式可表示如下:

$$\mathscr{K} = o(K) \cup o(K') \cup o(K'') \cup \cdots$$

此处 $K, K', K'', \cdots$ 是一组轨道的代表. 计算两边元素的个数,我们得出

$$|\mathscr{K}| = S = |o(K)| + |o(K')| + |o(K'')| + \cdots \tag{3}$$

(2) 我们接着更详细地考察某一轨道,比如说 $o(K)$. 设 S 是 K 在 G 的作用下的稳定化子,即

$$S = \{u \in G \mid Ku = K\}$$

读者易于证实 S 是 G 的子群. 假设

$$G = \bigcup_{i=1}^{r} St_i, t_i = e$$

是 G 对于 S 的右陪集分解式. 我们断定 $o(K)$ 由子集

$$Kt_1, Kt_2, \cdots, Kt_r$$

组成. 首先,所有这些子集属于 $o(K)$,而且它们彼此不同. 因为假如 $Kt_i = Kt_j$,那么 $Kt_i t_j^{-1} = K$,即 $t_i t_j^{-1} \in S$,因此 $St_i = St_j$,这意味着 $i = j$. 其次,$o(K)$ 中任一项的形状是 Kx,假设 x 位于陪集 St_i 内,我们有 $x = ut_i$,此处 $u \in S$,所以 $Kx = Kut_i = Kt_i$. 因而我们已经证明

$$|o(K)| = [G : S] \tag{4}$$

由稳定化子的定义,我们得出

$$KS = K$$

---

① 事实上,S 等于二项式系数 $C_g^{p^b}$,不过之后内容不需要这个知识点.

更精确地说，假如 $K=\{v_1, v_2, v_3 \cdots\}$，我们有

$$K=v_1 S \cup v_2 S \cup v_3 S \cup \cdots \tag{5}$$

这就是说，K 是 S 的左陪集的并集. 我们知道两个这样的陪集或者不相交或者全同，以及每一个陪集包含 $|S|$ 个元素. 因而假如式(5)中不同陪集的个数等于 f. 那么我们有

$$p^b=f|S|$$

因为 p 是素数，所以 $|S|$ 必是 p 的某次幂，比如说

$$|S|=p^c$$

其中 $c \leqslant b$. 现在必须区别两种情况.

(i) $|S|=p^b$. 此时(注意到式(4)以及(1))

$$|o(K)|=\frac{|G|}{|s|}=\frac{n}{p^b}=k$$

因为 $|S|$ 现在取最大的值，所以我们称此时的 $o(K)$ 为最小轨道. 既然 K 与 S 具有相同基数，我们从式(5)得出 K 退化到一个陪集，比如说

$$K=vS, v \in K$$

这样一来，子集

$$H=Kv^{-1}=vSv^{-1}$$

显然属于 $o(K)$，并且是子群，即与 S 共轭的群. 于是我们得出结论：每一最小轨道至少包含一子群. 因为 $|H|=p^b$，那么

$$[G:S]=k=|o(K)|$$

设

$$Kw_1, Kw_2, \cdots, Kw_k$$

是 H 在 G 中的陪集. 这 k 个都属于 $o(K)$，因为 H 属于 $o(K)$. 又因为它们彼此不相同. 所以它们构成全部 $o(K)$. 但是我们知道只有一个陪集，即 H 是子群. 因而我们已经证明最小轨道包含一个也仅仅包含一个 G 的子群.

(ii) $|S|=p^c<p^b$，在这情况轨道 $o(K)$ 不是最小，而

$$|o(K)|=\frac{n}{p^c}=kp^{b-c}$$

因而

$$|o(K)| \equiv 0(\bmod pk) \tag{6}$$

非最小轨道不能含有子群. 因为假如它含有，我们可以选择这个群作为 $o(K)$ 的生成元，因而不失普遍性. 假定 K 本身是群. 那么 K 将位于它自己的稳定化子中，因为 $KK=K$(见§4，定理4.2.4). 因而 $|S| \geqslant |K|=p^b$，这与(ii)的假

设是不相容的.

(3) 回到式(3),我们把最小项(假如有的话),从其他项中分出.每一最小轨道恰好具有一个子群,而不同的最小轨道含有不同的子群,因为轨道不相交.对于每一最小轨道,基数 $|o(K)|$ 等于 k,这样的最小轨道个数等于本定理中所规定的整数 m.(可是注意,这时我们仍旧不知道 m 是否是正的.)因而所有最小轨道对式(3)的全部贡献等于 mk.因为由式(6)可知式(3)中其余的每一项都可被 pk 整除,所以我们可以用下面的同余总结这情况

$$s \equiv mk \pmod{pk} \tag{7}$$

下面的性质是证明的关键.即我们在本证明一开始所定义的数 s 只依赖 G 的阶.而不依赖它的构造.因而对于所有 $p^b k$ 阶的群,s 具有相同的数值,可是对于固定的 s,m 各不相同.因此我们应该将(7)更明显地写成

$$s = m_G k + K_G pk$$

此处 m_G 与 K_G 是依赖 G 的整数.为了得到关于 s 的信息,我们应用这结果到任一 $p^b k$ 阶的循环群 C 上.从定理4.6.2(§4,4.6)我们知道 C 恰好只具有一个 p^b 阶的子群.因而 $m_C = 1$,所以

$$s = k + K_C pk$$

将 s 的两个表示式相等起来,我们得出

$$k + K_C pk = m_G k + K_G pk$$

通除以 k 从而

$$m_G \equiv 1 \pmod{p}$$

像所要求的那样.

按定义,有限群 G 的西罗 p — 子群是特殊的 p — 子群,下面说明了它是 G 的 p — 子群集合(按包含关系)的极大元素.

定理8.3.2(包含性定理) 设 H 是有限群 G 的 p — 子群,则存在 G 的西罗 p — 子群 P,使得 $H \subseteq P$.

证明 设 $P_1, P_2, \cdots, P_m$ 是 G 的全部西罗 p — 子群.因为西罗 p — 子群的共轭子群一定还是西罗 p — 子群.所以对于 G 的任一元素 a,可以定义一个集合 $\{P_1, P_2, \cdots, P_m\}$ 上的置换 σ_a:

$$\sigma_a = \begin{pmatrix} P_1 & P_2 & \cdots & P_m \\ a^{-1}P_1 a & a^{-1}P_2 a & \cdots & a^{-1}P_m a \end{pmatrix}$$

现在令 $S_H = \{\sigma_a \mid a \in H\}$,那么 S_H 关于置换的乘法构成一个群.事实上,建立 H 到 S_H 的一个满射:

$$a \to \sigma_a$$

注意到

$$\sigma_{ab} = \begin{pmatrix} P_1 & P_2 & \cdots & P_m \\ (ab)^{-1}P_1(ab) & (ab)^{-1}P_2(ab) & \cdots & (ab)^{-1}P_m(ab) \end{pmatrix}$$

$$= \begin{pmatrix} P_1 & P_2 & \cdots & P_m \\ (b^{-1}a^{-1})P_1(ab) & (b^{-1}a^{-1})P_2(ab) & \cdots & (b^{-1}a^{-1})P_m(ab) \end{pmatrix}$$

$$= \begin{pmatrix} P_1 & P_2 & \cdots & P_m \\ b^{-1}(a^{-1}P_1a)b & b^{-1}(a^{-1}P_2a)b & \cdots & b^{-1}(a^{-1}P_ma)b \end{pmatrix}$$

$$= \begin{pmatrix} P_1 & P_2 & \cdots & P_m \\ a^{-1}P_1a & a^{-1}P_2a & \cdots & a^{-1}P_ma \end{pmatrix} \cdot$$

$$\begin{pmatrix} a^{-1}P_1a_1 & a^{-1}P_2a & \cdots & a^{-1}P_ma \\ b^{-1}(a^{-1}P_1a)b & b^{-1}(a^{-1}P_2a)b & \cdots & b^{-1}(a^{-1}P_ma)b \end{pmatrix}$$

$$= \sigma_s \cdot \sigma_b$$

这样,S_H 是 H 的一个同态像,因而是一个群;并且其阶数是 $|H|$ 的因子,就是说,S_H 也是一个 $p-$ 群.

如果将西罗 $p-$ 子群集 $\{P_1, P_2, \cdots, P_m\}$ 分成 S_H 的一些可迁集,那么由 $|S_H|$ 是素数 p 的一个方幂以及定理 7.6.1,这些可迁集中包含西罗 $p-$ 子群的个数或者是1,或者是 p 的一个不等于1方幂. 但是因为 $m \equiv 1 (\bmod p)$,所以至少有一个可迁集只包含一个西罗 $p-$ 子群,设为 P. 于是对于 H 中任一元素 a,都有

$$a^{-1}Pa = P$$

或者说,$PH = HP$,按乘积定理(定理 4.9.1),HP 是一个群,并且其阶数

$$|HP| = \frac{|H| \cdot |P|}{|H \cap P|} = |P| \cdot \frac{|H|}{|H \cap P|} \geqslant |P| \tag{8.2.8}$$

另一方面,由于 $|H|$、$|P|$ 皆为素数 p 的方幂,所以 $|HP|$ 亦是素数 p 的方幂(由式(8.2.8)的第一个等号可知). 换句话说,HP 是一个 $p-$ 群,但西罗 $p-$ 子群 P 是 G 的阶数最大的 $p-$ 子群,所以 $|HP| \leqslant |P|$ 结合式(8.2.8)中最后一个的不等号,我们最后得出 $|HP| = |P|$,由此得出

$$P = HP$$

因此 $H \subseteq P$.

第二章 环论基础[①]

§1 环的基本概念

1.1 环的概念

代数和算术中的运算系统是各式各样的：有时是数（整数、有理数、实数、复数、代数数），有时是矩阵（方阵），还有 n 个变元的多项式或者有理函数，等等. 这些系统都有两个运算，通常称为加法和乘法，并且满足相似的规则. 它们的差别仅在于运算对象不一致. 因此有必要以一个共同的概念把这些对象概括起来，并且一般地来研究这些系统中的运算规律.

我们知道，所谓具有两个代数运算的系统是指元素 $a,b,c\cdots$ 的一个集合，并且在其中定义了两个代数运算：一个叫作加法，对于每一对元素 a,b，有元素 $a+b$ 与它们对应，并把 $a+b$ 叫作 a,b 的和；一个叫作乘法，对于每一对元素 a,b，有元素 ab 与它们对应，并把 ab 叫作 a,b 的积.

现在我们引入抽象代数中含有两个代数运算的基本系统.

① 本章引用了（荷兰）B. L. 范德瓦尔登的《代数学 I》（丁石孙，曾肯成，郝鈵新，译；万哲先，校），聂灵沼、丁石孙《代数学引论（第二版）》，以及（美）G. 伯克霍夫、S. 麦克莱恩的《近世代数概论》（王连祥，徐广善，译）的若干章节.

定义 1.1.1 一个具有两个代数运算的系统 R 叫作一个环[①][②]，如果对系统中所有的元素，以下运算规律成立：

Ⅰ 加法的规律

(a) 结合律：$a+(b+c)=(a+b)+c$；

(b) 交换律：$a+b=b+a$；

(c) 方程 $a+x=b$ 的可解性[③]，对于所有的 a 与 b.

Ⅱ 乘法的规律

(a) 结合律：$a(bc)=(ab)c$.

Ⅲ 分配律

(a) $(a+b)c=ac+bc$；

(b) $a(b+c)=ab+ac$.

性质 Ⅰ ～ Ⅲ 可以看作合并用来定义环的概念的公理.

例 在通常的加法和乘法的运算之下，下面的集合是环：

(1) 整数集.

(2) 有理数集.

(3) 实数集.

(4) 复数集.

(5) 仅由一个数 0 所组成的集合.

(6) 偶数集以及一般的某个整数 n 的倍数的集合.

(7) 复数 $a+b\mathrm{i}$(此处 a,b 是整数) 的集合(这个环被称之为高斯整数环).

(8) 形如 $a+b\sqrt{2}$ 的实数集，此处 a,b 是整数.

自然数以及所有正有理数不是环，因为不满足性质 Ⅰ(c).

(9) 如果用下面式子来定义整数对的加法和乘法

$$(a,b)+(c,d)=(a+c,b+d),(a,b)(c,d)=(ac,bd)$$

则整数对(a,b) 全体组成一个环.

---

① 应该注意，由于这里没有要求乘法满足交换律，所以定义中的两条分配律是不同的，故而同时列出. 还应该注意到，“环” 的定义与“线性空间” 的定义(参见《线性代数原理》卷) 在形式上虽然有些相仿，但其实它们有着本质的区别：“环” 只涉及一个集合 R(代数结构的本质即在于集合、运算及运算所满足的规律)；而线性空间却涉及两个集合，一个是数域 K，一个是向量集合 V.

② 这个术语 ring(环) 可能是 1897 年希尔伯特在写 Zahling 时创造的. 德语和英语一样，ring 这个词的一个意思是集团，例如短语“a ring of thieves(一群盗贼)”.(也有人提出说希尔伯特用这个词的原因是：对于代数整数环，每个元素的一个适当的幂“转回” 到较低幂的线性组合.)

③ 解的唯一性不必要求，以后可以推出.

(10) 如果取元素是整数(或者,例如,元素是实数)的全体 n 阶方阵所成的集合,保留通常矩阵加法和乘法的定义. 容易验证,这是一个环,称为矩阵环.

(11) 设 m 是大于1的整数,考虑模 m 的完全剩余集:$Z_m=\{0,1,2,\cdots,(m-2),(m-1)\}$,如我们曾经做过的那样,定义 Z_m 上的加法和乘法如下:
$a+b$ 是 Z_m 中与 $a+b$ 模 m 同余的元素,ab 是 Z_m 中与 ab 模 m 同余的元素,那么,Z_m 对所定义的加法和乘法来说构成一个环,称为模 m 的剩余类环.

在所有这些例子中核验性质 Ⅰ ~ Ⅵ 的正确性的工作,留给读者.

1.2 环的性质

首先,由于加法适合结合律,n 个元 $a_1,a_2,\cdots,a_n$ 的和有意义,这个"和"我们有时用符号 $\sum_{i=1}^{n}a_i$ 来表示,即

$$\sum_{i=1}^{n}a_i=a_1+a_2+\cdots+a_n$$

其次由加法交换律 Ⅰ(b),可得出下面定理.

定理 1.2.1 环中 n 个元素任意加括号的和与加括号的顺序无关,与各被加元素的顺序亦无关.

定理的第一部分在普遍情形(任意满足结合性的运算)已经证明过. 第二部分我们仅指出证明的过程,证明的细节留给读者自己补充.

(i) 利用加括号和去括号的规则,以及交换律,我们可证明,交换相邻的被加元素不改变和.

(ii) 交换任意两个被加元素归结为一系列的交换相邻的被加元素.

(iii) 因子的任意交换归结为一系列的交换两个被加元素.

由于这个定理,我们可以简单地说:环中有限多个元素的和与是否有括号无关,也与被加元素的顺序无关.

n 个相同的被加元素 a 的和叫作 a 的 n 倍,用符号 na 表示(读者不要以为 na 是环中两个元素的乘积,因为 n 不一定是环中的元素).

由定理 1.2.1 很容易导出通常的倍元的运算规则

$$ma+na=(m+n)a \tag{1}$$

$$m(na)=(mn)a \tag{2}$$

$$n(a+b)=na+nb \tag{3}$$

此处 a,b 是环中的元素,而 m,n 是自然数.

加法的三条规律合起来正是说明环元素对于加法组成一个群[①]，而且还是可交换的. 因此，以前对于交换群证明了的定理完全可以搬到环上来.

一个加法群的唯一的单位元我们用 0 来表示，并且把它叫作零元. 即

$$0+a=a+0=a(a\text{ 是任意元}) \tag{4}$$

元 a 的唯一的逆元我们用 $-a$ 来表示，并且把它叫作 a 的负元(简称负 a). 由等式

$$a+(-a)=(-a)+a=0 \tag{5}$$

可知 a 是 $-a$ 是负元，再按照前面已经证明过的负元的唯一性，应有

$$-(-a)=a \tag{6}$$

定理 1.2.2 如果 $a+b=a+c$，则 $b=c$，即等式两端相同的被加数可以消去.

证明 在等式 $a+b=a+c$ 的两端同加 $-a$，则得 $(-a)+b=(-a)+a+c$，$0+b=0+c$，$b=c$.

最后，由定理 1.2.2 我们得出下面的定理.

定理 1.2.3 环中的加法具有唯一的逆运算.

证明 按照性质Ⅰ(c)，对于任意 a,c，存在一个 b，能得 $a+b=c$，如果 $a+b_1=c$ 且 $a+b_2=c$，则 $a+b_1=a+b_2$ 且(按照定理 1.2.2)$b_1=b_2$. 因此，加法具有第二种逆运算. 但由加法的交换性，可知加法的第一种逆运算也存在并且与第二种逆运算是一致的. 这对于任意代数运算在前面已经证明，让我们对于特殊情形的加法运算来说重新证明一次.

设 a,c 是环的任意两个元素，按照前面证明过的，存在唯一的元素 b，使得 $a+b=c$. 由性质Ⅰ可知 $b+a=c$，如果 $b_1+a=c$ 且 $b_2+a=c$，则也有 $a+b_1=c$，$a+b_2=c$. 因此 $b_1=b_2$. 因此存在唯一的元素 b，使得 $b+a=c$，即第一种逆运算是存在的，并且对于任意 c,a，由第一种逆运算得出的结果是与第二种逆运算的结果是一致的，即两种逆运算是一致的.

定义 1.2.1 加法逆运算叫作减法，并把 a 与 b 经减法得出的结果叫作 b 与 a 的差，把它表示为 $b-a$.

因此，按照这个定义，我们有

$$a+(b-a)=b,(b-a)+a=b,a-a=0,0-a=-a \tag{7}$$

差可以用和的形式来表出

① 这个群称为环的加法群.

$$a-b=a+(-b) \tag{8}$$

因为

$$[a+(-b)]+b=a+[(-b)+b]=a+0=a$$

任意有限多个被加数的和的负元等于各个被加数的负元的和,即

$$-\sum_{i=1}^{n}a_i=\sum_{i=1}^{n}(-a_i) \tag{9}$$

事实上,当 $n=1$ 时,等式(9) 两端都等于 $-a_i$,这是由和的归纳定义可知的. 假定式(9) 对于 n 是正确的,于是

$$\begin{aligned}\sum_{i=1}^{n+1}a_i+\sum_{i=1}^{n+1}(-a_i)&=(\sum_{i=1}^{n}a_i+a_{n+1})+[\sum_{i=1}^{n}(-a_i)+(-a_{n+1})]\\&=[\sum_{i=1}^{n}a_i+\sum_{i=1}^{n}(-a_i)]+[a_{n+1}+(-a_{n+1})]\\&=0+0=0\end{aligned}$$

因此,公式(9) 对 $n+1$ 也是正确的.

特殊情形,当等式(9) 中的 n 个被加数都相同时,则有 $-na=n(-a)$. 我们将定义 $(-n)a=-na=n(-a)$.

其次,对于数 0,定义 $0\cdot a=0$(等式左端的 0 表示数目的零,而右端表示环中的零元),于是 a 的 n 倍对于任意整数 n 都有意义. 留给读者去核验(1)、(2)、(3) 对于任意整数都是正确的.

知道了环中的两个元素的加法和减法以后,我们就可以计算这样的式子,例如

$$a+(b-c),(a-b)-(c+d)$$

等,上面指出的运算按指出的顺序来完成. 然而,下面式子的意义还不太明显,例如

$$a-b+c,a+b-(c-d-e)$$

等.

我们把若干个元素由"+""−"符号联结起来的或者还含有给定括号的式子叫作广义和. n 个元素的广义和的精确定义可以用归纳法来给出. 当 $n=1$ 时,即对于一个元素 a_1,我们定义:$+a_1=a_1$;$-a_1$ 同前面一样,定义为 a_1 的负元. 如果对于 n 个元的广义和已有定义,那么我们这样定义 $n+1$ 个元的广义和:$\sum_{i=1}^{n+1}a_i=(\sum_{i=1}^{n}a_i)a_i$. 特别情形,当没有括号时,我们有这样的式子,例如 $a+b-c$,$a-b-c+d$ 等,我们将称这样的式子为代数和. 对于代数和,广义和的定义给出(用符号 $*$ 表示符号 +、− 中之一,而且把具有符号 $*_1,*_2,\cdots,*_n$ 的元素

$a_1, a_2, \cdots, a_n$ 的代数和用符号 $\underset{i=1}{\overset{n}{\sigma}} *_i a_i$ 表示)

$$\underset{i=1}{\overset{1}{\sigma}} *_i a_i = \begin{cases} a_1, 当 *_1 表示“+”时 \\ -a_1, 当 *_1 表示“-”时 \end{cases}$$

$$\underset{i=1}{\overset{n+1}{\sigma}} *_i a_i = (\underset{i=1}{\overset{n+1}{\sigma}} *_i a_i) *_{n+1} a_{n+1}$$

定理 1.2.4 代数和等于前面带有+号的这些元素的通常的和以及前面带有-号的这些元素的负元的和,即

$$\underset{i=1}{\overset{n}{\sigma}} *_i a_i = \sum_{i=1}^{n} (*_i a_i) \tag{10}$$

证明 利用等式(8)并且对 n 用归纳法证明.当 $n=1$ 时,如果 $*_i$ 是+号,式(10)的两端都等于 a_1,如果 $*_i$ 是-号,式(10)的两端都等于 $-a_1$.假定式(10)对 n 是正确的,并且当 $*_{n+1}$ 是-号的情形,利用等式(8),我们得到

$$\underset{i=1}{\overset{n+1}{\sigma}} *_i a_i = \underset{i=1}{\overset{n}{\sigma}} *_i a_i \pm a_{n+1} = \sum_{i=1}^{n} (*_i a_i) + (*_{n+1} a_{n+1}) = \sum_{i=1}^{n+1} (*_i a_i)$$

例子

$$a-b+c=a+(-b)+c, a-b-c=a+(-b)+(-c)$$

等等.

由定理 1.2.4 可知,代数和中出现的相同的元素当符号相反时就可消去.

现在很容易证明脱括号的通常规则.

定理 1.2.5 作为代数和中一元素的又一代数和被括号着的括号,可以去掉,这时,如果括号前符号是“+”,则去括号后括号内各项都保持原来的符号;如果括号前的符号是“-”,则去括号后括号内各项都改变原来的符号.即认为 $*_0$ 以及 $*'_0$ 都表示+号并且当 $i>0$ 时认为 $*_i'$ 所表示的符号与 $*_i$ 所表示的相反(即 $*_i$ 是“+”,则 $*'_i$ 代表“-”,$*_i$ 是“-”,则 $*'_i$ 代表“+”),则有

$$a_0 + (\underset{i=1}{\overset{n}{\sigma}} *_i a_i) = \underset{i=0}{\overset{n}{\sigma}} (*_i a_i) \tag{11}$$

$$a_0 - (\underset{i=1}{\overset{n}{\sigma}} *_i a_i) = \underset{i=0}{\overset{n}{\sigma}} (*'_0 a_i) \tag{12}$$

证明 在式(11)的情形,利用等式(10),我们求得

$$a_0 + (\underset{i=1}{\overset{n}{\sigma}} *_i a_i) = a_0 + (\sum_{i=1}^{n} (*_i a_i)) = \sum_{i=0}^{n} (*_i a_i) = \underset{i=0}{\overset{n}{\sigma}} (*_i a_i)$$

在式(12)的情形,利用等式(9),我们有

$$a_0 - (\underset{i=1}{\overset{n}{\sigma}} *_i a_i) = a_0 + (-\sum_{i=1}^{n} (*_i a_i)) = a_0 + (\sum_{i=1}^{n} (*_i' a_i))$$

$$=\sum_{i=0}^{n}(*_i{}'a_i)=\overset{n}{\underset{i=0}{\sigma}}(*_i{}'a_i)$$

由这个定理可知,在特殊情形,则有

$$a+(b-c)=a+b-c,a-(b+c)=a-b-c$$

等等.

当然,广义和是与加括号有关的,例如

$$(a-b)+c=a-b+c$$

但 $a-(b+c)=a-b-c$,亦即对于广义和来说,与定理 1.2.1 类似的定理是不成立的. 虽然如此,但是由于类似于定理 1.2.1 的证明的论证(为了节省篇幅,我们省略了这种议论)以及定理 1.2.5,我们得到著名的结果,即:

定理 1.2.6 环中的一些元素的广义和永远等于这些元素的某个代数和.

由分配律得出的推论:到现在为止,我们已经分别地讨论了环的两个运算中的每一个性质,这些性质对于满足相应合理的运算的集合仍然有效. 现在让我们来研究环的加法与乘法之间的联系,这种联系被分配律 Ⅲ 确定.

首先,对于差来说,这两个分配律也是正确的,即

$$(a-b)c=ac-bc,a(b-c)=ab-ac \tag{13}$$

为了证明这个事实,应该核验元素 $(a-b)c$ 满足 ac 与 bc 的差的定义. 但是,利用性质 Ⅲ(a) 和等式(7),我们有

$$bc+(a-b)c=[b+(a-b)]c=ac$$

式(13) 的第二个等式可以由 Ⅲ(b) 与此类似地导出.

现在让我们来证明,环的零元具有对于乘法情形的通常性质.

定理 1.2.7 如果因子中有一个是零,则整个乘积等于零,即对于环的任意元素 a,有

$$a\cdot 0=0,0\cdot a=0 \tag{14}$$

我们仅证明第一个等式. 按照零的定义,对于任意 b 有

$$0=b-b$$

由此得

$$a\cdot 0=a(b-b)=ab-ab=0$$

在乘法的情形,通常的符号规则也是正确的①,即

---

① 这里不应利用和数的情形一样的"正"元和"负"元的术语,正负的概念将在第三节对任意环引入. 现在我们对于 a 与 $-a$ 只能认为居于完全平等的地位,其中每一个都是另一个的负元,如果将 $-a$ 表示成 b,那么 a 将表成 $-b$.

$$a(-b)=-ab,(-a)b=-ab,(-a)(-b)=ab \tag{15}$$

这三个等式中的头一个可以这样来证明

$$ab+a(-b)=a[b+(-b)]=a\cdot 0=0$$

由此得

$$a(-b)=-ab$$

第二个等式可类似地推出

$$(-a)b=[(-a)b+ab]-ab=[(-a+a)b]-ab=-ab$$

第三个等式由前两式推出

$$(-a)(-b)=-(-a)b=-(-ab)=ab$$

利用归纳法,可以把分配律推广到任意有限多个元素的和上去,然后又可推广到两个和的积上去,因此,下面的等式是正确的

$$(\sum_{i=1}^{n}a_i)b=\sum_{i=1}^{n}ab_i,a\cdot\sum_{i=1}^{n}b_i=\sum_{i=1}^{n}ab_i,(\sum_{i=1}^{n}a_i)(\sum_{k=1}^{m}b_k)=\sum_{i=1}^{n}(\sum_{k=1}^{m}a_ib_k) \tag{16}$$

由等式(16)和(2),当和中的每一个元都相同时,即当

$$a_i=a(i=1,2,\cdots,n),b_k=b,k=1,2,\cdots,m$$

时,应有

$$(na)b=a(nb)=n(ab),(na)(mb)=n[m(ab)]=(nm)(ab) \tag{17}$$

最后,由等式(15)和(16),以及由代数和可以表为通常和的形式的定理1.2.4,显然,代数和逐项相乘的一般规则也是正确的.例如

$$(a-b)(c+d)=ac+ad-bc-bd$$

下面是关于环的元素的差的一些性质(在《数论原理》卷将要用到):

定理 1.2.8 在任何一个环中,元素的差具有下面的性质:

(ⅰ)当且仅当 $a+d=b+c$ 时,$a-b=c-d$;

(ⅱ)$(a-b)+(c-d)=(a+c)-(b+d)$;

(ⅲ)$(a-b)-(c-d)=(a+d)-(b+c)$;

(ⅳ)$(a-b)(c-d)=(ac+bd)-(ad+bc)$.

证明 在等式 $a-b=c-d$ 的两端同加 $b+d$,则得 $a+d=b+c$.反之,在等式 $a+d=b+c$ 的两端同加 $(-b)+(-d)$,则得 $a-b=c-d$,这就证明了等式(ⅰ).等式(ⅱ)、(ⅲ)、(ⅳ)的证明是很类似的,或者简单地由代数和的运算规则推出,而在证明规则(ⅳ)时将用乘法的符号规则(15).

1.3 交换律·单位元·零因子·整环

若干普通计算法在一个一般的环里不成立,它们要在有附加条件的环里才能成立.我们在这一目里先讨论环的三种重要附加条件.

交换律 在环定义里我们没有要求环的乘法适合交换律,所以在一个环里 ab 未必等于 ba.矩阵环就是这样的例子.但一个环的乘法可能是适合交换律的,比方说整数环.如此,引入环的第一个附加条件.

定义 1.3.1 一个环 R 叫作一个交换环,假如

$$ab=ba$$

无论 a,b 是 R 的哪两个元.

以前我们遇到的主要是交换环.

对于交换环来说,环定义中的公理 Ⅲ 中的任何一个分配律将导致另一个.例如,由于 Ⅲ(a) 可得出 Ⅲ(b).

事实上

$$a(b+c)=(b+c)a=ba+ca=ab+ac$$

在一个交换环里,对于任何正整数 n 以及环的任意两个元 a,b 来说,都有

$$a^nb^n=(ab)^n$$

单位元 在群论里我们已经看到了单位元的重要性.在环的定义里我们没有要求一个环要有一个对于乘法来说的单位元.但一个环假如有这样一个元,我们可以想象,这个元也会占一个很重要的地位.

定义 1.3.2 一个环 R 的一个元 e 叫作一个单位元,假如对于 R 的任意元 a 来说,都有

$$ea=ae=a$$

当然,一个任意的环未必都有单位元.偶数环或者一般的,被给定的 $n>1$ 所整除的所有整数的环,便是这样环的例子.但在特殊的环里单位元是会存在的,比方说整数环的数 1.

一个环 R 如果有单位元,那么它只能有一个.因为,假如 R 有两个单位元 e 和 e',那么

$$ee'=e'e=e'$$

在一个有单位元的环里,这个唯一的单位元习惯上常用 1 来表示,我们以后也常采取这种表示方法.当然,一个环的 1 一般不是普通整数 1.

我们暂时只看有单位元的环.在这种环里我们同群论里一样,如下规定一个元 a 的零次方:$a^0=1$.

现在来引入环中一个元的(对乘法来说的)逆元的概念.

定义 1.3.3 一个有单位元环的一个元 b 叫作元 a 的一个逆元,假如

$$ba = ab = 1$$

一个元 a 最多只能有一个逆元.因为,假如,有两个逆元 b 和 b',那么

$$b = be = b(ab') = (ba)b' = b'$$

但是,在一个有单位元的环中,并非每一个元素都有逆元素,例如整数环,其中只有 $+1$ 与 -1 有逆元素.

如果一个元 a 有逆元,那么这个唯一的逆元我们同群论里一样用 a^{-1} 来表示,并且规定

$$a^{-n} = (a^{-1})^n$$

这样规定以后,对这个 a 来说,公式

$$a^m a^n = a^{m+n}, (a^m)^n = a^{mn}$$

就对于任何整数 m,n 都成立.

由等式 $aa^{-1} = a^{-1}a = 1$ 可知 a 是 a^{-1} 的逆元素.又由于逆元素的唯一性,故有

$$(a^{-1})^{-1} = a$$

零因子 我们证明过(定理 1.2.7),一个环的两个元 a,b 中如果有一个是零,那么 ab 也等于零.定理 1.2.7 的逆 —— 若 $ab = 0$,则 a,b 中必有一个是零 —— 对于整数环的数来说也是正确的,然而,对于任意环来说,就不见得成立了,例如,在我们 1.1 中所举出的例(9)中,由整数对 (a,b) 所组成的环,其零元显然是 $(0,0)$;如果取 $a \neq 0, b \neq 0$,则数对 $(a,0),(0,b)$ 显然是环的异于零的元素,但是

$$(a,0),(0,b) = (0,0)$$

定义 1.3.4 环的两个元素 a,b,如果 $a \neq 0, b \neq 0$,但 $ab = 0$,我们就说,a 是这个环的一个左零因子,b 是一个右零因子.

矩阵环也是一个有零因子的环.例如,在二阶的情形,显然

$$\begin{pmatrix} 1 & 0 \\ 0 & 0 \end{pmatrix}\begin{pmatrix} 0 & 0 \\ 0 & 1 \end{pmatrix} = \begin{pmatrix} 0 & 0 \\ 0 & 0 \end{pmatrix}$$

但这里每个因子都异于零元素(即零矩阵).

模 m 的剩余类环 Z_m 在 m 不是素数的情形下也含有零因子.例如,设

$$m = ab, \text{这里 } m \nmid a, m \nmid b$$

那么在环 Z_m 里,按照所规定的乘法,有

$$a \neq 0, b \neq 0, \text{但 } ab = 0 (\text{即 } ab \equiv 0 (\bmod m))$$

还要注意,一个环若是交换环,它的一个左零因子当然也是一个右零因子.但在非交换环中,一个左零因子就不一定也是右零因子了.例如,由四个元素 $0,a,b,c$ 组成,加法和乘法表(表1、表2)的环 R 中,元素 a 既是左零因子又是右零因子,但是 b 和 c 就仅是右零因子而不是左零因子.

表1

$+$	0	a	b	c
0	0	a	b	c
a	a	0	c	b
b	b	c	0	a
c	c	b	a	0

表2

$\cdot$	0	a	b	c
0	0	0	0	0
a	0	0	0	0
b	0	a	b	c
c	0	a	b	c

如果环 R 中没有左零因子,当然也没有右零因子,那么就称它为无零因子环.例如整数环就是这样.显然,在而且只在一个没有零因子的环里定理1.2.7的逆才会成立.

零因子是否存在同消去律是否成立也有密切关系.

定理 1.3.1 在一个没有零因子的环里两个消去律都成立:如果 $a\neq 0$,则由 $ab=ac$ 应有 $b=c$;由 $ba=ca$ 应有 $b=c$.反过来,在一个环里如果有一个消去律成立,那么这个环没有零因子.

证明 假定环 R 没有零因子.因为

$$ab-ac\Rightarrow a(b-c)=0$$

在上述假定之下

$$a\neq 0,ab=ac\Rightarrow b-c=0\Rightarrow b=c$$

同样可证

$$a\neq 0,ba=ca\Rightarrow b=c$$

这样,在 R 里两个消去律都成立.

反过来,假定在环 R 里第一个消去律成立.因为

$$ab=0\Rightarrow ab=a0$$

在上述假定之下

$$a\neq 0,ab=0\Rightarrow b=0$$

这就是说,R 没有零因子.第二个消去律成立的时候,情形一样.证完.

推论 在一个环里如果有一个消去律成立,那么另一个消去律也成立.

以上我们认识了一个环可能适合的三种附加:第一个是乘法适合交换律,第二个是单位元的存在,第三个是零因子的不存在.

一个环当然可以同时适合一种以上的附加条件;同时适合以上三种附加条件的环特别重要.

定义 1.3.5 一个环 R 叫作一个整环,假如

Ⅱ(b) 乘法适合交换律:$ab = ba$;

Ⅱ(c)R 没有零因子:若 $ab = 0$,则 $a = 0$ 或 $b = 0$;

Ⅳ(a)R 有单位元 1:$1a = a1 = a$;

这里 a,b 可以是 R 的任意元.

整数环显然是一个整环.

1.4 除环 · 域

前节所引入的环的一些例子表明:属于乘法的逆运算(与关于加法的不同),各种不同的环具有完全不同的性质.这样,在整数环里除法仅在特殊的情况下才能施行,而且仅当除数是 $+1$ 和 -1 时,才能对于环的所有元素做除法.在有理数环中情形便不同了,对于任何元素(只要除数不为零)都能施行除法.为了研究乘法逆运算的性质,我们将讨论非常重要的特殊情形的环 —— 除环和域.

定义 1.4.1 具有下面性质的环 R 叫作除环[①],即

Ⅱ(b′) 乘法的有逆性:对于 R 中的任意 a,b(此处 $a \neq 0$),方程 $ax = b$ 和 $ya = b$(至少) 有一解,即存在元素 $h,q \in P$ 使得 $ah = b$ 和 $qa = b$.

Ⅳ(b)R 至少有一不同于零元的元素.

如果除环的乘法还适合交换律:

Ⅱ(b)$ab = ba$.

那么它就称为域[②].

域的例子 本章 1.1 目中所引入的环的例子(1) ~ (11) 中,仅 2,3,4 是域,即有理数集、实数集、复数集.在例(5) 中公理 Ⅱ(b′) 是满足的,因为没有元素 $a \neq 0$,但公理 Ⅳ(b) 不满足.在其余的例子中公理 Ⅱ(b′) 都不满足.下面我们再引入几个域的例子:

---

① 除环又称为体.

② 英语术语 field(域) 的数学用法的引入(1893 年穆尔(E. H. Moore) 在他的有限域分类的论文中第一次如同德语术语 körper 和法语术语 corps 一样,类似于 group(群) 和 ring(环) 的引入,这些单词都表示“范围”或“事物的集团”. 单词 domain(整环) 是德语 integretätsbereich 的通常英语翻译 integral domain 的简化,意思是整数的集团.

(1)a,b 为有理数的所有复数 $a+b\mathrm{i}$ 的集合(这个域通常叫作高斯数域,参看 1.1 目的例(7)).

(2)a,b 为有理数的所有实数 $a+b\sqrt{2}$ 的集合(参看 1.1 的例(8)).

(3) 仅有两个元素集合,我们用 0 与 1 来表示这两个元素,其运算这样规定:

$$0+0=1+1=0,0+1=1+0=1,\ 0\cdot 0=0\cdot 1=1\cdot 0=0,1\cdot 1=1$$

留给读者自己去核验性质 Ⅰ ~ Ⅳ.

我们现在给出一个著名的除环的例子 —— 四元数除环.

考虑二阶方阵的集合

$$R=\left\{\begin{pmatrix}\alpha & \beta\\ -\overline{\beta} & \overline{\alpha}\end{pmatrix}\middle|\alpha,\beta\text{ 为任意的复数}\right\}$$

其中 $\overline{\alpha}$ 表示 α 的共轭数,显然,R 就是一部分特殊的二阶复方阵组成的集合.

由以下的计算结果

$$\begin{pmatrix}\alpha_1 & \beta_1\\ -\overline{\beta_1} & \overline{\alpha_1}\end{pmatrix}+\begin{pmatrix}\alpha_2 & \beta_2\\ -\overline{\beta_2} & \overline{\alpha_2}\end{pmatrix}=\begin{pmatrix}\alpha_1+\alpha_2 & \beta_1+\beta_2\\ -\overline{(\beta_1+\beta_2)} & \overline{\alpha_1+\alpha_2}\end{pmatrix}$$

$$\begin{pmatrix}\alpha_1 & \beta_1\\ -\overline{\beta_1} & \overline{\alpha_1}\end{pmatrix}\begin{pmatrix}\alpha_2 & \beta_2\\ -\overline{\beta_2} & \overline{\alpha_2}\end{pmatrix}=\begin{pmatrix}\alpha_1\alpha_2-\beta_1\overline{\beta_2} & \alpha_1\beta_2-\beta_1\overline{\alpha_2}\\ -\overline{(\alpha_1\beta_2-\beta_1\overline{\alpha_2})} & \overline{\alpha_1\alpha_2-\beta_1\overline{\beta_2}}\end{pmatrix}$$

可知 R 关于矩阵的加法与乘法都是封闭的.从而,我们得到了一个具有两个代数运算的代数系统$(R,+,\cdot)$.

我们的主要目的是证明$(R,+,\cdot)$是一个除环,而且不是域.这样,我们就找到了一个相当罕见的,纯粹除环的例子.

首先,容易看出,$(R,+,\cdot)$做成一个环,并且

$$\begin{pmatrix}0 & 0\\ 0 & 0\end{pmatrix}$$

是它的零元.

其次,为了证明$(R,+,\cdot)$是除环,还须验证 Ⅱ(b).设

$$\boldsymbol{A}=\begin{pmatrix}\alpha & \beta\\ -\overline{\beta} & \overline{\alpha}\end{pmatrix}\neq 0$$

是 R 任意非零元,于是复数 α,β 不全为零.如此它的行列式

$$|\boldsymbol{A}|=\begin{vmatrix}\alpha & \beta\\ -\overline{\beta} & \overline{\alpha}\end{vmatrix}=\alpha\overline{\alpha}+\beta\overline{\beta}>0$$

此时将有 $\boldsymbol{A}$ 可逆并且

$$\boldsymbol{A}^{-1}=\begin{pmatrix}\frac{a-bi}{|A|} & \frac{-(c+di)}{|A|}\\ \frac{c-di}{|A|} & \frac{a+bi}{|A|}\end{pmatrix}\in R$$

所以对于任意的 $\boldsymbol{B}\in R$,方程 $\boldsymbol{A}x=\boldsymbol{B}$ 和 $y\boldsymbol{A}=\boldsymbol{B}$ 分别有解

$$x=\boldsymbol{A}^{-1}\boldsymbol{B},y=\boldsymbol{B}\boldsymbol{A}^{-1}$$

综上,$(R,+,\cdot)$ 做成一个除环.

为了说明 R 不是域,只需找出 R 的两个相乘而不可交换的元素.不难想到,这样的例子是很多的.例如,取

$$\boldsymbol{A}=\begin{pmatrix}i & 0\\ 0 & -i\end{pmatrix},\boldsymbol{B}=\begin{pmatrix}i & 0\\ 0 & -i\end{pmatrix}$$

就有 $\boldsymbol{AB}\neq\boldsymbol{BA}$.

这个除环 R,它的元素还可以表成"四元数"的形式.

事实上,对 R 中任意一个二阶方阵

$$\boldsymbol{A}=\begin{pmatrix}\alpha & \beta\\ -\overline{\beta} & \overline{\alpha}\end{pmatrix},令\ \alpha=a+bi,\beta=c+di$$

则有

$$\boldsymbol{A}=\begin{pmatrix}a+bi & c+di\\ -c+di & a-bi\end{pmatrix}=a\begin{pmatrix}1 & 0\\ 0 & 1\end{pmatrix}+b\begin{pmatrix}i & 0\\ 0 & -i\end{pmatrix}+c\begin{pmatrix}0 & 1\\ -i & 0\end{pmatrix}+d\begin{pmatrix}0 & i\\ i & 0\end{pmatrix}$$

如果令

$$\boldsymbol{e}=\begin{pmatrix}1 & 0\\ 0 & 1\end{pmatrix},\boldsymbol{i}=\begin{pmatrix}i & 0\\ 0 & -i\end{pmatrix},\boldsymbol{j}=\begin{pmatrix}0 & 1\\ -i & 0\end{pmatrix},\boldsymbol{k}=\begin{pmatrix}0 & i\\ i & 0\end{pmatrix}$$

则有

$$\boldsymbol{A}=a\boldsymbol{e}+b\boldsymbol{i}+c\boldsymbol{j}+d\boldsymbol{k}$$

其中,a,b,c,d 为任意的实数.

这样就使除环 R 中的元素表成四个元素

$$\mathrm{e},\mathrm{i},\mathrm{j},\mathrm{k}$$

的实系数的线性组合.

如此,

$$R=\{a\mathrm{e}+b\mathrm{i}+c\mathrm{j}+d\mathrm{k}\mid a,b,c,d\ 为任意的实数\}.$$

进而,又可明确以下几点:

①$\boldsymbol{A}=a\mathrm{e}+b\mathrm{i}+c\mathrm{j}+d\mathrm{k}$ 的表示法是唯一的,即 $a\mathrm{e}+b\mathrm{i}+c\mathrm{j}+d\mathrm{k}=a'\mathrm{e}+b'\mathrm{i}+$

$c'\mathrm{j}+d'\mathrm{k}$ 当且仅当 $a=a',b=b',c=c',d=d'$.

② 在这种表示法之下,两个元素相加就是"同类项"的系数相加,即

$$(a\mathrm{e}+b\mathrm{i}+c\mathrm{j}+d\mathrm{k})+(a'\mathrm{e}+b'\mathrm{i}+c'\mathrm{j}+d'\mathrm{k})$$
$$=(a+a')\mathrm{e}+(b+b')\mathrm{i}+(c+c')\mathrm{j}+(d+d')\mathrm{k}$$

③ 在这种表示法之下,两个元素相乘就是根据分配律各项一一相乘再合并"同类项".这里的 e,i,j,k 的相乘结果如下

$$\mathrm{e}\cdot\mathrm{i}=\mathrm{i}\cdot\mathrm{e}=\mathrm{i},\mathrm{e}\cdot\mathrm{j}=\mathrm{j}\cdot\mathrm{e}=\mathrm{j},\mathrm{e}\cdot\mathrm{k}=\mathrm{k}\cdot\mathrm{e}=\mathrm{k}$$
$$\mathrm{i}\cdot\mathrm{j}=-(\mathrm{j}\cdot\mathrm{i})=\mathrm{k},\mathrm{j}\cdot\mathrm{k}=-(\mathrm{k}\cdot\mathrm{j})=\mathrm{i},\mathrm{k}\cdot\mathrm{i}=-(\mathrm{i}\cdot\mathrm{k})=\mathrm{j}$$
$$\mathrm{e}^2=\mathrm{e},\mathrm{i}^2=\mathrm{j}^2=\mathrm{k}^2=-\mathrm{e}$$

如此,除环 R 中的元素叫作四元数[①],因而,R 叫作四元数除环.

现在为止,我们已经把几种最常见的适合附加条件的环都稍微谈到了.为了能够把它们的隶属关系看得更清楚一点,我们列一个表.我们要注意,一个域一定是一个整环.

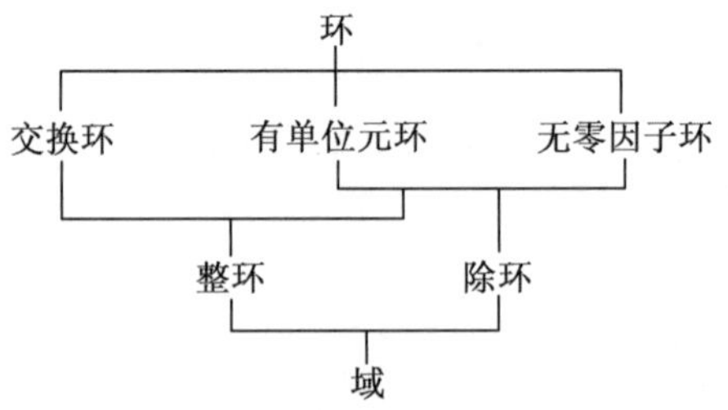

以下我们用到最多的是整环和域.

在 1.2 目中引入的所有对于环的定理,对于特殊情形的环 —— 除环,也是正确的.除此以外,由乘法的有逆性还可以引出一些性质,它们的证明可参照群中相关性质的证明(第一章,§2,2.2,定理 2.2.1,定理 2.2.2).

定理 1.4.1 在任何一个除环中都存在且仅存在一个单位元,而且 $1\neq 0$.

需要证明 $1\neq 0$.假若不然则 $1=0$,把等式两端同乘以 a,则对于任意元素 a 都有 $a=0$,这与性质 Ⅳ 矛盾.

---

① 实际上,这里的 R 的元素只是四元数的一个实例.四元数系由性质 ① ~ ③ 确定.历史上,四元数是由哈密尔顿在 1843 年发现的,它是第一个不可交换除环的例子.当时他正研究扩展复数到更高的维次(复数可视为平面上的点).他不能做出三维空间的例子,但四维则造出四元数.

不只如此,哈密顿还创造了向量的内外积.他亦把四元数描绘成一个有序的四重实数:一个纯量(a)和向量($b\mathrm{i}+c\mathrm{j}+d\mathrm{k}$)的组合.若两个纯量部为零的四元数相乘,所得的纯量部便是原来的两个向量部的纯量积的负值,而向量部则为向量积的值.

定理 1.4.2 对于除环的任一元素 $a \neq 0$,都存在且仅存在一个逆元素.

定理 1.4.3 如果在除环中 $ab=ac$,且 $a \neq 0$,则 $b=c$,即等式两端可以同时消去不等于零的公因子.

证明 等式两端同乘以 a^{-1},则得 $a^{-1}ab=a^{-1}ac$,$1 \cdot b=1 \cdot c$,$b=c$.

其次,由定理 1.4.3 可知:

定理 1.4.4 除环没有零因子,换句话说,如果 $ab=0$,则或者 $a=0$,或者 $b=0$. 或者用另一方式,如果 $a \neq 0$,$b \neq 0$,则也有 $ab \neq 0$.

证明 如果 $ab=0$ 且 $a \neq 0$,等式两端同乘以 a^{-1},则得 $1 \cdot b=a^{-1} \cdot 0=0$. 即 $b=0$.

因此,除环是无零因子的环. 但逆命题一般不成立:有不是除环的无零因子的环存在(例如整数环). 然而,对于有限环来说,逆命题也成立.

定理 1.4.5 任意一个含有多于一个元素的无零因子的有限环都是除环.

证明 只需证明性质 Ⅱ(b′) 成立即可. 设 $a \neq 0$,对于环中的每一元素 x,使元素 $y=ax$ 和它对应. 如果 $x_1 \neq x_2$,按照定理 1.4.3 将有 $y_1 \neq y_2$. 即对应 $x \to y$ 是整个环 R 到其子集 M 上的一个一一对应,但是按照有限集合的特征,它不能与其真子集对等(参看《集合论》),故 $R=M$,即对于任一元素 $b \in R$,在 R 中存在一个元素 h,使 $h \to b$,即 $ah=b$;同样可以证明对于任意的 $b \in R$,存在有 R 中的元素 q,使得 $qa=b$. 这就证明了性质 Ⅱ(b′).

定理 1.4.1 至定理 1.4.3,可以用下面的定理统一起来.

定理 1.4.6 一个除环 R 的不等于零的元素对于乘法来说作成一个群 R^*.

因为由于定理 1.4.4,R^* 对于乘法来说是闭的;由于环的定义,乘法适合结合律;R^* 有单位元,就是 R 的单位元;由于除环的定义,R^* 的每一个元有一个逆元.

R^* 叫作除环 R 的乘群. 这样,一个除环是由两个群,加群与乘群,组合而成的;分配律则使这两个群发生一种联系.

由于定理 1.4.4,定理 1.4.6,在一个除环 R 里,方程

$$ax=b \text{ 和 } ya=b, a, b \in R, a \neq 0$$

各有一个唯一的解,就是 $a^{-1}b$ 和 ba^{-1}. 在普通数的计算里,我们把以上两个方程的相等的解用 $\frac{b}{a}$ 来表示,并且说,$\frac{b}{a}$ 是用 a 除 b 所得的结果. 因此,在除环的计算里,我们说,$a^{-1}b$ 是用 a 从左边去除 b,ba^{-1} 是用 a 从右边去除 b 的结果. 这样,在一个除环里,只要元 $a \neq 0$,我们就可以用 a 从左或从右去除一个任意元

b.这就是除环这个名字的来源.我们有区分从左除和从右除的必要,因为在一个除环里 $a^{-1}b$ 未必等于 ba^{-1}.

由此,和在 §1,1.2 中对于加法的情形一样,我们得到定理:

定理 1.4.7[①] 域中的乘法,对于任意一对元素,只要第二个元素不等于零,那么就具有唯一的逆运算;换句话说,$a \neq 0$ 时,方程 $ax=b$,$ya=b$ 有唯一的解.

定义 1.4.2 乘法的逆运算叫作除法,对于元素 b,a,施行除法所得的结果叫作 b 被 a 除的商,并且用符号 $a:b$ 或者 $\frac{b}{a}$ 表示.

因此,对于任意 a,b,当 $a \neq 0$:

$$a \cdot \frac{b}{a}=b,\ \frac{b}{a} \cdot a=b, \frac{a}{a}=1, \frac{1}{a}=a^{-1} \tag{1}$$

而由前面所讲过的看出公理 Ⅱ(b′) 中的附加要求 $a \neq 0$ 对于域的性质有多么重大的意义.这个附加要求破坏了加法性质 Ⅰ(a),Ⅰ(b),Ⅰ(c) 与乘法的性质 Ⅱ(a),Ⅱ(b),Ⅱ(b′) 的对称性,因此由 Ⅱ(b′) 导出的一些乘法性质的证明与相应的加法性质的证明不完全类似.然而,不要这个附加要求(这样一来,加法和乘法关于上述公理将完全是对称的)是不可能的.下面的定理表示这个事实.

定理 1.4.8 在任何一个含有多于一个元素的环中(特别是在任何域中),当 $a=0$ 而任意 $b \neq 0$ 时,方程 $ax=b$ 没有解.

证明 如果 q 是其解,那么 $b=aq=0 \cdot q=0$,这是不可能的.

由此可知,在含有多于一个元素的环(以及域)中,在这种意义下被 0 除是不可能的,即当 $b \neq 0$ 时商 $\frac{b}{0}$ 是不存在的.如果 $b=0$,则任意元素 q 都是商,因为由 $0 \cdot q=0$ 应有 $q=\frac{0}{0}$.当然,这里除法必须理解为不同于定义 1.4.2 的,而是另一种意义下的除法,因为这里作为元素对的单值函数的逆运算是不存在的.

公理 Ⅱ(b) 中 $a \neq 0$ 的要求仅在一种特殊情形(这种情形对于我们来说是完全没有兴趣的)零环(参看本章 1.1 目,例(5))可以取消,这时唯一方程 $0 \cdot x=0$ 有唯一的解 $x=0$.

域中的商可以按照下面公式表为乘积的形式(参看 §1,1.2(8))

---

① 对于乘法不适合交换律的环来说,这个命题不是真的,它可以有好几个左单位元或右单位元.

$$\frac{b}{a}=ba^{-1} \tag{2}$$

域中异于零的有限多个元素乘积的逆元素等于各个因子的逆元素的乘积(参看 §1,1.2(9)),即

$$(\prod_{i=1}^{n}a_i)^{-1}=\prod_{i=1}^{n}a_i^{-1} \tag{3}$$

特别情形,当每一个元素都相同时,有

$$(a^n)^{-1}=(a^{-1})^n$$

我们将把这个元素作为 a^{-n} 的定义,即定义 $a^{-n}=(a^n)^{-1}=(a^{-1})^n$. 其次,当 $n=0$ 时,我们定义 $a^0=1$(左端的 0 是数目零,右端的 1 是域的单位元). 于是元素 $a\neq 0$ 的方幂 a^n 对于任意整指数 n 都有定义. 可以验证方幂运算规则

$$a^m\cdot a^n=a^{m+n} \tag{4}$$

$$(a^m)^n=a^{mn} \tag{5}$$

$$(ab^m)^n=a^m\cdot a^n \tag{6}$$

对于任意整数都成立,这里 m,n 是自然数.

对于域中有限多个元素的一系列乘、除的结果也可以引入与广义和及代数和类似的概念,并且证明与前节定理 1.2.4、1.2.5、1.2.6 类似的定理,但是这些概念和定理得不到像加法情形那样的普遍应用,例如脱括号规则,仅给读者指出这种类似性,不再详细讨论.

商的性质　普通分数的运算规则对于任意域中两元素的商也成立.

定理 1.4.9　(ⅰ)如果 $b\neq 0,d\neq 0$,则当且仅当 $ad=bc$ 时,$\frac{a}{b}=\frac{c}{d}$.

(ⅱ)如果 $b\neq 0,d\neq 0$,则$\frac{a}{b}\pm\frac{c}{d}=\frac{ad\pm bc}{bd}$.

(ⅲ)如果 $b\neq 0,d\neq 0$,则$\frac{a}{b}\cdot\frac{c}{d}=\frac{ac}{bd}$.

(ⅳ)如果 $b\neq 0,d\neq 0$,则$\frac{a}{b}:\frac{c}{d}=\frac{ad}{bc}$.

证明　在等式$\frac{a}{b}=\frac{c}{d}$的两端同乘以 bd,则得 $ad=bc$;反之,如果已知等式 $ad=bc$,此处 $b\neq 0,d\neq 0$,那么令$\frac{a}{b}=x$,$\frac{c}{d}=y$,按照式(1),$bdx=x$,$bdy=bc$;由此得 $bdx=bdy$. 但是,按照定理 1.4.4,$bd\neq 0$. 再按定理1.4.3,$x=y$,即$\frac{a}{b}=\frac{c}{d}$. 这就证明了(ⅰ).

（ⅱ）和（ⅲ）的证明与（ⅰ）的第二部分的证明类似. 最后，为了证明（ⅳ），只要证明等式

$$\frac{a}{b}=\frac{c}{d}\cdot\frac{ad}{bc}$$

即可. 但由（ⅲ）和（ⅰ），这个等式显然成立，因此定理被证明.

1.5 无零因子环的特征

因为我们现在所述，既与域中的元素有关，也与数目有关，故为了避免混淆起见，本段将以 e 表示域 P 的单位元.

我们以上看到了在各种环里有哪些普通计算规则是可以适用的. 有一种普通计算规则不但在一般环里，就是在适合条件比较强的环 —— 域里面也还不一定能够适用，就是规则

$$a\neq 0\Rightarrow na=\underbrace{(a+a+\cdots+a)}_{n个}\neq 0 \tag{1}$$

在第一章，§3，3.3 中，我们曾证明 Z_m^* 对于 Z_m 的乘法构成一个交换群，这里 Z_m^* 表示由剩余类环 Z_m 中与 m 互素的元素构成的集合. 现在，如果，$m=p$ 为素数，那么 Z_p^*（即由 Z_p 的非零元素组成的集合）是一个乘法群，这样 Z_p 构成一个域.

在这个域里我们有 $a\neq 0$，但 $pa=0$ 这一事实. 因为不管 a 是 Z_p 的哪一个元素，乘积 pa 都与元素 0 关于模 p 同余.

现在让我们看一看，式(1) 之所以不一定能够成立的原因何在. 假定 R 是一个环. 我们知道，R 的元对于加法来说作成一个加群. 在这个加群里每一个元有一个阶. 由于阶的定义，R 的一个元 a 在加群里的阶若是无限大，那么不管 m 是哪一个整数，$ma\neq 0$；若 a 的阶是一个有限整数 n，那么 $na=0$. 这就是说，对于 R 的一个不等于零的元 a 来说，式(1) 能不能成立，完全由 a 在加群里的阶是无限还是有限来决定：a 的阶无限，式(1) 成立；a 的阶有限，式(1) 不成立.

在一个环里，可能某一个不等于零的元对于加法来说是无限的，另一个不等于零的元的阶却是有限的.

例 1 假定 $G_1=(b)$，$G_2=(c)$ 是两个循环群，b 的阶无限，c 的阶是 n. G_1 同 G_2 都是交换群，它们的代数运算可以用 + 来表示. 用加群的符号，我们有

$$G_1=\{hb\mid h\text{ 是整数}\},hb=0,\text{当且只当 }h=0\text{ 时}$$

$$G_2=\{kc\mid k\text{ 是整数}\},kc=0,\text{当且只当 }n\mid k\text{ 时}$$

我们作集合 $R=\{(hb,kc)\mid hb\in G_1,kc\in G_2\}$. 并替 R 规定一个加法

$$(h_1b,k_1c)+(h_2b,k_2c)=(h_1b+h_2b,k_1c+k_2c)$$

等式右边括号里的第一个加号表示G_1的加法,第二个表示G_2的加法. R对于这个加法来说,显然作成一个加群.我们再替R规定一个乘法

$$(h_1b,k_1c)(h_2b,k_2c)=(0,0)$$

那么R显然作成一个环.

这个环的元$(b,0)$对于加法来说的阶是无限大,但元$(0,c)$的阶是n.

这样,在一个一般的环里,式(1)这个计算规则可能对于某一个元来说成立,对于另一个元来说又不成立.在一个没有零因子的环里情形就不同了.

定理 1.5.1 在一个没有零因子的环R里所有不等于零的元对于加法来说的阶都是一样的.

证明 如果R的每一个不等于零的元的阶都是无限大,那么定理是对的.假定R的某一个元$a\neq 0$的阶是有限整数n,而b是R的另一个不等于零的元.那么,由 §1,1.2,式(17)有

$$(na)b=a(nb)=0.$$

因此,由于$a\neq 0$,R无零因子,可得$nb=0$.这就是说

$$b\text{ 的阶}\leqslant a\text{ 的阶}$$

同样可得
$$a\text{ 的阶}\leqslant b\text{ 的阶}$$

这样
$$a\text{ 的阶}=b\text{ 的阶}$$

证完.

定义 1.5.1 一个无零因子环R的非零元的相同的(对加法来说的)阶叫作环R的特征.

这样,一个没有零因子的环R的特征如果是无限大,那么在R里计算规则式(1)永远是对的;R的特征如果是有限整数,这个计算规则就永远不对.特征是一个很重要的概念,因为它对环和域的构造都有决定性的作用.现在我们进一步证明

定理 1.5.2 如果无零因子环R的特征是有限整数n,那么,n是一个素数.

证明 假如n不是素数:$n=n_1n_2$,$n\nmid n_1$,$n\nmid n_2$.那么对于R的一个不等于零的元a来说$n_1a\neq 0$,$n_2a\neq 0$,但

$$(n_1a)(n_2a)=(n_1n_2)a^2=0$$

这与R没有零因子的假定冲突.证完.

推论 整环、除环，以及域的特征或是无限大[1]，或是一个素数 p.

在一个特征是 p 的交换环里，有一条很有趣的计算法，就是

$$(a+b)^p=a^p+b^p$$

这是因为

$$(a+b)^p=a^p+C_p^1a^{p-1}b+\cdots+C_p^{p-1}ab^{p-1}+b^p$$

而 C_p^i 是 p 的一个倍数的缘故.

1.6 子环·环的同态

以上我们给了几种环的定义，并且讨论了一下在环里的计算法. 现在要谈一谈环的子集以及同态映射. 研究环当然也离不开这两个基本概念.

定义 1.6.1 一个环 R 的一个子集 M 叫作 R 的一个子环，假如 M 本身对于 R 的代数运算 —— 加法和乘法 —— 来说作成一个环.

这样，偶数环是整数环的子环，而整数环自己，又是有理数环的子环.

一个除环 R 的一个子集 M 叫作 R 的一个子除环，假如 M 本身对于 R 的代数运算来说作成一个除环.

同样，我们可以规定子整环、子域的概念.

在阐明环的子集是否是子环时，没有必要核验环的所有性质，这些性质的大部分都是自然而然地由环进入它的任意子集. 为此，我们利用下面的定理将是很方便的.

定理 1.6.1 环 R 的一个不空子集 M 是 R 的子环的必要与充分条件是：M 中的任意两个元素的和、差、积仍然属于 M.

证明 为了证明条件的必要性：我们假定 M 是环 R 的子环. 由于 M 中的加法与 R 中的加法是一致的，并且加法的逆运算是唯一的. 故 M 中的减法与 R 中的减法是一致的，也就是说 M 中的加法、减法、乘法与 R 中的加法、减法、乘法是一致的. M 中任意两元素的和、差、积(环 R 中的定义) 都应属于 M，否则将与 M 是环的假定相矛盾(参看定义 1.1.1 以及定理 1.2.3).

为了证明条件的充分性，我们假定 M 是 R 的一个子集，它满足定理所说的条件. 因为 M 中任意两个元素的和与积都属于 M，故 R 中的加法与乘法也是 M 中的代数运算. 则代数运算的性质 Ⅰ，Ⅱ，Ⅳ，Ⅴ 和 Ⅵ 自然对于 R 的任意子集都成立，也就是说，这些性质对于 M 成立，设 a,b 是 M 的元素，于是 $b-a=c$ 也是

---

[1] 有时候，用术语“特征 0”来代替“特征 ∞”.

M 的元素，但按照 R 中差的性质，有：

$$a+(b-a)=b \text{ 或 } a+c+b$$

因此，性质 Ⅲ 在 M 中也成立，因而 M 是 R 的子环.

现在发生这样问题，定理 1.6.1 中三个条件之一是否可以取消而不影响定理的正确性？第一个条件（M 中元素的和属于 M）事实上可以取消（读者自己验证）. 下面的例子指出后两个条件不能取消：

①R 是有理数环，M 是所有整数和所有形如 $n+\frac{1}{2}$（n 为整数）的数集. M 中元素的和与差仍属于 M，但积却不是永远属于 M，例如：$\frac{1}{2}\cdot\frac{1}{2}=\frac{1}{4}$.

②R 是整数环，M 是自然数集. M 中元素的和与积仍属于 M，但差却不是永远属于 M，例如：$1-2=-1$.

同样可以证明，一个除环的一个子集 M 作成一个子除环的条件是：

（ⅰ）S 包含一个不等于零的元；

（ⅱ）$a,b\in S\Rightarrow a-b\in S$；$a,b\in S,b\neq 0\Rightarrow ab^{-1}\in S$.

利用定理 1.6.1，可以证明下面的：

定理 1.6.2 环 R 的任意多个子环的交集仍是 R 的子环.

证明 设 $\{M_s\}$ 是若干个子环；此处下标 s 组成集合 S，$D=\bigcap\limits_{s\in S}M_s$ 是已知集合中所有子环 M_s 的交集. 若 a,b 属于 D，那么它们应属于每一个 M_s，按照定理 1.6.1，$a+b,a-b,ab$ 也属于每一个 M_s，故属于 D. 由定理 1.6.1，可知 D 是环 R 的子环.

设 R 和 S 是具有两个运算的系统，根据第一章的定义，从 R 到 S 里的映射 ϕ 如果保持关系 $a+b=c$ 与 $ab=d$；即把和 $a+b$ 映到 $\overline{a}+\overline{b}$，把积 ab 映到 $\overline{a}\,\overline{b}$，则 ϕ 是一个同态映射. R 的像 $\overline{R}$ 称为 R 的同态映射象. 如果映射是一一的，则根据一般的定义（第一章，§1,1.6），它是同构，记为 $R\cong\overline{R}$. 关系 $R\cong S$ 是自反的、传递的并且因为同构映射的逆映射也是同构映射，所以是对称的.

我们所熟悉的把每个整数 a 映射到模 m 剩余类的对应 $a\to[a]$ 是整数环 Z 到 Z_m 的同态. 如果 $f(x)$ 是系数在整环 D 中的任意多项式，那么用 D 中固定元素 b“替换”$f(x)$ 中的 x 而得到的对应 $f(x)\to f(b)$ 是多项式整数环 $D[x]$ 到 D 的一个同态，因为未定元 x 的多项式形式的加法法则和乘法法则，对于相应的 b 的多项式表达式当然适用. 如果 $Q[x]$ 是有理系数的多项式环，那么对应 $f(x)\to f(\sqrt{2})$ 是多项式环 $Q[x]$ 到由所有数 $a+b\sqrt{2}$ 构成的域上的满同态.

定理 1.6.3 环的同态映射像也是环.

证明　设R是一个环,$\overline{R}$是一个具有两个运算的系统,并且$R\sim\overline{R}$.我们要来证明$\overline{R}$也是环.证明的步骤与群的情形(第一章 §5,5.4)一样:

设$\overline{a},\overline{b},\overline{c}$是$\overline{R}$中任意三个元素.为了证明各条运算规律,譬如$\overline{a}(\overline{b}+\overline{c})=\overline{a}\,\overline{b}+\overline{a}\overline{c}$,任取$\overline{a},\overline{b},\overline{c}$的三个原像$a,b,c$.因为$R$是环,所以$a(b+c)=ab+ac$,根据同态映射的定义推知$\overline{a}(\overline{b}+\overline{c})=\overline{a}\overline{b}+\overline{a}\overline{c}$.所有的结合、交换和分配律可以同样证明.为了证明方程$\overline{a}+\overline{x}=\overline{b}$的可解性,任取$\overline{a},\overline{b}$的原像$a,b$,解方程$a+x=b$,经过同态映射即得$\overline{a}+\overline{x}=\overline{b}$.证毕.

同群的情形类似,我们有

定理 1.6.4　假定R和$\overline{R}$是两个环,并且R与$\overline{R}$同态.那么,R的零元的像是$\overline{R}$的零元,R的元a的负元的像是$\overline{a}$的像的负元.并且,假如R是交换环,那么$\overline{R}$也是交换环;假如R有单位元e,那么$\overline{R}$也有单位元$\overline{e}$,而且$\overline{e}$是e的像.

我们要注意,一个环有没有零因子这一个性质经过了一个同态满射是不一定可以保持的.例如,在同态$Z\to Z_m$中,第一个环Z是没有零因子的,但当m不是素数时,Z_m有零因子.再令$R=\{$所有整数对$(a,b)\}$,对于代数运算

$$(a_1,b_1)+(a_2,b_2)=(a_1+a_2,\ b_1+b_2),(a_1,b_1)(a_2,b_2)=(a_1a_2,\ b_1b_2)$$

来说,R显然作成一个环.现在我们用$\overline{R}$来表示整数环,那么

$$f:\qquad (a,b)\to a$$

显然是一个R到$\overline{R}$的同态满射.R的零元是$(0,0)$,而

$$(a,0)(0,b)=(0,0)$$

所以R有零因子.但$\overline{R}$没有零因子.

但R与$\overline{R}$间若是有一个同构存在,这两个环的代数性质当然没有什么区别.所以有

定理 1.6.5　假定R同$\overline{R}$是两个环,并且$R\cong\overline{R}$.那么,若R是整环,$\overline{R}$也是整环;R是除环,$\overline{R}$也是除环;R是域,$\overline{R}$也是域.

在以下的讨论里,我们有时需要作一个环,使得它包含一个给定的环.碰到这种情形的时候,我们常要用到底下的关于同构环的定理(定理 1.6.6).我们先证明:

引理　假定在集合A与$\overline{A}$之间存在一个一一映射f,并且A有加法和乘法.那么我们可以替$\overline{A}$规定加法和乘法,使得A与$\overline{A}$对于一对加法以及一对乘法来说都同构.

证明　假定在给定的一一映射之下,A的元x同$\overline{A}$的元$\overline{x}$对应,我们规定

$$\overline{a}+\overline{b}=\overline{c},\text{若 } a+b=c;\ \overline{a}\,\overline{b}=\overline{d},\text{若 } ab=d$$

这样规定的法则是$\overline{A}$的加法和乘法，因为给了$\overline{a}$和$\overline{b}$，我们可以找到唯一的a和b，因而找到唯一的c和d，唯一的$\overline{c}$和$\overline{d}$.

这样规定以后，f显然对于一对加法和一对乘法来说都是同构映射. 证完.

定理 1.6.6 设R与S是两个没有公共元素的环，S包含一个子环$\overline{S}$与R同构. 于是存在一个环$R' \cong S$，并且R'包含R作为子环.

证明 我们从S中除去$\overline{S}$的元素，并且用R中在同构映射下与它们对应的元素来代替. 对于原来的元素与替进来的元素，我们如此定义和与积，使它们恰与S中的和与积对应(例如，在代替前为$a'b'=c'$，a'被a代替，而b'与c'经过代替没有变，那么就定义$ab'=a'$). 这样，我们就得到一个环$R' \cong S$，R'确实包含R.

1.7 商域

仅仅由全体整数不能构成域，由整数构造有理数在本质上恰是构造了包含全体整数在内的域. 显然，这个域还必须包含所有方程$bx=a$，其中系数$a,b\neq 0$都是整数. 在《数论原理》中，为了从这些方程的解抽象地构造“有理数”，我们简单地引入某些新记号(或称数偶)$r=(a,b)$，每个记号代表一个方程$bx=a$的解. 同时我们证明了，这些新记号完全像域中的商$\frac{a}{b}$那样可以相加、相乘和相等.

不论我们从整数环Z，还是从其他一些整环出发，上述的说明都是很有意义的. 这可以确切地描述如下：

定义 1.7.1 设R为任一整环，一个域F叫作它的商域，如果

(ⅰ)R是F的一个子环；

(ⅱ)F的每个元素α可以表示为R的两个元素的商$\alpha=\frac{a}{b}$，$b\neq 0$.

从定义上来看，环R交换而且无零因子的条件是必要的. 因为任何域都是没有零因子的.

定理 1.7.1 每一个整环都有一个商域[①].

证明 我们可以把R只由单个的零元素组成这个平凡的情形除外. 现在考虑所有元素偶(a,b)，$b\neq 0$的集合F. 现在在F上定义一个关系$\sim$

$$(a,b)\sim(c,d)，当且仅当 ad=bc$$

① 对于非交换环的无零因子的环，这个定理不再成立.

这样规定的关系 $\sim$ 显然是自反的和对称的，它也是传递的，因为由

$$(a,b)\sim(c,d),(c,d)\sim(e,f)$$

推出

$$ad=bc,cf=de$$

从而

$$adf=bcf=bde$$

根据 $d\neq 0$ 以及 R 的交换性即得

$$af=be,\text{即}(a,b)\sim(e,f)$$

因此，关系 $\sim$ 具有等价关系的全部性质. 于是这个关系对于元素偶 (a,b) 定义一个分类，等价的元素偶属于同一类. 元素偶 (a,b) 所在的一类用符号 $\frac{a}{b}$ 表示. 于是，$\frac{a}{b}=\frac{d}{c}$ 当且仅当 $(a,b)\sim(c,d)$，也就是 $ad=bc$.

相应于一般域中商的运算规律，我们定义这些新符号 $\frac{a}{b}$ 的运算(和与积)如下

$$\frac{a}{b}+\frac{c}{d}=\frac{ad+bc}{bd},\frac{a}{b}\cdot\frac{c}{d}=\frac{ac}{bd} \tag{1}$$

这个定义是合理的. 因为首先，当 $b\neq 0$ 与 $d\neq 0$ 时有 $bd\neq 0$，所以 $\frac{ad+bc}{bd}$ 与 $\frac{ac}{bd}$ 是可以允许的符号；其次，右端的结果是与类 $\frac{a}{b}$ 与 $\frac{c}{d}$ 中代表 (a,b) 与 (c,d) 的选择无关. 在式(1) 的第一个等式中把 a 与 b 换成 a' 与 b'，这里

$$ab'=a'b$$

于是推出

$$adb'=a'db,adb'+bcb'=a'db+b'cb,(ad+bc)b'd=(a'd+b'c)bd$$

从而

$$\frac{ad+bc}{bd}=\frac{a'd+b'c}{b'd}$$

同样地对于第一个等式，有

$$a'b=ba',acb'd=a'cdb,\frac{ac}{bd}=\frac{a'c}{b'd}$$

把 (c,d) 换成 (c',d') 也有相应的结果，这里 $cd'=c'd$.

不难证明，全部域的性质是满足的. 例如，加法的结合律就是

$$\frac{a}{b}+\left(\frac{c}{d}+\frac{e}{f}\right)=\frac{a}{b}+\frac{ef+de}{df}=\frac{adf+bcf+bde}{bdf}$$

$$\left(\frac{a}{b}+\frac{c}{d}\right)+\frac{e}{f}=\frac{ad+bc}{bd}+\frac{e}{f}=\frac{adf+bcf+bde}{bdf}$$

其余规律的证明类似.

这个构造出来的域显然是交换的. 为了证明它包含环 R,我们必须把某些商与 R 的元素等同起来,做法如下:

令所有的商$\frac{cb}{b}$ 与元素 c 对应,其中 $b\neq 0$. 这些商都相等

$$\frac{cb}{b}=\frac{cb'}{b'},\text{因为}(cb)b'=b(cb')$$

因此每个元素 c 只与一个商对应. 不同的元素 c,c' 对应的商也不同. 因为由

$$\frac{cb}{b}=\frac{c'b'}{b'}$$

推出

$$cbb'=bc'b'$$

由于 $b\neq 0,b'\neq 0$,所以它们可以消去

$$c=c'$$

因此 R 的元素 $1-1$ 地对应到某些商.

如果在 R 中 $c_1+c_2=c_3$ 或者 $c_1c_2=c_3$,那么对于任意的 $b_1\neq 0,b_2\neq 0$ 以及 $b_3=b_1b_2$,有

$$\frac{c_1b_1}{b_1}+\frac{c_2b_2}{b_2}=\frac{c_1b_1b_2+c_2b_1b_2}{b_1b_2}=\frac{c_3b_3}{b_3}$$

或者

$$\frac{c_1b_1}{b_1}\cdot\frac{c_2b_2}{b_2}=\frac{c_1c_2b_1b_2}{b_1b_2}=\frac{c_3b_3}{b_3}$$

对应的商$\frac{c_ib_i}{b_i}$ 相加与相乘正好与环元素 c_i 是一致的,它们组成一个与 R 同构的环. 因此,我们可以把商$\frac{cb}{b}$ 换成对应的元素 c(1.6 目,定理 1.6.6). 这样就证明了这个域包含环 R.

于是我们证明了对于每个整环 R 都存在一个包含它的域.

构造商域是由一个环造出另一个环(有时是域) 的第二个方法. 例如,按这个方法由通常的整数环 Z 就得出了有理数域 Q.

下面的定理描述了某种意义下商域的最小性.

定理 1.7.2 设 R 是一个整环,F 是它的一个商域,则 R 到任意域 P 的任一单同态恒可以唯一地扩充成为 F 到 P 的一个单同态.

证明　首先证明存在性. 设 $\sigma:R\to P$ 是 R 到给定域 P 的任一单同态. 令 $F=\{\frac{a}{b}\mid a,b\in R,b\neq 0\}$ 是 R 的商域. 定义 F 到 P 映射 τ 如下

$$\tau\left(\frac{a}{b}\right)=\frac{\sigma(a)}{\sigma(b)}$$

如果 $\frac{a}{b}=\frac{d}{c}$，则明显的 $\tau\left(\frac{a}{b}\right)=\tau\left(\frac{d}{c}\right)$. 因此，$\tau$ 是 F 到 P 单一映射. τ 显然保持运算，因而 τ 是 F 到 P 单同态而且是 σ 的一个扩充.

其次证明 τ 的唯一性. 设 τ' 是一个 σ 在 F 上的另一个扩充. 那么对于 F 中任一元素 $x=\frac{a}{b}$，可写

$$\tau\left(\frac{a}{b}\right)=\frac{\sigma(a)}{\sigma(b)}=\tau'\left(\frac{a}{b}\right)$$

从而 $\tau'=\tau$.

定理 1.7.2 的一个简单推论得出商域的唯一性.

推论　一个整环 R 的商域在同构的意义下是唯一的.

证明　设 F 和 F' 是 R 的两个商域. 根据定理 1.7.2，存在一个单同态 τ：$F\to F'$ 并且保持 F 的元素映射到自身. 又因为 F' 是 R 的商域，F' 的每个元素 $x'=\frac{a}{b}$ 是 F 中的元素 $x=\frac{a}{b}$ 在 τ 下的像，因而 τ 是满射. 所以 τ 是一个 F 到 F' 的同构.

§2　理想与环的同态

2.1　理想

为了明确地描述一个具体的同态 $R\overset{\phi}{\sim}\overline{R}$，我们自然要问，什么时候第一个环中两个元素 a 和 b 在第二个环中有相同的像. 根据定义，只有当它们的差的像 $\phi(a-b)=\overline{0}$ 时，才可能发生这种情况. 因此我们寻求这样元素的集合，这些因素通过 ϕ 映射到 $\overline{R}$ 的零元 $\overline{0}$ 上. 例如，同态 $Z\to Z_m$ 把模 m 的所有倍数 km 映上到零. 所有这些倍数的集合在减法之下是封闭的，还有，这个集合的元素同 Z 的任何元素相乘后仍在这个集合中. 类似地，同态 $f(x)\to f(b)$ 把所有可被 $x-b$ 整除的多项式映射到零，再没有其他多项式可以映射到零. 所有这些多项式组

成的集合 S 在减法和用 $D[x]$ 的所有元素(不管这些元素是在 S 中)与它相乘的运算之下是封闭的. 这两个例子蕴含着下面的定义和定理.

定义 2.1.1 环 R 的一个非空子集$\mathfrak{R}$叫作一个理想,或者确切地,双边理想,假如

(ⅰ)若 $a,b \in \mathfrak{R}$,则 $a-b \in \mathfrak{R}$(模性);

(ⅱ)若 $a \in \mathfrak{R}$,则 $ar \in \mathfrak{R}, ra \in \mathfrak{R}$,这里 r 是 R 的任意元素.

如果条件(ⅱ)中只成立 $ar \in \mathfrak{R}$,则称$\mathfrak{R}$为右理想;如果只成立 $ra \in \mathfrak{R}$,则称$\mathfrak{R}$为左理想.

对于交换环,这三个概念就重合了. 正如前面所用的,理想总是用大写德文字母表示.

定理 2.1.1 环 R 的任意同态 ϕ 中,由所有映射到零的元素组成的集合是 R 中的一个理想.

为了在一般情形下证明定理,设$\mathfrak{R}$是 R 中所有满足 $\phi(a)=\bar{0}$ 的元素 a 的集合,其中 $\bar{0}$ 是像 $\bar{R}$ 的零元. 那么,对 R 中的任意元素 r,有 $\phi(ra)=\phi(r)\phi(a)=\phi(r)\bar{0}=\bar{0}$ 和 $\phi(ar)=\phi(a)\phi(r)=\bar{0}$,这就证明了性质(ⅱ). 此外,由 $\phi(a_1)=\phi(a_2)=\bar{0}$,可得到

$$\phi(a_1-a_2)=\phi(a_1)-\phi(a_2)=\bar{0}-\bar{0}=\bar{0}$$

因此证明了性质(ⅰ).

这个结果表明,环中的理想类似于群中的正规子群. 为表示这种类似,我们称通过同态且映射到零的所有元素组成的集合为 ϕ 的核,记作 $\ker \phi$.

定理 2.1.2 环 R 的满同态像由它的核确定(除同构外).

证明 我们必须证明,如果 ϕ 和 ϕ' 分别是 R 到 $\bar{R}$ 和 $\bar{R}'$ 上的满同态,并且 $\phi(a)=\bar{0}$ 当且仅当 $\phi'(a)=\bar{0}'$,那么 $\bar{R}$ 和 $\bar{R}'$ 是同构的. 很自然地,设元素 $a \in \bar{R}$ 对应于 $a' \in \bar{R}'$ 当且仅当这两个元素在 R 中有公共的像源 a,所以对某个 a,当 $\phi(a)=\bar{a}, \phi'(a)=\bar{a}'$ 时,有 $\bar{a} \leftrightarrow \bar{a}'$. 这个对应是一对一的:在这个对应下,对 $\bar{R}$ 中每个 $\bar{a}$,在 $\bar{R}'$ 中有一个且只有一个 $\bar{a}'$ 与 $\bar{a}$ 对应. 为证明这一点,首先注意,对 $\bar{R}$ 中每个 $\bar{a}$,在其中至少有一个像源 a,因此在 $\bar{R}'$ 中至少有一个 $\bar{a}'=\phi'(a)$ 与 $\bar{a}$ 对应. 其次,如果 $\bar{a} \leftrightarrow \bar{a}', \bar{a} \leftrightarrow \bar{b}'$. ,那么对 R 中某两个 a,b,有

$$\phi(a)=\bar{a}, \phi'(a)=\bar{a}', \phi(b)=\bar{a}, \phi'(b)=\bar{b}'$$

因此 $\phi(a-b)=\bar{a}'-\bar{a}'=\bar{0}$,根据假设可推出 $\bar{0}'=\phi'(a-b)=\bar{a}'-\bar{b}'$. 这个对应也保持和与积,这是因为如果 $\bar{a} \leftrightarrow \bar{a}', \bar{b} \leftrightarrow \bar{b}'$,那么

$$\bar{a}+\bar{b}=\phi(a+b) \leftrightarrow \phi'(a+b)=\bar{a}'+\bar{b}', \bar{a}\bar{b}=\phi(ab) \leftrightarrow \phi'(ab)=\bar{a}'\bar{b}'$$

这里 a 是 $\bar{a}$ 和$\bar{a}'$ 的公共像源，b 是 $\bar{b}$ 和$\bar{b}'$ 的公共像源.

理想的两个性质(i)和(ii)有几个直接推论. 由于(i)，一个理想$\mathfrak{R}$是一个加群；由于(ii)，$\mathfrak{R}$对于乘法来说是封闭的，所以一个理想一定是一个子环. 但(ii)不仅要求$\mathfrak{R}$的两个元的乘积必须在$\mathfrak{R}$里，而且进一步要求，a 的所有"右倍元"ar，ra 都必须在$\mathfrak{R}$里. 所以一个理想所适合的条件比一般子环的要强一点.

举一个例子. 设 R 是域 P 上的 2 阶方阵环，并设

$$\mathfrak{R}_1=\left\{\begin{pmatrix} a & 0 \\ b & 0 \end{pmatrix} \mid a,b\in P\right\},\mathfrak{R}_2=\left\{\begin{pmatrix} a & b \\ 0 & 0 \end{pmatrix} \mid a,b\in P\right\}$$

则容易验证，$\mathfrak{R}_1$是环 R 的一个左理想，$\mathfrak{R}_2$是环 R 的一个右理想. 另外

$$\mathfrak{R}_3=\left\{\begin{pmatrix} 0 & 0 \\ b & 0 \end{pmatrix} \mid b\in P\right\}$$

又是环$\mathfrak{R}_1$的一个双边理想，但它却不是 R 的左理想也不是右理想.

由此，同正规子群的情况类似，理想的理想不一定是原环的理想. 就是说，理想这种关系不具有传递性.

整个环 R 和仅由一个元素 0 组成的$\{0\}$(称为零理想)，总是任意环 R 的理想. 它们称为环 R 的假理想或平凡理想. 任意其他理想称为真理想或非平凡理想.

定义 2.1.2 只有平凡理想的非零环，称为单环.

单环的概念与单群类似.

定理 2.1.3 可除环都是单环.

证明 假定$\mathfrak{R}$是 R 的一个理想而$\mathfrak{R}$不是零理想. 在$\mathfrak{R}$中任取 $a\neq 0$，则 $a^{-1}\in R$. 于是由理想的定义，$a^{-1}a=e\in\mathfrak{R}$. 因而 R 的任意元 r，有 $r=r\cdot e\in\mathfrak{R}$. 这就是说，$\mathfrak{R}=R$. 证完.

因此，理想这个概念对于除环或域没有多大用处.

环 R 的一个同态称为真满同态，如果它的核是 R 的真理想. 这样，真满同态不是一个同构(同构只把$\{0\}$ 映到 $\bar{0}$). 因为可除环没有真理想，所以有：

定理 2.1.4 可除环没有真同态像.

2.2 理想的交与和 · 主理想

现在引入理想的运算，我们从子环的运算开始. 设$\mathfrak{R}_1$，$\mathfrak{R}_2$是为环 R 的子环，则交$\mathfrak{R}_1\cap\mathfrak{R}_2$为 R 的子环. 如果进一步假设$\mathfrak{R}_1$是 R 的理想，则$\mathfrak{R}_1\cap\mathfrak{R}_2$显然是$\mathfrak{R}_1$的理想. 如果$\mathfrak{R}_1$和$\mathfrak{R}_2$都是 R 的理想，那么$\mathfrak{R}_1\cap\mathfrak{R}_2$也是 R 的理想. 这是因为$\mathfrak{R}_1$和

$\mathfrak{R}_2$都是理想，所以若 $a,b \in \mathfrak{R}_1 \cap \mathfrak{R}_2, r \in R$，则 $a-b, ar, ra \in \mathfrak{R}_1$且 $a-b, ar, ra \in \mathfrak{R}_2$，因而 $a-b, ar, ra \in \mathfrak{R}_1 \cap \mathfrak{R}_2$，所以$\mathfrak{R}_1 \cap \mathfrak{R}_2$为 R 的理想.

环 R 的子环$\mathfrak{R}_1$与$\mathfrak{R}_2$的和，如群论一样，定义为

$$\mathfrak{R}_1 + \mathfrak{R}_2 = \{a+b \mid a \in \mathfrak{R}_1, b \in \mathfrak{R}_2\}$$

$\mathfrak{R}_1 + \mathfrak{R}_2$是 R 的一个加法子群，但不一定是 R 的子环. 例如，设 R 为一个数域 F 上的 2×2 维全矩阵环. 令

$$\mathfrak{R}_1 = \left\{ \begin{pmatrix} 0 & 0 \\ a & 0 \end{pmatrix} \middle| a \in F \right\}, \mathfrak{R}_2 = \left\{ \begin{pmatrix} 0 & b \\ 0 & 0 \end{pmatrix} \middle| b \in F \right\}$$

则$\mathfrak{R}_1, \mathfrak{R}_2$都是 R 的子环，但$\mathfrak{R}_1 + \mathfrak{R}_2$不是 R 的子环.

若还假定$\mathfrak{R}_2$是 R 的理想，则$\mathfrak{R}_1 + \mathfrak{R}_2$是 R 的一个子环. 因为，对于 $a_i \in \mathfrak{R}_1$，$b_i \in \mathfrak{R}_2, i=1,2$ 有

$$(a_1+b_1)(a_2+b_2) = a_1a_2 + a_1b_2 + b_1a_2 + b_1b_2$$

其中后三项属于$\mathfrak{R}_2$而 $a_1a_2 \in \mathfrak{R}_1$，从而上式左端属于$\mathfrak{R}_1 + \mathfrak{R}_2$，所以$\mathfrak{R}_1 + \mathfrak{R}_2$是一个子环.

若$\mathfrak{R}_1, \mathfrak{R}_2$都是 R 的理想，则$\mathfrak{R}_1 + \mathfrak{R}_2$也是 R 的理想. 因为 $s,t \in \mathfrak{R}_1 + \mathfrak{R}_2, r \in R$，则有

$$a_1, b_2 \in \mathfrak{R}_1, a_2, b_2 \in \mathfrak{R}_2 \text{使得 } s = a_1 + a_2, t = b_1 + b_2$$

从而

$$s - t = (a_1+a_2) - (b_1+b_2) = (a_1-b_1) + (a_2-b_2) \in \mathfrak{R}_1 + \mathfrak{R}_2$$
$$rs = r(a_1+a_2) = ra_1 + ra_2 \in \mathfrak{R}_1 + \mathfrak{R}_2$$
$$sr = (a_1+a_2)r = a_1r + a_2r \in \mathfrak{R}_1 + \mathfrak{R}_2$$

所以$\mathfrak{R}_1 + \mathfrak{R}_2$是理想.

进一步的结果是下面的定理，证明留给读者.

定理 2.2.1 环 R 的任意(有限或无限)多个理想的交还是理想；环 R 的任意有限多个理想的和还是理想.

已经证明(定理 2.2.1)，环 R 的任意两个理想$\mathfrak{R}_1$和$\mathfrak{R}_2$的交$\mathfrak{R}_1 \cap \mathfrak{R}_2$是一个理想. 设$\mathfrak{R}_3$是 R 的任意其他理想，则理想的交具有两个性质：

(ⅰ) $\mathfrak{R}_1 \cap \mathfrak{R}_2 \subseteq \mathfrak{R}_1, \mathfrak{R}_1 \cap \mathfrak{R}_2 \subseteq \mathfrak{R}_2$；

(ⅱ) 由$\mathfrak{R}_3 \subset \mathfrak{R}_1$和$\mathfrak{R}_3 \subset \mathfrak{R}_2$可推出$\mathfrak{R}_3 \subset \mathfrak{R}_1 \cap \mathfrak{R}_2$. 于是在格论意义下，这个交是$\mathfrak{R}_1$与$\mathfrak{R}_2$的最大下界.

对偶于交，考虑两个理想的和$\mathfrak{R}_1 + \mathfrak{R}_2$. 因为包含$\mathfrak{R}_1$和$\mathfrak{R}_2$的任意理想一定包含所有的和 $a+b$，所以这个理想$\mathfrak{R}_1 + \mathfrak{R}_2$包含$\mathfrak{R}_1$和$\mathfrak{R}_2$，并且包含在每个包含$\mathfrak{R}_1$ 和$\mathfrak{R}_2$的理想中. 于是在格论意义下$\mathfrak{R}_1 + \mathfrak{R}_2$是$\mathfrak{R}_1$与$\mathfrak{R}_2$的最小上界也是$\mathfrak{R}_1$与

$\mathfrak{N}_2$ 的并.

定理 2.2.2 理想的和 $\mathfrak{N}_1+\mathfrak{N}_2$ 与理想的交 $\mathfrak{N}_1 \cap \mathfrak{N}_2$，在通常包含关系之下，环 R 中的全体理想构成一个格[①].

设 $a \in R$，考察 R 中含有元素 a 的全部理想的集合 Σ. Σ 是非空的，因为 $R \in \Sigma$. 由定理 2.2.1，所有理想的交

$$\bigcap_{\mathfrak{N} \in \Sigma} \mathfrak{N}$$

也是 R 的一个理想. 这个理想称为 R 的由 a 生成的主理想，记作 (a).

因为 $a \in \mathfrak{N}(\mathfrak{N} \in \Sigma)$，所以 $a \in (a)$，从而 $(a) \in \Sigma$. 我们看到：一方面，(a) 是包含 a 的理想；另一方面，(a) 是所有包含 a 的理想的交. 所以 (a) 是 R 中包含 a 的最小理想.

定理 2.2.3 设 R 为任意的环，$a \in R$，则

$$(a)=\{(x_1ay_1+\cdots+x_may_m)+sa+at+na \mid x_i, y_i, s, t \in R, n \text{ 是整数}\}$$

证明 设

$$\mathfrak{N}=\{(x_1ay_1+\cdots+x_may_m)+sa+at+na \mid x_i, y_i, s, t \in R, n \text{ 是整数}\}$$

首先容易证明 $\mathfrak{N}$ 是 R 的一个理想：两个这种形式的元相减显然还是一个这种形式的元；用 R 的一个元 r 从左边去乘 $\mathfrak{N}$ 的一个元也得到一个这种形式的元，就是

$$[(rx_1)ay_1+\cdots+(rx_m)ay_m+rat]+(rs+nr)a$$

用 r 从右边去乘 $\mathfrak{N}$ 的元，情形一样.

因为 $a=1 \cdot a \in \mathfrak{N}$（1 是整数），所以 $\mathfrak{N}$ 为包含 a 的理想. 又因为 (a) 是由 a 生成的理想，所以 (a) 必包含所有形如

$$xay, xa, ay \text{ 与 } ma \ (x, y \in R, m \text{ 是整数})$$

的元素以及这些元素的和，因此 $(a) \supseteq \mathfrak{N}$，于是 $(a)=\mathfrak{N}$.

一个主理想 (a) 的元的形式并不是永远像定理 2.2.3 所说的那样复杂.

当 R 是交换环时，(a) 的元素显然都可以写成

$$ra+na, r \in R, n \text{ 是整数}$$

的形式.

当 R 有单位元的时候，(a) 的元都可以写成

$$\sum_i x_i a y_i, x_i, y_i \in R$$

的形式. 因为这时

$$sa=sa1, at=1at, na=(n1)a1$$

---

① 关于格，参阅本章 §6.

当 R 既是交换环又有单位元的时候，(a) 的元的形式特别简单，这时它们都可以写成

$$ra, r \in R$$

的形式.

这样，整数环 Z 中，任一固定整数 $m \neq 0$ 的所有倍数 $km(k \in Z)$ 作成的理想是主理想. 以后我们将证明(定理 4.2.5)，任何 $F[x]$ 中所有的理想都是主理想：在任何域 F 上，$F[x]$ 的任何理想$\mathfrak{R}$，或者仅由零组成，或者由任何次数最低的非零元素 $p(x)$ 的倍数 $a(x)p(x)$ 的集合组成.

现在考虑由环 R 中任意给定的有限个元素的集合生成的理想. 如果一个理想包含元素 $a_1, a_2, \cdots, a_m$，那么它必定包含所有形如 $s_1 + s_2 + \cdots + s_m$(其中 $s_i \in (a_i)$) 的元素. 而集合

$$(a_1, a_2, \cdots, a_m) = \{s_1 + s_2 + \cdots + s_m \mid s_i \in (a_i)\} \tag{1}$$

本身是一个理想. 这是因为，若

$$a = s_1 + s_2 + \cdots + s_m (s_i \in (a_i)), a' = s_1' + s_2' + \cdots + s_m' (s_i' \in (a_i))$$

那么，由于

$$s_i - s_i' \in (a_i)$$

$$a - a' = (s_1 - s_1') + (s_2 - s_2') + \cdots + (s_m - s_m') \in \mathfrak{R}$$

并且对于 R 的一个任意元 r 来说，由于 $rs_i, s_ir \in (a_i)$,

$$ra = rs_1 + rs_2 + \cdots + rs_m \in \mathfrak{R}, ar = s_1r + s_2r + \cdots + s_mr \in \mathfrak{R}$$

也就是说，这个集合具有关于理想所要求的性质(ⅰ)和(ⅱ). 这个理想叫作由 $a_1, a_2, \cdots, a_m$ 为基底[①]的理想(这种基底元素不能同向量空间的基底相类比，因为 $x_1a_1 + x_2a_2 + \cdots + x_ma_m = 0$ 不一定能推出 $x_1 = x_2 = \cdots = x_m = 0$). $(a_1, a_2, \cdots, a_m)$ 是包含元素 $a_1, a_2, \cdots, a_m$ 的最小理想，因为它被包含在包含所有 a_i 的任何理想中.

作为例子，我们来考虑整数环 Z 上的一元多项式环 $Z[x]$，我们看 $Z[x]$ 的理想$(2, x)$. 因为 $Z[x]$ 是有单位元的交换环，$(2, x)$ 由所有的元

$$2p_1(x) + xp_2(x), p_1(x), p_2(x) \in R[x]$$

组成；换一句话说，$(2, x)$ 刚好包含所有多项式

$$2a_0 + a_1x + \cdots + a_nx^n, a_i \in R, n \geqslant 0 \tag{2}$$

我们证明，$(2, x)$ 不是一个主理想. 假定$(2, x) = (p(x))$，那么 $2 \in p(x)$,

① 大多数熟悉的整环中，每个理想都有一组有限基底，但是也存在一些整环情况并非如此.

$x \in p(x)$，因而

$$2=q(x)p(x), x=h(x)p(x)$$

但

$$2=q(x)p(x) \Rightarrow p(x)=a$$
$$x=ah(x) \Rightarrow a=\pm 1$$

这样，$\pm 1=p(x) \in (2,x)$. 但 ± 1 都不是(2) 的形式，这是一个矛盾.

在 R 可交换时，若 $\mathfrak{R}_1=(a)$，$\mathfrak{R}_2=(b)$，则 $(\mathfrak{R}_1+\mathfrak{R}_2)=(a,b)$. 一般情形，若 $\mathfrak{R}_1=(a_1,a_2,\cdots,a_m)$，$\mathfrak{R}_2=(b_1,b_2,\cdots,b_n)$，则有

$$(\mathfrak{R}_1+\mathfrak{R}_2)=(a_1,a_2,\cdots,a_m,b_1,b_2,\cdots,b_n)$$

这就是说，如果 $\mathfrak{R}_1$，$\mathfrak{R}_2$ 分别具由 $a_i, i=1,2,\cdots,m; b_j, j=1,2,\cdots,n$ 生成的理想，那么 $(\mathfrak{R}_1+\mathfrak{R}_2)$ 是由 a_i, b_j 生成的理想.

2.3 理想的乘法

设 $\mathfrak{R}_1$，$\mathfrak{R}_2$ 是为环 R 的理想，同和的情形不一样，所有形如

$$ab, a \in \mathfrak{R}_1, b \in \mathfrak{R}_2$$

的元不能成为 R 的理想. 这可以通过下面的例子来说明：$\mathfrak{R}_1=(x,y)$，$\mathfrak{R}_2=(x^2,y)$ 是多项式环 $Z[x,y]$ 的理想，x^3，y^2 是形如 ab 的元，但 x^3-y^2 就不能写成 ab 的形状. 因此，我们来考虑所有有限个元 ab 的和

$$\sum_i a_i b_i (a_i \in \mathfrak{R}_1, b_i \in \mathfrak{R}_2)$$

的集合. 这时因为

$$\begin{aligned}\sum_i a_i b_i - \sum_i a_i' b_i' &= \sum_i a_i b_i + \sum_i (-a_i') b_i', r\sum_i a_i b_i \\ &= \sum_i (ra_i) b_i, (\sum_i a_i b_i) r = \sum_i a_i (b_i r)\end{aligned}$$

所以这个集成为 R 的理想，叫作 $\mathfrak{R}_1$，$\mathfrak{R}_2$ 的积并用 $\mathfrak{R}_1\mathfrak{R}_2$ 表示，即

$$\mathfrak{R}_1\mathfrak{R}_2=\{\sum_{i=1}^{n} a_i b_i \mid a_i \in \mathfrak{R}_1, b_i \in \mathfrak{R}_2, n \text{ 是任一正整数}\}$$

例如，在整数环 Z 中，如果 $\mathfrak{R}_1=(12)$，$\mathfrak{R}_2=(21)$，那么 $\mathfrak{R}_1\mathfrak{R}_2=(252)$.

当 R 是交换环时，如果 $\mathfrak{R}_1=(a)$，$\mathfrak{R}_2=(b)$，那么显然有 $\mathfrak{R}_1\mathfrak{R}_2=(ab)$. 更一般地，如果理想 $\mathfrak{R}_1$ 和 $\mathfrak{R}_2$ 各由基底

$$(a_1,a_2,\cdots,a_m), (b_1,b_2,\cdots,b_n)$$

所确定，任意乘积 ab 将具有形式

$$ab=(\sum_i x_i a_i)(\sum_j y_j b_j)=\sum_{i,j}(x_i y_j)(a_i b_j)$$

因此乘积理想$\mathfrak{R}_1\mathfrak{R}_2$有基底

$$\mathfrak{R}_1\mathfrak{R}_2=(a_1b_1,a_1b_2,\cdots,a_mb_{n-1},a_mb_n)$$

由定义,$R\mathfrak{R}\subseteq\mathfrak{R}$,$\mathfrak{R}R\subseteq\mathfrak{R}$;如果 R 有单位元,那么$\mathfrak{R}\subseteq R\mathfrak{R}$,$\mathfrak{R}\subseteq\mathfrak{R}R$,于是 $R\mathfrak{R}=\mathfrak{R}R=\mathfrak{R}$. 因此 R 是理想的乘法单位. 这也就是 R 所以叫作单位理想的一个原因.

同普通乘积的意义一样,R 的理想$\mathfrak{R}$的 n 乘幂$\mathfrak{R}^n$的意义是用下式来规定:$\mathfrak{R}^1=\mathfrak{R}$, $\mathfrak{R}^{n+1}=\mathfrak{R}\mathfrak{R}^n$,$n$ 是正整数.

为了方便,我们又常常把$\mathfrak{R}^0$写成 R 即$\mathfrak{R}^0=R$. 当$\mathfrak{R}^2=\mathfrak{R}$时,$\mathfrak{R}$叫作幂等理想,当$\mathfrak{R}^n=0$ 时,$\mathfrak{R}$叫作幂零理想. 这时$\mathfrak{R}$中任意 n 个元的乘积都是 0,即 $a_1a_2\cdots a_n=0$,$a_i\in\mathfrak{R}$. 因此$\mathfrak{R}$中任意元都是幂零元. 任意元都是幂零元的理想,叫作幂零元理想. 所以幂零理想是幂零元理想,但反过来不一定成立.

由定义,我们容易知道

$$(\mathfrak{R}_1\mathfrak{R}_2)\mathfrak{R}_3=\mathfrak{R}_1(\mathfrak{R}_2\mathfrak{R}_3)$$

即对乘法,理想的结合律成立. 再因为$\mathfrak{R}_1(\mathfrak{R}_2+\mathfrak{R}_3)$中任意元

$$\sum_i a_i(b_i+c_i)=\sum_i a_ib_i+\sum_i a_ic_i$$

在$\mathfrak{R}_1\mathfrak{R}_2+\mathfrak{R}_1\mathfrak{R}_3$中. 反过来,$\mathfrak{R}_1\mathfrak{R}_2+\mathfrak{R}_1\mathfrak{R}_3$中任意元

$$\sum_i a_ib_i+\sum_j a_jc_j=\sum_i a_i(b_i+0)+\sum_j a_j(0+c_i)$$

又在$\mathfrak{R}_1(\mathfrak{R}_2+\mathfrak{R}_3)$中,所以

$$\mathfrak{R}_1(\mathfrak{R}_2+\mathfrak{R}_3)=\mathfrak{R}_1\mathfrak{R}_2+\mathfrak{R}_1\mathfrak{R}_3$$

$$(\mathfrak{R}_1+\mathfrak{R}_2)(\mathfrak{R}_3+\mathfrak{R}_4)=\mathfrak{R}_1\mathfrak{R}_3+\mathfrak{R}_1\mathfrak{R}_4+\mathfrak{R}_2\mathfrak{R}_3+\mathfrak{R}_2\mathfrak{R}_4$$

假如 R 是交换环,那么

$$\mathfrak{R}_1\mathfrak{R}_2=\mathfrak{R}_2\mathfrak{R}_1$$

这就是说,在交换环中,对乘法,理想的交换律成立. 但消去律不成立,即由$\mathfrak{R}_1\mathfrak{R}_2=\mathfrak{R}_1\mathfrak{R}_3$,如果$\mathfrak{R}_1\neq 0$,不一定有$\mathfrak{R}_1=\mathfrak{R}_3$. 例如,在由所有形如 $a+3b\sqrt{-5}$(a,b 是整数或零)的数形成的环中,$\mathfrak{R}_1=(3,3\sqrt{-5})$,$B=(3)$,显然$\mathfrak{R}_1\neq\mathfrak{R}_2$,但

$$\mathfrak{R}_1{}^2=(9,9\sqrt{-5},-45)=(3,3\sqrt{-5})(3)=\mathfrak{R}_1\mathfrak{R}_2$$

2.4 理想的除法

我们知道,在整数环 Z 中,如果 $a\in(b)$,那么 $a=rb$,即 a 能够被 b 整除. 现在我们根据这引入理想的整除.

假定$\mathfrak{R}$是 R 的理想，如果 $a \in \mathfrak{R}$，即 $a \equiv 0(\mathfrak{R})$，我们就说 a 能够被理想$\mathfrak{R}$整除. 当理想$\mathfrak{I}$中任意元能够被$\mathfrak{R}$整除，即

$$\mathfrak{I} \subseteq \mathfrak{R}\text{，也就是}\mathfrak{I} \equiv 0(\mathfrak{R})$$

时，我们就说$\mathfrak{I}$能够被$\mathfrak{R}$整除，这时$\mathfrak{I}$叫作$\mathfrak{R}$的约理想，$\mathfrak{R}$叫作$\mathfrak{I}$的倍理想.

要注意的是，在整数中，约数不能大于倍数. 但在环中，约理想包含倍理想. 假如我们把约理解为包含，倍理解为被包含，那么约理想与倍理想的关系就容易认清而不致混淆了.

环 R 中任意理想都包含零理想，因此零理想是任意理想的倍理想. 单位理想 R 包含任意理想，因此 R 是任一理想的约理想，即 R 能整除任意理想. 在整数中，-1，1 能够整除任意整数，在这点上，R 与 -1，1 非常类似，这是我们称 R 为单位理想的另一原因.

显然，R 的理想$\mathfrak{R}$，$\mathfrak{I}$之和$\mathfrak{R}+\mathfrak{I}$是$\mathfrak{R}$，$\mathfrak{I}$约理想，因此$\mathfrak{R}+\mathfrak{I}$是$\mathfrak{R}$与$\mathfrak{I}$的公约理想. 但是$\mathfrak{R}$，$\mathfrak{I}$的任一公约理想都是$\mathfrak{R}+\mathfrak{I}$的约理想，所以$\mathfrak{R}+\mathfrak{I}$是$\mathfrak{R}$，$\mathfrak{I}$的最大公约理想.

假如环 R 有单位元的环，如果$\mathfrak{R}+\mathfrak{I}=R$，那么我们叫$\mathfrak{R}$，$\mathfrak{I}$为互素. 这时$\mathfrak{R}$，$\mathfrak{I}$除 R 外没有公约理想，并且 R 中任意元可以写成$\mathfrak{R}$，$\mathfrak{I}$中元的和. 譬如，在整数环中，由两个互素的数生成的两个理想是互素的. 任意整数也可以写成这两个素数的倍数的和.

同样，我们知道$\mathfrak{R}\cap\mathfrak{I}$是$\mathfrak{R}$，$\mathfrak{I}$的公倍理想，并且$\mathfrak{R}$，$\mathfrak{I}$的公倍理想都是$\mathfrak{R}\cap\mathfrak{I}$的倍理想，所以$\mathfrak{R}\cap\mathfrak{I}$是$\mathfrak{R}$，$\mathfrak{I}$的最小公倍理想.

再因为$\mathfrak{R}\mathfrak{I}\subseteq\mathfrak{R}$，$\mathfrak{R}\mathfrak{I}\subseteq\mathfrak{I}$，所以$\mathfrak{R}\mathfrak{I}\subseteq\mathfrak{R}\cap\mathfrak{I}$，这就是说，$\mathfrak{R}$，$\mathfrak{I}$的乘积$\mathfrak{R}\mathfrak{I}$是它们的最小公倍理想的倍理想.

我们知道，两个整数的最小公倍与最大公约的乘积等于这两个整数的乘积，因此在整数环 Z 中，理想$\mathfrak{R}$，$\mathfrak{I}$时最小公倍$\mathfrak{R}\cap\mathfrak{I}$与它们的最大公约$\mathfrak{R}+\mathfrak{I}$的乘积等于它们的乘积$\mathfrak{R}\mathfrak{I}$，即$(\mathfrak{R}\cap\mathfrak{I})(\mathfrak{R}+\mathfrak{I})=\mathfrak{R}\mathfrak{I}$. 但在一般交换环中，我们只能有

$$(\mathfrak{R}\cap\mathfrak{I})(\mathfrak{R}+\mathfrak{I})\subseteq\mathfrak{R}\mathfrak{I}$$

这是因为

$$(\mathfrak{R}\cap\mathfrak{I})(\mathfrak{R}+\mathfrak{I})=(\mathfrak{R}\cap\mathfrak{I})\mathfrak{R}+(\mathfrak{R}\cap\mathfrak{I})\mathfrak{I}\subseteq\mathfrak{R}\mathfrak{I}+\mathfrak{I}\mathfrak{R}=\mathfrak{R}\mathfrak{I}$$

当$\mathfrak{R}$，$\mathfrak{I}$是互素的理想，即$\mathfrak{R}+\mathfrak{I}=R$ 时，那么$\mathfrak{R}\mathfrak{I}=\mathfrak{R}\cap\mathfrak{I}$，也就是说，这时$\mathfrak{R}$，$\mathfrak{I}$的乘积就是它们的最小公倍理想.

下面，我们来介绍在一般交换环中理想的商的概念. 假定$\mathfrak{R}$，$\mathfrak{I}$是交换环 R 的理想，那么 R 中所有适合

$$r\mathfrak{I}\equiv 0(\mathfrak{R})$$

的元 r 形成 R 的理想，叫作$\mathfrak{R}$，$\mathfrak{I}$的商，用记号$\mathfrak{R}:\mathfrak{I}$表示

$$(\mathfrak{R}:\mathfrak{I})=\{r \mid r\in R, r\mathfrak{I}\subseteq \mathfrak{R}\}$$

这是因为，如果 r_1，r_2 适合上式，显然 r_1-r_2 以及 r_1r_2 也都适合上式，这里 r 是 R 中任意元. 特别

$$(0:\mathfrak{I})=\{r \mid r\in R, r\mathfrak{I}=0\}$$

叫作$\mathfrak{I}$的零化理想.

由定义，容易验证

$$\mathfrak{R}:\mathfrak{R}=R, \mathfrak{R}:(0)=R, \mathfrak{R}\subseteq(\mathfrak{R}:\mathfrak{I})\subseteq R, (\mathfrak{R}:\mathfrak{I})\mathfrak{I}\subseteq \mathfrak{R}$$

当$\mathfrak{I}\subseteq\mathfrak{R}$时，$(\mathfrak{R}:\mathfrak{I})=R$. 再

$$(\mathfrak{R}:\mathfrak{I}):\Xi=(\mathfrak{R}:\Xi):\mathfrak{I}=\mathfrak{R}:\mathfrak{I}\Xi$$

这是因为，由 $r\in(\mathfrak{R}:\mathfrak{I}):\Xi$，我们就有 $r\Xi\subseteq(\mathfrak{R}:\mathfrak{I})$. 即 $r\Xi\mathfrak{I}=r\mathfrak{I}\Xi\subseteq\mathfrak{R}$，所以 $r\in(\mathfrak{R}:\mathfrak{I}\Xi)$. 反过来也成立. 因此

$$(\mathfrak{R}:\mathfrak{I}):\Xi=\mathfrak{R}:\mathfrak{I}\Xi$$

同样我们又有

$$\mathfrak{R}:(\mathfrak{I}+\Xi)=(\mathfrak{R}:\mathfrak{I})\cap(\mathfrak{R}:\Xi)$$

此外，我们还有

$$(\mathfrak{R}_1\cap\mathfrak{R}_2\cap\cdots\cap\mathfrak{R}_n):\mathfrak{I}=(\mathfrak{R}_1:\mathfrak{I})\cap(\mathfrak{R}_2:\mathfrak{I})\cap\cdots\cap(\mathfrak{R}_n:\mathfrak{I})$$

即

$$(\bigcap_i\mathfrak{R}_i):\mathfrak{I}=\bigcap_i(\mathfrak{R}_i:\mathfrak{I}), i=1,2,\cdots,n$$

这是因为由 $r\mathfrak{I}\subseteq\bigcap_i\mathfrak{R}_i$，就有 $r\mathfrak{I}\subseteq\mathfrak{R}_i$，反过来也成立.

在整数环 Z 中，(a)，$(b)\neq 0$ 的商$(a):(b)$ 可以这样来求得，先把 a 分解因子，再删去其中能够整除 b 的因子，剩下的数如果是 c，那么$(a):(b)=(c)$. 例如

$$(12):(3)=(4), (12):(21)=(4), (12):(5)=(12)$$

又因为这时 c 就是 a，b 的最大公约数(a,b) 除 a 得到的商，所以我们又有$(a):(b)=(a):(a+b)$. 这性质在一般交换环中也能够成立，即

$$\mathfrak{R}:\mathfrak{I}=\mathfrak{R}:(\mathfrak{R}+\mathfrak{I})$$

这是因为

$$\mathfrak{R}:(\mathfrak{R}+\mathfrak{I})=(\mathfrak{R}:\mathfrak{R})\cap(\mathfrak{R}:\mathfrak{I})=R\cap(\mathfrak{R}:\mathfrak{I})=\mathfrak{R}:\mathfrak{I}$$

当理想$\mathfrak{R}$，$\mathfrak{I}$互素时，我们有

$$\mathfrak{R}:\mathfrak{I}=\mathfrak{R}, \mathfrak{I}:\mathfrak{R}=\mathfrak{I}$$

这是因为，首先有$\mathfrak{R}\subseteq(\mathfrak{R}:\mathfrak{I})$. 另一方面，假定$\mathfrak{R}:\mathfrak{I}=\Xi$，那么$\Xi\mathfrak{I}\subseteq\mathfrak{R}$，因此$\Xi\mathfrak{I}+$

$\mathfrak{N}=\mathfrak{N}$. 又因为$\mathfrak{N}+\mathfrak{I}=R$,所以

$$\Xi+\mathfrak{N}=(\Xi+\mathfrak{N})(\mathfrak{N}+\mathfrak{I})=\Xi\mathfrak{N}+\mathfrak{N}^2+\Xi\mathfrak{N}+\mathfrak{N}\mathfrak{I}\subseteq\Xi\mathfrak{N}+\mathfrak{N}=\mathfrak{N}$$

于是得出$\Xi\subseteq\mathfrak{N}$,即$\mathfrak{N}:\mathfrak{I}\subseteq\mathfrak{N}$,所以$\mathfrak{N}:\mathfrak{I}=\mathfrak{N}$. 同样,我们可以证明$\mathfrak{I}:\mathfrak{N}=\mathfrak{I}$.

要注意的是,上面这性质的逆是不成立的. 例如,在多项式环$Z[x,y]$中,$(x):(y)=(x)$,$(y):(x)=(y)$但$((x)+(y))\neq(1)$.

假如R是非交换环,$\mathfrak{N}$,$\mathfrak{I}$是R的理想,那么R中所有适合

$$r\mathfrak{I}\equiv 0(\mathfrak{N})(\mathfrak{I}r\equiv 0(\mathfrak{N}))$$

的元r形成R的理想,叫作$\mathfrak{N}$,$\mathfrak{I}$的右(左)商,用记号$(\mathfrak{N}:\mathfrak{I})_R$($(\mathfrak{N}:\mathfrak{I})_L$)表示. 同上面一样,我们容易得知

$$(\mathfrak{N}:\mathfrak{N})_R=R$$

$$\mathfrak{N}\subseteq(\mathfrak{N}:\mathfrak{I})_R$$

$$(\mathfrak{N}:\mathfrak{I})_R\cdot\mathfrak{I}\subseteq\mathfrak{N}$$

$$((\mathfrak{N}:\mathfrak{I})_R:\Xi)_R=(\mathfrak{N}:\Xi\mathfrak{I})_R$$

$$(\mathfrak{N}:(\mathfrak{I}+\Xi))_R=(\mathfrak{N}:\mathfrak{I})_R\cap(\mathfrak{N}:\Xi)_R$$

对于左商也有类似性质,读者可以根据定义加以验证.

2.5 商环

对环的每个同态,都存在对应的理想,该理想的元素在同态下映射到零. 反过来,给定一个理想,我们能构造一个相应的同态像. 只就加法来看,环R中的理想$\mathfrak{N}$是R的加法群的子群. 这样$\mathfrak{N}$的陪集

$$[a],[b],[c],\cdots$$

作成R的一个分类[①]. R中每个元素a属于这样的一个陪集,这个陪集常常称为剩余类$[a]=a+\mathfrak{N}$,它是由所有和$a+x$(变量$x\in\mathfrak{N}$)组成. 两个元素a和b属于同一个陪集当且仅当它们的差在这个理想$\mathfrak{N}$中. 因为加法是可交换的,所以$\mathfrak{N}$是加法群R的正规子群,因此$\mathfrak{N}$的所有陪集构成阿贝尔商群,在这个商群中,两个陪集的和是另一个陪集,它是通过把两个代表元相加而得到,即

$$(a+\mathfrak{N})+(b+\mathfrak{N})=(a+b)+\mathfrak{N} \tag{1}$$

第一章,4.5已经证明,这个和不依赖于在给定的陪集中元素a和b的选择.

为了构造两个陪集的乘积,在第一个陪集中选取任意元素a_1+x_1,在第二个陪集中选取任意元素a_2+x_2.

---

① 这个分类相当于R的元素间的一个等价关系,这个等价关系常用符号$a\equiv b(\mathfrak{N})$表示,读作a同余b模$\mathfrak{N}$.

乘积

$$(a_1+x_1)(a_2+x_2)=a_1a_2+(a_1x_2+x_1a_2+x_1x_2)=a_1a_2+x'$$

总是陪集 $a_1a_2+\mathfrak{R}$中的一个元素，因为根据理想的性质(ⅱ)，a_1x_2，x_1a_2，x_1x_2 这些项都在理想$\mathfrak{R}$中. 因此，第一个陪集中的元素与第二个陪集中的元素的所有乘积都在同一个陪集中，这个乘积陪集是

$$(a_1+\mathfrak{R})(a_1+\mathfrak{R})=a_1a_2+\mathfrak{R} \tag{2}$$

陪集乘法的结合律和分配律立即从 R 中相应的定律可以得到. 所以 R 中$\mathfrak{R}$的全体陪集构成一个环.

正是根据陪集运算的定义式(1) 和式(2)，把 R 的每个元素映射到它的陪集的对应 $a\rightarrow[a]=a+\mathfrak{R}$是一个满同态，称为 R 到商环 $R/\mathfrak{R}$的自然同态. 在这个满同态像中，零元素是陪集 $0+\mathfrak{R}$，所以$\mathfrak{R}$的元素都被映射到零. 这些结果可以总结如下：

定理 2.5.1 在定义(1) 和(2) 之下，环 R 中任意理想$\mathfrak{R}$的全体陪集构成一个环，称为商环 $R/\mathfrak{R}$[①]. 对应 $a\rightarrow a+\mathfrak{R}$把 R 的每个元素映射到包含它的陪集，它是 R 到商环 $R/\mathfrak{R}$的一个满同态. 而且这个满同态核是给定的理想$\mathfrak{R}$.

推论 1 如果 R 是可交换的，那么 $R/\mathfrak{R}$也是可交换的.

理想与同态的关系现在已经齐全了；特别是，定理 2.1.2 关于唯一性的断言可以改述如下：

推论 2 如果满同态 ϕ 把 R 映射到 $\overline{R}$，并有同态核$\mathfrak{R}$，那么 $\overline{R}$ 与商环 $R/\mathfrak{R}$ 同构.

以上的定理 2.5.1 与推论 2 统称为环的同态基本定理. 它一方面指出了环 R 的每一个商环都是 R 的一个同态像；另一方面，则表明环 R 的每一个同态像也就是 R 的一个商环. 换句话说，环 R 的所有商环已经穷尽了 R 的一切可能的同态像.

现在让我们来回看一下整数环的商环，这个商环是利用一个整数 m 同整数环 Z 的元素间的等价关系

$$a\equiv b(\operatorname{mod} m)$$

来作成的. 这个等价关系与利用 Z 的主理想(m) 来规定的等价关系

$$a\equiv b(\operatorname{mod}(m))$$

是一致的. 因为第一个等价关系是利用条件 $m\mid a-b$；第二个等价关系是利用

① 环 $R/\mathfrak{R}$也常被称为剩余类环，因为它的元素是$\mathfrak{R}$在 R 中的剩余类(陪集).

条件$(a-b)\in(m)$来规定的,而这两个条件并没有什么区别.

这样,模 m 整数的环 Z_m 现在可以描述成商环 $Z/(m)$. 反过来,由这个例子所启发,对任何环 R,当$(a-b)\in\mathfrak{R}$时,我们常常写成 $a\equiv b(\mathfrak{R})$,并且说 a 和 b 是同余的,模环 R 的理想$\mathfrak{R}$.

我们知道,子群和正规子群经过一个同态映射是不变的(参看第一章,5.4). 子环和理想也是这样.

定理 2.5.2 在环 R 到环 $\overline{R}$ 的一个同态映射之下,

(i)R 的一个子环 S 的像 $\overline{S}$ 是 $\overline{R}$ 的一个子环;

(ii)R 的一个理想$\mathfrak{R}$的像 $\overline{\mathfrak{R}}$ 是 $\overline{R}$ 的一个理想;

(iii)$\overline{R}$ 的一个子环 $\overline{S}$ 的逆像 S 是 R 的一个子环;

(iv)$\overline{R}$ 的一个子环 $\overline{\mathfrak{R}}$ 的理想$\mathfrak{R}$是 R 的一个理想.

它的证明同群论里的相当定理的证明完全类似,我们把它略去.

2.6 环的同态定理

我们从类似于群的对应定理(即第一章 §5,定理5.5.1)的一个定理开始.

设 $\phi:R\rightarrow\overline{R}$是一个环同态而且是满的,$N$是它的核. ϕ诱导出R的子环到$\overline{R}$的子环的映射. 设 H 为R 的一个子环,由群论可知像集 $\phi(H)$ 是 $\overline{R}$ 的加法子群而且对乘法封闭,因而 $\phi(H)$ 是一个子环. 如果 H 是R 的理想,则 $\phi(H)$ 也是 $\overline{R}$ 的理想. 这是因为,对于 $\overline{r}\in\overline{R}$,$\overline{a}\in\phi(H)$,存在 $r\in R$ 和 $a\in H$ 使得 $\phi(r)=\overline{r}$,$\phi(a)=\overline{a}$. 于是 $\overline{r}\,\overline{a}=\phi(r)\phi(a)=\phi(ra)\in\phi(H)$. 同理 $\overline{a}\,\overline{r}\in\phi(H)$.

反之,ϕ又诱导出$\overline{R}$的子环到R的子环的映射. 设 $\overline{H}$ 为$\overline{R}$ 的一个子环,由群论可知,$\overline{H}$在ϕ下的完全反像$\phi^{-1}(\overline{H})$是R的一个加法子群而且对乘法封闭,因而 $\phi^{-1}(\overline{H})$ 是 R 的子环. 而且 $\phi^{-1}(\overline{H})$ 包含核 N. 如果 $\overline{H}$ 还是 $\overline{R}$ 的理想,则 $\phi^{-1}(\overline{H})$ 也是 R 的理想. 因为对于 $r\in R$,$a\in\phi^{-1}(\overline{H})$,于是 $\phi(a)\in\overline{H}$,从而 $\phi(ra)=\phi(r)\phi(a)\in\overline{H}$,所以 $ra\in\phi^{-1}(\overline{H})$. 同样的理由,$ar\in\phi^{-1}(\overline{H})$. 所以 $\phi^{-1}(\overline{H})$ 是 R 的理想.

由第一章 5.5 目可知,这两种映射有如下关系

$$\phi^{-1}(\phi(H))=H+N,\phi(\phi^{-1}(\overline{H}))=\overline{H}$$

特别,如果 H 包含 ϕ 的核 N,则有

$$\phi^{-1}(\phi(H))=H$$

这就证明了:

定理 2.6.1(环的对应定理) 设 $\phi:R\rightarrow\overline{R}$ 是一个满的环同态,N 是它的核,则ϕ诱导出R 的一切包含N 的子环集合到$\overline{R}$ 的一切子环集合的一个一一对

应 $H \to \phi(H)$，而且在这个对应下理想和理想对应.

设$\mathfrak{N}$是环 R 的理想，根据定理 2.5.1，自然映射 $a \to a + \mathfrak{N}(a \in R)$ 是 R 到 $R/\mathfrak{N}$商环的一个满同态. 把已经证明了的定理 2.6.1 用到这个同态上，我们立刻得出：

定理 2.6.2(环的第二对应定理)　如果$\mathfrak{N}$是交换环 R 的一个真理想，则在包含$\mathfrak{N}$的一切中间理想$\mathfrak{I}$(即$\mathfrak{N} \subseteq \mathfrak{I} \subseteq R$)的集合到商环$R/\mathfrak{N}$中的一切理想的集合之间，存在保持包含关系的双射 φ. 该双射由

$$\varphi: \mathfrak{I} \to \phi(\mathfrak{I}) = \mathfrak{I}/\mathfrak{N} = \{a + \mathfrak{N} \mid a \in \mathfrak{I}\}$$

给出，其中 $\phi: R \to R/\mathfrak{N}$是自然映射.

现在进一步考察在环的满同态 $\phi: R \to \overline{R}$ 下由对应的理想得到的商环之间的关系. 设 H 是一个任意包含 $\ker \phi = N$ 的 R 的理想. 令 $\phi(H) = \overline{H}$. 首先根据群的同构定理(第一章定理 5.6.2)，加法群 R/H 与加法群$\overline{R}/\overline{H}$同构，而且$\overline{\varnothing}: x + H \to \phi(x) + \overline{H}$ 就是它们的一个同构映射. 我们来证明 $\overline{\varnothing}$ 还保持乘法. 因为

$$\begin{aligned}\overline{\varnothing}((a+H)\cdot(b+H)) &= \overline{\varnothing}(ab+H)\\ &= \phi(ab) + \overline{H} = \phi(a)\cdot\phi(b) + \overline{H}\\ &= (\phi(a) + \overline{H})\cdot(\phi(b) + \overline{H})\\ &= \overline{\varnothing}(a+H)\cdot\overline{\varnothing}(b+H)\end{aligned}$$

所以 $\overline{\varnothing}$ 是一个环同构. 于是得到：

定理 2.6.3(第一同构定理)　设 $\phi: R \to \overline{R}$ 是一个环的满同态，$N = \ker \phi$，H 为R 的任一包含N 的理想，则 ϕ 诱导出环同构$\overline{\varnothing}: R/H \to \phi(R)/\phi(H)$，使得

$$\overline{\varnothing}(x+H) = \phi(a) + \phi(H)$$

若将 $\overline{R}$ 与R/N 等同使得 $\phi(x) = x + N$，则得

$$R/H \cong (R/N)/(H/N)$$

而且 $\overline{\varnothing}: x + H \to \phi(x) + \overline{H}$ 是它们的一个同构映射.

最后我们来考察在环同态 $\phi: R \to \overline{R}$ 下具有同一个同态像的R 的一切子环之间的关系. 设 $N = \ker(\phi)$，而 H 为R 的任一子环. 令 $\phi(H) = \overline{H}$. 一方面 ϕ 诱导出一个满的环同态 $H \to \overline{H}$，它的核显然等于交 $H \cap N$，因而 $H/(H \cap N) \cong \overline{H}$. 另一方面，将 H 扩充，作和 $H + N$，它还是 R 的一个子环而且 $\phi(H + N) = \phi(H) = \overline{H}$. ϕ 诱导出环的满同态 $H + N \to \overline{H}$，其核等于 N. 因而$(H+N)/N \cong \overline{H}$. 这就得到：

定理 2.6.4(第二同构定理)　设 H 为环R 的一个子环，N 为 R 的一个理想，于是商环 $H/(H \cap N)$ 和商环$(H + N)/N$ 同构

$$H/(H \cap N) \cong (H+N)/N$$

而且映射 $x+N \to x+(H+N)$ 是 $H/(H\cap N)$ 到 $(H+N)/N$ 的一个同构映射.

附注 定理 2.6.3 是环同态基本定理的一个推广. 在定理 2.6.3 中取 $H=N$, 即得环同态基本定理.

例 整数环 Z 的任一理想 N 首先是 Z 的一个加法子群,因而 N 是由一个非负整数 n 的一切倍数 $qn, q\in Z$ 组成. N 可以记成 (n),那么 Z 的任意两个理想 (n),(m) 的和是由 n,m 的最大公约数 d 的一切倍数组成,即 $(n)+(m)=(d)$. (n),(m) 的交是由 n,m 的一切公倍数 k 组成,即 $(n)\cap(m)=(k)$. 根据定理 2.6.4 有

$$[(n)+(m)]/(m)\cong(n)/[(n)\cap(m)]$$

即得 $(d)/(m)\cong(n)/(k)$.

假设 m,n 不全为 0. 不妨设 $n\neq 0$. 可以数一下两边商环的元素的个数,左边有 $\frac{m}{d}$ 个而右边有 $\frac{k}{n}$ 个. 于是 $\frac{m}{d}=\frac{k}{n}$,即 $dk=mn$. 这表明,定理 2.6.4 重新导出整数环的一个事实:两个非负整数 m,n 的积 mn 等于它们的最大公因数 d 和最小公倍数 k 的积.

2.7 素理想和极大素理想

我们知道,任意环 R 的同态像 $\overline{R}$ 均同构于它的商环,因此,只要找出 R 的一切理想,也就找出了 R 的所有同态像. 这一目我们研究 R 的同态像为整环或域的情形,即研究 R 中哪些理想 $\mathfrak{N}$ 能使 $R/\mathfrak{N}$ 为整环? 哪些理想 $\mathfrak{N}$ 能使 $R/\mathfrak{N}$ 为域?

我们将看到,商环的每个性质都反映在它的生成理想 $\mathfrak{N}$ 的相应的性质中. 为了解释这个原理,我们定义极大理想和素理想.

定义 2.7.1 如果 R 中包含理想 $\mathfrak{N}$ 的理想只能是 $\mathfrak{N}$ 和 R 本身,则我们称 $\mathfrak{N}$ 是极大理想①. 如果 R 中理想 $\mathfrak{N}$ 包含乘积 ab 时,至少包含其中一个因子 a 或 b,则我们称 $\mathfrak{N}$ 为素理想.

例如,在整数环 Z 内由素数 p 生成的理想 (p) 是一个素理想. 因为若 $ab\in(p)$,则 $p\mid ab$. 于是必有 $p\mid a$ 或 $p\mid b$,即 $a\in(p)$ 或 $b\in(p)$. 而且 (p) 还是极大理想. 因为如果 Z 有一个理想 (n) 使得 $(p)\subseteq(n)\subseteq Z$. 由 $(p)\subseteq(n)$ 可知,$n\mid p$. 因为 p 是素数,所以只能 $n=1$ 或者 $n=p$. 若 $n=1$,则 $(n)=Z$;若 $n=$

① "极大理想"有时用"无因子理想"代替.

p,则$(n)=(p)$. 读者自己去证明,除去由素数生成的素理想和极大理想外,再无其他素理想和极大理想.

在交换环中,素理想起着特殊的作用. 例如,在整数环 Z 中,主理想(p) 是素理想当且仅当 p 是素数.

引理 设$\mathfrak{R}$是环R的一个理想,$\mathfrak{R}$是极大理想当且仅当商环$R/\mathfrak{R}$只有假理想.

证明 我们用 ϕ 表示R 到$R/\mathfrak{R}$的同态满射.

条件的充分性. 假设$\mathfrak{R}$不是R的极大理想:$R\supset\mathfrak{I}\supset\mathfrak{R}$,并且$\mathfrak{I}$是$R$的理想. 那么由定理 2.5.2,在 ϕ 之下,$\mathfrak{I}$ 的像 $\overline{\mathfrak{I}}$ 是 $R/\mathfrak{R}$的理想. 由于 $\mathfrak{I}$ 大于$\mathfrak{R}$,得出

$$\overline{\mathfrak{I}}\neq\{\overline{0}\}$$

另外,$\overline{\mathfrak{I}}$ 也不能是 $R/\mathfrak{R}$. 否则的话,对于 R 的任意元 r,可以找到 $\mathfrak{I}$ 的元 b,使得

$$[r]=[b],r-b\in\mathfrak{R}\subset\mathfrak{I}$$

于是,由于 $\mathfrak{I}$ 是理想,可以得到 $r\in\mathfrak{I}$,$\mathfrak{I}=R$,与假设相悖. 这样,$R/\mathfrak{R}$除了零理想和自身外还有理想 $\overline{\mathfrak{I}}$.

条件的必要性. 假设$\mathfrak{R}$是极大理想,$\overline{\mathfrak{I}}$是 $R/\mathfrak{R}$的理想,并且 $\overline{\mathfrak{I}}\neq\{\overline{0}\}$. 那么由定理 2.5.2,在 ϕ 之下,$\overline{\mathfrak{I}}$ 的逆像 $\mathfrak{I}$ 是 R 的理想. $\mathfrak{I}$ 显然包含$\mathfrak{R}$而且不等于$\mathfrak{R}$, 所以

$$\mathfrak{I}=R,\overline{\mathfrak{I}}=R/\mathfrak{R}$$

这样,$R/\mathfrak{R}$只有假理想.

定理 2.7.1 设 R 为一个含单位元的交换环,于是

(ⅰ)设 $\phi:R\to\overline{R}$ 是环的满同态,N 是它的核,则 ϕ 诱导出R 的包含N 的极大理想和 $\overline{R}$ 的极大理想成一一对应;

(ⅱ)R 为一域的充要条件是零理想(0) 为极大理想;

(ⅲ)R 的理想$\mathfrak{R}\neq R$ 为极大理想的充要条件是 $R/\mathfrak{R}$为一域.

证明 (ⅰ)根据定理2.6.1,ϕ 诱导出R 的包含N 的理想和$\overline{R}$ 的理想之间的一个一一对应,而且显然保持包含关系,即 R 的包含 N 的理想$\mathfrak{R}_1$,$\mathfrak{R}_2$有$\mathfrak{R}_1\subseteq\mathfrak{R}_2$ 当且仅当 $\phi(\mathfrak{R}_1)\subseteq\phi(\mathfrak{R}_2)$. 因此,$R$ 的包含 N 的极大理想与$\overline{R}$ 的极大理想一一对应.

(ⅱ)设 R 为一域. 若$\mathfrak{R}$为 R 的任一个非零理想,则$\mathfrak{R}$包含一个非零元 a. 由于 $a^{-1}\in R$,$\mathfrak{R}$也包含 $a^{-1}a=e$. 从而$\mathfrak{R}$包含R 的一切元,$\mathfrak{R}=R$. 所以(0) 是一个极大理想. 反之,若(0) 为极大理想. 设 a 为 R 的任一非零元,则 $Ra=\{xa\mid x\in R\}$ 是R的一个理想(因为R可交换),而且Ra 包含$e\cdot a=a$,因而$Ra\supseteq(0)$

但 $Ra \neq (0)$. 由于(0) 为极大,$Ra = R$,从而 $e \in Ra$,于是存在一个元 $b \in R$ 使得 $ba = e$. a 在 R 内可逆,所以 R 为一域.

(ⅲ) 假定$\mathfrak{R}$是极大理想,我们来证明 $R/\mathfrak{R}$的任一非零元 $a+\mathfrak{R}$(a 是R 中不属于$\mathfrak{R}$的任意元素)均可逆. 为此令 $H=\{h+ax \mid h \in \mathfrak{R}, x \in R\}$,那么容易证明,集合 H 是R 的一个理想. 这个理想包含$\mathfrak{R}$,并包含不在$\mathfrak{R}$中的元素 a. 由$\mathfrak{R}$的极大性,知 $H=R$. 特别的,单位元素 1 在 H 中,故存在某个 $h \in \mathfrak{R}, b \in R$ 使 $1=h+ab$. 于是

$$1+H=h+ab+H=ab+H=(a+H)(b+H)$$

即 $a+\mathfrak{R}$在 $R/\mathfrak{R}$中有逆元 $b+H$.

这就是说,陪集组成的交换环是一个域. 反过来,如果 $R/\mathfrak{R}$是一个域,我们可以证明$\mathfrak{R}$是极大理想:因为一个域只有假理想(参阅定理 2.1.3),按引理,$\mathfrak{R}$是极大理想.

按照定理 2.7.1,整数环中,由素数产生的商环 $Z/(p)$ 是一个域,因为(p)是一个极大理想.

定理 2.7.2 设 R 为一个含单位元的交换环,则

(ⅰ)R 的理想$\mathfrak{R} \neq R$ 为素理想的充要条件是 $R/\mathfrak{R}$为整环;

(ⅱ)R 为整环的充要条件是(0) 为素理想;

(ⅲ) 设 $\phi: R \to \overline{R}$ 是满的环同态,$N=\ker\phi$,则 ϕ 诱导出R 的包含 N 的素理想和 $\overline{R}$ 的素理想成一一对应.

证明 (ⅰ) 含单位元的交换环 $R/\mathfrak{R}$是整环当且仅当它没有零因子(1.3 目,定义 1.3.4). 这个条件用公式写成

$$[a][b]=0,\text{仅当}[a]=0\text{或}[b]=0$$

这里$[a]$ 和$[b]$ 分别是元素 a 和 b 在 R 中的陪集. 现在$\mathfrak{R}$的陪集$[a]$ 是零当且仅当 a 在理想$\mathfrak{R}$中,则上述条件可以改写成

ab 在$\mathfrak{R}$中,仅当 a 在$\mathfrak{R}$中或 b 在$\mathfrak{R}$中.

这恰好就是素理想$\mathfrak{R}$的定义.

(ⅱ) 在(ⅰ) 中令$\mathfrak{R}=(0)$,注意 $R/(0) \simeq R$,即得 2).

(ⅲ) 设$\mathfrak{R}$为 R 的一个包含 N 的素理想,于是 $R/\mathfrak{R}$为整环. 根据定理 2.6.3,$\overline{R}/\phi(\mathfrak{R}) \simeq R/\mathfrak{R}$,$\overline{R}/\phi(\mathfrak{R})$ 为整环,所以 $\phi(\mathfrak{R})$ 为素理想. 反之,若 $\phi(\mathfrak{R})$ 为素理想,则同样根据定理 2.6.3 可知 $\phi^{-1}(\phi(\mathfrak{R}))=\mathfrak{R}$为素理想.

因为每个域是一个整环,所以定理 2.7.1 的(ⅲ) 和定理 2.7.2 的(ⅰ) 意味着,一个含单位元的交换环的每个极大理想是素理想. 然而反过来,素理想却不一定是极大理想. 例如,考虑同态 $f(x,y) \to f(0,y)$,它把系数在域 F 上的未知

量 x 和 y 的多项式整环 $F[x,y]$ 映射到较小的整环 $F[y]$ 上. 因此映射到零的理想是主理想 (x)，它是由 x 的所有倍式(多项式) 组成. 因为像环 $F[y]$ 实际上是一个整环，所以这个理想 (x) 是一个素理想，这也可以直接验证. 但是 $F[y]$ 不是域，所以 (x) 不可能是极大理想. 实际上，它包含在较大的理想 (x,y) 之中，(x,y) 是由常数项为零的所有多项式组成.

每个交换环都存在极大理想吗? 这个问题的(正面) 答案牵涉佐恩引理(参阅《集合论》卷).

定理 2.7.3 设 R 为一个含单位元的交换环，又设 $a \in R$ 是一个非幂零元，则 R 至少有一个素理想而且不含 a 的任何方幂 $a^m, m \geqslant 0$.

证明 设 $\sum$ 为 R 中一切不包含 $\{a^n \mid n$ 是自然数$\}$ 的理想集合. 首先，$\sum$ 非空，因为 $(0) \in \sum$. $\sum$ 按集的包含关系为一偏序集. 设 $\{A_\alpha \mid \alpha \in I\}$ 为 $\sum$ 的任一个链(I 为指标集). 令 $A = \bigcup\limits_{\alpha \in I} A_\alpha$. 首先 A 是一个理想. 因为对于任意 b，$c \in A$，存在 $A_\beta, A_\gamma (\beta, \gamma \in I)$ 使得 $b \in A_\beta, c \in A_\gamma$. 因为 $\{A_\alpha \mid \alpha \in I\}$ 是一个链，A_β, A_γ 有包含关系，不妨设 $A_\beta \subseteq A_\gamma$. 于是 $b - c \in A_\gamma, b - c \in A$，而且对任意 $r \in R$ 有 $r \cdot b \in A_\beta, r \cdot b \in A$，所以 A 为一理想. 其次证明 A 不含 $\{a^n \mid n$ 是自然数$\}$，假若 A 包含 a 的某个方幂 $a^m, m \geqslant 0$，则 a^m 将含于某个 A_α 中，$\alpha \in I$，矛盾. 所以 $A \in \sum$，于是 $\sum$ 满足佐恩引理的条件. 根据佐恩引理，$\sum$ 有一个极大元，设为 P. 我们来证明 P 为素理想. 假若 P 非素理想，则存在元素 $b, c \in R$ 使得 $bc \in P$ 但 $b \notin P, c \notin P$. 令 $S = Rb + P, T = Rc + P$. S, T 为 R 的理想而且 $P \subseteq S, b \notin S$，因而 $P \neq S$. 由于 P 为 $\sum$ 的极大元，因而 $S \notin \sum$. S 与 $\{a^n \mid n$ 是自然数$\}$ 有交，即某个方幂 $a^k \in S$. 同理有某个方幂 $a^h \in T$. 于是 $a^{k+h} \in S \cdot T$. 但是 $S \cdot T = (Rb + P)(Rc + P) = Rbc + RbP + RcP + P^2 \subseteq P$，因而 $S \cdot T$ 与 $\{a^m \mid m$ 是自然数$\}$ 又无交，矛盾. 所以 P 是一个素理想而且与 $\{a^m \mid m$ 是自然数$\}$ 无交.

推论 1 一个含单位元的交换环至少有一个极大理想.

证明 在定理 2.7.3 中取 $a = e$，求证 P 为极大理想. 设 S 为 R 的一个理想使得 $S \supseteq P$ 但 $S \neq P$. 由于 P 为 $\sum$ 的一个极大元，因而 $S \notin \sum$，S 与 $\{e\}$ 有交，即 $e \in S$，于是 $S = R$. 所以 P 为极大.

推论 2 设 R 为一个含单位元的交换环，则 R 的全部素理想的交，恰好由 R 的全部幂零元组成.

证明 设 a 为 R 的任一个幂零元，于是 $a^m = 0$ 对某个 $m > 0$. 对 R 的每个

素理想 P，首先有 $a^m=0\in P$. 设 r 是最小正整数使得 $a^r\in P$. 若 $r>1$，则从 $a^r=a\cdot a^{r-1}\in P$ 得 $a\in P$ 或 $a^{r-1}\in P$，总之与 r 的取法矛盾，所以 $r=1$ 即 $a\in P$. 因此 R 的每个幂零元属于全部素理想的交. 反之，设 a 为 R 的任一个非幂零元，根据定理 2.7.3，存在 R 的一个素理想 P 使得 $a\notin P$，因而 a 不属于全部素理想的交. 这就证明了，全部素理想的交恰好由全部幂零元组成.

在推论 2 中定义的理想叫作环 R 的诣零根.

由推论 2 告诉我们这样一个事实：一个交换环 R 的幂零元的全体构成 R 的一个理想. 就是说，若 a,b 为 R 的幂零元，则 $a-b$，$rb\,(r\in R)$ 都是幂零元. 不过，这个事实可以给一个直接的证明，不必从推论 2 导出.

2.8　环的直和

这一目所讨论的环的直和，它是和群的直积相平行的概念. 本段所涉及的环都假定是有单位元素的环. 含单位的环的非零元素 a 的零次方幂 a^0 规定为 1.

定义 2.8.1　设 $R_1,R_2,\cdots,R_r$ 为 r 个环. 首先作加法群 $R_1,R_2,\cdots,R_r$ 的直和 $R=R_1\oplus R_2\oplus\cdots\oplus R_r$，然后在 R 中定义乘法如下

$$(a_1,a_2,\cdots,a_r)\cdot(b_1,b_2,\cdots,b_r)=(a_1b_1,a_2b_2,\cdots,a_rb_r)$$

则 R 成一环，它叫作环 $R_1,R_2,\cdots,R_r$ 的(外) 直和.

R 满足环的条件，读者自己可以验证. R 的零元素是 $(0,0,\cdots,0)$. 若 R_i 有单位元素 1_i，$i=1,2,\cdots,r$，则 R 有单位元素 $(1_1,1_2,\cdots,1_r)$. 如果 $R_1,R_2,\cdots,R_r$ 都是交换环，则 R 也是交换环.

直和 $R=R_1\oplus R_2\oplus\cdots\oplus R_r$ 有 r 个子环

$$R_i'=\{(0,\cdots,0,a_i,0,\cdots,0)\mid a_i\in R_i\},\ i=1,2,\cdots,r$$

它们适合：

(ⅰ) 每个 R_i' 是 R 的理想而且 $R_i'\cong R_i$.

(ⅱ) $R=R_1'+R_2'+\cdots+R_r'$.

(ⅲ) $R_i'\cap(R_1'+\cdots+R_i'+R_{i+1}'+\cdots+R_r')=(0)$，$i=1,2,\cdots,r$. 这里 (0) 表示零理想.

(ⅳ) R 的元素表成 $R_1',R_2',\cdots,R_r'$ 的元素的和，其表法是唯一的.

(ⅴ) 当 $i\neq j$ 时，R_i' 的元素与 R_j' 的元素相乘恒为 0，记成 $R_i'\cdot R_j'=(0)$.

(ⅱ) 至(ⅳ) 由群的直和知道是成立的. (ⅰ) 是显然的. 现在来验证(ⅴ). 设 $a\in R_i'$，$b\in R_j'$，由于(ⅰ)，$ab\in R_i'$，$ab\in R_j'$，因而，$ab\in R_i'\cap R_j'$. 由(ⅲ) 得 $ab=0$.

与群论中定理相平行的有：

定理 2.8.1 设环 R 的子环 $R_1,R_2,\cdots,R_r$ 适合：

(ⅰ)每个 R_i 为 R 的理想.

(ⅱ)$R=R_1'+R_2'+\cdots+R_r'$.

(ⅲ)$R_i'\cap(R_1'+\cdots+R_{i-1}'+R_{i+1}'+\cdots+R_r')=(0),i=1,2,\cdots,r$.

则 R 与环 $R_1,R_2,\cdots,R_r$ 的直和同构.

如果一个环 R 的子环 $R_1,R_2,\cdots,R_r$ 满足定理 2.8.1 的条件，则称 R 是 R_1，$R_2,\cdots,R_r$ 的内直和. 基于定理 2.8.1，在环同构意义下，直和与内直和的概念是一件事物的两个方面.

定理 2.8.1 有一种对偶的形式. 在叙述这种对偶形式之前，先证明一个引理. 回顾概念：如果含单位的环 R 的理想 $\mathfrak{R}$，$\mathfrak{I}$ 满足 $\mathfrak{R}+\mathfrak{I}=R$，则 $\mathfrak{R}$，$\mathfrak{I}$ 叫作互素.

引理 设 $\mathfrak{R}$，$\mathfrak{I}$，Ξ 为含单位元的环 R 的理想，则有

(ⅰ)若 R 为交换环，则从 $\mathfrak{R}$，$\mathfrak{I}$ 互素可推出等式 $\mathfrak{R}\cdot\mathfrak{I}=\mathfrak{R}\cap\mathfrak{I}$.

(ⅱ)若 $\mathfrak{R}$ 与 $\mathfrak{I}$ 都与 Ξ 互素，则 $\mathfrak{R}\cdot\mathfrak{I}$ 也与 Ξ 互素.

证明 (ⅰ)首先显然有 $\mathfrak{R}\cdot\mathfrak{I}\subseteq\mathfrak{R}\cap\mathfrak{I}$. 证明反包含也成立. 设 $c\in\mathfrak{R}\cap\mathfrak{I}$. 由假设 $\mathfrak{R}+\mathfrak{I}=R$，存在元素 $a\in\mathfrak{R}$，$b\in\mathfrak{I}$ 使得 $a+b=1$. 用 c 右乘等式两端 $ac+bc=c$. 元素 $ac\in\mathfrak{R}\mathfrak{I}$. 由 R 的交换性，$bc=cb\in\mathfrak{R}\mathfrak{I}$，因而 $c\in\mathfrak{R}\mathfrak{I}$，即得 $\mathfrak{R}\cap\mathfrak{I}\subseteq\mathfrak{R}\cdot\mathfrak{I}$，所以 $\mathfrak{R}\cdot\mathfrak{I}=\mathfrak{R}\cap\mathfrak{I}$.

(ⅱ)由假设 $\mathfrak{R}+\Xi=R$，$\mathfrak{I}+\Xi=R$. 于是存在元素 $a\in\mathfrak{R}$，$b\in\mathfrak{I}$，$b,d\in\Xi$ 满足 $a+c=1$，$b+d=1$. 等式两边分别相乘得

$$1=(a+c)(b+d)=ab+(ad+cb+cd)$$

等式右端 ad,cb,cd 都属于 Ξ 而 $ab\in\mathfrak{R}\mathfrak{I}$，因而 1 属于 $\mathfrak{R}\mathfrak{I}+\Xi$. 由于 $\mathfrak{R}\mathfrak{I}+\Xi$ 是 R 的理想，对任意 $x\in R$，$x=x\cdot 1\in\mathfrak{R}\mathfrak{I}+\Xi$. 所以 $R\subseteq\mathfrak{R}\mathfrak{I}+\Xi$. 反之，显然 $\mathfrak{R}\mathfrak{I}+\Xi\subseteq R$. 最后得 $\mathfrak{R}\mathfrak{I}+\Xi=R$. 这表明 $\mathfrak{R}\cdot\mathfrak{I}$ 也与 Ξ 互素.

定理 2.8.2 设含单位的环 R 的理想 $\mathfrak{R}_1,\mathfrak{R}_2,\cdots,\mathfrak{R}_r$ 两两互素，则

$$R/(\mathfrak{R}_1\cap\mathfrak{R}_2\cap\cdots\cap\mathfrak{R}_r)\cong(R/\mathfrak{R}_1)+(R/\mathfrak{R}_2)+\cdots+(R/\mathfrak{R}_r)$$

而且令 σ_i 表示自然同态 $R\to R/\mathfrak{R}_1,i=1,2,\cdots,r$，则映射

$$\sigma:R\to(R/\mathfrak{R}_1)+(R/\mathfrak{R}_2)+\cdots+(R/\mathfrak{R}_r)$$

$$\sigma(x)=(\sigma_1(x),\sigma_2(x),\cdots,\sigma_r(x)),x\in R$$

是一个满同态而且核为 $\mathfrak{R}_1\cap\mathfrak{R}_2\cap\cdots\cap\mathfrak{R}_r$.

证明 令 $M_i=\mathfrak{R}_1\cdots\mathfrak{R}_{i-1}\mathfrak{R}_{i+1}\cdots\mathfrak{R}_r,i=1,2,\cdots,r$. 于是 $M_1+M_2=(\mathfrak{R}_2+\mathfrak{R}_1)\mathfrak{R}_3\cdots\mathfrak{R}_r=\mathfrak{R}_3\cdots\mathfrak{R}_r$，$M_1+M_2+M_3=(\mathfrak{R}_3+\mathfrak{R}_2\mathfrak{R}_1)\mathfrak{R}_4\cdots\mathfrak{R}_r$. 根据引理(ⅱ)，$\mathfrak{R}_3$ 与 $\mathfrak{R}_2\mathfrak{R}_1$ 互素，有 $\mathfrak{R}_3+\mathfrak{R}_2\mathfrak{R}_1=R$，从而得 $M_1+M_2+M_3=\mathfrak{R}_4\cdots\mathfrak{R}_r$. 依此类推.

最后得 $M_1+M_2+\cdots+M_r=R$. 因而存在元素 $m_i\in M_i, i=1,2,\cdots,r$ 使得 $m_1+m_2+\cdots+m_r=1$. 于是由 $M_i\subseteq\mathfrak{R}_i, i\neq j$,得

$$\sigma_i(m_j)=0, i\neq j$$

$$\sigma_i(m_i)=1+\mathfrak{R}_i, i=1,2,\cdots,r$$

首先证明 σ 是满的. 任给 R 的 r 个元素 $x_1,x_2,\cdots,x_r$. 作 $x=m_1x_1+m_2x_2+\cdots+m_rx_r$,于是

$$\begin{aligned}\sigma_i(x)&=\sigma_i(m_1)\sigma_i(x_1)+\sigma_i(m_2)\sigma_i(x_2)+\cdots+\sigma_i(m_r)\sigma_i(x_r)\\&=\sigma_i(m_i)\sigma_i(x_i)=\sigma_i(x_i)\end{aligned}$$

$$\sigma(x)=(\sigma_1(x),\sigma_2(x),\cdots,\sigma_r(x))=(\sigma_1(x_1),\sigma_2(x_2),\cdots,\sigma_r(x_r))$$

因而 σ 是满的. 其次证明 $\ker(\sigma)=\mathfrak{R}_1\cap\mathfrak{R}_2\cap\cdots\cap\mathfrak{R}_r$. 显然 $\mathfrak{R}_1\cap\mathfrak{R}_2\cap\cdots\cap\mathfrak{R}_r\subseteq\ker(\sigma)$. 反之,设 $\sigma(x)=0$,于是 $\sigma_i(x)=0$ 即对所有 i. 从而 $x\in\mathfrak{R}_i$ 对所有 i,即 $x\in\mathfrak{R}_1\cap\mathfrak{R}_2\cap\cdots\cap\mathfrak{R}_r$. 这就完全证明了定理.

整数环 Z 的同余概念可以推广到任意环. 设 $\mathfrak{R}$ 为 R 的一个理想(在 2.5 目,我们曾经说起过这件事情). 对于任意元素 $a,b\in R$,若 $a-b\in\mathfrak{R}$,则 a,b 叫作模 $\mathfrak{R}$ 同余,记作

$$a\equiv b(\operatorname{mod}\mathfrak{R})$$

否则,a,b 叫作模 $\mathfrak{R}$ 非同余,记作 $a\not\equiv b(\operatorname{mod}\mathfrak{R})$. 关于模理想的同余式具有模整数的同余式的基本性质. R 的元素按模 $\mathfrak{R}$ 分解成一些同余类,含元素 a 的同余类记作 $\bar{a}$,$\bar{a}$ 表示商环 $R/\mathfrak{R}$ 的一个元素. 一个同余方程

$$ax\equiv b(\operatorname{mod}\mathfrak{R})$$

其中 $a\not\equiv 0(\operatorname{mod}\mathfrak{R})$,$a,b\in R$,在 R 内是否有解意味着方程 $\bar{a}\cdot\bar{x}=\bar{b}$ 在商环 $R/\mathfrak{R}$ 内是否有解? 于是定理 2.8.2 可以用同余方程组的形式表示出来,这就是:

定理 2.8.3(中国剩余定理) 设含单位的环 R 的理想 $\mathfrak{R}_1,\mathfrak{R}_2,\cdots,\mathfrak{R}_r$ 两两互素,则对任意给定的 r 个元素 $b_1,b_2,\cdots,b_r\in R$,同余方程组

$$x\equiv b_1(\operatorname{mod}\mathfrak{R}_1), x\equiv b_2(\operatorname{mod}\mathfrak{R}_2),\cdots,x\equiv b_r(\operatorname{mod}\mathfrak{R}_r)$$

在 R 内恒有解. 而且它的解 $\operatorname{mod}(\mathfrak{R}_1\cap\mathfrak{R}_2\cap\cdots\cap\mathfrak{R}_r)$ 是唯一的,即任两解 $\operatorname{mod}(\mathfrak{R}_1\cap\mathfrak{R}_2\cap\cdots\cap\mathfrak{R}_r)$ 同余.

证明 根据上面的解释,读者不难将定理 2.8.2 翻译成定理 2.8.3 的形式.

定理 2.8.2 的一个特殊情况特别值得一提,就是:

定理 2.8.2′ 若含单位的环 R 的理想 $\mathfrak{R}_1,\mathfrak{R}_2,\cdots,\mathfrak{R}_r$ 两两互素而且 $\mathfrak{R}_1\cap\mathfrak{R}_2\cap\cdots\cap\mathfrak{R}_r=(0)$,则

$$R\cong(R/\mathfrak{R}_1)\oplus(R/\mathfrak{R}_2)\oplus\cdots\oplus(R/\mathfrak{R}_r)$$

这个定理和定理2.8.1互为对偶.若含单位元的环R的理想$\mathfrak{R}_1,\mathfrak{R}_2,\cdots,\mathfrak{R}_r$满足定理2.8.2′的条件,则$R_i=\mathfrak{R}_1\cap\cdots\cap\mathfrak{R}_{i-1}\cap\mathfrak{R}_{i+1}\cap\cdots\cap\mathfrak{R}_r,i=1,2,\cdots,r$,满足定理2.8.1的条件且$R_i\cong(R/\mathfrak{R}_i)$.因而定理2.8.1可导出定理2.8.2′.反之,若R的理想$\mathfrak{R}_1,\mathfrak{R}_2,\cdots,\mathfrak{R}_r$满足定理2.8.1的条件.则$N_i=\mathfrak{R}_1+\cdots+\mathfrak{R}_{i-1}+\mathfrak{R}_{i+1}+\cdots+\mathfrak{R}_r,i=1,2,\cdots,r$,满足定理2.8.2′的条件而且$R/\mathfrak{R}_i\cong R_i$.因而定理2.8.2′导出定理2.8.1.

例子 整数环Z的任一理想$\mathfrak{R}$,若$\mathfrak{R}\neq(0),\mathfrak{R}\neq Z$,则$\mathfrak{R}=(n),n>1$.将$n$分解成素因子方幂的积$n=p_1^{\alpha_1}p_2^{\alpha_2}\cdots p_r^{\alpha_r},\alpha_i\geqslant 1$.于是

$$(n)=(p_1^{\alpha_1})(p_2^{\alpha_2})\cdots(p_r^{\alpha_r})$$

根据引理(ⅰ),得

$$(n)=(p_1^{\alpha_1})\cap(p_2^{\alpha_2})\cap\cdots\cap(p_r^{\alpha_r})$$

显然理想$(p_1^{\alpha_1}),(p_2^{\alpha_2}),\cdots,(p_r^{\alpha_r})$两两互素.根据定理2.8.2,得

$$Z/(n)\cong(Z/(p_1^{\alpha_1}))+(Z/(p_2^{\alpha_2}))+\cdots+(Z/(p_r^{\alpha_r}))$$

§3 整环内的因式分解

3.1 单位·不可分解元·素元

利用带余除法,可以与整数的整除性完全类似地展开域P的一个未知量环$P[x]$的整除性理论.由于这种类似性也可推广至确定类型的另一些环上(例如,在下一节中将讨论的高斯整数环),故这里我们建立整除性的理论将从所有这些环的情形着手.

暂时不加相反的限语,先假定R是有单位元e的整环.

定义3.1.1 如果对于R中的元素a和b,在R中存在一元素c,使$a=bc$,那么就说a被b除得尽,b除尽a,并且写为$b\mid a$.元素b叫作a的因子或约元,a叫作b的倍元.如果在R中这样的c不存在,那么就说a被b除不尽,b除不尽a,写为$b\nmid a$.

定理3.1.1 在R中整除性的概念具有下面的性质:

(ⅰ)对于任意$a,a\mid 0,e\mid a,a\mid a$;

(ⅱ)对于任意不等于零的$a,0\nmid a$;

(ⅲ)由$a\mid b,b\mid c$应有$a\mid c$;

(ⅳ)由$a\mid b,c\mid d$应有$ac\mid bd$;

(ⅴ) 由 $ac \mid bc, c \neq 0$,应有 $a \mid b$;

(ⅵ) 由 $a \mid b_i, i=1,2,\cdots,n$,对于 R 中任意 $r_1,r_2,\cdots,r_n$,应有 $a \mid (b_1r_1 + b_2r_2 + \cdots + b_nr_n)$.

证明非常简单,而且和整数的情形完全类似(参阅《数论原理》),我们省略这个证明.

现在来看一下,如何在所考虑的环中定义不可分解元素比较合适. 在整数环中通常的不可分解的数(素数) 总有以下两种分解:

$$p = p \cdot 1 = (-p) \cdot (-1)$$

在分解中一定有一个因子是"单位元"——1—— 的因子.

一般地,如果给出了一个具有单位元素的整环,那么在整除性的理论中,单位元的因子扮演着非常重要的角色.

定义 3.1.1 设 e 是环 R 的单位元,把单位元的因子,即具有性质 $\varepsilon \mid e$ 的元素 ε,叫作单位.

在整数环 Z 中,单位元的因子仅有 $+1$ 和 -1,因为 1 被异于 ± 1 的任何数都除不尽. 在多项式环 $R[x_1,x_2,\cdots,x_n]$ 中单位元的因子均属于 R,因为单位元素 e 是零次多项式,故只能被 R 中的元素除得尽,即 R 与 $R[x_1,x_2,\cdots,x_n]$ 有相同的单位元的因子. 特别情形,域 P 上的多项式环 $P[x_1,x_2,\cdots,x_n]$ 的单位元的因子是域 P 中异于零的所有元素.

如果 $\varepsilon \mid e$,则 $e = \varepsilon b$,这里 b 是 R 中的元素. 于是也有 $b \mid e$,而且 $b = \frac{e}{\varepsilon} = \varepsilon^{-1}$. 反之,如果 ε 在 R 中有逆元 ε^{-1},则 $e = \varepsilon \cdot \varepsilon^{-1}$,即 $\varepsilon \mid e$,因此,单位元的因子是 R 中这些元素,它们在 R 中具有逆元. 如此,名词"单位" 和"可逆元素" 具有相同意义.

一个整环的单位显然有以下性质:

定理 3.1.2 两个单位 ε 与 ε' 的乘积 $\varepsilon\varepsilon'$ 也是一个单位;单位 ε 的逆元 ε^{-1} 也是一个单位.

因此,所有单位的集合 U 构成一个乘法群.

每个元素 a 总有分解

$$a = \varepsilon^{-1} \cdot \varepsilon a = \varepsilon^{-1}(\varepsilon a) \tag{1}$$

其中,ε 是一个单位. 我们称这种以单位作为一个因子的分解为平凡的分解.

兹引入:

定义 3.1.2 设 R 是含单位元的交换环，R 中的元素 c 叫作不可分解的[①]，是指

（ⅰ）c 是非零元素并且不是单位；

（ⅱ）c 只有平凡的分解，即由 $c=ab$ 可推出 a 或 b 是一单位.

R 中元素 p 叫作素元，是指

（ⅰ）$p\neq 0$，并且不是单位；

（ⅱ）若 $p\mid ab$，则 $p\mid a$ 或者 $p\mid b$.

如果 p 是通常的素数，则 p 和 $-p$ 均是整数环中的不可分解元与素元（在定义 3.1.2 的意义下）. 然而这种重合性在一般的交换环中是不一定成立的. 设 $R=Z[\sqrt{-5}]$，即一切形如 $a+b\sqrt{-5}$ 的所有复数关于数的 $+$，$\times$ 作成的环. 这是一个有单位元 1 的整环. 首先来找 R 的一切单位. 设 $r=a+b\sqrt{-5}$ 是单位. 于是，存在 $\varepsilon=x+y\sqrt{-5}$，使得 $r\varepsilon=1$，即

$$r\varepsilon=(a+b\sqrt{-5})(x+y\sqrt{-5})=(ax-5by)+(bx+ay)\sqrt{-5}=1$$

或者 $ax-5by=1$ 且 $bx+ay=0$.

因 $r\neq 0$，故 $a^2+5b^2\neq 0$，x,y 满足以下等式

$$x=\frac{a}{a^2+5b^2},y=\frac{-b}{a^2+5b^2}$$

但 x,y 是整数，故有 $b=0$，从而 $a=\pm 1$，即 R 中的单位只有 ± 1.

下面我们证明 3 是 R 的一个不可分解元，但不是 R 的素元. 设 $3=(a+b\sqrt{-5})(c+d\sqrt{-5})$，用上面同样方法，有

$$c=\frac{3a}{a^2+5b^2},d=\frac{-3b}{a^2+5b^2}$$

因为 c,d 是整数，得出 $b=0$；$a=\pm 3$ 或 $a=\pm 1$. 如果 $a=\pm 1$，则 $(a+b\sqrt{-5})=\pm 1$，此时 3 不可分解；若 $a=\pm 3$，则 $(c+d\sqrt{-5})=1$，从而 3 亦是不可分解元素.

但 3 不是 R 的素元. 因 $3\mid(2+\sqrt{-5})(2-\sqrt{-5})$，但 $3\nmid(2+\sqrt{-5})$，$3\nmid(2-\sqrt{-5})$. 这里，我们仍然用上面的方法：设 $2+\sqrt{-5}=3(x+y\sqrt{-5})$，则 $3x=2$，$3y=1$ 应有整数解，而这是不可能的.

关于不可分解元与素元二者之间的关系，有

定理 3.1.3 设 R 是含单位元的整环，则 R 的每一个素元都是不可分解

① 不可分解的有时候又称为“不可约的”.

元.

证明 设 p 是 R 的素元，且 $p=ab$，则 $p \mid ab$. 由素元定义，知 $p \mid a$ 或者 $p \mid b$. 设 $p \mid a$，则 $px=a$，由此 $p=ab=pxb$，从而 $1=xb$，于是 b 是单位.

定理 3.1.3 的逆命题在何种条件下成立？我们知道，在整数环中，每一个不可分解元都是素元，回顾整数环中这个性质成立的证明，使我们想到利用最大公约元来描述这个条件，类比整数的最大公约数，我们有以下定义.

定义 3.1.3 设 R 是有单位元的交换环. $a,b \in R$，R 中的元素 d 元素叫作 a,b 的一个最大公约元，如果

(i) d 是元 a,b 的公约元，即 d 同时能够整除 a,b；

(ii) d 能够被 a,b 的每一个公约元 c 整除.

类似地，可定义最大公倍元的概念：非零元 k 叫作元 a,b 的最大公倍元，假如第一，k 是 a,b 的公倍元，即是说 a,b 中的每一个都能整除 k；第二，k 能除得尽 a,b 的任何公倍元.

由定义 3.1.3 可知，若 d 是 a,b 的一个最大公约元，对任意单位 ε，则 εd 也是 a,b 的最大公约元. 其次，设 d,d' 是 a,b 的两个最大公约元，则有 $d'=d\varepsilon$，ε 是单位.

由于 a,b 的最大公约元，一般不是唯一确定的，使得我们应用符号产生困难. 在整数环 Z 中，单位只有 1 和 -1，Z 中两个元素 a,b 不同时为零时，a,b 有两个最大公约元，仅相差一个负号，这时，我们约定用符号 (a,b) 表示正的最大公约元，这是唯一确定的. 在 F 上多项式环 $F[x]$ 中，a,b 不同时为零，则 a,b 的最大公约元有无穷多个，彼此仅相差一个 F 中的非零元，我们用符号 (a,b) 表示首系数为 1 的最大公约元，这也是唯一确定的. 在一般整环中，当 a,b 的最大公约元存在时，我们无法做类似于上面的约定，只好用 (a,b) 表示 a,b 的任意一个最大公约元.

需要说明的是，任一整环的两个元 a,b 未必存在最大公约元，例如，在 $R=Z[\sqrt{-5}]$ 中，取

$$a=3(2+\sqrt{-5}),b=(2+\sqrt{-5})(2-\sqrt{-5})=9$$

则 a,b 的最大公约元不能是单位，因 $2+\sqrt{-5} \mid a$，$2+\sqrt{-5} \mid b$. 又 a 不是 b 的因子，故 a,b 的最大公约元不能是 a. 另一方面，$a=3(2+\sqrt{-5})$，而 3 与 $2+\sqrt{-5}$ 都是不可分解元，从而 a,b 的最大公约元如果存在，只能是 3 或 $2+\sqrt{-5}$. 易见 3 或 $2+\sqrt{-5}$ 都不是 a,b 的最大公约元，即对于 R 中这两个元 a,b 来说，(a,b) 不存在.

定理 3.1.4 设 R 是一个含单位元的交换环，如果对于任意 $a,b\in R$，(a,b) 都存在，那么 R 中任意不可分解元皆为素元.

这个定理的证明放在下一目.

3.2 元素的相伴

两个只差一个单位作为因子的元素，a 与 $b=\varepsilon^{-1}a$ 常常被称为相伴的元素. 很容易看出，环 R 被分为相伴元的类. 为了证明这个命题，只要证明相伴的关系(为了简化起见，我们用记号 $a\sim b$ 表示)，具有等价关系的三个基本性质即可，这是很显然的：

(ⅰ) $a\sim a$，因为 $a=ae$；

(ⅱ) 如果 $a\sim b$，则 $a=bc$，其中 $c\mid e$，于是 $b=ac^{-1}$，此处 $c^{-1}\mid e$，即 $b\sim a$；

(ⅲ) 如果 $a\sim b,b\sim c$，则 $a=bf$ 且 $b=cg$，这里 $f\mid e,g\mid e$. 由此得 $a=c(gf)$. 但由 $g\mid e,f\mid e$，应该有 $gf\mid ee=e$(定理 3.1.1(ⅳ))，即 $a\sim c$.

定理 3.2.1 如果将已知元素换为与它们相伴的任意元素，则整除性的关系不被破坏，即是，如果 $a\mid b$，且 c,d 是单位，则 $ac\mid bd$.

证明 因为 $c\mid e$ 且 $e\mid d$，故 $c\mid d$ 且 $ac\mid bd$(定理 3.1.1(ⅰ)(ⅲ)(ⅳ)).

在这种意义下，我们也说，整除的关系可以讨论到这样的情况，即这些元素最多不过相差单位元的因子. 相伴元的一个类中的所有元素，在整除性的理论中所占地位都是同样的. 如果 R 是一域，则 R 中所有元素，除了零以外，都是单位元的因子. 因此，域的整除性理论是没有内容的.

定理 3.2.2 R 中的元素 a 与 b，当且仅当 $a\mid b,b\mid a$ 时才是相伴的.

证明 如果 $a=bc,c\mid e$，则在 R 中存在着元素 c^{-1} 且 $b=ac^{-1}$. 即 $a\mid b$ 且 $b\mid a$. 反之，如果 $a\mid b$ 且 $b\mid a$，那么，或者 $a=b=0$，因而 a 与 b 相伴，或者 $a\neq 0\neq b$，$a=bc$，$b=adc$，由此得 $a=adc$，消去不等于零的因子 a(这是可能的，因为 R 是整环)，我们求得 $cd=e,c\mid e,d\mid e$，即 a 与 b 相伴.

由式(1)，现在可以说，一个任意元 a 可以被每一个可逆元素 ε 和 a 的每一个相伴元 εa 整除. 我们把这种永远存在的因子同其他的因子区别一下.

定义 3.2.1 单位以及元 a 的相伴元叫作 a 的平凡因子. 其余的 a 的因子(如果还有)，叫作 a 的真因子.

不可分解元素现在也可以定义为一个非零元素，它除去可逆元素外没有真因子.

也就是说，一个不可分解元，它既不是零，又不是单位元的因子，但只有平凡因子. 既不是零又不是单位的非不可分解元叫作可分解元. 零元及单位元的因子既不是不可分解元,也不是可分解元.

定理 3.2.3 可逆元素 ε 同不可分解元 p 的乘积 εp 也是一个不可分解元.

证明 由于 $\varepsilon \neq 0, p \neq 0$,而整环没有零因子,所以 $\varepsilon p \neq 0$. εp 也不会是可逆元素,不然的话

$$e = \varepsilon'(\varepsilon p) = (\varepsilon'\varepsilon) p$$

p 是可逆元素,与假定不合.

现在假定 b 是 εp 的因子,并且 b 不是可逆元素,那么

$$\varepsilon p = bc, p = b(\varepsilon^{-1} c), b \mid p$$

但 p 是不可分解元,b 不是可逆元素,因此 b 一定是 p 的相伴元

$$b = \varepsilon'' p \cdot (\varepsilon''\varepsilon^{-1})(\varepsilon p)(\varepsilon'' \text{ 是可逆元素})$$

这就是说,b 是 εp 的相伴元,因为由定理 3.1.2,$\varepsilon''\varepsilon^{-1}$ 是可逆元素. 这样 εp 只有平凡因子.

定理 3.2.4 整环中一个不等于零的元 a 有真因子的充分而且必要条件是

$$a = bc$$

其中 b 和 c 都不是单位.

证明 若 a 有真因子 b,那么

$$a = bc$$

这里的 b 由真因子的定义不是可逆元素. c 也不是可逆元素,不然的话 $b = ac^{-1}$,b 是 a 的相伴元,与 b 是 a 的真因子的假定不合.

反过来,假定

$$a = bc$$

b 和 c 都不是可逆元素. 这时 b 不会是 a 的相伴元,若不然

$$b = \varepsilon a, a = \varepsilon ac, \quad e = ac$$

c 是可逆元素,与假定不合. 这样,b 既不是可逆元素,也不是 a 的相伴元,b 是 a 的真因子. 证完.

推论 假定 $a \neq 0$,并且 a 有真因子 b: $a = bc$,那么 c 也是 a 的真因子.

证明 由定理 3.2.4 的证明的前半部分,c 不是可逆元素. 由定理 3.2.4 的证明的后半部分,c 是 a 的一个真因子.

现在来证明定理 3.1.4,需要先证几个引理.

引理 1 如果 R 中任意两个元的最大公约元都存在,那么对于 R 中任意 a,b,c,均有

$$(a,(b,c)) \sim ((a,b),c)$$

证明 令 $r = (a,(b,c))$,即 $r \mid a, r \mid (b,c)$,由此,$r \mid b$. 从而可知

$r \mid (a,b)$，由 $r \mid (b,c)$ 又可得出 $r \mid c$，最后得出 $r \mid ((a,b),c)$，即 $(a,(b,c)) \mid ((a,b),c)$.

同样，有 $((a,b),c) \mid (a,(b,c))$，即 $(a,(b,c)) \sim ((a,b),c)$.

引理 2 $c(a,b) \sim (ca,cb)$，这里预先假设 (ca,cb) 是存在的.

证明 令 $d=(a,b)$，$f=(ca,cb)$，则 $cd \mid ca$，$cd \mid cb$，由此推得 $cd \mid f$. 另一方面，$ca=fx$，$cb=fy$，令 $f=cdu$，则

$$ca=cdux, cb=cduy$$

由消去律，知 $a=dux$，$b=duy$，由此得出 $du \mid a$，$du \mid b$，又由此推出 $du \mid d$，即 u 是单位，因此 $c(a,b) \sim (ca,cb)$.

引理 3 若 $(a,b) \sim e$，$(a,c) \sim e$，并且 (ca,cb) 存在，则 $(a,bc) \sim e$.

证明 若 $(a,b) \sim e$，由引理 2，$(ac,bc) \sim c$，又显然有：$(a,ac)=a$. 于是，$e \sim (a,c) \sim (a,(ac,bc)) \sim ((a,ac),bc) \sim (a,bc)$.

定理 3.2.4 的证明 设 p 是环 R 的不可分解元，并设 $p \mid ab$. 若 a，b 都不能被 p 整除，则由 p 的不可分解性，可知 a 与 p 的公约元只有单位，即 $(p,a) \sim e$. 同样，由 $p \nmid b$，知 $(a,b) \sim e$. 由引理 3，$(p,ab) \sim e$. 另一方面，$p \mid ab$ 推出 $(p,ab) \sim p$，由此又推出 $p \sim e$，这与 p 不是单位矛盾，此矛盾表明 $p \mid a$ 或 $p \mid b$.

3.3 唯一分解环的概念

已经有了不可分解元的定义，让我们来进一步考察，在什么情形之下可以说，一个元 a 可以唯一地分解成不可分解元的乘积. 首先我们必须要求，a 可以分解成有限个不可分解元的乘积

$$a=p_1p_2\cdots p_n (p_i \text{ 是不可分解元})$$

否则，我们根本无法讨论 a 是不是能唯一地分解. 可是 a 能够写成以上的乘积，也就能够写成以下的不可分解元的乘积

$$a=p_2p_1\cdots p_n, a=(\varepsilon p_1)(\varepsilon^{-1}p_2)\cdots p_n (\varepsilon \text{ 是任意单位})$$

等等.

假如我们把以上的几种分解看作不一样的，那么只要一个元能够写成两个以上的不可分解元的乘积，这个元就不能有唯一的分解；这样我们的问题就没有多大意义了. 因此我们引入定义如下.

定义 3.3.1 称整环 R 的一个元 a 在 R 里有唯一分解，假如以下条件能被满足：

（ⅰ）$a=p_1p_2\cdots p_n$（p_i 是 R 的不可分解元）；

（ⅱ）若同时

$$a=q_1q_2\cdots q_m(q_j\text{ 是 }R\text{ 的不可分解元})$$

那么 $n=m$，并且我们可以把 q_j 的次序调换一下，使得

$$q_i=\varepsilon_i p_i(\varepsilon_i\text{ 是 }R\text{ 的单位})$$

依照这个定义，一个整环的零元和单位一定不能唯一地分解，因为第一个条件就不能被满足. 假如我们把零写成若干个元的乘积

$$0=a_1a_2\cdots a_n$$

那么某一个 a_i 一定是 0，但 0 不是不可分解元. 假如我们能把一个单位 ε 写成若干个元的乘积

$$\varepsilon=b_1b_2\cdots b_n$$

那么

$$e=b_1(\varepsilon^{-1}b_2\cdots b_n)$$

b_1 是一个单位，但单位不是不可分解元.

所以唯一分解问题的研究对象只能是既不等于 0 也不是单位的元(我们说整数都能唯一分解，也没有把 0 同 ± 1 算上).

现在我们就问，一个整环的不等于零也不是单位的元是不是都有唯一分解呢？下面的例子告诉我们不是的.

设 R 是所有形如

$$z=a+b\sqrt{-3}=a+b\sqrt{3}\mathrm{i}$$

的复数的集合，这里 a,b 是任意整数. R 显然是一个整环，当 $b=0$ 时，我们得到所有整数，即 R 含有所有整数. 利用复数的模，我们容易得到以下事实：

(1)R 的一个元 ε 是一个单位，当而且只当 $|\varepsilon|^2=1$ 时，R 只有两个单位，就是 ± 1.

假定 $\varepsilon=a+b\sqrt{-3}$ 是一个单位，那么

$$1=\varepsilon\varepsilon',\ |1|^2=|\varepsilon|^2|\varepsilon'|^2,1=|\varepsilon|^2|\varepsilon'|^2$$

但 $|\varepsilon|^2=a^2+3b^2$ 是一个正整数，同样 $|\varepsilon'|^2$ 也是一个正整数，因此有 $|\varepsilon|^2=1$. 反过来看，假定

$$|\varepsilon|^2=a^2+3b^2=1$$

那么 $b=0,a=\pm 1$. 这就是说. $\varepsilon=\pm 1$ 显然是单位.

(2) 适合条件 $|\alpha|^2=4$ 的 R 的元 α 一定是不可分解元.

首先，既然 $|\alpha|^2=4,\alpha\neq 0$；并且由(1)，$\alpha$ 也不是单位. 假定 β 是 α 的因子

$$\alpha=\beta\gamma,\beta=a+b\sqrt{-3}$$

那么 $4=|\beta|^2|\gamma|^2$.

但不管 a,b 是什么整数，$|\beta|^2=a^2+3b^2\neq 2$，因此

$$|\beta|^2=1 \text{ 或 } 4$$

若是 $|\beta|^2=1$，由(1)，β 是单位. 若是 $|\beta|^2=4$，那么 $|\gamma|^2=1$，γ 是单位，因而

$$\gamma=\beta^{-1}\alpha$$

β 是 α 的相伴元. 这样 α 只有平凡因子，α 是不可分解元.

现在我们看 R 的元 4. 显然

$$4=2\cdot 2=(1+\sqrt{-3})(1-\sqrt{-3}) \tag{1}$$

因为

$$|2|^2=4,\ |1+\sqrt{-3}|^2=4,\ |1-\sqrt{-3}|^2=4$$

由(2)，$2,1+\sqrt{-3},1-\sqrt{-3}$ 都是 R 的不可分解元. 这就是说，式(1) 表示 4 在 R 里的两种分解. 但由(1)，$1+\sqrt{-3}$ 和 $1-\sqrt{-3}$ 都不是 2 的相伴元，因而按照定义，以上两种分解不同. 这样，4 在 R 里有两种不同的分解.

既然在一个整环里唯一分解定理未必成立. 另一方面我们也知道，在有些整环里，比方说整数环里，这个定理是成立的. 于是引入：

定义 3.3.2 一个整环 R 叫作一个唯一分解环(也叫高斯整环)，假如 R 的每一个既不等于零又不是单位的元都有唯一分解.

3.4 唯一分解环的特征与性质

既然不是每个整环都是唯一分解环(例如 $Z[\sqrt{-5}]$)，那么满足什么条件的整环才是一个唯一分解环呢？为解决这一问题，引进下列概念.

因子链条件 设 R 是一个整环，如果 R 中不存在下列无限序列：$a_1,a_2,\cdots,a_n,\cdots$，其中 a_{i+1} 是 a_i 的真因子(对一切 $i=1,2,\cdots$)，则称 R 适合因子链条件.

素性条件 若 R 的任一不可分解元都是素元，则称 R 适合素性条件.

定理 3.4.1 设 R 是一个整环，则 R 是唯一分解环当且仅当 R 适合因子链条件与素性条件.

证明 设 R 是一个唯一分解环，现有 R 中的一个序列 $a_1,a_2,\cdots,a_n,\cdots$，且 $a_{i+1}\mid a_i$. 要证明存在某个 m，当 $n>m$ 时均有 $a_{n+1}\sim a_n$. 现来看 a_1，由于 R 是唯一分解环，因此 $a_1=p_1p_2\cdots p_s$，其中 p_i 是不可分解元. 若 a_2 是 a_1 的真因子，则 $a_1=q_1a_1$，q_1 不是单位. 再若 a_3 是 a_2 的真因子，则 $a_3=q_2a_2$，q_2 也不是单位. 如此下去可有 $a_1=q_1q_2\cdots q_sa_{s+1}$，如 a_{s+1} 不是不可分解元，还可以继续这样分解下去，因此 a_1 至少有一个不可分解元的分解其长度(即不可约因子的个数)超过

了 s,这与 R 是唯一分解环的假定矛盾,因此 R 适合因子链条件.

再证 R 适合素性条件.设 p 是一个不可分解元且 $p \mid ab$,当然 p 不是单位.若 a 是单位,则有 $ab=pq$,$b=a^{-1}pq$,故 $p \mid b$.同理,若 b 是单位,$p \mid a$.假定 a 与 b 都不是单位,令 $a=p_1p_2\cdots p_s$,$b=p_1'p_2'\cdots p_t'$.$p_i(i=1,2,\cdots,s)$,$p_j(j=1,2,\cdots,t)$ 皆不可约,则 $ab=p_1p_2\cdots p_sp_1'p_2'\cdots p_t'$.由于 $p \mid ab$ 且 p 本身是不可分解元,故存在某个 i 或 j,使 $p_i \sim p$ 或 $p_j' \sim p$,因此或者 $p \mid a$ 或者 $p \mid b$.

现证明充分性.设 R 是适合因子链条件和素性条件的整环.首先因子链条件保证了 R 中的任一非单位(当然不为零)都有不可约分解.设 a 是非单位且 $a \neq 0$,若 a 本身是不可分解元,则就不必再分解因子了.若 a 不是不可分解元,则 a 可以分解为两个真因子的积 $a=a_1b_1$.若 a_1,b_1 不可约则到此为止.若其中某个可分解,比如 $a_1=a_2b_2$,再看 a_2,也许仍可继续分下去 $a_2=a_3b_3$ 等等.但这个过程不能无限做下去,否则将得到一个无限的序列 $a_1,a_2,a_3,\cdots$,使 a_{i+1} 是 a_i 的真因子,故必存在某个 a_n 是不可分解元.令 $p_1=a_n$,$a=p_1a'$,若 a' 是单位,则 a 是不可分解元不必再讨论.若 a' 还可再分,则如上面做过的一样,必有不可分解元 p_2 使 $a'=p_2a''$.如此不断做下去得 $a=p_1p_2\cdots p_sa^{(s)}$,但这个过程也不能无限延续下去,因为否则将得到一个无限序列 $a',a'',\cdots,a^{(s)},\cdots$,其中每个 $a^{(i+1)}$ 是 $a^{(i)}$ 的真因子,于是 a 必可分解为有限个不可分解元的乘积.

接下去还需证明因子分解的唯一性.设 $a=p_1p_2\cdots p_s$ 以及 $b=p_1'p_2'\cdots p_t'$ 是 a 的两个不可约分解,则 $p_1 \mid p_1'p_2'\cdots p_t'$,而 p_1 不可约,由素性条件知 p_1 是素元,故对某个 p_i',$p_1 \mid p_i'$.但是 p_i' 是不可分解元,故 $p_1 \sim p_i'$.经过重新编号,我们可设 $p_1 \sim p_1'$.同理 $p_2 \sim p_2',\cdots,p_s \sim p_s'$.这时若 $s \neq t$.比如 $t>s$,则 $p_{s+1}'\cdots p_t'=1$.

这不可能,故只有 $s=t$,这就证明了定理.

下面我们来讨论唯一分解环的性质.

定理 3.4.2 设 R 是唯一分解环,a,b 是其中异于零的元素,那么,当且仅当元素 a 的所有不可分解因子也是 b 的因子时,才有 $a \mid b$(这里以及下面,每一个素因子在给定元素的分解中出现多少次就应算多少次).

证明 如果元素 a 的所有素因子都含在 b 的分解式中,那么,显然有 $a \mid b$.如果 $a \mid b$,则 $b=aq$.将 a 和 q 分解为素因子的乘积,我们就得到 b 的分解,即 a 的所有素因子都出现在 b 的分解式中.

唯一分解环的另一重要性质就是最大公约元和最小公倍元的存在.

定理 3.4.3 对于唯一分解环 R 的任意元素 $a_1,a_2,\cdots,a_n$(它们不全等于零),存在着它们的最大公约元和最小公倍元,而且除单位元因子的因子差别外是唯一确定的.

证明 设 d 是同时出现在所有给出的元素 a_i 的分解式中的所有素因子的乘积(如果没有这样的素因子,那么就令 $d=e$,e—— 环 R 的单位元),k 是出现在至少是一个元素 a_i 的分解式中的所有素因子的乘积(详细地说,素因子在所有 a_i 中同时出现若干次就在 d 中取若干次,而在 k 中所取的次数就是至少在一个 a_i 中所出现的次数. 既然 d 的所有因子都出现在每一个 a_i 的分解式中,故由定理 3.4.2 可知 $d \mid a_i$,由于 a_i 的所有因子都出现在 k 中,故 $a_i \mid k$. 如果 b 是所有 a_i 的任一公约元,那么,b 的所有因子出现在每一个 a_i 中,即出现在 d 中,由此可知 $b \mid d$. 如果 b 是所有 a_i 的公倍元,那么每一 a_i 的所有因子都出现在 b 中,也就是说,k 的所有因子都出现在 b 中,由此可知 $k \mid b$. 因此,d 是给出的所有 a_i 的最大公约元,k 是所有 a_i 的最小公倍元. 如果 d' 是 a_i 的任一最大公约元,那么,$d \mid d'$ 且 $d' \mid d$. 按照定理 3.2.2,d 与 d' 是相伴元,即它们之间仅差别单位元因子的因子. 同样可证明最小公倍元 k 的唯一性.

由于这个定理和定理 3.1.4,定理 3.4.1 中的素性条件还可以用最大公因子条件来代替. 如此得到:

定理 3.4.4 设 R 是一个整环,则 R 是一个唯一分解环当且仅当 R 适合因子链条件和最大公因子条件.

按照定理 3.4.3,若是几个元的某一个最大公因子是一个单位,这几个元的任何一个最大公因子也是一个单位. 利用这一件事实,我们可以在一个唯一分解环里规定互素这一个概念:

定义 3.4.1 我们说,一个唯一分解环的元 $a_1,a_2,\cdots,a_n$ 互素,假如它们的最大公因子是单位.

这样规定的互素概念显然是普通互素概念的推广.

定理 3.4.5 设 d 是唯一分解环 R 的元素 $a_1,a_2,\cdots,a_n$ 的最大公约元,且 $a_i=db_i$,$i=1,2,\cdots,n$,那么,$b_1,b_2,\cdots,b_n$ 是互素的;反之,如果 $b_1,b_2,\cdots,b_n$ 是互素的,且 $c_i=db_i$,$i=1,2,\cdots,n$,那么,d 是 $a_1,a_2,\cdots,a_n$ 的最大公约元.

证明 如果 d_1 是元素 $b_1,b_2,\cdots,b_n$ 的最大公约元,那么,由等式 $a_i=db_i$,$b_i=d_1c_i$ 可知 $a_i=dd_1c_i$,$i=1,2,\cdots,n$. 于是,$dd_1 \mid d$;由此得 $d_1 \mid e$(定理 3.1.1(Ⅴ)),即 d_1 是单位元因子,且 $b_1,b_2,\cdots,b_n$ 互素. 反之,如果 $b_1,b_2,\cdots,b_n$ 互素,且 d' 是所有 a_i 的任一公约元,那么 $d' \mid db_i$,由定理 3.4.2,d' 的所有素因子都出现在 db_i 的分解式中. 假使这些素因子不都出现在 d 中,那么,b_i 将有共同的素因子,这是不可能的,因为,它们是互素的. 因此,d' 的所有因子都出现在 d 中,即 $d' \mid d$. 这样 d 是被任一公约元除尽的公约元,即是 $a_1,a_2,\cdots,a_n$ 的最

大公约元.

定理 3.4.6 如果 a,b,c 是唯一分解环 R 的元素，$a\mid bc$ 且 a,b 互素，则 $a\mid c$.

证明 由定理 3.4.2，可知 a 的所有因子都出现在 bc 中. 其中没有一个出现在 b 中，因为元素 a,b 的任一公约元都是单位元的因子. 即 a 的因子都出现在 b 中，即 $a\mid c$.

定理 3.4.7 设 $b_1,b_2,\cdots,b_n$ 是唯一分解环 R 中互素的元素，且 a 被每一 b_i 除尽，$i=1,2,\cdots,n$，那么，a 也被乘积 $b_1b_2\cdots b_n$ 除尽.

证明 每一个 b_i 的因子都出现在 a 中，且 $b_1,b_2,\cdots,b_n$ 中没有两个有共同的因子. 因此，乘积 $b_1b_2\cdots b_n$ 的所有因子都出现在 a 中，即 $b_1b_2\cdots b_n\mid a$.

定理 3.4.8 如果唯一分解环 R 的元素 a 与元素 $b_1,b_2,\cdots,b_n$ 中每一个都互素，那么，a 与乘积 $b_1b_2\cdots b_n$ 也互素.

证明 由定理的条件可知 a 与乘积 $b_1b_2\cdots b_n$ 没有共同因子，即它们是互素的，因为它们的最大公约元的任意因子也是它们的公因子.

3.5 理想与整除性

理想之间的包含同数之间的整除性有着密切的关系. 在整数环 Z 中，$n\mid m$ 意味着 $m=an$，因此 m 的每个倍数是 n 的倍数. n 的倍数组成主理想 (n)，所以条件 $n\mid m$ 意味着 (m) 包含在 (n) 中. 反过来，$(m)\subset(n)$ 特别意味着 m 在 (n) 中，因此 $m=an$，所以

$$(m)\subseteq(n)\text{ 当且仅当 }n\mid m$$

更一般地，现在我们要表明，关于整除性的所有命题均可用主理想的术语来叙述.

定理 3.5.1 设 R 为一个整环，a,b 为 R 的任意元素. 于是

(ⅰ) $a\mid b$ 当且仅当 $(b)\subseteq(a)$. 因而 $a\sim b$ 当且仅当 $(a)=(b)$. 而且若 $a\mid b$ 但 $a\nsim b$，则 $(b)\subsetneqq(a)$，反之也对.

(ⅱ) u 是单位当且仅当 $(u)=R$.

证明 (ⅰ) 若 $a\mid b$，则 $b\in(a)$，从而 $(b)\subseteq(a)$. 反之，若 $(b)\subseteq(a)$，则 $b\in(a)$，从而 $ac=b$，$a\mid b$. 从此直接导出 $a\sim b$ 当且仅当 $(a)=(b)$，然后得到后一个结果.

(ⅱ) 的证明留给读者.

最大公因数和最小公倍数在理想理论中也有相应的解释. 如果整数 m 和 n 有最大公因数 d，那么理想之和 $(m)+(n)$ 恰好是主理想 (d). 这是因为根据定

理 3.5.1 的(ⅰ),有$(d)\supseteq(m)$和$(d)\supseteq(n)$;由于d有表达式$d=sm+tn$,所以包含m和n的理想一定包含d,因而也包含(d)的所有元素.由此(d)是(m)和(n)的和,即$(d)=(m)+(n)$.

整数m和n的最小公倍数k是m和n的倍数,并且是m和n的其他每个公倍数的因子.于是,k的所有倍数的集合(k)是m和n的所有公倍数的集合,刚好也是主理想(m)和(n)的公共元素组成的集合.这个情况可以推广到一般情形,如下所述.

定理 3.5.2 假设a,b是含单位元的交换环R中的元素,则$d\in R$是a,b的最大公因子并且$d=r_1a+r_2b(r_i\in R)$当且仅当两个主理想的和$(a)+(b)$是主理想(d):$(a)+(b)=(d)$.

这个定理并不意味着a,b的每个最大公因子均可表示成a,b的R-线性组合.一般来说这是不正确的(参看定理 3.6.2 后面的注意).

证明 充分性.由于$(a)\subseteq(d),(b)\subseteq(d)$得出$d\mid a,d\mid b$.于是$d$为$a$,$b$的公因子.设$c$是$a,b$的任一公因子,即$c\mid a,c\mid b$,于是$(a)\subseteq(c),(b)\subseteq(c)$,从而$(a)+(b)=(d)\subseteq(c)$,即$c\mid d$.所以$d$是$a,b$的一个最大公因子.既然$R$是含单位元的交换环,所以$(a)+(b)=\{r_1a+r_2b\mid r_1,r_2\in R)\}$.

因而元素$d\in(d)[=(a)+(b)]$具有形式$r_1a+r_2b(r_i\in R)$.

必要性.如果a和b有最大公因子d,那么理想之和$(a)+(b)$恰好是主理想(d).这是因为由$d\mid a,d\mid b$可知$(d)\supseteq(a)$和$(d)\supseteq(b)$,所以,$(d)\supseteq(a)+(b)$;另一方面,由于d有表达式$d=r_1a+r_2b$,所以包含a和b的任意理想一定包含d,因而也包含(d)的所有元素:$(d)\subseteq(a)+(b)$.因此,$(d)=(a)+(b)$,即(d)是(a)和(b)的和.

多个元素$a_1,a_2,\cdots,a_n$的最大公因子可以归纳地定义.于是直接得到下列:

推论 设$a_1,a_2,\cdots,a_n$是含单位元的交换环R中的元素,则$d\in R$是a_1,$a_2,\cdots,a_n$的最大公因子并且$d=r_1a_1+r_2a_2+\cdots+r_na_n(r_i\in R)$当且仅当$(d)=(a_1)+(a_2)+\cdots+(a_n)$.

环R中的素元和不可分解元分别与R中的素理想和极大理想有紧密的联系.

定理 3.5.3 设p和c是整环R中的非零元素,则

(ⅰ)p为素元当且仅当(p)是非零素理想;因此,若(p)为非零极大理想,则p为素元;

(ⅱ)c为不可分解元当且仅当(c)在R的全体真主理想所组成的集合S中极大.

注记：从下面的证明中可以看出，定理 3.5.3 的一部分结果对于任意含单位元的交换环均成立.

证明 （ⅰ）根据素理想和素元的定义即得第一个结果. 若(p)为非零极大理想，根据§2，定理2.7.1和定理2.7.2的推论知(p)为非零素理想，因而p为素元.

（ⅱ）如果c是不可分解元，由定理3.5.1知(c)是R的真理想. 如果$(c)\subseteq(d)$，则$c=dx$. 由于c不可分解，可知或者d是单位（从而$(d)=R$），或者x是单位（由定理3.5.1这时$(c)=(d)$）. 于是(c)在S中极大. 反之，如果(c)在S中极大，由定理3.5.1可知c不是R中单位并且根据假设$c\neq 0$. 如果$c=ab$，则$(c)\subseteq(d)$，从而或者$(c)=(a)$，或者$(a)=R$. 在$(a)=R$时，a是单位（定理3.5.1）. 在$(c)=(a)$时，$a=cy$，从而$c=ab=cyb$. 由于R是整环，$e=yb$，从而b为单位. 因此c是不可分解的.

由于定理3.5.1（ⅰ），因子链条件也可以用另一种等价的说法来代替.

主理想升链条件 若环R没有主理想的无限真升链，即没有这样的无限序列

$$(a_1)\subsetneqq(a_2)\subsetneqq(a_3)\subsetneqq\cdots$$

则称R满足主理想升链条件.

显然，因子链条件等价于主理想升链条件.

3.6 主理想环

上一目的主理想升链条件，使我们引入下面的概念：

定义 3.6.1 一个整环叫作主理想环，如果它的每一个理想子环都是主理想子环.

就是说，主理想环的每个理想都可由一个元生成.

现在我们证明：

定理 3.6.1 一个主理想环是一个唯一分解环.

证明 设R是一个主理想整环，首先证明R适合主理想升链条件. 设R有主理想升链：$(a_1)\subsetneqq(a_2)\subsetneqq(a_3)\subsetneqq\cdots$. 令$\mathfrak{R}=\bigcup_i(a_i)$. 首先证明$\mathfrak{R}$是一个理想，对于$a,b\in\mathfrak{R}$，有$a,b$分别属于某个$(a_r)$和$(b_r)$. 不妨设$r\leqslant s$，于是$(a_r)\subseteq(a_s)$. 从而$d\in(a_s)$，$a-b\in\mathfrak{R}$. 对于$c\in\mathfrak{R}$，由$a\in(a_r)$得$ac\in(a_r)$，因而$ac\in\mathfrak{R}$，所以$\mathfrak{R}$是$R$的一个理想. 因为$R$是主理想整环，所以$\mathfrak{R}$是主理想，如此可设$\mathfrak{R}=(d)$. 根据$\mathfrak{R}$的定义，$d$属于某个$(a_m)$，从而$\mathfrak{R}=(d)\subseteq(a_m)$. 反之，显然$(a_m)\subseteq$

$\mathfrak{R}$，所以$\mathfrak{R}=(a_m)$，对任意大于m的整数n有$(a_m)\subseteq(a_n)\subseteq\mathfrak{R}$. 由$(a_m)=\mathfrak{R}$推出$(a_n)=\mathfrak{R}$. 最后得$\mathfrak{R}=(a_m)=(a_{m+1})=(a_{m+2})=\cdots$. 这就是说，上述升链不能无限真升链，即$R$适合主理想升链条件或因子链条件.

再证R适合最大公因子条件. 令a,b是R中任意两个非零元，记(a,b)为a，b生成的R的理想. 由于R是主理想整环，故(a,b)可由一个元生成. 设$(a,b)=(d)$，现来证明d是(a,b)的最大公因子. 由于$(d)=(a,b)\supseteq(a)$，故$d\mid a$；同理$d\mid b$. 又若$c\mid a,c\mid b$，即$(c)\supseteq(a)$，$(c)\supseteq(b)$，则$a,b\in(c)$，因此$(a,b)\in(c)$，即$(d)\subseteq(c)$或$c\mid d$. 这就证明了d是a,b的最大公因子. 证毕.

因此，建立在唯一分解环上的全部整除性理论对于主理想环来说都是成立的. 作为定理3.4.3的补充，可以证明：

定理 3.6.2 对于主理想环R中任意不全等于零的元素$a_1,a_2,\cdots,a_n$，元素d当且仅当对于R中的某些$q_1,q_2,\cdots,q_n$及$r_1,r_2,\cdots,r_n$，有

$$a_i=dq_i,i=1,2,\cdots,n \tag{1}$$

$$d=a_1r_1+a_2r_2+\cdots+a_nr_n \tag{2}$$

时，才是元素$a_1,a_2,\cdots,a_n$的最大公约元.

证明 设A是R中所有具有式(2)形状的元素a的集合，此处$r_1,r_2,\cdots,r_n$是环R中的任意元素. 如果

$$a=\sum_{k=1}^{n}a_kx_k,b=\sum_{k=1}^{n}a_ky_k$$

则

$$a\pm b=\sum_{k=1}^{n}a_k(x_k\pm y_k)\text{ 及 }ar=\sum_{k=1}^{n}a_k(x_kr)$$

即A是R的理想子环. 但在R中任意理想子环都是主理想子环，因此，$A=(d)$，即A中所有元素都被d除尽，而且d也属于A.

让我们来证明，$d=(a_1,a_2,\cdots,a_n)$.

给出的所有a_i都属于A，因为，在式(2)中令$r_i=e$，当$k\neq i$时命$r_k=0$，我们就得到a_i，即a_i被d除得尽，亦即条件式(1)被满足.

由此可知(由于所有a_i并不是都等于零)，$d\neq 0$.

d也是A中的元素，故也有式(2)形状，即对于R中某些$r_1,r_2,\cdots,r_n$，

$$d=a_1r_1+a_2r_2+\cdots+a_nr_n$$

满足等式(1)和(2)的任意元素d都是$a_1,a_2,\cdots,a_n$的最大公约元. 事实上，等式(1)表明d是这些元素的公约元. 如果x是$a_1,a_2,\cdots,a_n$的公约元，由式(2)

可知 $x \mid d$(定理 3.1.1(vi)).

如果 c 是单位元的因子,则由等式(1),求得

$$a_i = (cd)(c^{-1}q_i), i = 1, 2, \cdots, n$$

而由等式(2)

$$cd = a_1(cr_1) + a_2(cr_2) + \cdots + a_n(cr_n)$$

即与 d 相伴的元素 cd 满足式(1)、(2) 的条件,因而也是 $a_1, a_2, \cdots, a_n$ 的最大公约元. 然而,与 d 相伴的所有元素,就是所有的最大公约元,因为,如果 d' 是任一最大公约元,则 $d \mid d', d' \mid d$ 按照定理 3.2.2,d 与 d' 相伴.

注意 在不同于主理想环的唯一分解环中,最大公约元不能经常由给出的元素表成式(2) 的形状. 这样,在域 P 上的两个未知量的多项式环$P[x,y]$ 中,x 与 y 都是不可分解元,因此没有共同的素因子,也就是说,它们的最大公约元等于单位 e. 但 e 不可能表成 $ax + by$ 的形式,这里 a, b 是 $P[x,y]$ 中的多项式,因为所有这样形状的多项式都没有绝对项.

定理 3.6.3 设 a 是 R 中的任意元,p 是 R 的不可分解元,当且仅当 d 与 p 互素时,$p \nmid a$.

证明 如果 $p \mid a$,且$(a, p) = d$,则 d 与 p 不是相伴元. 否则将有 $p \mid d$ 且 $d \mid a$,由此得 $p \mid a$. 但 $d \mid p$,且 p 是不可分解元,这时只能以与 p 相伴的元素及单位元的因子作为其因子. 也就是说,d 是单位元的因子,而且由于 $d = de$,d 与 e 是相伴元. 按照定理 3.6.2,元素 e 也将是 a, p 的最大公约元,即 a 与 p 互素.

反之,如果$(a, p) = e$,则 $p \nmid a$. 因为,由 $p \mid a$ 及 $p \mid p$ 应有 $p \mid e$,即 p 是单位元的因子,这与不可分解元的定义相矛盾.

定理 3.6.4 如果 R 元素 $a_1, a_2, \cdots, a_n$ 的乘积被不可分解元 p 除得尽,那么,这些元素中至少有一个能被 p 除得尽.

证明 对 n 用归纳法,定理归结于两个元素 a_1, a_2 的情形. 因此,设 $p \mid a_1a_2$. 如果 $p \nmid a_1$,那么,按照前面的定理 3.6.3,a_1 与 p 互素,再按照定理3.4.6,应有 $p \mid a_2$.

3.7 欧氏环

整数整除性的全部理论是以带余数的除法法式为基础的. 因为域 P 上的多项式环 $P[x]$ 以及其他一些环也具有类似的除法法式,故这里我们讨论具有类似性质的任意环.

定义 3.7.1 整环 R 叫作欧氏环,如果对于它的异于零的任意元 a,有一不负的整数 $f(a)$ 与之对应,并且满足下面的条件:对于 R 中任意元素 a, b,这里

$b \neq 0$，在 R 中存在着元素 q 与 r，使

$$a = bq + r \tag{1}$$

而且，或者 $r=0$，或者 $f(r) < f(b)$.

如果在整数环 Z 中采取 a 的绝对值 $|a|$ 作为 $f(a)$，而在域 P 上的多项式环 $P[x]$ 中以多项式 a 的次数作为 $f(a)$，由于在这两个环中具有除法法式，可知这两个环都是欧氏环. 任意一个域，不论函数 $f(a)$ 如何选择，都是欧氏环，因为 $r=0$，式(1) 永远成立.

高斯整数的带余除法(参阅《数论原理》卷第六章定理 2.3.1 的证明) 的可行性证明了高斯整数环 $Z[i]$ 为欧氏整环. 类似地，可以证明 $Q(\sqrt{d})$ 的代数整数环在 $d=-2,2,3$ 时为欧氏整环.

下面我们来证明 $Q(\sqrt{-3})$ 的代数整数环 R_{-3} 也是欧氏整环. 注意 $-3 \equiv 1 \pmod 4$. 按照《数论原理》卷中的讨论(第六章定理 3.5.1)，$R_{-3}=\{\frac{1}{2}(a+b\sqrt{-3}) \mid a,b \in Z$ 且 a,b 同奇或同偶$\}$. 取函数 $f(x)$ 为数 x 的范数 $N(x)$：$f(x)=N(x)$. 对 $\alpha,\beta \in R_{-3}$，令 $\frac{\alpha}{\beta}=r+s\sqrt{-3}$，$r,s \in Q$. 首先取一个整数 v 使得 $|2s-v| \leqslant \frac{1}{2}$. 然后取一个整数 u 使得 $|2r-u| \leqslant 1$ 而且保持 u 与 v 同奇或同偶. 令 $q=\frac{1}{2}(u+v\sqrt{-3})$，$t_1=\frac{1}{2}(2r-u+(2s-v)\sqrt{-3})$. 于是 $\frac{\alpha}{\beta}=q+t_1$，得

$$\alpha = q\beta + t_1\beta$$

由于 $\alpha, q\beta \in R_{-3}$，从而 $t_1\beta \in R_{-3}$. 由计算

$$f(t_1)=N(t_1)=(\frac{2r-u}{2})^2+(\frac{2s-v}{2})^2 \leqslant \frac{1}{4}+\frac{1}{16}<1$$

因而，令 $t=t_1\beta$，有

$$f(t)=f(t_1\beta)=N(t_1\beta)=N(t_1)N(\beta)<N(\beta)=f(\beta)$$

所以算式 $\alpha=q\beta+t_1\beta$ 满足定义 3.7.1 的条件.

仿此，可以当 $d=-11,-7,5,13$ 时，$Q(\sqrt{d})$ 的代数整数环 R_d 为欧氏整环.

定理 3.7.1 欧氏环 R 是主理想环.

证明 设 A 是 R 的理想，如果 A 仅含有环 R 中的一个零元，则 $A=(0)$，是主理想. 设 A 含有异于零的其他元素. 因为 R 是欧氏环，故存在一函数 $f(x)$，对于 R 中任意 $x \neq 0$，其值都是不负的整数，而且具有式(1) 的性质. 因为自然数的任意集合(也或许含有数 0) 都含有最小数(参阅《集合论》卷)，故在理想子环

A 的非零元 x 至少应存在一个元素 a，使得 f 有最小值，即有这样的元素 a，

$$a \in A, a \neq 0,\ f(a) \leqslant f(x) \tag{2}$$

对于 A 中的任意 $x \neq 0$ 都成立.

让我们来证明，A 中的任意元素 b 都被 a 除尽. 按照函数 $f(x)$ 的性质，即(1)，对于 b 及 $a \neq 0$，在 R 中存在元素 q 及 r，使 $b = aq + r$，而且，或者 $r=0$，或者 $f(r) < f(a)$，因为 a，b 都属于理想子环 A，所以 $r = b - aq$ 属于理想子环 A，若 $r \neq 0$，将有 $f(r) < f(a)$，这是不可能的，因为 $f(a)$ 是最小的，即 $r=0$，$a \mid b$. 按照定义，A 是主理想(a).

这样一来，整数环 Z 以及域 P 上的一个未知量的多项式环 $P[x]$ 都是主理想环. 欧氏整环实际上是具有除法算式的主理想整环. 但是要注意，同一个欧氏整环 R 可能有不同的函数 $f(x)$（当然满足定义 3.7.1 中条件的函数）.

对于一般的主理想环来说，定理 3.4.3 的证明只肯定了最大公约元的存在，但没有给出实际的求法. 如果对于给定的 $a_1, a_2, \cdots, a_n$，此处 $a_1 \neq 0$，令 $d_k = (a_1, a_2, \cdots, a_n)$，$k = 1, 2, \cdots, n$，那么，很容易证明 $d_k = (d_{k-1}, a_k)$，$k = 2, 3, \cdots, n$. 这样，就将任意多个元素的最大公约元的求法归结为两个元素的最大公约元的求法. 对于欧氏环 R 来说，两个元素的最大公约元可以通过欧几里得给出的辗转相除法（欧几里得算法，由此才有欧氏环的名称）来求.

设要求 a，b 的最大公约元，如果 $b=0$，则$(a, b)=0$；如果 $b \neq 0$，那么，应用公式(1)，我们求得一个序列

$$a = bq_1 + r_1, b = r_1 q_2 + r_2, r_1 = r_2 q_3 + r_3, \cdots, r_{s-2} = r_{s-1} q_s + r_s, r_{s-1} = r_s q_{s+1} \tag{3}$$

此处，对于定义在 R 上的函数 $f(a)$，按照条件(1)，有

$$f(b) > f(r_1) > f(r_2) > \cdots$$

因为所有 $f(r_i)$ 都是不负的整数，故除至若干步以后，应该得到余数 $r_{s+1} = 0$. 我们可证，最后一个异于零的剩余 $r_s = d$ 是元素 a，b 的最大公约元，事实上，由下向上考虑等式(3)，我们求得

$$d = r_s \mid r_{s-1}, d \mid r_{s-2}, \cdots, d \mid r_1, d \mid b, d \mid a$$

如果 x 是元素 a，b 的任一公约元，那么，由上向下来考虑等式(3)，求得

$$x \mid a, x \mid b, x \mid r_1, \cdots, d \mid r_{s-1}, d \mid r_s = d$$

即 $d = (a, b)$.

§4 多项式环

4.1 交换环上的多项式环

这一节和前两节一样,讨论的环只限于含单位元的交换环. 谈到环 R 的扩环 R' 时总假定 R 和 R' 有相同的单位元素. 若环 R 是环 R' 的子环,则 R' 称为 R 的扩环. 本节的目的是利用多项式环来研究有限生成环的结构. 有限生成是构造环的一种较普遍的方法.

设 R 为一个含单位元的交换环,R' 为 R 的一个扩环,交换而且与 R 有相同的单位元素. 在 R' 内任取一个元素 u,考虑所有形如下列元素

$$a_0+a_1u+\cdots+a_nu^n, a_i\in R, n\geqslant 0$$

的集合,记作 $R[u]$. 首先 $R[u]$ 是 R' 的加法子群. 运用乘法交换律和分配律,$R[u]$ 的元素相乘可如下进行

$$\left(\sum_{i=0}^{n}a_iu^i\right)\left(\sum_{j=0}^{m}b_ju^j\right)=\sum_{i=0}^{n}\sum_{j=0}^{m}a_ib_ju^{i+j}=\sum_{k=0}^{m+n}c_ku^k$$

其中 $c_k=\sum\limits_{i+j=k}a_ib_j, k=0,1,\cdots,m+n$. 因而 $R[u]$ 对乘法是封闭的,所以 $R[u]$ 是 R' 的一个子环,显然 $R\subseteq R[u]$ 而且 $u\in R[u]$(因为 R' 与 R 有相同的单位元素). $R[u]$ 叫作元素 u 在 R 上生成的子环. $R[u]$ 的元素叫作 u 在 R 上的多项式. 确定 $R[u]$ 的结构,首先要确定 u 的两个多项式相等的条件,或者说确定 u 的一个多项式等于零的条件. 若 u 的一个多项式 $a_0+a_1u+\cdots+a_nu^n=0$,则它叫作 u 在 R 上的一个代数关系. $R[u]$ 的结构由 u 在 R 上的代数关系总和来决定. 为了确定 $R[u]$ 的结构,首先作一个 R 的扩环使得它包含一个元素 x,它在 R 上只有平凡的代数关系.

定义 4.1.1 设 R 为一个含单位交换环. 用 $R[[x]]$ 表示一切无限序列

$$(a_n)=(a_0,a_1,a_2,\cdots), a_i\in R, i=0,1,2,\cdots$$

组成的集合. 在 $R[[x]]$ 内定义 $+$ 和 $\cdot$ 如下

$$(a_n)+(b_n)=(a_n+b_n), (a_n)\cdot(b_n)=(c_n)$$

其中 $c_n=a_0b_n+a_1b_{n-1}+\cdots+a_nb_0=\sum\limits_{i+j=n}a_ib_j$. 于是 $R[[x]]$ 成一环,叫作 R 上的一元形式幂级数环. 验证 $R[[x]]$ 是一个环,作为练习留给读者.

$R[[x]]$ 是一个有单位元素 $e=(1,0,0,\cdots)$ 的交换环. 它包含 $R_0=\{(a_0,0,$

$0,\cdots) \mid a_0 \in R\}$ 作为子环. 于是 R 与 R_0 同构:$a_0 \to (a_0,0,0,\cdots)$ 将 a_0 与 $(a_0, 0,0,\cdots)$ 等同. 于是 R 为 $R[[x]]$ 的子环,而且 $a \cdot (a_n) = (aa_0, aa_1, aa_2, \cdots)$, $a \in R$.

定义 4.1.2 在 $R[[x]]$ 中取 $x=(0,1,0,0,\cdots)$. 于是 x 在 R 上生成的子环 $R[x]$ 叫作 R 上的一元多项式环.

由计算可知 $x^i=(0,\cdots,0,1,0,\cdots)$,其中 1 位于第 $i+1$ 个分量处而其余分量均分 $0(i=0,1,2,\cdots)$,因而 $R[x]$ 中每个元素可表成

$$a_0+a_1x+\cdots+a_nx^n=(a_0,a_1,\cdots,a_n,0,0,\cdots)$$

由此可知,$a_0+a_1x+\cdots+a_nx^n=0$ 的充要条件是所有系数 $a_0,a_1,\cdots,a_n$ 全为 0. 从而可知 x 的两个多项式 $a_0+a_1x+\cdots$ 和 $b_0+b_1x+\cdots$ 相等的充要条件是对应系数一一相等 $a_i=b_i, i=0,1,\cdots$. 因此 x 叫作 R 上的一个未定元. 以后 x 在 R 上的多项式用 $f(x),g(x),h(x)$ 等表示.

下面的定理回答了上面提出的问题,它说明环上由一个元素生成的环总是多项式环的同态像.

定理 4.1.1 设 σ 为环 R 到环 S 的一个同态而且 $\sigma(e)=e'$,对任一元素 $u \in S$,σ 恒可唯一地扩充成 R 上未定元 x 的多项式环 $R[x]$ 到 S 的同态 σ_u 使得 $\sigma_u(e)=u$.

证明 对 $f(x)=a_0+a_1u+\cdots+a_nu^n \in R[x]$,记作 $R[x]$ 到 S 的映射 σ_u

$$\sigma_u(f(x))=\sigma(a_0)+\sigma(a_1)u+\cdots+\sigma(a_n)u^n.$$

首先,这个定义是合理的,就是说. 从 $f(x)=g(x)$ 推出 $\sigma_u(f(x))=\sigma_u(g(x))$. 设 $g(x)=b_0+b_1x+\cdots+b_mx^m$. 容易验证 $\sigma_u(f(x)+g(x))=\sigma_u(f(x))+\sigma_u(g(x)$. 其次验证 σ_u 也保持乘法. 设 $f(x)g(x)=c_0+c_1x+\cdots+c_{n+m}x^{n+m}$,其中 $c_k=\sum\limits_{i+j=k}a_ib_j$. 于是

$$\begin{aligned}\sigma_u(f(x)\cdot g(x)) &= \sigma_u(c_0+c_1x+\cdots+c_{n+m}x^{n+m}) \\ &= \sigma(c_0)+\sigma(c_1)u+\cdots+\sigma(c_{n+m})u^{n+m}\end{aligned}$$

其中

$$\sigma(c_k)=\sigma(\sum_{i+j=k}a_ib_j)=\sum_{i+j=k}\sigma(a_i)\sigma(b_j)$$

所以

$$\sigma_u(f(x)\cdot g(x))=\sigma_u(f(x))\cdot\sigma_u(g(x))$$

而且

$$\sigma_u(x)=\sigma(e)u=e'\cdot u=u, \sigma_u(a)=\sigma(a), a \in R$$

所以σ_u是σ在$R[x]$的一个扩充而且$\sigma_u(x)=u$,σ_u显然由σ和x的像唯一决定,$R[x]$在σ_u下的像为$\sigma(R)[x]$.

推论 设S为R的一个扩环且与R有相同的单位元素,则对任一$u\in R$,存在$R[x]$的一个理想I,使得

$$R[u]\cong R[x]/I,\text{且 } I\cap R=\{0\}$$

证明 在定理4.1.1中取σ为R到S的包含映射$\sigma(a)=a,a\in R$.于是存在$R[x]$到S的同态σ_u使得$\sigma_u(x)=u$,而且σ_u限制在R上为恒等映射,设$\ker(\sigma_u)=I$,于是

$$R[u]\cong R[x]/I$$

由于σ_u在R上为恒等映射,$I\cap R=\{0\}$.

附注 在推论中$f(x)\in I$的充要条件是$f(u)=0$,因此,I是元素u在R上的代数关系的总和,若$I=(0)$,则u在R上只有一个平凡代数关系$0+0\cdot u+\cdots=0$,则称u在R上是超越的.此时也称u是R上的超越元.若$I\neq(0)$,则I包含一个非零多项式$f(x)$使得$f(u)=0$,则称u在R上是代数的,此时也称u是R上的代数元.同时称u是多项式$f(x)$的根.

其次,考虑推论的逆.设I为$R[x]$的一个理想使得$I\cap R=\{0\}$,则自然同态$R[x]\to R[x]/I$限制在R上为一个单一同态.因此,R可以嵌入$S=R[x]/I$内,R作为S的子环且有相同的单位元素.将$x+I$记成u,则S是在R上添加u所生成的环,因此研究环$R[x]$的构造问题就归结为研究$R[x]$的满足$I\cap R=\{0\}$的理想I的问题.

下面将环上一元多项式环推广到环上多元多项式环.设R为一个有单位元素的交换环,n为任一个正整数.我们归纳地定义R上n个未定元$x_1,x_2,\cdots,x_n$的多项式环(记作$R[x_1,x_2,\cdots,x_n]$)如下:当$n=1$时$R[x_1]$已定义在上面(定义4.1.2).当$n>1$时,定义$R[x_1,x_2,\cdots,x_n]$为

$$R[x_1,x_2,\cdots,x_n]=R[x_1,x_2,\cdots,x_{n-1}][x_n]$$

它是一个有单位元素的变换环,包含R作为子环.$R[x_1,x_2,\cdots,x_n]$的元素可写成

$$f(x_1,x_2,\cdots,x_n)=\sum_{i=0}^{n}f_i(x_1,x_2,\cdots,x_n)x_n^i$$

其中$f_i(x_1,x_2,\cdots,x_{n-1})\in R[x_1,x_2,\cdots,x_{n-1}]$.每个$f_i(x_1,x_2,\cdots,x_{n-1})$又可写成$x_{n-1}$的多项式,系数属于$R[x_1,x_2,\cdots,x_{n-2}]$.如此继续下去,$f(x_1,x_2,\cdots,x_{n-1})$最后可写成有限和形式

$$f(x_1,x_2,\cdots,x_n)=\sum_{i_1,i_2,\cdots,i_n\geqslant 0} a_{i_1i_2\cdots i_n}x_1^{i_1}x_2^{i_2}\cdots x_n^{i_n}$$

因此每个 $f(x_1,x_2,\cdots,x_n)$ 是一些单项式 $a_{i_1i_2\cdots i_n}x_1^{i_1}x_2^{i_2}\cdots x_n^{i_n}$ 的有限和. $f(x_1,x_2,\cdots,x_n)=0$ 的充要条件是所有 $f_i(x_1,x_2,\cdots,x_{n-1})$ 都等于零. 应用归纳法(对 n 作归纳)可知 $f(x_1,x_2,\cdots,x_n)=0$ 的充要条件是所有系数 $a_{i_1i_2\cdots i_n}=0$. 这是刻画 $x_1,x_2,\cdots,x_n$ 为 R 上独立未定元的唯一条件.

设 R' 为 R 的一个扩环, R' 交换而且和 R 有相同的单位元素, $u_1,u_2,\cdots,u_n$ 为 R' 中任意 n 个元素. 对于每个 $f(x_1,x_2,\cdots,x_n)\in R[x_1,x_2,\cdots,x_n]$, 用 u_i 代入 x_i 就得到 R' 的一个元素 $f(u_1,u_2,\cdots,u_n)$, 叫作 $u_1,u_2,\cdots,u_n$ 的一个多项式. 不难看出这种代入是合理的, 就是说, 从 $f(x_1,x_2,\cdots,x_n)=g(x_1,x_2,\cdots,x_n)$ 推出 $f(u_1,u_2,\cdots,u_n)=g(u_1,u_2,\cdots,u_n)$; 其次对于任意两个 $f(x_1,x_2,\cdots,x_n)$, $g(x_1,x_2,\cdots,x_n)\in R[x_1,x_2,\cdots,x_n]$ 恒有

$$(f+g)(u_1,u_2,\cdots,u_n)=f(u_1,u_2,\cdots,u_n)+g(u_1,u_2,\cdots,u_n)$$

$$(f\cdot g)(u_1,u_2,\cdots,u_n)=f(u_1,u_2,\cdots,u_n)\cdot g(u_1,u_2,\cdots,u_n)$$

由此可知集合 $R[u_1,u_2,\cdots,u_n]=\{f(u_1,u_2,\cdots,u_n)\mid f(x_1,x_2,\cdots,x_n)\in R[x_1,x_2,\cdots,x_n]\}$ 是 $R[u_1,u_2,\cdots,u_n]$ 是 R' 的一个子环, 而且包含 R. $R[u_1,u_2,\cdots,u_n]$ 叫作元素 $u_1,u_2,\cdots,u_n$ 在 R 上生成的子环, 一般叫作 R 上的有限生成环. 而且同时也证明了映射 $f(x_1,x_2,\cdots,x_n)\to f(u_1,u_2,\cdots,u_n)$ 是 $R[x_1,x_2,\cdots,x_n]$ 到 $R[u_1,u_2,\cdots,u_n]$ 的环同态. 但是我们有更一般的结果:

定理 4.1.2 设 R 为一个含单位元的交换环, $R[x_1,x_2,\cdots,x_n]$ 为 R 上 n 个未定元 $x_1,x_2,\cdots,x_n$ 的多项式环. 又设 S 为一个含单位元的交换环, $u_1,u_2,\cdots,u_n$ 为 S 中任意给定的 n 个元素, σ 为 R 到 S 的一个环同态而且 $\sigma(e)=e'$. 则 σ 可以唯一地扩充成 $R[x_1,x_2,\cdots,x_n]$ 到 S 的同态 σ_n, 使得 $\sigma_n(x_i)=u_i$, $i=1,2,\cdots,n$.

证明 应用定理 4.1.1, 对 n 作归纳即得本定理.

推论 1 设 S 为 R 的扩环, 交换而且与 R 有相同的单位元素. 对于 S 的任意 n 个元素 $u_1,u_2,\cdots,u_n$ 存在一个唯一的同态 $\sigma: R[x_1,x_2,\cdots,x_n]\to S$ 使得 σ 限制在 R 上为恒等映射, 而且 $\sigma(x_i)=u_i$, $i=1,2,\cdots,n$. 令 $I=\ker(\sigma)$, 则

$$R[x_1,x_2,\cdots,x_n]/I\simeq R[u_1,u_2,\cdots,u_n]$$

而且 $I\cap R=\{0\}$.

证明 首先 σ 是 R 的恒等映射在 $R[x_1,x_2,\cdots,x_n]$ 上的扩充. 这里只需要证明 $I\cap R=\{0\}$. 设 $\alpha\in I\cap R=\{0\}$. 一方面由于 $\alpha\in I$, $\sigma(\alpha)=0$. 另一方面, 由于 $\alpha\in R$, $\sigma(\alpha)=\alpha$, 所以 $\alpha=0$, 即 $I\cap R=\{0\}$.

附注　在推论1中R上有限生成子环$R[u_1,u_2,\cdots,u_n]$的结构决定于理想I. 对任一$f(x_1,x_2,\cdots,x_n)\in I$,有$f(u_1,u_2,\cdots,u_n)=0$. $f(x_1,x_2,\cdots,x_n)$叫作元素$u_1,u_2,\cdots,u_n$在R上的一个代数关系. I就是$u_1,u_2,\cdots,u_n$在R上的代数关系的总和. 当$I=(0)$时,对任一$f(x_1,x_2,\cdots,x_n)\in R[x_1,x_2,\cdots,x_n]$,$f(u_1,u_2,\cdots,u_n)=0$的充要条件是$f(x_1,x_2,\cdots,x_n)=0$. 在这种情况,$u_1,u_2,\cdots,u_n$叫作$R$上的代数无关元. 也叫作在$R$上是代数无关的. 否则$u_1,u_2,\cdots,u_n$叫作在$R$上是代数相关的.

推论2　设N为R的一个理想,令$\overline{R}=R/N$. 设$\overline{R}[y_1,y_2,\cdots,y_n]$为$\overline{R}$上的$n$个未定元$y_1,y_2,\cdots,y_n$的多项式环. 于是$R[x_1,x_2,\cdots,x_n]/N\cong\overline{R}[y_1,y_2,\cdots,y_n]$. 特别,若$N$为$R$的素理想,则$N[x_1,x_2,\cdots,x_n]$是$R[x_1,x_2,\cdots,x_n]$的素理想. 这里,$N[x_1,x_2,\cdots,x_n]$表示$R[x_1,x_2,\cdots,x_n]$中系数属于$N$的多项式整体.

证明　根据定理4.1.2,自然同态$\sigma:R\to\overline{R}$可以唯一地扩充成$\sigma_n:R[x_1,x_2,\cdots,x_n]\to\overline{R}[y_1,y_2,\cdots,y_n]$使得$\sigma_n(x_i)=y_i,i=1,2,\cdots,n$. $R[x_1,x_2,\cdots,x_n]$的元素$f(x_1,x_2,\cdots,x_n)$属于$\ker(\sigma_n)$的充要条件是$f(x_1,x_2,\cdots,x_n)$的每个单项式的系数都属于N,即$f(x_1,x_2,\cdots,x_n)\in N[x_1,x_2,\cdots,x_n]$,所以$\ker(\sigma_n)=N[x_1,x_2,\cdots,x_n]$;其次,若$N$为$R$的素理想,则$\overline{R}$为整环. 读者对$n$作归纳法不难证明$\overline{R}[y_1,y_2,\cdots,y_n]$也是一个整环(这一点在下一目还要谈到),因而根据§2定理2.7.2,可知$N[x_1,x_2,\cdots,x_n]$是$R[x_1,x_2,\cdots,x_n]$的素理想.

附注　对定理4.1.2,推论1后面的附注再补充一点. 环R上的有限生成环$R[u_1,u_2,\cdots,u_n]$的结构决定了多项式环$R[x_1,x_2,\cdots,x_n]$的理想I. I是$u_1,u_2,\cdots,u_n$在R上一切代数关系的总和. 但I包含的多项式多至无限. 是否存在有限多个基本的代数关系使得其他的代数关系都是这些基本关系的组合,系数属于$R[x_1,x_2,\cdots,x_n]$? 如果是这样,对于$R[u_1,u_2,\cdots,u_n]$的研究无疑是一个很大的推进. 这问题牵涉到多项式环$R[x_1,x_2,\cdots,x_n]$的理想是否是有限生成的? 当R为一域或整数环时,答案是肯定的. 这将在6.4目中讨论.

4.2　整环上的一元多项式环

这一目讨论整环上的一元多项式的根的一些性质,也就是讨论整环上的代数元的某些性质,特别是域上代数元的性质.

设R为一个有单位元的交换环,$R[x]$为R上的一元多项式环. 设$f(x)=a_nx^n+a_{n-1}x^{n-1}+\cdots+a_0\in R[x]$. 若$a_n\neq 0$,则$n$叫作$f(x)$的次数,记作$n=$

$\partial f(x)$. 0 的次数规定为 $-\infty$. 由定义,非 0 常数 $a=ax^0$ 的次数为 0. 不难验证次数有如下性质

$$\partial(f(x)+g(x)) \leqslant \max(\partial f(x), \partial g(x))$$
$$\partial(f(x) \cdot g(x)) \leqslant \partial f(x)+\partial g(x)$$

当 $\partial f(x) \neq \partial g(x)$ 时,第一式的等号成立;当 $f(x)$ 或 $g(x)$ 的首项系数不是零因子时,第二式的等号成立.

设 R 为整环,则有

$$\partial(f(x)g(x))=\partial f(x)+\partial g(x)$$

若 $f(x) \cdot g(x)=e$,则 $\partial f(x)+\partial g(x)=0$,从而 $\partial f(x)=\partial g(x)=0$. $f(x)$ 和 $g(x)$ 只能是非零常数. 因而它们都是 R 中单位. 因此得:

定理 4.2.1 若 R 为一整环,则 $R[x]$ 也是整环而且 $R[x]$ 的单位元与 R 的单位元相等.

推论 若 R 为整环,则多元多项式环 $R[x_1, x_2, \cdots, x_n]$ 也是整环,而且它的单位元与 R 的相同.

数域上一元多项式的除法算式可推广成:

定理 4.2.2(除法算式) 设 R 为一个交换环,$f(x), g(x) \in R[x]$, $g(x) \neq 0$, 而且 $g(x)$ 的首项系数为单位,于是存在唯一的一对多项式 $q(x)$, $r(x) \in R[x]$ 使得

$$f(x)=q(x)g(x)+r(x), \partial r(x)<\partial g(x)$$

推论 1(余数定理) 设 $f(x) \in R[x]$, $c \in R$,则 $f(x)$ 可表成

$$f(x)=q(x)(x-c)+f(c)$$

在定理 4.2.2 中若 $r(x)=0$,则称 $g(x)$ 整除 $f(x)$,记成 $g(x) \mid f(x)$,此时 $g(x)$ 叫作 $f(x)$ 的因式,$f(x)$ 叫作 $g(x)$ 的倍式.

推论 2(因式定理) 设 $c \in R$, $f(x) \in R[x]$,则 $(x-c) \mid f(x)$ 的充要条件是 c 为 $f(x)$ 的一根.

定理 4.2.2 及其推论的证明和 R 为数域的情况完全一样.

定理 4.2.3 设 R 为一整环,$f(x) \in R[x]$, $\partial f(x)=n \geqslant 0$,则 $f(x)$ 在 R 内最多有 n 个不同的根.

证明 设 F 为 R 的商域. 把 $f(x)$ 看作 $F[x]$ 的多项式,证明完全与数域的情况类似.

定理 4.2.3 中 R 的交换性和无零因子这两个条件是必要的. 举例如下:

例 1 设 H 为实数域 R 上四元数体. $f(x)=x^2+1$ 在 H 内至少有 3 根 i, j, k. 实际上,$f(x)$ 在 H 内有无穷多个根. 这种情况的出现是由于 H 的乘法不

交换.对于任一元素 $\alpha \in H$，$\alpha i \alpha^{-1}$ 都是 $f(x)$ 的根.而且 $\alpha i \alpha^{-1} = \beta i \beta^{-1}$ 当且仅当 $\beta^{-1}\alpha \in R(i)$.

例 2 在 $Z/(8)$ 中 $x^2 - 1$ 有四个根 $\overline{1}, \overline{-1}, \overline{3}, \overline{-3}$，这种情况的出现是因为 $Z/(8)$ 中有非零的幂零元.除 $\overline{\pm 1}$ 外，$\overline{\pm 1} + \overline{\pm 4}$ 也是 $x^2 - 1$ 的根.

定理 4.2.4 设 R 为一整环，R^* 是 R 的一切非零元素所组成的含单位元的乘法半群，则 R^* 的任一有限子群都是循环的.

证明 设 G 为 R^* 的一个有限群，阶等于 n. G 是一个交换群，对 n 的每个因子 d，根据定理 4.2.3，$x^d - 1$ 在 R 内最多有 d 个不同的根，因此 G 中最多有 d 个元素，其阶整除 d，根据第一章定理 3.3.3，G 是一个循环群.

例 3 在例 1 中，$\{\pm 1, \pm i, \pm j, \pm k\}$ 是一个 8 阶有限群但非循环.

例 4 在例 2 中 $\{\overline{1}, \overline{3}, \overline{5}, \overline{7}\}$ 是 4 阶群但非循环.

在这里应特别提一下有限域，即元素个数为一个有限整数的域.设 F 为一个有限域.含 q 个元素，F 的非零元素全体组成个 $q-1$ 阶乘法群，记作 F^*，根据定理 4.2.4，F^* 是一个循环群，于是得到：

推论 设 F 为含 q 个元素的有限域，F 中非零元素组成的乘法群 F^* 是一个 $q-1$ 阶循环群.

因此 F 中的元素恰好是方程 $x^q - x = 0$ 的全部根.

设 p 为整数环 Z 的一个素数，已知商环 $F_p = Z/(p)$ 是一个含 p 个元素的域，乘法群 F_p^* 是 $p-1$ 阶循环群.设 $\overline{a}$ 为 F_p^* 的一个生成元，a^k 的阶为 $p-1$ 的充要条件是 $(k, p-1) = 1$，因而 F_p 有 $\varphi(p-1)$ 个生成元. $\varphi(n)$ 为欧拉函数，在自然同态 $Z \to F_p$ 下，可知 $\overline{a}$ 的任一逆像 a 是 $\bmod p$ 的一个原根，即 $a(\bmod p)$ 的指数为 $p-1$，因而整数 $\bmod p$ 有 $\varphi(p-1)$ 个不同的原根.

最后研究域上代数元的性质，它与域上一元多项式环有密切关系，数域上的一元多项式环的整除理论对任意域上一元多项式环仍然有效.因为除法算式(定理 4.2.2)是它们的共同基础.

定义 4.2.1 一个整环 R 叫作主理想整环，如果 R 的每个理想都是主理想.

例如，整数环 Z 是一个主理想整环.

定理 4.2.5 域上的一元多项式环是一个主理想整环.

证明 设 $F[x]$ 为域 F 上一元多项式环，N 为任一理想，零理想显然是主理想，因而可设 $N \neq (0)$.于是在 N 的非零元素中取一个次数最低的多项式 $f(x)$.证明 $N = (f(x))$.显然 $(f(x)) \subseteq N$；反之，设 $g(x) \in N$，作除法算式

$$g(x)=q(x)f(x)+r(x),\partial r(x)<\partial f(x)$$

因 N 为理想，$r(x)=g(x)-q(x)\cdot f(x)\in N$，根据 $f(x)$ 的选择，$r(x)=0$，于是 $g(x)\in(f(x))$，$N\subseteq(f(x))$，所以 $N=(f(x))$.

附注 理想 N 的生成元 $f(x)$ 还可如此取使得 $f(x)$ 的首项系数为 1，因为如 $f(x)$ 为 N 的一个生成元，则任一 $cf(x)$，$c\in F$，$c\neq 0$，也是 N 的生成元. 可适当取 c 使得 $f(x)$ 的首项系数为 1，这种生成元由 N 唯一决定. 因为 $f(x)$，$g(x)$ 为 N 的任意两个生成元，首项系数都为 1，于是 $f(x)$，$g(x)$ 互相整除，从而 $f(x)=g(x)$.

设 S 为域 F 的一个扩环(交换)而且和 F 有相同的单位元素. 设 $u\in S$ 为 F 上的代数元，根据定理 4.1.1 的推论

$$F[u]\cong F[x]/N,\text{且 } N\cap F=\{0\},N\neq(0)$$

根据定理 4.2.5，$N=(f(x))$，$f(x)$ 的首项系数为 1，由 $N\neq(0)$ 且 $N\cap F=\{0\}$，$f(x)$ 为一个次数大于等于 1 的多项式，$f(x)$ 由元素 u 唯一决定，叫作元素 u 在 F 上的极小多项式，根据 $N=(f(x))$ 的定义可知一个代数元 u 的极小多项式 $f(x)$ 有如下的性质：

设 $f(x)$ 为 F 上一个代数元 u 的极小多项式，对 $g(x)\in F[x]$，$g(u)=0$ 当且仅当 $f(x)\mid g(x)$.

定理 4.2.6 设 F 为一域，$F[x]$ 为 F 上一元多项式环，$f(x)\in F[x]$ 为一个次数大于等于 1 的多项式，则下列叙述等价：

(ⅰ) $f(x)$ 不可约.

(ⅱ) 理想 $(f(x))$ 为极大.

(ⅲ) $F[x]/(f(x))$ 为一域.

(ⅳ) $F[x]/(f(x))$ 为一整环.

(ⅴ) $(f(x))$ 为素理想.

证明 (ⅰ) 推出 (ⅱ)：设 N 为 $F[x]$ 的任一理想使得 $(f(x))\subseteq N\subseteq F[x]$，根据定理 4.2.5，$N=(g(x))$，于是由 $(f(x))\subseteq(g(x))$ 有 $g(x)\mid f(x)$，$f(x)=h(x)g(x)$，因 $f(x)$ 不可约，$g(x)\sim f(x)$. 或 $g(x)\sim 1$，即 $N=(f(x))$ 或 $N=(1)$，所以 $(f(x))$ 为极大.

(ⅱ) 推出 (ⅲ)：根据 §2 定理 2.7.1 即得.

(ⅲ) 推出 (ⅳ) 显然.

(ⅳ) 推出 (ⅴ)：根据 §2 定理 2.7.2 即得.

(ⅴ) 推出 (ⅰ). 反证法. 假若 $f(x)$ 可约，设 $f(x)=g(x)h(x)$，$\partial g(x)<\partial f(x)$，$\partial h(x)<\partial f(x)$. 于是 $g(x)\notin(f(x))$，$h(x)\notin(f(x))$，但是 $g(x)h(x)=$

$f(x) \in (f(x))$. 这与 $(f(x))$ 为素理想矛盾.

推论 1 设 S 为域 F 的一个扩环(交换)而且有相同的单位元素,设 $u \in S$ 为 F 上的一个代数元,则下列叙述等价.

(ⅰ) u 在 F 上的极小多项式不可约;

(ⅱ) $F[u]$ 为一域;

(ⅲ) $F[u]$ 为一整环.

证明 由定理 4.1.1 推论和定理 4.2.5 得 $F[u] \cong F[x]/(f(x))$, $f(x)$ 为 u 的极小多项式,于是由定理 4.2.6 即得推论 1.

推论 2 设 S 为一整环而且包含一个子域 F. 如果 S 的每个元素都是 F 上的代数元,则 S 为一域.

证明 由推论 1 即得.

4.3 高斯整环的多项式扩张

在《多项式理论卷》已经知道,唯一因子分解定理可以从整数环 Z 推广到它上面的一元多项式环. 这种推广带有普遍性,就是说高斯整环上一元多项式环仍然是高斯整环.

设 R 为一高斯整环, $R[x]$ 为 R 上一元多项式环, $f(x) = a_0 + a_1x + \cdots + a_nx^n \in R[x]$, 用 $(a_0, a_1, \cdots, a_n)$ 表示 $a_0, a_1, \cdots, a_n$ 的一个最大公因子. $(a_0, a_1, \cdots, a_n)$ 叫作 $f(x)$ 的容度,记作 $c(f)$. $c(f)$ 在相伴[①]意义下由 $f(x)$ 唯一决定.

如果 $c(f) \sim 1$, 则 $f(x)$ 叫作一个本原多项式, $R[x]$ 中的单位是零次本原多项式, $R[x]$ 中的一个不可约元或者是 R 中一个不可约元或者是一个正次数多项式;如为后者,则它是一个容度为 1 的不可约多项式,也就是一个不可约的本原多项式. 反之,一个不可约的本原多项式是 $R[x]$ 的一个不可约元.

引理 1 $R[x]$ 中任一个非零多项式 $f(x)$ 恒可写成一个常数 d 和一个本原多项式 $f_1(x)$ 的积,而且 d 和 $f_1(x)$ 在相伴意义下由 $f(x)$ 唯一决定.

证明 设 $f(x) = a_0 + a_1x + \cdots + a_nx^n$, 令 $d = c(f) = (a_0, a_1, \cdots, a_n)$, $a_i = a_i'd$, $f_1(x) = a_0' + a_1'x + \cdots + a_n'x^n$. 于是, $f(x) = d \cdot f_1(x)$, $f_1(x)$ 为本原多项式. 设 $f_1(x) = s \cdot f_2(x)$ 为任一分解, $s \in R$, $f_2(x)$ 为本原,令 $f_2(x) = b_0 + b_1x + \cdots + b_nx^n$. 由于

$$c(f) \sim (da_0', da_1', \cdots, da_n') \sim d(a_0', a_1', \cdots, a_n') \sim d$$

① 两个多项式 $f(x)$, $g(x)$ 称为相伴的,如果 $f(x) \mid g(x)$ 同时 $g(x) \mid f(x)$. 参阅定理 3.2.2.

同样

$$c(f)\sim(sb_0,sb_1,\cdots,sb_n)\sim s(b_0,b_1,\cdots,b_n)\sim s$$

所以 $d\sim s$.

令 $s=ue$,e 为单位. 于是 $f_1(x)=uf_2(x)$,$f_1(x)\sim f_2(x)$.

根据引理 1,分解 $f(x)$ 可以分别对常数 d 与本原多项式进行分解. d 在 R 中的分解,存在性和唯一性已不成问题,一个正次数本原多项式在 $R[x]$ 中分解成有限多个不可约元的积,这种存在性也没有问题,问题在于分解的唯一性. 为了证明唯一性,需要解决两个问题:①$R[x]$ 的本原多项式集合对乘法封闭,② 设 F 为 R 的商域,$R[x]$ 中一个正次数不可约多项式是否在 $F[x]$ 中也不可约?(根据定理 4.1.1 的推论可知 $R[x]$ 可以嵌入 $F[x]$ 中,作为 $F[x]$ 的一个子环).

引理 2(高斯引理) 本原多项式的积仍为本原多项式.

证明 设 $f(x)=a_0+a_1x+\cdots+a_mx^m$ 和 $g(x)=b_0+b_1x+\cdots+b_nx^n$ 为两个本原多项式. 令 $f(x)\cdot g(x)=h(x)$. 反证法. 假若 $h(x)$ 非本原,则将存在 R 的一个不可约元 p 整除容度 $c(h)$. 由于 $f(x)$ 为本原,可设 a_r 是 $a_0,a_1,\cdots,a_m$ 中最前一个不被 p 整除的. 同样,b_s 是 $b_0,b_1,\cdots,b_n$ 中最前一个不被 p 整除的. 考虑 $h(x)$ 的 x^{r+s} 项的系数 c_{r+s}.

$$c_{r+s}=a_0b_{r+s}+\cdots+a_{r-1}b_{s+1}+a_rb_s+a_{r+1}b_{s-1}+\cdots+a_{r+s}b_0$$

在上式中 a_rb_s 一项不被 p 整除外,其余各项都被 p 整除,因而 p 不能整除 c_{r+s},这与 $p\mid c(h)$ 矛盾. 所以 $h(x)$ 为本原.

引理 3 设 F 为高斯整环 R 的商域,$R[x]$ 根据定理 4.1.1 的推论看作 $F[x]$ 的一个子环. 于是

(ⅰ) 设 $f(x)$ 和 $g(x)$ 为 $R[x]$ 的任两个本原多项式,则 $f(x)$ 和 $g(x)$ 在 $R[x]$ 中相伴当且仅当 $f(x)$,$g(x)$ 在 $F[x]$ 中相伴.

(ⅱ) $F[x]$ 中任一非零多项式 $f(x)$ 恒可表成 $f(x)=\dfrac{d}{b}g(x)$,$b,d\in R$,$g(x)$ 为 $R[x]$ 本原多项式,而且在 $R[x]$ 中相伴意义下 $g(x)$ 由 $f(x)$ 唯一决定.

证明 (ⅰ) 若 $f(x)$ 和 $g(x)$ 在 $R[x]$ 中相伴,则它们自然在 $F[x]$ 中相伴. 反之,设 $f(x)$,$g(x)$ 在 $F[x]$ 中相伴,即 $f(x)$ 可写成 $f(x)=\dfrac{b}{a}g(x)$,$a,b\in R$,$a\neq 0$,$b\neq 0$. 于是 $bf(x)=ag(x)$,根据引理 1,在 $R[x]$ 中有 $a\sim b$. 于是 $a=bu$,u 为 R 的一个单位,因而 $f(x)=ug(x)$,即 $f(x)$,$g(x)$ 在 $R[x]$ 中相伴.

(ⅱ) 设 $f(x)=\frac{a_0}{b_0}+\frac{a_1}{b_1}x+\cdots+\frac{a_n}{b_n}x^n\in F[x],a_i,b_i\in R,f(x)\neq 0$,令 b 表示 $b_0,b_1,\cdots,b_n$ 的一个最小公倍数,于是 $f(x)=\frac{1}{b}f_1(x),f_1(x)\in R[x]$. 根据引理 1,$f_1(x)$ 可写成 $f_1(x)=dg(x),d\in R,g(x)$ 为本原多项式,于是,$f(x)=\frac{d}{b}g(x)$. 设 $f(x)$ 还可写成 $f(x)=\frac{d'}{b'}h(x),b',d'\in R,h(x)$ 为一个 $R[x]$ 的本原多项式,则 $g(x),h(x)$ 在 $F[x]$ 中相伴. 根据(ⅰ)它们在 $R[x]$ 中也相伴.

推论 若一个正次数本原多项式 $g(x)$ 在 $R[x]$ 中不可约,即不能写成两个正次数多项式的积,则 $g(x)$ 在 $F[x]$ 中也不可约.

证明 反证法. 假设 $g(x)$ 在 $F[x]$ 中可约. 设 $g(x)=f_1(x)\cdot f_2(x)$,$f_i(x)\in F[x],\partial f_i(x)>0$. 根据引理 3(ⅱ),$f_i(x)$ 可表成

$$f_i(x)=\alpha_i g_i(x),i=1,2$$

其中 $\alpha_i\in F,g_i(x)\in R[x]$ 为本原,于是

$$g(x)=\alpha_1\alpha_2 g_1(x)g_2(x)$$

根据引理 2,$g_1(x)g_2(x)$ 为本原. 根据引理 3(ⅰ),$g(x)$ 和 $g_1(x)g_2(x)$ 在 $R[x]$ 中相伴,即 $\alpha_1\alpha_2\in R$,而且 $\partial g_i(x)>0$,这与 $g(x)$ 在 $R[x]$ 中不可约矛盾.

设 R 的任一非零元素 a 分解成 $a=f(x)\cdot g(x),f(x),g(x)\in R[x]$. 由于 R 为整环,根据次数性质有 $0=\partial f(f)+\partial g(x)$,从而 $\partial f(x)=\partial g(x)=0$,即 $f(x),g(x)\in R$. 由此可知 a 在 $R[x]$ 中进行分解实际上是在 R 中进行分解. 而且 R 的不可约元也是 $R[x]$ 的不可约元. 另外,$R[x]$ 的任一本原多项式 $f(x)$ 的任一因式显然还是本原多项式. 因此,任一本原多项式在 $R[x]$ 内进行分解实际上是在本原多项式集合中进行分解.

定理 4.3.1 高斯整环 R 上的一元多项式环仍为一高斯整环.

证明 设 $f(x)$ 为 $R[x]$ 的任一多项式,$f(x)\neq 0$ 而且非单位. 根据引理 1,$f(x)=dg(x),d\in R,g(x)$ 为一本原多项式. 根据上面的附注,若 d 非单位,则 d 在 $R[x]$ 中分解成不可约元 $p_1,p_2,\cdots,p_t$ 之积,且 $p_i\in R$. 若 $g(x)$ 为一正次数多项式而且分解成 $g(x)=g_1(x)\cdot g_2(x),\partial g_i(x)>0$. 由于 R 为整环,$\partial g(x)=\partial g_1(x)+\partial g_2(x),\partial g_i(x)<\partial g(x)$. 因此对 $g(x)$ 的次数作归纳法可证 $g(x)$ 可分解成本原的不可约多项式 $q_1(x),q_2(x),\cdots,q_r(x)$ 之积而且 $\partial q_i(x)>0$,于是 $f(x)$ 最后分解成 $R[x]$ 的不可约元的乘积

$$f(x)=p_1p_2\cdots p_tq_1(x)q_2(x)\cdots q_r(x)$$

其次，证明分解的唯一性，设

$$f(x)=p_1'p_2'\cdots p_m'q_1'(x)q_2'(x)\cdots q_s'(x)$$

为任一分解，其中 p_i' 为 R 的不可约元，$q_j'(x)$ 为 $R[x]$ 的正次数不可约本原多项式. 根据引理 2，$\prod_i q_i(x)$ 和 $\prod_i q_i'(x)$ 都是本原多项式. 根据引理 1，得

$$\prod_i p_i \sim \prod_i p_i',\ \prod_i q_i(x) \sim \prod_i q_i'(x)$$

即

$$p_1'p_2'\cdots p_m'=up_1p_2\cdots p_t$$

和

$$q_1'(x)q_2'(x)\cdots q_s'(x)=vq_1(x)q_2(x)\cdots q_r(x)$$

其中 u,v 为单位. 由于 R 为高斯整环，从前一式得 $m=t$，p_i' 的脚标作适当改写可使 $p_i'\sim p_i$，$i=1,2,\cdots,t$. 将后一式放到 $F[x]$ 内去考虑，F 为 R 的商域. 根据引理 3 的推论，这些 $q_i(x)$，$q_i'(x)$ 在 $F[x]$ 内仍不可约. 于是 $r=s$，适当改换 $q_i'(x)$ 的脚标可使 $q_i'(x)$ 和 $q_i(x)$ 在 $F[x]$ 内相伴. 根据引理 3(ⅰ)，$q_i'(x)$ 和 $q_i(x)$ 在 $R[x]$ 内也相伴. 这就证明了分解的唯一性. 所以 $R[x]$ 为一高斯整环.

推论 设 R 为一个高斯整环，则 R 上（n 个未定元的）多元多项式环 $R[x_1,x_2,\cdots,x_n]$ 也是高斯整环.

一个域 F 上的一无多项式环 $F[x]$ 有无限多个互不相伴的不可约多项式. 但是一般不易判断一个给定的多项式是否是不可约的. 如果 F 是一个高斯整环 R 的商域，那么我们根据本原多项式的理论，利用 R 的不可约元可以明确地作出 $F[x]$ 的一类重要的不可约多项式.

定理 4.3.2（艾森斯坦因[①]判别法） 设 F 为一高斯整环 R 的商域，$F[x]$ 为 F 上一元多项式环. 设 $f(x)=a_0+a_1x+\cdots+a_nx^n\in R[x]$，$a_n\neq 0$，$n>1$. 如果存在 R 的不可约元 p 使得，对于一切 $i<n$，$p\mid a_i$，但 $p\nmid a_n$ 和 $p^2\nmid a_0$，则 $f(x)$ 在 $F[x]$ 内不可约，换句话说，$f(x)$ 在 $R[x]$ 内不能写成两个正次数多项式的积.

证明 反证法. 假设 $f(x)=g(x)h(x)$：

$$g(x)=b_0+b_1x+\cdots+b_rx^r,\ b_i\in R,\ b_r\neq 0,\ r>0$$

$$h(x)=c_0+c_1x+\cdots+c_sx^s,\ b_i\in R,\ c_s\neq 0,\ s>0$$

---

① 艾森斯坦因（Eisenstein，1823—1852），德国数学家.

由于 R 为整环,$r<n,s<n$. 由于 $p\mid a_0$. 但 $p^2\nmid a_0$,b_0 和 c_0 恰有一个被 p 整除. 不妨设 $p^2\nmid b_0,p\mid c_0$. 又因 $p\nmid a_n$,所以 $p\nmid b_r,p\nmid c_s$. 设 c_j 是 $c_1,c_2,\cdots,c_s$ 中第一个不能被 p 整除的,则 $0<j\leqslant s$. 考虑 a_j,有

$$a_j=b_0c_j+b_1c_{j-1}+\cdots+b_jc_0$$

在上式右端 b_0c_j 不被 p 整除,但其余各项都被 p 整除,因而 $p\nmid a_j$. 可是 $j\leqslant s<n$, 这与题设矛盾.

满足定理 4.3.2 中条件的多项式叫作艾森斯坦因多项式. 例如,对于任一素数 p 和正整数 n,x^n-p 是 $Z[x]$ 中的艾森斯坦因多项式,因而在 $Q[x]$ 中不可约.

4.4 诺特环

当 F 是域时,$F[x_1,x_2,\cdots,x_n]$ 的最重要的性质之一是它的每个理想都可以由有限个元素生成. 这个性质和理想的链密切相关.

定义 4.4.1 如果一个交换环 R 的每个理想升链

$$\mathfrak{R}_1\subseteq\mathfrak{R}_2\subseteq\cdots$$

都有限,即存在一个正整数 m 使得

$$\mathfrak{R}_m=\mathfrak{R}_{m+1}=\mathfrak{R}_{m+2}=\cdots$$

则称 R 满足理想升链条件.

主理想环,特别是整数环和域上一元多项式环都满足升链条件.

如果一个交换环 R 的由理想组成的任一个非空集合(按包含关系是一个偏序集)都有极大元,则称 R 满足关于理想的极大条件或简称 R 满足极大条件.

定理 4.4.1 对于任一交换环 R 来说,下列叙述等价:

(ⅰ)R 满足升链条件;

(ⅱ)R 满足理想的极大条件;

(ⅲ)R 的每个理想是有限生成的.

证明 第一个推出第二个:反证法. 假设存在 R 的理想构成的一个非空的集合 Σ,使得 Σ 按包含关系没有极大元. 令 S 表示 Σ 的一切非空子集构成的集,f 表示 S 上的一个选择函数. 根据 f 可构造出 R 的一个无限的严格递升的理想链

$$\mathfrak{R}_1\subset\mathfrak{R}_2\subset\cdots,\mathfrak{R}_i\neq\mathfrak{R}_{i+1},i=1,2,\cdots\qquad(1)$$

首先取 $\mathfrak{R}_1=f(\Sigma)$. 令 Σ_1 表示 Σ 中真包含 $\mathfrak{R}_1$ 的一切理想构成的子集. 由于 Σ 没有极大元,Σ_1 不是空集;而且 Σ_1 也没有极大元. 因为,若 Σ_1 是空集,则 $\mathfrak{R}_1$ 将是 Σ 的一个极大元,这与关于 Σ 的假设抵触. 若 Σ_1 有一个极大元 A,则 A 将也是

Σ 的一个极大元.(因为若 $A\subseteq B$ 对某一个 $B\in\Sigma$,将有 $\mathfrak{R}_1\subseteq B$,从而 $B\in\Sigma_1$. 根据 A 为 Σ_1 的极大元,推出 $B=A$,A 将是 Σ 的一个极大元)这又与 Σ 的假设矛盾,然后取 $\mathfrak{R}_2=f(\Sigma_1)$,于是 $\mathfrak{R}_1\subset\mathfrak{R}_2$ 但 $\mathfrak{R}_1\neq\mathfrak{R}_2$. 重复上面的方法,从 $\mathfrak{R}_2$ 构造出 $\mathfrak{R}_3$. 于是递归地可以构造出一个无限的严格递升的理想链(4.4.1). 这与(ⅰ)抵触,所以(ⅱ)成立.

第二个推出第三个:设 $\mathfrak{R}$ 为 R 的任一理想,我们来证明它是有限生成的. 设 S 是由 $\mathfrak{R}$ 的一切有限子集生成的理想所构成的集合. 根据题设,设 S 有一个极大元. 设 A 是它的一个极大元. 于是 $A\subseteq\mathfrak{R}$ 而且 A 有限生成. 求证 $A=\mathfrak{R}$. 假若 $A\neq\mathfrak{R}$,则将存在一个元素 $a\in\mathfrak{R}$ 但 $a\notin A$. 作 $B=A+(a)$,$A\subseteq B$,$A\neq B$. 这与 A 为 S 的极大元抵触,所以 $\mathfrak{R}=A$ 是有限生成的,因而(ⅲ)成立.

第三个推出第一个:设

$$\mathfrak{R}_1\subset\mathfrak{R}_2\subset\cdots \tag{2}$$

为 R 的任一个理想升链,求证它有限. 令 $\mathfrak{R}=\bigcup_i\mathfrak{R}_i$. 由于式(2)是一个升链,易知 $\mathfrak{R}$ 是一个理想. 根据(ⅲ)$\mathfrak{R}$ 是有限生成的. 设 $\mathfrak{R}=(a_1,a_2,\cdots,a_r)$. 根据 $\mathfrak{R}$ 的作法,每个 a_i 属于某一个 $\mathfrak{R}_{n_i}$ $(i=1,2,\cdots,r)$. 设 n 为 $n_1,n_2,\cdots,n_r$ 的最大者. 于是 $a_i\in\mathfrak{R}_n$,$i=1,2,\cdots,r$. 从而 $\mathfrak{R}\subseteq\mathfrak{R}_n$. 由于 $\mathfrak{R}\subseteq\mathfrak{R}_n\subseteq\mathfrak{R}_{i+n}\subseteq\mathfrak{R}_n$ 对所有 $i\geqslant 0$ 都成立,最后得 $\mathfrak{R}=\mathfrak{R}_n=\mathfrak{R}_{n+1}=\cdots$,所以(ⅰ)成立.

我们现在对满足定理 4.4.1 中三个等价条件中任意一个的交换环给予一个名称.

定义 4.4.2 如果交换环 R 中的每个理想都是有限生成的,则称交换环 R 为诺特环①.

我们马上会看到当 F 是域时,$F[x_1,x_2,\cdots,x_n]$ 是诺特环. 另一方面,代数整数环是非诺特交换环的一个例子. 例如,它包含无限上升的(主)理想链

$$(2)\subsetneqq\left(\frac{1}{2}\right)\subsetneqq\left(\frac{1}{2^2}\right)\subsetneqq\left(\frac{1}{2^3}\right)\subsetneqq\cdots$$

所以代数整数环不满足升链条件,从而不是诺特环.

下面是极大条件的应用.

推论 如果 $\mathfrak{R}$ 是诺特环 R 中的真理想,则存在 R 中包含 $\mathfrak{R}$ 的极大理想 M. 特别地,每个诺特环都有极大理想.

证明 设 $\sum$ 是 R 中包含 $\mathfrak{R}$ 的一切真理想的族. 注意. 因为 $\mathfrak{R}\in\sum$,所以

---

① 这个名称是为了纪念诺特(Emmy Noether,1882—1935,女,德国数学家),她于 1921 年引入链条件.

$\sum$ 不空. 因 R 是诺特环,极大条件给出 $\sum$ 中的极大元素 M. 我们还需证明 M 是 R 中的极大理想(即 M 是 R 中一切真理想组成的极大族 $\sum'$ 中的极大元素). 假定存在真理想 $\mathfrak{I}$ 满足 $M \subseteq \mathfrak{I}$,则 $\mathfrak{R} \subseteq \mathfrak{I}$,从而 $\mathfrak{I} \in \sum$,因而由 M 的极大性得 $M = \mathfrak{I}$. 所以 M 是 R 中的极大理想.

这个推论没有 R 是诺特环的假设也成立. 但一般结果的证明需要用到佐恩引理(参见 §2 定理 2.7.3 的证明).

根据 §1,1.7 目以及 §2,2.6 目,2.8 目的结果,可以证明(后面两个留给读者完成).

(ⅰ) 诺特环的商环为诺特环.

证明 设 $\mathfrak{R}$ 是环 R 的理想,$\mathfrak{R}_1$ 是中间理想:$\mathfrak{R} \subseteq \mathfrak{R}_1 \subseteq R$,则环的第二对应定理(§2,定理 2.6.2)给出 R 的理想 $\mathfrak{I}$ 满足 $\mathfrak{I}/\mathfrak{R} = \mathfrak{R}_1$. 因为 R 是诺特环,所以理想 $\mathfrak{I}$ 是有限生成的,比如 $\mathfrak{I} = (b_1, b_2, \cdots, b_r)$,从而 $\mathfrak{R}_1 = \mathfrak{I}/\mathfrak{R}$ 也是有限生成的(由陪集 $b_1 + \mathfrak{R}, b_2 + \mathfrak{R}, \cdots, b_r + \mathfrak{R}$ 生成),所以 $\mathfrak{I}/\mathfrak{R}$ 是诺特环.

(ⅱ) 若交换环 R 有一个理想 $\mathfrak{R}$ 使得商环 $R/\mathfrak{R}$ 和 $\mathfrak{R}$ 都是诺特环,则 R 本身也是诺特环.

(ⅲ) 有限多个的诺特环的直和为诺特环.

但是诺特环的子环不一定为诺特环.

定理 4.4.2(希尔伯特基定理[①]) 如果 R 是一个诺特环而且有单位元素,则 R 上的一元多项式环 $R[x]$ 也是诺特环.

证明 设 $\mathfrak{R}$ 为 $R[x]$ 的任一理想. 为了证明 $\mathfrak{R}$ 有限生成. 先作 R 的一串理想. $\mathfrak{R}$ 中所有 r 次多项式的首项系数加上零组成的集合记作 $I_r, r = 0, 1, \cdots$. I_r 是一个理想,因为,对于 $a, b \in I_r, a \neq 0, b \neq 0$,存在 r 次多项式 $f(x) = ax^r + \cdots$ 和 $g(x) = bx^r + \cdots$ 属于 $\mathfrak{R}$. 于是 $f(x) - g(x) = (a - b)x^r + \cdots$ 也属于 $\mathfrak{R}$. $a - b \neq 0$ 或 $a - b = 0$,总之,$a - b \in I_r$. 对于任一 $c \in I_r, cf(x) = cx^r + \cdots \in \mathfrak{R}$, $ca \neq 0$ 或 $ca = 0$,于是 $ca \in I_r$. 其次,若 $f(x) = ax^r + \cdots \in \mathfrak{R}$,则 $xf(x) = ax^{r+1} + \cdots \in \mathfrak{R}$,因此,若 $a \in I_r$,则 $a \in I_{r+1}$. 于是 $\{I_r\}$ 构成一个理想升链. 因

① 在 1890 年,希尔伯特(David Hilbert,1862—1943,德国著名数学家)证明了著名的希尔伯特基定理,他证明了 $C[x_1, x_2, \cdots, x_n]$ 中每一个理想都是有限生成的. 像我们将看到的那样,这个证明是非构造性的,即它没有给出理想的生成元的直接表达式. 据报道,他同时代的最杰出的代数学家之一戈丹(Paul Albert Gordan,1837—1912;德国数学家,犹太人)第一次看到希尔伯特的证明时,他说:"这不是数学,而是神学!"另一方面,当戈丹在 1899 年发表希尔伯特定理的一个简化证明时说:"我确信神学也有它的优点."

为 R 是诺特环，存在一个非负整数 m 使得

$$I_m = I_{m+1} = I_{m+2} = \cdots$$

而且 $I_0, I_1, \cdots, I_m$ 都是有限生成的. 设

$$I_r = (a_{r1}, \cdots, a_{m_r}), r = 0, 1, \cdots, m$$

于是在$\mathfrak{R}$中存在 r 次多项式 $f_{ri}(x)$，其首项系数为 a_{ri}，$i = 1, 2, \cdots, n_r$，$r = 0, 1, \cdots, m$. 我们证明$\{f_{ri}(x)\}$ 是$\mathfrak{R}$的一组生成元.

我们来证明$\mathfrak{R}$中任一多项式 $f(x)$ 可表成诸 $f_{ri}(x)$ 的组合. 若 $f(x) = 0$，显然，设 $f(x) \neq 0$. 对 $f(x)$ 的次数作归纳法. 假设当 $\partial f(x) < r$ 时，$f(x)$ 可以表示成诸 $f_{ri}(x)$ 的组合. 设 $f(x) = ax^r + \cdots$，$a \neq 0$. 若 $r \geqslant m$，则 $a \in I_r = I_m$，a 可以表示为 $a_{m1}, \cdots, a_{mn_m}$ 的组合. 设 $a = \sum_{i=1}^{r_m} b_i a_{mi}$. 令 $g(x) = \sum_{i=1}^{r_m} b_i x^{r-m} f_{mi}(x)$. 于是 $g(x) \in \mathfrak{R}$且与 $f(x)$ 有相同的首项. 令 $f_1(x) = f(x) - g(x)$，则次数 $f_1(x) < r$. 若 $r < m$，则 $a \in I_r$，$0 \leqslant r < m$. 于是 a 可表成 $a = \sum_{i=1}^{r_n} c_i a_{ri}$. 同样令 $g(x) = \sum_{i=1}^{r_n} c_i f_{ri}(x)$，则 $g(x) \in \mathfrak{R}$且与 $f(x)$ 有相同的首项. 令 $f_1(x) = f(x) - g(x)$，则次数 $f_1(x) < r$. 总之，$f(x) = g(x) + f_1(x)$，$f_1(x) \in \mathfrak{R}$且次数 $f_1(x) < r$. 根据归纳法假设，$f_1(x)$ 可以表成 $f_{ri}(x)$ 的组合. 因而 $f(x)$ 也可表成 $f_{ri}(x)$ 的组合. 所以 $f_{ri}(x)$ 是$\mathfrak{R}$的一组生成元，即$\mathfrak{R}$是有限生成的.

推论 1　设 R 一个有单位元素的诺特环，则 R 有限多个未定元的多项式环也是诺特环.

证明　对未定元的个数作归纳法即得.

推论 2　设 R 为一个有单位元素的诺特环，$R[u_1, u_2, \cdots, u_r]$ 为 R 上有限生成的交换环且与 R 有相同的单位元素. 于是 $R[u_1, u_2, \cdots, u_r]$ 是一个诺特环，而且 $u_1, u_2, \cdots, u_r$ 在 R 上的全部代数关系在多项式环 $R[x_1, x_2, \cdots, x_r]$ 中是有限生成的.

证明　设 $R[x_1, x_2, \cdots, x_r]$ 为 R 上 r 个未知元的多项式环. 根据 §4 定理 4.1.2 的推论 1，存在 $R[x_1, x_2, \cdots, x_r]$ 到 $R[u_1, u_2, \cdots, u_r]$ 的同态 ϕ 使得 ϕ 限制在 R 上为恒等映射且 $\phi(x_i) = u_i$，$i = 1, \cdots, r$. 设$\mathfrak{R} = \ker(\phi)$. 根据 §2 定理 2.6.1，$R[x_1, x_2, \cdots, x_r]$ 中包含$\mathfrak{R}$的理想与 $R[u_1, u_2, \cdots, u_r]$ 的理想在 ϕ 下成一一对应：$\mathfrak{R} \to \phi(\mathfrak{R})$. 因为 $R[x_1, x_2, \cdots, x_r]$ 为诺特环，$\mathfrak{R}$是有限生成的，设$\mathfrak{R} = (f_1, f_2, \cdots, f_s)$. 则 $\phi(\mathfrak{R}) = (\phi(f_1), \phi(f_2), \cdots, \phi(f_s))$ 也是有限生成的，所以 $R[u_1, u_2, \cdots, u_r]$ 为诺特环. 其次，ϕ 的核$\mathfrak{R}$也是元素 $u_1, u_2, \cdots, u_r$ 在 R 上的代数关系的

总和. $\mathfrak{R}$是 $R[x_1,x_2,\cdots,x_r]$ 的一个理想,当然是有限生成的.

整数环上有限多个未定元的多项式环 $Z[x_1,x_2,\cdots,x_r]$ 和域 F 上有限多个未定元的多项式环 $F[x_1,x_2,\cdots,x_r]$ 是两类重要的诺特环. 上述基本定理,首先是由希尔伯特就这两种情况证明的.

4.5 理想的既约分解

在《数论原理》中,我们介绍了如何将整数环的唯一分解定理推广到代数整数环,其中代数整数环保留了整数环关于理想的几乎一切性质(每个理想为主理想这一条除外). 上一目所作的从整数环和域上一元多项式环到诺特环的推广,则是最为广泛的一次推广. 诺特环只保留整数环的一条性质即理想升链条件.

现在我们进一步要问,整数环的唯一分解定理如何推广到诺特环上? 由于整数环中非零素理想都是极大理想,不同非零素理想的方幂彼此互素,因而不同素理想方幂的乘积可以写成它们的交的形式. 因此整数环的唯一分解定理又可表成:"整数环 Z 的每个非零非单位理想 A 可以唯一地写成有限多个素理想方幂的交 $A=P_1^{\alpha_1}\cap P_2^{\alpha_2}\cap\cdots\cap P_r^{\alpha_r}$,而每个 $P_i^{\alpha_i}$ 则不能写成两个真包含 $P_i^{\alpha_i}$ 的理想的交."保留素理想方幂的后一个性质,在环中引进既约理想的概念,则上述定理就可以推广到诺特环.

定义 4.5.1 环 R 的理想$\mathfrak{R}(\neq R)$ 叫作既约理想,如果对 R 的任意理想$\mathfrak{I}$, Ξ, $\mathfrak{I}\cap\Xi=\mathfrak{R}$蕴含$\mathfrak{I}=\mathfrak{R}$或$\Xi=\mathfrak{R}$.

显然环 R 的理想$\mathfrak{R}(\neq R)$ 是既约理想当且仅当对任意有限个理想$\mathfrak{R}_1$, $\mathfrak{R}_2,\cdots,\mathfrak{R}_n$,只要$\mathfrak{R}_1\cap\mathfrak{R}_2\cap\cdots\cap\mathfrak{R}_n=\mathfrak{R}$,就存在$\mathfrak{R}_i$,使$\mathfrak{R}_i=\mathfrak{R}$.

定理 4.5.1 环的素理想是既约理想.

证明 先证明对环 R 的任意两个理想$\mathfrak{I}$,Ξ,$\mathfrak{I}\Xi\subseteq\mathfrak{I}\cap\Xi$. 设 x 是$\mathfrak{I}\Xi$中的任意元素,那么 x 可以表示成$\sum\limits_{i=1}^{n}a_ib_i$ 的形式($a_i\in\mathfrak{I},b_i\in\Xi,i=1,2,\cdots,n$). 由于$\mathfrak{I}$,$\Xi$为理想,所以 $x\in\mathfrak{I}$且 $x\in\Xi$,即 $x\in\mathfrak{I}\cap\Xi$,故$\mathfrak{I}\Xi\subseteq\mathfrak{I}\cap\Xi$.

设$\mathfrak{R}$为素理想,并设$\mathfrak{I}\cap\Xi=\mathfrak{R}$,根据上面结论$\mathfrak{I}\Xi\subseteq\mathfrak{I}\cap\Xi=\mathfrak{R}$. 由于$\mathfrak{R}$为素理想,故$\mathfrak{I}\subseteq\mathfrak{R}$或$\Xi\subseteq\mathfrak{R}$. 又由$\mathfrak{I}\cap\Xi=\mathfrak{R}$显然可知$\mathfrak{R}\subseteq\mathfrak{I}$且$\mathfrak{R}\subseteq\Xi$,故$\mathfrak{I}=\mathfrak{R}$或$\Xi=\mathfrak{R}$,因此$\mathfrak{R}$为既约理想.

定理 4.5.2 环的极大理想是既约理想.

证明 设$\mathfrak{R}$是环 R 的极大理想,并且$\mathfrak{I}\cap\Xi=\mathfrak{R}$($\mathfrak{I}$,$\Xi$为 R 理想),那么$\mathfrak{I}\supseteq\mathfrak{R}$, $\Xi\supseteq\mathfrak{R}$,由$\mathfrak{R}$的极大性知,$\mathfrak{I}$,Ξ或者为$\mathfrak{R}$或者为 R,但$\mathfrak{I}$,Ξ不可能同时为 R,所

以$\mathfrak{I}=\mathfrak{R}$或者$\Xi=\mathfrak{R}$. 这说明$\mathfrak{R}$为既约理想.

定理4.5.1与定理4.5.2说明既约理想是我们熟悉的素理想和极大理想的推广.

定理 4.5.3 环 R 的理想$\mathfrak{R}$如果满足:对 R 中的元素 a,b,只要 $ab\in\mathfrak{R}$,就有 $a\in\mathfrak{R}$或 $b\in\mathfrak{R}$,那么$\mathfrak{R}$是 R 的既约理想.

证明 假设$\mathfrak{R}$不是既约的,则存在理想$\mathfrak{I}$,Ξ,使$\mathfrak{I}\cap\Xi=\mathfrak{R}$,且$\mathfrak{R}\nsupseteq\mathfrak{I}$,$\mathfrak{R}\nsupseteq\Xi$,那么存在 $a\in\mathfrak{I}-\mathfrak{R}$,$b\in\Xi-\mathfrak{R}$,由于$\mathfrak{I}$,$\Xi$均为理想,故 $ab\in\mathfrak{I}$,$ab\in\Xi$,于是 $ab\in\mathfrak{I}\cap\Xi$,矛盾.

定理 4.5.4 设$\mathfrak{R}$是环 R 的理想,如果对 R 的任意两个理想$\mathfrak{I}$,Ξ,只要$\mathfrak{I}\cap\Xi\subseteq\mathfrak{R}$就有$\mathfrak{I}\subseteq\mathfrak{R}$或$\Xi\subseteq\mathfrak{R}$,那么$\mathfrak{R}$为既约理想.

证明 设$\mathfrak{R}=\mathfrak{I}\cap\Xi$,那么$\mathfrak{I}\subseteq\mathfrak{R}$或$\Xi\subseteq\mathfrak{R}$,又显然$\mathfrak{I}\supseteq\mathfrak{R}$或$\Xi\supseteq\mathfrak{R}$,所以$\mathfrak{I}=\mathfrak{R}$或$\Xi=\mathfrak{R}$,说明$\mathfrak{R}$为既约理想.

定理 4.5.5 对环 R 的任意理想$\mathfrak{I}(\neq R)$ 和 $R-\mathfrak{I}$中任一元素 x,都存在既约理想$\mathfrak{R}$,满足 $x\notin\mathfrak{R}\supseteq\mathfrak{I}$.

证明 令 $S=\{\Xi\mid\Xi$是 R 的理想,且 $x\notin\Xi\supseteq\mathfrak{I}\}$,由于$\mathfrak{I}\in S$,所以 S 非空,设 M 是 S 中的任一链,令 $B=\bigcup_{\Xi\in M}\Xi$,容易验证 $B\in S$,且 B 是 M 在 S 中的上界. 由佐恩引理,S 中必有极大元,设$\mathfrak{R}$为之,那么$\mathfrak{R}$满足 $x\notin\mathfrak{R}\supseteq\mathfrak{I}$.

下面证明$\mathfrak{R}$为既约理想:假若存在理想$\mathfrak{R}_1$,$\mathfrak{R}_2$,使$\mathfrak{R}_1\cap\mathfrak{R}_2=\mathfrak{R}$,但$\mathfrak{R}_1\neq\mathfrak{R}$,$\mathfrak{R}_2\neq\mathfrak{R}$,那么$\mathfrak{R}_1$,$\mathfrak{R}_2$真包含$\mathfrak{R}$,由于$\mathfrak{R}$是 S 中的极大元,所以$\mathfrak{R}_1$,$\mathfrak{R}_2$必包含 x,即 $x\in\mathfrak{R}_1\cap\mathfrak{R}_2=\mathfrak{R}$,矛盾.

定理4.5.5同时也说明既约理想的存在性:对环 R 的任意理想$\mathfrak{I}(\neq R)$,都存在包含$\mathfrak{I}$的既约理想.

定理 4.5.6 环 R 的任意理想均可表示为一些(有限或无限)既约理想的交.

证明 设$\mathfrak{I}$是 R 的任意理想,如果$\mathfrak{I}=R$,可认为$\mathfrak{I}$是0个既约理想的交. 下设$\mathfrak{I}\neq R$,任取 $x\in R-\mathfrak{I}$,由定理4.5.5,存在既约理想$\mathfrak{R}_x$,使 $x\notin\mathfrak{R}_x\supseteq\mathfrak{I}$.

令$\mathfrak{R}=\bigcap_{x\in R-\mathfrak{I}}\mathfrak{R}_x$. 我们来证明$\mathfrak{I}=\mathfrak{R}$. 一方面,由于对任意 $x\in\mathfrak{I}$,$\mathfrak{R}_x\supseteq\mathfrak{I}$,故$\mathfrak{R}=\bigcap_{x\in R-\mathfrak{I}}\mathfrak{R}_x\supseteq\mathfrak{I}$. 另一方面,对任意 $y\in R-\mathfrak{I}=\overline{\mathfrak{I}}$($\mathfrak{I}$的补),$y\in\overline{\mathfrak{R}_y}\subseteq\bigcup_{x\in\overline{\mathfrak{I}}}\overline{\mathfrak{R}_x}=\overline{\bigcup_{x\in\overline{\mathfrak{I}}}\mathfrak{R}_x}=\overline{\mathfrak{R}}$,即 $\overline{\mathfrak{I}}\subseteq\overline{\mathfrak{R}}$,故$\mathfrak{R}\supseteq\mathfrak{I}$,于是得到$\mathfrak{I}=\mathfrak{R}$.

定义 4.5.2 设$\mathfrak{I}$是环 R 的理想,如果存在 R 的有限个既约理想$\mathfrak{R}_1$,$\mathfrak{R}_2$,…,$\mathfrak{R}_n$,使$\mathfrak{I}=\mathfrak{R}_1\cap\mathfrak{R}_2\cap\cdots\cap\mathfrak{R}_n$,则称$\mathfrak{I}$具有既约分解.

定理 4.5.7 诺特环 R 的每个理想都有既约分解.

证明 反证法.假设存在一个理想,它不能写成有限多个不可约理想的交,则所有这样的理想构成的集合$\sum$不是空集.根据极大条件,$\sum$有一个极大元,设$\mathfrak{R}$是$\sum$的一个极大元.因为$\mathfrak{R}$可约,$\mathfrak{R}$可写成两个真因子$\mathfrak{I}$,Ξ的交,$\mathfrak{R}=\mathfrak{I}\cap\Xi$.由于$\mathfrak{I}$,$\Xi$是$\mathfrak{R}$的真因子,$\mathfrak{I}$,$\Xi$不属于$\sum$.因而它们都可写成有限多个不可约理想的交.设$\mathfrak{I}=\mathfrak{I}_1\cap\mathfrak{I}_2\cap\cdots\cap\mathfrak{I}_r$,$\Xi=\Xi_1\cap\Xi_2\cap\cdots\cap\Xi_s$,其中诸$\mathfrak{I}_i$,$\Xi_j$为不可约理想.于是$\mathfrak{R}=\mathfrak{I}\cap\Xi=\mathfrak{I}_1\cap\mathfrak{I}_2\cap\cdots\cap\mathfrak{I}_r\cap\Xi_1\cap\Xi_2\cap\cdots\cap\Xi_s$.这与$\mathfrak{R}\in\sum$矛盾,所以$\sum$为空集.即是说,$R$的每个理想都是有限多个不可约理想的交.

定理4.5.7以后给我们留下的问题就不能在这里讨论了.

§5 有序环和有序域

5.1 环和域的有序化

同时存在着顺序关系和运算的数的集合,在数学上起着非常重要的作用.因此,阐明在数的集合的情形下,这些关系之间是如何联系着的,是很有趣味的.现在我们将保持对于我们有兴趣的数的集合的条件下,来提出最一般形式的问题.亦即,我们将讨论合适地联系着顺序和运算的有序环和有序域.

在环中,正的元素、负的元素,以及元素绝对值(参考下面定义5.1.1～5.1.3)这几个概念,是与顺序的关系联系着的.很容易看出,这些概念,尤其是元素的顺序,不可能用纯粹代数的方法来定义,亦即不可能用环的代数运算来完成它们的定义.事实上,假使这些概念能够用环的运算来定义,那么,当由这个环转向关于代数运算与它同构的环时,这些概念仍应该保持.但是,设R是$a+b\sqrt{2}$形式的全体实数所成的环(其中a,b是整数),并且有通常的运算和顺序.对应

$$a+b\sqrt{2}\rightarrow a-b\sqrt{2}$$

显然是有序环R自身到自身的同构映射,然而对于绝对值大于1的正数$1+\sqrt{2}$来说,绝对值小于1的负数$1-\sqrt{2}$却同它对应.

虽然如此,但是,由于运算的存在,使我们有可能比较简单地在环中要引进顺序.仅需给出所有元素对于0的顺序就足够了.其次,为了保持数的通常性质,必须加上联系顺序和运算的补充要求,即:

定义 5.1.1 环中(特别是域)称之为有序的,如果对于其元素,满足下面要求的正的性质被定义:

Ⅴ 对于 R 中任何元素 $a(a\in R)$,有且仅有下面三种关系之一成立:

$$a=0, a \text{ 是正的,或者 } -a \text{ 是正的}$$

Ⅵ 如果 a,b 是正的,那么 $a+b$ 和 ab 都是正的.

如果 $-a$ 是正的,那么,称 a 为负的.

定理 5.1.1 如果在有序环 R 中如下定义顺序,即当 $a-b$ 是正的时候认为 $a>b$,那么 R 就是有序集,而且小于所有正元素,大于所有负元素.

证明 设 a 与 b 是 R 的两个元素.如果 $a-b=0$,那么 $a=b$;如果 $a-b$ 是正的,那么 $a>b$;如果 $-(a-b)=b-a$ 是正的,那么 $b>a$.由Ⅴ,这三种情形有且仅有一种成立(满足三歧性).其次,如果 $a>b$ 且 $b>c$,则 $a-b$ 和 $b-c$ 都是正的.按照Ⅵ,于是有 $(a-b)+(b-c)=a-c$ 是正的,即 $a>c$(满足传递性).因此,R 是有序集(见《集合论》卷).

如果 a 是正的,那么由 $a=a-0$,应有 $a>0$;如果 a 是负的,那么由 $-a=0-a$,应有 $0>a$,即 $a<0$.

这个定理指出,为了在环 R 中引入顺序,条件Ⅴ和Ⅵ是足够的,而且条件Ⅵ给出环中运算与顺序的通常联系.现在发生这样问题,这两个条件中是否有一个是多余的,如是,是否可以由这两个条件中之一以及环的公理Ⅰ~Ⅲ导出另一个条件.很容易用例子证明,这两个条件都是必要的.

① 我们取含有多于一个元素的任一有序环,例如整数环,并且改变它的元素顺序,认为零在任意非零元素的前面.于是我们得到一个满足条件Ⅵ(除零以外的所有元素都是正元素)但不满足条件Ⅴ(如果 $a\neq 0$,则 a 与 $-a$ 都是正的)的环,作为一个集合来说显然是有序集.

② 我们取整数环并且改变其中 $+1$ 与 -1 的顺序,认为

$$-1>0>+1$$

其余的元素保持原来的顺序关系.我们得到一个满足条件Ⅴ但不满足Ⅵ的环,因为 $-1>0$ 且 $2>0$,而 $(-1)+(-1)=2\cdot(-1)=-2<0$.显然,作为一个集合来说,仍然是有序集.

定理 5.1.2(加法和乘法的单调性) 对于有序环 R 中的任何元素 a,b,c,由关系:$a>b,a=b,a<b$,应该分别有

(i) $a+c>b+c,a+c=b+c,a+c<b+c$;

(ii) 当 $c>0$ 时,应该分别有 $ac>bc,ac=bc,ac<bc$;

(iii) 当 $c<0$ 时,应该分别有 $ac<bc,ac=bc,ac>bc$.

证明 如果 $a > b$,那么 $(a+c)-(b+c)=a-b>0$,即 $a+c>b+c$. 如果 $a=b$,按照加法的单值性,有 $a+b=b+c$. 如果 $a<b$,则 $b>a$,按照第一种情形,有 $b+c>a+c$,即 $a+c>b+c$.

情形(ⅰ)被证明.

如果 $a>b,c>0,a-b>0$. 且由 Ⅵ,

$$(a-b)c=ac-bc>0,ac>bc$$

如果 $c<0$,则 $-c>0$,按照(§1,1.2 目,等式(15))乘法的头一个规则,有

$$bc-ac=(b-a)c=[-(b-a)](-c)=(a-b)(-c)>0$$

由此得

$$bc>ac,即\ ac<bc$$

因此,情形(ⅱ)和(ⅲ)的第一种情形都被证明. 其余的情形,如证明情形(ⅰ)时一样,很容易由第一种情形导出.

下面的逆定理也是正确的,即

定理 5.1.3 由 $a+c>b+c,a+c=b+c,a+c<b+c$,应分别有 $a>b,a=b,a<b$. 由 $ac>bc,ac=bc,ac<bc$,当 $c>0$ 时应分别有 $a>b,a=b,a<b$;当 $c<0$ 时应分别有 $a<b,a=b,a>b$.

证明 在定理 5.1.2 中,前提(ⅰ)具有这样的性质,其中之一(且仅其一,现在这是不重要的)一定成立,而结论(分别的在情形(ⅰ)(ⅱ)(ⅲ))也具有这样的性质,它们是互相排斥的. 对于这类的定理,逆定理永远成立,而且可以用"反证法"来证明. 例如,让我们证明:由 $ac=bc$,当 $c>0$ 时,应有 $a=b$. 假定定理不成立,即 $a\neq b$. 于是定理 5.1.2 的前提"$a>b,a=b,a<b$"中其余两个有一个成立. 但是,如果 $a>b$,那么,按照定理 5.1.2,有 $ac>bc$,如果 $a<b$,那么有 $ac<bc$,这都与 $ac=bc$ 矛盾,因而是不可能的.

推论 1 在有序环中,由条件(ⅰ)$a-b\gtreqless c-d$ 应分别有条件(ⅱ)$a+d\gtreqless b+c$,而且逆定理亦成立.

事实上,在关系(ⅰ)的两端,同时加上和 $b+d$,我们就得到(ⅱ). 逆定理也是正确的,因为在(ⅰ)和(ⅱ)中包括了所有情形,而且它们是互相排斥的.

推论 2 在有序环中,当 $bd>0$ 时,由关系(ⅰ)$\dfrac{a}{b}\gtreqless\dfrac{c}{d}$ 应分别有(ⅱ)$ad\gtreqless bc$,而且逆定理也成立.

证明与前面类似.

由定理 5.1.2 可以导出通常对于数的不等式的运算规则,即:

定理 5.1.4 由 $a>b$ 和 $c>d$,应有 $a+c>b+d$,而且,如果 a,b,c,d 都

是正的，那么 $ac > bd$，如果 a,b,c,d 都是负的，那么 $ac < bd$. 在前提和结论中，如果把符号 $>$ 和 $<$ 调换位置，定理仍然成立.

证明 按照定理 5.1.2. 由 $a > b$ 应有 $a+c > b+c$，由 $c > d$ 应有 $b+c > b+d$，由此，得 $a+c > b+d$. 当 a,b,c,d 都是正数时，$ac > bd$ 同样证明是正确的. 设 a,b,c,d 都是负的，于是由 $a > b$ 应有 $ac < b$(且由 $c > d$ 应有 $bc < bd$，由此，得 $ac < bd$.

作为定理 5.1.3 的推论，得到下面的定理.

定理 5.1.5 有序环没有零因子(§1，定义 1.3.4).

证明 设 $ab=0$，于是 $ab=a\cdot 0$，并且按照定理 5.1.3，当 $a \neq 0$ 时，亦即当 $a > 0$，或者 $a < 0$ 时，应该有 $b=0$.

定理 5.1.6 有序域 P 的特征数(参考定义 1.5.1) 等于零.

证明 设 $a \neq 0$，如果 $a > 0$，那么按照性质 Ⅵ，对于任意自然数 n 有 $na > 0$，而且，因为 $(-n)a=-na$，故对于任意整数 n，有 $na \neq 0$. 如果 $a < 0$，那么 $-a > 0$ 且对于任何整数 n，有 $n(-a) \neq 0$. 即如果 $a \neq 0$，且 $n \neq 0$ 时 $na \neq 0$.

定理 5.1.7 有序环的有穷多个元素的平方和(以及特别情形，每一个平方) 大于或者等于零，而且等于零的情形，当且仅当所有元素都等于零时才能发生.

证明 对于一个元素来说，如果 $a_1=0$，那么 ${a_1}^2=0$，如果 $a_1 \neq 0$，那么或者 $a_1 > 0$，或者 $-a_1 > 0$，于是

$$ {a_1}^2=a_1a_1=(-a_1)(-a_1) > 0 $$

即当 $n=1$ 时，定理是正确的. 设对于 n 个元素定理是正确的，于是

$$ \sum_{i=1}^{n+1} a_i^2=\sum_{i=1}^{n} a_i^2+a_{n+1}^2 \geqslant 0, $$

因为它是非负的被加数的和(参考 Ⅵ). 如果这两个被加数中有一个是大于零的，那么它们的和也大于零. 也就是说，当和等于零，两个被加数都等于零，即

$$ \sum_{i=1}^{n} a_i^2=0 \text{ 及 } a_{n+1}^2=0. $$

由此按照已证明的，$a_{n+1}=0$，并且按照归纳假定，$a_1=a_2=\cdots=a_n=0$.

定义 5.1.2 有序环(以及特别情形，有序域) 的元素 a 的绝对值是指元素 a 和 $-a$ 中的非负元素. 元素 a 的绝对值用 $|a|$ 表示.

按照这个定义，$|0|=0$，且当 $a \neq 0$ 时，永远有 $|a| > 0$.

定理 5.1.8 有穷多个元素的和的绝对值小于或者等于被加数的绝对值的和. 而且等于的情形，当且仅当每一个被加数都不是正的或者全体都不是负

的时候才能发生. 有穷多个元素的积的绝对值等于乘数绝对值的积.

证明 我们仅限于两个元素的情形,因为进行归纳法不是什么困难的事. 因此,需要证明

$$|a+b|\leqslant|a|+|b| \tag{1}$$

而且等式当且仅当,或者 $a\geqslant 0,b\geqslant 0$,或者 $a\leqslant 0,b\leqslant 0$ 时发生,以及

$$|ab|\leqslant|a|\cdot|b| \tag{2}$$

如果 $a\geqslant 0$ 且 $b\geqslant 0$,那么也有 $a+b\geqslant 0$ 以及

$$|a+b|=a+b\leqslant|a|+|b|$$

如果 $a\leqslant 0$ 及 $b\leqslant 0$,那么 $-a\geqslant 0,-b\geqslant 0$ 以及 $-(a+b)=(-a)+(-b)\geqslant 0$,与

$$|a+b|=-(a+b)=(-a)+(-b)=|a|+|b|$$

因此,在这两种情形,式(1)的符号"="成立. 又因为在(1)中 a 和 b 是对称的,从 $a>0,b<0$ 和 $a<0,b>0$ 这两种情形中,只要取第一种情形加以证明就足够了. 按照定理5.1.2,在不等式 $b<-b$ 的两端加上 $-b$,得到 $a+b<a+(-b)=|a|+|b|$. 在不等式 $-a<a$ 的两端加上 $-b$ 也与此一样,得到 $-(a+b)<(-a)+(-b)<a+(-b)=|a|+|b|$. 但由于 $|a+b|$ 或者与 $a+b$ 一致,或者与 $-(a+b)$ 一致. 所以

$$|a+b|<|a|+|b|$$

因此,这两种情形,式(1)的符号"<"成立.

如果 a,b 中有一个等于零,等式(2)显然成立. 仅须研究下面三种情形.

(i) $a>0,b>0$. 按照性质 Ⅵ 有 $ab>0$ 以及

$$|ab|=ab=|a|\cdot|b|.$$

(ii) $a<0,b<0$: $-a>0,-b>0$. 按照 §1,1.2 中规则(15),$(-a)(-b)>0$,以及

$$|ab|=|(-a)(-b)|=(-a)(-b)=|a|\cdot|b|$$

(iii) $a>0,b<0$: $-b>0$,按照 §1,1.2 中规则(15),$a(-b)>0$,以及

$$|ab|=|-ab|=|a(-b)|=a(-b)=|a|\cdot|b|$$

由等式(1),对于有序环 R 中的任意两个元素 a,b 应有

$$||a|-|b||\leqslant|a\pm b|\leqslant|a|+|b| \tag{3}$$

事实上,因为 $a+b=a-(-b)$ 及 $|b|=|-b|$,故只需证明式(3)中对于差 $a-b$ 的情形即可. 但由 $a=(a-b)-b$ 和 $b=(b-a)+a$,由式(1)得

$$|a|\leqslant|a-b|+|b| \text{ 与 } |b|\leqslant|b-a|+|a|=|b-a|+|a|$$

由此得

$$|a|-|b| \leqslant |a-b| \text{ 与 } |b|-|a| \leqslant |a-b|$$

因此

$$||a|-|b|| \leqslant |a-b| = |a+(-b)| \leqslant |a|+|b|$$

附注 为中学课程中所已知的对于数的比较和运算，利用比较和运算它们的绝对值的这个规则，对于任何有序环 R 仍然是正确的. 即是，环 R 中的正元素大于负元素，由于与零比较，这是很显然的. 两个正元素中，绝对值大的比较大，这是因为正元素与它的绝对值是一致的. 两个负元素中，绝对值小的比较大，这是因为，如果 a,b 都是负元素，那么，$a-b=(-b)-(-a)=|b|-|a|$，所以当 $|a|<|b|$ 时，证当 $a>b$.

如果为了与用 $-a$ 表示负于 a 的表示法对称起见，用 $+a$ 表示 a 本身，那么，对于每个元素，可以用它的绝对值这样表示：$a=\pm|a|$，此处对于正元素取"+"，对于负元素取"−". 在这种意义下，可以谈论关于已知元素的符号. 于是发生下面的运算规则.

为了相加有同一符号的两个元素，应该将它们的绝对值相加，并且放置两被加数已有的符号. 事实上，如果 $a>0,b>0$，那么这是很显然的；如果 $a<0$，$b<0$，那么

$$a+b=(-|a|)+(-|b|)=-(|a|+|b|)$$

(§1,1.2,等式(9)).

为了符号不同的两个元素相加，应该从较大的绝对值中减去较小的绝对值(当绝对值相同时，和等于零)，并且放置绝对值较大的被加法数的符号. 设 $a>0$ 和 $b<0$. 如果 $|a|>|b|$，那么

$$a+b=a-(-b)=+(|a|-|b|)$$

如果 $|a|<|b|$，那么

$$a+b=-(-b-a)=-(|b|-|a|)$$

为了从一个元素中减去另一个元素，应该加第二个元素的负元素于第一个元素. 这对于任何环都是正确的(§1,1.2(8)).

为了将两个元素相乘(除)，应该以第一个元素的绝对值乘(除)以第二个元素的绝对值，而且，当两个元素的符号相同时，放置"+"，当它们的符号不同时，放置"−"，对于乘法来说，这是由任意环中的符号规则得到的(§1,1.2(15))，因为

$$ab=(\pm|a|)\cdot(\pm|b|)$$

而对于除法(如果除法是可实施的)，可以这样导出：如果 $\frac{a}{b}=c$，那么 $a=bc$，

$|a|=|b|\cdot|c|$，由此得

$$\frac{|a|}{|b|}=|c|$$

当乘以正元素时，符号不变，而乘以负元素时，符号改变. 因此，由 $a=bc$，应有：当 a，b 的符号相同时，商 c 是正的，当 a，b 的符号不同时，商 c 是负的.

因此，我们看到，不等式和绝对值的通常规则，不仅对于数是正确的，而且，对于任意有序环的元素都是正确的. 这些规则是公理 Ⅰ ～ Ⅵ 的推论.

然而，还有一个重要的数的性质，不能带入任意的有序环中. 这就是阿基米德公理，按照它，将任一个已知正数(不论它如何小) 相加至足够多的次数取后，就可得到一个数，大于任意(不论它如何大) 已知数. 因此对于具有类似性质的环，需要给予一个特别的定义.

定义 5.1.3 一个有序环(特殊情形，域) 称之为阿基米德式有序环(或域)，如果它具有性质：

Ⅶ(阿基米德公理) 对于环的任意二元素 a，b，此处 $b>0$，存在着一个自然数 n，使得 $nb>a$.

在域的情形，只要这个条件对于域的单位元 e 成立就足够了，即性质 Ⅶ 与下面的性质是等价的：

Ⅶ′ 对于域的任意元素 a，存在着一个自然数 n，使得 $ne>a$.

事实上，如果 $b>0$，那么存在着自然数 n，使得 $ne>\frac{a}{b}$，两端同乘以 $b>0$，得 $nb>a$.

非阿基米德式有序环的例：设 R 是有理系数的多项式环(有通常的加法和乘法运算). R 中的一个元素 $f(x)=a_0+a_1x+a_2x^2+\cdots+a_nx^n$，规定如果首项系数 a_n 是正数，那么 $f(x)$ 是正的. 容易看出，定义 5.1.1 中的公理 Ⅴ 和 Ⅵ 能被满足，即 R 是有序环. 但是，虽然 $1>0$ 对于任意自然数(甚至是有理数)n，都有 $n\cdot 1=n<x$，因为 $x-n>0$. 即 R 是非阿基米德式的有序环.

5.2 分离性和稠密性

有序环元素间的顺序可以由于元素顺序的某种稠密性而不同. 这种差别可以由整数环和有理数域的例子看出. 为了精确地描述这些顺序的性质，让我们给出这样的定义.

定义 5.2.1 一个有序环称之为分离的，如果对于它的任意元素 a，存在着与 a 紧挨着的后面一个元素 b，以及与 a 紧挨着的前面一个元素 c. 一个有序环

称之为稠密的，如果对于它的任意两个不同元素 a,b 在 a,b 之间存在着一个元素 c，使得 $a<c<b$，或者 $b<c<a$[①].

定理 5.2.1 一个有序环 R 是分离的必要和充分的条件是，对于它的正元素的集合有最先元素，而一个有序环是稠密的必要和充分的条件是，对于它的正元素的集合，没有最先元素.

这样一来，任一有序环，或者是分离的，或者是稠密的.

证明 让我们先指出，由 $a<b$，应有 $-a>-b$. 事实上，如果 $a<b$，则

$$b-a=(-a)-(-b)>0,\ -a>-b$$

如果正元素的集合有最先元素 b，那么，负元素的集合有最后元素 $-b$，因为，由 $-b<c<0$，那么将有 $b>-c>0$，这是不可能的. 现在，由 $-b<0<b$，对于任何 a，应有：$a-b<a<a+b$(定理 5.1.2)，而且 $a-b$ 和 $a+b$ 是紧挨着 a 的两个元素，因为，例如，如果 $a<c<a+b$，应有 $0<c-a<b$，这是不可能的. 即有序环 R 是分离的.

如果环 R 的正元素的集合没有最先元素，那么对于任意两个元素 a,b，例如，$a<b$，将有 $0<b-a$.

因而存在着一个正元素 c，先于 $b-a$，即满足不等式 $0<c<b-a$. 不等式的各部分同时加上 a，即得 $a<a+c<b$. 这就是说环 R 是稠密的.

因为分离性和稠密性这两个性质显然是互相排斥的，而刚才被证明的两个论断的前提包含着所有可能性，故逆命题也是正确的，而且可以用"反证法"来证明.

整数环和有理数域可以作为分离的和稠密的环的例子.

所有分母为 2 的方幂的有理数集合 R 可以作为稠密环而不是域的例子. 事实上 R 的任意两个元素的和、差、积仍然在 R 内. 亦即 R 是环. 如果 a,b 是 R 的两个元素而且 $a<b$，那么 $\frac{a+b}{2}$ 也属于 R，而且 $a<\frac{a+b}{2}<b$. 即环 R 是稠密的. 数 $\frac{1}{2}$ 和 $\frac{3}{2}$ 都属于 R，但它们的商 $\frac{1}{2}\div\frac{3}{2}=\frac{1}{3}$，不属于 R. 因此环 R 不是域.

前面所说过的所有有序域都是稠密的. 让我们来证明，分离的有序域是不存在的.

定理 5.2.2 任何有序域都是稠密的.

证明 设 a,b 是域 P 的两个元素，并且 $a<b$，而 e 是 P 的单位元素. 于是

---

① 这个定义对于任何有序集保持它的意义.

$e=ee>0$，且对于任意自然数 n，$ne>0$，即按照符号规则，当除法时，也有$\frac{e}{ne}>0$. 其次，对于任何元素 c，有$\frac{ce}{ne}=c$，因为$(ne)e=ne$. 现在，应用定理 5.1.2，我们求得

$$2a=a+a<a+b<b+b=2b$$

由此，同乘以$\frac{e}{2e}>0$，得

$$a<\frac{a+b}{2e}<b$$

定理即被证明.

§6　布尔代数与格

6.1　基本定义

我们现在将从抽象代数的观点更严密地分析“集合”(或类) 和“子集合” 的基本概念. 假设 E 为任意集合，而 X，Y，Z 表示 E 的子集. 比如 E 是正方形，X，Y，Z 三个是位于 E 中的全等的互相交叠的圆形，如图 1 中的“维恩图” 所示.

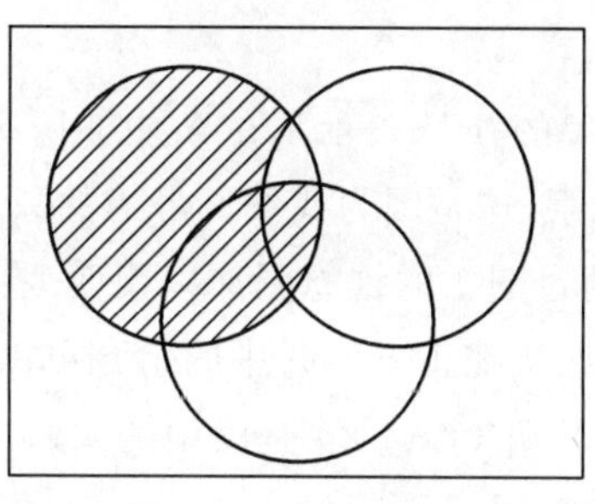

图 1

当 X 是 Y 的子集，即 X 的每个元素都在 Y 中，我们记作 $X\subseteq Y(Y\supseteq X)$. 这个关系也可称为 X“包含” 在 Y 中.

包含关系满足自反律：这是显然的，因为任意集合 X 是它本身的子集. 包含关系也满足传递律：因为如果 X 的每个元素在 Y 中，并且 Y 的每个元素在 Z 中，那么显然 X 的每个元素在 Z 中. 但是，包含关系不满足对称律. 反之，如果 $X\subseteq Y$ 且 $Y\subseteq X$，那么 X 和 Y 一定包含同样的元素，因此 $X=Y$.

概括起来，集合的包含关系与算术的不等关系都具有下列性质：

自反律 对一切 X，有 $X\subseteq X$.

反对称律 如果 $X\subseteq Y$ 且 $Y\subseteq X$，那么 $X=Y$.

传递律 如果 $X\subseteq Y$ 且 $Y\subseteq Z$，那么 $X=Z$.

但是，"对于给定的两个集合 X 和 Y，不是 $X\subseteq Y$，就是 $Y\subseteq X$"这个命题是不正确的.

因此两个集合 X 和 Y 的包含关系有四种可能的方式. 一种可能是 $X\subseteq Y$ 并且 $Y\subseteq X$，在这种情况下，根据反对称律有 $X=Y$. 另一种可能是 $X\subseteq Y$ 但不满足 $Y\subseteq X$，在这种情况下，我们称 X 真包含在 Y 中，并记作 $X\subset Y$ 或 $Y\supset X$. 我们还可以有 $Y\subseteq X$ 但不满足 $X\subseteq Y$，在这种情况下，说 X 真包含 Y. 最后，我们有既不是 $X\subseteq Y$ 也不是 $Y\subseteq X$，在这种情况下称 X 和 Y 是不可比的. 由于不可比集合的存在，才使包含关系不同于实数间的不等关系.

已知集合 E 的子集中不仅有包含关系，而且可通过两种二元运算"并"与"交"把它们联系起来，这两种运算类似于普通的"加"与"乘". 这种类比的程度和重要性首先是由英国数学家布尔(George Boole，1815—1864)发现的，他建立了集合代数的理论.

我们把 X 和 Y 的交(记作 $X\cap Y$)定义为既在 X 中又在 Y 中的所有元素的集合，把 X 和 Y 的并(记作 $X\cup Y$)定义为或者在 X 中，或者在 Y 中，或者同时在两个集合之中的所有元素的集合. 符号"$\cap$"和"$\cup$"分别称为"求交"运算和"求并"运算.

最后，我们用 $\overline{A}$(读作"X 的补")表示不在 X 中的所有元素的集合. 例如，$\overline{E}$ 是空集 $\varnothing$，它不包含任何元素. 这是因为我们所考虑的只是 E 的子集.

集合的代数运算可以通过图 1 的维恩图加以说明. 在这个图中，X,Y,Z 是三个交叠圆形的内部，这些区域在正方形 E 中的组合可以用适当的阴影区域来表示. 例如，$\overline{Y}$ 是 Y 的外部，$X\cap(\overline{Y}\cup Z)$ 是图中的阴影区域.

6.2 定律：同算术定律类比

我们现在略为详细地描述一下集合代数与普通算术之间的类似，并用来定义布尔代数. "$\cap$，$\cup$"和普通的"$\cdot$，$+$"之间的类似，由下列定律作部分的描述，这些定律的正确性是显然的.

幂等律 $X\cap X=X$ 和 $X\cup X=X$.

交换律 $X\cap Y=Y\cap X$ 和 $X\cup Y=Y\cup X$.

结合律 $X\cap(Y\cap Z)=(X\cap Y)\cap Z$ 和 $X\cup(Y\cup Z)=(X\cup Y)\cup Z$.

分配律 $X \cap (Y \cup Z)=(X \cap Y) \cup (X \cap Z)$ 和 $X \cup (Y \cap Z)=(X \cup Y) \cap (X \cup Z)$.

显然,除了幂等律和第二分配律之外,所有这些定律都与大家所熟悉的“·”与“+”的性质相对应.这些性质在《集合论》卷已经讨论过.

下面的基本定律把交和并相互联系起来,而且把交、并和包含联系起来.

相容律 $X \subseteq Y, X \cap Y=X$ 和 $X \cup Y=Y$ 这三个条件是互相等价的.

还有,空集用 $\varnothing$ 表示,$\varnothing$ 和 E 具有下列特殊性质:

泛界 $\varnothing \subseteq X \subseteq E$,对一切 X.

交 $\varnothing \cap X=\varnothing$ 和 $E \cap X=X$.

并 $\varnothing \cup X=X$ 和 $E \cup X=E$.

前三个交和并的性质与普通算术中 0 和 1 的性质相类似.

最后,下面三个新的定律把交、并和补联系起来.

互补律 $X \cap \overline{X}=\varnothing$ 和 $X \cup \overline{X}=E$.

对偶律 $\overline{(X \cap Y)}=\overline{X} \cup \overline{Y}$ 和 $\overline{(X \cup Y)}=\overline{X} \cap \overline{Y}$.

对合律 $\overline{(\overline{X})}=X$.

如果把 $\overline{X}$ 解释为 $1-X$,并假定 $XX=X$,那么互补律和对合律与普通算术定律相对应.

上述定律可以用各种方法证明.第一,我们可用特殊例子通过“归纳推理”来检验它们.维恩图提供了一个合适的例子.如果 X 和 Y 分别是图 2 中左圆形和右圆形的内部,那么对于区域 $\overline{X}$ 画出水平直线的阴影,对于区域 $\overline{Y}$ 画出垂直直线的阴影.那么十字阴影线的区域就是 $\overline{X} \cap \overline{Y}$.由图 2 立即看出,这个区域是 $X \cup Y$ 的补.这就是第二对偶律所描述的.就我们的常识而言,可以承认这样的论证,但是,数学上这是不允许的,因为在数学推理中,只允许演绎证明.

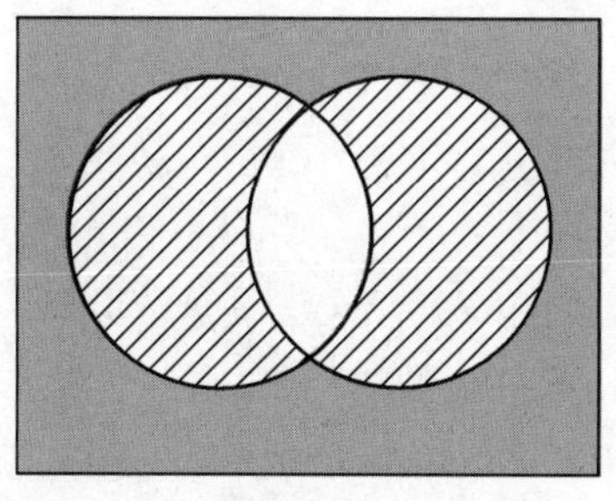

图 2

第二,我们可以把 E 的元素分为四种可能情况来考虑:(ⅰ)元素既在 X 中又在 Y 中;(ⅱ)元素在 X 中但不在 Y 中;(ⅲ)元素在 Y 中但不在 X 中;(ⅳ)元

素既不在 X 中也不在 Y 中. 比如,(ⅰ)类元素在 $X \cap Y$ 中因此不在 $\overline{(X \cap Y)}$ 中,不在 $\overline{X} \cup \overline{Y}$ 中;而(ⅱ)类元素在 $\overline{(X \cap Y)}$ 和 $\overline{Y}$ 中,因此在 $\overline{X} \cup \overline{Y}$ 中,再看其他两类元素,也是这个情况. 因此我们看出,$\overline{(X \cap Y)}$ 和 $\overline{X} \cup \overline{Y}$ 具有相同的元素,这就是第一对偶律. 注意,对于两个集合 X 和 Y,元素的四种可能情况用上面这个维恩图的四个区域中的点来表示;而对于三个集合,元素有八种情况,对应于八个区域(图 1).

第三,我们可以用"求并"和"求交"运算的叙述性的定义重述这些定律. 例如,考虑分配律. 这里,"b 在 $X \cap (Y \cup Z)$ 中"是指"b 既在 X 中又在 Y 或 Z 中","b 在 $(X \cap Y) \cup (X \cap Z)$ 中"是指"b 或者既在 X 中又在 Y 中,或者既在 X 中又在 Z 中".

按照连词"既……,又……"及"或者……,或者……"的通常用法,稍微"翻译"一下就使我们确信这两种叙述是等价的. 分配律的这个证明表明,集合代数中的定律怎样翻译为"既……,又……""或""非"这些词的性质. 如果我们假定这些性质是基本的,那么像我们进行平常的数学推理那样,就能从这些性质证明上述所有关于集合的定律.

6.3 布尔代数

我们不再关心由基本逻辑法则来推导上述代数定律,而是把这些定律中最基本的定律作为公设,然后再从这些公设导出尽可能多的有意义的结论来. 因此,我们现在用稍微不同的记号给出基本定义,用这些记号是为了强调这些公设可以用于不同于集合的其他对象.

定义 6.3.1 具有下列性质的元素 $a,b,c,\cdots$ 的集合 B 称为布尔代数:

(i)B 有两个二元运算 $\wedge$(楔形)和 $\vee$(V 形),它们满足

幂等律 $a \wedge a = a \vee a = a$.

交换律 $a \wedge b = b \wedge a, a \vee b = b \vee a$.

结合律 $a \wedge (b \wedge c) = (a \wedge b) \wedge c, a \vee (b \vee c) = (a \vee b) \vee b$.

(ii) 这两个运算满足吸收律

$$a \wedge (a \vee b) = a \vee (a \wedge b) = a$$

(iii) 这两个运算是互相可分配的

$$a \wedge (b \vee c) = (a \wedge b) \vee (a \wedge c), a \vee (b \wedge c) = (a \vee b) \wedge (a \vee c)$$

(iv)B 包含泛界 O, I,它们满足

$$O \wedge a = O, O \vee a = a, I \wedge a = a, I \vee a = I$$

(v)B 有求补的一元运算 $a \to \overline{a}$,它遵循下面的互补律

$$a \wedge \bar{a}=O, a \vee \bar{a}=I$$

当然上述所有定律都假定对一切 $a,b,c \in B$ 是成立的.

利用这个定义,本节 6.1 目和 6.2 目的结论可以概括为下面的命题.

定理 6.3.1 在交、并和补三种运算之下,任何集合 E 的全体子集构成一个布尔代数.

为了更有选择地说明上述这些公设的意义,我们现在描述几个例子,在这些例子中,有一些公设成立,但不全都成立.

例 1 设 L 是以 n 维欧几里得向量空间(见《线性代数原理》卷)的子空间为元素的集合.这里定义 $S \wedge T=S \cap T$ 是 S 和 T 的交,$S \vee T=S+T$ 是 S 和 T 的线性和,O 是零向量 $\mathbf{0}$,I 是整个空间,$\bar{S}$ 是子空间 S 的正交补空间 $S^{\perp}$.

那么,公设(i),(ii),(iv) 和(v) 都满足.但是分配律(iii) 不满足(例如,设 S,T,U 分别是平面上由(1,0),(0,1),(1,1) 张成的子空间).

例 2 设 L 是以有限群 G 的正规子群 $M,N,\cdots$ 为元素的集合.设 $M \wedge N=M \cap N$ 是 M 和 N 的交,而 $M \vee N=MN$ 是由所有乘积 $xy(x \in M, y \in N)$ 组成的集合.那么 $M \wedge N$ 和 $M \vee N$ 都是 G 的正规子群.如果 O 表示群单位元素 e,I 是群 G 本身,那么虽然(iii) 和(v) 一般都不满足,但公设(i),(ii) 和(iv) 都满足.

因为例 1 和例 2 中构造的系统都满足公设(i) 和(ii),所以它们在下述意义下是格.

定义 6.3.2 如果集合 L 有两个二元运算[①] $\wedge$ 和 $\vee$,它们满足幂等律、交换律和结合律,并且满足吸收律(ii),那么称 L 是一个格.如果除此之外还满足分配律(iii),那么 L 称为分配格.

例如,如果所有多边形区域的集合 L 包含空集 $\varnothing$,并且面积为零的集合可以忽略不计,那么集合 L 在交和并运算之下是一个分配格.再如,在所有正整数的集合 $\mathbf{Z}^{+}$ 中.如果定义 $m \wedge n$ 是 m 和 n 的最大公因子.$m \vee n$ 是 m 和 n 的最小公倍数,那么正整数集 $\mathbf{Z}^{+}$ 是一个分配格.

上面作为公设的各种定律有很多有趣的代数结论,我们现在来推导其中最简单的几个.

结合律和交换律的作用已经在第一章 §1,1.3 中研究过了.结合律实际上意味着我们可以不用括号来组成多重交或多重并;交换律意味着,在只含有 $\vee$

---

① $\wedge$ 运算也称为交,$\vee$ 运算也称为并,我们将交替使用这些名称.

或只含有 $\wedge$ 的表达式中，各项可以按照我们喜欢的任何方式排列.

连同上面的定律，幂等律的作用显然是允许我们消去重复出现的项——只留下一个已知项，其余重复出现的项全都消去. 概括起来我们有：

引理 1 设 f 和 g 是由符号 $\vee$ 和所有字母 $a_1, a_2, \cdots, a_n$（可能有些字母重复）构成的两个表达式，那么由幂等律、交换律和结合律可推出 $f=g$. 对于只含有 $\wedge$ 的表达式，上述结论同样成立.

设 N 是下标 $i=1,2,\cdots,n$ 的集合，我们可以不含糊地用

$$\bigvee_N a_i \text{ 或 } \bigvee_{i=1}^{n} a_i$$

和

$$\bigwedge_N a_i \text{ 或 } \bigwedge_{i=1}^{n} a_i$$

分别表示所有 a_i 的并和交. 这些记号类似于代数记号 $\sum$ 和 $\prod$.

再有，我们从交换律、结合律和分配律出发，可以用数学归纳法（像第一章 §1,1.3 中所做的那样）导出一般分配律如下

$$x \wedge (y_1 \vee y_2 \vee \cdots \vee y_n) = (x \wedge y_1) \vee (x \wedge y_2) \vee \cdots \vee (x \wedge y_n)$$

$$x \vee (y_1 \wedge y_2 \wedge \cdots \wedge y_n) = (x \vee y_1) \wedge (x \vee y_2) \wedge \cdots \wedge (x \vee y_n)$$

$$(x_1 \vee x_2 \vee \cdots \vee x_m) \wedge (y_1 \vee y_2 \vee \cdots \vee y_n)$$
$$= (x_1 \wedge y_1) \vee (x_1 \wedge y_2) \vee \cdots \vee (x_m \wedge y_n)$$

6.4 其他基本定律的推导

我们指出，上面列出的关于布尔代数的公设可推出本节 6.1 目和 6.2 目中讨论的集合代数的其他基本公式. 例如，它们可推出 O 和 I 的唯一性，这些我们并没有假定过.

引理 2 在任意布尔代数中，恒等式 $a \wedge x = a$ 和 $a \vee x = x$（对一切 x）中每一个都可推出 $a = O$. 对偶地有，恒等式 $a \vee x = a$ 和 $a \wedge x = x$（对一切 x）中每一个都可推出 $a = I$.

证明 如果对所有 x，$a \wedge x = a$，那么特别有 $a \wedge O = a$；但是由（ⅳ）有 $a \wedge O = O$，因此 $a = O$. 同样，如果对所有 x，$a \vee x = x$，那么 $a \vee O = O$. 但是由（ⅳ）有 $a \vee O = a$，因此又有 $a = O$. I 的唯一性的证明类似.

引理 3 对任意格中的元素 a, b，$a \wedge b = a$ 成立当且仅当 $a \vee b = b$.

证明 如果 $a \vee b = b$，那么根据吸收律（ⅱ），有 $a \wedge b = a \wedge (a \vee b) = a$. 反之，如果 $a \wedge b = a$，则 $a \vee b = (a \wedge b) \vee b$. 因此根据交换律，$a \vee b = b \vee$

$(b \wedge a)=b$，这里最后一步又用到(ⅱ).

推论　在布尔代数的定义中，条件(ⅳ)可由下列公设中的任何一个来代替：

(ⅳ′)对一切 x，有 $x \wedge O=O$ 和 $x \vee I=I$.

(ⅳ″)对一切 x，有 $O \vee x=x$ 和 $I \wedge x=x$.

上面给出的布尔代数的定义没有提到包含关系，即使包含关系是所有概念中最基本的.我们现在来定义这个关系，并由上述公设推导它的基本性质.其证明重述相容律，相容律的一部分已经证过了，如上面引理 3 所述.

定义 6.4.1　定义 $a \leqslant b$ 是指 $a \wedge b=a$，或者指 $a \vee b=b$(根据引理 3，这两个说法是等价的).

引理 4　在任意格中，关系 $a \leqslant b$ 满足自反律、反对称律和传递律.

证明　因为 $a \wedge a=a$，所以对一切 a，有 $a \leqslant a$，这就证明了自反律.再有，由 $a \leqslant b$ 和 $b \leqslant a$ 可推出

$$a=a \wedge b=b \wedge a=b$$

这就证明了反对称律.最后，由 $a \leqslant b$ 和 $b \leqslant c$ 推出 $a=a \wedge b=a \wedge (b \wedge c)=(a \wedge b) \wedge c=a \wedge c$，因此 $a \leqslant c$.速就证明了传递律.证毕.

吸收律的作用在上面引理 2 和引理 3 的证明中已经显示出来.幂等律在格的定义中是多余的，实际上，由吸收律、交换律和结合律可推出幂等律：因为吸收律是说，对所有 x, z，有 $x=x \wedge (x \vee z)$.设 $z=x \wedge y$，我们推出，对所有 x，y 有 $x=x \wedge [x \vee (x \wedge y)]$；再应用对偶的吸收律 $x \vee (x \wedge y)=x$，于是我们就得到 $x=x \wedge x$(这就是幂等律).$x=x \vee x$ 的证明类似，只需把 $\wedge$ 和 $\vee$ 互换.

引理 5　在任意分配格中，由 $a \vee x=a \vee y$ 和 $a \wedge x=a \wedge y$ 一起可推出 $x=y$.

证明　通过等式替换，并逐次应用吸收律和分配律，我们有

$$\begin{aligned} x &= x \wedge (x \vee a)=x \wedge (y \vee a) \\ &= (x \wedge y) \vee (x \wedge a)=(y \wedge x) \vee (y \wedge a) \\ &= y \wedge (x \vee a)=y \wedge (y \vee a)=y \end{aligned}$$

现在我们回想一下求补运算 $a \to \bar{a}$ 满足

$$a \wedge \bar{a}=O \text{ 和 } a \vee \bar{a}=I$$

但是任意满足 $a \wedge x=O$ 和 $a \vee x=I$ 的元素 x，根据引理 5，它一定满足 $x=\bar{a}$.换句话说，补 $\bar{a}$ 由布尔代数定义中的互补律(ⅴ)唯一确定.我们现在证明补集的其余性质(对偶律和对合律)在任意布尔代数中也都成立.

引理6 在任意布尔代数中,我们有:$\bar{\bar{x}}=x$,$\overline{x \wedge y}=\bar{x} \vee \bar{y}$和$\overline{x \vee y}=\bar{x} \wedge \bar{y}$.

证明 “$\bar{x}$ 是 x 的补”这个说法由交换律可推出“x 是 $\bar{x}$ 的补”,这因为 $\bar{x} \wedge x=x \wedge \bar{x}=O$ 和 $\bar{x} \vee x=x \vee \bar{x}=I$. 但是我们刚刚证明过补是唯一的. 因此 x 是 $\bar{x}$ 的唯一的补,于是$\bar{\bar{x}}=x$. 再有,根据分配律有

$$
\begin{aligned}
(x \wedge y) \wedge (\bar{x} \vee \bar{y}) &=(x \wedge y \wedge \bar{x}) \vee (x \wedge y \wedge \bar{y})\\
&=[(x \wedge \bar{x}) \wedge y] \vee (x \wedge O)\\
&=[O \wedge y)] \vee O=O \vee O=O\\
(x \wedge y) \vee (\bar{x} \vee \bar{y}) &=(x \vee \bar{x} \vee \bar{y}) \wedge (x \vee \bar{x} \vee \bar{y})\\
&=(I \vee \bar{y}) \wedge (y \vee \bar{y} \vee \bar{x})\\
&=I \wedge (I \vee \bar{x})=I
\end{aligned}
$$

这就证明了$\bar{x} \vee \bar{y}$是$x \wedge y$的补. 因此,再根据补的唯一性,$\bar{x} \vee \bar{y}=\overline{x \wedge y}$ 是 $x \wedge y$ 的补. 恒等式$\overline{x \vee y}=\bar{x} \wedge \bar{y}$可以类似地证明.

推论 为了求出由带横和不带横的字母通过多重 $\vee$ 和 $\wedge$(但不用加横的括号)构成的表达式的补,可以把表达式中的 $\vee$ 和 $\wedge$ 全都互换,并把每个不带横的字母加上横,把每个带横字母的横去掉.

例如,根据这个法则,$(\bar{x} \wedge y) \vee (z \wedge \bar{w})$ 的补是$(x \vee \bar{y}) \wedge (\bar{z} \vee w)$.

证明 如果在已知表达式 f 中字母的个数 n(重复的也计算在内)是 1,那么推论是正确的,这因为$\overline{(x)}=\bar{x}$,$\overline{(\bar{x})}=x$. 如果不然,因为表达式中的括号都不带横,所以我们可以把它写成 $f=a \wedge b$ 或 $f=a \vee b$,由此分别得到 $\bar{f}=\bar{a} \vee \bar{b}$ 或 $\bar{f}=\bar{a} \wedge \bar{b}$. 但是表达式 a 和 b 包含的字母比 f 包含的字母少,因此. 对 n 用归纳法,我们可以假定推论对于 a 和 b 都是正确的. 再代入表述式 $\bar{f}=\bar{a} \vee \bar{b}$ 或 $\bar{f}=\bar{a} \wedge \bar{b}$ 中,我们就得到所要求的补的公式.

6.5 布尔多项式的标准型

在前一目里,我们已经研究了由 $\wedge$, $\vee$ 和 $\overline{}$ 运算构成的各种表达式. 这样的表达式称为“布尔多项式”(或“布尔函数”),显然,它类似于普通多项式.

我们现在来定义布尔代数 B 的子代数作为 B 中这样的非空子集 S:如果它包含任意两个元素 x 和 y,那么它也包含 $x \wedge y$,$x \vee y$,$\bar{x}$(因而也包含 $O=x \wedge \bar{x}$ 和 I). 给定 B 的一个任意非空子集 X,那么所有值 $p(x_1,x_2,\cdots,x_n)$(元素 $x_i \in X$) 组成的集合显然是 B 的包含 X 的最小子代数. 同群的情形一样,称这

个子代数是由 X 生成的. 例如,任意一个元素 x 生成的子代数由 x, $\overline{x}$, O, I 四个元素组成.

这是下面使人感到惊奇的事实的一个特殊情形:这个事实是 n 个变量 x_1, x_2, $\cdots$, x_n 的不同布尔多项式的个数等于 2^{2^n}. 现在我们来证明它,以多项式

$$f(x,y,z)=\overline{[x \vee y] \vee \overline{(y \vee x)}} \vee (y \wedge x)$$

为例进行论证.

第一,如果多项式中任何括号的外边出现横,那么总可以应用对偶律(如本节 6.4 目的引理 6)把它移到括号里边. 当所有的横都移到括号的最里边时,多项式变成只含有带横字母和不带横字母以及作用在它们上面的 $\vee$ 和 $\wedge$ 的表达式. 例如上述例子中,

$$f=[\overline{x} \wedge \overline{z} \wedge (y \vee z)] \vee (y \wedge x)$$

第二,如果任意 $\wedge$ 在括号外边,而括号里包含 $\vee$,那么根据分配律, $\wedge$ 可以移到括号里边,像 $c \wedge (a \vee b)=(c \wedge a) \vee (c \wedge b)$ 那样. 结果得到一个多项式,其中所有的交 $\wedge$ 先组合起来,然后再按并 $\vee$ 组成,也就是说,这个表达式是某些项 T_1, T_2, $\cdots$, T_k 的并,其中每个 $T_i(i=1,2,\cdots,k)$ 是一些带横和不带横字母的交. 在上面例子中

$$f=(\overline{x} \wedge \overline{z} \wedge y) \vee (\overline{x} \wedge \overline{z} \wedge z) \vee (y \wedge x)$$

第三,某些表达式可以缩短或者略去. 如果字母"c"在一项中出现两次,则可略去一个"c",这因为 $c \wedge c=c$. 如果带横的 c 和不带横的 c 同时出现在由 $\wedge$ 连接的项中,那么整个项是 O,因为对一切 a,有 $c \wedge a \wedge \overline{c}=O$;因此这一项在由 $\vee$ 连接的项中可以略去,因为对一切 b,有 $O \vee b=b$. 例如上面的例子中

$$f=(\overline{x} \wedge \overline{z} \wedge y) \vee (y \wedge x)$$

现在,如果某一项 T_k 不包含字母 c,我们可以写成

$$T_k=T_k \wedge I=T_k \wedge (c \vee \overline{c})=(T_k \wedge c) \vee (T_k \wedge \overline{c})$$

这里是用两项代替 T_k,每项中 c 恰好出现一次. 例如在我们的例子中,

$$f=(\overline{x} \wedge \overline{z} \wedge y) \vee (y \wedge x \wedge z) \vee (y \wedge x \wedge \overline{z})$$

最后,每一项中出现的字母可以重新排列,使得它们按自然顺序出现. 例如

$$f=(\overline{x} \wedge y \wedge \overline{z}) \vee (x \wedge y \wedge z) \vee (x \wedge y \wedge \overline{z})$$

这称为 f 的析取标准型,于是我们就证明了下面的引理.

引理 7 任意 x_1, x_2, $\cdots$, x_n 的布尔多项式可以或者化为 O,或者化为某些项 T_k 的并,其中 T_k 具有形式

$$T_k=q_1 \wedge q_2 \wedge \cdots \wedge q_n (每个\ q_j=x_j\ 或\ \overline{x_j})$$

也就是说，可以化为析取标准型.

因为每个 q_j 都有两种可能，所以我们看到，T_k 恰有 2^n 种可能. 例如，当 $n=3$ 时，任意布尔多项式用我们的方法可化为 O 或者化为项

$$x \wedge y \wedge z, \bar{x} \wedge y \wedge z, x \wedge \bar{y} \wedge z, x \wedge y \wedge \bar{z}, x \wedge \bar{y} \wedge \bar{z}$$
$$\bar{x} \wedge y \wedge \bar{z}, \bar{x} \wedge \bar{y} \wedge z, \bar{x} \wedge \bar{y} \wedge \bar{z} \tag{1}$$

的某一个并. 图 1 的三个圆把正方形分成八个区域，这八个多项式就表示这八个区域，这个事实并非偶然. 这在几何上意味着，三个圆 X, Y, Z 的任何布尔组合是图中八个区域的某种选择的并.

像式(1) 中列举的那些基本项称为极小布尔多项式. 换句话说，n 个变量 $x_1, x_2, \cdots, x_n$ 的极小布尔多项式 $M(x_1, x_2, \cdots, x_n)$ 是 n 个元素的交 $\bigwedge_{i=1}^{n} q_i$，其中第 i 个元素 q_i 或者是 x_i 或者是 $\overline{x_i}$. 于是我们就证明了：

定理 6.5.1 任意已知的 $x_1, x_2, \cdots, x_n$ 的布尔多项式或者等于 O 或者等于一组极小多项式(记为 S) 的并.

现在赋给每个 M 一个 n 位二进数 $\eta(M)=y_1y_2\cdots y_n$，这里数字 y_i 是 1 或 0，应根据上面的 $M=\bigwedge_{i=1}^{n} q_i$ 中 q_i 是 x_i 或 $\overline{x_i}$ 而定，那么函数 $\eta: M \to \eta(M)$ 是由 $x_1, x_2, \cdots, x_n$ 的极小多项式的集合到所有 2^n 个 n 位二进数的集合 I 的双射. 例如在式(1) 中，这些极小多项式所对应的 $\eta(M)$ 值是

$$111, 011, 101, 110, 100, 010, 001, 000$$

另一方面，$\eta(M)$ 可以看作向量 $\eta(y_1, y_2, \cdots, y_n) \in Z_2{}^n$①，并且可以认为每个布尔多项式 $\bigvee_S M_\eta(x_1, x_2, \cdots, x_n)$ 对应于这些向量组成的集合.

如果 $S_i \subseteq I$ 是由那些第 i 位数字 $y_i=1$ 的二进数组成，那么 $\overline{S_i}$ 将由那些 $y_i=0$ 的二进数组成. 因此②，表示已知极小多项式 $M(S_1, S_2, \cdots, S_n)$ 的集合是由单个二进数 $\alpha(M)=a_1a_2\cdots a_n$ 组成，它的第 i 个数字 a_i 是 0 还是 1，视 S_i 在 M 中带横线还是不带横线而定. 显然，不同的极小多项式 $M=M_\alpha$ 要用不同的二进数来表示，因此，M_α 的不同集合中极小多项式的并表示 I 的不同子集. 这就证明了下面的结果.

推论 恰有 2^{2^n} 个不同的 n 变量的布尔函数.

---

① 这里符号 Z_2 表示模 2 的整数环.

② 事实上，若 $\bigvee_A M_\alpha$ 表示集合 A 中的所有极小多项式的并，那么

$$(\bigvee_A M_\alpha) \vee (\bigvee_B M_\beta) = \bigvee_{A \cup B} M_\gamma; (\bigvee_A M_\alpha) \wedge (\bigvee_B M_\beta) = \bigvee_{A \cap B} M$$

我们现在可以用系统的方法来代替布尔多项式偶尔的运算.任意给出的布尔代数中的方程 $E_1=E_2$,只要把两边都化为析取标准型就可确定这个方程是正确还是错误.

6.6 半序

前面很少用到"包含"的自反律、反对称律和传递律,然而这些定律是所有定律中最基本的,因此可以把它们应用到许多非布尔代数的系统中去.

例如,对于一个集合的所有子集组成的系统,这些定律显然成立,这些子集是按照任意特殊性质来划分的(记作 $\subseteq$ 或 $\leqslant$).例如,这些定律对于任意群的全体子群(或者全体正规子群).对于任意域的全体子域,对于任意线性空间的全体子空间,等等,都成立,即使所有这些系统都不构成布尔代数.这些定律对于实数之间的"小于或等于"关系 $x\leqslant y$,对于正整数之间的整除关系 $x\mid y$ 等等,也都成立.

这些例子暗示了"半序"这个抽象概念."半序"是指任意满足自反律、反对称律和传递律的关系.

定义 6.6.1 一个具有二元关系 $\leqslant$ 的集合 P,如果这个关系满足自反律、反对称律和传递律,那么称 P 为半序集.

对于这种类型的任意关系 $a\leqslant b$(读作"b 包含 a"),我们可以定义 $a<b$ 的意思是:$a\leqslant b$ 但 $a\neq b$;而当 $a<b$,并且没有能满足 $a<x<b$,这时可称 b 覆盖 a.

下面引理指出,任意格可看作一个半序集(它的完整含义将在下一目里说明).

引理 8 在任意格中,如果关系 $x\leqslant y$ 的意思是 $x\wedge y=x$(等价于 $x\vee y=y$),那么这个关系是一个半序.

具有有限个元素的半序集可以用图方便地表示出来.系统中的每个元素用小圆圈表示,如果 $a>b$,则对应 a 的小圆圈画在对应 b 的小圆圈之上.然后对于 a 覆盖 b 的情形,我们从 a 到 b 画一条下降的直线.我们可以从图上重新构造关系 $a\geqslant b$,因为 $a>b$ 当且仅当在图中从 b 出发沿着某些上升的直线段爬到 a.

例如,在图 3 中,图(a)表示四元素群的所有子群组成的系统;图(b)表示三点集的所有子集组成的布尔代数;图(c)表示数 1,2,4,8 在整除关系之下组成的系统.其他几个是随便构造的,它告诉我们怎样只通过画图就能构造出抽象的半序集.

显然,在任意半序集中,关系 $\geqslant$ 也满足自反律、反对称律和传递律(这只不

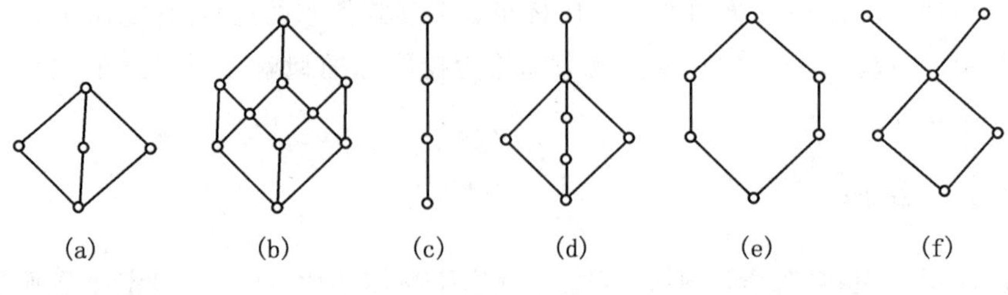

图 3

过是从右到左来读这些公设). 因此,由关系 $a \leqslant b$ 定义的半序集公设能够证明任何命题. 当每处的 $a \leqslant b$ 用其相反的关系 $a \geqslant b$ 来代替时,通过一系列同样的推理仍然可以证明它成立,反之亦然. 这就是:

对偶原理 在每个半序集中成立的任何定理,如果把定理叙述中的所有符号 $\leqslant$ 都与符号 $\geqslant$ 互换,那么定理仍然成立.

这里要强调指出,这个原理不是关于半序集的通常意义下的定理,而是关于定理的定理. 因此,它属于"元数学"的范畴.

6.7 格

相容性原理指出怎样通过并和交来定义包含,现在我们反过来说明,可通过包含来定义并和交. 也就是说,$x \vee y$ 是既包含 x 又包含 y 的最小集合,而 $x \wedge y$ 是既包含在 x 中又包含在 y 中的最大集合. 这一说法是由皮尔斯[①]提出来的,我们把它更确切地叙述如下.

设 X 是半序集 P 的某些元素的集合,如果一个元素 a,对所有 $x \in X$,都满足 $a \leqslant x$,那么称 a 是 X 的"下界". 像通常所描述的那样,"最大下界"指的是包含其他所有下界的上界,即最大下界 c,它对其他任意下界 a,满足 $c \geqslant a$. 显然,最大下界如果存在,就一定唯一. 这是因为如果 a 和 b 都是同一个集合 X 的最大下界,那么 $a \geqslant b$,并且 $b \geqslant a$,因此 $a = b$.

对偶地,我们可以定义"上界"和"最小上界",并可证明如果最小上界存在,就一定唯一. 这里我们正使用了元数学的对偶原理! 因此,我们可以说"集合的最大下界""集合的最小上界"而不用说"集合的一个最大下界"或"集合的一个最小上界". 当然这里假定这些界是存在的.

引理 9 在任意格中,交 $x \wedge y$ 和并 $x \vee y$,分别是由 x 和 y 两个元素组成

① 皮尔斯(Charles Sanders Peirce,1839—1914) 美国数学家、逻辑学家.

的集合的最大下界和最小上界.

证明 因为$x \wedge x \wedge y=x \wedge y$和$y \wedge x \wedge y=x \wedge y$,所以相容性原理指出$x \wedge y$是$x$和$y$的下界.它也是最大下界,这是因为由$z \leqslant x$和$z \leqslant y$,再次根据相容性原理可推出$z=x \wedge z=x \wedge (y \wedge z)=(x \wedge y) \wedge z$,所以$z \leqslant x \wedge y$.因此$x \wedge y$是最大下界.由对偶性就完成了整个引理的证明.

这个引理表明,任意格是具有"格性质"的半序集,所谓"格性质"是指任意两个元素具有最大下界和最小上界.我们现在将指出,这个性质完全地表征了格.

定理 6.7.1 设L是任意半序集,其中任意两个元素x,y具有最大下界$x \wedge y$和最小上界$x \vee y$,那么在$\wedge$和$\vee$两种运算之下,L是一个格,在这个格中,$a \leqslant b$当且仅当$a \wedge b=a$(或等价于$a \vee b=b$).

证明 只需证明幂等律、交换律、结合律和吸收律及相容性原理.而且根据对偶原理只需对最大下界来证明幂等律、交换律和结合律.由定义的对称性,交换律显然满足.因为$x \wedge (y \wedge z)$和$(x \wedge y) \wedge z$都是x,y,z三个元素的最大下界,所以满足结合律.根据定义,显然$x \wedge x=x$,因而幂等律是显然的.为了证明相容性原理,首先假定$x \leqslant y$,那么任意使得$z \leqslant x$和$z \leqslant y$的z,满足$z \leqslant x$;而$x \leqslant x$且$x \leqslant y$,所以z满足最大下界$x \wedge y$的定义,因此$x=x \wedge y$.反之,如果$x=x \wedge y$,那么,x是y的下界,所以$x \leqslant y$,这就证明了相容性原理.吸收律可通过类似于本节6.4目的引理3的证明而推出.

上面没有提到分配律,因为分配律不是在一切格中都成立.例如,当x,y,z是四元素群(图3的图(a))中选出的三个二阶子群时,分配律就不成立.然而,两个与此有关的不等式成立.

定理 6.7.2 在任意格中,半分配律成立

$$x \wedge (y \vee z) \geqslant (x \wedge y) \vee (x \wedge z), x \vee (y \wedge z) \leqslant (x \vee y) \wedge (x \vee z)$$

此外,每一个分配律可推出它的对偶形式.

证明 根据对偶原理,证明可简略一半.关于第一个半分配律,请注意,右边的两项分别是左边两项的下界;因此x和$y \vee z$的最大下界是$x \wedge y$的上界,又是$x \wedge z$的上界,所以是$x \wedge y$和$x \wedge z$的最小上界$(x \wedge y) \vee (x \wedge z)$的上界.

最后,假设6.3目(iii)中的第一个分配律成立,我们展开得到

$$\begin{aligned}(x \vee y) \wedge (x \vee z) &= [(x \vee y) \wedge x] \vee [(x \vee y) \wedge z] \\ &= x \vee (x \wedge y) \vee (y \wedge z)\end{aligned}$$

$$=x \vee (y \wedge z)$$

这就是 6.3 目(iii) 中的另一个分配律. 根据对偶原理,就完成了定理的证明.

由上面一些定理推得,要证明一个集合代数是布尔代数,我们只须知道:(i) 集合包含关系满足自反律、反对称律和传递律;(ii) 两个集合的并是包含这两个集合的最小集合,两个集合的交是包含在这两个集合中的最大集合;(iii) 恒等地有 $S \cap (T \cup U)=(S \cap T) \cup (S \cap U)$;(iv) 每个集合 S 有一个"补"$\overline{S}$,满足 $S \cap \overline{S}=O, S \cup \overline{S}=I$. 这也就证明了:

定理 6.7.3 布尔代数是一个分配格,这个格包含元素 O 和 I,使得对一切 a,有 $O \leqslant a \leqslant I$;并且在这个格中,每个 a 有一个补 $\bar{a}$,满足 $a \wedge \bar{a}=O, a \vee \bar{a}=I$.

布尔代数也可以用许多其他公设系来描述. 例如请读者自行证明:设 L 是具有泛界 O 和 I 的格,在这个格中每个元素 a 具有补 $\bar{a}$,具有性质:

$$x \leqslant \bar{a} \text{ 当且仅当 } a \wedge x=O; y \geqslant \bar{a} \text{ 当且仅当 } a \vee y=I$$

那么 L 是一个布尔代数.

6.8 集合表示

本节 6.5 目的主要结论是,对于布尔代数所假定的公设可推出一组恒等式,这些恒等式对于交、并、补的集合代数来说都是正确的. 实际上,已经证明了,一个特殊集合 $Z_2{}^n$ 的适当一族子集合 $S_1, S_2, \cdots, S_n$ 具有性质:对于两个布尔多项式 $p, q, p(S_1, S_2, \cdots, S_n)=q(S_1, S_2, \cdots, S_n)$ 当且仅当它们具有相同的析取标准型. 对于给定的 n,所有这些析取标准型组成的布尔代数称为具有 n 个生成元的自由布尔代数.

我们现在将证明一个更强的结果,并顺便指出,用来定义分配格的公设完全地表征了集合的交和并的性质. 为此目的,我们需要同态和同构的概念,它们类似于对于群用过的同态和同构概念.

定义 6.8.1 一个从格 L 到格 M 的函数 $f: L \rightarrow M$,如果对一切 $x, y \in L$ 有 $f(x \wedge y)=f(x) \wedge f(y)$ 和 $f(x \vee y)=f(x) \vee f(y)$,那么函数 f 称为同态. 一一映上的同态称为同构.

例如,由维恩图(图 1)的三个圆 X, Y, Z 生成的布尔代数与 $Z_2{}^3$ 的所有子集组成的代数同构. 相应的函数就像 6.5 目中所定义的那样.

引理 10 两个布尔代数(看作格)之间的同构 $f: A \leftrightarrow B$ 一定把 A 中的泛界 O, I 和补映射到 B 中相应的泛界和补.

证明 显然,"对一切 $x \in A, O \wedge x = O$"可推出"对一切 $f(x) \in B, f(O) \wedge f(x) = f(O \wedge x) = f(O)$". 因此 $f(O)$ 是 B 的泛下界;$f(I) = I$ 的证明类似. 因此. 在"A 中 $x \wedge \overline{x} = O$"可推出"在 B 中,$f(x) \wedge f(\overline{x}) = f(x \wedge \overline{x}) = f(O) = O$",对偶地,有 $f(x) \vee f(\overline{x}) = I$,这就证明了 $f(\overline{x}) = \overline{f(x)}$. 从而完成了引理10的证明.

定义 6.8.2 集环是集合 I 的这样一族子集合:如果这个族包含任意两个子集合 S 和 T,那么它一定包含它们的交 $S \cap T$ 和它们的并 $S \cup T$;集域是这样的集环:它包含 I,包含空集 $\varnothing$,并且如果包含任意集合 S,那么也一定包含 S 的补 $\overline{S}$.

换句话说,I 的子集构成的集域恰好是 I 的所有子集构成的布尔代数 A 的一个布尔子代数;I 的子集构成的集环恰好是 A 的子格,这时把 A 看作分配格. 我们将证明,每个有限分配格与集环同构,每个有限布尔代数与某(有限)集合的所有子集构成的集域同构. 这些结论有点类似于群的凯莱定理.

在证明定理 6.3.1 的这些逆命题时,我们还需要下面的概念.

定义 6.8.3 格 L 的一个元素 $a > 0$,如果由 $x \vee y = a$ 可推出 $x = a$ 或 $y = a$,则称 a 是并-不可约的;如果 $a < I$,并且由 $x \wedge y = a$ 可推出 $x = a$ 或 $y = a$,则称 a 是交-不可约的;一个元素 p,如果 $p > O$,并且不存在元素 x 使得 $p > x > O$,则称 p 为原子.

引理 11 在布尔代数中,一个元素是并-不可约的当且仅当它是一个原子.

证明 如果 p 是一个原子,那么由 $p = x \vee y$ 推出 $x = p$ 或 $x = O$;在第二种情形中 $p = O \vee y = y$,因此 p 是并-不可约的. 反过来,如果 a 不是原子也不是 O,那么对某个 x 有 $a > x > O$. 因此

$$a = a \wedge I = a \wedge (x \vee \overline{x}) = (a \wedge x) \vee (a \wedge \overline{x}) = x \vee (a \wedge \overline{x})$$

这里 $x < a$. 因为 $a \wedge \overline{x} \leqslant a$,并且由 $a \wedge \overline{x} = a$ 将推出 $x = a \wedge x = a \wedge \overline{x} \wedge x = O$,所以还有 $a \wedge \overline{x} < a$,因此表明 a 是并-可约的.

现在,对任意有限格 L 的每个元素 a,设 $S(a)$ 是 L 中所有并-不可约元素是 $p_k \leqslant a$ 的集合,考虑映射 $a \to S(a)$. 我们有

引理 12 在有限格 L 中,每个元素 a 满足 $a = \bigvee_{S(a)} p_k$.

证明 对于 $a = O$,可立刻得出上述结论,因为 $S(O) \neq \varnothing$(空集),并且 O 是空集的最小上界. 对于任意其他的 $a \in L$,我们应用数学归纳法第二原理,设 $P(n)$ 是命题:当 L 中元素 $x \leqslant a$ 的个数是 $n = n(a)$ 时引理 12 成立. 显然如果 a

是并－不可约的，则 $P(n)$ 正确. 而如果 a 是并－可约的，也不是 O，那么 $a=x \vee y$，其中 $x<a, y<a$，因此 $n(x)<n(a), n(y)<n(a)$. 对 n 用归纳法，由此得到 x 和 y 是并－不可约元素的并：$x=\bigvee_X p_\zeta$ 和 $y=\bigvee_Y p_\eta$，因此 $a=\bigvee_X p_\zeta \vee \bigvee_Y p_\eta$ 是并－不可约元素的并.

引理 13 在任意有限格 L 中，映射 $a \to S(a)$ 把 L 中的交映射到集合论中的交：$S(a \wedge b)=S(a) \cap S(b)$.

证明 根据 $a \wedge b$ 的定义，$p \leqslant a \wedge b$ 当且仅当 $p \leqslant a$ 和 $p \leqslant b$.

引理 14 在有限分配格 L 中，映射 $a \to S(a)$ 把 L 中的并映射到集合论中的并：$S(a \vee b)=S(a) \cup S(b)$.

证明 一个给定的并－不可约元素 p 包含在 $a \vee b$ 中当且仅当

$$p=p \wedge (a \vee b)=(p \wedge a)a \vee (p \wedge b)$$

如果 p 是并－不可约的，则上式意味着或者 $p \wedge a=p$(即 $p \leqslant a$) 或者 $p \wedge b=p$(即 $p \leqslant b$). 这表明，$S(a \vee b)$ 包含 p 当且仅当或者 $S(a)$ 包含 p 或者 $S(b)$ 包含 p. 而反过来显然在任意格中都正确. 证毕.

引理 13 和引理 14 表明，映射 $a \to S(a)$ 是从 L 到集环 $\mathscr{R}$ 上的一个同态，$\mathscr{R}$ 是由 L 的并－不可约元素的集合 I 的所有子集构成. 而且引理 12 表明这个映射是从 L 到 $\mathscr{R}$ 上的一一映射. 这就证明了：

定理 6.8.1 任意有限分配格 L 与一个集环同构.

当 L 是有限布尔代数时，引理 11 告诉我们，每个 $a \in L$ 是全部原子 $p \leqslant a$ 的并. 还有，根据引理 13 和引理 14，对任意 $a \in L$，有

$$S(a) \cap S(\bar{a})=S(a \wedge \bar{a})=S(O)=\varnothing$$

和

$$S(a) \cup S(\bar{a})=S(a \vee \bar{a})=S(I)=J$$

这里 J 是 L 中所有原子(并－不可约元素)的集合. 这就是 $\overline{S(a)}=S(\bar{a})$，所以函数 $a \to S(a)$ 是一个同构.

我们已经证明了映射 $a \to S(a)$ 是从任意布尔代数 L 到 L 的原子的子集的集域 $\mathscr{F}$ 的一个同构. 我们现在指出 $\mathscr{F}$ 包含 L 的原子所有集合，从而证明：

定理 6.8.2 任意布限布尔代数 L 与它的原子的所有集合组成的布尔代数同构.

证明 这里其剩下证明下面的事实：如果 S 和 T 是 L 的原子 $p_\sigma, p_\tau, \cdots$ 的

两个不同集合,那么 $\bigvee_S p_\sigma \neq \bigvee_T p_\eta$. 但这是下面引理的推论.

引理 15 如果原子 $q \leqslant \bigvee_S p_\sigma$,那么 $q \in S$.

因为假定引理 15 成立,则 $\bigvee_S p_\sigma$ 只包含 S 中的原子,而不包含其他元素.

引理的证明 根据一般分配律,有

$$q = q \wedge \bigvee_S p_\sigma = \bigvee_S (q \wedge p_\sigma)$$

因为 q 是并一不可约的,所以推出上式右边有某一个 $q \wedge p_\sigma = q$,因此 $O < q \leqslant p_\sigma$,因为 p_σ 是原子,这就推出 $q = p_\sigma$

域论基础

第三章

§1　域的扩张

1.1　子域·扩域·素域

通过理想来研究环，这是研究环的基本方法. 但是，由于域只有平凡理想，故无法通过域的理想来研究域. 要研究域，必须采取别的方法.

设 F 是域 K 的一个子集，如果对于 K 的加法和乘法来说，F 本身也作成一个域，就称 F 是 K 的一个子域，而 K 称为是 F 的一个扩域，以后我们常常用符号 K/F① 表示 K 是 F 的扩域，并且称为一个域扩张.

这样，有理数域是实数域的子域，而后者是复数域的子域.

F 成为子域必要且充分的是，F 首先是一个子环(即随同 a 与 b 一起，也含有 $a+b$，$a-b$ 及 $a\cdot b$)；其次，它含有单位元素，并且对于每一个 $a\neq 0$，也含有逆元 a^{-1}. 代替这个条件，我们也可以要求 F 含有一个非零元素，并且随同 a 与 b 一起也含有 $a-b$ 及 ab^{-1}. 换句话说，我们有

定理 1.1.1　域 K 的至少含有两个元素的部分集合 M 是 K 的子域的必要与充分条件是：M 中任意两个元素的和、差、积、商(只要它在 K 中存在) 仍属于 M.

可以证明，在定理 1.1.1 中关于和与积的要求可以省略(读者自己去验证)，另外两个条件不可缺少，正如下面的例子所表明的：

---

① 符号 $K\supseteq F$ 则可在更广泛的意义下使用：F 是 K 的子集，而不一定是子域.

（ⅰ）有理数域Q中的整数集M. M中元素的和、差、积都属于M,但商不经常属于M. M是子环,但不是子域.

（ⅱ）有理数域Q中的正数集M. M中元素的和、差、商都属于M,但差不经常属于M. M不是Q的子域.

域K的每一个子域F中都含有K的零元和单位元,因为$a-a$,$\frac{a}{a}$均属于M,这里$a\in M$,在后者$a\neq 0$.

利用定理1.1.1可以证明,所有形如$a+b\sqrt{2}$的实数集合是实数域的一个子域,其中系数a和b是有理数. 这子域通常记为$Q(\sqrt{2})$,这里Q表示有理数域. 可以应用定理1.1.1是因为,$Q(\sqrt{2})$中任意两个数的和是另一个同样形式的数;类似的,两个这种数的乘积是

$$(a+b\sqrt{2})(c+d\sqrt{2})=(ac+2bd)+(bc+ad)\sqrt{2}$$

另外,两个数的商$\frac{a+b\sqrt{2}}{c+d\sqrt{2}}$(其中$c+d\sqrt{2}\neq 0$)可以通过"分母有理化"来化简

$$\frac{a+b\sqrt{2}}{c+d\sqrt{2}}=\frac{(a+b\sqrt{2})(c-d\sqrt{2})}{(c+d\sqrt{2})(c-d\sqrt{2})}=\frac{ac-2bd}{c^2-2d^2}+\frac{bc-ad}{c^2-2d^2}\sqrt{2}$$

这里新的分母c^2-2d^2不会是零,并且系数

$$\frac{ac-2bd}{c^2-2d^2},\frac{bc-ad}{c^2-2d^2}$$

都是有理数.

类似的,所有实数$a+b\sqrt[3]{5}+\sqrt[3]{25}$的集合$Q(\sqrt[3]{5})$也是一个域,其中$a,b,c$均为有理数.

定理1.1.2 域K的任意多个子域的交集仍是K的子域.

证明 设$\{M_s\}$是若干个子域;此处下标s组成集合S,$D=\bigcap\limits_{s\in S}M_s$是已知集合中所有子域$M_s$的交集. 零元0与单位元$e$属于每一个子域$M_s$,故也属于$D$. 因此,$D$至少含有两个元素. 若$a,b$属于$D$,那么它们应属于每一个$M_s$,按照定理1.1.1,$a+b$,$a-b$,$ab$,$\frac{b}{a}$($b\neq 0$时)也属于每一个$M_s$,故属于$D$. 由定理1.1.1,可知$D$是域$K$的子域.

对环来说,同样的结论也成立. 证明完全和上面关于域的证明类似(对于域是利用定理1.1.1,而对于环则利用第二章§1中相应的定理1.6.1,留给读者自己去证明).

我们知道,实数域是在它的子域有理数域上建立起来的,而复数域是在它的子域实数域上建立起来的. 研究域的方法就是:从一个给定的域 F 出发,来研究它的(各种各样的)扩域.

另一方面,任何数域都包含有理数域,即有理数域是最小的数域,它不再含有任何真子域.

定义 1.1.1 一个域叫作一个素域,假如它不含真子域.

定理 1.1.3 在每一域 K 中存在而且只存在一个素域.

证明 K 的一切子域的交是一个域,它显然不再含有真子域.

假定存在两个不同的素域,那么它们的交将是这两个域的子域,从而与这两个域恒等. 于是这两个域不能互异.

现在来讨论素域的类型. 设 T 是素域,那么它含有零元素与单位元 e,从而也含有 e 的一切整数倍 ne. 这样的元素 ne 的加法与乘法按以下规则施行

$$ne+me=(n+m)e;ne\cdot me=nm\cdot e^2=nm\cdot e$$

如此,整数倍 ne 组成一个交换环 R.

再者,通过 $\varnothing:n\to ne$ 给出整数环 Z 到 R 的一个同态满射. 于是,根据环同态定理(第二章定理 2.5.1,推论 2),R 与商环 $Z/\mathfrak{R}$ 同构,这里 $\mathfrak{R}=\{n\in Z\mid ne=0\}$ 是同态 $\varnothing$ 的核. $\mathfrak{R}$ 是 Z 理想. 因为 Z 是主理想环,所以可令 $\mathfrak{R}=(d)$,$d\geqslant 0$. 于是 $ne=0$ 当且仅当 $d\mid n$. 这正好说明域 T(或者环 R) 的特征为 d. 从而,或者 $d=0$ 或者 $d=p$ 为一素数. 于是分两种可能:

情形 1 $\mathfrak{R}=(0)$. 同态 $Z\to R$ 是一个同构. 这时倍数 ne 都不相同:由 $ne=0$ 推出 $n=0$. 在这一情形下 R 还不是域,素域 T 不仅含有 R 的元素,而且还须含有这些元素的商. 由第二章 §1,1.7 知道,同构的整环 R,Z 一定有同构的商域. 从而在这一情形,素域 T 与是有理数域 Q 同构.

情形 2 $\mathfrak{R}=(p)$,其中 p 是一个素数. 于是 p 是具有性质 $pe=0$ 的最小正数. 由此推出

$$\mathfrak{R}\cong Z/(p)=Z_p(Z_p\text{—— 模 } p \text{ 剩余类环 } Z_p)$$

因 p 是素数,所以 Z_p 是一个域. 于是环 R 也是一个域,因而就是所求的素域. 于是,在这一情形,素域 T 与整数环关于一个素数的剩余类环同构:元素 $n\cdot e$ 的运算与数 $n \bmod p$ 的同余类的运算一样.

终上所述,我们得到:

定理 1.1.4 特征为 0 的素域与有理数域 Q 同构;特征为素数 p 的素域与以 p 为模的剩余类环 Z_p 同构.

由于任何一个域 K,都恰含有一个素域,而域与其子域的特征是相同的. 于

是定理 1.1.4 可另述为：

定理 1.1.5 令 K 是一个域.若 K 的特征是 ∞，那么 K 包含一个与有理数域同构的素域；若 K 的特征是素数 p，那么 K 包含一个与 $R/(p)$ 同构的素域有理数域同构.

这样，任意特征等于 0 的域，K 都可看作有理数域 Q 的扩张，而任意特征等于素数 P 的域 K 都可看作有限域 Z_p 的扩张.

1.2 添加

如前，若 F 是域 K 的一个子域，那么就说 K 是 F 的一个扩域或包括域.我们的目的是要得出关于一个给定域的一切可能扩域的一个概貌.这样同时也就得出关于一切可能域的一个概貌，因为每一个域总可以看成它所包含的素域的扩域(上目定理 1.1.5).

首先设 K 是 F 的任意一个扩域，而 S 是 K 中元素的一个任意集合.那么存在一个含有 F 及 S 的域.因为 K 就是这样的一个.一切含有 F 及 S 的域的交本身是一个域，它含有 F 及 S，并且记作 $F(S)$，它是含有 F 及 S 的最小域.我们说，$F(S)$ 由 F 通过添加(域添加)集 S 而生成的.明显的有

$$F \subseteq F(S) \subseteq K$$

并且两个极端情形是：$F(S)=F$，$F(S)=K$.

适当选择 S，我们总可以使 $K=F(S)$.例如取 $S=K$，就可以做到这一点.实际上，为了做到这一点，常常只需取 K 的一个真子集 S.例如，$K=\{a+b\sqrt{2} \mid a, b \in Q\}$，则只需取 $S=\{\sqrt{2}\}$，就有 $Q(\sqrt{2})=K$ 了.

今在 S 中任取有限个元素 $\alpha_1,\alpha_2,\cdots,\alpha_n$，令

$$f_1(\alpha_1,\alpha_2,\cdots,\alpha_n)$$

为系数属于 F 的关于 $\alpha_1,\alpha_2,\cdots,\alpha_n$ 的任意一个多项式，它是 $F(S)$ 中一个确定的元素.由于 $F(S)$ 是一个域，因此 $F(S)$ 也将包含这种形式的两个多项式的商(称为系数属于 F 的 $\alpha_1,\alpha_2,\cdots,\alpha_n$ 的有理分式)

$$\frac{f_1(\alpha_1,\alpha_2,\cdots,\alpha_n)}{f_2(\alpha_1,\alpha_2,\cdots,\alpha_n)} \tag{1}$$

其中 $f_2(\alpha_1,\alpha_2,\cdots,\alpha_n) \neq 0$.

另一方面，如果让 $\alpha_1,\alpha_2,\cdots,\alpha_n$ 在 S 中任意变动，n 也不固定，那么一切这样的有理分式显然作成一个包含 $F \cup S$ 的子域.因此，$F(S)$ 恰好包含 K 的一切可以写成形式(1)的元素，即

$$F(S)=\{\frac{f_1(\alpha_1,\alpha_2,\cdots,\alpha_n)}{f_2(\alpha_1,\alpha_2,\cdots,\alpha_n)}\mid \alpha_1,\alpha_2,\cdots,\alpha_n\in S,n=1,2,\cdots\}$$

这样我们证明了下面的结论：

定理 1.2.1 设 F 是 K 的一个子域，而 S 是 K 的任一子集，那么 $F(S)$ 是一切添加 S 的有限子集于 F 所得子域的并集：$F(S)=\bigcup\limits_{i\in I}F(S_i)$，其中 $\{S_i\mid i\in I\}$ 是 S 的一切有限子集所构成的子集族.

这样，求 $F(S)$ 就归结为求添加有限子集 S 于 F 所得的子域以及求这些子域的并集.

若 S 是一个有限集：$S=\{\alpha_1,\alpha_2,\cdots,\alpha_n\}$，那么我们也把 $F(S)$ 记作

$$F(\alpha_1,\alpha_2,\cdots,\alpha_n)$$

这时候也说添加元素 $\alpha_1,\alpha_2,\cdots,\alpha_n$ 于 F.

为了便于讨论添加有限个元素所得的子域，我们证明下述的一般定理.

定理 1.2.2 令 K 是域 F 的一个扩域，而 S_1 和 S_2 是 K 的两个子集，那么

$$F(S_1)(S_2)=F(S_1\cup S_2)=F(S_2)(S_1)$$

证明 $F(S_1)(S_2)$ 是一个包含 F,S_1 和 S_2 的 K 的子域，而 $F(S_1\cup S_2)$ 是包含 F 和 $S_1\cup S_2$ 的 K 的最小子域. 因此

$$F(S_1)(S_2)\supseteq F(S_1\cup S_2) \tag{2}$$

另一方面，$F(S_1\cup S_2)$ 是一个包含 F,S_1 和 S_2，因而是一个包含 $F(S_1)$ 和 S_2 的 F 的子域. 但 $F(S_1)(S_2)$ 是包含 $F(S_1)$ 和 S_2 的 K 的最小子域. 因此

$$F(S_1)(S_2)\subseteq F(S_1\cup S_2) \tag{3}$$

由式(2) 和(3)，得

$$F(S_1)(S_2)=F(S_1\cup S_2)$$

同样可以得到

$$F(S_2)(S_1)=F(S_1\cup S_2)$$

证完.

这样，添加一个有限集 $\{\alpha_1,\alpha_2,\cdots,\alpha_n\}$ 于 F 就归结为有限回依次添加一个单独元素

$$F(\alpha_1,\alpha_2,\cdots,\alpha_n)=F(\alpha_1)(\alpha_2)\cdots(\alpha_n)$$

定义 1.2.1 如果域 K 是在它的子域 F 上通过添加一个单独元素而生成的，则称 K 是 F 的单纯扩张(单扩张).

域 $Q(\sqrt{2})$，$Q(\sqrt[3]{5})$ 和 $Q(i)$ 都是单扩张的例子. 可以证明，F 的任意扩张均可以通过单扩张的一个有限或(良序) 超限序列而得到. 单纯扩域是最简单的扩域，我们将在下一段来研究它.

因此，圆括号永远表示域添加(一切有理函数的组合)，同时方括号，例如$F[x]$，表示环添加(一切有理整函数的组合).

一个单扩域可以按照几种不同方法生成.例如，域$Q(\sqrt{2})$是由方程$x^2-2=0$的根$\sqrt{2}$生成，它由含有有理系数a和b的所有实数$a+b\sqrt{2}$组成.另一个不同的方程$x^2+4x+2=0$的一个根是$-2+\sqrt{2}$，它生成同一个域$Q(\sqrt{2})$，因为这个域中的任意数可以按照这个新的生成元表示为

$$a+b\sqrt{2}=a+2b+b(-2+\sqrt{2})$$

普通的配方方法应用到这个方程上得到$x^2+4x+2=(x+2)^2-2$，所以$y=x+2$满足新的方程$y^2-2=0$，其根生成同一个域.于是运用变量替换来化简方程对应着在相应的域中选取新的生成元.

1.3 单纯扩张·代数扩张与超越扩张

让我们一般地描述由域F的任意扩张K中的已知元素生成的子域.设K是给定的域，F是K的子域.α是K的一个元素.考虑K中那些由形为

$$f(\alpha)=a_0+a_1\alpha+\cdots+a_n\alpha^n(\text{每个 } a_i\in F) \tag{1}$$

的多项式给出的元素.K中包含F和α的任意子整环一定包含所有这样的元素$f(\alpha)$.反过来，所有这样的多项式组成的集合在加法、减法和乘法运算之下是封闭的.因此这些表达式(1)组成K中由F和α生成的子整环.这个子整环一般都用带方括号的$F[\alpha]$来表示.

如果$f(\alpha)$和$g(\alpha)\neq 0$是像式(1)那样的多项式表达式，那么它们的商$\dfrac{f(\alpha)}{g(\alpha)}$是$K$的元素.正如我们所知道的，所有这样的商组成的集合是K的一个子域；它是由F通过添加α而得到的单扩域，一般都用带圆括号的$F(\alpha)$来表示.

因此，圆括号永远表示域添加(一切有理函数的组合)，同时方括号，例如$F[x]$，表示环添加(一切有理整函数的组合).

一个单扩域可以按照几种不同方法生成.例如，域$Q(\sqrt{2})$是由方程$x^2-2=0$的根$\sqrt{2}$生成，它由含有有理系数a和b的所有实数$a+b\sqrt{2}$组成.另一个不同的方程$x^2+4x+2=0$的一个根是$-2+\sqrt{2}$，它生成同一个域$Q(\sqrt{2})$，因为这个域中的任意数可以按照这个新的生成元表示为

$$a+b\sqrt{2}=a+2b+b(-2+\sqrt{2})$$

普通的配方方法应用到这个方程上得到$x^2+4x+2=(x+2)^2-2$，所以$y=x+2$满足新的方程$y^2-2=0$，其根生成同一个域.于是运用变量替换来化简方

程对应着在相应的域中选取新的生成元.

讨论域扩张的类型. 在有理数域上, 一些复数(如 i), $\sqrt{2}$, $\sqrt[3]{5}$, $\sqrt{-3}$ 都满足有理系数多项式方程. 还有另外一些数, 像圆周率 π 和 $e = 2.718\ 28\cdots$, 可以证明它们不满足有理系数多项式方程(平凡情形除外). 后面这些数称为"超越数". 这种重要的分类法可以应用到任意域的元素上.

定义 1.3.1 设 K 是任意域, F 是 K 的任意子域. 域 K 的元素 α, 如果满足一个多项式方程

$$a_0 + a_1 x + \cdots + a_n x^n = 0 (a_i \in F, \text{且不全为零})$$

则称 α 在 F 上是代数的. K 的元素 α 如果在 F 上不是代数的, 则称 α 在 F 上是超越的.

与元素的代数与否相关的是下面这一概念:

定义 1.3.2 设 K 是 F 的一个扩域. 如果 K 的每一个元素都是 F 上的代数元素, 就称 K 是 F 的一个代数扩域, 这时 K/F 称为一个代数扩张. 在相反的情形, 也就是说, 若 K 中存在 F 上的超越元素, 就称 K 是 F 的一个超越扩域, 这时 K/F 称为一个超越扩张.

如果 α 在 F 上是超越的, 那么显然单扩张 $K = F(\alpha)$ 对 F 来说是超越的. 如果 α 在 F 上是代数的, 那么以后我们将证明, $K = F(\alpha)$ 的每一元素对于 F 来说都是代数的, 也就是说这时扩张 K/F 是代数的.

这样一来, 单扩张 $K = F(\alpha)$ 是 F 上的代数扩张还是超越扩张, 依着生成元 α 在 F 上是代数的还是超越的而定. 单超越扩张的结构是特别容易描述的.

定理 1.3.1 如果 α 在 F 上是超越的, 那么由 F 和 α 生成的子域 $F(\alpha)$ 与系数在 F 中的关于未定元 x 的所有有理形式组成的域 $F(x)$ 同构. 同构可以选为 $a \to a$(每个 $a \in F$), $\alpha \to x$.

证明 扩张 $F(\alpha)$ 显然包含 F 和系数在 F 中的所有有理表达式 $\frac{f(\alpha)}{g(\alpha)}$. 如果 $F(\alpha)$ 中的两个多项式表达式 $f_1(\alpha)$ 和 $f_2(\alpha)$ 相等, 那么它们的系数一定遂项相等, 因为如果不然, 差 $f_1(\alpha) - f_2(\alpha)$ 将产生一个关于 α 的系数不全为零的多项式方程, 这与 α 在 F 上是超越的假设相矛盾. 因此对应 $f(\alpha) \to f(x)$ 是整环 $F[\alpha]$ 和未定元 x 的多项式整环 $F[x]$ 之间的双射. 根据多项式运算法则, 这个对应是一个同构. 把它记为 σ, 那么容易验证, 对应 τ

$$\tau\left(\frac{f(\alpha)}{g(\alpha)}\right) = \frac{\sigma(f(\alpha))}{\sigma(g(\alpha))} = \frac{f(x)}{g(x)}$$

是 $F(\alpha)$ 和 $F(x)$ 之间的同构.

§2　域的代数扩张

2.1　域上的代数元素

下面我们研究域 F 的单代数扩张的性质. 该扩张是由 F 和在 F 上单个的代数元素 θ 生成的. 根据定义, 这个元素必满足 F 上次数至少是 1 的多项式方程. 同一个元素 θ 可以满足很多不同的方程, 例如, $\sqrt{2}$ 是 $x^2-2=0$ 的根, 也是 $x^3-2x=0$, $x^4-4=0$ 等方程的根. 但是它恰好是一个首一不可约多项式方程的根.

定理 2.1.1　如果域 F 的扩域 K 的一个元素 θ 在 F 上是代数的, 那么 θ 是多项式整环 $F[x]$ 中唯一的一个首一不可约多项或 $p(x)$ 的零点. 如果 $h(x)$ 是 $F[x]$ 中另一个多项式, 那么 $h(\theta)=0$ 当且仅当在整环 $F[x]$ 中, $h(x)$ 是 $p(x)$ 的倍式. 也就是当且仅当 $h(x)$ 在 $F[x]$ 的主理想 $(p(x))$ 中.

证明　满足 $h(\theta)=0$ 的多项式 $h(x)\in F[x]$ 组成 $F[x]$ 中的一个理想, 这个理想恰好是"赋值映射" $p(x)\to p(\theta)$ 所定义的同态 $\phi_\theta: F[x]\to K$ 的核, 这里映射 $p(x)\to p(\theta)$ 在 $\theta\in K$ 处赋给每个多项式 $p(x)$ 一个值. 像 $F[x]$ 的所有理想一样, 这个理想是主理想(参阅第二章, §4, 定理 4.2.5), 所以它由任意一个次数最低的元素的所有倍式组成. 这些次数最低的元素中恰有一个是首一多项式, 把它记为 $p(x)$. 这个 $p(x)$ 是不可约的, 如若不然, 它可以分解为 $p(x)=f(x)g(x)$, 这里 $f(x)$ 和 $g(x)$ 是次数更小的多项式, 由此推出, $f(\theta)g(\theta)=p(\theta)=0$, 所以或者, $f(\theta)=0$ 或者 $g(\theta)=0$, 这与选取 $p(x)$ 为适合 $p(\theta)=0$ 的次数最低的多项式相矛盾. 定理证完.

定义 2.1.1　在域 F 上代数的元素 θ 的极小多项式是满足 $p(\theta)=0$ 的(唯一的)首一不可约多项式 $p(x)\in F[x]$. 这个多项式的次数称为 θ 在 F 上的次数, 记作 $(\theta:F)$.

推论　如果元素 θ 在 F 上的次数为 n, 那么 $a_0+a_1\theta+\cdots+a_{n-1}\theta^{n-1}=0$ $(a_i\in F)$ 当且仅当 $a_0=a_1=\cdots=a_{n-1}=0$.

现在我们有可能描述 K 的由 F 和上述的代数元素 θ 所生成的子域. 这个子域 $F(\theta)$ 显然包含由所有可表为系数在 F 中的多项式 $f(\theta)$ 的元素组成的子整环 $F[\theta]$. 但是实际上, 整环 $F[\theta]$ 是一个子域. 事实上, 让我们求 $F[\theta]$ 中任意元素 $f(\theta)\neq 0$ 的逆. 不等式 $f(\theta)\neq 0$ 意味着 θ 不是 $f(x)$ 的根. 同时根据定理

2.1.1, $f(x)$ 不是不可约多项式 $p(x)$ 的倍式，所以 $f(x)$ 与 $p(x)$ 互素. 因此我们可以写

$$1=t(x)f(x)+s(x)p(x)$$

这里 $t(x)$ 和 $s(x)$ 是 $F[x]$ 中适当的多项式. $F[\theta]$ 中相应的方程是 $1=t(\theta)f(\theta)$. 这就表明，$F[x]$ 的非零元素 $f(x)$ 有一个逆元素 $t(\theta)$，$t(\theta)$ 也是 θ 的多项式[①]，于是就证明了 $F[\theta]$ 是 K 的子域.

反之，因为 K 的每个包含 F 和 θ 的子域显然包含 $F[\theta]$ 中的每个多项式 $f(\theta)$，所以我们看出 $F[\theta]$ 是 K 的由 F 和 θ 生成的子域. 我们证明了

定理 2.1.2 设 K 是任意域，θ 是 K 的一个元素，它在 K 的子域 F 上是代数的，那么子整环 $F[\theta]$ 是一个子域，并且 $F(\theta)=F[\theta]$.

现在来研究单代数扩张 $F(\theta)$ 的结构. 考虑 $F[x]$ 到整环 $F[\theta]$ 的映射 ϕ: $f(x)\to f(\theta)$. 由多项式的加法和乘法公式，显然 ϕ 是由 $F[x]$ 到 $F[\theta]$ 的一个满同态. 但按定理 2.1.2，$F[\theta]=F(\theta)$，所以：

定理 2.1.3 设 θ 是 K 在子域 F 上的一个代数元素，而 $p(x)$ 是以 θ 为根的 F 上首一不可约多项式，那么从多项式整环 $F[x]$ 到 $F(\theta)$ 的映射 $\phi: f(x)\to f(\theta)$ 是以 $(p(x))$ 为核的满同态.

把这个定理同第二章 §2 定理 2.5.1 的推论 2 结合起来，我们有一个直接推论.

定理 2.1.4 在定理 2.1.3 中，$F(\theta)$ 与商环 $F[x]/(p(x))$ 同构，这里 $p(x)$ 是 θ 所满足的域 F 上首一不可约多项式.

商环 $F[x]/(p(x))$ 可以描述得非常简单. 每个多项式 $f(x)\in F[x]$ 在模 $(p(x))$ 之下与它用 $p(x)$ 除所得的余式 $r(x)=f(x)-q(x)p(x)$ 同余，这个余式是次数小于 n 的唯一的多项式

$$r(x)=r_0+r_1x+\cdots+r_{n-1}x^{n-1} \tag{1}$$

把两个这样的多项式相加或相减，恰好是对它们的相应的系数相加或相减. 为把它们相乘，先按照多项式的乘法规则计算出多项式乘积，然后再计算用 $p(x)$ 除时所得的余式.

例如，有理数域 $F=Q$ 通过 $\theta=\sqrt{2}$ 扩张成 $Q(\sqrt{2})$，在这个特殊情形中，我们

---

① 例如，在 $Q(\sqrt{3})$ 中，$1+\sqrt{3}$ 有乘法逆，通过分母有理化可以求得这个逆是 $\frac{1}{1+\sqrt{3}}=\frac{(1-\sqrt{3})}{(1+\sqrt{3})(1-\sqrt{3})}=-\frac{1}{2}+\frac{1}{2}\sqrt{3}$.

有 $p(x)=x^2-2$. 因此 $Q(\sqrt{2})$ 的任意元素可以写成 $a+b\sqrt{2}$，其中 a 和 b 为有理数，并且

$$(a+b\sqrt{2})(c+d\sqrt{2})=ac+(ad+bc)\sqrt{2}+bd(\sqrt{2})^2$$
$$=(ac+2bd)+(ad+bc)\sqrt{2}$$

公式(1)表明商环 $F[x]/(p(x))$ 是 F 上一个 n 维向量空间，它是有限维向量空间 $F[x]$ 对由 $p(x)$ 的倍式组成的子空间的商空间.

2.2 单纯扩张的存在性与唯一性

到现在为止，K 总被认为是一个预先给定的扩域，而单纯扩张 $F(\theta)$ 是在 K 里来研究的. 现在将从另一方面提出问题：如果事先没有给出 K，如何从给定的域 F 做出它的单纯扩张 $F(\theta)$.

如果 θ 是超越的，那么问题的解是容易的：对于 θ，取一个不定元

$$\theta=x$$

作多项式环 $F[x]$ 和它的商域 $F(x)$，不定元 x 的有理函数域，如我们所知(定理1.3.1)，在同构意义下，$F(x)$ 是唯一的单纯超越扩张. 于是有

定理 2.2.1 一个给定域 F 的单纯超越扩张存在一个，而且除同构扩张外只存在一个.

其次，在要求 θ 是代数的情形，根据定理2.1.4，只要作出 F 上的代数元，也就同时得到了 F 的一个单纯代数扩张. 根据我们对代数元所下的定义，可以把上述问题改作如下形式：设 $f(x)$ 是 F 上次数大于1的多项式，问如何做出一个元素 θ(在 F 的每个扩域 K 中)，使得方程 $f(x)=0$ 以 θ 为它的根.

如果 $f(x)$ 在 $F[x]$ 中能分解出一个一次因式，此时问题解答至为明显. 因为 F 中的某个元素已能满足要求. 因此，不妨设 $f(x)$ 在 F 上无一次因式. 令

$$p(x)=a_0+a_1x+\cdots+a_rx^r, a_i\in F, a_r\neq 0$$

是 $f(x)$ 在 F 上的一个不可约因子，$r>1$. 今以 $(p(x))$ 表示 $p(x)$ 在 $F[x]$ 中生成的主理想. 由于 $p(x)$ 在 F 上的不可约性，$(p(x))$ 是 $F[x]$ 中生成的极大理想. 因此，商环 $F[x]/(p(x))$ 成一个域，记作 K_0. 今考虑从 $F[x]$ 到 K_0 的自然同态(第二章，§2，定理2.5.1)

$$\tau: f(x)\to\overline{f(x)}=f(x)+(p(x))$$

并把它在 F 上的限制记作 σ，即

$$\sigma: a\to\bar{a}=a+(p(x)), a\in F$$

这是 F 到 K_0 的一个嵌入(单同态). 事实上，如果不是这样，则有 $0\neq a\in F$，使

得

$$\sigma(a)=0+(p(x))$$

即 a 在同态 σ 的核中，由此又有同态 τ 的核将包含 $(a,p(x))=F[x]$，矛盾.

于是 σ 是 F 与 K_0 的子域 $\sigma(F)$ 间的一个同构，同时 $F\cap K_0=\varnothing$，类似于第二章 §1，定理 1.6.6 的证明，把域 K_0 中同余类 $\bar{a}$ 用它所对应的 F 的元素 a 来替换后所得的集合 K 是一个域，它包含 F 且同构于 K_0.

有一个同余类与多项式 x 对应，我们记它为 θ. 由

$$p(x)=\sum_{k=0}^{r}a_kx^k\equiv 0(\bmod p(x))$$

借助于同态 σ，得出

$$\sum_{k=0}^{r}\overline{a_k}\theta^k=\bar{0}(\text{在 } K_0 \text{ 内})$$

于是，当 $\overline{a_k}$ 被 a_k 代换时，将有

$$p(\theta)=\sum_{k=0}^{r}a_k\theta^k=0$$

所以 θ 是 $p(x)$ 的零点. 就是说，$p(x)=0$ 在域 K 中有解. 这就证明了：

定理 2.2.2（克罗内克[①]） 设 F 是一个域，$f(x)$ 是 F 上一个次数大于 1 的多项式，那么存在 F 的一个扩张 K，使得方程 $f(x)=0$ 在 K 中有解.

推论 如果 F 是域，$p(x)$ 是 F 上不可约多项式，那么存在域 $K\cong F[x]/(p(x))$，它是由 $p(x)$ 的根 θ 生成的 F 的单代数扩张.

在证明中借助于同余类环与符号 θ 所用的"符号添加"过程在某种程度上是关于非符号添加的逆命题，后者当我们开始就有一个包括域 K，在其中已经存在一个具有所要求性质的元素 θ 的时候是可能的. 例如，若 F 是有理数域，那么一个代数数（即一个代数方程的根）的非符号添加可以从利用超越方法所作的复数域出发而达到. 在复数域中，根据"代数基本定理"，每一个具有理数系数的方程实际上是可解的. 上面的符号添加避免了这种超越的迂回途径，而是直接把代数数当作一个同余类的符号来引入，并且对它定义运算规则. 在这里并没有引入大小关系（$>$，$<$）或实数性质. 虽然如此，由符号的或非符号超越途径都作成（就代数来说）同一个域 $F(\theta)$. 因为正如下面所要证明的，当 θ 满足同一个不可约方程时，一切可能的扩张 $F(\theta)$ 是等价的.

域 F 的两个扩张 K，K' 说是等价的（对于 F），假如存在一个同构 $K\cong K'$，

---

① 克罗内克（Leopold Kronecker，1823－1891），德国数学家与逻辑学家.

它把 F 的每一元素仍变为自身(保持不动). 现在可以证明:

定理 2.2.3 域 F 上的每两个单纯代数扩张 $F(\theta)$,$F(\mu)$ 是等价的,只要 θ 与 μ 是 $F[x]$ 中同一不可约多项式 $p(x)$ 的零点,并且此时存在这样的一个同构,它使 F 的元素不动而把 θ 变到 μ.

证明 由定理 2.1.4 提供的同构

$$F(\theta) \xleftarrow{\phi_\theta} F[x]/(p(x)) \xrightarrow{\phi_\mu} F(\mu)$$

取它们的合成 $\phi_\theta^{-1}\phi_\mu$,那么 $\phi_\theta^{-1}\phi_\mu$ 就是 $F(\theta)$ 到 $F(\mu)$ 间具有所要求性质的一个同构.

综合定理 2.2.3、定理 2.2.2 及其推论,我们得到:

定理 2.2.4 对于一个给定的域 F,存在一个(并且除等价扩张外,只存在一个)单纯代数扩张 $F(\theta)$,使得 θ 满足一个给定的在 $F[x]$ 中不可约方程 $p(x)=0$.

定理 2.2.2 及其推论可以用来构造各种有限域. 例如,从模 3 整数的域 Z_3 出发,对于多项式 x^2-x-1,0,1,2 三个元素没有一个是它的零点,因此它在 $Z_3[x]$ 中是不可约的. 所以商环 $Z_3[x]/(x^2-x-1)$ 是一个域 K,它是由它的子域 Z_3 和 x 的陪集(称为 θ)生成的. 而且因为$(\theta : F)=2$,所以这个域 K 的每个元素可以唯一地写成 $a+b\theta$,其中 $a,b\in F$,因此 K 恰好有 9 个元素.

这个域还可以不用商环概念直接来构造. 它刚好由 9 个形为 $a+b\theta$ 的元素组成. 它们之中两个元素之和由法则

$$(a+b\theta)+(c+d\theta)=(a+c)+(b+d)\theta$$

给出. 为计算两个这种类型的元素之积,我们可先按自然方式乘出来,然后再根据已给出的方程 $\theta^2=\theta+1$ 来化简,其结果是

$$(a+b\theta)(c+d\theta)=ac+(ad+bc)\theta+bd\theta^2=(ac+bd)+(ad+bc+bd)\theta$$

我们可以详细验证,这 9 个元素 $a+b\theta(a,b\in Z_3)$ 在上述两种运算之下满足域的所有公设. 特别是,非零元素的逆由表 1 给出:

表 1

1	2	θ	2θ	$1+\theta$	$1+2\theta$	$2+\theta$	$2+2\theta$
1	2	$2+\theta$	$1+2\theta$	$2+2\theta$	2θ	θ	$1+\theta$

根据上述构造,这个域显然是由剩余类域 Z_3 添加 θ 生成的域 $Z_3(\theta)$. 它是有限域中最简单的例子之一(见第三章,§4).

上述添加方式可以用到任意基域 F 上. 如果 F 是实数域 R,$p(x)$ 是 R 上不

可约多项式 x^2+1，那么这个构造得到域 $R(\theta)$，它是由满足 $\theta^2=-1$ 的数 θ 生成. 这个数 θ 的性质很像 $\mathrm{i}=\sqrt{-1}$，并且域 $R(\theta)$ 实际上与复数域 C 同构，这同我们在《数论原理》中用过的从实数域得到复数域的构造方法稍微有些不同.

如果 F 是模 p 整数的域 Z_p，$p(x)$ 是 F 上某一不可约多项式，则上面的构造方法将产生一个由元素 $a_0+a_1\theta+\cdots+a_{n-1}\theta^{n-1}$ 组成的域. 因为每个系数 a_i 只有 p 种(有限) 选择，因此这样构造出的域是具有 p^n 个元素的有限域. 这里 n 是多项式 $p(x)$ 的次数.

用同样的方法，我们还可以构造代数函数域. 例如，设 $F=C(z)$ 是所有有理复函数组成的域，假设我们要求把满足 $t^2=(z^2-1)(z^2-4)$ 的函数 $t(z)$ 添加到 F 上. 我们可以把多项式 $p(t)=f(z,t)=t^2-(z^2-1)(z^2-4)$ 看作系数在 $C(z)$ 中的 t 的二次不可约多项式. 那么商环 $K=F[t]/(p(t))$ 是一个包含所有有理函数和代数函数 t 的域. 我们可以把 $t(z)$ 作为 K 的一个元素来研究，而不必对它(它是双值的) 构造黎曼面. 域 K 称为椭圆函数域，因为它是由椭圆积分

$$\int\sqrt{(z^2-1)(z^2-4)}\,\mathrm{d}z$$

的被积函数生成的.

如果把定理 2.2.3 应用到像 x^3-5 这样的普通多项式(它在有理数域 Q 上不可约) 上，它可以得到由正的 $\sqrt[3]{5}$ 生成的 Q 的扩张 $Q(\sqrt[3]{5})$，也可得到扩张 $Q(\omega\sqrt[3]{5})$，这里 $\omega=\dfrac{-1+\mathrm{i}\sqrt{3}}{2}$ 是复三次单位根. 可以证明这两个域 $Q(\sqrt[3]{5})$ 和 $Q(\omega\sqrt[3]{5})$ 在代数上没有什么区别，因为它们是同构的.

粗略地说，这个同构意味着一个不可约多项式 $p(x)$ 的任意两个根具有相同的性质，根 θ 的所有代数性质都可以从它所满足的不可约方程推导出来. 有很多这样的同构例子. 例如，复数域 $C=R(\mathrm{i})$ 是在实数域 R 上添加方程 $x^2+1=0$ 的两个根 $\pm\mathrm{i}$ 中任意一个而生成的，因此根据定理 2.2.3，存在一个把 i 映射到 $-\mathrm{i}$ 的 C 的自同构. 这个自同构刚好是一个数和它的通常共轭复数之间的对应 $a+b\mathrm{i}\leftrightarrow a-b\mathrm{i}$.

2.3 次数与有限扩张

在一个 n 次元素 θ 生成的单扩张 $F(\theta)$ 中，每个元素 ω 按 2.1 目公式(1) 有唯一的表达式为

$$\omega=a_0+a_1\theta+\cdots+a_{n-1}\theta^{n-1}$$

其中系数在 F 中. 这唯一的表达式同一个向量按照基向量 $1,\theta,\cdots,\theta^n$ 的表达式

极为相似.这就暗示我们运用向量空间的概念.

的确,域 F 的任意扩张 K 可以看作域 F 上的向量空间:只要不管域 K 的元素的乘法,而把 K 的两个元素相加和 K 的元素同 F 的元素的"数乘"两种运算当作向量空间的运算.这些加法和数乘运算满足向量空间的所有公设.

设 K 是一个域,F 是它的子域.如果 K 的任何元素都是有限多个元素 θ_1,θ_2,…,θ_n 的系数在 F 中的线性组合

$$\omega=\delta_1\theta_1+\delta_2\theta_2+\cdots+\delta_n\theta_n$$

就称 K 是 F 的有限扩张,或简称在 F 上有限.

域 K 构成 F 上的有限维向量空间.K 对于 F 的线性无关基的元素个数,也就是维数,称为域的次数,或 K 在 F 上的维数,记作 $(K:F)$.

例如,复数域 $C=R(\mathrm{i})$ 是实子域 R 上的二维向量空间;由有理数域 Q 和 5 的三次根生成的域 $Q(\sqrt[3]{5})$ 是有理数域 Q 上的三维向量空间,等等.一般地,关于单代数扩张的定理 2.1.4 可以按照维数重述如下.

定理 2.3.1 域 F 上代数元素 θ 的次数,等于把扩张 $F(\theta)$ 看作 F 上向量空间时 $F(\theta)$ 的维数.这个向量空间有一组基底 $1,\theta,\cdots,\theta^{n-1}$.

在下一目中,我们将要说明如何用向量空间的方法来分析由域 F 添加几个不同代数元素而得到的扩张.但是在讨论这样的"多重扩张"之前,我们首先来看一下,这种向量空间的方法怎样能使我们比较 F 的同一个单代数扩张 $F(\theta)$ 中的不同元素所满足的不可约方程.

关于向量空间的一个基本事实是维数的不变性(向量空间的任意两组基元素的个数相同).这个事实可以应用到域的有限扩张这种特殊情形,如下所述:

推论 如果域 F 上的两个代数元素 θ 和 μ 生成同一个扩张 $F(\theta)=F(\mu)$,那么 θ 和 μ 在 F 上的次数相同.

一个单代数扩张是有限扩张;反之,每个有限扩张是由代数元素组成的.

定理 2.3.2 F 的有限扩张 K 的每个元素 ω 在 F 上是代数的,并且满足一个次数至多是 n 的 F 上不可约方程,这里 $n=(K:F)$ 是给定的扩张的次数.

证明 给定元素 ω 的 $n+1$ 个幂 $1,\omega,\cdots,\omega^n$ 是 n 维向量空间 K 的元素,因此在 F 上一定线性相关(参阅《线性代数原理》卷),所以必有线性关系 $b_0+b_1\theta+\cdots+b_n\theta^n=0$,其中系数不全为零.可以把它解释为多项式,于是这个关系就意味着 ω 在 F 上是代数的.

由于这个定理,代替"有限扩张",我们也可以说"有限代数扩张".

推论 单代数扩张 $F(\theta)$ 的每个元素在 F 上是代数的.

这个重要的结论使我们确信，超越元素绝不能出现在一个单代数扩张中.

在讨论一个特殊的单代数扩张 $F(\theta)$ 时，要系统地应用 θ 所满足的不可约多项式 $p(x)$. 根据定理 2.1.1，这个扩张中的元素 $g(\theta)$ 是零当且仅当多项式 $g(x)$ 可 $p(x)$ 整除. 例如，假定 $Q(\theta)$ 是有理数域 Q 上的三次扩张，它是由 x^3-2x+2 的一个根 θ 生成. 根据艾森斯坦因不可约准则，这个多项式是不可约的. 这个扩张 $Q(\theta)$ 中的元素 $\omega=\theta^2-\theta$ 一定满足某个次数至多是 3 的多项式方程. 为求出这个方程，像在定理 2.1.4 中那样，按照 $1,\theta$ 和 θ^2 把幂 $\omega^2=\theta^4-2\theta^3+\theta^2$，$\omega^3=\theta^6-3\theta^5+3\theta^4-\theta^3$ 线性地表示出来. 反复运用已知的方程 $\theta^3=2\theta-2$，这是可以做到的. 由此得到

$$\omega=\theta^2-\theta,\omega^2=3\theta^2-6\theta+4,\omega^3=16\theta^2-28\theta+18$$

$1,\omega,\omega^2$ 和 ω^3 之间一定满足一个线性关系，为得到这个关系，我们可以由前两个线性方程解出 θ 和 θ^2 为

$$\theta=-\frac{\omega^2}{3}+\omega+\frac{4}{3},\theta^2=-\frac{\omega^2}{3}+2\omega+\frac{4}{3} \tag{1}$$

把这些代入 ω^3 的表达式中就得到所需要的方程

$$\omega^3-4\omega^2-4\omega-2=0$$

根据艾森斯坦因定理，这个方程是 Q 上不可约的，根据方程(1) 我们也可以说 θ 在 $Q(\omega)$ 中，所以 $Q(\theta)=Q(\omega)$，于是 θ 和 ω 生成同一个扩张，根据定理 2.3.1 的推论可知，它们在 Q 上的次数都是 3. 这就意味着 ω 所满足的任意三次方程一定是不可约的.

2.4 有限扩张的基本定理

在求解方程时可以产生多重代数扩张，在这里引进适当的辅助方程常常是有用的. 例如，方程 $x^4-2x^2+9=0$ 可以写成

$$x^4-2x^2+9=(x^4-6x^2+9)+4x^2=(x^2-3)^2+4x^2=0$$

所以这个方程变为 $\left(\frac{x^2-3}{2x}\right)^2=-1$. 这个公式表明，包含上述给定方程的根 θ 的任意域，也包含方程 $y^2=-1$ 的根 $\mathrm{i}=\frac{u^2-3}{2u}$. 如果我们把辅助量 i 添加到有理数域 Q 上，那么原方程在 $Q(\mathrm{i})$ 上就变为可约的，因为

$$x^4-2x^2+9=(x^2+2\mathrm{i}x-3)(x^2-2\mathrm{i}x-3)$$

根据普通的公式，因式 $x^2-2\mathrm{i}x-3$ 有一个根 $\theta=\mathrm{i}+\sqrt{2}$. 于是原来方程在域 $K=Q(\sqrt{2},\mathrm{i})$ 中就有一个根 θ. 这个域 K 可以在 Q 上先添加 $\sqrt{2}$，后添加 i 而得到.

中间域 $Q(\sqrt{2})$ 是由实数组成的，因此不可能包含 i. 所以 i 所满足的二次方程 $y^2+1=0$ 在实域 $Q(\sqrt{2})$ 上一定仍然是不可约的，所以扩张 $Q(\sqrt{2},\mathrm{i})$ 在 $Q(\sqrt{2})$ 上的次数是 2. 它的两个基元素是 1 和 i. 而域 $Q(\sqrt{2})$ 在 Q 上有一组基底 $1,\sqrt{2}$. 所以在整个域 $Q(\sqrt{2},\mathrm{i})$ 中的任意元素 ω 可以表示成

$$\omega=(a+b\sqrt{2})+(c+d\sqrt{2})\mathrm{i}=a+b\sqrt{2}+c\mathrm{i}+d\sqrt{2}\mathrm{i}$$

其中 a,b,c,d 是有理数. 于是 $1,\sqrt{2},\mathrm{i},\sqrt{2}\mathrm{i}$ 这四个元素构成 Q 上整个扩张 $K=Q(\sqrt{2},\mathrm{i})$ 的一组基底. 这种计算基底的方法可以一般地叙述如下：

定理 2.4.1（有限扩张的基本定理） 如果元素 $\theta_1,\theta_2,\cdots,\theta_r$ 构成 F 的有限扩张 K 的一组基底，而 $\mu_1,\mu_2,\cdots,\mu_s$ 组成 K 的扩张 L 的一组基底，那么 rs 个乘积 $\theta_i\mu_j(i=1,2,\cdots,r;j=1,2,\cdots,s)$ 构成 F 的扩张 L 的一组基底.

证明 L 中任意元素 ω 可以表示成给定基底的线性组合 $\omega=\sum\limits_j b_j\mu_j$，这里系数 $b_j\in K$；每个系数 b_j 又可以表示成 K 的这组基元素的线性组合 $b_j=\sum\limits_i a_{ij}\theta_i$，这里每个系数 $a_{ij}\in F$. 代入这些值，得到

$$\omega=\sum_j\sum_i a_{ij}\theta_i\mu_j$$

这表现为已假定的元素 $\theta_i\mu_j$ 的一个线性组合，这里系数在 F 中. 与此同时，这等式也表明 L 的每一个元素与 rs 个元素 $\theta_i\mu_j$ 线性相关. 进一步，诸元素 $\theta_i\mu_j$ 对于 F 是线性无关的. 因为由

$$\sum_j\sum_i a_{ij}\theta_i\mu_j=0,a_{ij}\in F$$

根据 μ_j 对于 L 的线性无关性，推出

$$\sum_j a_{ij}\mu_i=0$$

于是根据 θ_i 对于 F 的线性无关性，有

$$a_{ij}=0$$

所以 rs 个元素 $\theta_i\mu_j$ 构成 L 对于 F 的基底. 证毕.

由定理 2.4.1 可以得出很多推论. 首先，我们可以把与所用的特殊基底无关的结果叙述如下：

定理 2.4.2 设 $L\supseteq K\supseteq F$ 是 F 上的扩域，则 L/F 是有限扩张的充要条件是 L/K 和 K/F 都是有限扩张；在这种情况下，有次数关系存在

$$(L:F)=(L:K)(K:F) \tag{1}$$

证明 条件的充分性以及次数关系已由定理2.4.1得出. 条件的必要性亦

是明显的：设扩张 L/F 是有限的. 由于 K/F 是 L/F 的子空间，所以 $(K:F)\leqslant(L:F)$，因此 K/F 是有限的.

设 $\theta_1,\theta_2,\cdots,\theta_r$ 是 L 在 F 上的一组基底，若把 L 看作 K 上的线性空间，则 $\theta_1,\theta_2,\cdots,\theta_r$ 是 L/K 是一组生成元，所以 $(K:F)\leqslant n=(L:F)$，L/K 是有限的.

推论 1 如果 K 是 F 的次数为 $n=(K:F)$ 的有限扩张，那么 K 的每个元素 θ 在 F 上的次数是 n 的因子.

证明 元素 θ 生成单扩张 $F(\theta)$，因此根据式(1)有 $n=(K:F(\theta))(F(\theta):F)$，这里第二个因子是我们所考虑的元素 θ 的次数.

推论 2 有限扩张 $K\supseteq F$ 的元素 θ 生成整个扩张当且仅当 $(K:F)=(\theta:F)$.

证明 如果 θ 在 F 上满足一个次数为 $(K:F)$ 的不可约方程，那么 θ 在 F 上生成 n 次子域 $F(\theta)$. 根据式(1)，这个子域一定包含这个 K.

推论 3 如果 $p(x)$ 是域 F 上一个三次不可约多项式，K 是 F 的 2^m 次扩张，那么 $p(x)$ 在 K 上是不可约的.

这个推论特别意味着，三次不可约方程绝不能通过逐次求平方根的方法来解，这是因为，把一个平方根添加到域 F 上，或者全然没有给出扩张，或者给出二次扩张，所以由任意多个平方根得到的扩张 $K=F(\sqrt{a},\sqrt{b},\sqrt{c},\cdots)$ 的次数是 2 的某个幂 2^m. 根据推论 3，这个扩张中不包含给定三次不可约方程的根.

为证明推论 3，假定 $p(x)$ 在 2^m 次的域 K 上是可约的，那么三次数多项式 $p(x)$ 一定至少有一个线性因子 $x-\theta$，于是 K 包含 $p(x)$ 的根 θ. 但是根据推论 1，这种在 F 上的次数为 3 的元素 θ 不可能包含在 F 上的次数为 2^m 的域 K 中. 这就证明了 $p(x)$ 在 K 上是不可约的.

2.5 多重代数扩张

如果 K 是 F 的包含元素 $\alpha_1,\alpha_2,\cdots,\alpha_r$ 的任意扩张，那么记号 $F(\alpha_1,\alpha_2,\cdots,\alpha_r)$ 表示由 $\alpha_1,\alpha_2,\cdots,\alpha_r$ 和 F 的元素生成的 K 的子域，相对于单扩张，这种扩张可称为多重扩张(在所添诸元素是代数的时候，则称为多重代数扩张). 另一方面，这样的多重扩张可以反复进行单扩张而得到. 例如，$F(\alpha_1,\alpha_2)$ 是单扩张 $L=F(\alpha_1)$ 的单扩张 $L(\alpha_2)$.

下面的定理建立起了有限扩张与多重代数扩张这两个概念的同一性：

定理 2.5.1 设 K 是 F 的一个扩域，则 K/F 是有限扩张当且仅当 K 是 F 的多重代数扩张.

证明 设扩张 L/F 有限，那么可写 $K=F(\alpha_1,\alpha_2,\cdots,\alpha_r)$，这里 $\alpha_1,\alpha_2,\cdots,\alpha_r$ 是 K 在 F 上的一组基. 我们来证明 K 的每一元素 β 对 F 来说都是代数的. 事实上，$F(\beta)$ 是 K/F 的一个中间域，从而

$$(F(\beta):F)\leqslant(K:F)<\infty$$

由定理 2.3.2，K 中每个元素在 F 上是代数的. 如此，$K=F(\alpha_1,\alpha_2,\cdots,\alpha_r)$ 是 F 的多重代数扩张.

证明的另一半用归纳法来完成：对生成元的个数 n 作归纳. $n=1$ 时，$K=F(\alpha_1)$，α_1 是 F 上的代数元，由定理 2.3.1，K 是 F 的有限扩张.

设 $n>1$ 并且假设对于 $n-1$ 来说，结论成立. 现在设 $K=F(\alpha_1,\alpha_2,\cdots,\alpha_n)$，$\alpha_1,\alpha_2,\cdots,\alpha_n$ 是 F 上的代数元. 令 $E=F(\alpha_1,\alpha_2,\cdots,\alpha_{n-1})$，则 $K=E(\alpha_n)$，$F\subseteq E\subseteq K$. 根据归纳假设，扩张 E/F 是有限的，又单扩张 K/E 也是有限的，所以根据定理 2.4.2，扩张 K/F 是有限的.

在证明定理 2.5.1 的过程中，顺便得到了下面的推论：

推论 多代数扩张 $F(\alpha_1,\alpha_2,\cdots,\alpha_n)$ 的每个元素对于 F 来说都是代数的；换句话说，多重代数扩张都是代数扩张.

更一般的，可以证明下面的定理：

定理 2.5.2 设 K 是域 F 的一个扩域，S 是 K 的一个子集，如果 S 的每一元素在 F 上都是代数的，那么由 $F(S)$ 是域 F 的一个代数扩域.

证明 设 $\{S_i\mid i\in I\}$ 是 S 的有限子集族. 由定理 1.2.1，$F(S)=\bigcup\limits_{i\in I}F(S_i)$. 任取 $F(S)$ 的元素 β，那么存在 S 的一个有限子集 $S_i=\{\alpha_1,\alpha_2,\cdots,\alpha_m\}$，使得

$$\beta\in F(S_i)=F(\alpha_1,\alpha_2,\cdots,\alpha_m)$$

由上面的推论，β 关于 F 是代数的，所以 $F(S)$ 是 F 的代数扩域.

定理 2.5.3 设 K 是域扩张 L/F 的一个中间域，L/F 是代数扩张必要且只要 L/K 和 K/F 都是代数扩张.

证明 必要性是显然的. 反之，设 L/K 和 K/F 都是代数扩张. 任取 L 的元素 θ，因为 θ 关于 K 是代数的，所以存在 $K[x]$ 中非零多项式

$$g(x)=\sum_{i=1}^{n}\alpha_i x^i$$

使得 $g(\theta)=0$. 又 K 关于 F 是代数的，所以诸系数 α_i 是 F 上的代数元. 于是由定理 2.5.1，$E=F(\alpha_0,\alpha_1,\cdots,\alpha_n)$ 是 F 的有限扩域，并且 $g(x)\in E[x]$. 因此 θ 关于 E 是代数的，从而扩张 $E(\theta)/E$ 是有限的. 这样，由 $E(\theta)/E$ 和 E/F 的有限性得出 $E(\theta)/F$ 的有限性. 再由定理 2.5.1，$E(\theta)$ 是 F 的代数扩域，因而 θ 是 F 上代数元.

推论 设$F=F_0\subseteq F_1\subseteq\cdots\subseteq F_n=K$是一个扩域序列,这里$F_i$是$F_{i-1}$的扩域($1\leqslant i\leqslant n$),那么$K/F$是代数扩张必要且只要每个$F_i/F_{i-1}$都是代数扩张($1\leqslant i\leqslant n$).

设K和E都是一个域L的子域.L中包含K和E的最小子域叫作K与E的合成域,记作KE.显然

$$KE=K(E)=E(K)$$

定理 2.5.4 设L是域F的一个扩域,K和E都是L/F的中间域.

(i) 如果K是F的代数扩域,则KE是E的代数扩域;

(ii) 如果K和E都是F的代数扩域,则KE也是F的代数扩域.

证明 (i)$KE=E(K)$,而K的每一元素都是F上代数元,所以也都是E的上代数元,由定理2.5.2,KE是E的代数扩域.

(ii)由(i),KE是E的代数扩域,而E又是F的代数扩域.由定理2.5.3,KE是F的代数扩域.

2.6 迹与范数

迹与范数是域论和代数中经常遇到的概念.有许多重要性质可通过迹与范数反映出来.

设K/F为域F上任一有限扩张.K可看作F上有限维线性空间,利用域的乘法可以得到域K的一个矩阵表示.取定K/F的一基$u_1,u_2,\cdots,u_n$.K的每个元素α在K上引起一个线性变换$\mathscr{A}_\alpha:x\rightarrow\alpha\cdot x,x\in K$.如果把$\mathscr{A}_\alpha$在基$u_1,u_2,\cdots,u_n$下的矩阵记作$\boldsymbol{A}=(a_{ij})$,那么有

$$\mathscr{A}_\alpha(u_1,u_2,\cdots,u_n)=(\alpha u_1,\alpha u_2,\cdots,\alpha u_n)=(u_1,u_2,\cdots,u_n)\boldsymbol{A}$$

用λ表示F上的一个未定元,$\boldsymbol{E}$表示$n\times n$单位矩阵,则$\lambda\boldsymbol{E}-\boldsymbol{A}$叫作$\alpha$(在基$\{u_i\}$下)的特征矩阵,行列式$F(\lambda)=|\lambda\boldsymbol{E}-\boldsymbol{A}|$叫作$\alpha$的特征多项式,$(a_{11}+a_{22}+\cdots+a_{nn})$和$|\boldsymbol{A}|$分别叫作$\alpha$的迹和范数.记成

$$T_F^K(\alpha)=(a_{11}+a_{22}+\cdots+a_{nn}),N_F^K(\alpha)=|\boldsymbol{A}|$$

将$F(\lambda)$写出$F(\lambda)=\lambda^n+a_1\lambda^{n-1}+\cdots+a_n$,则

$$T_F^K(\alpha)=-a_1,N_F^K(\alpha)=(-1)^na_n$$

根据线性代数的理论,α的特征多项式是不依赖于基的选取的,因而α的迹和范数也就不依赖于基的选取.而且在同一基下若元素α和$\beta(\in K)$所对应的矩阵分别为A和B,则$a\alpha+b\beta(a,b\in F)$和$\alpha\cdot\beta$所对应的矩阵分别为$a\boldsymbol{A}+b\boldsymbol{B}$和$\boldsymbol{A}\cdot\boldsymbol{B}$.因此我们得到迹和范数的基本性质如下:

(i)$T_F^K(a\alpha+b\beta)=aT_F^K(\alpha)+bT_F^K(\beta),a,b\in F$;

(ii) $N_F^K(\alpha \cdot \beta) = N_F^K(\alpha) \cdot N_F^K(\beta)$;

(iii) $N_F^K(a\alpha) = a^n N_F^K(\alpha), a \in F^*$.

显然 $T_F^K(0) = 0, N_F^K(e) = 1$.

定理 2.6.1 T_F^K 是K作为F上线性空间到F的线性映射. 特别 T_F^K 是加法群K到加法群F的同态. 它或者是一个满同态,或者是一个零同态. N_F^K 是乘法群 K^* 到乘法群 F^* 的一个同态.

证明 由性质(i)可知 T_F^K 是一个线性映射,只需指出,若 T_F^K 不是零同态,则它是满同态. 因为存在一个 $\alpha \in K$ 使得 $T_F^K(\alpha) = a \neq 0$. 于是对任意 $x \in F$ 有 $T_F^K(x\alpha) = xT_F^K(\alpha) = xa$. F 在 T_F^K 下的象集为 $F \cdot a = F$. 由(ii)可知 T_F^K 是 K^* 到 F^* 的群同态.

附注 决定 K 在 N_F^K 下的像是一个重要而复杂的问题.

下面的方法告诉我们,计算一个元素的迹与范数不必在 K/F 内去计算,只要在 $F(\alpha)/F$ 内计算就够了. 利用迹与范数和基的选取无关这一特点,我们取定K对$F(\alpha)$的一基 $v_1, v_2, \cdots, v_r$,又取定 $F(\alpha)$ 对 F 的一基 $w_1, w_2, \cdots, w_s$. 于是 $v_i w_j$ 就构成K对F的一基. 令

$$\alpha w_j = \sum_{k=1}^{s} a_{kj} w_k, j = 1, 2, \cdots, s \tag{1}$$

令 $\boldsymbol{A}_1 = (a_{kj})$,于是在 $F(\alpha)/F$ 的基 w_j 下,α 所对应的矩阵为 $\boldsymbol{A}_1$,因而

$$T_F^{F(\alpha)}(\alpha) = \sum_{i=1}^{s} a_{ii}, N_F^{F(\alpha)}(\alpha) = |\boldsymbol{A}_1|$$

将 v_i 乘式(1)得

$$\alpha w_j v_i = \sum_{k=1}^{s} a_{kj} w_k v_i, j = 1, 2, \cdots, s; i = 1, 2, \cdots, r$$

于是在 K/F 的基 $w_1v_1, \cdots, w_sv_1, w_1v_2, \cdots, w_sv_2, \cdots, w_1v_r, \cdots, w_sv_r$ 下 α 所对应的矩阵为准对角形

$$\boldsymbol{A} = \begin{pmatrix} A_1 & & & \\ & A_1 & & \\ & & \ddots & \\ & & & A_1 \end{pmatrix}$$

由此得到下列公式

$$T_F^K(\alpha) = r \cdot T_F^{F(\alpha)}(\alpha), N_F^K(\alpha) = [T_F^{F(\alpha)}(\alpha)]^r, r = (K : F(\alpha)) \tag{2}$$

令 $F_1(\lambda) = |\lambda \boldsymbol{E}_s - \boldsymbol{A}_1|$,其中 $\boldsymbol{E}_s$ 为 $s \times s$ 单位矩阵,则 $F_1(\lambda)$ 为 α 作为 $F(\alpha)/F$ 的元素的特征多项式. 而 $F(\lambda) = |\lambda \boldsymbol{E} - \boldsymbol{A}|$ 是 α 作为K/F的元素的特

征多项式,它们的关系为

$$F(\lambda)=(F_1(\lambda))^r, r=(K:F(\alpha))$$

根据上面的讨论,在任意有限扩张中迹与范数的计算归结为在单代数扩张中本原元素的迹与范数的计算.

引理1 设K/F是一个单代数扩张$K=F(\theta)$, $f(x)$为它的极小多项式,并设在它的分裂域E/F内, $f(x)=(x-\theta_1)(x-\theta_2)\cdots(x-\theta_n)$. 又设$\sigma_i$为$K$到$E$的$n$个$F$－单同态使得$\sigma_i(\theta)=\theta_i$(这里,若$\theta_i$为$r$重根,则$\sigma_i$重复$r$次. 因此$\sigma_1,\sigma_2,\cdots,\sigma_n$可能有相同的),于是

$$T_F^K(\alpha)=\sigma_1(\alpha)+\sigma_2(\alpha)+\cdots+\sigma_n(\alpha), N_F^K(\alpha)=\sigma_1(\alpha)\sigma_2(\alpha)\cdots\sigma_n(\alpha), \alpha\in K \tag{3}$$

证明 首先证明当$\alpha=\theta$时引理成立.

令$f(x)=x^n+a_1x^{n-1}+\cdots+a_n$. θ在K/F的基$1,\theta,\cdots,\theta^{n-1}$下对应的矩阵为

$$\boldsymbol{A}=\begin{pmatrix}0 & & & & -a_n\\ 1 & 0 & & & \vdots\\ & 1 & \ddots & & \vdots\\ & & \ddots & 0 & -a_2\\ & & & 1 & -a_1\end{pmatrix}$$

由计算θ的特征多项式$F(\lambda)=|\lambda\boldsymbol{E}-\boldsymbol{A}|=f(\lambda)=\lambda^n+a_1\lambda^{n-1}+\cdots+a_n$. 于是得$T_F^K(\theta)=-a_1$, $N_F^K(\theta)=(-1)^n a_n$,即得式(3). 其次设$\alpha\in K$为任意元素. 令$F_1=F(\alpha)$而$f_1(x)$为α的极小多项式,并在E内分解成$f_1(x)=(x-\alpha_1)(x-\alpha_2)\cdots(x-\alpha_s)$, $r=\dfrac{n}{s}$. 设τ_i为F_1到E的F－单同态使得$\tau_i(\alpha)=\alpha_i$. 于是,根据上面的讨论有

$$T_F^{F_1}(\alpha)=\tau_1(\alpha)+\tau_2(\alpha)+\cdots+\tau_s(\alpha), N_F^{F_1}(\alpha)=\tau_1(\alpha)\tau_2(\alpha)\cdots\tau_s(\alpha)$$

根据式(2),得

$$T_F^K(\alpha)=r(\tau_1(\alpha)+\tau_2(\alpha)+\cdots+\tau_s(\alpha)), N_F^K(\alpha)=(\tau_1(\alpha)\tau_2(\alpha)\cdots\tau_s(\alpha))^r \tag{4}$$

另一方面,每个σ_i是某个τ_i在K上的开拓. 因而$\sigma_i(\alpha)$是$f_1(x)$的根. 令$g(x)=\prod\limits_{i=1}^{n}(x-\sigma_i(\alpha))$,则$g(x)\in F[x]$而且$g(x)$的每个根都是不可约多项式$f_1(x)$的根, $g(x)$只能是$f_1(x)$的一个方幂,比较次数得$g(x)=(f_1(x))^r$. 由此可知

$$\sum_{i=1}^{n}\sigma_i(\alpha)=r\sum_{i=1}^{s}\tau_i(\alpha),\prod_{i=1}^{n}\sigma_i(\alpha)=\prod_{i=1}^{s}(\tau_i(\alpha))^r$$

与式(4)联系起来即得式(3).于是引理1一般地成立.

引理2 设K/F为单代数扩张,θ为任一本原元素,$K=F(\theta)$,则

(ⅰ)若K/F不可分,则$T_F^K(\theta)=0$;

(ⅱ)若K/F可分,则$T_F^K(\theta^i),i=0,1,2,\cdots$不全为0.

证明 设$f(x)$为θ的极小多项式,在分裂域E中,$f(x)=(x-\theta_1)(x-\theta_2)\cdots(x-\theta_n)$.$\sigma_i$为$K$到$E$的$F$-单同态使得$\sigma_i(\theta)=\theta_i$.

(ⅰ)设K/F不可分,则F的特征为一素数p,而且θ在F上不可分.于是$f(x)$可写成$f(x)=g(x^{p^e})$,其中$g(x)\in F[x]$为一r次不可约多项式.因此$f(x)$只有r个不同的根,记为$\theta_1',\theta_2',\cdots,\theta_r'$,每个$\theta_i'$是一个$p^e$重根.根据引理1,有

$$\begin{aligned}T_F^K(\theta)&=\sigma_1(\theta)+\sigma_2(\theta)+\cdots+\sigma_n(\theta)=\theta_1+\theta_2+\cdots+\theta_n\\&=p^e(\theta_1'+\theta_2'+\cdots+\theta_r')=0\end{aligned}$$

(ⅱ)设K/F可分,则$f(x)$可分,它的根$\theta_1,\theta_2,\cdots,\theta_n$两两不同.此时

$$\begin{aligned}T_F^K(\theta^i)&=\sigma_1(\theta^i)+\sigma_2(\theta^i)+\cdots+\sigma_n(\theta^i)\\&=(\sigma_1(\theta))^i+(\sigma_2(\theta))^i+\cdots+(\sigma_n(\theta))^i\\&=\theta_1^i+\theta_2^i+\cdots+\theta_n^i,i=0,1,2,\cdots\end{aligned}$$

现在如果$T_F^K(\theta^i),i=0,1,2,\cdots$全为0,于是将有

$$\theta_1^i+\theta_2^i+\cdots+\theta_n^i=0,i=0,1,2,\cdots,n-1$$

从而推出范德蒙行列式$|\theta_j^i|=0$.但是$\theta_1,\theta_2,\cdots,\theta_n$两两不等,这是一个矛盾,所以$T_F^K(\theta^i),i=0,1,2,\cdots,n-1$不能全为0.

定理2.6.2 设K/F为一个有限扩张.迹映射$T_F^K:K\to F$是一个满同态当且仅当K/F是可分扩张.

证明 设K/F可分,则这扩张一定是单纯的(本章§5,定理5.4.2的推论),于是可设$K=F(\theta)$,根据引理2,$T_F^K(\theta^i),i=0,1,2,\cdots$不能全为0.因而$T_F^K$不是零同态.再根据定理2.6.1,$T_F^K$是一个满同态.反之,设$K/F$为一个不可分扩张.求证$T_F^K$是一个零同态.设$(K:F)=n$,由于$K/F$不可分,特征$(F)$为一素数$p$而且显然$p\mid(K:F)$.因而对于$F$的每个元素$a$,有$T_F^K(a)=n\cdot a=0$.设$\alpha$为$K$的任一元素但$\alpha\notin F$,令$F_1=F(\alpha)$,则$(F_1:F)>1,(K:F_1)<n$.此时可应用公式(2),有

$$T_F^K(\alpha)=r\cdot T_F^{F_1}(\alpha),r=(K:F_1)$$

由于K/F不可分.根据可分扩张的性质(本章§5定理5.3.5),F_1/F和

K/F_1 两者必有一个是不可分扩张. 若 F_1/F 不可分，则根据引理 2，$T_F^{F_1}(\alpha)=0$，因而 $T_F^K(\alpha)=0$；若 K/F_1 不可分，则 $p\mid r$，因而也有 $T_F^K(\alpha)=0$. 于是对 K 的所有元素 α，均有 $T_F^K(\alpha)=0$. 就是说 T_F^K 是一个零同态.

§3 分裂域 · 正规性

3.1 分裂域

在有限代数扩张中，一个多项式 $f(x)$ 的“分裂域”特别重要. 给定一个基域 F 和 $F[x]$ 的一个 $n(n\geqslant 1)$ 次多项式 $f(x)$，讨论 $f(x)$ 的根不但是孤立地研究 $f(x)$ 的单个根，而且还要进一步研究 $f(x)$ 的诸根在 F 上的代数关系，这就需要将 $f(x)$ 的全部根放在 F 的同一个域扩张中来考虑. 当 F 为有理数域时，根据历史上的代数基本定理，复数域可以充当这样的扩域. 但是当 F 为一个素数特征的域时，复数域则无能为力. 本节来研究这种扩张的存在性和唯一性.

定义 3.1.1 取定一个基域 F 和一个 $n(n\geqslant 1)$ 次多项式 $f(x)$，如果有一个域扩张 K/F 满足

（ⅰ）$f(x)$ 在 K 内完全分解成线性因子的乘积

$$f(x)=a(x-\alpha_1)(x-\alpha_2)\cdots(x-\alpha_n),\alpha_i\in K,i=1,2,\cdots,n$$

（ⅱ）$K=F(\alpha_1,\alpha_2,\cdots,\alpha_n)$.

则 K/F 叫作 $f(x)$ 的一个分裂域.

如果 $f(x)=ax^2+bx+c(a\neq 0)$ 是 F 上的二次多项式，它有两个根 $\alpha_i=\dfrac{-b\pm\sqrt{b^2-4ac}}{2a}$，$i=1,2$. 由 $f(x)=0$ 的一个根 α_1 生成 F 的单扩张 $K=F(\alpha_1)\cong F[x]/(f(x))$ 已经是 $f(x)$ 在 F 上的分裂域. 这是因为 $\alpha_2=\dfrac{c}{a\alpha_1}$，因此 $f(x)$ 在域 $K=F(\alpha_1)$ 中可以分解成线性因子：$f(x)=a(x-\alpha_1)(x-\alpha_2)$.

可是，对于三次不可约多项式来说，这个结论一般来说是不正确的. 例如，Q 上不可约多项式 x^3-5 的分裂域 $K=Q(\sqrt[3]{5},\omega\sqrt[3]{5},\omega^2\sqrt[3]{5})=Q(\sqrt[3]{5},\omega)$，其中 $\omega=\dfrac{-1+\mathrm{i}\sqrt{3}}{2}$ 是复三次单位根. 由于 5 的实三次根生成的有理数域的实扩张 $Q(\sqrt[3]{5})\cong F[x]/(x^3-5)$ 在 Q 上的次数是 3，而包含 5 的所有三次根的 Q 的最小扩张 $K=Q(\sqrt[3]{5},\omega)$. 因为 ω 满足分圆方程 $\omega^2+\omega+1=0$，所以域 K 在 $Q(\sqrt[3]{5})$

上的次数是2.当我们把x^3-5的分裂域K看作Q上的一个向量空间时,它就有基底$\{1,\sqrt[3]{5},\sqrt[3]{25},\omega,\omega\sqrt[3]{5},\omega\sqrt[3]{25}\}$,于是它是$Q$的6次扩张.

可以用已知的单代数扩张的存在性得到一般的关于分裂域存在性命题,如下所述:

定理3.1.1 对于$F[x]$中每一多项式$f(x)$都存在一个分裂域.

证明 对$f(x)$的次数作归纳法.当次数$f(x)=1$时,$f(x)=a(x-\alpha)$,$\alpha\in F$,此时F本身已经是$f(x)$的一个分裂域.

假设当次数$f(x)<n$(n为某一大于1的自然数)时$f(x)$有一个分裂域.我们来证明当次数$f(x)=n$时,$f(x)$有一个分裂域.为此任取$f(x)$的一个不可约因式$p(x)$,根据根的存在定理(定理2.2.2),存在一个单代数扩张K_1/F,使得$K_1=F(\alpha_1)$,且$p(\alpha_1)=0$.于是$p(x)$在K_1上析出一个一次因式,因而$f(x)$在K_1上至少分裂出一个一次因式.

现在设$f(x)=(x-\alpha_1)(x-\alpha_2)\cdots(x-\alpha_r)f_1(x)$,其中$\alpha_i\in K_1$,而$f_1(x)$是$K_1[x]$中的多项式.此时次数$f(x)<n$.若$f_1(x)$为常数,则$K_1$就是$f(x)$的分裂域.若次数$f(x)\geqslant 1$,则根据归纳假设,$f_1(x)$在$K_1$上有一个分裂域$K/K_1$.于是

$$f_1(x)=a(x-\alpha_{r+1})(x-\alpha_{r+2})\cdots(x-\alpha_n),\alpha_i\in K,i=r+1,r+2,\cdots,n$$

$$K=K_1(\alpha_{r+1},\alpha_{r+2},\cdots,\alpha_n)=F(\alpha_1)(\alpha_{r+1},\alpha_{r+2},\cdots,\alpha_n)$$ ①

所以K就是$f(x)$的一个分裂域.

在刚才的证明过程中,还可以得出如下结论:

推论 如果$f(x)$的次数为n,则分裂域K/F的次数不超过$n!$.

我们现在将进一步指出,一个给定的多项式$f(x)$的分裂域除等价扩张外是唯一确定的.为此需要应用同构的延拓这一概念.

设$F\subseteq K$及$\overline{F}\subseteq\overline{K}$,又设给定了一个同构$F\cong\overline{F}$.一个同构$K\cong\overline{K}$叫作所给的同构$F\cong\overline{F}$的开拓,假如$F$中每一元素$\alpha$在旧同构$F\cong\overline{F}$之下有像$\overline{\alpha}$,在新同构$K\cong\overline{K}$之下也有$\overline{F}$中同一像$\overline{\alpha}$.

在代数扩张中有关同构延拓的一切定理都建立在以下定理的基础上:

定理3.1.2 若在一个同构$F\cong\overline{F}$之下$F[x]$中一个不可约多项式$\varphi(x)$映成$\overline{F}[x]$中多项式$\overline{\varphi}(x)$(自然同样也是不可约的),又设α是$\varphi(x)$在F的一个扩域中的一个根,而$\overline{\alpha}$是$\overline{\varphi}(x)$在$\overline{F}$的一个扩域中的一个根,那么所给的同构

① 这里所给出的分裂域的存在证明并不蕴含在有限步下实际构成的可能性.

$F \cong \overline{F}$ 可以延拓成一个同构 $F(\alpha) \cong \overline{F}(\overline{\alpha})$，它把 α 映成 $\overline{\alpha}$.

证明 $F(\alpha)$ 的元素有形式 $\sum_k c_k\alpha^k (c_k \in F)$，而对它们的运算与对多项式模 $\varphi(x)$ 的运算一样. 同样，$\overline{F}(\overline{\alpha})$ 的元素有形式 $\sum_k \overline{c_k}\overline{\alpha}^k (\overline{c_k} \in \overline{F})$，而对它们的运算与对多项式模 $\overline{\varphi}(x)$ 的运算一样，因此，除了一个横线外，是完全同样的. 所以对应

$$\sum_k c_k\alpha^k \to \sum_k \overline{c_k}\,\overline{\alpha}^k$$

（此处 $\overline{c_k}$ 是在同构 $F \cong \overline{F}$ 之下与 c_k 对应的元素）是一个具有所要求性质的同构.

特别若 $F=\overline{F}$ 且所给的同构把 F 的每一个元素映到自身，那么再一次得到以前的定理，即添加同一不可约方程的根所生成的一切扩张 $F(\alpha)$，$F(\overline{\alpha})$，… 是等价的，并且每一根由相应的同构变为其他的每一根.

相应的定理对于添加一个多项式的全部根以代替添加一个根也成立：

定理 3.1.3 若在一个同构 $F \cong \overline{F}$ 之下，$F[x]$ 中任意多项式 $f(x)$ 映成 $\overline{F}[x]$ 中一个多项式 $\overline{f}(x)$，那么这个同构可以开拓成 $f(x)$ 的任意分裂域 $F(\alpha_1,\alpha_2,\cdots,\alpha_n)$ 与 $\overline{f}(x)$ 的任意分裂域 $\overline{F}(\overline{\alpha_1},\overline{\alpha_2},\cdots,\overline{\alpha_n})$ 的一个同构，其中 α_1，α_2，…，α_n 按某种次序映成 $\overline{\alpha_1}$，$\overline{\alpha_2}$，…，$\overline{\alpha_n}$.

证明 假设已经（可能改变一下根的次序）把同构 $F \cong \overline{F}$ 延拓成一个同构 $F(\alpha_1,\alpha_2,\cdots,\alpha_k) \cong \overline{F}(\overline{\alpha_1},\overline{\alpha_2},\cdots,\overline{\alpha_k})$，其中每一 α_i 映成 $\overline{\alpha_i}$（对于 $k=0$ 来说实际就是这样）. 在 $F(\alpha_1,\alpha_2,\cdots,\alpha_k)$ 中 $f(x)$ 可以如此分解

$$f(x)=(x-\alpha_1)\cdots(x-\alpha_k)\cdot\varphi_{k+1}(x)\cdots\varphi_h(x)$$

于是，借助于同构，$\overline{f}(x)$ 在域 $\overline{F}(\overline{\alpha_1},\overline{\alpha_2},\cdots,\overline{\alpha_k})$ 中相应地分解如下

$$\overline{f}(x)=(x-\overline{\alpha_1})\cdots(x-\overline{\alpha_k})\cdot\overline{\varphi_{k+1}}(x)\cdots\overline{\varphi_h}(x)$$

在 $F(\alpha_1,\alpha_2,\cdots,\alpha_n)$ 及 $\overline{F}(\overline{\alpha_1},\overline{\alpha_2},\cdots,\overline{\alpha_n})$ 中，因子 $\varphi_v(x)$ 与 $\overline{\varphi_v}(x)$ 又分别分解为 $(x-\alpha_{k+1})\cdots(x-\alpha_n)$ 及 $(x-\overline{\alpha_{k+1}})\cdots(x-\overline{\alpha_n})$. α_{k+1}，…α_n 与 $\overline{\alpha_{k+1}}$，…，$\overline{\alpha_n}$ 可以这样排列，使得 α_{k+1} 是 $\varphi_{k+1}(x)$ 的根而 $\overline{\alpha_{k+1}}$ 是 $\overline{\varphi_{k+1}}(x)$ 的根，根据上面的定理，同构

$$F(\alpha_1,\alpha_2,\cdots,\alpha_k) \cong \overline{F}(\overline{\alpha_1},\overline{\alpha_2},\cdots,\overline{\alpha_k})$$

可以延拓成

$$F(\alpha_1,\alpha_2,\cdots,\alpha_{k+1}) \cong \overline{F}(\overline{\alpha_1},\overline{\alpha_2},\cdots,\overline{\alpha_{k+1}})$$

其中 α_{k+1} 映成 $\overline{\alpha_{k+1}}$.

从 $k=0$ 开始，按这样的方法一步一步地继续下去，最后得到所求的同构

$$F(\alpha_1,\alpha_2,\cdots,\alpha_n)\cong\overline{F}(\overline{\alpha_1},\overline{\alpha_2},\cdots,\overline{\alpha_n})$$

根据这种构成,每一 α_i 映成$\overline{\alpha_i}$.

特别,若 $F=\overline{F}$ 并且所给的同构 $F\cong\overline{F}$ 使 F 中每一元素不变,那么 $f(x)=\overline{f}(x)$,并且扩充了的同构

$$F(\alpha_1,\alpha_2,\cdots,\alpha_n)\cong\overline{F}(\overline{\alpha_1},\overline{\alpha_2},\cdots,\overline{\alpha_n})$$

同样也使 F 的一切元素不变,这就是说,$f(x)$ 的两个分裂域是等价的.因此,一个多项式 $f(x)$ 的分裂域除等价扩张外是唯一确定的.

由此推出,根的一切代数性质不依赖于分裂域的构成方法.例如,无论把一个多项式在复数域内分解还是利用符号添加来分解,在实质上,即除等价外,都将得出同一的结果.

特别,$f(x)$ 的每一根都只有一个出现在分解

$$f(x)=(x-\alpha_1)(x-\alpha_2)\cdots(x-\alpha_n)$$

中确定的重数.

同一多项式的含在一个公共包括域 Ω 中的两个分裂域不仅等价,而且相等.因为当在 Ω 中有两个分解

$$f(x)=(x-\alpha_1)\cdots(x-\alpha_n),f(x)=(x-\overline{\alpha_1})\cdots(x-\overline{\alpha_n})$$

成立时,根据在 $\Omega[x]$ 中唯一因子分解定理,除次序外,因子是唯一确定的.

3.2 正规扩域·分裂域的正规性

下面来讨论分裂域的一个重要性质,即所谓正规性.

一个域 K 说是在 F 上正规的,假如第一,它对于 F 是代数的;第二,$F[x]$ 中每一在 K 内有一个根 α 的不可约多项式 $g(x)$ 在 $K[x]$ 中完全分解成线性因子.

根据以下定理,一个多项式的分裂域是正规的.

定理 3.2.1 由 F 通过添加 $F[x]$ 中一个或多个甚至无穷个多项式的全部根所生成的域是正规的.

首先,我们可以把无穷多个多项式的情形归到有限的情形.因为这个域的每一元素 α 只依赖于有限多个多项式的根,并且对于以 α 为根的不可约多项式的分解,我们可以完全限于这有限多个根所生成的域内.

进一步,有限个多项式的情形又可以归到一个多项式的情形,为此,我们把所有这些多项式相乘并且添加积的根.这些元素就如同取一切因子的根一样.

这样,设 $K=F(\alpha_1,\alpha_2,\cdots,\alpha_n)$,其中 α_k 是一个多项式的根,并且设 $F[x]$ 的

不可约多项式 $g(x)$ 在 K 中有一个根 β. 当 $g(x)$ 在 K 中不完全分解时，我们可以添加 $g(x)$ 的另一根 β'，而将 K 扩张为一个域 $K(\beta')$. 于是，由于 β 与 β' 共轭，所以

$$F(\beta) \cong F(\beta')$$

在这个同构之下，F 的元素，从而多项式 $g(x)$ 的系数变为自身. 现在对左右两端添加 $g(x)$ 的一切根，于是，可以将这个同构延拓成为

$$F(\beta,\alpha_1,\alpha_2,\cdots,\alpha_n) \cong F(\beta',\alpha_1,\alpha_2,\cdots,\alpha_n)$$

其中 α_i 仍变为 α_j，也许按另外的次序. 现在 β 是 $\alpha_1,\alpha_2,\cdots,\alpha_n$ 的一个有理函数，系数在 F 内

$$\beta=(\alpha_1,\alpha_2,\cdots,\alpha_n)$$

并且这个有理关系在任何同构之下保持成立. 由此 β' 也是 $\alpha_1,\alpha_2,\cdots,\alpha_n$ 的一个有理函数，从而也属于域 K，这与假定相违.

定理 3.2.1 的逆定理 F 上的一个正规扩域由添加一组多项式的一切根所生成，并且当这个域是有限的时候，甚至是由添加一个多项式的一切根所生成.

证明 域 K 由添加代数元的集 S 生成(一般我们可以取，例如，$S=K$，在有限情形 S 是有限的). S 中每一元素满足一个系数在 F 中的代数方程 $f(x)=0$，这个方程在 K 中完全分解. 添加所有这些多项式的全部根(相应地，当这样的多项式的个数有限时，添加它们积的全部根) 至少与单独添加 S 所生成的域一样，这就是说，由此生成整个的域 K. 证毕.

一个不可约方程 $f(x)=0$ 叫作正规的，假如由添加它的一个根所生成的域已经正规，即 $f(x)$ 在其中完全分解.

由定理 3.2.1 及其逆，我们得出：

定理 3.2.2 一个有限扩张 K/F 是正规扩张的充分必要条件是 K 为 $F[x]$ 中一个多项式的分裂域.

按照定理 3.2.2，若 K/F 是一个正规扩张，则对 K 的任一个中间域 E，E/F 也是正规扩张.

设 K/F 是一个有限扩张，如果 K 上一个代数扩张 L/K 满足

(ⅰ) L/F 是正规扩张；

(ⅱ) 若中间域 E:$F\subseteq E\subseteq L$，包含 K 而且 E/F 正规，则 $E=L$，则 L/F 叫作 K/F 的一个正规闭包.

首先证明正规闭包的存在. 将 K 写成 $K=F(\alpha_1,\alpha_2,\cdots,\alpha_r)$，$p_i(x)$ 为 α_i 在 F 上的极小多项式. 令 $f(x)=p_1(x)p_2(x)\cdots p_r(x)$. 取 L 为 $f(x)$ 在 K 上的分

裂域. 于是 L 是 $f(x)$ 在 F 上的一个分裂域,因而是 F 上的正规扩张而且包含 K. L 满足正规闭包定义中的条件(ⅱ)是显然的. 所以 L 是 K/F 的一个正规闭包.

其次,证明 K/F 的正规闭包在同构意义下是唯一的. 设 L'/F 为 K/F 的任一个正规闭包. 因为每个 $p_i(x)$ 在 L' 内有根,因而在 L' 内完全分解,因而 $f(x)$ 在 L' 内也完全分解. 于是 L' 包含 $f(x)$ 在 F 上的一个分裂域 L_1. 由于条件(ⅱ)从 $F \subseteq L_1 \subseteq L'$ 推出 $L_1 = L'$. 根据多项式分裂域的唯一性(定理 3.1.3 的推论)知,L' 是由 K/F 唯一决定的.

3.3 代数闭包

在一般的域中,代替(数域中)代数基本定理的是根的存在定理(定理 2.2.2):设 F 是任一域,$f(x)$ 是多项式环 $F[x]$ 中任一多项式,那么存在 F 的一个扩域 K,使得 $f(x)$ 在 K 内有一根. 由此得到分裂域的存在定理:对于任一域 F 和任一 $n(n \geqslant 1)$ 次多项式 $f(x) \in F[x]$,都存在 F 的一个代数扩域 E 使得 $f(x)$ 在 E 内完全分解:$f(x) = (x - \alpha_1)(x - \alpha_2)\cdots(x - \alpha_n)$,而且 E 可由添加 α_1,α_2,…,α_n 到 F 上而得到. 更进一步,我们将证明任意域 F 都存在所谓代数闭包的定理:F 上存在一个代数扩张 Ω 使得 $\Omega(x)$ 内每个次数不小于 1 的多项式在 Ω 内完全分解.

在正式引入代数闭包的定义之前,先引入代数封闭域(代数闭域)的概念.

如果系数在域 F 中的每个多项式都有根在 F 中,那么称域 F 是代数封闭的. 在这样的域 F 上每个多项式 $f(x)$ 有一个根 α,因此 $f(x)$ 有线性因子 $x-\alpha$. 所以 F 上仅有的一类不可约多项式是线性的,因而代数封闭域 F 上每个多项式都可以写成线性因子的乘积. 进一步,除了 F 本身外,不可能有 F 的单代数扩张. 于是我们得出结论:域 F 是代数封闭的当且仅当 F 没有真单代数扩张. 代数基本定理断言,复数域是代数封闭的.

定义 3.3.1 域 F 的一个扩域 Ω 叫作 F 的一个代数闭包,如果

(ⅰ)Ω 是 F 的代数扩域;

(ⅱ)Ω 是代数闭域.

因此,复数域就是实数域的一个代数闭包. 现在代数闭包 Ω 正起着复数域在历史上所起过的作用.

定理 3.3.1 设 K 是域 F 的一个扩域并且域 K 代数封闭,那么 K 中所有 F 的代数元构成的集合是 F 的一个代数闭包.

证明 令 A 是 K 中在 F 上的代数元的全体,那么 A 首先是一个域. 我们只

需证明，任意两个代数元素 $\alpha,\beta\neq 0$ 的和、积、差、商仍然是 F 的代数元素. 但是所有这些组合都包含在由 α 和 β 生成的域 K 的子域 $F(\alpha,\beta)$ 中，因为 α 在 F 上是代数的，所以 $F(\alpha)$ 是 F 的有限扩张；因为 β 在 $F(\alpha)$ 上是代数的，所以 $F(\alpha,\beta)$ 是 $F(\alpha)$ 的有限扩张. 因此根据定理 2.4.2，$F(\alpha,\beta)$ 是 F 的有限扩张. 于是它的每个元素对于 F 来说都是代数的(定理 2.3.2).

其次证明，A 是代数闭的. 任取多项式 $g(x)=\alpha_0x^n+\alpha_1x^{n-1}+\cdots+\alpha_n$，它的系数 α_i 都是 A 中的代数元素. 这些系数生成一个扩张 $L=F(\alpha_0,\alpha_1,\cdots,\alpha_n)$，根据定理 2.5.1，它是域 F 的有限扩张. 因为 K 是代数闭域，所以 $g(x)$ 在 K 内有一个根 γ. γ 关于 A 是代数的，所以 $L(\gamma)$ 是 L 的有限扩张，因而也是 F 的有限扩张. 根据定理 2.3.2，这个扩张中的元素 γ 在 F 上是代数的. 这就意味着根 γ 是一个 F 的代数元素，所以也就在 A 中，因此 A 是代数封闭的.

下面我们着手证明关于代数闭包的两个基本定理，这些结论的得出来自施坦尼茨[①].

引理 设 F 是一个域，$f_i(x)(i=1,2,\cdots,n)$ 是 F 上任意 n 个非常数多项式，那么存在 F 的一个扩域 K 使得每一个 $f_i(x)$ 在 K 中有一个根.

证明 当 $n=1$ 时，令 $p(x)$ 是 $f_i(x)$ 的一个不可约因式. 由定理 2.2.2，存在 F 的扩域 K，使 $p(x)$ 在 K 内有一个根 α，从而 $f(\alpha)=0$.

设 $n>1$，并且假设对于 $n-1$ 来说引理成立，于是存在 F 一个扩域 K'，使得 $f_1(x),f_2(x),\cdots,f_{n-1}(x)$ 在 K' 内各有一个根. 然而，$f_n(x)\in F[x]\subseteq K'[x]$. 所以存在 K' 的一个扩域 K，使得 $f_n(x)$ 在 K 内有一个根，从而 $f_1(x)$，$f_2(x),\cdots,f_n(x)$ 在 K 内各有一个根.

定理 3.3.2 任意域 F 都有一个代数闭包.

证明 分两步来完成定理的证明. 先证存在 F 的一个代数扩域，使得 $F[x]$ 每一个次数大于零的多项式在这个扩域里有一个根. 然后从 F 出发，作一个串扩域

$$F=F_0\subseteq F_1\subseteq F_2\subseteq\cdots$$

使得 F_{i+1} 是 F_i 的代数扩域，并且 $F_i[x]$ 中每一个次数大于零的多项式在 F_{i+1} 内有一个根$(i=0,1,2,\cdots)$. 令 $\Omega=\bigcup\limits_{i=0}^{\infty}F_i$，证明 Ω 就是 F 的一个代数闭包.

先证明第一步. 证明的思想与证明一个多项式的根的存在(定理 2.2.2) 类似. 考虑 $F[x]$ 中一切次数大于零的多项式的集，即差集

① 施坦尼茨(E. Steinitz，1871—1928)，德国数学家.

$$F[x]-F=\{f_\lambda(x)\mid\lambda\in\Lambda\}$$

这里Λ是与$F[x]-F$有相同基数的一个指标集. 对于每一个$\lambda\in\Lambda$,令一个符号x_λ与它对应,将$\{x_\lambda\mid\lambda\in\Lambda\}$看成$F$上不相关不定元,即$\{x_\lambda\mid\lambda\in\Lambda\}$的任意有限子集都是$F$上不相关不定元. 令$R=F[\{x_\lambda\mid\lambda\in\Lambda\}]$表示$\{x_\lambda\mid\lambda\in\Lambda\}$的一切有限子集在$F$上所生成的多项式环的并集. R里每一个元素都是有限个不定元$x_{\lambda_1},\cdots,x_{\lambda_m}\in\{x_\lambda\mid\lambda\in\Lambda\}$在$F$上的多项式. 这样定义的$R$的元素是无歧义的. 显然,一切$f_\lambda(x_\lambda)\in R(\lambda\in\Lambda)$.

令$\mathfrak{R}$是由一切$f_\lambda(x_\lambda)$,$\lambda\in\Lambda$,所生的R的理想. 因为R是有单位元的交换环,所以$\mathfrak{R}$的元素都有以下形状

$$\sum_k u_k f_k(x_k)\text{(有限和)}\tag{1}$$

这里u_k是有限个$x_\lambda(\lambda\in\Lambda)$的多项式. $\mathfrak{R}$是R的一个真子集,因为不然的话,将有$1\in\mathfrak{R}$,从而可以表成(1)的形式

$$1=\sum_k u_k f_k(x_k)$$

右端只有有限个$f_k(x_k)$出现,所以由引理,存在F的一个扩域,使每一个$f_k(x_k)$在这个扩域中有一个根α_k,代入上式得出矛盾的等式$1=0$.

这样,存在R的一个极大理想:$\mathfrak{I}\supseteq\mathfrak{R}$. 令$F_1=R/\mathfrak{I}$,则$F_1$是一个域. 令

$$\varphi:\quad R\to F_1=R/\mathfrak{I}$$

是自然同态. 因为$F\cap\mathfrak{I}=\{0\}$,所以φ限制在F上时是单射,因而可以把$\varphi(F)$与F等同起来,而F可以认为是F_1的一个子域.

F_1是F的代数扩域. 事实上,设$y_\lambda=\varphi(x_\lambda)$,则$F_1$是由$\{y_\lambda\mid\lambda\in\Lambda\}$在$F$上生成的域. 另一方面,对于每一个$\lambda\in\Lambda$,$f_\lambda(x_\lambda)\in\mathfrak{R}\subseteq\mathfrak{I}$. 所以,$f_\lambda(y_\lambda)=\varphi(f_\lambda(x_\lambda))=0$. 因此$y_\lambda$是$F$上代数元. 由定理2.5.2,$F_1$是$F$的代数扩域.

由于F_1是由$f_\lambda(x_\lambda)$的根y_λ在F上生成的,这就证明了,存在F的代数扩域F_1,使得$F[x]$的每一个次数大于0的多项式$f(x)$在F_1中有一个根.

这样,我们可以归纳地构造出一个扩域序列

$$F=F_0\subseteq F_1\subseteq\cdots\subseteq F_i\subseteq F_{i+1}\subseteq\cdots$$

使得

(ⅰ)F_{i+1}是F_i的代数扩域;

(ⅱ)$F_i[x]$的每一个次数大于0的多项式在F_{i+1}内有一个根,$i=0,1,2,\cdots$.

令$\Omega=\bigcup\limits_{i=0}^{\infty}F_i$,则容易注明,$\Omega$是一个域. 现在进一步证明,$\Omega$是$F$的一个代数闭包.

首先，Ω 是 F 的代数扩域. 设 $\alpha \in \Omega$，那么存在 i，使得 $\alpha \in F_i$，F_i 是 F 的代数扩域，所以 α 是 F 上的代数元.

其次，Ω 是代数闭的. 设

$$f(x) = \alpha_0 + \alpha_1 x + \cdots + \alpha_n x^n \in \Omega[x]$$

这里 $n > 0$. 于是存在一个整数 $k > 0$，使得 $\alpha_k \in F_i$，$i = 0, 1, \cdots, n$. $f(x) \in F_k[x]$，所以 $f(x)$ 在 F_{k+1} 内有一个根，因而在 Ω 内有一个根.

这就证明了 Ω 是 F 的代数闭包.

定理 3.3.3 设 F 与 F' 是同构的两个域，Ω, Ω' 是它们的代数闭包，那么同构 $F \cong F'$ 可以开拓为 Ω 与 Ω' 的同构.

特别，一个域 F 的任意两个代数闭包都是同构的.

证明 设 $\varphi: F \to F'$ 是 F 到 F' 的一个同构，我们来证明存在域同构 $\psi: \Omega \to \Omega'$，使得 ψ 在 F 上的限制等于 φ.

设 K 是域扩张 Ω/F 的一个中间域. 令 ψ 是 φ 到 K 上的一个开拓，即 $\psi: K \to \Omega'$ 是一个单同态并且 $\psi\restriction_F$ 等于 φ，这里 $\psi\restriction_F$ 表示 ψ 在 F 上的限制. 考虑一切这样的对 (K, ψ) 所成的集 S. S 不空，因为 (F, φ) 显然是 S 的一个元素. 对于 S 中任意两个元素 (K_1, ψ_1)，(K_2, ψ_2)，规定

$$(K_1, \psi_1) \leqslant (K_2, \psi_2)，如果\ K_1 \subseteq K_2, \psi_2 \restriction K_1 = \psi_1$$

这样一来，S 作成一个偏序集. 我们证明，S 满足佐恩引理的条件，即它的每一个链上都有上界. 设

$$S' = \{(K_\lambda, \psi_\lambda) \mid \lambda \in \Lambda\}$$

是 S 的一个非空链，令

$$K = \bigcup_{\lambda \in \Lambda} K_\lambda$$

K 显然是 Ω 的一个子域. 设 $\alpha \in K$，那么 α 属于某一 K_λ. 因此，对于任意 $\mu \in \Lambda$，如果 $K_\lambda \subseteq K_\mu$，则 $\alpha \in K_\mu$，我们如下地定义 $\psi: K \to \Omega'$. 如果 $\alpha \in K_\lambda$，则定义 $\psi(\alpha) = \psi_\lambda(\alpha)$. 因为当 $K_\lambda \subseteq K_\mu$ 时，$\psi_\mu \restriction K_\lambda = \psi_\lambda$，所以这样定义是合理的，并且 ψ 是 K 到 Ω' 内的单同态. 这样，$(K, \psi) \in S$. (K, ψ) 是 S' 的一个上界. 于是由佐恩引理，S 有一个极大元素 (L, σ). 因为 Ω 是 F 的代数扩域，所以 Ω 也是 L 的代数扩域.

我们证明，$L = \Omega$，且 $\sigma(L) = \sigma(\Omega) = \Omega'$. 设 $\alpha \in \Omega$，令 $p(x) \in L[x]$ 是 α 在 L 上的极小多项式. 令 $L' = \sigma(L) \subseteq \Omega'$，$\sigma$ 可以通过自然的方式开拓为环同构 $L[x] \to L'[x]$，我们仍用 σ 表示这个环同构. 对于 $f(x) \in L[x]$，$\sigma(f(x))$ 就是把 $f(x)$ 的系数 a_i 相应地换成 $\sigma(a_i)$ 所得的 L' 上的多项式. 因为 $p(x)$ 是 $L[x]$

中不可约多项式,容易证明 $p'(x)=\sigma(p(x))$ 是 $L'[x]$ 中不可约多项式.因此,剩余类环 $L[x]/(p(x))$ 和 $L'[x]/(p'(x))$ 都是域,并且 σ 诱导出域同构

$$\bar{\sigma}:L[x]/(p(x))\to L'[x]/(p'(x))$$

因为 Ω' 是代数闭域,所以存在 $\alpha'\in\Omega'$,使得 $p'(\alpha')=0$.因为 $p'(x)$ 是 $L'[x]$ 中最高次项系数是 1 的不可约多项式,所以 $p'(x)$ 就是 α' 在 L' 上的最小多项式.于是由定理 2.1.4,分别存在域同构

$$\omega:L(\alpha)\to L[x]/(p(x)) \text{ 和 } \omega':L'(\alpha')\to L'[x]/(p'(x))$$

并且 ω 在 F 上的限制是 F 的恒等映射,ω' 在 F' 上的限制是 F 的恒等映射.

令

$$\tau=\omega'^{-1}\circ\bar{\sigma}\circ\omega$$

则 $\tau:L(\alpha)\to L'(\alpha')\subseteq\Omega'$ 是 $L(\alpha)$ 到 Ω' 内的单同态.对于任意 $\xi\in L$,我们有 $\tau(\xi)=\sigma(\xi)$,所以 $(L(\alpha),\tau)\in S$ 并且 $(L,\sigma)\leqslant(L(\alpha),\tau)$.由 (L,σ) 的极大性得

$$L(\alpha)=L,\tau=\sigma$$

这样,Ω 的任意元都在 L 内,所以 $L=\Omega$.

设 $\Omega''=\sigma(L)=\sigma(\Omega)\subseteq\Omega'$,则 Ω'' 是代数闭域而 Ω' 是 Ω'' 的代数扩域,所以 $\Omega''=\Omega'$,即 $\sigma(\Omega)=\Omega'$.

代数闭包在下列推论的意义下是一个域的最大代数扩域.

推论 1 设 Ω 是域 F 的一个代数闭包,而 K 是 F 的一个代数扩域,则 K 与 Ω/F 的一个中间域同构.

证明 设 Ω' 是 K 的一个代数闭包,则 Ω' 也是 F 的一个代数闭包.由定理 3.3.3,存在域同构 $\omega:\Omega'\to\Omega$,且 $\omega\restriction_F$ 就是 F 的恒等自同构.令 $E=\omega(K)$,则 E 是 Ω/F 的一个中间域.

以下为了叙述简便起见,我们引进一个术语.设 K 和 L 都是域 F 的扩域.同态或同构映射 $\varphi:K\to L$ 叫作一个 $F-$同态或 $F-$同构,如果 $\varphi\restriction_F$ 是 F 的恒等自同构.

推论 2 设 Ω 是域 F 的一个代数闭包,K 是 Ω/F 的一个中间域,则任何一个 K 到 Ω 的 $F-$单同态 φ 都可以开拓成为 Ω 的一个 $F-$自同构.

证明 Ω 是 K 和 $\varphi(K)$ 的代数闭包.由定理 3.3.3,存在 Ω 的一个 $F-$自同构 σ,使得 $\sigma\restriction_K=\varphi$.

推论 3 设 Ω 是域 F 的一个代数闭包,那么 Ω 的两个元素 α,β 在 F 上的极小多项式重合的充分必要条件是存在 Ω 的一个 $F-$自同构 σ,使得 $\varphi(\alpha)=\beta$.

证明 必要性.设 $p(x)$ 既是 α 也是 β 在 F 上的极小多项式.因此,存在 $F-$同构

$$\varphi = F(\alpha) \cong F[x]/(p(x)) \cong F(\beta)$$

且 $\varphi(\alpha)=\beta$. 由推论 2，φ 可以开拓成为 Ω 的一个同构 σ.

充分性. 设存在 Ω 的一个 F－自同构 σ，满足 $\sigma(\beta)=\alpha$；且 $p(x)$ 是 α 在 F 上的极小多项式. 因为 σ 不变 F 中的元素，特别的 σ 不变 $p(x)$ 的系数，于是

$$p(\beta)=p(\varphi(\alpha))=\varphi(p(\alpha))=0$$

由 $p(x)$ 的不可约性知 $p(x)$ 亦是 β 的极小多项式.

§4 素域上的单位根域 · 有限域

4.1 单位根

设 n 是自然数. n 次多项式 x^n-1 在任意域 F 里的根称为 n 次单位根. 一个 n 次单位根 ε 叫作本原的，如果对于任意小于 n 的正整数 m，都有 $\varepsilon^m \neq 1$.

令 W_F 表示域 F 中一切单位根的集，那么 W_F 是一个群. 事实上，从 $\varepsilon^n=1$ 和 $\eta^m=1$ 可得 $(\varepsilon\eta)^d=1$ 和 $(\varepsilon^{-1})^n=1$，这里 d 是 n,m 的最小公倍数. 显然，W_F 是 F 中一切非零元素所构成的乘法群 F^* 的子群.

再令 W_n 表示域 F 中一切 n 次单位根所成的集，则 W_n 是 W_F 的一个有限子群.

关于 W_n，还成立一系列结论：

定理 4.1.1 （ⅰ）W_n 是有限循环群，它的阶整除 n；

（ⅱ）$|W_n|=n$ 当且仅当 F 含有本原 n 次单位根；在这个情况下，F 所含本原 n 次单位根的个数等于 $\varphi(n)$，这里 $\varphi(n)$ 表示欧拉函数，即小于 n 且与 n 互素的正整数的个数；

（ⅲ）设 F 含有本原 n_i 次单位根，$1 \leqslant i \leqslant s$，令 n 是 $n_1,n_2,\cdots,n_s$ 的最小公倍数，则 F 含有本原 n 次单位根；

（ⅳ）设特征 $F=p>0$，如果 F 含有本原 n 次单位根，则 p 不能整除 n.

（ⅴ）设 F 是一个代数闭域. 如果 F 的特征为零，则对于任意 n，F 含有本原 n 次单位根；如果特征 $F=p>0$，则对于任意不被 p 整除的 n，F 含有本原 n 次单位根.

证明 （ⅰ）设 ε 是 n 次本原单位根，那么诸方幂 $1,\varepsilon,\varepsilon^2,\cdots,\varepsilon^{n-1}$ 互不相同；这样，$1,\varepsilon,\varepsilon^2,\cdots,\varepsilon^{n-1}$ 是多项式 x^n-1 的所有的根. 于是 W_n 是 n 阶循环群 $\{1,\varepsilon,\varepsilon^2,\cdots,\varepsilon^{n-1}\}$ 的子群，因此 W_n 是有限循环群，并且其阶整除 n.

(ⅱ)$|W_n|=n$ 当且仅当 W_n 的生成元 ε 的阶为 n,这又等价于 ε 是 F 中的一个本原 n 次单位根.

再者,$\varepsilon\in F$ 是一个本原 n 次单位根当且仅当 ε 是 W_n 的生成元.因此,F 所含的本原 n 次单位根的个数等于 W_n 的生成元的个数,而后者等于(参阅第一章,§3,定理 3.3.2)小于 n 且与 n 互素的正整数的个数,即 $\varphi(n)$.

(ⅲ)设 $\varepsilon_i\in F$ 是一个本原的 $n_i(1\leqslant i\leqslant s)$ 次单位根.n 是 $n_1,n_2,\cdots,n_s$ 的最小公倍数,则 $\varepsilon_i^n=1$,从而 $\varepsilon_i\in W_n$.所以 ε_i 的阶 n_i 整除 $|W_n|$,$1\leqslant i\leqslant s$.因此 n 整除 $|W_n|$.另一方面,由(ⅰ),$|W_n|$ 整除 n;这样一来就有 $|W_n|=n$,再由(ⅱ),F 含有一个本原 n 次单位根.

(ⅳ)设 $\varepsilon\in F$ 是一个本原 n 次单位根.如果 p 是 n 的一个因子,则 $(\varepsilon^{\frac{n}{p}})^p=1$,从而 $(\varepsilon^{\frac{n}{p}}-1)^p=0$,即 $\varepsilon^{\frac{n}{p}}=1$.又 $\dfrac{n}{p}<n$,这与 ε 是本原 n 次单位根的假设相违.

(ⅴ)设 $f(x)=x^n-1\in F[x]$,则 $f'(x)=nx^{n-1}$.在特征 $F=0$ 或特征 $F=p>0$,而 p 不整除 n 的情况下,$f'(x)\neq 0$.所以 $f(x)$ 与 $f'(x)$ 互素,因而 $f(x)$ 没有重根.因为 F 是代数闭域,所以 $f(x)$ 在 F 中有 n 个互不相同的根,从而 $|W_n|=n$.所以 F 含有本原 n 次单位根.

一个经常应用的定理如下:

定理 4.1.2 若 ε 是一个 n 次单位根,那么

$1+\varepsilon+\varepsilon^2+\cdots+\varepsilon^{n-1}=h(\varepsilon=1)$,$1+\varepsilon+\varepsilon^2+\cdots+\varepsilon^{n-1}=0(\varepsilon\neq 1)$

证明 由几何级数的和公式立刻得到:对于 $\varepsilon\neq 1$,有

$$\frac{1-\varepsilon^n}{1-\varepsilon}=0$$

设 P 是一个素域,就是说,当特征 $P=0$ 时,$P=Q$,即有理数域;当特征 $P=p$(素数)时,$P=F_p$,即 p 个元素的域.我们从素域 P 出发,并把多项式

$$f(x)=x^n-1$$

的所有根添加到 P.这样得到的分裂域 K 称为分圆域或素域 P 上 n 次单位根域.

因 x^n-1 的根全可由本原 n 次单位根生成,因此 x^n-1 的分裂域 K 可由在 P 上添加一个本原 n 次单位根 ε 而得到.

现在我们指出当 P 是有限域 F_p 时,单位根域 K 的情况:

定理 4.1.3 设 K 是 x^n-1 在 $F=F_p$ 上的分裂域,则 K 是一单纯扩张,由任一本原 n 次单位根 ε 在 P 上生成,即 $K=P(\varepsilon)$;若 $(K:P)=r$,那么 r 为使 $p^k\equiv 1(\bmod n)$ 的最小正整数,且 ε 的极小多项式为 $g(x)=(x-\varepsilon)(x-$

$\varepsilon^p)\cdots(x-\varepsilon^{p^{r-1}})$.

证明 定理的前一部分结论已经证明.只要证后一部分结论.因$(K:P)=r$,由4.3目定理4.3.1可知,K是含p^r个元素的有限群.设k是满足$p^k\equiv 1(\operatorname{mod} n)$的最小正整数,我们证明$k=r$.一方面有限群$K$的乘法群$K^+$是一个$p^r-1$阶循环群(第二章定理4.2.4的推论)而且包含$n$阶单位根群$G$,因而$n\mid p^r-1$,即$p^r\equiv 1(\operatorname{mod} n)$;根据定义,$k\leqslant r$.另一方面,设$GF(p^k)$是含$p^r$个元素的有限域.由于$n\mid p^k-1$,于是$p^k-1$阶乘法群$GF(p^k)^+$因为是循环的,它包含一个$n$阶循环群即$n$次单位根群$G$,因而$K\subseteq GF(p^k)^+$.比较域的基数可知$r\leqslant k$,所以$k=r$.

最后,我们来看ε所满足的P上的极小多项式$g(x)=x^r+a_1x^{r-1}+\cdots+a_r$.将$x=\varepsilon^p$代入$g(x)$得

$$g(\varepsilon^p)=\varepsilon^{rp}+a_1\varepsilon^{(r-1)p}+\cdots+a_r=(\varepsilon^r+a_1\varepsilon^{r-1}+\cdots+a_r)^p=0$$

(注意$a_i^p=a_i$)即ε^p是$g(x)$的根,这说明$\varepsilon,\varepsilon^p,\cdots,\varepsilon^{p^{r-1}}$都是$g(x)$的根,因此,$g(x)=(x-\varepsilon)(x-\varepsilon^p)\cdots(x-\varepsilon^{p^{r-1}})$.

在下一目,我们将指出,$P=Q$时,P上多项式x^n-1的分裂域将是怎样的情形.

4.2 分圆多项式

现在我们定义分圆多项式的概念.

设Ω是一个代数闭域.如果Ω是零特征域,我们取n是任意正整数;如果特征$\Omega=p>0$,我们就取n是任意一个不能被p整除的正整数.由上面的定理4.1.1可知Ω含有$\varphi(n)$个本原n次单位根.令P_n是Ω中一切本原n次单位根所成的集.$\Omega[x]$的多项式

$$\Phi_n(x)=\prod_{\eta\in P_n}(x-\eta)$$

叫作一个分圆多项式.

显然,次数$(\Phi_n(x))=\varphi(n)$.取定一个本原n次单位根η,那么

$$\Phi_n(x)=\prod_{k\leqslant n,(k,n)=1}(x-\eta^k)$$

令$W_n=\{\varepsilon\in\Omega\mid\varepsilon^n-1\}$是一切$n$次单位根所成的集.由定理4.1.1(ii)$W_n$是一个$n$阶循环群.设$\varepsilon\in W_n$,那么,$\varepsilon$是一个$d$阶元素$(d\mid n)$当且仅当$\varepsilon$是一个本原$d$次单位根,这又当且仅当$\varepsilon$是$\Phi_n(x)$的根.

因此我们有

$$x^n - 1 = \prod_{d \mid n, 1 \leqslant d \leqslant n} \Phi_d(x) \tag{1}$$

公式(1) 唯一确定了 $\Phi_n(x)$. 首先,式(1) 蕴含

$$\Phi_1(x) = x - 1$$

且若对所有的 $d < n$ 知道了 $\Phi_n(x)$,由式(1) 利用除法就能确定 $\Phi_n(x)$.

现在来看分圆多项式的系数所在的域. 在 $n=1$ 时,$\Phi_1(x) \in P[x]$,这里 P 是 Ω 的素子域. 现在假设对所有的 $d < n$,$\Phi_d(x)$ 都是 P 上的多项式,令

$$f(x) = \prod_{d \mid n, 1 \leqslant d < n} \Phi_d(x)$$

于是 $f(x) \in P[x]$. 现在用 $f(x)$ 来除 $x^n - 1$,得出

$$x^n - 1 = f(x)q(x) + r(x)$$

此处 $q(x)$ 与 $r(x)$ 均是 P 上的多项式. 但另一方面,式(1) 给出

$$x^n - 1 = f(x)\Phi_n(x)$$

从域上多项式分解的唯一性,知有 $q(x) = \Phi_n(x)$ 及 $r(x) = 0$. 这样就证明了:

定理 4.2.1 设 Ω 是一个代数闭域.

(ⅰ) 如果 Ω 的特征等于 0,那么 $\Phi_n(x)$ 是一个最高次项系数是 1 的 $\varphi(n)$ 次整系数多项式;

(ⅱ) 如果特征 $\Omega = p > 0$,且 $(n,p)=1$,则 $\Phi_n(x)$ 是 p 元有限域 F_p 上一个最高次项系数是 1 的 $\varphi(n)$ 次多项式.

现在设 $\Omega = C$ 是复数域. 在 C 中,全体 n 次单位根是

$$W_n = \{e^{\frac{2k\pi i}{n}} \mid k = 0, 1, \cdots, n-1\}$$

当且仅当 $(k,n)=1$ 时,$e^{\frac{2k\pi i}{n}}$ 是本原 n 次单位根. 所以在 $C[x]$ 里,分圆多项式是

$$\Phi_n(x) = \prod_{k \leqslant n, (k,n)=1} (x - e^{\frac{2k\pi i}{n}})$$

例 对任意的素数 q

$$x^q - 1 = (x-1)(x^{q-1} + x^{q-2} + \cdots + x + 1)$$

因此

$$\Phi_q(x) = x^{q-1} + x^{q-2} + \cdots + x + 1$$

或更一般地

$$\Phi_{q^v}(x) = x^{(q-1)q^{v-1}} + x^{(q-2)q^{v-1}} \cdots + xq^{v-1} + 1$$

类似地,有

$$x^6 - 1 = (x-1)(x^2+x+1)(x+1)(x^2-x+1)$$

所以

$$\Phi_6(x)=x^2-x+1$$

刚才的定理指出，每个分圆多项式都是素子域上的多项式，但并未涉及它们在素子域上是否可约的问题.事实上，分圆多项式在素子域上并不一定是不可约的.例如，在特征 3 的域里，有分解式

$$\Phi_4(x)=x^4+1=(x^2-x-1)(x^2-x-1)$$

然而在特征零的素域中，可得到较强的结论：多项式 $\Phi_n(x)$ 不可约，从而 n 次本原单位根是相互共轭的.

定理 4.2.2 分圆多项式 $\Phi_n(x)$ 在 $Q[x]$ 中不可约.

证明 若 $\Phi_n(x)$ 在有理数域上存在一个次数大于零的不可约因子 $h(x)$

$$\Phi_n(x)=h(x)g(x)$$

由于高斯引理，我们可以设 $h(x),g(x)$ 的系数均为整数.

令 ζ 是 $h(x)$ 的任一根，p 是与 n 互素的任一素数，下面我们来证明 ζ^p 也是 $h(x)$ 的根.

因 $h(\zeta)=0$，故 $\Phi_n(\zeta)=0$，即 ζ 是 n 次本原单位根，既然 $\zeta^i(1\leqslant i\leqslant n)$ 是 n 次本原单位根的充要条件是 $(i,n)=1$（参阅《代数方程式论》卷第一章 §1），因而 ζ^p 亦为 n 次本原单位根，于是

$$\Phi_n(\zeta^p)=h(\zeta^p)g(\zeta^p)=0$$

而 ζ^p 应该是 $h(x)$ 或 $g(x)$ 的根.今若 ζ^p 不是 $h(x)$ 的根，则必为 $g(x)$ 的根

$$g(\zeta^p)=0$$

容易明白，ζ 将是多项式 $g(x^p)$ 的根，这表明 ζ 是不可约多项式 $h(x)$ 和 $g(x^p)$ 共有的根，根据阿贝尔定理，$h(x)$ 整除 $g(x^p)$，设

$$g(x^p)=h(x)k(x)$$

现在把这些多项式系数模素数 p 计算有

$$g(x)^p\equiv g(x^p)\equiv h(x)k(x)\pmod p$$

这些多项式系数模素数 p 计算相当于将这些多项式看成有限域 Z_p 上的多项式，由域上多项式因子分解的唯一性，$h(x)$ 作为 Z_p 上的多项式，它的每个不可约因子 $s(x)$ 整除 $g(x)^p$，因而也整除 $g(x)$，这样系数模 p 计算时 $s(x)$ 整除 $g(x)$ 且 $s(x)$ 整除 $h(x)$，又

$$x^n-1=\Phi_n(x)\prod_{d\mid n,d<n}\Phi_d(x)=[\,h(x)g(x)]\prod_{d\mid n,d<n}\Phi_d(x)$$

因而 $s(x)$ 整除 x^n-1 并且至少是它的二重因式，但是系数模 p 计算时 x^n-1 没

有重因式(因 x^n-1 与其导数 nx^{n-1} 互素),矛盾. 于是 ζ^p 是 $h(x)$ 的根.

下面我们证明,若取的不是素数,刚才的结论也成立:m 是与 n 互素的任一正整数,则 ζ^m 也是 $h(x)$ 的根.

对 m 分解:

$$m=p_1p_2\cdots p_t$$

这里 $p_1,p_2,\cdots,p_t$ 是素数,于是

$$\zeta^m=\varepsilon^{p_1p_2\cdots p_t}=(((\varepsilon^{p_1})^{p_2})\cdots)^{p_t}$$

因 $(m,n)=1$,而 $p_1,p_2,\cdots,p_t$ 均与 n 互素,重复应用我们前面的结论,就得出 ζ^m 也是 $h(x)=0$ 的根. 于是一个正整数 m 只要 $(m,n)=1$,就有 ζ^m 是 $h(x)$ 的根,也就是说每个 n 次本原单位根都是 $h(x)$ 的根,因此,$h(x)=\Phi_n(x)$. 定理得到证明.

推论 设 $\varepsilon\in C$ 是一个本原 n 次单位根,那么 ε 在 Q 上的极小多项式是分圆多项式 $\Phi_n(x)$. $Q(\varepsilon)$ 是多项式 x^n-1 在 Q 上的分裂域,且 $(Q(\varepsilon):F)=\varphi(n)$.

4.3 有限域

只含有限个元素的域叫作有限域. 有限域根据它的发现者伽罗瓦的名字也叫作伽罗瓦域. 有限域的构造特别简单,我们将对有限域做一个比较全面的讨论.

设 F 是一个伽罗瓦域,那么 F 的特征不可能是零,否则,在 F 内的素域 P 已经有无穷多个元素. 设 p 是 F 的特征. 于是,F 所包含的素域 P 与整数模 p 的同余类环同构并且含有 p 个元素.

设 F 含有 q 个元素. 因为在 F 中只有有限个元素,所以在 F 中存在一个对于 P 的极大线性无关元素组 $\alpha_1,\alpha_2,\cdots,\alpha_f$. f 是扩张次数 $(F:P)$,并且 F 的每元素有形式

$$c_1\alpha_1+c_2\alpha_2+\cdots+c_f\alpha_f \tag{1}$$

系数 c_i 是 P 中唯一确定的元素.

对于每一系数 c_i 有 p 个可能的值. 因此恰好有 p^f 个形式如式(1) 的表示式. 因为它们表示域的全部元素. 所以有

$$q=p^f$$

于是证明了:

定理 4.3.1 一个伽罗瓦域 F 的元素的个数是它的特征 p 的幂,而幂指数是 F 关于其所含素域 P 的扩张次数 $(F:P)$.

每一个整环除去零元素是一个乘法群. 在伽罗瓦域的情形，这个群是一个阿贝尔群，并且它的阶是 $q-1$. 任意元素 α 的阶一定是 $q-1$ 的一个因子，从而

$$\alpha^{q-1}=1,\text{对任意 } \alpha\neq 0$$

由此推出的方程

$$\alpha^{q}-\alpha=0$$

此式对于 $\alpha=0$ 也成立. 因此，域的一切元素都是多项式 $x^{q}-x$ 的根. 设 α_1，α_2，…，α_q 是域元素，那么 $x^{q}-x$ 必须能被

$$\prod_{i=1}^{q}(x-\alpha_i)$$

整除. 于是根据次数

$$x^{q}-x=\prod_{i=1}^{q}(x-\alpha_i)$$

从而 F 是由添加多项式 $x^{q}-x$ 的一切根所生成的. 或者说：

定理 4.3.2 伽罗瓦域 F 是多项式 $x^{q}-x$ 在其所含素域 P 上的分裂域.

现在我们看看两个有限域在什么时候是同构的：

定理 4.3.3 两个伽罗瓦域是同构的当且仅当它们含有相同的个数的元素.

证明 设 F 和 F' 是两个有限域，它们分别含有 q 和 q' 个元素，如果 $F\cong F'$，那么自然有 $q=q'$. 现在设 $q=q'$. 令特征 $F=p$，特征 $F'=p'$. 由定理 4.3.1，$q=p^{f}$，$q'=p'^{f'}$，则 $p^{f}=p'^{f'}$. 因为 p 和 p' 都是素数，所以 $p=p'$，$f=f'$. 因此，F 和 F' 各自所含的素域 P 和 P' 都是 p 元有限域，因而 $P\cong P'$. 由定理 4.3.2，F 和 F' 分别是多项式 $x^{q}-x$ 在 P 和 P' 上的分裂域. 由 §3，定理 3.1.3，$F\cong F'$.

由于这个定理，我们通常把 $q=p^{f}$ 元有限域记作 F_q，$q=p^{f}$ 或者 $GF(p^{f})$.

定理 4.3.4 设 K 是一个特征为素数 p 的域. F_q 和 $F_{q'}$ 是 K 的两个有限子域，$q=p^{f}$，$q'=p'^{f'}$，那么 $F_q\subseteq F_{q'}$ 当且仅当 $f\mid f'$.

证明 K 的素域是 p 元有限域 F_p.

如果 $F_q\subseteq F_{q'}$，那么

$$f'=(F_{q'}:F_p)=(F_{q'}:F_q)(F_q:F_p)=mf$$

这里 $m=(F_{q'}:F_q)$.

反之，设 $f'=mf$. $F_q(\subseteq K)$ 是多项式 $x^{q}-x$ 在 F_p 上的分裂域，所以

$$F_q=\{\alpha\in K\mid \alpha^{q}-\alpha=0\}$$

同样，我们有

$$F_{q'}=\{\beta\in K\mid\beta^{q'}-\beta=0\}$$

于是

$$p^{f'}-1=(p^f)^m-1=(p^f-1)(p^{f(m-1)}+p^{f(m-2)}+\cdots+p^f+1)$$

如果 $\alpha\in F_q^*$，这里 F_q^* 表示 F_q 的乘法群，则

$$\alpha^{p^f-1}-1=\alpha^{q-1}-1=0$$

于是

$$\alpha^{q'}-1=\alpha^{p^{f'}-1}-1=0$$

所以 $\alpha\in F_{q'}^*$. 因此 $F_q^*\subseteq F_{q'}^*$，即 $F_q\subseteq F_{q'}$.

现在设给定了一个素数 p 和一个正整数 f，是否存在一个 $q=p^f$ 个元素的有限域呢？下面的定理给予肯定的回答.

定理 4.3.5 设 p 是一个素数.

(ⅰ) 给了素域 F_p 的一个代数闭包 Ω. 对于任意正整数 f，Ω 含有唯一的 $q=p^f$ 个元素的有限域. 它是多项式 x^q-x 在 F_p 上的分裂域；

(ⅱ) 对于 p 的任意幂 $q=p^f$，存在一个 q 元有限域，如果把同构的域看作一样的，那么这个有限域是唯一确定的.

证明 显然(ⅱ)是(ⅰ)和定理 4.3.3 的直接推论. 因此我们只需证明(ⅰ)成立.

令 Ω 是 F_p 的一个代数闭包. 设 $f(x)=x^q-x\in F_p[x]$. 因为 $f'(x)=qx^{q-1}-1\neq0$，所以 $f(x)$ 在 Ω 内恰有 q 个两两不同的根. 令 F 是这 q 个根的集合，那么这个集 F 是一个域. 证明如下：对于 x^q-x 的两个根 α,β，因

$$(\alpha-\beta)^q=\alpha^q-\beta^q=\alpha-\beta$$

并且当 $\beta\neq0$ 时

$$\left(\frac{\alpha}{\beta}\right)^q=\frac{\alpha^q}{\beta^q}=\frac{\alpha}{\beta}$$

从而两个根的差与商仍是根. 由此 x^q-x 的根关于加法和乘法运算封闭，且对这两种运算每一元素有逆(对于乘法，非零元素有逆)；又 0，1 是 x^q-x 的根，故所考虑的根集 F 是一个域. 它是由 $f(x)$ 在 Ω 内的全部根组成，因而是 $f(x)$ 在 F_p 上的分裂域，所以是唯一确定的.

设 F_q 是一个有限域，$q=p^f$，令 e 是任意一个自然数. 取定 F_p 的代数闭包 Ω，令

$$K=\{\alpha\mid\alpha\in\Omega,\alpha^{q^e}-\alpha=0\}$$

则 K 是一个 $q^e=p^{ef}$ 个元素的有限域，并且含有 F_q 作为子域. 比较元素的个数，我们有

$$(K:F_q)=e$$

于是就得到以下：

定理 4.3.6 给定任意一个有限域 F_q 和任意正整数 e，存在 F_q 的一个 e 次扩域. 它是一个 q^e 元有限域. F_q 的任意两个 e 次扩域是同构的.

推论 设 F_q 是一个 q 元有限域，而 Ω 是 F_q 的一个代数闭包，则 $\Omega=\bigcup_{f\geqslant 1} F_{q^f}$.

证明 若 Ω 是 F_q 的一个代数闭包，则对于任意正整数 f，由定理 4.3.6 的证明可以看出，在 Ω 内存在 F_q 的唯一的 f 次扩域 F_{q^f}，所以 $=\bigcup_{f\geqslant 1} F_{q^f}\subseteq\Omega$.

反之，设 $\alpha\in\Omega$，则 $F=F_q(\alpha)$ 是 F_q 的一个有限次扩域，因而 $F=F_{q^f}$，$f=(F:F_q)$. 所以 $\alpha\in F_{q^f}\subseteq\bigcup_{f\geqslant 1} F_{q^f}$.

我们再来证明，一个有限域的有限次扩域一定是单扩域. 为此我们需要利用有限域的乘法群的结构.

定理 4.3.7 有限域的有限次扩域都是单扩域.

证明 设 F_{q^f} 是有限域 F_q 的一个 f 次扩域. 按第二章定理 4.2.4 的推论，$F_{q^f}^+$ 作成一个 $q-1$ 阶乘法循环群. 令 ζ 是乘法群 $F_{q^f}^+$ 的个生成元，则

$$F_{q^f}^+=\{1,\zeta,\cdots,\zeta^{q^f-2}\}$$

所以 $F_{q^f}=F_q(\zeta)$.

注意在上面这个定理里，取 ζ 是乘法群 $F_{q^f}^+$ 的一个生成元，自然有 $F_{q^f}=F_q(\zeta)$. 而反过来不一定对，也就是说，F_{q^f} 可能是对 F_q 添加一个不是 $F_{q^f}^+$ 的生成元而得到的单扩域.

我们看以下的例子：多项式

$$f(x)=x^4+x^3+x^2+x+1$$

在 $F_2[x]$ 内是不可约的. 事实上，因为 0 和 1 都不是 $f(x)$ 的根，所以 $f(x)$ 在 $F_2[x]$ 内没有一次因式. 很容易证明，在 $F_2[x]$，也不能分解成两个二次因式的乘积.

令 α 是 $f(x)$ 在 F_2 的某个扩域内的一个根，那么 $F_2(\alpha)=F_{2^4}$. 然而 $\alpha^5-1=(\alpha-1)f(\alpha)=0$，所以 $\alpha^5=1$，因而 α 不是 15 阶循环群 $F_{2^4}^+$ 的生成元.

最后指出有限域 $GF(p^f)$ 有一个很重要的自同构即弗罗贝尼乌斯自同构. 利用特征 $p>0$ 的域的一条性质 $(a+b)^n=a^n+b^n$，作一个 $GF(p^f)$ 到自身的映射 $\sigma:x\rightarrow x^p$. σ 满足

$$\sigma(x+y)=(a+b)^p=x^p+y^p=\sigma(x)+\sigma(y),\sigma(xy)=(ab)^p=\sigma(x)\sigma(y)$$

因而 σ 是一个自同态. 其次，σ 是单射的：因为若 $\sigma(x)=\sigma(y)$，则 $x^p=y^p$，

$x^p - y^p = (x-y)^p = 0$，从而 $x-y=0$ 即 $x=y$. 由于 $GF(p^f)$ 有限，单射必然是满射的，所以 σ 是 $GF(p^f)$ 的一个自同构. 它叫作 $GF(p^f)$ 的弗罗贝尼乌斯自同构. 显然 σ 保持 F_p 的元素不动，因而 σ 是一个 F_p — 自同构.

作为弗罗贝尼乌斯自同构的一个推论，$GF(p^f)$ 的每个元素 a 可以开 p 次方. 因为 σ 是满射，a 在 σ 下有一个原像 α：$\sigma(\alpha)=a$，即 $\alpha^p=a$，所以 α 是 a 的一个 p 次方根. 由于 σ 的单一性，a 的 p 次方根是唯一的.

§5　可分与不可分扩张

5.1　可分多项式与不可分多项式

由于存在所谓的不可分不可约多项式或不可分元素 —— 这些元素是 n 次代数的，但它的共轭元素的个数小于 n —— 伽罗瓦群的一般讨论就变得复杂了. 对某些特征为 p 的域，这种复杂化就出现了，这可以用简单的例子加以说明.

设 $K=Z_p(u)$ 表示模 p 整数的域 Z_p 的单纯超越扩张，并设 F 表示由 $u^p=t$ 生成的 K 的子域 $Z_p(u^p)$. 于是，F 是由 Z_p 上的超越元素 t 的所有有理形式组成. 原来的元素 u 满足 F 上的一个多项式方程 $f(x)=x^p-t=0$. 这个多项式 $f(x)$ 在 $F=Z_p(t)$ 上实际上是不可约的，这是因为如果 $f(x)$ 在 $Z_p(t)$ 上可约，根据高斯引理，在 t 的多项式整环 $Z_p(t)$ 上，$f(x)$ 是可约的. 但是，由于 $f(x)=x^p-t$ 对于 $f(x)$ 来说是线性的，所以这样的因式分解 $f(x)=g(x,t)h(x,t)$ 是不可能的. 因此 $f(x)$ 的根 u 在 F 上的次数是 p. 但是 $f(x)$ 在 K 上有因式分解

$$f(x)=x^p-u^p=(x-u)^p$$

因此它只有一个根 u，并且 u(虽然它的次数 $p>1$) 除了它本身之外没有其他共轭元素.

我们可以用下面的术语来描述上述情况.

定义 5.1.1　域 F 上的一个 n 次多项式 $f(x)$，如果它在某个分裂域 K 中有 n 个不同的根，那么称它在 F 上是可分的；否则称 $f(x)$ 是不可分的.

现在要指出如何检验一个给定的多项式是否可分.

引理　设 K 是域 F 上的多项式 $f(x)$ 的分裂域，而 α 是 $f(x)$ 的一个 k 重根，那么

（ⅰ）如果 F 的特征不整除 k，则 α 是导数 $f'(x)$ 的 $k-1$ 重根；

(ⅱ) 如果 F 的特征整除 k,则 α 是导数 $f'(x)$ 的至少 k 重根.

证明 在 $K[x]$ 中,$f(x)$ 有分解式

$$f(x)=(x-\alpha)^k g(x), \text{且 } g(\alpha)\neq 0$$

按照求导的性质有(参阅《多项式理论》卷)

$$\begin{aligned} f'(x) &= k(x-\alpha)^{k-1}g(x)+(x-\alpha)^k g'(x) \\ &= (x-\alpha)^{k-1}[kg(x)+(x-\alpha)g'(x)] \end{aligned}$$

当 F 的特征不整除 k 时,$k\neq 0$(在 K 内)且 $kg(\alpha)+(\alpha-\alpha)g'(\alpha)=kg(\alpha)\neq 0$. 故 α 是 $f'(x)$ 的 $k-1$ 重根.

当 F 的特征整除 k 时,则 $kg(\alpha)=0$,此时有 $f'(x)=(x-\alpha)^k g'(x)$,因而 α 是 $f'(x)$ 的至少 k 重根.

现在可以引入:

定理 5.1.1 域 F 上多项式 $f(x)$ 不可分的充分必要条件是 $f(x)$ 与其导数 $f'(x)$ 有一个非常数的公因子.

证明 如果 $f(x)$ 不可分,设它在分裂域 K 中有 $k(k>1)$ 重根 α. 于是按引理,导数 $f'(x)$ 至少有 $k-1$ 重根 α. 因而在 $K[x]$ 中有 $(x-\alpha)^{k-1}\mid f'(x)$, $(x-\alpha)^{k-1}\mid f(x)$, 由此知 $f(x)$ 与 $f'(x)$ 有非常数的公因子.

反之,若 $f(x)$ 可分,则在 K 中可写

$$f(x)=(x-\alpha_1)(x-\alpha_2)\cdots(x-\alpha_n)$$

这里 n 是 $f(x)$ 的次数,且 $i\neq j$ 时 $\alpha_i\neq\alpha_j$. 于是由引理知 α_i 不是 $f'(x)$ 的根, $i=1,2,\cdots,n$. 换言之,$f(x)$ 与 $f'(x)$ 仅有常数公因子.

推论 1 域 F 上不可约多项式 $p(x)$ 是可分的当且仅当 $p'(x)\neq 0$.

事实上,按照定理 5.1.1,$p(x)$ 可分的充要条件是 $(p(x),p'(x))=1$. 因为 $p(x)$ 不可约,所以除非 $p'(x)=0$,否则总有 $(p(x),p'(x))=1$. 这是因为不可约多项式 $p(x)$ 与一个更低次的非零多项式不可能有非常数公因子.

推论 2 零特征域 F 上的任何不可约多项式都是可分的.

这是因为,当 $n>0$,$a_n\neq 0$ 时,$f'(x)=a_n x^{n-1}+\cdots\neq 0$.

进一步的推论是:如果 F 的特征是零,那么任意 n 次不可约多项式的根恰好包含 $f(x)$ 的 n 个不同的共轭根.

推论 2 的结果对于素数特征的域是不成立的. 例如,本目开始所提到的不可约多项式 $f(x)=x^p-t$ 有导数 $px^{p-1}=0$.

因而只有在域 F 的特征 $p>0$ 时,$F[x]$ 才可能有不可分多项式.

定理 5.1.2 特征为 $p(p>0)$ 的域上的不可约多项式 $f(x)$(假设它不是常数)不可分的充分必要条件是它可以写成 x^p 的多项式的形式.

证明 设 $f(x)=\sum_{i=1}^{n}a_ix^i$ 是域 F 上的不可约多项式,那么导数

$$f'(x)=\sum_{i=1}^{n}ia_ix^{i-1}$$

如果 $f(x)$ 不可分,那么 $f'(x)=0$. 于是每一系数必须等于零

$$ia_i=0\quad(i=1,2,\cdots,n)$$

按题设域 F 的特征为 p,因此,如果 $i\not\equiv 0(\bmod p)$,则 $a_i=0$,令

$$h(x)=a_0+a_px+\cdots+a_{mp}x^m$$

这里 $mp\leqslant n$,而$(m+1)p>n$,于是

$$f(x)=h(x^p)$$

反之,如果存在域 F 上的多项式 $h(x)$ 使得 $f(x)=h(x^p)$,那么 $f'(x)=px^{p-1}\cdot h'(x^p)=0$,所以 $f(x)$ 不可分.

定理 5.1.3 在 $p(p>0)$ 特征域 F 上,对于每一个首项系数为 1 的 n 次不可约多项式 $f(x)$,都存在唯一的非负整数 e 和唯一的可分不可约多项式 $g(x)\in F[x]$,使得 $f(x)=g(x^{p^e})$,并且 $p^e\cdot$次数$(g(x^p))=0$,$f(x)$ 在其分裂域中恰有 m 个互不相同的根,每一个根的重数都是 p^e,这里 m 是多项式的次数.

证明 考虑这样的多项式 $h(x)\in F[x]$:存在一个非负整数 s,使得 $h(x^{p^f})=f(x)$. 令 S 是满足上述条件的非负整数所成的集合. 那么 S 非空,因为 $0\in S$. 任取 $s\in S$,设 $h(x^{p^f})=f(x)$,那么

$$n=p^s\cdot\text{次数}(h(x))\geqslant p^s$$

所以

$$s\leqslant\frac{\log n}{\log p}$$

因此 S 有上界,从而是一个有限集合. 令 e 是 S 中最大的数,那么存在 $h(x)\in F[x]$,使得

$$g(x)=g(x^{p^e})$$

并且对于任意非负整数 $f>e$,不存在 $q(x)\in F[x]$,使得 $f(x)=q(x^{p^s})$. 显然,$g(x)$ 的最高次数是 1. 我们证明,$g(x)$ 是 $F[x]$ 中可分的不可约多项式. 如果

$$g(x)=g_1(x)g_2(x),g_i(x)\in F[x],i=1,2$$

则

$$f(x)=g(x^{p^e})=g_1(x^{p^e})g_2(x^{p^e})$$

因为 $f(x)$ 不可约,所以 $g_1(x^{p^e})$ 与 $g_2(x^{p^e})$ 中必有一个是零次多项式,从

而 $g_1(x)$ 与 $g_2(x)$ 中必有一个是零次多项式，所以 $g(x)$ 不可约.

因为 $f(x)$ 不再能表示成 F 上的 $x^{p^{e+1}}$ 的多项式，所以不存在 $p(x)\in F[x]$，使得 $g(x)=p(x^p)$. 由定理 5.1.2，$g(x)$ 是可分的.

设 $m=$ 次数$(g(x))$，则 $n=p^e m$. 令 K 是 $f(x)$ 的分裂域，则在 K 上，可分多项式 $g(x)$ 分解成 m 个两两互素的一次因式的乘积

$$g(x)=(x-\beta_1)(x-\beta_2)\cdots(x-\beta_m),\beta_i\in K(1\leqslant i\leqslant m)$$

对于每个 i，令 α_i 是多项式 $x^{p^e}-\beta_i$ 在 K 内的一个根. 那么在 $K[x]$ 内

$$x^{p^e}-\beta_i=x^{p^e}-\alpha_i^{p^e}=(x-\alpha_i)^{p^e}$$

并且 $\alpha_i\neq\alpha_j$，若 $i\neq j$. 于是在 $K[x]$ 内

$$\begin{aligned}f(x)&=(x^{p^e}-\beta_1)(x^{p^e}-\beta_2)\cdots(x^{p^e}-\beta_m)\\&=(x-\alpha_1)^{p^e}(x-\alpha_2)^{p^e}\cdots(x-\alpha_m)^{p^e}\end{aligned}$$

所以 $f(x)$ 在 K 中恰有 m 个两两不同的根 $\alpha_1,\alpha_2,\cdots,\alpha_m$，并且这些根具有相同重数 p^e.

最后只剩下证明，$g(x)$ 和整数 e 都由 $f(x)$ 唯一确定. 如果除 $g(x)$ 外，还存在可分的不可约多项式 $g'(x)$ 和 e' 使得

$$f(x)=g'(x^{p^{e'}})$$

令 $m'=$ 次数$(g'(x))$，那么在 $f(x)$ 的分裂域 K 内，有

$$\begin{aligned}f(x)&=(x-\alpha'_1)^{p^{e'}}(x-\alpha'_2)^{p^{e'}}\cdots(x-\alpha_{m'}{}')^{p^{e'}}\\&=(x-\alpha_1)^{p^e}(x-\alpha_2)^{p^e}\cdots(x-\alpha_m)^{p^e}\end{aligned}$$

这里 $\alpha_1{}',\alpha_2{}',\cdots,\alpha_{m'}{}'$ 互不相等.

由因式分解的唯一性得出 $m'=m$，$p^{e'}=p^e$，从而 $e'=e$. 并且对 $\alpha_1{}',\alpha_2{}',\cdots,\alpha_m{}'$ 适当编号，可以使 $\alpha_i{}'=\alpha_i$，$i=1,2,\cdots,m$，从而 $g'(x)=g(x)$.

推论 在定理 5.1.3 的记号和假设下，$f(x)$ 可分当且仅当 $e=0$.

在定理 5.1.3 中，$g(x)$ 的次数叫作 $f(x)$ 的简约次数；e 叫作 $f(x)$ 对于 F 的不可分指数；p^e 叫作 $f(x)$ 的不可分次数. 在次数、简约次数及指数之间关系

$$n=mp^e$$

成立. m 同时又是 $f(x)$ 的不同零点的个数.

当特征 $F=0$ 时，任何不可约多项式都是可分的，这时可以认为不可分指数是 0 而不可分次数是 1，并且约化次数等于次数$(f(x))$.

由定理 5.1.3 我们还看到，当特征 $F=p>0$ 时，$F[x]$ 中不可约多项式 $f(x)$ 在它的分裂域内一切互不相同的根的个数等于 $f(x)$ 的简约次数，如果 $f(x)$ 在它的分裂域中的根完全相同，即 $f(x)$ 的简约次数等于 1，这时称 $f(x)$

是纯不可分的.

纯不可分的多项式都具有 $x^{p^e}-a(a\in F)$ 的形状.

5.2 可分与(纯)不可分元素

设 K 是域 F 的一个扩域,$\alpha\in K$ 是 F 上一个代数元.如果 α 在 F 上的极小多项式是可分的,那么就称 α 是 F 上一个可分元素.类似地,如果 α 在 F 上的极小多项式是不可分的或者是纯不可分的,那么相应地就称 α 是 F 上不可分或是纯不可分元素.

根据这个定义,特征为零的域上每一个代数元都是可分的.再,F 的元素既可以作为 F 上的纯不可分元素,自然又是 F 上的可分元,这种双重性,只有 F 的元素才具备.

现在我们看一看,当域 F 的特征是一个素数 p 时,F 上的元素在什么时候可分.

定理 5.2.1 设 F 是一个特征为 $p>0$ 的域,K 是 F 的一个扩域,$\alpha\in K$ 是 F 上一个代数元.令 e 是 α 在 F 上极小多项式的不可分指数,则 α^{p^e} 是 F 上可分元素.

证明 设 $p(x)$ 是 α 在 F 上的极小多项式.由定理 5.1.3,存在一个可分的不可约多项式 $g(x)\in F[x]$,使得 $p(x)=g(x^{p^e})$,$g(\alpha^{p^e})=p(\alpha)=0$,所以 $g(x)$ 是 α^{p^e} 在 F 上的极小多项式,因而 α^{p^e} 是 F 上可分元素.

定理 5.2.2 设 E 是域扩张 K/F 的一个中间域,$\alpha\in K$ 是 F 上的代数元.如果 α 在 F 上可分,那么 α 也在 E 上可分.

证明 令 α 在 F 上和 E 上的极小多项式分别是 $f(x)$ 和 $g(x)$.在 $E[x]$ 内,$g(x)\mid f(x)$.因为,$f(x)$ 没有重根,所以 $g(x)$ 也没有重根,从而 $g(x)$ 是 E 上可分多项式,α 是 F 上可分元素.

定理 5.2.3 设 K 是特征为 $p>0$ 的域 F 上一个扩域,$\alpha\in K$ 是 F 上一个代数元.α 在 F 上可分必要且只要对于任意非负整数 n,都有 $F(\alpha)=F(\alpha^{p^n})$.

证明 设 α 在 F 上可分.令 $f(x)$ 是 α 在 $F(\alpha^p)$ 上的极小多项式.由定理 5.2.2,$f(x)$ 是 $F(\alpha^p)$ 上可分多项式,所以没有重根.另一方面,α 是 $F(\alpha^p)$ 上多项式 $x^p-\alpha^p$ 的根.所以在 $F(\alpha^p)[x]$ 内,$f(x)$ 整除 $x^p-\alpha^p$.这样,必须 $f(x)=x-\alpha$,从而 $\alpha\in F(\alpha^p)$,于是就得到

$$F(\alpha)=F(\alpha^p)=F[\alpha^p]$$

因此 α 可以表成 α^p 的系数属于 F 的多项式

$$\alpha = \sum_{k=0}^{m} a_k \alpha^{kp}, a_k \in F$$

两边取 p 次方得

$$\alpha^p = \sum_{k=0}^{m} a_k^p \alpha^{p^2} \in F[\alpha^{p^2}] = F(\alpha^{p^2})$$

所以 $F(\alpha^p) = F(\alpha^{p^2})$. 同样的推理使我们得出

$$F(\alpha) = F(\alpha^p) = F(\alpha^{p^2}) = \cdots = F(\alpha^{p^n}) = \cdots$$

现在设 α 在 F 上不可分. 令 $p(x)$ 是 α 在 F 上的极小多项式,那么存在 $g(x) \in F[x]$,使得 $p(x) = g(x^p)$,所以 $g(\alpha^p) = 0$,于是

$$(F(\alpha^p) : F) \leqslant \text{次数}(g(x)) < \text{次数}(p(x)) = (F(\alpha) : F)$$

因而 $F(\alpha_p) \subsetneqq F(\alpha)$. 证毕.

定理 5.2.4 在特征为 $p > 0$ 的情形下,F 上的代数元 α 是纯不可分元素的充分必要条件是存在一个整数 $e \geqslant 0$,使得 $\alpha^{p^e} \in F$.

证明 必要性:α 在 F 上是纯不可分的,所以 α 在 F 上极小多项式有形状 $x^{p^e} - a, a \in F, e \geqslant 0$,从而 $\alpha^{p^e} = a \in F$.

充分性. 在所有使得 $\alpha^{p^e} \in F$ 成立的整数 e 中,取最小的整数 r. 若 $r=0$,结论成立. 设 $r \geqslant 1$,只需证明 $x^{p^r} - a$ 是 α 在 F 上的极小多项式. 因若 α 的极小多项式为 $g(x)$,则有

$$g(x) \mid x^{p^r} - a$$

但 $(g(x))^{p^r} = g^{p^r}(x^{p^r})$ 除 $g(x)$ 外无其他因式,这里 $g^{p^r}(*)$ 表示 $g(x)$ 的诸系数 a_i 以其幂 $a_i^{p^r}$ 代替而得到的多项式. 另一方面,由 $g^{p^r}(x^{p^r}) = (x^{p^e} - a)g(x)$,即得 $g(x) = x^{p^r} - a$.

5.3 可分与不可分扩张·完全域及不完全域

现在我们引入可分扩域和不可分扩域的概念.

设 K 是域 F 的一个代数扩域. 如果 K 的每一个元素都是 F 上的可分元素,那么就称 K 是 F 的一个可分扩域. 在相反的情形,即 K 中至少存在 F 上一个不可分元素,就称 K 是 F 上一个不可分扩域;特别的,若 K 中每个元素对 F 来说都是不可分的,则称扩张 K/F 为纯不可分扩张[①].

从上一目定理 5.2.1、定理 5.2.4,立即得到一个事实:

---

① 我们曾经说过,F 的元素既是 F 上的纯不可分元素,又是 F 上的可分元.

定理 5.3.1 在特征为 $p > 0$ 的情形下，代数扩张 K/F 成为纯不可分扩张，当且仅当只有 F 的元素才是 F 上的可分元.

由此又可得知，在代数扩张 K/F 中，所有关于 F 的纯不可分元组成 K/F 的一个中间域；若 K/F 是一个有限次的纯不可分扩张，由于它的生成元都是纯不可分元，$(K:F)$ 必然是特征 p 的某一幂数. 但这个事实的逆理并不成立.

当特征 $F=0$ 时，F 的任何代数扩域都是 F 上可分扩域. 当特征 $F=p>0$ 时，也存在 F 上可分扩域，因为我们有：

定理 5.3.2 有限域的代数扩域是可分的.

证明 设 F 是一个有限域，K 是 F 的一个代数扩域. 设 $\alpha \in K$，则 $F(\alpha)$ 是 F 的一个有限次扩域，因而也是一个有限域，设 $F(\alpha)=F_q$，那么 α 是可分多项式 $x^q - x \in F[x]$ 的根. 因此，作为 $x^q - x$ 的一个因式，α 在 F 上的极小多项式也是可分的，从而 α 是 F 上的可分元素.

让我们看一个不可分扩域的例子. 令 $F_p = Z/(p)$，p 是素数，设 $F=F_p(t)$ 为一元多项式环 $F_p[t]$ 的商域. F 作为我们基域，设 n 是一个正整数且 $p \mid n$，在 $F[x]$ 内取 $f(x)=x^n - t$，则这多项式是在 F 上不可约的. 事实上，因为 t 是环 $F_p[t]$ 的一个不可约元素，由艾森斯坦因判断法，$f(x)$ 不能分解成为系数在 $F_p[t]$ 内的两个次数都低于 n 的多项式的积. 因而在 $F_p[t]$ 的商域 $F=F_p(t)$ 上不可约. 又因为 $f'(x)=nx^{n-1}=0$，所以 $f(x)$ 是 F 上不可分的多项式. 设 Ω 是 F 的一个代数闭包，$\alpha \in \Omega$ 是 $f(x)$ 的一个根. 由于 α 在 F 上极小多项式 $f(x)$ 不可分，所以 $\alpha = t^{\frac{1}{n}}$ 是 F 上不可分元素，因而 $K=F(\alpha)$ 是 F 的一个 n 次不可分扩域.

为了讨论 K 中所有关于 F 的可分元是否构成一个子域，先引进一些称谓和记号. 令 $K^p = \{x^p \mid x \in K\}$，当 p 为 K 的特征时，K^p 是 K 的一个子域. 按照以前的记号，FK^p 表示 K 的两个子域 F，K^p 的合成域，即 $FK^p = F(K^p) = K^p(F)$.

定理 5.3.3 若 K/F 是可分扩张，F 的特征为 $p \neq 0$，则有 $FK^p = K$；反之，当 K/F 是有限扩张时，由 $FK^p = K$ 又可导致 K/F 为可分扩张.

证明 先证第一论断. 由于 $K^p \subseteq FK^p$，按定理 5.2.4，K 中每个元素关于 FK^p 都是纯不可分的. 另一方面，从 $F \subseteq FK^p \subseteq K$，以及定理的条件，可知 K 又是 FK^p 上的可分扩张. 根据定理 5.3.1，此时应有 $FK^p = F$.

现在设 K/F 是有限扩张，且有 $K=FK^p$，取 K 中任意元 α，以及它在 F 上的极小多项式 $g(x)$，假若 α 是不可分的，则有 $g'(\alpha)=0$. 根据定理 5.1.2，应有

$$g(x) = x^{pm} + a_1 x^{p(m-1)} + \cdots + a_m, m \geqslant 1 \tag{1}$$

其中 $a_1, \cdots, a_m$ 不全为 0，但 m 可能被 p 整除. 从式(1) 知

$$\{1,\alpha^p,\alpha^{2p},\cdots,\alpha^{mp}\}$$

在 F 上是线性相关的. 另一方面,$\{1,\alpha,\alpha^2,\cdots,\alpha^m\}$ 在 F 上是线性无关的. 因若不然,则有 $f(x)\in F[x]$,使得 $f(\alpha)=0$,而且次数 $f(x)\leqslant m$. 但次数 $g(x)=mp>m$,所以这是不可能的. 设$(K:F)=n$,我们知道,从 K/F 的任一线性无关组,总可经添加元素成为 K/F 的一个基. 设$\{u_1,u_2,\cdots,u_m\}$ 是 K/F 的一个基,其中包含$\{1,\alpha,\alpha^2,\cdots,\alpha^m\}$.

于是 K 的元素 x,皆可表如

$$x=c_1u_1+c_2u_2+\cdots+c_nu_n$$

从而

$$x^p=c_1{}^pu_1{}^p+c_2{}^pu_2{}^p+\cdots+c_n{}^pu_n{}^p$$

由所设 $K=FK^p$,因此,K 的任一元素皆可表如

$$b_1c_1{}^pu_1{}^p+b_2c_2{}^pu_2{}^p+\cdots+b_nc_n{}^pu_n{}^p$$

换言之,$K=F(u_1{}^p,u_2{}^p,\cdots,u_n{}^p)$. 由$(K:F)=n$,所以元素组$\{u_1{}^p,u_2{}^p,\cdots,u_n{}^p\}$ 在 F 上是线性无关的. 由于事先已经指出,在$\{u_1{}^p,u_2{}^p,\cdots,u_n{}^p\}$ 中包含了$\{1,\alpha^p,\alpha^{2p},\cdots,\alpha^{mp}\}$. 因此,后者在 F 上是线性无关的,矛盾. 这证明了 $g(x)$ 不可能写成式(1) 的形式,换言之,α 是 F 上的可分元素.

推论 1 设 $u_1,u_2,\cdots,u_n$ 是 F 上 n 个可分元素,于是 $F(u_1,u_2,\cdots,u_n)$ 是 F 上的可分扩张.

证明 由于每个 u_j 在 $F(u_1{}^p,u_2{}^p,\cdots,u_n{}^p)$ 上既是纯不可分的,又是可分的,故有 $u_j\in F(u_1{}^p,u_2{}^p,\cdots,u_n{}^p)$,$j=1,2,\cdots,n$,因此

$$F(u_1,u_2,\cdots,u_n)=F(u_1{}^p,u_2{}^p,\cdots,u_n{}^p)$$

令 $K=F(u_1,u_2,\cdots,u_n)$,

此时有 $K^p=F^p(u_1{}^p,u_2{}^p,\cdots,u_n{}^p)$,且又有 $K=FK^p=F(u_1{}^p,u_2{}^p,\cdots,u_n{}^p)$. 由 K/F 是有限扩张,从定理 5.3.3 知 $K=F(u_1,u_2,\cdots,u_n)$ 是 F 上的可分扩张.

推论 2 设 $K=F(S)$,$S\subseteq K$ 是由域 F 上一些可分元素所组成的集,则 K 是 F 的可分扩张.

证明 由 §1 定理 1.2.1,这推论可归结为 S 是有限集的情形,而后者正是推论 1.

推论 3 在 F 的任何扩张(不必是代数的)K 中,所有关于 F 的可分代数元,组成 K 的一个子域.

证明 令 S 是 K 中所有关于 F 的可分代数元组成的集. 对其中任何二元素 $\alpha,\beta(\beta\neq 0)$,按推论 1,$F(\alpha,\beta)$ 是 F 上一个可分扩张. 因此,$\alpha\pm\beta$,$\alpha\beta$ 及 $\alpha\beta^{-1}$

都属于 $F(\alpha,\beta)\subseteq S$. 从而 S 是一个域，且又是 F 上的一个可分扩张.

由推论 3，引出下面的概念：设 K 是 F 的一个代数扩域，由 K 中一切在 F 上可分元素所组成的子域 S 叫作 F 在 K 内的可分代数闭包（简称作可分闭包）. S 显然是 K 的一切在 F 上可分的子域中最大者.

定理 5.3.4 设 K 是域 F 的一个代数扩域，S 是 F 在 K 内的可分闭包，那么 K 是 S 上纯不可分扩域.

证明 令 S' 是 S 在 K 内的可分闭包，则 S' 是 S 的一个可分扩域. 又 S 是 F 的可分扩域，所以 S' 是 F 的可分扩域（定理 5.3.5），从而 $S'\subseteq S$. 这样，$S'=S$，即 K 是 S 的纯不可分扩域.

可分扩张具有可传性，就是说下面的定理成立：

定理 5.3.5 设 K/E 与 E/F 都是可分扩张，于是 K/F 也是可分扩张.

证明 当 F 的特征为零时，结论是显然的，因为此时，所有的扩张都是可分的. 所以设 F 有非零特征 p，此时由定理 5.3.3 前一部分可知 $E=FE^p=F(E^p)$ 与 $K=EK^p=E(K^p)$. 从而 K 可以由在 F 上添加 E^p 和 K^p 获得. 但是，因为 E 是 K 的子域，E^p 是 K^p 的子域，因此 K 可以直接由 F 上添加 K^p 得到，亦即 $K=F(K^p)=FK^p$，再根据定理 5.3.3 的第二部分，得知 K 是 F 的可分扩张. 证毕.

我们已经对可分扩域和不可分扩域的性质做了一些讨论. 现在提出问题：给了一个域 F，在怎样的条件下，F 的每一个代数扩域都是可分的？当域 F 的特征为零时，这是不成问题的，因为特征为 0 的域的任何扩域总是可分的. 问题主要出现在 $p(p>0)$ 特征域的情形. 先给出相应的定义.

一个域 F 叫作完全的，如果 F 的每一个代数扩域都是可分的. 这相当于说，$F[x]$ 的每一个不可约多项式 $f(x)$ 都是可分的. 事实上，如果 $F[x]$ 的每一个不可约多项式 $f(x)$ 都可分，那么 F 上每一个代数元素 α 在 F 上的极小多项式是可分的，因而 α 是 F 上的可分元素. 反之，设 $f(x)$ 是 $F[x]$ 中的一个不可约多项式，令 α 是 $f(x)$ 的一个根（在 F 的某一代数闭域内），那么 α 在 F 上的极小多项式 $p(x)$ 是可分的，而 $f(x)$ 与 $p(x)$ 至多相差 F 中一个非零常数因子，所以 $f(x)$ 也是可分的.

由完全域的定义以及有限域的性质（定理 5.3.2）立刻推出下列三类完全域：

定理 5.3.6 特征为 0 的域是完全域；有限域是完全域；一切代数封闭域都是完全域.

定理 5.3.7 完全域的代数扩域仍是完全的.

证明　设K是完全域F的一个代数扩域.令L是K的任何一个代数扩域.L自然也是F的代数扩域,所以L是F的可分扩域,再由定理5.3.5,L是K的可分扩域,所以K是完全的.

由完全域的定义,直接得出:

定理5.3.8　对于每一完全域来说存在它的不可分扩张.

这个不可分扩张由添加一个不可分的素数次多项式的任意一个根而得到.

下面的定理表明,一个p特征域在什么时候是完全的.

定理5.3.9　一个特征p的域是完全的,当且仅当对于每一元素来说,在域内存在一个p次根.

证明　如果对于每一元素来说,在域内存在一个p次根,那么每一个只含有x^p的幂的多项式$f(x)$都是一个p次幂,因为

$$f(x)=\sum_k a_k(x^p)^k=\left[\sum_k \sqrt[p]{a_k}x^k\right]^p$$

这就是说,在这情形,每一个不可约多项式都是可分的,从而域是可分的.

另一方面,如果域F内存在一个元素α,它不是p次幂.考虑多项式$f(x)=x^p-\alpha$,我们来证明它在F中是不可约的.如若不然,则$f(x)=g(x)h(x)$,这里$g(x)$的次数k满足:$1\leqslant k<p$.把这个分解置于$f(x)$的分裂域K中去考虑:设β为$f(x)$在K内的一个根,于是

$$f(x)=x^p-\alpha=x^p-\beta^p=(x-\beta)^p=g(x)h(x)$$

这样一来,$g(x)=(x-\beta)^k=x^k+\cdots+(-1)^k\beta^k$.因为$g(x)$是$F$上的多项式,所以$\beta^k\in F$.注意到$k$与$p$互素,所以存在整数$s,t$使得$sk+tp=1$.既然$\beta^k$与$\alpha=\beta^p$均属于$F$,所以

$$\beta=\beta^{sk+tp}=(\beta^k)^s(\beta^p)^t$$

亦是F的元素,产生矛盾:α是F中元素β的p次幂.

已经证明$x^p-\alpha$在F上不可约,由此$x^p-\alpha=(x-\beta)^p$不可分(由定理5.1.1推论1可知),所以F不可分,矛盾.证毕.

由定理5.3.9的证明中的注意,在一个特征p的完全域里,每一个只与x^p有关的多项式$f(x)$都是一个p次幂.根据它的证明,对于多元多项式$f(x,y,z,\cdots)$同时又是$x^p,y^p,z^p,\cdots$的多项式的情形也成立.这也是特征p的完全域的一个常用到的性质.

5.4　施坦尼茨定理·本原元素定理

我们证明域的有限可分扩域的一个很重要的性质来结束这一节.这一性质

与下面的问题有关:在什么条件下,一个代数扩域可以用一个单一的元素的添于基域而得到? 虽然,用单一元素添入法并不总是有利的:例如域 $Q(\sqrt[4]{2},\sqrt{-1})$ 比起 $Q(\sqrt[4]{2}+\sqrt{-1})$ 要容易考虑些.这个问题的一个优美而完整的解答是由施坦尼茨给出的.

定理 5.4.1(施坦尼茨定理) 设 K 是域 F 的一个扩域,那么 K 是由 F 的一个有限次单扩域必要而且只要 K/F 只有有限个中间域.

证明 如果 K 是 F 的有限次单扩域,那么存在 K 的一个元素 α,使得 $K=F(\alpha)$,并且 α 是 F 上的代数元.令 $f(x)$ 是 α 在 F 上的极小多项式.设 E 是 K/F 的一个中间域,那么 α 在 E 上也是代数的.令 $f_E(x)\in E[x]$ 是 α 在 E 上的最小多项式.我们有

$$f_F(x)=f(x),f_K(x)=x-\alpha$$

$f_E(x)$ 是由中间域 E 唯一确定的,令

$$\mathscr{E}=\{E \mid E\text{ 是 }K/F\text{ 的中间域}\}$$

$$\mathscr{R}=\{f_E(x) \mid f_E(x)\text{ 是 }\alpha\text{ 在 }E\text{ 上的极小多项式},E\in\mathscr{E}\}$$

那么 $E\rightarrow f_E(x)$ 是 $\mathscr{E}$ 到 $\mathscr{R}$ 的满射.我们证明,这个映射是双射.事实上,设 $E_1,E_2\in\mathscr{E}$,如果

$$F_{E_1}(x)=F_{E_2}(x)=g(x)$$

令 $L=E_1\cap E_2$,则 $g(x)\in E_1[x]\cap E_2[x]=L[x]$. $g(x)$ 是 $E_1[x]$ 的不可约多项式,自然也是 $L[x]$ 的不可约多项式.因为 $g(\alpha)=0$,所以 $g(x)$ 是 α 在 L 上最小多项式:$g(x)=f_L(x)$.另一方面,$K=F(\alpha)$ 而 $F\subseteq L\subseteq E_i\subseteq K$,所以

$$K=L(\alpha)=E_i(\alpha),i=1,2$$

又 $(K:E_i)=$ 次数 $(F_{E_i}(x))=$ 次数 $(g(x))=(K:L)$,所以

$$(E_i:L)=\frac{(K:L)}{(K:E_i)},i=1,2$$

于是 $E_1=L=E_2$.这就证明了映射 $E\rightarrow f_E(x)$ 是集 $\mathscr{E}$ 到 $\mathscr{R}$ 的双射.

集合 $\mathscr{R}$ 是有限的,因为对于任意中间域 E,多项式 $f_E(x)$ 整除 $f(x)$,而 $f(x)$ 的最高次项系数是 1 的非常数因式只有有限多个.

反之,设 K/F 只有有限个中间域.我们首先证明,K 是 F 的代数扩域.事实上,如果 K 含有 F 上的一个超越元 β,那么 β^2 也是 F 上超越元,并且 $F(\beta)\supsetneqq F(\beta^2)$.这样一来,$K/F$ 含有无限多个中间域

$$K\supsetneqq F(\beta)\supsetneqq F(\beta^2)\supsetneqq F(\beta^4)\supsetneqq\cdots\supsetneqq F(\beta^{2^n})\supsetneqq\cdots\supsetneqq F$$

与题设矛盾.

其次,K 是 F 上有限个代数元生成的扩域.因为如果不是这样,则必定存在

一个扩域的无限序列

$$F \subsetneqq F(\alpha_1) \subsetneqq F(\alpha_1,\alpha_2) \subsetneqq \cdots \subsetneqq F(\alpha_1,\alpha_2,\cdots,\alpha_n) \subsetneqq \cdots \subsetneqq K$$

这又与题设矛盾.

这样,K 是 F 上有限个代数元生成的扩域,因而是 F 的有限次扩域.

我们证明 K 是 F 的单扩域. 如果 F 是有限域,那么由 §4,定理4.3.7,K 是 F 的单扩域. 现在设 F 是无限域,对于任意 $\alpha \in K$,我们有

$$(F(\alpha):F) \leqslant (K:F) < \infty$$

又因为 K/F 只有有限中间域,所以

$$\{(F(\alpha):F) \mid \alpha \in K\}$$

是自然数的有限集,因此存在 $\theta \in K$,使得对于任意 $\alpha \in K$ 都有

$$(F(\theta):F) \geqslant (F(\alpha):F)$$

考虑 K 中任意元素 β,对于任意 $c \in F$,令

$$E_c = F(\beta + c\theta)$$

则 $F \subseteq E_c \subseteq K$. 由假设,这样的 E_c 只有有限多个. 然而 F 含有无限多个元素,因此必存在 $c_1, c_2 \in F, c_1 \neq c_2$,而 $E_{c_1} = E_{c_2} = E$. 因为 $\beta + c_1\theta, \beta + c_2\theta \in E$,所以 $\theta \in E$,于是

$$F(\theta) \subseteq E = F(\beta + c_1\theta)$$

所以

$$(F(\theta):F) \leqslant (F(\beta + c_1\theta):F)$$

由 θ 的取法,必须等号成立,从而

$$F(\theta) = E = F(\beta + c_1\theta)$$

由此得出,$\beta = (\beta + c_1\theta) - c_1\theta \in F(\theta)$. 这样一来,$K$ 中任意元素 β 都属于 $F(\theta)$,从而 $K = F(\theta)$.

我们现在证明下面的所谓本原元素定理,它在一类广泛的情形下给出了"一个怎样的有限扩张是单纯的"这个问题的答案,这个定理是说:

定理 5.4.2 设 $F(\alpha_1,\alpha_2,\cdots,\alpha_n)$ 是 F 的一个有限代数扩域而 $\alpha_2,\alpha_3,\cdots,\alpha_n$ 是可分元素[①],那么 $F(\alpha_1,\alpha_2,\cdots,\alpha_n)$ 是一个单纯扩张

$$F(\alpha_1,\alpha_2,\cdots,\alpha_n) = F(\theta)$$

证明 我们首先对两个元素 α, β 其中至少 β 是可分的情形来证明这个定理. 设 $f(x)=0$ 是对于 α 的不可约方程,$g(x)=0$ 是对于 β 的不可约方程. 我们

---

① 即使 α_1 可分,从而整个的域是可分时也没有关系.

取一个域,在其中 $f(x)$ 与 $g(x)$ 完全分解. 令 $\alpha_1,\alpha_2,\cdots,\alpha_r$ 是 $f(x)$ 的不同的零点;$\beta_1,\beta_2,\cdots,\beta_s$ 是 $g(x)$ 的不同的零点. 例如,设 $\alpha_1=\alpha,\beta_1=\beta$.

我们可以假定 F 有无穷多个元素,否则 $F(\alpha,\beta)$ 也只有有限个元素,而对于有限域来说本原元素的存在已经在 4.3 目(定理 4.3.7) 被证明.

对于 $k\neq 1$,有 $\beta_k\neq\beta_1$,于是方程

$$\alpha_i+x\beta_k\neq\alpha_1+x\beta_1$$

对于每一 i 及每一 $k\neq 1$ 至多有一个根 x 在 F 内. 现在选取 c 小于等于所有这些线性方程的根,那么对 i 及每一 $k\neq 1$,有

$$\alpha_i+c\beta_k\neq\alpha_1+c\beta_1$$

令

$$\theta=\alpha_1+c\beta_1=\alpha+c\beta$$

于是 θ 是 $F(\alpha,\beta)$ 的一个元素. 我们断言,θ 已经具有所要求的本原元素的性质: $F(\alpha,\beta)=F(\theta)$.

元素 β 满足方程

$$g(\beta)=0,f(\theta-c\beta)=f(\alpha)=0$$

系数在 $F(\theta)$ 内,多项式 $g(x),f(\theta-cx)$ 只有公共根 β,因为对于第一个方程的其他的根 $\beta_k(k\neq 1)$,有

$$\theta-c\beta_k\neq\alpha_i,i=1,2,\cdots,r$$

从而

$$f(\theta-c\beta_k)\neq 0$$

β 是 $g(x)$ 的单根,所以 $g(x)$ 与 $f(\theta-cx)$ 只有一个线性因子 $x-\beta$ 公共. 这个最大公因子的系数必定在 $F(\theta)$ 内,所以 β 在 $F(\theta)$ 内. 由 $\alpha=\theta-c\beta$,α 也在 $F(\theta)$ 内,所以确实有 $F(\alpha,\beta)=F(\theta)$.

这样,我们的定理对于 $n=2$ 被证明. 假定定理对于 $n-1(\geqslant 2)$ 已证. 于是有

$$F(\alpha_1,\alpha_2,\cdots,\alpha_{n-1})=F(\eta)$$

于是由定理的已被证明的部分得出

$$F(\alpha_1,\alpha_2,\cdots,\alpha_n)=F(\eta,\alpha_n)=F(\theta)$$

从而定理对 n 也成立.

推论 1 每一可分有限扩张都是单纯的.

推论 2 设 K 是域 F 的一个有限次可分扩域,则 K/F 只有有限个中间域.

这个定理大大地简化了有限可分扩张的研究,因为借助于一目了然的表达

式 $\sum_{k=0}^{n-1} a_k\theta^k$，这个扩张的构造及同构都很容易掌握.

由于本原元素定理，我们可以对于代数闭包用一个较弱的条件来刻画.

定理5.4.3 设K是F的一个代数扩域，那么K是F的代数闭包的充分必要条件是$F[x]$的每一个次数大于零的多项式在K中有一个根.

证明 条件的必要性是明显的.

充分性：设Ω是K的一个代数闭包，则Ω自然也是F的代数闭包. 我们证明$\Omega=K$. 分两个情形讨论.

(a) 特征 $F=p>0$. 设$\alpha\in\Omega$，而$f(x)$是α在F上极小多项式. 于是存在非负数e和F上一个不可约的可分多项式$g(x)$使得$f(x)=g(x^{p^e})$. $g(x)$在$\Omega[x]$内分解成一次因式乘积

$$g(x)=\prod_{i=0}^{m}(x-\beta_i)$$

这里$\beta_1,\beta_2,\cdots,\beta_m$是$\Omega$中两两不同的可分元素. 于是由定理5.4.2，$L=F(\beta_1,\beta_2,\cdots,\beta_m)$是$F$上的单扩域，即存在$\theta\in L$使得$L=F(\theta)$，然而

$$0=f(\alpha)=g(\alpha^{p^e})=\prod_{i=1}^{m}(\alpha^{p^e}-\beta_i)$$

所以α^{p^e}必定等于某一个β_j，从而$\alpha^{p^e}\in L$.

令$h(x)$是θ在F上的极小多项式，则$h(x^{p^e})$是$F[x]$的一个次数大于零的多项式. 按条件，$h(x^{p^e})$在F里有一个根γ. 令$\theta_1=\gamma^{p^e}$，则$h(\theta_1)=0$. 由§3，定理3.3.3的推论3，存在Ω的一个$F-$自同构σ，使得$\sigma(\theta)=\theta_1$，从而$L=F(\theta)$与$F(\theta_1)$是$F-$共轭的. 然而L是$g(x)$在F上的分裂域，因而是F的正规扩域，因此$L=F(\theta_1)$. 这样就得出$\alpha^{p^e}=\beta_j\in L=F(\theta_1)$，所以

$$\alpha^{p^e}=\sum_{i=0}^{s}a_i\theta_1^i,a_i\in F$$

由条件，每一个多项式$x^{p^e}-a_i\in F[x]$在K里有一个根α_i，$0\leqslant i\leqslant s$，因此

$$\alpha^{p^e}=\sum_{i=0}^{s}a_i\theta_1^i=\sum_{i=0}^{s}\alpha_i^{p^e}(\gamma^{p^e})^i=(\sum_{i=1}^{s}a_i\gamma^i)^{p^e}$$

所以

$$\alpha=\sum_{i=0}^{s}a_i\gamma^i\in K$$

这就证明了$\Omega\subseteq K$，从而$K=\Omega$是F的代数闭包.

(b) 设特征 $F=0$. 设 $\alpha\in\Omega$,令 $f(x)$ 是 α 在 F 上的极小多项式,则 $f(x)$ 在 $\Omega[x]$ 内分解成一次因式乘积

$$f(x)=\prod_{i=1}^{m}(x-\alpha_i)(\alpha_i\in\Omega)$$

并且当 $i\neq j$ 时,$\alpha_i\neq\alpha_j$. 令 $L=F(\alpha_1,\alpha_2,\cdots,\alpha_n)$,则 $\alpha\in L$. 由定理 5.4.2,$L=F(\theta)$,θ 是 L 中一个元素,令 $h(x)$ 是 θ 在 F 上的极小多项式. 由条件,$h(x)$ 在 K 里有一个根 θ_1. 又因为 L 是 $f(x)$ 在 F 上的分裂域,因而是正规扩域. 由此推出 $L=F(\theta_1)$. 这样就有 $\alpha\in L=F(\theta_1)\subseteq K$,从而 $K=\Omega$.

由于 $F[x]$ 中每一个次数大于零的多项式都是 $F[x]$ 的一些不可约多项式的乘积,我们立即得到:

推论 对于域 F 的一个代数扩域 K 来说,K 是 F 的代数闭包当且仅当 $F[x]$ 的每一个不可约多项式在 K 中有一个根.

伽罗瓦理论

第四章

§1 伽罗瓦群

1.1 伽罗瓦群的概念

伽罗瓦理论起源于对代数方程式求根公式的探究. 在历史上,正是伽罗瓦引入了原创的思想而彻底解决了“代数方程的根式解问题”这一古典难题. 1846 年,数学家刘伟尔(Joseph Liouville,1809—1882)在自己创立的杂志《纯粹与应用数学杂志》(*Journal de Matématiques Pures et Appliquées*)全文发表了伽罗瓦的手稿并亲自写了序言. 刘维尔在序言中解释法国科学院拒绝伽罗瓦手稿是因为“它模糊费解”“产生这一缺点的原因是追求过分简练……”. 今天我们读到的伽罗瓦理论不再模糊,它严格而优雅,那是因为经过多位数学大师(其人数不下20 位)的发展和处理,其中最主要的贡献属于若尔当(Camille Jordan,1838—1922),戴德金(Richard Dedekind,1831—916)和阿廷(Emil Artin,1898—1962). 若尔当和戴德金分别在法国和德国最早系统地整理伽罗瓦理论;若尔当 1870 年发表《论代数方程的置换》解释伽罗瓦理论;而今天使用的伽罗瓦群的定义是由戴德金给出的;阿廷的名著《伽罗瓦理论》使得伽罗瓦理论取得了现代的形式;雅各布森(Nathan Jacobson,1910—1999)的著作《基础代数》则包含了更多我们今天使用的处理.

在这一章，我们将按照现代形式介绍伽罗瓦最本质的论证[①]. 从域的自同构群开始.

群不仅可以用来表示几何图形的对称，而且还可以表示代数系统的对称. 例如，复数域 C 相对于实数域而言有两种对称：一个是恒等，另一个是同构 $a+bi \leftrightarrow a-bi$，这个同构把每个数映射到它的复共轭. 这种一个域到自身的同构称为自同构. 一般地，域 K 的自同构 σ 是集合 K 到它自身的双射，并保持和与积，即对 K 中所有 a 和 b，有

$$\sigma(a+b)=\sigma a+\sigma b,\sigma(ab)=(\sigma a)(\sigma b) \tag{1}$$

两个自同构 τ 和 σ 的乘积 $\tau\sigma$ 也是一个自同构，并且自同构的逆仍然是自同构. 因此

定理 1.1.1 域 K 的所有自同构组成的集合在乘积之下构成一个群，称为 K 的全自同构群.

除了域 K 的全自同构群这个最大的自同构群外，还可以考虑另外一些较小的自同构群. 设 K 是 F 的扩张，并考虑这样一些自同构 σ，它对 F 中每个元素 a，有 $\sigma a=a$. 也就是说这些自同构保持 F 中任何元素都不变. 在 K 的整个自同构群中，它们构成一个子群，称为 K 在 F 上的自同构群，简称为 K 的 $F-$自同构群，记作 $G(K/F)$.

例如，C 在 R 上的自同构群由两个自同构 $a+bi \leftrightarrow a+bi$ 和 $a+bi \leftrightarrow a-bi$ 组成.

对于域扩张 K/F 的任何一个中间域 E，自然可以考虑 K 的 $E-$自同构群. 这时成立一些明显的结论：

①E_1,E_2 是 K 的子域，且 $E_1 \subseteq E_2$，则 $G(K/E_1) \supseteq G(K/E_2)$；

②$G(K/K)=\{e\}$.

最重要的特例是代数数域在有理数域 Q 上的自同构群，但是在我们考虑具体例子之前，先让我们确定代数数在自同构之下可能的像.

定理 1.1.2 域 F 的有限扩张 K 的任意自同构 σ 把 K 的每个元素 u 映射到 u 在 F 上的共轭元素 σu.

这个定理断言，u 和它的像 σu 都满足 F 上同一个不可约方程. 为证明这一点，设给定的元素 u 在 F 上是代数的，它满足一个系数在 F 中的首一不可约多项式方程 $p(x)=x^n+b_{n-1}x^{n-1}+\cdots+b_0=0$. 根据公式(1)，自同构 σ 保持所有

① 至于伽罗瓦理论的古典处理，我们在第四卷《代数方程式论》已经进行了.

有理关系,并保持每个 b_i 固定,因此由 $p(u)=0$ 得到

$$\sigma(u^n+b_{n-1}u^{n-1}+\cdots+u_0)=(\sigma u)^n+b_{n-1}(\sigma u)^{n-1}+\cdots+b_1(\sigma u)+b_0=0$$

这个方程表明,σu 也是 $p(x)$ 的根,因此 σu 是 u 的共轭.

作为例子,考虑有理数域上的四次域[①],$K=Q(\sqrt{2},\mathrm{i})$,它是由$\sqrt{2}$ 和 $\mathrm{i}=\sqrt{-1}$ 生成的. 整个域 K 是中间域 $F=Q(\mathrm{i})$ 上的二次扩张. 它是由 $x^2=2$ 的两个共轭根 $\pm\sqrt{2}$ 其中的任意一个生成的. 根据第二章 §2,定理 2.2.3,存在 K 的自同构 τ,把$\sqrt{2}$ 映射到 $-\sqrt{2}$,并保持 $Q(\mathrm{i})$ 中元素固定. 也就是说,共轭根$\sqrt{2}$ 和 $-\sqrt{2}$ 在代数上没有什么差别. τ 作用到 K 的任意元素上,是

$$\tau(a+b\sqrt{2}+c\mathrm{i}+d\sqrt{2}\mathrm{i})=a-b\sqrt{2}+c\mathrm{i}-d\sqrt{2}\mathrm{i}$$

这里我们通过基底 $1,\sqrt{2},\mathrm{i},\sqrt{2}\mathrm{i}$ 把 K 的每个元素写出来(参看 §2,2.4). 通过类似的论证,存在一个自同构 σ,它保持 $Q(\sqrt{2})$ 的元素固定,并把 i 映射到 $-\mathrm{i}$. 那么有

$$\sigma(a+b\sqrt{2}+c\mathrm{i}+d\sqrt{2}\mathrm{i})=a+b\sqrt{2}-c\mathrm{i}-d\sqrt{2}\mathrm{i}$$

所以 σ 就是把每个数映射到它的复共轭. 乘积 $\tau\sigma$ 是 K 的第三个自同构. 这些自同构作用到$\sqrt{2}$ 和 i 上的效果可以列表如下

$$\tau:\sqrt{2}\to-\sqrt{2},\mathrm{i}\to\mathrm{i};\sigma:\sqrt{2}\to\sqrt{2},\mathrm{i}\to-\mathrm{i};\sigma\tau:\sqrt{2}\to-\sqrt{2},\mathrm{i}\to-\mathrm{i};I:\sqrt{2}\to\sqrt{2},\mathrm{i}\to\mathrm{i}$$

我们断言,I,τ,σ 和 $\tau\sigma$ 是 K 在 Q 上的仅有的自同构. 根据定理 1.1.2,任意其他的自同构 U 一定把$\sqrt{2}$ 映射到共轭数 $\pm\sqrt{2}$,把 i 映射到共轭数 $\pm\mathrm{i}$. 恰好有四种可能性,就是上面表中列出的 I,τ,σ 和 $\tau\sigma$. 因此 U 作用到生成元$\sqrt{2}$ 和 i 上的效果必然同这四种自同构之一是重合的,因此它作用到整个域上的效果也是一致的. 于是 $U=I,\tau,\sigma$ 或 $\tau\sigma$.

这些自同构的乘法表可以直接由上面列出的作用到$\sqrt{2}$ 和 i 的表求出. 它是

$$\tau^2=I,\sigma^2=I,\tau\sigma=\sigma\tau \tag{2}$$

这完全像四群的乘法表(见第一章 §4,4.8),于是我们得出结论:$Q(\sqrt{2},\mathrm{i})$ 的自同构群与四群 $\{I,\tau,\sigma,\tau\sigma\}$ 同构.

1.2 群特征标·子群与子域

本段的第一部分内容是一些辅助性质的概念和定理.

---

① 同第三章 §2,2.4 中一样,我们可以把这个域看作 x^4-2x^2+9 的分裂域.

给定一个域 K 及一个乘法群 G. 并设 $\sigma(x)$ 是定义在 G 上的一个映射，其值含在 K 内. 如果

（ⅰ）对于某些 $x \in G, \sigma(x) \neq 0$；

（ⅱ）对于所有 $x, y \in G, \sigma(xy) = \sigma(x)\sigma(y)$.

则称 $\sigma(x)$ 是群 G 的一个群特征标.

从定义，可以推出

$$\sigma(x_1 x_2 \cdots x_n) = \sigma(x_1)\sigma(x_2)\cdots\sigma(x_n)$$

$$\sigma(x^n) = \sigma(x)^n, \sigma(e) = 1, \sigma(x^{-1}) = \sigma(x)^{-1}$$

很容易建立下一命题：对于任一元素 $x \in G$，都有 $\sigma(x) \neq 0$.

事实上，假如有一元素 $g \in G$，使 $\sigma(g) = 0$. 而 h 为 G 中这样一元素使得 $\sigma(h) \neq 0$，那么

$$\sigma(h) = \sigma(g \cdot g^{-1}h) = \sigma(g)\sigma(g^{-1}h) = 0$$

这与 $\sigma(h) \neq 0$ 矛盾.

这样，G 在 K 里的特征标就是从 G 到 K 的乘法群里的同态.

对于特征标 σ, τ，乘积 $\sigma\tau$ 定义为

$$\sigma\tau(x) = \sigma(x)\tau(x)$$

它仍是特征标. G 在 K 里的特征标关于此乘法构成一个阿贝尔群 G'，称为 G 在 K 里的特征标群.

现在建立重要的：

线性无关定理(戴德金①) 群 G 在 K 里不同特征标 $\sigma_1, \sigma_2, \cdots, \sigma_n$ 总是线性无关；也就是说，如果对所有的 $x \in G$，在 K 里有以下等式

$$c_1\sigma_1(x) + c_2\sigma_2(x) + \cdots + c_n\sigma_n(x) = 0 \tag{1}$$

则所有的系数 c_i 等于 0.

证明 对于 $n = 1$，从 $c_1\sigma_1(x) = 0$ 可直接得出 $c_1 = 0$. 我们对 n 作归纳，假设结论对 $n - 1$ 个特征标是正确的.

如果在式(1)中把 x 换成 ax，其中 a 是 G 的任意元，可得

$$c_1\sigma_1(a)\sigma_1(x) + c_2\sigma_2(a)\sigma_2(x) + \cdots + c_n\sigma_n(a)\sigma_n(x) = 0$$

这个式子减去 $\sigma_n(a)$ 倍的式(1)，得到

$$c_1(\sigma_1(a) - \sigma_n(a))\sigma_1(x) + \cdots + c_{n-1}(\sigma_{n-1}(a) - \sigma_n(a))\sigma_{n-1}(x) = 0 \tag{2}$$

根据归纳假设，$\sigma_1, \sigma_2, \cdots, \sigma_n$ 是线性无关的，因此式(2)中的系数都等于 0，

① 戴德金(Julius Wilhelm Richard Dedekind，1831—1916)伟大的德国数学家、理论家和教育家，近代抽象数学的先驱.

即

$$c_i(\sigma_i(a)-\sigma_n(a))=0,\ i=1,2,\cdots,n-1 \tag{3}$$

由于 σ_i 和 σ_n 是不同的特征标，对于每个取定的 i 可以找到一个 a，使得

$$\sigma_i(a)\neq\sigma_n(a)$$

由式(3) 即得

$$c_i=0, i=1,2,\cdots,n-1$$

代入式(1) 即得 $c_n=0$. 证毕.

推论 1　若 $\sigma_1,\sigma_2,\cdots,\sigma_n$ 是域 K' 到域 K 的不同的单同态，则它们线性无关.

因为这些同态映射可被看成 K' 的乘法群在 K 里的特征标.

推论 2　域 K 的任何一组互异的自同构线性无关.

转移到本目的主要内容. 如果 H 是域 K 的任意自同构集合，那么 K 中所有在 H 的全部自同构之下保持不变的元素 a（对 H 中每个 σ，有 $\sigma a=a$）构成 K 的一个子域. 事实上，设 M 为所考虑的集合，那么对于 M 中任两个元素 a,b 有

$$\sigma(a-b)=\sigma(a)-\sigma(b)=a-b,\sigma\left(\frac{a}{b}\right)=\frac{\sigma(a)}{\sigma(b)}=\frac{a}{b},b\neq 0$$

对于所有 $\sigma\in H$ 都成立，因此 $a-b,\frac{a}{b}(b\neq 0)$ 都属于 M. 特别的，$0,1\in M$. 因而 M 是一个域.

定义 1.2.1　设 K 是域，而 H 是 K 的全自同构群的子集，则定义 H 的固定域为

$$K^H=\{a\in K\mid\sigma(a)=a,\text{对于任意的 }\sigma\in H\}$$

固定域 K^H 的最重要的实例是当 H 是 K 的全自同构群的子群形成的，但也会遇到 H 仅仅是一个子集的情形.

现在给定一个域 K，设 F 是它的一个子域. H 是域 K 的全自同构群的子群；K^H 是子群 H 的固定域；记 $G(F)=G(K/F)$ 是 K 的 $F-$ 自同构群，那么我们有以下事实：

(ⅰ) $F\subseteq K^{G(F)}$；

(ⅱ) $H\subseteq G(K^H)$；

(ⅲ) H_1,H_2 是域 K 的自同构群的子群，且 $H_1\subseteq H_2$，则 $K^{H_1}\supseteq K^{H_2}$；

(ⅳ) $G(K/F)=G(K^{G(F)})$.

这些事实的证明都是非常容易的. 我们只证第四个.

由(ⅰ) 和(ⅲ)，得出 $G(F)\supseteq G(K^{G(F)})$；另一方面，由(ⅲ)，$G(F)\subseteq$

$G(K^{G(F)})$，于是 $G(K/F)=G(F)=G(K^{G(F)})$.

定理 1.2.1 设 H 为域 K 的若干自同构所组成的有限群，则 K 的任一元素在固定域 K^H 上都是代数的.

就是说，K 的任一元素都是 K^H 上某一多项式的根.

证明 设 $H=\{\sigma_1,\sigma_2,\cdots,\sigma_n\}$，$\alpha$ 为 K 的任一元素. 考虑 α 在 H 的所有自同构下的像 $\sigma_1(\alpha),\sigma_2(\alpha),\cdots,\sigma_n(\alpha)$. 在这些像中可能有些相同. 设 $\alpha_i=\alpha_{k_i}(i=1,2,\cdots,r)$ 是从这 n 个元素中挑出的互异的元素. 一般说来，$r<n$. 显然，α 必是这 r 个元素中的一个，因为单位元 I 是这些 σ_{k_i} 中的一个. 为了书写简单起见，不妨假设

$$\alpha=\alpha_1=\sigma_1(\alpha),\alpha_2=\sigma_2(\alpha),\cdots,\alpha_r=\sigma_r(\alpha)$$

互异. 现在

$$\sigma_i\sigma_1(\alpha),\sigma_i\sigma_2(\alpha),\cdots,\sigma_i\sigma_r(\alpha),i=1,2,\cdots,n$$

也必然互异. 因为，如果

$$\sigma_i\sigma_j(\alpha)=\sigma_i\sigma_h(\alpha),j,h=1,\cdots,r,j\neq h$$

左乘以 σ_i^{-1} 之后，就得 $\sigma_j(\alpha)=\sigma_h(\alpha)$，即 $\sigma_j=\sigma_h$. 这与假设不合. 但 $\sigma_i\sigma_1,\sigma_i\sigma_2,\cdots,\sigma_i\sigma_r$ 是 $\sigma_1,\sigma_2,\cdots,\sigma_n$ 的一部分，并且是后者中互异的元素. 因此，$\sigma_i\sigma_1(\alpha),\sigma_i\sigma_2(\alpha),\cdots,\sigma_i\sigma_r(\alpha)$ 仅仅是 $\alpha_1,\alpha_2,\cdots,\alpha_r$ 的一个重新排列. 现在，置 $p(x)=\prod_{k=1}^{n}(x-\alpha_k)$，则

$$\sigma_i(p(x))=\prod_{k=1}^{n}\sigma_i(x-\alpha_k)=\prod_{k=1}^{n}(x-\sigma_i(\alpha_k))=p(x)$$

故 $p(x)$ 的系数在 H 的一切自同构下都固定不变. 由此可知，它们都是固定域 K^H 的元素，换句话说，$p(x)$ 是 K^H 上的一个多项式. 但 $p(x)$ 有根 $\alpha_1,\alpha_2,\cdots,\alpha_r$，而且其中之一为 α.

多项式 $p(x)$ 在域 K^H 上甚至是既约的. 事实上，命 $g(x)$ 为 K^H 上任一个以 α 为其根多项式. 因为 K^H 是固定域，所以诸 σ_i 不改变 $g(x)$ 的系数. 因此

$$0=\sigma_i(g(\alpha))=g(\sigma_i(\alpha))=g(\alpha_i),\alpha_i=\sigma_i(\alpha)$$

因此，$g(x)$ 至少有根 $\alpha_1,\alpha_2,\cdots,\alpha_r$，从而 $g(x)$ 的次数大于等于 r. 由此得出上述多项式 $p(x)$ 是以 α 为根的最低次多项式，故 $p(x)$ 在 K^H 上是既约的.

这就是我们所要证明的事.

我们紧接着的目标是确定次数 $(K:K^H)$，其中 H 是 K 的全自同构群的子群，为此先引入下面的定理：

定理 1.2.2 设 $\sigma_1,\sigma_2,\cdots,\sigma_r$ 是域 K 的 r 个不同的自同构，F 为集合 $H=$

$\{\sigma_1,\sigma_2,\cdots,\sigma_r\}$ 的固定域，则 H 所含自同构的个数不超过扩张次数$(K:F)$：$|H|\leqslant(K:F)$.

证明　不失一般性，假设次数$(K:F)=n$有限. 由于每个$\sigma\in H$保持F的元素不动，所以σ是线性空间K/F的一个线性变换：对$\alpha,\beta\in K,a\in F$，有

$$\sigma(\alpha+\beta)=\sigma(\alpha)+\sigma(\beta),\sigma(a\alpha)=\sigma(a)\sigma(\alpha)=a\sigma(\alpha)$$

于是$\sigma_1,\sigma_2,\cdots,\sigma_r$在$K$上的任一个线性组合

$$\alpha_1\sigma_1+\alpha_2\sigma_2+\cdots+\alpha_r\sigma_r,\alpha_i\in K \tag{4}$$

仍为K/F的一个线性变换. 根据线性无关定理的推理 2 可知，(4) 为零变换的充要条件是α_i全为零. 另一方面，我们知道，K/F的一个线性变换为零的充要条件是它把K/F的一组基$u_1,u_2,\cdots,u_m$的每个u_j变成零. 联结这两者得式(4)中α_i全为零的充要条件是

$$(\alpha_1\sigma_1+\alpha_2\sigma_2+\cdots+\alpha_r\sigma_r)(u_j)=0,j=1,2,\cdots,m$$

即

$$\alpha_1\sigma_1(u_j)+\alpha_2\sigma_2(u_j)+\cdots+\alpha_r\sigma_r(u_j),j=1,2,\cdots,m$$

这表明下列r个向量

$$(\sigma_i(u_1),\sigma_i(u_2),\cdots,\sigma_i(u_m)),i=1,2,\cdots,r$$

在E上线性无关，所以$r\leqslant m$.

如果H还是子群，那么定理 1.2.2 中的不等号可以精确为等号.

定理 1.2.3　如果H是域K的全自同构群的任意子群，而K^H是由所有在H之下不变的元素组成的子域，那么K在K^H上的次数$(K:K^H)$恰好等于H的阶.

证明　如果H的阶是n，从定理 1.2.2 知$(K:F)\geqslant|H|=n$. 我们将证明①，K中任意$n+1$个元素$\alpha_1,\alpha_2,\cdots,\alpha_{n+1}$在$F$上是线性相关的，这样，扩张$K/F$的次数即$(K:F)$只能$=n$. 设$H=\{\sigma_1=I,\sigma_2,\cdots,\sigma_n\}$，将$\sigma_i$作用到诸元素$\alpha_j$上得到一个$n\times(n+1)$维矩阵

$$\boldsymbol{A}=\begin{pmatrix}\sigma_1(\alpha_1) & \sigma_1(\alpha_2) & \cdots & \sigma_1(\alpha_{n+1})\\ \sigma_2(\alpha_1) & \sigma_2(\alpha_2) & \cdots & \sigma_2(\alpha_{n+1})\\ \vdots & \vdots & & \vdots\\ \sigma_n(\alpha_1) & \sigma_n(\alpha_2) & \cdots & \sigma_n(\alpha_{n+1})\end{pmatrix}$$

---

① 下面的过程实际上证明了这样一个结论：设H是域K的全自同构群的子群，则H的阶不小于K在其固定域上的次数$(K:K^H)$. 这一结论通常称为阿廷引理. 这个证明本质上只用到了线性代数的理论，它属于埃米尔·阿廷(Emil Artin，1898－1962，德国数学家)教授. 它包含着这样一个思想，即认为伽罗瓦群只不过是有限自同构群，与基域没有明显的关系.

因为矩阵 $\boldsymbol{A}$ 的秩数不超过其行数 n，所以 $\boldsymbol{A}$ 的 $n+1$ 个行向量 $\boldsymbol{A}_1,\boldsymbol{A}_2,\cdots,\boldsymbol{A}_{n+1}$ 必然线性相关. 于是存在一个整数 $m:1\leqslant m<n+1$，使得 $\boldsymbol{A}_1,\boldsymbol{A}_2,\cdots,\boldsymbol{A}_m$ 线性无关而 $\boldsymbol{A}_1,\boldsymbol{A}_2,\cdots,\boldsymbol{A}_{m+1}$ 线性相关. 从而 $\boldsymbol{A}_{m+1}$ 可以唯一地表示为

$$\boldsymbol{A}_{m+1}=\beta_1\boldsymbol{A}_1+\beta_2\boldsymbol{A}_2+\cdots+\beta_m\boldsymbol{A}_m,\beta_i\in K \tag{5}$$

用分量的形式写出就是

$$\sigma_i(\alpha_{m+1})=\beta_1\sigma_i(\alpha_1)+\beta_2\sigma_i(\alpha_2)+\cdots+\beta_m\sigma_i(\alpha_m),i=1,2,\cdots,n \tag{6}$$

现在用任一自同构 $\sigma\in H$ 作用到式(5) 的两边

$$\sigma\sigma_i(\alpha_{m+1})=\sigma(\beta_1)\sigma\sigma_i(\alpha_1)+\sigma(\beta_2)\sigma\sigma_i(\alpha_2)+\cdots+\sigma(\beta_m)\sigma\sigma_i(\alpha_m),i=1,2,\cdots,n \tag{7}$$

因为 H 是一个群，所以 $\sigma\sigma_i=\sigma'$ 跑遍 H 的所有元素，就是说，$\sigma\sigma_1,\sigma\sigma_2,\cdots,\sigma\sigma_n$ 不过是 $\sigma_1,\sigma_2,\cdots,\sigma_n$ 的一个排列. 这样一来，将(7) 中诸等式的次序作适当调换，在恢复列向量的写法，可得

$$A_{m+1}=\sigma(\beta_1)A_1+\sigma(\beta_2)A_2+\cdots+\sigma(\beta_m)A_m,\text{对所有的 }\sigma\in H$$

与(5) 比较，由表法的唯一性得 $\sigma(\beta_j)=\beta_j$ 对所有 $\sigma\in H$ 和 $j=1,2,\cdots,m$ 成立. 这就意味着，系数 β_j 在 H 的固定域 $F=K^H$ 中. 注意到 $\sigma_1=I$，由(6) 中第一个等式 $\alpha_{m+1}=\beta_1\alpha_1+\beta_2\alpha_2+\cdots+\beta_m\alpha_m$ 得知 $\alpha_1,\alpha_2,\cdots,\alpha_m$，从而 $\alpha_1,\alpha_2,\cdots,\alpha_{n+1}$ 在 F 上线性相关. 这就证明了定理.

从定理 1.2.3 的结论来看定理 1.2.2，如果 $=\{\sigma_1,\sigma_2,\cdots,\sigma_r\}$ 不是一个群，那就意味着只能有不等号出现. 因为既然 H 不是群，那就是说，或者 H 中某两个元素 σ_i,σ_j 的乘积 $\sigma_i\sigma_j$，或者某个 σ_i 的逆 σ_i^{-1}，或者是单位元 e 不属于 H. 此时，只要以 $\sigma_i\sigma_j$，或者 σ_i^{-1}，或者 e 添入 H，就得到一个元素更多的集，其固定域仍是 $F=K^H$，因此定理 1.2.2 的结论可以更进一步地写为 $|H|<(K:F)$.

作为这个定理的一个应用，我们来证明下面的定理.

定理 1.2.4 设 G,H 是域 K 的全自同构群的两个子群，如果 $K^G=K^H$，则 $G=H$.

证明 首先证明，如果 σ 是 K 的全自同构群的一个元素，则 σ 固定 K^G 当且仅当 $\sigma\in G$. 显然，如果 $\sigma\in G$，则 σ 固定 K^G. 反之，假定 σ 固定 K^G 而 $\sigma\notin G$. 如果 $|G|=n$，则根据定理 1.2.3，有

$$n=|G|=(K:K^H)$$

因 σ 固定 K^G，所以有 $K^G\subseteq K^{G\cup\{\sigma\}}$，但根据基本性质(ⅲ)，反过来的不等式恒成立，所以 $K^G=K^{G\cup\{\sigma\}}$.

因此由定理 1.2.2，有

$$n=(K:K^{H})=(K:K^{G\cup\{\sigma\}})\geqslant|G\cup\{\sigma\}|$$

得出矛盾 $n\geqslant n+1$.

如果 $\sigma\in H$,则 σ 固定 $K^{H}=K^{G}$,因此 $\sigma\in G$,即 $H\subseteq G$. 用同样的方法可以证明反过来的包含关系成立,所以 $H=G$.

1.3 伽罗瓦扩域·伽罗瓦群

任意域扩张 K/F 的 $F-$ 自同构群 $G(F)$ 的固定域 $K^{G(F)}$ 包含 F 也可以"大于"F. 下面的两个例子就是这样.

设 $F=$ 有理数域,$K=Q(\sqrt[3]{2})$,那么 $G(F)=\{e\}$ 是单位元群. 此时 $K^{G(F)}=K\not\supseteq F$. 另一个例子:设 $F=F_p(x)$ 是 p 元有限域 F_p 上不定元 x 的有理分式域. 令 $g(x)=x^2+tx+t$,$f(x)=g(x^p)$. 设 K/F 为 $f(x)$ 的分裂域. $f(x)$ 只有两个不同的根,记为 α,β. 由于 $g(x)$ 在 F 上不可约,$f(x)$ 在 F 上也不可约. K 只有一个 $F-$ 自同构 σ 将 α 变成 β. 因而 $G(K/F)=(\sigma)$ 是一个二阶群. 令 $\alpha+\beta=a$,$\alpha\cdot\beta=b$,$F_1=F(a,b)$. 易见 $a^p=-t$,$b^p=t$,由此可知 $G(K/F)$ 的固定域包含 F_1. 读者不难证明,F_1 就是 $G(K/F)$ 的固定域.

在伽罗瓦理论中,主要是讨论这样的域扩张 K/F,其中 $F=K^{G(F)}$;换句话说,在这样的扩张中,K 的(在 F 上的)伽罗瓦群的每个自同构之下保持不变的元素恰恰就是 F 的元素.

定义 1.3.1 如果扩张 K/F 的 $F-$ 自同构群 $G(F)$ 的固定域等于 F,则 K/F 叫作一个伽罗瓦扩张,或者说 K 在 F 上是伽罗瓦的;同时 K 的 $F-$ 自同构群 $G(F)$ 叫作扩张 K/F 的伽罗瓦群.

一般来说,若 E 是扩张 K/F 的 $F-$ 自同构群的固定域,则 K 是 E 上的伽罗瓦扩张.

定义 1.3.1 是现代形式的伽罗瓦扩张的定义. 原来意义的伽罗瓦扩张是指以有理数域的一个扩域 F 为基域,F 上的一个无重根的多项式 $f(x)$ 的分裂域. 马上我们就要证明这两种定义的等价性.

前面两个例子看出,当域扩张 K/F 不正规或不可分时,$F-$ 自同构群的固定域可以大于 F. 下面的定理表明,在这些情况,$F-$ 自同构群的固定域一定比 F 大.

定理 1.3.1 一个有限扩张 K/F 是伽罗瓦扩张当且仅当 K/F 是一个可分正规扩张. 或者说,一个有限扩张 K/F 是伽罗瓦扩张当且仅当 K 是 F 上一个可分多项式的分裂域.

引理 设K/F是一个有限伽罗瓦扩张,G是它的$F-$自同构群,则K的任一元素α的极小多项式$g(x)$是可分的,而且$g(x)$的全部根恰好是α在G作用下得到的全部像集.

证明 设$\{\alpha=\alpha_1,\alpha_2,\cdots,\alpha_r\}$是$\alpha$在$G$作用下得到的全部像集合(作为集合当然$\alpha_1,\alpha_2,\cdots,\alpha_r$两两不同).用诸$\alpha_i$作一个多项式

$$g_\alpha(x)=(x-\alpha_1)(x-\alpha_2)\cdots(x-\alpha_r)$$

对于G中任一自同构σ,$\sigma(\alpha_1),\cdots,\sigma(\alpha_r)$不过是$\alpha_1,\alpha_2,\cdots,\alpha_r$的一个排列,因而$g_\alpha(x)$的系数在$\sigma$作用下不变,于是$g_\alpha(x)$是一个$F[x]$中的多项式.

其次证明$g_\alpha(x)$在F上不可约.设

$$f(x)=x^m+a_1x^{m-1}+\cdots+a_m$$

是$F[x]$中以α为根的任一多项式.用$\sigma\in G$作用于$f(\alpha)=0$得

$$\begin{aligned}\sigma(f(\alpha))&=\sigma(x^m+a_1x^{m-1}+\cdots+a_m)\\&=\sigma(\alpha)^m+a_1\sigma(\alpha)^{m-1}+\cdots+a_m=f(\sigma(\alpha))=0\end{aligned}$$

这说明对于任意$\sigma\in G$,$\sigma(\alpha)$都是$f(x)$的根,即每个α_i都是$f(x)$的根.从而$g_\alpha(x)$是$f(x)$的一个因子.$f(x)$的任意性表明$g_\alpha(x)$在F上不可约.在F上以α为根的不可约多项式是唯一的(除常数因子外),所以$g_\alpha(x)$就是α的极小多项式.如此便得到了定理的证明.

定理1.3.1的证明 根据第三章定理2.3.2,只需证明定理的第一句话.设K/F为一个有限伽罗瓦扩张.根据引理,K的任一元素α的极小多项式$g_\alpha(x)$是可分的,α为F上的可分元素,所以K是F上可分扩张.而且每个α的极小多项式$g_\alpha(x)$在K内完全分解成一次因式之积,所以K是F上的正规扩张.

反之,设K/F为有限可分正规扩张,G为K的$F-$自同构群.我们来证明G的固定域等于F.设$\alpha\in K$,$f(x)$为α在F上的极小多项式.于是$f(x)$在K内完全分解.设$f(x)=(x-\alpha_1)(x-\alpha_2)\cdots(x-\alpha_r)(\alpha_1=\alpha)$,而诸$\alpha_i$两两不同.若$\alpha\notin F$,则$r>1$.于是存在一个$F-$同构$\sigma_1:F(\alpha)\to F(\alpha_2)$使得$\sigma_1(\alpha)=\alpha_2$.由扩张$K/F$的正规性,根据第三章定理3.1.3,$\sigma_1$可以开拓成$K$的$F-$自同构$\sigma$.于是$\sigma\in G$而且$\sigma(\alpha)=\alpha_2\neq\alpha_1$.因此$\alpha$在$G$的固定域之外,所以$F$就是$G$的固定域.如此,$K/F$是一个伽罗瓦扩张.

从此以后,在处理具体问题的时候,视情况可以把一个有限伽罗瓦扩张看作一个可分多项式的分裂域或一个可分正规扩张,使得问题比较容易处理.

定理1.3.2 设K是域F的一个有限次可分扩域,Ω是F的一个包含K的代数闭包,那么存在Ω的一个子域L,它满足以下条件:

（i）$F \subseteq K \subseteq L \subseteq \Omega$，并且 L/F 是有限次伽罗瓦扩张；

（ii）如果 $N \subseteq \Omega$ 是 F 的一个包含 K 的伽罗瓦扩域，那么 $L \subseteq N$.

证明 因为 K 是 F 的有限次可分扩域，所以由第三章定理 5.4.2 的推论 1，$K = F(\alpha)$ 是 F 的一个单扩域. α 在 F 上最小多项式 $p(x)$ 是可分的. 令 $L \subseteq \Omega$ 是 $p(x)$ 在 F 上的分裂域. 由定理 1.3.1，L 是 F 的有限次伽罗瓦扩域，并且 $F \subseteq K \subseteq L \subseteq \Omega$.

设 $N \subseteq \Omega$ 是 F 的任意一个伽罗瓦扩域，且 $N \supseteq K$，则 $\alpha \in K \subseteq N$. 因为 N 是 F 上正规扩域，所以 $p(x)$ 在 $N[x]$ 中可以分解成为一次因式的积

$$p(x) = (x - \alpha_1)(x - \alpha_2)\cdots(x - \alpha_n), \alpha_i \in N$$

因此 $L = F(\alpha_1, \alpha_2, \cdots, \alpha_n) \subseteq N$.

由（ii）立即推出 L 是唯一确定的. 这个唯一确定的有限次伽罗瓦扩域 L 称为扩张 K/F 的伽罗瓦闭包.

定理 1.3.3 设 E 是域扩张 K/F 的一个中间域，如果 K/F 是伽罗瓦扩张，则 K/E 也是伽罗瓦扩张.

证明 K 是 F 的可分扩域，所以也是 E 的可分扩域. 设 K' 是 K 在 E 上任意一个共轭域，那么在 K 和 K' 的一个共同的扩域 L 内，存在 K 是 K' 的一个 E－同构 σ. 因为 $E \supseteq F$，所以 σ 也是一个 F－同构. 因为 K 与 K' 是 F－共轭的. 因为 K 是 F 的正规扩域，所以 $K' = \sigma(K) = K$. 因此 K 也是 E 的正规扩域. 这样，K/E 是可分正规扩张，从而是伽罗瓦扩张.

要注意的是，E/F 一般来说不是伽罗瓦扩张.

例如，令 p 是一个素数，$x^4 - p$ 是 $Q[x]$ 中的不可约多项式. 令 $\alpha = \sqrt[4]{p} \in \mathbf{R}$. $E = Q(\alpha)$ 是 Q 上的四次扩域. $K = E(i) = Q(\alpha, i)$ 是 $x^4 - p$ 在 Q 上的分裂域. 因而 K 是 Q 上一个伽罗瓦扩域. $(K : Q) = 8$，$Q \subsetneq E \subsetneq K$. 但 $E \not\ni \mathrm{i}\alpha$（$\alpha$ 的 Q－共轭元素），所以 E/Q 不是伽罗瓦扩张.

§2 多项式的伽罗瓦群

2.1 多项式的伽罗瓦群的定义及可迁性

这一节我们按照伽罗瓦原来的想法引进一个多项式的群，并且给出计算它的方法.

设 $f(x)$ 为基域 F 上一个无重根的多项式,次数 $n>0$,K 为 $f(x)$ 的分裂域. 于是 $K=F(\alpha_1,\alpha_2,\cdots,\alpha_n)$,$\alpha_i$ 为 $f(x)$ 的根. K 的任一元素 α 都是 $\alpha_1,\alpha_2,\cdots,\alpha_n$ 的多项式,系数在 F 内:$\alpha=\varphi(\alpha_1,\alpha_2,\cdots,\alpha_n)$. K 的每个 F - 自同构 σ 作用在 α 上有

$$\sigma(\alpha)=\varphi(\sigma(\alpha_1),\sigma(\alpha_2),\cdots,\sigma(\alpha_n))$$

由此可知,σ 由 $\alpha_1,\alpha_2,\cdots,\alpha_n$ 的像唯一决定. 特别的将 σ 作用于 $f(\alpha_i)=0$ 可知 $f(\sigma(\alpha_i))=0$,$\sigma(\alpha_i)$ 仍为 $f(x)$ 的根. 因而 σ 引起 $f(x)$ 的根之间的一个置换 $\pi_\sigma:\alpha_i\rightarrow\sigma(\alpha_i),i=1,2,\cdots,n$. 不同的 σ 引起不同的置换 π_σ. 而且显然,对 $\sigma,\tau\in G(K/F)$ 有 $\pi_\sigma\pi_\tau=\pi_{\sigma\tau}$. 这样我们得到 $G(K/F)$ 到 $f(x)$ 的根 $\alpha_1,\alpha_2,\cdots,\alpha_n$ 的对称群 S_n 的一个单一同态 $\sigma\rightarrow\pi_\sigma$. 对所有 $\pi_\sigma,\sigma\in G(K/F)$ 在 S_n 内形成一个与 $G(K/F)$ 同构的子群 G_f.

定义 2.1.1 G_f 叫作多项式 $f(x)$ 在 F 上的伽罗瓦群,或简称 $f(x)$ 在 F 上的群.

如上所说,每个 $\sigma\in G(K/F)$ 限制到 $f(x)$ 的根上得到置换 π_σ,反之每个这样得到的置换 π_σ 又可以按自然的方式开拓成 K 的 F - 自同构 $\sigma:\alpha\rightarrow\pi_\sigma(\alpha)=\varphi(\pi_\sigma(\alpha_1),\pi_\sigma(\alpha_2),\cdots,\pi_\sigma(\alpha_n))$. 在这个意义上,$\sigma$ 和 π_σ 可以不加区别. 要注意的是,并不是 S_n 的每个置换都可以按自然的方式开拓成 K 的 F - 自同构. G_f 有如下的刻画:

定理 2.1.1 设 $f(x)$ 是域 F 上的多项式,K/F 和 G_f 如上. 置换 $\pi\in S_n$ 属于 G_f 的充要条件是对每个多项式 $g(x_1,x_2,\cdots,x_n)\in F[x_1,x_2,\cdots,x_n]$,若 $g(\alpha_1,\alpha_2,\cdots,\alpha_n)=0$,恒有 $g(\pi(\alpha_1),\pi(\alpha_2),\cdots,\pi(\alpha_n))=0$,即 π 保持 $f(x)$ 的根之间的代数关系总和不变.

证明 必要性由 G_f 的定义即得.

充分性. 假设 π 满足定理中的条件. 用 π 定义 K 到自身的一个映射 σ 如下:对每个 $\alpha\subset K$,将 α 表成 $\alpha=\varphi(\alpha_1,\alpha_2,\cdots,\alpha_n)$,$\varphi(x_1,x_2,\cdots,x_n)\in F[x_1,x_2,\cdots,x_n]$. 规定

$$\sigma(\alpha)=\varphi(\pi(\alpha_1),\pi(\alpha_2),\cdots,\pi(\alpha_n))$$

首先,定义与 α 的表法无关. 设 $\alpha=\psi(\alpha_1,\alpha_2,\cdots,\alpha_n)$ 为另一种表示法,$\psi(x_1,x_2,\cdots,x_n)\in F[x_1,x_2,\cdots,x_n]$. 令 $h(x_1,x_2,\cdots,x_n)=\psi(x_1,x_2,\cdots,x_n)-\varphi(x_1,x_2,\cdots,x_n)$,于是 $h(\alpha_1,\alpha_2,\cdots,\alpha_n)=0$ 为 α_i 的一个代数关系,因而

$$\sigma(h(\alpha_1,\alpha_2,\cdots,\alpha_n))=h(\pi(\alpha_1),\pi(\alpha_2),\cdots,\pi(\alpha_n))=0$$

即

$$\varphi(\pi(\alpha_1),\pi(\alpha_2),\cdots,\pi(\alpha_n))-\psi(\pi(\alpha_1),\pi(\alpha_2),\cdots,\pi(\alpha_n))=0$$

所以 $\sigma(\alpha)$ 与 α 的表法无关，由 α 唯一决定. 因而 σ 是 K 到自身的一个映射而且保持 F 的元素不动. 仿上可以证明 σ 保持 K 的加法和乘法. 因而 σ 是 K 的 F－自同态. 由于 $\sigma(\alpha_1)=\pi(\alpha_1),\cdots,\sigma(\alpha_n)=\pi(\alpha_n)$ 是 $f(x)$ 的全部根，在 F 上生成 K，σ 是一个满射. 又由于 K 是一域，σ 又是单射，所以 σ 是 K 的一个 F－自同构. 由 σ 的定义可知 $\pi=\pi_\sigma$，所以 $\pi\in G_f$.

定理 2.1.1 表明，一个(无重根)的多项式的伽罗瓦群由它的根的代数关系总和唯一决定.

现在要问 G_f 作为根的置换群在什么条件下是可迁的.

在一般情况下，我们可以把 G 的定义域 M 分成若干个可迁集(参阅第一章，7.6 目)，每一个可迁集是由那些被群 G 的置换互相变换的元素所组成的.

引理 每一无重根的多项式 $f(x)$ 的不可约因子与它的伽罗华群的可迁集之间存在着一一对应.

证明 设 $p(x)=(x-\alpha_1)(x-\alpha_2)\cdots(x-\alpha_r)$ 为 $f(x)$ 在基域 F 上的一个不可约因子. 由 $p(\alpha_1)=0$ 得出

$$p(\sigma(\alpha_1))=0$$

这里 σ 是 $f(x)$ 的伽罗瓦群 G_f 的任一元素. 又 α_1 至少有 r 个互异的像，因为不然的话，它将满足一个次数低于 r 的不可约方程. 于是可知每一 $\alpha_i(1\leqslant i\leqslant r)$ 都是 α_1 在某一自同构下的像. 由 $p(x)$ 的既约性可知，α_1 没有其他任何像，换句话说，$p(x)$ 确定了群 G_f 的可迁集 $A=\{\alpha_1,\alpha_2,\cdots,\alpha_r\}$.

定理 2.1.2 设 G_f 是一个 n 次无重根多项式 $f(x)$ 在 F 上的伽罗瓦群，那么 G_f 可迁的充分必要条件是 $f(x)$ 在 F 上不可约.

证明 设 $\alpha_1,\alpha_2,\cdots,\alpha_n$ 是 $f(x)$ 的 n 个不同的根.

如果 $f(x)$ 不可约，那么按照引理，G_f 的可迁集为 $\{\alpha_1,\alpha_2,\cdots,\alpha_n\}$，换句话说，$G_f$ 是可迁的.

反之，设 G_f 可迁. 如果 $f(x)$ 可约：$f(x)=g(x)h(x)$. 同样根据引理，G_f 的可迁集不可能是 $\{\alpha_1,\alpha_2,\cdots,\alpha_n\}$，因为 $g(x)$ 的诸根是 G_f 的一个可迁集.

例 域 $Q(\sqrt{2},\sqrt{3})=Q(\sqrt{2}+\sqrt{3})$ 可以看作是 x^4-5x^2+6 或 x^4-10x^2+1 的分裂域. 这两个多项式的伽罗瓦群相同，它们都是由自同构 I,τ,σ,ω 组成的，见表 1.

表 1

	I	τ	σ	ω
$\sqrt{2}\to$	$\sqrt{2}$	$-\sqrt{2}$	$\sqrt{2}$	$-\sqrt{2}$
$\sqrt{3}\to$	$\sqrt{3}$	$\sqrt{3}$	$-\sqrt{3}$	$-\sqrt{3}$

这个群对于两个方程的根所引起的置换分别列表(表 2、表 3)如下:

$$x^4-5x^2+6$$

$$\alpha_1=\sqrt{2},\alpha_2=-\sqrt{2},\alpha_3=\sqrt{3},\alpha_4=-\sqrt{3}$$

表 2

	α_1	α_2	α_2	α_4
I	α_1	α_2	α_3	α_4
τ	α_2	α_1	α_3	α_4
σ	α_1	α_2	α_4	α_3
ω	α_2	α_1	α_4	α_3

$$x^4-10x^2+1$$

$$\alpha_1=\sqrt{2}+\sqrt{3},\alpha_2=\sqrt{2}-\sqrt{3},\alpha_3=-\sqrt{2}+\sqrt{3},\alpha_4=-\sqrt{2}-\sqrt{3}$$

表 3

	α_1	α_2	α_2	α_4
I	α_1	α_2	α_3	α_4
τ	α_3	α_4	α_1	α_2
σ	α_2	α_1	α_4	α_3
ω	α_4	α_3	α_2	α_1

在第一种情形下,我们有两个可迁集,每一域包含两个根. 在第二种情形下,我们得到的是四阶可迁集. 情况完全不同,然而抽象群的构造在两种情形下都是相同的.

2.2 多项式的伽罗瓦群的计算

多项式 $f(x)$ 同 2.1 目,我们知道,根 $\alpha_1,\alpha_2,\cdots,\alpha_n$ 的交错群 A_n 是 S_n 指数为 2 的正规子群,因而 $A_n\cap G_f$ 也是 G_f 的正规子群,指数 $[G_f:A_n\cap G_f]\leqslant 2$. 试问这个指数表现在多项式 $f(x)$ 有什么意义? 易知指数为 1 的充要条件是 $G_f\subseteq A_n$,即 G_f 不含奇置换. 这与根的交错函数有关系. 根 $\alpha_1,\alpha_2,\cdots,\alpha_n$ 的交错函数是指 $\Delta=\prod\limits_{i<j}(\alpha_i-\alpha_j)$,将 $\alpha_1,\alpha_2,\cdots,\alpha_n$ 看作根的自然顺序,若 $i<j$,则 α_i,α_j 看作一个逆序. 设置换 $\pi\in G_f$ 有 r 个逆序,π 作用在 Δ 上不难说明

$$\pi(\Delta)=\prod_{i<j}(\pi(\alpha_i)-\pi(\alpha_j))=(-1)^r\prod_{i<j}(\alpha_i-\alpha_j)$$

得 $\pi(\Delta)=(-1)^r\Delta$.

若 F 的特征等于 2,则 $-1=1$,$\pi(\Delta)=\Delta$,对所有 $\pi\in G_f$,因而 Δ 恒属于基域 F.若设 F 的特征不等于 2,则 $\pi(\Delta)=\Delta$ 的充要条件是 π 为偶置换.因此在伽罗瓦对应下中间域 $K=F(\Delta)$ 与子群 $A_n\cap G_f$ 对应.

函数 Δ^2 记作 $D(f)$,叫作 $f(x)$ 的判别式.$D(f)$ 恒属于 F.综上所述得到:

定理 2.2.1 设 G_f 是一个 n 次无重根多项式 $f(x)$ 在 F 上的伽罗瓦群,如果 F 的特征不为 2,那么 G_f 只含偶置换的充分必要条件是 $f(x)$ 的判别式 $D(f)$ 在 F 内可开平方,并且 $G(K/F)=A_n\cap G_f$,这里 $K=F(\sqrt{D(f)})$.

多项式 $f(x)$ 的判别式是根的对称函数,因此可以表为 $f(x)$ 的系数的多项式.现将几个低次的多项式的判别式写出如下

$$f(x)=x^2+bx+c,D(f)=b^2-4ac$$

$$f(x)=x^3+ax^2+bx+c$$

$$D(f)=-4a^3c+a^2b^2+18abc-4b^3-27c^3$$

若基域 F 的特征不等于 3,则经过一个替换 $x=y-\frac{a}{3}$ 将 $f(x)$ 化为下列形状

$$g(y)=y^3+py+q$$

此时 $D(g)=-4p^3-27q^3=D(f)$,当基域 F 的特征不等于 2 时,一个四次多项式 $x^4+ax^3+bx^2+cx+d$ 经过一个替换 $x=y-\frac{a}{4}$ 化为

$$g(y)=y^4+py^2+qy+r$$

此时

$$D(g)=16p^4r-4p^3q^2-128p^2r^2+144pq^2r-27q^4+256r^3=D(f)$$

利用定理 2.2.1 可以比较容易地定出低次无重根多项式的群.

域 F 上的二次多项式 $f(x)=x^2+bx+c$ 的群只有两种可能:若 $f(x)$ 不可约,则 G_f 为二文字的可迁群即 S_2;否则 G_f 为单位元群.

域 F 上三次多项式 $f(x)=x^3+ax^2+bx+c$ 的群有多种可能,根据定理 2.2.1 完全可以决定.若 $f(x)$ 在 F 内完全分解 $f(x)=(x-\alpha)(x-\beta)(x-\gamma)$,则 G_f 为单位元群.若 $f(x)=(x^2+bx+c)(x-\gamma)$,而 x^2+bx+c 在 F 上不可约,那么 G_f 等于 S_3 的子群 S_2,S_2 表示 x^2+bx+c 的两根的对称群.设 F 的特征不等于 2 而且 $f(x)$ 在 F 上不可约,则 $f(x)$ 的群 G_f 是三文字的可迁群,即 $G_f=S_3$ 或 A_3.进一步计算 $f(x)$ 的判别式 D.若 D 在 F 内不能开平方,则 $G_f=S_3$,否则 $G_f=A_3$.

F 上四次多项式 $f(x)$ 的群有更多的可能性.若 $f(x)$ 可约,则可归结到上

面的情况去讨论. 设 $f(x)$ 在 F 上不可约,此时 G_f 是四文字的可迁群. G_f 的阶是 4 的倍数有 4,8,12 和 24 四种可能. 而 S_4 中阶为 4 的倍数的可迁子群有 S_4, A_4,西罗 2 - 子群. 四元群 $V=\{e,(12)(34),(13)(24),(14)(23)\}$ 和循环群 $U=((1234))$ 五种. 因而 G_f 只有五种可能. 应用定理 2.2.1,(2) 还不足以决定 G_f,除了定理 2.2.1 以外还需要引进 $f(x)$ 的根的新的函数. 定理 2.2.1 中的 Δ 是一个二值函数. 就是说 Δ 在 G_f 的作用下一般出现两个值 Δ 和 $-\Delta$. 我们还要引进根的三值函数,以下一直假设 F 的特征不等于 2 而 $f(x)=x^4+py^2+qx+r$ 在 F 上不可约. 设 $K=F(\alpha_1,\alpha_2,\alpha_3,\alpha_4)$ 为 $f(x)$ 的分裂域,α_i 为 $f(x)$ 的根. 在 K 中取

$$\alpha=(\alpha_1+\alpha_2)(\alpha_3+\alpha_4),\beta=(\alpha_1+\alpha_3)(\alpha_2+\alpha_4),\gamma=(\alpha_1+\alpha_4)(\alpha_2+\alpha_3)$$

由计算可知,每个 $\pi\in G_f$ 作用下 α,β,γ 只能引起 α,β,γ 的一个排列. 因此,以 α,β,γ 为根作一个多项式

$$g(x)=(x-\alpha)(x-\beta)(x-\gamma)=x^3+b_1x^2+b_2x+b_3$$

$g(x)$ 的系数 b_i 在 G_f 的作用下不变,从而 $b_i\in F$. $g(x)$ 是 F 上一个三次多项式. 令 $E=F(\alpha,\beta,\gamma)$,则 E 是 K/F 的一个中间域而且是 $g(x)$ 的分裂域. 因而 K/F 是一个伽罗瓦扩张. 应用对称函数基本定理计算 $g(x)$ 的系数得

$$b_1=-(\alpha+\beta+\gamma)=-2p,b_2=\alpha\beta+\alpha\gamma+\beta\gamma=p^2-4r,b_3=-\alpha\beta\gamma=q^2$$

因而 $g(x)$ 的系数可以从 $f(x)$ 的系数算出来. 有趣的是 $g(x)$ 的判别式等于 $g(x)$ 的判别式. 事实上

$$\beta-\alpha=(\alpha_3-\alpha_2)(\alpha_4-\alpha_1),\gamma-\alpha=(\alpha_3-\alpha_1)(\alpha_4-\alpha_2)$$

$$\gamma-\beta=(\alpha_2-\alpha_1)(\alpha_4-\alpha_3)$$

于是得 $D(g)=D(f)$. 由于 $f(x)$ 可分,$D(f)\neq 0$,从而 $D(g)\neq 0$,α,β,γ 两两不同. 在伽罗瓦对应下设 G_f 的子群 H 与 E 对应. 求证

$$G(K/F)=H=G_f\cap V$$

其中 $V=\{e,(\alpha_1\alpha_2)(\alpha_3\alpha_4),(\alpha_1\alpha_3)(\alpha_2\alpha_4),(\alpha_1\alpha_4)(\alpha_2\alpha_3)\}$.

因为 G_f 中每个置换必属于下列五种类型之一

$$e,(\alpha_1\alpha_2)(\alpha_3\alpha_4),(\alpha_1\alpha_2),(\alpha_1\alpha_2\alpha_3),(\alpha_1\alpha_2\alpha_3\alpha_4)$$

其中前两种属于 V 而后三种则不属于 V. 同一种类型的置换对 α,β,γ 的作用是相似的(因为 $\alpha_1,\alpha_2,\alpha_3,\alpha_4$ 在 α,β,γ 中处在对称的地位),因而只需考察上面五个置换对 α,β,γ 的作用就够了. 前两个都分别保持 α,β,γ 不动,因而保持 E 的元素不动,所以属于 H,而$(\alpha_1\alpha_2)$ 对换 α 和 γ,$(\alpha_1\alpha_2\alpha_3)$ 将 α,β,γ 变成 γ,α,β,$(\alpha_1\alpha_2\alpha_3\alpha_4)$ 对换 β 和 γ. 由于 α,β,γ 两两不等,由此可知后三类不属于 H,所以 $G_f\cap V=H=G(K/F)$.

如上构造出的三次多项式 $g(x)$ 叫作四次不可约多项式 $f(x)$ 的预解式. 我们可以根据 $g(x)$ 的群定出 $f(x)$ 的群. 兹分情况讨论如下.

(ⅰ) $g(x)$ 在 F 上不可约且判别式 $D(g)$ 在 F 内不能开平方. 根据三次多项式的群的讨论,可知 $G(E/F)\cong S_3$. 特别 $(G_f:H)=6$,从而 $3\,|\,|G_f|$;又已知 $4\,|\,|G_f|$,所以 G_f 的阶为 12 或 24. 由 S_4 只有唯一的一个 12 阶子群 A_4,全由偶置换组成,而 G_f 含有奇置换,所以 G_f 只能是 S_4.

(ⅱ) $g(x)$ 在 F 上不可约但 $\sqrt{D(g)}\in F$. 此时,有 $\sqrt{D(f)}\in F$,G_f 只含偶置换. $G_f\subseteq A_4$. 另一方面,根据三次多项式的结果,$G(E/F)\cong A_3$. 从而 $3\,|\,|G_f|$. 由于 $4\,|\,|G_f|$,有 $12\,|\,|G_f|$,所以 $G_f=A_4$.

(ⅲ) $g(x)$ 在 F 内分解成一个 2 次不可约因式和一个一次因式之积. 此时 $(E:F)=(G_f:H)=2$. 由于 $|H|\leqslant|V|=4$,有 $|G_f|\leqslant 8$. 因而 G_f 的阶只能是 4 或 8,而 $(K:E)$ 只能是 2 或 4. 若 $f(x)$ 在 E 上不可约,则 $(K:E)=4$,从而 $|G_f|=8$. G_f 是 S_4 的一个 8 阶可迁子群. 但 S_4 的 8 阶子群只有一个共轭类即西罗 2－子群,而且可迁. 这类子群与二面体群 D_4 同构. 所以 $G_f=((12),(1324))\cong D_4$. 设 $f(x)$ 在 E 上可约,则 $(K:E)<4$,$|G_f|<8$. 此时 G_f 是一个 4 阶可迁子群. 但是 S_4 的 4 阶可迁子群有两个共轭类即四元群 $V=((12)(34),(13)(24))$,和循环群 $Z=((1234))$. 为了进一步决定 G_f 需要计算 $g(x)$ 的判别式,设 $g(x)$ 的三根 α,β,γ 适合 2 次不可约多项式 $h(x)\in F[x]$ 而 $\gamma\in F$. 于是

$$D(g)-[(\gamma-\alpha)(\gamma-\beta)(\beta-\alpha)]^2=h(r)^2(\beta-\alpha)^2=h(r)^2D(h)$$

其中 $h(r)\in F$. 由于 $h(x)$ 不可约,由于 $\sqrt{D(h)}\notin F$,因而 $\sqrt{D(g)}\notin F$. 从而 G_f 含有奇置换. 于是 G_f 能与循环群 $((1234))$ 同构.

(ⅳ) $g(x)$ 在 F 内分解成一次因式之积即 α,β,γ 全属于 F. 此时 $E=F$,$H=G_f$,因而 $|G_f|\leqslant 4$. 但是 $4\,|\,|G_f|$,所以 $|G_f|=4$. 从 $G_f\cap V=H=G_f$,推出 $G_f=V$.

综上所述得到下列事实:(将 $f(x)$ 的根 $\alpha_1,\alpha_2,\alpha_3,\alpha_4$ 简记作 1,2,3,4):

定理 2.2.2 设域 F 的特征不等于 2,又设 $f(x)$ 为域 F 上一个 4 次不可约多项式. $g(x)$ 为它的 3 次预解式,K/F 为 $g(x)$ 的分裂域. 于是

(ⅰ) 若 $f(x)$ 不可约而且 $\sqrt{D(g)}\notin F$,则 $G_f=S_4$;

(ⅱ) 若 $g(x)$ 不可约而且 $\sqrt{D(g)}\in F$,则 $G_f=A_4$;

(ⅲ) 若 $g(x)$ 有一个 2 次不可约因式,而且 $f(x)$ 在 E 不可约,则 $G_f\cong((13),(1234))$;

(ⅳ) 若 $g(x)$ 有一个 2 次不可约因式,而且 $f(x)$ 在 E 上可约,则 $G_f \cong$ ((1234));

(ⅴ) 若 $g(x)$ 完全可分解成一次因式之积,则 $G_f = ((12)(34),(13)(24))$.

§3 伽罗瓦理论的基本定理

3.1 伽罗瓦群的性质

伽罗瓦扩张和伽罗瓦群有若干非常好的性质,现在我们把它们叙述成定理.

定理3.1.1 如果 K/F 为有限伽罗瓦扩张,则相应的伽罗瓦群 $G(K/F)$ 的阶恰好等于它的扩张的次数 $(K:F)$.

证明 由于 $G(K/F)$ 的固定域是 F,根据定理 1.2.3, $|G(K/F)| = (K:F)$.

反过来的结论也是正确的:

定理3.1.2 设 K/F 是一个有限次扩张,如果 K 的 F－自同构群的阶等于扩张的次数 $(K:F)$,那么 K 是 F 的一个伽罗瓦扩域.

证明 令 E 为群 $G(K/F)$ 的固定域,则 $F \subseteq E \subseteq K$. 由定理 1.3.3, K 是 E 的伽罗瓦扩张. 由同构群的性质(ⅳ),我们有

$$G(K/E) = G(K/F)$$

这样一来,可以对于伽罗瓦扩张 K/E 应用定理 3.1.1 得出

$$|G(K/F)| = |G(K/E)| = (K:E) \leqslant (K:F)$$

另一方面,又有 $|G(K/F)| = (K:F)$. 如此, $(K:E) = (K:F)$,从而 $E = F$,即 K 是 F 的伽罗瓦扩域.

定理3.1.3 设 G 是域 K 全自同构群的一个有限子群,如果 G 以 F 为固定域,则 K/F 是有限伽罗瓦扩张,且 G 就是扩张 K/F 的伽罗瓦群.

证明 一方面,由定义 $F \subseteq K^{G(K/F)}$;另一方面,由 $G \subseteq G(K/F)$ 又有 $K^{G(K/F)} \subseteq K^G = F$,因而 $K^{G(K/F)} = F$. 这就得出 K/F 是一个伽罗瓦扩张.

其次,将定理 1.2.3 用于群 G,得 $|G| = (K:F)$. 根据定理 3.1.1, $|G| = |G(K/F)|$. 由 $G \subseteq G(K/F)$ 即得 $G = G(K/F)$.

设 K/F 是伽罗瓦扩张,定理 1.3.3 指出了 K 是中间域 E 的伽罗瓦扩张. 下面的定理进一步指出了伽罗瓦群 $G(K/E)$ 的一些信息.

定理 3.1.4 设G是有限伽罗瓦扩张K/F的一个伽罗瓦群,E是扩张K/F的任一中间域,则K/E的伽罗瓦群等于G中保持E的元素不动的那些自同构组成的子群,即

$$G(K/E)=\{\sigma\in G\mid\sigma(a)=a\text{ 对于所有的 }a\in E\text{ 都成立}\}$$

证明 令$H=\{\sigma\in G\mid\sigma(a)=a$ 对于所有的$a\in E$都成立$\}$.并设E'为H的固定域,那么$E\subseteq E'$.根据定理 3.1.1,$(K:E')=|H|$,$(K:E)=|G|$;再,$(K:E)=(K:E')(E':E)$,联立这些等式得出$(E':E)=[G:H]$.现在只要证明$(E:F)\geqslant[G:H]$就可以了,因为这样的话就可以由$(E:F)\leqslant(E':F)$推出$(E:F)=[G:H]=(E':F)$,从而$E'=E$.再根据定理 3.1.3,即知H是伽罗瓦扩张$K\mid E$的伽罗瓦群.

根据定理 3.1.3,H是伽罗瓦扩张K/E的伽罗瓦群,为了证明$(E:F)\geqslant[G:H]$.将G按H分解成为陪集的并

$$G=\sigma_1H\cup\sigma_2H\cup\cdots\cup\sigma_rH,\sigma_1=e$$

H的元素τ在E上诱导出恒等映射,因而属于同一个陪集σ_iH诱导出一个E到K内的$F-$映射

$$a\to\sigma_i(a),a\in E$$

这r个诱导出的映射是两两不同的.事实上,假若$\sigma_i(a)=\sigma_j(a)$对所有$a\in E$都成立,那么$\sigma_j^{-1}(a)\sigma_i(a)=a$对所有的$a\in E$.于是$\sigma_j^{-1}\sigma_i\in H$,$\sigma_i$与$\sigma_j$将属于同一个陪集,这只有在$i=j$才行.所以$G$诱导出$r$个不同的$F-$映射$E\to K$.根据线性无关定理的推论 1(§2,1.2),$r\leqslant(E:F)$,即$[G:H]\leqslant(E:F)$.

最后,我们给出有关扩域的合成域的一个定理,它在以后要用到.

定理 3.1.5 设K是域F的一个伽罗瓦扩域,L是F的任意扩域,并且假设K和L都被包含在某一个共同的扩域内,则

(ⅰ)KL是L的伽罗瓦扩域;

(ⅱ)如果次数$(K:K\cap L)$有限,则$(KL:L)=(K:K\cap L)$,并且$G(KL/L)\cong G(K/K\cap L)$.

证明 (ⅰ)因为K是F的可分扩域,所以K的每一个元素也在$L\supseteq F$上可分.由第三章定理 5.3.3 的推论 2,$KL=L(K)$是L上可分扩域.

令σ是KL的任意一个$L-$共轭,则σ在K上的限制$\sigma\upharpoonright K$自然是K的一个$F-$共轭.因为K/F是正规扩张,所以$\sigma(K)=K$.因为KL的每一个元素都是K和L的元素的积的组合,所以$\sigma(KL)=KL$.因此KL是L的正规扩域.

这样,KL是L的伽罗瓦扩域.

(ⅱ)令$E=K\cap L$,由定理 1.3.3,K/E也是有限次伽罗瓦扩张,因而是有

限次可分扩张.于是由第三章定理5.4.2的推论1,存在$\alpha \in K$,使得$K=E(\alpha)$,设$f(x)$是α在E上的极小多项式.因为K是E的正规扩域,所以由第三章定理3.3.2,在$K[x]$内

$$f(x)=(x-\alpha_1)(x-\alpha_2)\cdots(x-\alpha_n)$$

$a_i \in K, 1 \leqslant i \leqslant n, \alpha=\alpha_1$.另一方面,$\alpha$也是$L$上代数元,且$KL=LE(\alpha)=L(\alpha)$.令$g(x)$是$\alpha$在$L$上的极小多项式,那么在$L[x]$内,$g(x) \mid f(x)$.所以$g(x)$的根都是$f(x)$的根,因而属于$K$.于是$g(x)$的系数作为根的基本对称多项式,都属于$K$,从而属于$E=K \cap L$,这样一来就必须有$f(x)=g(x)$.因此

$$(KL:L)=\text{次数}(g(x))=\text{次数}(f(x))=(K:E)$$

现在设$\sigma \in G(KL/L)$,那么$\sigma \upharpoonright K$自然使$E=K \cap L$的元素保持不动,所以$\sigma \upharpoonright K \in G(K/E)$.这样

$$\theta: G(KL/L) \ni \sigma \to \sigma \upharpoonright K \in G(K/E)$$

是群$G(KL/L)$到群$G(K/E)$的同态映射.如果$\sigma \in G(KL/L)$而$\sigma \upharpoonright K=e \upharpoonright K$,则显然$\sigma=e \upharpoonright KL$.因而$\theta$是单射.最后再由定理3.1.1、定理3.1.2以及上面所证明的事实,我们有

$$|G(KL/L)|=(KL:L)=(K:E)=|G(K/E)|$$

所以

$$G(KL/L) \cong G(K/E)=G(K/K \cap L)$$

3.2 伽罗瓦理论的基本定理

设K/F是一个伽罗瓦扩张,$G=G(K/F)$是它的伽罗瓦群.由定义,我们有

$$F=K^G=\{\alpha \in K \mid \sigma(\alpha)=\alpha, \text{对任意 } \sigma \in G\}$$

设H是G的一个子群,那么显然有

$$F=K^G \subseteq K^H \subseteq K$$

即H的固定域K^H是K/F的一个中间域.反过来,设E是K/F的一个中间域.由定理1.3.3,K/E也是伽罗瓦扩张,并且$G(K/E)$是G的一个子群.

令$\{H\}$是G的子群族(G的一切子群所组成的集),$\{E\}$是K/F的中间域族,那么成立下面的基本定理.

定理3.2.1 如果G是伽罗瓦扩张K/F的伽罗瓦群,那么存在G的子群族$\{H\}$和扩张K/F中间域族$\{E\}$之间的双射$H \leftrightarrow E$,使得每个子群对应于它的固定域K^H;使得每个中间域E对应于伽罗瓦群$G(K/E)$;并且它们互为逆映射,即$G(K/K^H)=H, K^{G(K/E)}=E$.

证明 第一,证明对应$H \to K^H$是$\{H\}$到$\{E\}$的一个$1-1$映射.已经知

道，子群 H 的固定域 K^H 是 K 的一个子域(1.2 目)；再，定理 1.2.4 表明这样的对应是单一的；最后，为了证明所说的映射是满的，我们必须指出每个子域 E 表现为 K^H 的形式，其中 H 是 G 的某个子群. 事实上，令 H 是 K 的这样的自同构组成的集合，它们保持 E 的元素不动. 于是 H 是一个群并且还是 G 的子群. 另一方面，K/E 是伽罗瓦扩张(定理 1.3.3)，同时 H 就是它的伽罗瓦群(定理 3.1.4). 按照伽罗瓦扩张的定义，$K^H=E$. 于是 E 是 K^H 的形式，其中 $H=G(K/E)$.

第二，我们来证明 $E\to G(K/E)$ 是$\{E\}$到$\{H\}$的一个 $1-1$ 映射. 由定理 3.1.4，$G(K/E)$ 是 G 的一个子群；对应的单一性：两个不同的中间域 E 和 E' 对应不同的子群 H 和 H'. 为了证明这一点，选择任意一个在 E 中而不在 E' 中的元素 a，并对 K 在 E' 上的群 H' 应用下面的性质：在伽罗瓦群 H' 的每个自同构下保持不变的元素恰好是 E' 的元素. 这就可以断言，H' 包含某个 τ 使得 $\tau a\neq a$. 因为 a 是在 E 中，所以这个自同构 τ 不在群 H 中，于是 $H\neq H'$. 最后，任一子群 H 都可表示成 $G(K/E)$ 的形式，其中 E 是 K 的某个子域. 事实上，按照定理 3.1.3，只要取 $E=K^H$ 就行了.

上面在证明过程同时也包含了 $G(K/K^H)=H$ 以及 $K^{G(K/E)}=E$. 这就完成了基本定理的证明.

定理 3.2.1 中的一一对应称为伽罗瓦对应.

根据这一对应，如果 E 是 K/F 的一个中间域，则 E 一定是 K^H 的形式，其中 H 是 G 的某个(唯一确定的)子群. 反过来，如果 H 是 G 的任意子群，则 H 一定是 $G(K/E)$ 的形式，其中 E 是 K 的某个子域. 这样，一旦知道了伽罗瓦群，K 与 F 之间的所有的中间域就全看清楚了，它们的个数显然是有限的，因为一个有限群只有有限多个子群.

K 和 F 中间的所有子域 E 组成的集合，对于子域之间的普通包含关系来说，它是一个格. 如果 E 和 E' 是两个子域，它们的最大下界(或在这个格中的交)是交集 $E\cap E'$，它由 E 和 E' 的所有公共元素组成，而它们的最小上界(或在这个格中的并)是 $E\cup E'$，它是由 E 和 E' 的全体元素共同生成的 K 的子域. 例如，如果 $E=F(a_1)$ 和 $E'=F(a_2)$ 都是单扩张，那么它们的并就是多重扩张 $F(a_1,a_2)$.

定理 3.2.2 所有子域 $E,E',\cdots$ 组成的格，通过定理 3.2.1 中所述的对应 $E\to G(K/E)$，按照下述方式映射到由 G 的所有子群组成的格上

(1) 由 $E\subseteq E'$ 可推出 $G(K/E)\supseteq G(K/E')$；

(2)$G(K/(E\cup E'))=G(K/E')\cap G(K/E')$；

(3)$G(K/(E\cap E'))=G(K/E')\cup G(K/E')$,

特别是,仅由单位元素组成的子群对应着整个伽罗瓦扩域 K.

这些结果表明,这个对应把包含关系颠倒过来,把任意交映射到并,并且把并映射到交.具有这些性质的两个格之间的任意双射称为对偶同构.

为了证明这个定理,我们首先注意,对应于域 E 的群的定义表明,对应于较大子域的群一定使更多的元素保持不变,因此这个群就较小,这就得到定理中的第一个结论.交和并纯粹按照包含关系来定义,因此根据对偶原理,使包含关系颠倒的双射一定把交与并对换,这就是第二个和第三个结论所断言的.

伽罗瓦对应这个双射的进一步的细节,由下面的定理阐述:

定理 3.2.3 设 K/F 是一个有限伽罗瓦扩张,$G=G(K/F)$. 如果子群 H 对应于中间域 E,那么

(ⅰ)存在数量关系:$(K:E)=|H|$;$(E:F)=[G:H]$.

(ⅱ)H 的共轭子群 $\sigma H\sigma^{-1}$ 对应于 E 的共轭子域 $\sigma(E)$,$\sigma\in G$.

(ⅲ)H 在 G 内是正规的当且仅当 E 在 F 上是伽罗瓦的;此时将 G 限制在 E 上就得到 E/F 的伽罗瓦群 $G(E/F)$,即 $G(E/F)\cong G/H$.

证明 (ⅰ)因为 K/F 是伽罗瓦扩张,由定理 1.3.3,可知 K 亦是中间域 E 的伽罗瓦扩张,按照基本定理,H 是它的伽罗瓦群. 根据定理 1.2.3,可知 $(K:E)=|H|$. 另一方面,$(K:F)=|G|$,$(K:F)=(K:E)(E:F)$. $|G|=[G:H]|H|$,从而推出 $(E:F)=[G:H]$.

(ⅱ)设与 E 的共轭域 $\sigma(E)$ 对应的子群为 H',我们来证明 $H'=\sigma H\sigma^{-1}$. 对于任一 $\tau\in H$ 和任一 $a'\in\sigma(E)$,则 a' 是某个 $a\in E$ 在 σ 下的像:$\sigma(a)=a'$,于是

$$(\sigma\tau\sigma^{-1})(a')=(\sigma\tau\sigma^{-1})(\sigma(a))=(\sigma\tau\sigma^{-1}\sigma)(a)=\sigma\tau(a)=\sigma(\tau(a))=\sigma(a)=a'$$

因而 $\sigma(E)$ 的所有元素在 $\sigma\tau\sigma^{-1}$ 下不变,于是 $\sigma\tau\sigma^{-1}\in H'$. 这对所有 $\tau\in H$ 都成立,所以 $\sigma H\sigma^{-1}\subseteq H'$. 反之,将 $\sigma(E)$ 写成 L,则 $E=\sigma^{-1}(L)$. 仿照上面的论证可知 $\sigma^{-1}H'(\sigma^{-1})^{-1}\subseteq H$,即 $\sigma^{-1}H'\sigma\subseteq H$. 由此得 $H'\subseteq\sigma H\sigma^{-1}$. 最后得 $H'=\sigma H\sigma^{-1}$.

(ⅲ)设 H 在 G 内正规,于是对所有 $\sigma\in G$ 有 $\sigma H\sigma^{-1}=H$,从此有 $\sigma(E)=E$. 因而每个 $\sigma\in G$ 限制在 E 上产生 E 的一个 F-自同构 $\bar{\sigma}$,$\bar{\sigma}\in G(E/F)$. 显然两个自同构乘积的限制 $\overline{\sigma\tau}=\bar{\sigma}\cdot\bar{\tau}$. 于是映射 $\sigma\to\bar{\sigma}$ 是一个同态 $G\to G(K/F)$,同态的核 $=H$. 由此诱导出一个单一同态 $G/H\to G(E/F)$. 一方面由(1),$(E:F)=[G:H]$(事实上,(i) 的证明在 E/F 不是伽罗瓦扩张时仍然保持有效). 另一方面 $|G(E/F)|\leqslant(E:F)$. 由此可知上述同态是满的而且 $|G(E/F)|=(E:F)$.

这样，上述同态是一个同构，$G/H \cong G(E/F)$. 最后只需指出 E/F 是一个伽罗瓦扩张. 因为$(E:F)=|G(E/F)|$，由定理 3.1.2 可知 E/F 是一个伽罗瓦扩张，而且它的伽罗瓦群同构于 G/H.

反之，设 E 是 F 的伽罗瓦扩张，于是 $|G(E/F)|=(E:F)=r$. E 有 r 个不同的 F－自同构，即 E 有 r 个不同的到 K 的 F－单同态. 我们要证明的是：对于每个 $\sigma\in G$ 有 $\sigma(E)=E$. 假如不是这样，就有一个 $\sigma\in G$ 使得 $\sigma(E)\neq E$. 那么由 σ 诱导出的 F－单同态 $E\to K$ 将与上面的 r 个单同态都不同，E 将有多余 r 个的不同的 F－单同态 $E\to K$. 这将与定理 3.1.4 抵触. 所以对于所有 $\sigma\in G$ 有 $\sigma(E)=E$. 因而对所有 $\sigma\in G$ 都有 $\sigma H\sigma^{-1}=H$. 所以 H 在 G 内正规.

作为结束我们提出下面的问题：设 $F(\theta)/F$ 是伽罗瓦扩域，如果我们把基域 F 扩大到域 F' 同时扩域 $F(\theta)$ 也相应地扩大到 $F'(\theta)$，那么 $F(\theta)$ 对于 F 的伽罗瓦群有什么改变(我们自然要假定，$F'(\theta)$ 是有意义的，即 F' 与 θ 都包含在一个共同的扩域 Ω 之中).

置换 $\theta\to\theta_v$ 按照扩张给出 $F'(\theta)$ 的自同构，它也给出 $F(\theta)$ 的同构，因为 $F(\theta)$ 正规，所以它是 $F(\theta)$ 的自同构. 因此基域扩充之后的置换群是原来群的子群. 如果我们特别取 F 与 $F(\theta)$ 的一个中间域为 F'，我们看到确实可能是真子群. 但是这个子群也可能就是原来的群，这时我们说，基域的这个扩张没有简约 $F(\theta)$ 的群.

3.3　共轭的域·正规扩域的第二种定义

设 L/F 是一个有限扩张，两个中间域 E 与 E' 叫作在 F 上共轭的(简称为 F－共轭)，如果存在一个同构 $\sigma\in G(L/F)$，使得 $E'=\sigma(E)$. 在不致引起混淆的情况下，就称 E' 与 E 共轭.

借助于共轭域的概念，扩张的正规性可以用不同于第三章 3.2 的方式呈现出来.

定义 3.3.1　域 F 的一个代数扩域 E 叫作一个正规扩域，如果任意与 E 在 F 上共轭的域都等于 E.

如果 E 是 F 的一个正规扩域，那么也说 E/F 是一个正规扩张.

考察两个定义 3.3.1 的例子. 令 Q 是有理数域，$E=Q(\sqrt{2})$，则 E 是 Q 的一个正规扩域. 事实上，设 σ 是 E 的一个 Q－共轭，则 $\sigma(\sqrt{2})$ 必然是 $\sigma(x^2-2)=x^2-2$ 的一个根，这是因为 x^2-2 在 E 的任意一个扩域内只有两个根，$\sqrt{2}$ 和 $-\sqrt{2}$，所以 $\sigma(\sqrt{2})=\sqrt{2}$ 或 $-\sqrt{2}$. 不论哪一个情形都有 $\sigma(E)=Q(\sigma(\sqrt{2}))=Q(\sqrt{2})=E$.

第二个例子：$E=Q(\sqrt[3]{2})$ 不是 Q 的正规扩域.因为在复数域 C 内，x^3-2 有三个根：$\sqrt[3]{2},\sqrt[3]{2}\varepsilon,\sqrt[3]{2}\varepsilon^2$，这里 $\varepsilon=-\frac{1}{2}+\frac{1}{2}\sqrt{-3}$ 是一个三次单位根.显然 $E'=Q(\sqrt[3]{2}\varepsilon)$ 是一个与 $EQ-$ 共轭的域，但 $E'\neq E$.

下面来证明两个定义的等价性，为此先证明一个引理：

引理 设域 K 是 F 的一个代数扩张，那么 K 到 K 自身的每一个 $F-$ 同态单射都是满的，因而是 K 的 $F-$ 自同构.

证明 设 $\sigma:K\to K$ 是一个同态单射，且保持 F 的元素不动.取 $a\in K$，则 a 是 F 上的代数元.用 $p(x)$ 表示 a 在 F 上的极小多项式，并且 $a_1=a,a_2,\cdots,a_m$ 是 $p(x)$ 在 K 内的一切互不相同的根，那么在 $K[x]$ 内，我们有

$$p(x)=(x-a_1)^{k_1}(x-a_2)^{k_2}\cdots(x-a_m)^{k_m}g(x)$$

这里 $k_1,k_2,\cdots,k_m\geqslant 1,g(x)\in K[x]$ 且在 K 内没有根.现在对这个等式两端的系数作用 σ，因为 $p(x)\in F[x]$，所以 $\sigma(p(x))=p(x)$，于是

$$p(x)=\sigma(p(x))=(x-\sigma(a_1))^{k_1}(x-\sigma(a_2))^{k_2}\cdots(x-\sigma(a_m))^{k_m}\sigma(g(x))$$

其中，$\sigma(g(x))\in K[x]$.因为 σ 是单射，所以 $\sigma(a_1),\sigma(a_2),\cdots,\sigma(a_m)$ 仍是 $p(x)$ 在 K 内的所有互异的根.如此，a 等于某个 $\sigma(a_i)$，于是 $a\in\sigma(K)$，换句话说，σ 是一个满射.

定理 3.3.1 代数扩张 E/F 是正规的(按本目定义 3.3.1) 充分必要条件是 E 的任意元素 a 在 F 上的极小多项式能在 $E[x]$ 内分解成一次因式的乘积.

证明 充分性：设 E' 是一个与 E 为 $F-$ 共轭的域.由共轭的定义，E 和 E' 都包含在 F 的某一扩域 L 内，并且存在 $F-$ 同构映射 $\sigma:E\to E'$.设 $a'\in E'$，令 $a=\sigma^{-1}(a')\in E$.令 $p(x)$ 是 a 在 F 上极小多项式.按题设，$p(x)$ 在 $E[x]$ 内可以分解成一次因式的积

$$p(x)=(x-a_1)(x-a_2)\cdots(x-a_n),a_i\in E,1\leqslant i\leqslant n$$

因为 $p(a)=0$，所以 $p(a')-\sigma(p(a))=0$.因此，在 L 内，等式

$$(a'-a_1)(a'-a_2)\cdots(a'-a_n)=0$$

成立.于是 a' 必定等于某一个 a_i.从而，$a'\in E$.因为 a' 是 E' 的任意元素，所以 $E'\subseteq E$.

这样，$\sigma:E\to E'\subseteq E$ 是 E 到自身内的一个同态单射.因为 E 是 F 的代数扩域，由引理，σ 是满射，从而 $E'=\sigma(E)=E$.这就证明了 E 的任意一个 $F-$ 共轭的域都与 E 相等，即 E 是 F 的正规扩域.

必要性：设 $p(x)$ 是 E 上任一元素 a 的极小多项式，而 L 是它的分裂域.按定理 1.1.2，域 L(作为 E 的有限扩张) 的任意自同构 σ 把 a 映射到它在 E 上的

共轭元素 a',就是说 a' 亦满足 $p(x)$. 如此,$E=F(a)$ 的任何一个 $F-$共轭域均可表示为 $E'=F(a')$ 的形式. 因为对于所有的 a',均有 $E'=E$. 这意味着 E 包含有 $p(x)$ 的所有根,因此 $p(x)$ 在 E 内可以分解成一次因式的乘积.

3.4　共轭映射的个数

设 F 是一个域,Ω 是 F 的一个代数闭包. E 是扩张 Ω/F 的一个中间域. 现在考虑这样的 E 到 Ω 的单射 σ,它满足

$$\sigma(a+b)=\sigma a+\sigma b,\sigma(ab)=(\sigma a)(\sigma b)$$

对于任意的 $a,b\in E$;$\sigma(c)=\sigma c$,对于任意的 $c\in F$.

换句话说,σ 是 E 到 Ω 的一个同态单射,并且它使得 F 的一切元素不动. 这种映射称为 E 到 Ω 的 $F-$共轭映射,简称 $F-$共轭.

设 $\sigma:E\to\Omega$ 是一个 $F-$共轭,那么像集 $\sigma(E)$ 也是 Ω/F 的一个中间域,并且 $\sigma(E)$ 与 E 是 $F-$共轭的.

现在把 E 到 Ω 内的一切 $F-$共轭所成的集记作 $(E/F,\Omega)$. 这集合的基数(E 的 $F-$共轭的个数)对我们来说将是很重要的,按照集合的一般符号,这基数记为 $|(E/F,\Omega)|$.

首先指出基数 $|(E/F,\Omega)|$ 不依赖于代数闭包 Ω 的选取. 事实上,设 Ω 和 Ω' 都是 F 的代数闭包并且都包含 E,那么存在 $F-$同构映射 $\phi:\Omega\to\Omega'$.

对于任意 $\sigma\in(E/F,\Omega)$,将有 $\phi\circ\sigma\in(E/F,\Omega')$. 反过来也对,即对于任意 $\sigma'\in(E/F,\Omega')$,有 $\phi^{-1}\circ\sigma'\in(E/F,\Omega)$. 因此,对应

$$(E/F,\Omega)\ni\sigma\to\sigma'\in(E/F,\Omega')$$

是 $(E/F,\Omega)$ 到 $(E/F,\Omega')$ 的一个双射. 这样就得到了所需的结论. 因此,对于代数扩张 Ω/F 来说,我们任意取定 F 的一个包含 E 的代数闭包 Ω,而把 E 到 Ω 内的 $F-$共轭的个数记作 $|(E/F)|$.

定理 3.4.1　设 E 是代数扩张 L/F 的一个中间域,那么 $|(L/F)|=|(L/E)||(E/F)|$.

证明　设 Ω 是 L 的一个代数闭包. 因为 L/F 是代数扩张,Ω 自然也是 E 和 F 的代数闭包.

令 $\{\lambda_i\}_{i\in I}$ 是 E 到 L 内的 $F-$共轭的全体;$\{\mu_j\}_{j\in J}$ 是 L 到 Ω 内的 $E-$共轭的全体.

那么对于任意 $i\in I$ 和 $j\in J$,由第三章定理 3.3.3 推论 2,每个 λ_i 可以延拓为 Ω 的一个 $F-$自同构 λ_i';μ_j 可以延拓为 Ω 的一个 $F-$自同构 μ_j'. 于是 $\lambda_i'\circ\mu_j'$ 是 Ω 的一个 $F-$自同构.

对于$(i,j)\in I\times J$，令τ_{ij}表示$\lambda_i'\circ\mu_j'$在L上的限制，那么τ_{ij}是L到Ω内的一个$F-$共轭．因此，我们只需证明以下两点：

（ⅰ）如果$(i,j)\neq(k,h)$，那么$\tau_{ij}\neq\tau_{kh}$；

（ⅱ）设$\tau:L\to\Omega$是L到Ω内的一个$F-$共轭，那么存在$(i,j)\in I\times J$，使得$\tau_{ij}=\tau$．

先证第一点：等价地，我们来证明如果$\tau_{ij}=\tau_{kh}$，那么必有$i=k,j=h$．

对于任意$\alpha\in E\subseteq L$，都有$\tau_{ij}(\alpha)=\tau_{kh}(\alpha)$．由于$\alpha\in E$，所以

$\tau_{ij}(\alpha)=\lambda_i'(\mu_j'(\alpha))=\lambda_i'(\alpha)=\lambda_i(\alpha),\tau_{kh}(\alpha)=\lambda_k'(\mu_h'(\alpha))=\lambda_h'(\alpha)=\lambda_h(\alpha)$

因此$\lambda_i(\alpha)=\lambda_k(\alpha)$．这就是说$\lambda_i=\lambda_k$，从而$i=k$．

设$\beta\in L$，我们有

$\lambda_i'(\mu_j(\beta))=\lambda_i'\mu_j'(\beta)=\tau_{ij}(\beta)=\tau_{kh}(\beta)=\lambda_k'(\mu_h'(\beta))=\lambda_k'(\mu_h(\beta))$

我们已经证明了$i=k$．又因为λ_i'是单射，所以$\mu_j(\beta)=\mu_h(\beta)$，因而得出$\mu_j=\mu_h$，这等式证明$j=h$．

再证（ⅱ）成立．设$\tau:L\to\Omega$是L到Ω内一个$F-$共轭．令τ'是τ在E上的限制，就是说τ'是E到Ω内一个$F-$共轭．于是有$i\in I$，使得$\tau'=\lambda_i$，对于任意$\alpha\in E$来说

$$\tau(\alpha)=\tau'(\alpha)=\lambda_i(\alpha)=\lambda_i'(\alpha)$$

所以$\lambda_i'^{-1}(\tau(\alpha))=\alpha$，即$\lambda_i'^{-1}\circ\tau$是$L$到$\Omega$内一个$F-$共轭．于是有$j\in J$，使得$\lambda_i'^{-1}\circ\tau=\mu_j$．这样一来，$\tau=\lambda_i'\circ\mu_j$是$\lambda_i'\mu_j'$在$L$上的限制．定理完全被证明．

定理 3.4.2 设$E=F(\alpha)$是域F的一个单纯代数扩域，$p(x)$是α在F上的极小多项式，那么$|(E/F)|=p(x)$的简约次数．

证明 令Ω是E的一个代数闭包．设m是$p(x)$的简约次数．那么$p(x)$在Ω内有m个互不相同的根$\alpha_1=\alpha,\alpha_2,\cdots,\alpha_m$．由第三章定理3.3.3推论3，存在$\Omega$的$F-$自同构$\omega_i$使得$\omega_i(\alpha)=\alpha_i,1\leqslant i\leqslant m$．令$\tau_i$是$\omega_i$在$E$上的限制，则$\tau_i$是$E$到$\Omega$内的$F$ 共轭．当$i\neq j$时，$\tau_i(\alpha)=\alpha_i\neq\alpha_j=\tau_j(\alpha)$，所以$\tau_i\neq\tau_j$．这样，$\tau_1,\tau_2,\cdots,\tau_m$是$E$到$\Omega$内的互不相同的$F-$共轭，所以$m\leqslant|(E/F)|$．

设τ是E到Ω内的一个$F-$共轭．令$\alpha'=\tau(\alpha)\in\Omega$，则$p(\alpha')=p(\tau(\alpha))=\tau(p(\alpha))=0$．所以$\alpha'$等于某一个$\alpha_i=\tau_i(\alpha),1\leqslant i\leqslant m$．对于这个$i$，令

$$E'=\{\beta\mid\beta\in E,\tau(\alpha)=\tau_i(\alpha)\}$$

易证E'是E的一个子域且$E'\supseteq F,E'\ni\alpha$，所以$E'\supseteq F(a)=E$，从而$E'=E$．因此$\tau=\tau_i$．这就证明了$|(E/F)|\leqslant m$．

注意到一个不可约多项式$p(x)$是可分的当且仅当它的简约次数等于$p(x)$的次数，我们立即得到以下推论．

推论 记号同定理 3.4.2,那么 $p(x)$ 可分当且仅当 $|(E/F)|=(E:F)$.

定理 3.4.3 设 E 是域 F 的一个有限次扩域,那么 $|(E/F)|$ 不超过次数 $(E:F)$.

证明 因为 $(E:F)<\infty$,所以 E 是由 F 上有限个代数元生成的域.设

$$E=F(\alpha_1,\alpha_2,\cdots,\alpha_n),\alpha_i\in E,1\leqslant i\leqslant n$$

令 $F_0=F,F_i=F_{i-1}(\alpha_i)=F(\alpha_1,\alpha_2,\cdots,\alpha_i),1\leqslant i\leqslant n$,我们得到一个扩域序列

$$F=F_0\subseteq F_1\subseteq\cdots\subseteq F_n=E$$

每一个 F_i 是前一个域 F_{i-1} 的单纯代数扩域.于是由定理 3.4.1 和定理 3.4.2,我们有

$$|(E/F)|=\prod_{i=1}^{n}|(F_i/F_{i-1})|\leqslant\prod_{i=1}^{n}|(F_i:F_{i-1})|=(K:F)$$

比较定理 3.4.2 的推论和定理 3.4.3,于是得到

定理 3.4.4 一个有限扩域 $E=F(\alpha_1,\alpha_2,\cdots,\alpha_m)$ 对于 F 的共轭映射的个数,当且仅当每一 α_i 对于相应的域 $F(\alpha_1,\alpha_2,\cdots,\alpha_{i-1})$ 是可分的时候,等于域次数 $(E:F)$.反过来,只要有一个 α_i 不可分,那么共轭映射的个数就小于域次数.

由这个定理立刻推出一些重要的推论.首先这个定理说明,每一个 α_i 对于前一个域的可分性是一个域的性质而不依赖于生成元 α_i 的选择.因为这个域的任意一个元素 β 都可以选作第一个生成元,所以立刻推出,只要一切 α_i 在所说的意义下是可分的,那么 E 的每一元素 β 是可分的.从而

定理 3.4.5 若对于 F 逐次添加元素 $\alpha_1,\alpha_2,\cdots,\alpha_n$,并且若每一 α_i 对于前一个域是可分的,那么所生成的域

$$E=F(\alpha_1,\alpha_2,\cdots,\alpha_n)$$

对于 F 是可分的.

特别,可分元素的和、差、积、商都是可分的.

再者,若 β 对于 E 可分而 E 对于 F 可分,那么 β 对于 F 可分.因为 β 满足一个带有有限个属于 E 的系数 $\alpha_1,\alpha_2,\cdots,\alpha_m$ 的方程,所以对于 $F(\alpha_1,\alpha_2,\cdots,\alpha_m)$ 可分,从而

$$F(\alpha_1,\alpha_2,\cdots,\alpha_m,\beta)$$

可分.

最后,我们有:F 的一个可分有限扩域 E 的共轭映射的个数等于域次数 $(E:F)$.

因为根据上述,对于可分元素施上一切有理运算仍旧得到可分元素,所以

在 F 的一个任意扩域 K 中可分元素本身作成一个域 K_0. 我们也可以把 K_0 记作 F 在 K 中的最大可分扩域.

若 K 对于 F 是代数的,然而不一定可分,那么 K 中每一元素 α 的 p^e 次幂在 K_0 内,此处 e 是这个元素的指数. 由可分元素的定义,立刻推出,α^{p^e} 满足一个具有完全不同的根的方程. 于是:K 由 K_0 通过开 p^e 次方生成.

特别,若 K 对于 F 是有限的,那么指数 e 自然有界. 这些指数中的最大者,仍旧记作 e,叫作 K 的指数. K_0 的次数叫作 K 的简约次数.

开 p^e 次方自然也可以通过依次开 p 次方而达到. 在开 p 次方时,如果这个方根已经不在域内(即在添加一个不可约方程 $x^p-\beta=0$ 的根时),那么域次数就乘以 p,于是,当添加了 f 个 p 次根之后,我们最后将有

$$(K:F)=(K_0:F)\cdot p^f$$

或者如同单纯不可分扩张那样:次数 = 简约次数 $\cdot\, p^f$.

3.5 应用:对称多项式基本定理和代数基本定理的证明

在本段,我们将指出本节所述理论的两个应用. 第一个是利用伽罗瓦群来研究对称多项式的性质,这里仅涉及多项式伽罗瓦群的概念.

定理 3.5.1 设 $K=F(\alpha_1,\alpha_2,\cdots,\alpha_n)$ 是由 n 次可分多项式 $f(x)$ 的全部 n 个根 $\alpha_1,\alpha_2,\cdots,\alpha_n$ 生成的域,并设 $g(x_1,x_2,\cdots,x_n)$ 是 F 上 n 个未定元 x_1, $x_2,\cdots,x_n$ 的任意对称多项式. 那么 K 的元素 $\beta=g(\alpha_1,\alpha_2,\cdots,\alpha_n)$ 在基域 F 中.

证明 根据定理2.1.1,K 的伽罗瓦群 G 的任意自同构 σ,它的作用相当于对 $f(x)$ 的根所做的置换 $\alpha_i\to\sigma\alpha_i$. $g(x_1,x_2,\cdots,x_n)$ 的对称性意味着,对于未定元的任意置换,它都不变;因此

$$\beta\to\sigma\beta=g(\sigma\alpha_1,\sigma\alpha_2,\cdots,\sigma\alpha_n)=g(\alpha_1,\alpha_2,\cdots,\alpha_n)=\beta$$

就是说,β 在任意自同构 σ 作用之下都不变. 因为扩张 K/F 是伽罗瓦的,所以按定义,β 在 F 中.

推论(对称多项式基本定理) 任意 n 个未定元的对称多项式(F 上的)可以表示成 n 个初等对称函数

$$\sigma_1=x_1+x_2+\cdots+x_n,\sigma_2=x_1x_2+x_1x_3+\cdots+x_{n-1}x_n,\cdots,\sigma_n=x_1x_2\cdots x_n \tag{1}$$

的有理函数(F 上的).

为简化公式,我们只写出 $n=3$ 情形的证明. F 上的初等对称函数 σ_1,σ_2 和 σ_3 生成一个域 $K=F(\sigma_1,\sigma_2,\sigma_3)$. 由原来三个未定元生成的域 $L=F(x_1,x_2,x_3)$

是 K 的有限扩张. 事实上,L 的生成元 x_1,x_2,x_3 是三次多项式

$$f(x)=(x-x_1)(x-x_2)(x-x_3)=x^3-\sigma_1x^2+\sigma_2x-\sigma_3$$

的根,其中系数原来就是式(1) 给出的对称函数. 引进分裂域 L 在 K 上的伽罗瓦群 G. 根据 §2 定理 2.1.1,每个自同构诱导出一个 $x_1,x_2,\cdots,x_n$ 的置换,因此根据定理 3.5.1,$x_1,x_2,\cdots,x_n$ 的任意对称多项式在基域 K 中. 因为 $K=F(\sigma_1,\sigma_2,\sigma_3)$,所以由此得出,这样的对称多项式是 $\sigma_1,\sigma_2,\sigma_3$ 的有理函数.

第二个应用:我们将给出代数基本定理的另一种证明,它使用了伽罗瓦理论的基本定理以及群论中的西罗定理.

引理 1 每个复数系数的二次多项式都有一个复根.

首先,每个复数 z 都有一个复平方根:当 z 写成极坐标形式 $z=re^{i\theta}$ 时,其中 $r\geqslant 0$,则如 $\sqrt{z}=\sqrt{r}\,e^{\frac{i\theta}{2}}$;再,二次求根公式给出每个二次多项式的(复) 根.

引理 2 复数域 C 没有 2 次扩张.

这样的扩张将包含这样的一个元素,它的极小多项式是 $C[x]$ 中的二次不可约多项式. 而引理 1 说明这样的多项式不存在.

引理 3 每个奇数次多项式 $f(x)\in R[x]$ 都有实根.

引理 3 的证明详见《多项式理论卷》.

引理 4 不存在次数大于 1 的奇数次扩张 K/R.

如果 $\alpha\in K$,则根据引理 3,它的极小多项式 $p(x)$ 必是偶数次的,从而 $(R(\alpha):R)$ 是偶数,因此 $(K:R)=(K:R(\alpha))(R(\alpha):R)$ 是偶数.

代数基本定理 每个非常数的多项式 $f(x)\in C[x]$ 都有复根.

证明 我们证明 $f(x)=\sum_{i=0}^{n}a_ix^i\in C[x]$ 有复根. 定义,$\overline{f(x)}=\sum_{i=0}^{n}\overline{a_i}x^i$,其中 $\overline{a_i}$ 是 a_i 的复共轭. 现在,$f(x)\overline{f(x)}=\sum_k c_kx^i$,其中 $c_k=\sum_{i+j=k}a_i\overline{a_j}$. 因此 $\overline{c_k}=c_k$,从而,$f(x)\overline{f(x)}\in R[x]$. 如果 $f(x)$ 有复根 z,则 z 是 $f(x)\overline{f(x)}$ 的根;反之,如果 z 是 $f(x)\overline{f(x)}$ 的复根,则 z 或者是 $f(x)$ 的根,或者是 $\overline{f(x)}$ 的根. 而如果 z 是 $\overline{f(x)}$ 的根,则 $\bar{z}$ 是 $f(x)$ 的根,所以 $f(x)$ 有复根当且仅当 $f(x)\overline{f(x)}$ 有复根. 因此只需证明每个实多项式有复根.

设 K/R 是包含复数域 C 的 $(x^2+1)f(x)$ 的分裂域. 因 R 有特征 0,所以 K/R 是伽罗瓦扩张,令 $G=G(K/R)$ 是它的伽罗瓦群. 现在 $|G|=2^mk$,其中 $m\geqslant 0$ 且 k 是奇数. 由西罗定理,G 有 2^m 阶子群 H. 设 $E=K^H$ 是相应的中间域,根据伽罗瓦理论的基本定理,次数 $(E:R)$ 等于指数 $[G:H]=k$. 但在引理 4 中已知 R 没有大于 1 的奇数次扩张. 因此 $k=1$ 且 G 是 2-群. 现在 K/C 也是伽罗

瓦扩张,且 $G(K/C) \subseteq G$ 也是 2－群.如果这个群不是平凡群,则它有指数为 2 的子群 N.再由基本定理,中间域 K^N 是复数域 C 的次数为 2 的扩张,此与引理 2 矛盾.由此可知 $(K:C)=1$,即 $K=C$.但 K 是 $f(x)$ 在 C 上的分裂域,所以 $f(x)$ 有复根.

§4　具有特殊群的正规扩域

4.1　分圆扩域

本节的基本议题是分析一些伽罗瓦扩张,其伽罗瓦群具有须先给定的结构.设 K 是域 F 的一个伽罗瓦扩域,如果伽罗瓦群 $G(K/F)$ 是一个阿贝尔群,那么就称 K 是 F 的一个阿贝尔扩张(K/F 称为阿贝尔扩张).

一类重要的阿贝尔扩张就是所谓的分圆扩张.

设 F 是一个域,Ω 是 F 的代数闭包.Ω/F 的一个中间域 K 叫作 F 的一个分圆扩域,如果 K 是通过对 F 添加某些单位根而生成的.

根据这个定义,如果 K 是 F 的一个分圆扩域,那么 $K=F(W_K)$,这里 W_K 是 K 所含的一切单位根所成的集.

定理 4.1.1　域 F 的分圆扩域是阿贝尔扩域.

证明　设 K 是域 F 的一个分圆扩域.首先证明,K 是 F 的伽罗瓦扩域.令 W_K 是 K 所含的单位根的全体.设 ε 是 W_K 中不等于 1 的元素,且设它的阶为 n(即 $\varepsilon^n=1$,但对于任意 $1\leqslant m\leqslant n$,$\varepsilon^m\neq 1$),于是 F 的特征不能整除 n.因此 x^n-1 是 $F[X]$ 的一个可分多项式.所以 ε 是 F 上可分元素.这样,$K=F(W_K)$ 是 F 的可分扩域.

再来证明 K 是 F 的正规扩域.设 K' 是一个与 K 在 F 上共轭的域.那么存在 K 与 K' 的一个共同的扩域 L 和 K 到 K' 的一个 F－同构.我们有 $K=F(W_K)$,$K'=F(\sigma(W_K))$,这里

$$\sigma(W_K)=\{\sigma(\varepsilon)\mid \varepsilon\in W_K\}$$

因为 σ 是 K 到 K' 的同构映射,所以 $\sigma(W_K)$ 恰是 K' 所含的单位根的全体 $W_{K'}$,于是 $K'=F(W_{K'})$.设 ε 是 W_K 的一个 n 阶元素,则 $\varepsilon^n=1$,从而 $(\sigma(\varepsilon))^n=1$,所以 $\sigma(\varepsilon)\in W_{K'}$.这样,$\sigma(\varepsilon)$ 也是一个 n 次单位根.然而 $1,\varepsilon,\cdots,\varepsilon^{n-1}$ 是全部的单位根,所以必有某一个 i,$0\leqslant i\leqslant n-1$,使得 $\sigma(\varepsilon)=\varepsilon^i$.所以 $\sigma(\varepsilon)\in W_K$,从

而 $W_{K'}=\sigma(W_K)\subseteq W_K$.

在上面的论证中，以 σ^{-1} 代 σ，我们同样地可以得出 $W_K\subseteq W_{K'}$. 这样，$W_K=W_{K'}$ 而 $K=K'$. 所以 K 是 F 的伽罗瓦扩域.

以上证明了 K/F 是伽罗瓦扩张.

现在证明 K/F 是阿贝尔扩张. 设 σ,τ 是群 $G(K/F)$ 的任意两个元素，由以上的证明可知，对于任意 $\varepsilon\in W_K$，存在整数 i 和 j，使得 $\sigma(\varepsilon)=\varepsilon^i$，$\tau(\varepsilon)=\varepsilon^j$. 于是

$$\sigma\tau(\varepsilon)=\varepsilon^{ij}=\tau\sigma(\varepsilon)$$

由于 $K=F(W_K)$，所以对于 K 的任意元素 α 都有 $\sigma\tau(\alpha)=\tau\sigma(\alpha)$，这意味着 $\sigma\tau=\tau\sigma$. 换句话说，$G(K/F)$ 是阿贝尔群.

定理 4.1.2 设 K 是域 F 的一个扩域，对于 K 来说，那么 K 是 F 的有限次分圆扩域当且仅当存在一个本原单位根 $\varepsilon\in K$，使得 $K=F(\varepsilon)$.

证明 设 K 是 F 的有限次分圆扩域：$K=F(W_K)$，这里 W_K 是 K 的所有单位根的集合. 因为次数 $(K:F)$ 有限，所以总可以选取 W_K 的有限个单位根 ε_1，$\varepsilon_2,\cdots,\varepsilon_s$，使得 $K=F(\varepsilon_1,\varepsilon_2,\cdots,\varepsilon_s)$，这 ε_i 是一个本原 n_i 次单位根，$1\leqslant i\leqslant s$. 令 n 是 $n_1,n_2,\cdots,n_s$ 的最小公倍数. 由第三章定理 4.1.1，W_K 含有一个本原 n 次单位根 ε 而 $\varepsilon_i=\varepsilon^{m_i}$，这里 m_i 是某一个正整数，$1\leqslant i\leqslant s$. 于是

$$K=F(\varepsilon_1,\varepsilon_2,\cdots,\varepsilon_s)\subseteq F(\varepsilon)\subseteq F(W_K)\subseteq K$$

所以 $K=F(\varepsilon)$.

反过来，明显的，$K=F(\varepsilon)$ 是分圆扩域并且扩张次数是有限的. 证毕.

设 n 是一个正整数. 令 $\bar{a}\equiv a(\mathrm{mod}\ n)$ 是整数 a 关于以 n 为模的剩余类. 我们知道(第一章 3.3 目)

$$\{\bar{a}\mid a\in Z,(a,n)=1\}$$

作成剩余类环 Z_n 的一个乘法群，称为以 n 为模的不可约剩余类群，记作 $Z_n{}^*$.

定理 4.1.3 设 n 不能被域 F 的特征整除，ε 是一个本原 n 次单位根，那么分圆扩域 $K=F(\varepsilon)$ 的伽罗瓦群 $G(K/F)$ 与 $Z_n{}^*$ 的一个子群同构.

证明 因为 $\varepsilon\in K$ 是一个本原 n 次单位根，因此 K 含有全体 n 次单位根所成的 n 阶循环群 W_n，ε 是 W_n 的一个生成元. 设 σ 是伽罗瓦群 $G(K/F)$ 的任一元素，则 $\sigma(\varepsilon)\in W_n$ 也是一个本原 n 次单位根，所以

$$\sigma(\varepsilon)=\varepsilon^{\nu(\sigma)}$$

这里 $\nu(\sigma)$ 是一个与 n 互素的整数. 如果 m 是一个整数，使得 $\sigma(\varepsilon)=\varepsilon^m$，则

$$m\equiv\nu(\sigma)(\mathrm{mod}\ n)$$

设 $\sigma,\tau\in G(K/F)$，那么

$$\varepsilon^{\nu(\sigma\tau)}=\sigma\tau(\varepsilon)=\varepsilon^{\nu(\sigma)\nu(\tau)}$$

因此

$$\nu(\sigma\tau)\equiv\nu(\sigma)\nu(\tau)(\bmod n)$$

这样

$$\nu: G(K/F)\ni\sigma\rightarrow\overline{\nu(\sigma)}\in Z_n{}^*$$

是群 $G(K/F)$ 到群 $Z_n{}^*$ 内的同态映射. 如果

$$\nu(\sigma)\equiv 1(\bmod n)$$

则 $\sigma(\varepsilon)=\varepsilon$,从而 $\varepsilon=e$,所以 ν 是单射. 这就是说,$G(K/F)$ 与群 $Z_n{}^*$ 的一个子群同构. 证毕.

设 F 是一个域,n 是一个正整数且 F 的特征不能整除 n. 我们知道,在 F 的一个代数闭包 Ω 内的全体 n 次单位根作成一个 n 阶循环群 W_n. $K=F(W_n)$ 是多项式 x^n-1 在 F 上的分裂域. 我们有 $K=F(\varepsilon)$,ε 是一个本原 n 次单位根. 由上面所证的定理,K/F 是一个伽罗瓦扩张而群 $G(K/F)$ 与 $Z_n{}^*$ 的一个子群同构. 这个同构是这样建立的

$$\nu: G(K/F)\ni\sigma\rightarrow\overline{\nu(\sigma)}\in Z_n{}^*$$

这里 $\sigma(\varepsilon)=\varepsilon^{\nu(\sigma)}$. 剩余类 $\overline{\nu(\sigma)}$ 不依赖于 W_n 的生成元 ε 的选取. 事实上,设 ε' 也是一个本原 n 次单位根,那么 $K=F(\varepsilon')$. 我们有 $\varepsilon'=\varepsilon^k$,这里 k 是一个与 n 互素的整数. 设 $\sigma(\varepsilon')=\varepsilon'^{\nu'(\sigma)}$,于是

$$\varepsilon'^{\nu'(\sigma)}=\sigma(\varepsilon')=\sigma(\varepsilon^k)=\sigma(\varepsilon)^k=\varepsilon^{k\nu(\sigma)}=\varepsilon'^{\nu(\sigma)}$$

所以

$$\nu'(\sigma)\equiv\nu(\sigma)(\bmod n)$$

这样,我们就证明了以下的

推论 设 F 是一个域,n 是一个正整数且不被 F 的特征整除,多项式 x^n-1 在 F 上的分裂域 K 是一个阿贝尔扩域. 伽罗瓦群 $G(K/F)$ 与 $Z_n{}^*$ 的一个子群同构.

例 1 令 $W=\{e^{\frac{2k\pi i}{n}}\mid n=1,2,\cdots;0\leqslant k\leqslant n-1\}$ 是复数域 C 内一切单位根所成的集. C 的子域 $Q(W)$ 是 Q 的一个无限次的阿贝尔扩域.

例 2 令 $F=F_q$ 是 q 元有限域. $m\geqslant 2$ 是一个正整数且 $(m,q)=1$,ε 是一个本原 m 次单位根(含于 F 的某一个扩域内). 设 $K=F(\varepsilon)$,则 $W_K=K$.

$$(K:F)=(F_q(\varepsilon):F_q)=f$$

这里 f 是满足

$$q^f\equiv 1(\bmod m)$$

的最小正指数. 它是群 Z_m^* 中 q 所在的剩余类 $\bar{q}$ 的阶. 因此 $G(K/F)$ 与 Z_m^* 中由 $\bar{q}$ 所生成的子群 $(\bar{q})$ 同构.

最后,利用第三章 §4 有关的结果,我们有

定理 4.1.4 对有理数域 Q 添加一个本原 n 次单位根 ε 所得的分圆扩域 $K=Q(\varepsilon)$ 是 Q 的一个 $\varphi(n)$ 次阿贝尔扩域,这里 $\varphi(n)$ 表示欧拉函数. 伽罗瓦群 $G(K/Q)$ 由一切

$$\sigma_k:\varepsilon \to \varepsilon^k, (k,n)=1$$

组成,它与以 n 为模的不可约剩余类群 $Z_n{}^*$ 同构.

特别,这个群是可交换的. 因而所有的子群是正规子群,所有的子域是正规的与可交换的.

证明 定理的前一个断言是定理 4.1.2 和第三章定理 4.2.2 推论的直接结果. 只剩下证明后一个断言. 由定理 4.1.3,

$$\nu: G(K/Q) \ni \sigma \to \overline{\nu(\sigma)} \in Z_n^*$$

是一个群同态单射,这里 $\sigma(\varepsilon)=\varepsilon^{\nu(\sigma)}$. 另一方面,$|G(K/Q)|=(K:Q)=\varphi(n)=|Z_m^*|$,所以 ν 是满射.

为了确定而见,我们把对有理数域 Q 添加一个本原 n 次单位根 ε 所得的分圆扩域 $Q(\varepsilon)$ 叫作圆的 n 分域.

例 3 十二次单位根. 与 12 互素的同余类由

$$1,5,7,11$$

代表. 因此这些自同构可以用 $\sigma_1,\sigma_5,\sigma_7,\sigma_{11}$ 表示,其中 σ_u 把 ζ 变到 ζ^u. 乘法表见表 1.

表 1

σ_1	σ_5	σ_7	σ_{11}
σ_5	σ_1	σ_{11}	σ_7
σ_7	σ_{11}	σ_1	σ_5
σ_{11}	σ_7	σ_5	σ_1

每个元素的阶都是 2. 除去这个群本身与单位群外还有子群

$$\{\sigma_1,\sigma_5\},\{\sigma_1,\sigma_7\},\{\sigma_1,\sigma_{11}\}$$

对应于这三个群的是二次域,都由平方根生成. 下面我们来找这三个域:

四次单位根 i, −i 也是十二次单位根,因此在这个域中. $Q(\mathrm{i})$ 就是一个二次子域.

三次单位根同样也在这个域中.因为

$$\rho=-\frac{1}{2}+\frac{\sqrt{-3}}{2}$$

是一个三次单位根,所以 $Q(\sqrt{-3})$ 是一个二次子域.

由平方根 i 与$\sqrt{-3}$ 相乘即得$\sqrt{3}$,因之 $Q(\sqrt{3})$ 是第三个域.

我们现在问,哪些二次域属于这三个子群.

由于 $\sigma_5(\zeta^5)=\zeta^{15}=\zeta^3$,即 σ_5 保持 $\zeta^3=\mathrm{i}$ 不变,所以 $Q(\mathrm{i})$ 属于群$\{\sigma_1,\sigma_5\}$.

由于 $\sigma_7(\zeta^4)=\zeta^{28}=\zeta^4$,即 σ_7 保持 $\zeta^4=\rho$ 不变,所以 $Q(\sqrt{-3})$ 属于群$\{\sigma_1,\sigma_7\}$.

剩下的一个域 $Q(\sqrt{3})$ 一定属于群$\{\sigma_1,\sigma_{11}\}$.

这三个域中任意两个都生成整个的域.因之单位根 ζ 一定可以用两个平方根来表示.事实上

$$\zeta=\zeta^{-3}\zeta^4=\mathrm{i}^{-1}\rho=-\mathrm{i}\cdot\left(-\frac{1}{2}+\frac{\sqrt{-3}}{2}\right)=\frac{\mathrm{i}-\sqrt{3}}{2}$$

4.2 循环扩域

设 F 是一个域,K 是 F 的一个伽罗瓦扩域.如果伽罗瓦群 $G(K/F)$ 是一个循环群,那么就称 K 是 F 的一个循环扩域,相应地,K/F 称为循环扩张.

关于循环扩张的信息是清楚的.首先来研究有限次循环扩域的构造.先证明:

定理 4.2.1 设 F 是一个域且它的特征为 $p(p>0)$,K 是 F 的一个 n 次循环扩域.如果 $n=mp^f$,$(m,p)=1$,$f\geqslant 0$,那么存在一串中间域

$$K\supseteq E_0\supseteq E_1\supseteq\cdots\supseteq E_f=F$$

其中 K 是 E_0 的一个 m 次循环扩域,而 E_{i-1} 是 E_i 的一个 p 次循环扩域,$1\leqslant i\leqslant f$(若 $f>0$).

证明 因为 $G=G(K/F)$ 是循环群,所以 G 的每一个子群都是正规的;又因为 G 的每一个子群和每一个同态像都是循环群,所以对于 K/F 的每一个中间域 E 来说,K/E 和 E/F 都是循环扩张.由此容易推出,对于 K/F 的任意两个中间域 L,M,如果 $F\subseteq L\subseteq M\subseteq K$,则 M/L 是循环扩张.

G 有唯一的 m 阶循环子群 H.令 $E_0=K^H$ 是 H 的固定域,则 $H=G(K/E_0)$,K 是 E_0 的一个 m 次循环扩域,而 E_0 是 F 的一个 p^f 次循环扩域.因为 $G(E_0/F)$ 是一个 p^f 阶循环群,所以有一个正规子群列

$$\{e\} \lhd G_0 \lhd G_1 \lhd \cdots \lhd G_{f-1} \lhd G_f = G(E_0/F)$$

这里 $|G_i| = p^i$,$[G_i : G_i] = p$,$i=1,2,\cdots,f$. 令

$$E_i = \{ a \in E_0 \mid \sigma(a) = a,\text{对于任意的 } \sigma \in G_i\}$$

是 G_i 的固定域. 由基本定理,我们有

(ⅰ)$E_0 \supseteq E_1 \supseteq \cdots \supseteq E_f = F$;

(ⅱ)$(E_{i-1} : E_i) = [G_i : G_i] = p$;

(ⅲ)$G(E_{i-1}/E_i) \cong G_i/G_{i-1}$.

所以 E_{i-1} 是 E_i 的一个 p 次循环扩域,$i=1,2,\cdots,f$. 证毕.

由于这个定理,对于一个 n 次循环扩域的讨论可以归结为以下两个情形:

情形 1:域 F 的特征数 $=p>0$.

情形 2:域 F 的特征数 $=0$ 或 F 的特征数 $=p>0$ 但 $(p,n)=1$.

对于情形 1,循环扩域的结构由以下定理完全解决.

定理 4.2.2(阿廷－施赖埃尔定理) 设域 F 的特征数 $=p>0$. K 是 F 的一个 p 次循环扩域当且仅当 K 是 F 上一个形如 $x^p - x - a$ 的不可约多项式的分裂域,这时 $K = F(\alpha)$,α 是 $x^p - x - a$ 的任意一个根.

定理中根 α 的性质有点像普通的根式,即 $x^n - b$ 的根 $\sqrt[n]{b}$,有时候我们称这种根为"亚根式",记为 $\overline{\sqrt[n]{b}}$.

证明 充分性:如果 $x^p - x - a$ 是 F 内的不可约多项式,下面要证它的分裂域 K 可以添入它的一个根 α 而得到,就是说 $K = F(\alpha)$. 因此,$(K:F)=p$,从而 K/F 的伽罗瓦群是循环群. 多项式

$$f(x) = x^p - x - a$$

的根都是互异的,因为它的导数

$$f'(x) = -1 \neq 0$$

故 $f(x)$ 是 F 上的一个可分多项式. 因此,它的分裂域对于 F 必是正规的. 现在,$f(x)$ 是以 1 为周期的周期函数,事实上

$$f(x+1) = (x+1)^p - (x+1) - a = x^p + 1 - x - 1 - a = x^p - x - a = f(x)$$

因此,如果 α 是 $f(x)$ 的一个根,则 $\alpha+1,\alpha+2,\cdots,\alpha+p-1$ 也都是它的根,这些根互异且共有 p 个,因此它们是 $f(x)$ 的全部根. 由此看出 $f(x)$ 的分裂域就是 $F(\alpha)$. 因为 $F(\alpha) = F(\alpha+q)(q=0,1,\cdots,p-1)$,且每一根 $\alpha+q$ 必满足 F 上与 α 的极小多项式同次的一个不可约多项式. 如果 $\alpha \in F$,$f(x)$ 必化为 F 上线性因子的乘积,从而它的所有的根都含在 F 内,那么 $f(x)$ 不是 F 上的不可约多项式. 所以 $f(x)$ 有一个根不含在 F 内,因此,$F(\alpha)/F$ 是次数为 p 的一个正规

扩张域,所以它有 p 个自同构.这些自同构只能是

$$\sigma_i(\alpha)=\alpha+i, i=0,1,\cdots,p-1$$

诸自同构 $\sigma_i(i=0,1,\cdots,p-1)$ 显然组成一个循环群.

必要性:我们来证明,如果 K 是 F 上次数为 p 的正规扩张域(因而它必为循环的),则它必是从 F 添入一个单一元素而得到的域,即添入形状如

$$x^p-x-a=0$$

的方程的一个根,这里 $a\in F$.

令 σ 为 K/F 的伽罗瓦群的生成元.我们知道(§1,1.2 线性无关定理推论),迹

$$\theta+\sigma(\theta)+\sigma^2(\theta)+\cdots+\sigma^{p-1}(\theta)$$

不能对于每一个 $\theta\in K$ 都等于零.选取一个元素 $\theta\in K$ 使

$$\sum_{i=0}^{p-1}\sigma^i(\theta)=b\neq 0$$

因此,$\sigma(b)=b$,故知 $b\in F$.设

$$\beta=\sum_{i=0}^{p-1}i\sigma^i(\theta)=\sigma(\theta)+2\sigma^2(\theta)+\cdots+(p-1)\sigma^{p-1}(\theta)$$

用 σ 作用于 β,则得

$$\begin{aligned}\sigma(\beta)&=\sigma^2(\theta)+2\sigma^3(\theta)+\cdots+(p-2)\sigma^{p-1}(\theta)-\theta\\&=\sigma(\theta)+2\sigma^2(\theta)+\cdots+(p-1)\sigma^{p-1}(\theta)-\\&\quad[\theta+\sigma(\theta)+\sigma^2(\theta)+\cdots+\sigma^{p-1}(\theta)]\end{aligned}$$

即

$$\sigma(\beta)=\beta-b$$

如果置 $\alpha=-\dfrac{\beta}{b}$,则得 $\sigma(\alpha)=-\dfrac{\sigma(\beta)}{b}=\dfrac{(-\beta+b)}{b}=\alpha+1$.

因此,我们已造出一元素 α 使

$$\sigma(\alpha)=\alpha+i, i=0,1,\cdots,p-1$$

α 的 p 个像显然是互异的,结果 α 是 F 上一个 p 次不可约多项式的一个根(§1,定理 1.2.1).于是得到结论:$K=F(\alpha)$,并且 K 是这个多项式的分裂域.现在只要证明 α 满足形如

$$x^p-x-a=0, a\in F$$

的一个方程.

设 $a=\alpha^p-\alpha$.由 $\sigma(\alpha)=\alpha+1$ 可知

$$\sigma(a)=(\alpha+1)^p-(\alpha+1)=\alpha^p+1-\alpha-1=a$$

因为 $\sigma(a)=a$，所以 $a \in F$. 于是 α 是方程

$$x^p - x - a = 0$$

的一个根. 证毕.

推论 设 F 是一个特征为 $p>0$ 的域. 那么多项式 $f(x)=x^p-x-a \in F[x]$ 或者不可约，或者在 $F[x]$ 中完全分解成线性因式的乘积.

证明 设 $f(x)$ 在 $F[x]$ 中不能分解成线性因式的乘积. 令 α 是 $f(x)$ 在 F 的某一个代数闭包 Ω 内的一个根，且 α 不再 F 中. 那么由定理 4.2.2，$K=F(\alpha)$ 是一个 p 次循环扩域. 这样一来，$f(x)$ 就是 α 在 F 上的最小多项式，因而 $f(x)$ 不可约.

现在我们来讨论情形 2. 这时要对基础域 F 作一点限制，即要求 F 含有一个本原 n 次单位根.

注意由第三章定理 4.1.1(ⅳ)，如果 F 含有一个本原 n 次单位根，必须有 F 的特征 $=0$ 或 F 的特征 $=p$，而 p 不整除 n. 因此只能是情形 2.

我们先证明一个引理.

引理 设 n 是一个正整数，域 F 含有一个本原 n 次单位根 ε. 如果 d 是 n 的一个正因子而 $\alpha \neq 0$ 是 F 上多项式 x^d-a 的一个根，那么 x^d-a 有 d 个两两不同的根：$\alpha, \zeta\alpha, \cdots, \zeta^{d-1}\alpha$，这里 ζ 是一个本原 d 次单位根，而 $K=F(\alpha)$ 是多项式 x^d-a 在 F 上的分裂域，并且是 F 的一个伽罗瓦扩域.

证明 因为 F 含有一个本原 n 次单位根 ε，而 $d \mid n$，所以 $\zeta=\varepsilon^{\frac{n}{d}} \in F$ 是一个本原 d 次单位根. 设 $\alpha \neq 0$ 是 $x^d-a \in F[x]$ 的一个根，那么 $\alpha, \zeta\alpha, \cdots, \zeta^{d-1}\alpha$ 是 x^d-a 在 $F(\alpha)$ 里的一切根，且两两不同. 因此，$F(\alpha)$ 是可分多项式 x^d-a 在 F 上的分裂域，因而是 F 的一个伽罗瓦扩域.

定理 4.2.3 设 n 是一个正整数，域 F 含有一个本原 n 次单位根 ε. 对于 F 的一个扩域 K 来说，以下三个条件是等价的.

(ⅰ) K 是 F 上一个形如 x^d-b 的不可约多项式在 F 上的分裂域，其中 $d \mid n$. 这时 $K=F(\beta)$，β 是 x^d-b 的任意一个根.

(ⅱ) K 是 F 上一个形如 x^n-a 的多项式在 F 上的分裂域. 这时 $K=F(\alpha)$，α 是 x^n-a 的任意一个根.

(ⅲ) K 是 F 的一个 d 次循环扩域，其中 $d \mid n$.

证明 采用循环证法. 第一个推出第二个：设 α 是 F 上不可约多项式 x^d-b 在 F 中的一个根，$d \mid n$. 由引理，$K=F(\alpha)$ 是 x^d-b 在 F 上的分裂域. 又 $(\varepsilon\alpha)^n=\alpha^n=b^{\frac{n}{d}} \in F$. 令 $a=b^{\frac{n}{d}}$，则 $\varepsilon\alpha$ 是 $x^n-a \in F[x]$ 在 K 中的根. 再由引理，$F(\varepsilon\alpha)$ 是 x^n-a 在 F 上的分裂域. 然而 $\varepsilon \in F$，所以 $F(\varepsilon\alpha)=F(\alpha)=K$，并且 $\varepsilon^i\alpha$ (0 ⩽

$i \leqslant n-1$) 就是 $x^n - a$ 的全部根，它们都属于 K. $K = F(\varepsilon^i \alpha)$，$i = 0, 1, \cdots, n-1$.

第二个推出第三个：K 是多项式 $x^n - a \in F[x]$ 在 F 上的分裂域. 令 $\alpha \in K$ 是 $x^n - a$ 的任意一个根. 由引理，$K = F(\alpha)$ 是伽罗瓦扩域，而 $\alpha, \varepsilon\alpha, \cdots, \varepsilon^{n-1}\alpha$ 是 $x^n - a$ 的全部根. 设 $\sigma \in G(K/F)$，那么 $\sigma(\alpha) = \varepsilon^i \alpha$，对某一个 i，$0 \leqslant i \leqslant n-1$.

$$\theta: G \ni \sigma \to \varepsilon^i \in W_n，若 \sigma(\varepsilon) = \varepsilon^i$$

这里 $W_n = \{1, \varepsilon^n, \cdots, \varepsilon^{n-1}\}$ 是 n 次单位根群，则 θ 是一个群同态单射. 因而 G 与 n 阶循环群 W_n 的一个子群同构，所以 G 是一个 d 阶循环群，这里 d 是 n 的一个因子.

第三个推出第一个：$G = G(K/F)$ 是一个 d 阶循环群，$d \mid n$. 令 σ 是 G 的一个生成元，于是可写 $G = \{\sigma, \sigma^2, \cdots, \sigma^{d-1}, \sigma^d = e\}$. $\zeta = \varepsilon^{\frac{n}{d}} \in F$ 是一个本原 d 次单位根. 按照 §1，线性无关定理的推论 2，存在 $\alpha \in K$，使得

$$\beta = \alpha + \zeta\sigma(\alpha) + \zeta^2\sigma^2(\alpha) + \cdots + \zeta^{d-1}\sigma^{d-1}(\alpha) \neq 0$$

于是

$$\begin{aligned}\sigma(\beta) &= \sigma(\alpha) + \zeta\sigma^2(\alpha) + \zeta^2\sigma^3(\alpha) + \cdots + \zeta^{d-1}\alpha \\ &= \zeta^{-1}(\zeta\sigma(\alpha) + \zeta^2\sigma^2(\alpha) + \cdots + \zeta^{d-1}\sigma^{d-1}(\alpha) + \alpha) = \zeta^{-1}\beta\end{aligned}$$

一般地有 $\sigma^s(\beta) = \zeta^{-s}\beta$，这里 s 是正整数.

故在 G 之下 β 有 d 个共轭元素，从而扩张次数 $(F(\beta):F) \geqslant d$. 但是 $(K:F) = |G| = d$，而 $K \supseteq F(\beta)$，由此得出 $K = F(\beta)$. 令 $\beta^d = b$，则有

$$\sigma(b) = \sigma(\beta^d) = (\sigma(\beta))^d = (\zeta^{-1}\beta)^d = \beta^d = b$$

即 $b \in F$. 由 β 是 $x^d - b = 0$ 的根，$K = F(\beta)$ 以及 $(K:F) = d$ 知 $x^d - b$ 为 F 上的不可约多项式.

附注 1 在上面定理 4.2.3 的证明里，基础域 F 含有一个本原 n 次单位根这一条件起着重要的作用. 当 F 上不含本原 n 次单位根时，对多项式 $x^n - a \in F[x]$ 在 F 上的分裂域的刻画要困难得多. 当 $a = 1$ 时，就是前一目所讨论的分圆扩域.

附注 2 证明定理 4.2.3 的第三部分. 如果事先设循环扩域 $K = F(\theta)$，σ 是伽罗瓦群 $G = G(K/F)$ 的一个生成元，$\sigma^d = e$. 那么我们可以另一种方式来具体地找出所需的 β. 仍然假定基域 K 包含 n 次单位根.

设 $\zeta_1 = \zeta, \zeta_2 = \zeta^2, \cdots, \zeta_{d-1} = \zeta^{d-1}, \zeta_d = \zeta^d = 1$ 表示一切 d 次单位根. 今引入 K 中的如下 d 个元素（所谓拉格朗日预解式）

$$\alpha_i = \theta + \zeta_i(\theta\sigma) + \zeta_i^2(\theta\sigma^2) + \cdots + \zeta_i^{d-1}(\theta\sigma^{d-1}), i = 1, 2, \cdots, d$$

于是将上面 d 个等式左右分别相加，并注意到恒等式

$$\zeta_1^k+\zeta_2^k+\cdots+\zeta_d^k=0, k=1,2,\cdots,d-1$$①

我们得到

$$\sum_{i=1}^{d}\alpha_i=d\theta$$

或

$$\theta=\frac{\sum_{i=1}^{d}\alpha_i}{d}$$

从这个式子看出其中至少有某个元素 $\alpha_j\notin F$,否则会引发 θ 是 F 的元素的矛盾. 记 $\beta=\alpha_j$,将置换 σ 施行于这个元素得

$$\beta\sigma=\theta\sigma+\zeta_j(\theta\sigma^2)+\zeta_j^2(\theta\sigma^3)+\cdots+\zeta_j^{d-2}(\theta\sigma^{d-1})+\zeta_j^{d-1}(\theta\sigma^d)$$

注意到 $\sigma^d=e$,即 $\theta\sigma^d=\theta$,我们得到

$$\beta\sigma=\zeta_j^{d-1}\theta+\theta\sigma+\zeta_j(\theta\sigma^2)+\zeta_j^2(\theta\sigma^3)+\cdots+\zeta_j^{d-2}(\theta\sigma^{d-1}) \tag{1}$$

在这个等式两端乘以 ζ_j 并考虑到 $\zeta_j^d=1$,得

$$\zeta_j(\beta\sigma)=\theta+\zeta_j(\theta\sigma)+\zeta_j^2(\theta\sigma^2)+\zeta_j^3(\theta\sigma^3)+\cdots+\zeta_j^{d-1}(\theta\sigma^{d-1})$$

到此,读者也看到,$\zeta_j(\beta\sigma)=\beta$, 即是说 $\beta\sigma=\zeta_j^{-1}\beta$. 又 $(\beta^d)\sigma=(\beta\sigma)^d=(\zeta_j^{n-1}\beta)^d=\beta^d$,故 β^d 在群 G 的任何置换下均不变,这就是说 β^d 属于基域 K.

重复应用(1) 即得

$$\beta\sigma^i=\zeta^{-i}\beta$$

由此,在伽罗瓦群中唯一保持元素 β 不变的是恒等置换. 因此,β 生成整个的域 $F(\theta)$. 由此推出所求的结果.

现在我们还要证明一些关于素数 q 次纯粹方程不可约性的结果.

如果首先还是假定基域 F 包含 q 次单位根,那么根据定理4.2.3的结果,它的群是 q 阶循环群的一个子群,因而是整个的群或者是单位群. 在第一个情形,所有的根都共轭,从而方程不可约. 在第二个情形,所有的根在伽罗瓦群的置换下都不变,因而方程在基域 F 中就分解成了线性因子. 因此,多项式 x^q-a 是完全分解或者是不可约.

如果 F 不包含单位根,我们就不能肯定这么多,但是有定理(对比定理4.2.2 的推论):

---

① $\zeta_1^k+\zeta_2^k+\cdots+\zeta_d^k=\zeta^k+(\zeta^k)^2+\cdots+(\zeta^k)^d=\zeta_k+\zeta_k^2+\cdots+\zeta_k^d=\frac{\zeta_k(1-\zeta_k^d)}{1-\zeta_k}=0$(其中 $\zeta_k=\zeta^k\neq 1$).

定理 4.2.4 设 F 是一个不包含单位根的域,则多项式 $x^q-a\in F[x]$ 或者不可约,或者 a 在 F 中是一个 q 次幂,从而在 F 中有分解:$x^q-a=x^q-\beta^q=(x-\beta)(x^{q-1}+\beta x^{q-2}+\cdots+\beta^{q-1})$.

证明 假设 x^q-a 可约

$$x^q-a=g(x)\cdot h(x)$$

x^q-a 在它的分裂域中分解成

$$x^q-a=\prod_{v=0}^{q-1}(x-\zeta^v\theta),\theta^q=a$$

因此,其中一个因子 $g(x)$ 必然是某些 $x-\zeta^v\theta$ 的乘积,$g(x)$ 的常数项 $\pm b$ 一定是 $\pm\zeta'\theta^u$ 的形式,这里 ζ' 是一个 q 次单位根

$$b=\zeta'\theta^u,b^q=\theta^{qu}=a^u$$

由 $0<u<q$ 有 $(u,q)=1$,从而对于适当的整数 s 与 t 有

$$su+tq=1,a=a^{su}a^{tq}=b^{sq}a^{tq}$$

由此 a 是一个 q 次幂.

4.3 可解扩域与根式扩张

设 F 是一个域.F 的一个伽罗瓦扩域 K 叫作 F 的一个可解扩域,如果 K/F 的伽罗瓦群 $G(K/F)$ 是一个可解群.这时 K/F 叫作一个可解扩张.

按照定义,阿贝尔扩张都是可解扩张.$K=Q(\sqrt[3]{2},\sqrt{-3})$ 是 Q 的一个可解扩域.因为 K/Q 是伽罗瓦扩张,它的伽罗瓦群 $G(K/Q)$ 与 S_3 同构,后者是一个可解群(详见第一章).

定理 4.3.1 设 M 是域 F 的一个扩域.K 和 L 都是 M/F 的中间域.如果 K 和 L 都是 F 的有限次可解扩域,那么合成域 KL 也是 F 的一个有限次可解扩域.

证明 因为 K/F 和 L/F 都是有限次伽罗瓦扩张.所以由定理 3.1.5,KL/F 也是有限次伽罗瓦扩张.令 $G=G(KL/F)$,$H=G(KL/L)$.由定理 2.3.3,H 是 G 的正规子群,且是 $G/H\cong G(L/F)$.由题设,G/H 是可解群.又由定理 3.1.5,有

$$H=G(KL/L)\cong G(K/K\cap L)\subseteq G(K/F)$$

所以 H 也是可解群.于是由第一章定理 6.3.1,G 是可解群,从而 KL 是 F 的可解扩域.

定理 4.3.2 设 F 是一个域,Ω 是 F 的一个代数闭包.令 $F\subseteq K\subseteq L\subseteq\Omega$ 是一串扩域,其中 K 是 F 的有限次可解扩域而 L 是 K 的有限次可解扩域,那么

存在 F 的一个有限次可解扩域 M，使得 $F \subseteq K \subseteq L \subseteq M \subseteq \Omega$.

证明 L/F 和 K/F 都是有限次可分扩张，所以 L/F 也是有限次可分扩张. 于是由定理 1.3.2，存在 F 的一个有限次伽罗瓦扩域 P，使得

$$F \subseteq K \subseteq L \subseteq P \subseteq \Omega$$

令 $G = G(P/F)$，$N = G(P/K)$，$H = G(P/L)$，则 $H \lhd N$，$N \lhd G$，我们有

$$N/H \cong G(L/K), G/N \cong G(K/F)$$

所以 N/H，G/N 都是可解群. 设 $H_1, H_2, \cdots, H_s$ 是 G 中一切与 H 共轭的子群，令 $U = \bigcap_{i=1}^{s} H_i$，因为 $N \lhd G$，$H \lhd N$，所以 $H_i \lhd N$，且 $N/H_i \cong N/H$，因此 N/H_i 是可解群，$1 \leqslant i \leqslant s$. 于是由第一章定理 6.3.1 的推论，$N/U$ 是可解群.

令 M 是与 G 的子群 U 相对应的 P/F 的中间域，则 $(M:F) \leqslant (P:F) < \infty$. $U \cong G(P/M)$，$U \subseteq H$，所以 $M \supseteq L$. 又因为 $U \lhd G$，所以 M 是 F 的伽罗瓦扩域，且 $G(M/F) \cong G/U$. 这些子群与中间域的对应关系如下

$$P \leftrightarrow \{e\}, M \leftrightarrow U, L \leftrightarrow H, K \leftrightarrow N, F \leftrightarrow G$$

我们有

$$(G/U)/(N/U) \cong G/N \cong G(K/F)$$

而 N/U，G/N 都可解，所以由第一章定理 6.3.1，G/U 是可解群. 于是 $G(M/F)$ 是可解群. 这样一来，M 就是 F 的一个满足定理要求的有限次可解扩域.

现在我们引入根号扩域的概念.

设 F 是一个域. F 的一个扩域 K 叫作 F 的一个根号扩域（K/F 称为根式扩张），如果存在 K/F 的一串中间域 $F = F_0, F_1, \cdots, F_r = K$：

$$F = F_0 \subseteq F_1 \subseteq \cdots \subseteq F_r = K$$

使得 $F_i = F_{i-1}(\alpha_i)$，$\alpha_i^{n_i} \in F_{i-1}$，其中 n_i 是一个不能被域 F 的特征数整除的正整数，$1 \leqslant i \leqslant r$.

由定义立即得出以下简单事实：

① 域 F 的根号扩域一定是有限次扩域.

② 如果 K/F 和 L/K 都是根式扩张，则 L/F 也是根式扩张.

③ 设 K 是 F 的一个根号扩域，而 K' 是 K 在 F 上一个与 K 共轭的域，则 K' 也是 F 的根号扩域.

④ 设 K 和 L 都被包含在 F 的一个共同的扩域内. 如果 K/F，L/F 都是根式扩张，则 KL/F 也是根式扩张.

可解扩张和根式扩张之间的关系由以下定理指出.

定理 4.3.3 设 F 是一个域，Ω 是 F 的一个代数闭包.

(1) 设 $K(\subseteq \Omega)$ 是 F 的一个根号扩域，那么存在 F 的一个有限次可解扩域 L，使得 $F \subseteq K \subseteq L \subseteq \Omega$；

(2) 设 $K(\subseteq \Omega)$ 是 F 的一个有限次可解扩域，且 $(K:F)$ 不能被 F 的特征整除，那么存在 F 的一个根号扩域 L，使得 $F \subseteq K \subseteq L \subseteq \Omega$.

证明 (1) 对域次数 $(K:F)=n$ 作归纳法来证明 L 的存在. $n=1$ 时，$K=F$，这时取 $L=K=F$ 即可.

设 $n>1$. 假定存在 K/F 的中间域序列

$$F=F_0 \subseteq F_1 \subseteq \cdots \subseteq F_r=K$$

$F_i=F_{i-1}(\alpha_i)$，$\alpha_i^{n_i} \in F_{i-1}$，$n_i$ 不能被域 F 的特征数整除，且 $(F_i:F_{i-1})>1(1 \leqslant i \leqslant r)$. 令 $K'=F_{r-1}$，则 $K' \neq K$，$K=K'(\alpha)$，$\alpha^m \in K'(\alpha=\alpha_r, m=n_r)$，则 $(K':F)<(K:F)$ 且 K'/F 是根式扩张. 由归纳法的假设，存在 F 的有限次可解扩域 L'，使得

$$F \subseteq K' \subseteq L' \subseteq \Omega$$

因为 m 不被 F 的特征整除，所以 Ω 含有一个本原 m 次单位根 ε. 令 $P=F(\varepsilon) \subseteq \Omega$. 由定理 4.1.1 及定理 4.1.2，$P$ 是 F 的有限次阿贝尔扩域，又 L' 是 F 的有限次可解扩域. 于是由定理 4.3.1，$M=L'P=L'(\varepsilon)$ 是 F 的一个有限次可解扩域.

因为 $\alpha^m \in K' \subseteq L' \subseteq M$，且 $\varepsilon \in P \subseteq M$. 所以由定理 4.2.3，$M(\alpha)$ 是 M 的一个有限次循环扩域，因而是 M 的一个有限次可解扩域. 在扩域序列 $F=M \subseteq M(\alpha) \subseteq \Omega$ 里，M/F，$M(\alpha)/F$ 都是有限次可解扩张，由定理 4.3.2，存在 F 的一个有限次可解扩域 L，使得

$$F \subseteq M \subseteq M(\alpha) \subseteq L \subseteq \Omega$$

因为 $K=K'(\alpha) \subseteq L'(\alpha) \subseteq M(\alpha)$，所以 $F \subseteq K \subseteq L \subseteq \Omega$.

(2) 仍是对 $n=(K:F)$(n 不被 F 的特征整除) 作数学归纳法来证明 L 的存在.

$n=1$ 时显然. 这时 $K=F$，$L=K=F$.

设 $n>1$，且 F 的特征不能整除 n. 令 $G=G(K/F)$，则 G 是有限可解群. 于是由第一章定理 6.4.4，存在 G 的一个正规列

$$G=H_0 \supseteq H_1 \supseteq \cdots \supseteq H_r=\{e\}$$

其中每一个商群 H_{i-1}/H_i 都是阶为某一素数 p_i 的循环群，$1 \leqslant i \leqslant r$. 因为 F 的特征不能整除 n，而 p_i 整除 n，所以 F 的特征不能整除诸 $p_i(1 \leqslant t \leqslant r)$.

记 $H=H_1$，$H \triangleleft G$，商群 G/H 是素数 $p=p_1$ 阶的循环群. 令 E 是 K/F 中与 H 对应的中间域，则 $G(K/E)=H$，$G(E/F) \cong G/H$，所以 E 是 F 的 p 次循环扩

域.

因为 F 的特征不整除 p,所以代数闭包 Ω 含有一个本原 p 次单位根 ε. 令 $P=F(\varepsilon)$, $M=EP=E(\varepsilon)$. 因为 E/F 是有限次伽罗瓦扩张,所以由定理 3.1.5, $M=EP$ 是 P 的伽罗瓦扩域,且

$$G(M/P)\cong G(E/E\cap P)\subseteq G(E/F)\cong G/H$$

因为 G/H 是素数 p 阶的循环群,所以 $|G(M/P)|=p$ 或 1.

如果 $|G(M/P)|=p$,则 $G(M/P)$ 是 p 阶循环群. 于是 M 是 P 的 p 次循环扩域,而 $\varepsilon\in P$,所以由定理 4.2.3 及其引理,存在 $\alpha\in M$,使得 $\alpha^p\in P$.

如果 $|G(M/P)|=1$,则 $M=P$.

不论哪一个情形, M 都是 P 的根号扩域. 又 $P=F(\varepsilon)$ 是 F 的根号扩域,所以 M 是 F 的根号扩域.

因为 K/F 是有限次伽罗瓦扩张,所以由定理 3.1.5, KM/M 也是伽罗瓦扩张,并且

$$G(KM/M)\cong G(K/K\cap M)\subseteq G(K/F)$$

由于 $G(K/F)$ 是有限可解群,所以 $G(KM/M)$ 也是有限可解群,从而 KM 是 M 的有限次可解扩域,因为 $M=EP$,所以 $E\subseteq K\cap M$. 因此 $(KM:M)=(K:K\cap M)$ 可以整除 $(K:E)=\dfrac{(K:F)}{(E:F)}=\dfrac{n}{p}<n$. 因为 F 的特征不能整除 n,所以 F 的特征不能整除次数 $(KM:M)$. 于是,由归纳法的假设,存在 M 的一个根号扩域 L,使得 $M\subseteq KM\subseteq L\subseteq\Omega$. 然而 M 是 F 的根号扩域,所以 L 是 F 的根号扩域. 定理被证明.

§5 代数方程的根号解问题

5.1 代数方程的根号解

现在,我们来讨论方程中引起伽罗瓦理论的那个古典问题. 这个问题可以直觉地但又相当确切地叙述为:给了某一个数域 F 上的代数方程 $f(x)=0$,是否存在一个由对于 $f(x)$ 的系数施行有限次加、减、乘、除及开方运算所组成的公式,使得这个方程的每一个根都可以由这个公式表示出来?

第一个任务是用域论的语言精确改述上面的古典问题. 由于加、减、乘、除运算可以在基础域里进行,而对一个数 a 开 n 次方相当于求一个数 α,使得 $\alpha^n=$

a,假设所说的公式存在,那就意味着,存在一串扩域

$$F=F_0 \subseteq F_1 \subseteq \cdots \subseteq F_r=K$$

其中 $F_i=F_{i-1}(\alpha_i)$,$\alpha_i^{n_i} \in F_i(1 \leqslant i \leqslant r)$,使得 $f(x)$ 的每一个根都在 K 内. 这相当于说,存在 F 的一个根号扩域 K,使得 $f(x)$ 的每一个根都包含在 K 内.

反过来,设 $f(x)$ 是数域 F 上一个多项式,如果存在 F 的一个根号扩域 K,使得 $f(x)$ 的每一个根都包含在 K 内,那么一定存在方程 $f(x)=0$ 的根的表达式,这个表达式是由 $f(x)$ 的系数经过有限次加、减、乘、除及开方运算组成的.

一般地,设 F 是任意一个域,$f(x) \in F[x]$. 方程 $f(x)=0$ 说是在 F 上可以用根号解,如果存在 F 的一个根号扩域 K,使得 $f(x)$ 的全部根都在 K 内.

由前一节的结果,很容易得出域 F 上一个方程在 F 上可以用根号解的充要条件. 首先注意一个简单的事实.

定理 5.1.1 设 F 是一个域,$f(x)$ 是 $F[x]$ 中一个次数大于零的多项式,L 是 $f(x)$ 在 F 上一个分裂域. 如果 F 的特征不能整除 $(K:F)$,则 L 是 F 的一个伽罗瓦扩域.

证明 只要证明 L/F 是可分扩张. 当 F 的特征等于 0 时显然. 设 F 的特征 $=p>0$. 令 a 是 L 的任意元素,则次数 $(F(a):F)$ 是 $(L:F)$ 的因子. 因为 p 不能整除次数 $(L:F)$,所以 p 亦不能整除次数 $(F(a):F)$. 所以 $F(a)$ 是 F 的可分扩域,因而 a 是 F 上可分元素. 所以 L 是 F 上可分扩域.

定理 5.1.2 设 F 是一个域,$f(x) \in F[x]$ 是一个次数大于零的多项式,L 是 $f(x)$ 在 F 上一个分裂域,且 F 的特征不能整除 $(K:F)$,那么方程 $f(x)=0$ 在 F 上可以用根号解必要且只要 L 是 F 的一个有限次可解扩域.

证明 设 $f(x)=0$ 在 F 上可以用根号解,于是存在 F 的一个根号扩域 K,使得 $F \subseteq L \subseteq K$. 由定理 4.3.3,存在 F 的一个有限次可解扩域 M,使得 $F \subseteq K \subseteq M$,从而有 $F \subseteq L \subseteq M$.

因为 M/F 是有限次可解扩张,又由定理 5.1.1,L/F 是伽罗瓦扩张,所以 $G(M/F)$ 是可解群,且 $G(M/L) \lhd G(M/F)$,于是

$$G(L/F) \cong G(M/F)/G(M/L)$$

是可解群,因而 L 是 F 的有限次可解扩域.

反之,设 $L=F(\alpha_1,\alpha_2,\cdots,\alpha_n)$ 是多项式 $f(x)$ 在 F 上的分裂域. 按题设,L/F 是有限次可解扩张,且 F 的特征不能整除 $(K:F)$. 由定理 4.3.3,存在 F 的一个根号扩域 K,使得 $F \subseteq L \subseteq K$. 所以 $f(x)=0$ 的全部根都包含在 F 的一个根号扩域内,因而 $f(x)=0$ 可以用根号解.

如同定理 5.1.2 的证明一样,我们得到以下:

定理 5.1.3　设 $f(x)$ 是域 F 上一个可分多项式，则：

(1) 如果方程 $f(x)=0$ 在 F 上可以用根号解，则方程 $f(x)=0$ 的伽罗瓦群 G_f 是一个可解群；

(2) 如果方程 $f(x)=0$ 的伽罗瓦群 G_f 是可解群，并且 F 的特征不能整除 G_f 的阶，则方程 $f(x)=0$ 在 F 上可以用根号解.

推论　设 F 是一个特征为 0 的域，$f(x)$ 是 F 上一个多项式，方程 $f(x)=0$ 在 F 上可以用根号解必要且只要方程 $f(x)=0$ 的伽罗瓦群是可解群.

5.2　n 次一般方程

我们将证明，当 $n>4$ 时，特征为 0 的域上 n 次一般方程不能用根号解. 先证明一个定理.

定理 5.2.1　设 P 是一个域，$K=P(x_1,x_2,\cdots,x_n)$ 是 P 上 n 个不相关不定元 $x_1,x_2,\cdots,x_n$ 的有理分式域. 令

$$a_1=\sum_{i=1}^{n}x_i,a_2=\sum_{1\leqslant i<j<k\leqslant n}x_ix_j,\cdots,a_s=\sum_{1\leqslant i_1<i_2<\cdots<i_s\leqslant n}x_{i_1}x_{i_2}\cdots x_{i_s},\cdots,a_n=x_1x_2\cdots x_n$$

是 $x_1,x_2,\cdots,x_n$ 的初等对称多项式. $F=P(a_1,a_2,\cdots,a_n)$，则 K 是 F 的伽罗瓦扩域，并且伽罗瓦群 $G(K/F)$ 与 n 次对称群 S_n 同构.

证明　集合 $\{1,2,\cdots,n\}$ 的每一个置换 σ 唯一地确定 K 的一个 $P-$ 自同构，仍以 σ 表示，使得

$$\sigma(x_i)=x_{\sigma(i)},i=1,2,\cdots,n$$

并且不同的置换所确定的自同构也不相同. 令 G 是如上所给 K 的 $P-$ 自同构的全体. 那么 G 是 K 的一切 $P-$ 自同构所成的群 $G(K/P)$ 的一个子群，且 $G\cong S_n$. 令

$$F_0=K^G=\{\alpha\in K\mid\sigma(\alpha)=\alpha,\text{对于任意的}\,\sigma\in G\}$$

是 G 的固定域. 那么 $P\subseteq F\subseteq F_0\subseteq K$. 由定理 3.1.3，$K/F_0$ 是伽罗瓦扩张. 它的伽罗瓦群就是 G. 所以 $(K:F_0)=|G|=n!$. 令

$$f(x)=\prod_{i=1}^{n}(x-x_i)=x^n-a_1x^{n-1}+a_2x^{n-2}+\cdots+(-1)^na_n$$

则 $f(x)\in F[x]$.

我们有扩域序列

$$F\subseteq F(x_1)\subseteq F(x_1,x_2)\subseteq\cdots\subseteq F(x_1,x_2,\cdots,x_n)=K$$

因为 x_1 是 $f(x)$ 的一个根，所以 $(F(x_1):F)\leqslant$ 次数$(f(x))=n$. 其次，x_2 是多

项式$\dfrac{f(x)}{x-x_1}\in F_1[x]$的一个根，这里$F_1=F(x_1)$，所以

$$(F(x_1,x_2):F(x_1))\leqslant 次数(\frac{f(x)}{x-x_1})=n-1$$

一般，对于$1\leqslant s\leqslant n$，我们有

$$(F(x_1,x_2,\cdots,x_s):F(x_1,x_2,\cdots,x_{s-1}))\leqslant n-s+1$$

所以$(K:F)\leqslant n!$.

另一方面，因为$F\subseteq F_0\subseteq K$，而$(K:F_0)=n!$，所以$(K:F)\geqslant n!$. 这样一来，我们有$(K:F)=n!$，$F=F_0$，因此$K/F$是伽罗瓦扩张，它的伽罗瓦群与$S_n$同构. 证毕.

现在设P是一个域，$t_1,t_2,\cdots,t_n$是P上个不相关不定元. 令$F=P(t_1,t_2,\cdots,t_n)$. 多项式

$$f(x)=x^n-t_1x^{n-1}+t_2x^{n-2}+\cdots+(-1)^nt_n\in F[x]$$

叫作P上n次一般多项式；相应地，方程$f(x)=0$叫作P上n次一般方程.

定理 5.2.2 设P是一个域. P上n次一般多项式

$$f(x)=x^n-t_1x^{n-1}+t_2x^{n-2}+\cdots+(-1)^nt_n\in F[x]$$

是F上一个可分的不可约多项式. $f(x)$在F上的伽罗瓦群与n次对称群S_n同构.

证明 令$\alpha_1,\alpha_2,\cdots,\alpha_n$是$f(x)$在$F$的某一个代数闭包内的全部根，$K=F(\alpha_1,\alpha_2,\cdots,\alpha_n)$是$f(x)$在$F$上的分裂域. 在$K[x]$内，我们有

$$f(x)=(x-\alpha_1)(x-\alpha_2)\cdots(x-\alpha_n)$$

由根与系数的关系. 我们有

$$t_1=\sum_{i=1}^{n}\alpha_i,t_2=\sum_{1\leqslant i<j<k\leqslant n}\alpha_i\alpha_j,\cdots,t_s=\sum_{1\leqslant i_1<i_2<\cdots<i_s\leqslant n}\alpha_{i_1}\alpha_{i_2}\cdots\alpha_{i_s},\cdots,t_n=\alpha_1\alpha_2\cdots\alpha_n$$

而$K=F(\alpha_1,\alpha_2,\cdots,\alpha_n)=P(t_1,t_2,\cdots,t_n,\alpha_1,\alpha_2,\cdots,\alpha_n)=P(\alpha_1,\alpha_2,\cdots,\alpha_n)$.

令$\overline{K}=P(x_1,x_2,\cdots,x_n)$是$P$上$n$个不相关不定元$x_1,x_2,\cdots,x_n$的有理分式域. 设

$$\overline{f}(x)=\prod_{i=1}^{n}(x-x_i)=x^n-a_1x^{n-1}+a_2x^{n-2}+\cdots+(-1)^na_n$$

这里

$$a_1=\sum_{i=1}^{n}x_i,a_2=\sum_{1\leqslant i<j<k\leqslant n}x_ix_j,\cdots,a_s=\sum_{1\leqslant i_1<i_2<\cdots<i_s\leqslant n}x_{i_1}x_{i_2}\cdots x_{i_s},\cdots,a_n$$
$$=x_1x_2\cdots x_n$$

令$\overline{F}=P(a_1,a_2,\cdots,a_n)\subseteq\overline{K}$. 由引理 5.2.1，$\overline{K}/\overline{F}$是$n!$次的伽罗瓦扩张，

且 $G(\overline{K}/\overline{F}) \cong S_n$.

我们证明,存在 K 到 $\overline{K}$ 的 P — 同构 $\varphi, K \to \overline{K}$,使得 $\varphi(\alpha_i) = x_i, 1 \leqslant i \leqslant n$,如果这个断言被证明,那么就有 $\varphi(t_i) = a_i, 1 \leqslant i \leqslant n$,而 $\varphi(F) = \overline{F}$. 于是 K/F 是伽罗瓦扩张,并且 $G(K/F) \cong S_n$. 从而也就证明了 $f(x)$ 在 P 上的伽罗瓦群与 S_n 同构,并且 $f(x)$ 是 F 上一个可分的不可约多项式.

令 $R = P[t_1, t_2, \cdots, t_n]$, $\overline{R} = P[a_1, a_2, \cdots, a_n] \subseteq P[x_1, x_2, \cdots, x_n]$. 因为 $t_1, t_2, \cdots, t_n$ 是 K 上不相关不定元,所以映射 $\varphi, t_i \to a_i (1 \leqslant i \leqslant n)$ 可以自然地开拓为环 R 到环 $\overline{R}$ 的满同态 $\varphi, R \to \overline{R}$. 设

$$h(t_1, t_2, \cdots, t_n) \in \operatorname{Ker} \varphi$$

则 $h(a_1, a_2, \cdots, a_n) = 0$.

于是 $P[x_1, x_2, \cdots, x_n]$ 的元素

$$h(a_1(x_1, x_2, \cdots, x_n), \cdots, a_n(x_1, x_2, \cdots, x_n)) = 0$$

这里

$$a_s(x_1, x_2, \cdots, x_n) = \sum_{1 \leqslant i_1 < i_2 < \cdots < i_s \leqslant n} x_{i_1} x_{i_2} \cdots x_{i_s}, 1 \leqslant s \leqslant n$$

另一方面,$\psi: P[x_1, x_2, \cdots, x_n] \to P[\alpha_1, \alpha_2, \cdots, \alpha_n]$, $\psi(x_i) = \alpha_i (1 \leqslant i \leqslant n)$,是环同态满射,而

$$\psi(a_s) = \psi(a_s(x_1, x_2, \cdots, x_n)) = a_s(\alpha_1, \alpha_2, \cdots, \alpha_n) = t_s, 1 \leqslant s \leqslant n$$

所以 $h(a_1, a_2, \cdots, a_n) = 0$,于是

$$h(t_1, t_2, \cdots, t_n) = \psi(h(a_1, a_2, \cdots, a_n)) = 0$$

从而 $\operatorname{Ker} \varphi = 0$. 这样 $\varphi, R \to \overline{R}$ 是环同构映射.

φ 可以唯一地开拓为 R 的商域 $F = P(t_1, t_2, \cdots, t_n)$ 到 $\overline{R}$ 的商域 $\overline{F} = P(a_1, a_2, \cdots, a_n)$ 上的同构映射,因而可以唯一地开拓为多项式环 $F[x]$ 到多项式环 $\overline{F}[x]$ 上的同构映射 $\varphi: F[x] \to \overline{F}[x]$. 我们有

$$\varphi(f(x)) = \overline{f}(x)$$

于是 φ 又可以开拓为 $f(x)$ 在 F 上的分裂域 K 到 $\overline{f}(x)$ 在 F 上的分裂域 $\overline{K}$ 上的同构映射. 在这个开拓下,$\varphi(\alpha_i) = x_i (1 \leqslant i \leqslant n)$. 定理被证明.

对称群 S_n 总有一个指数为 2 的子群:交错群 A_n. 对于 $n > 4$,群 A_n 是单纯的(第一章 7.3 目),因此

$$S_n \supset A_n \supset \{e\} \tag{1}$$

是合成群列. 由此可见当 $n > 4$,群 S_n 是不可解的,而由上一目定理 5.1.3 即得阿贝尔的著名的定理:

定理5.2.3 设P是一个特征为0的域,$t_1,t_2,\cdots,t_n$是P上不相关不定元,$F=P(t_1,t_2,\cdots,t_n)$. n次一般方程

$$f(x)=x^n-t_1x^{n-1}+t_2x^{n-2}+\cdots+(-1)^nt_n=0$$

在F上可以用根号解的必要且充分条件是$n\leqslant 4$.

证明 $f(x)=0$在F上可以用根号解当且仅当$f(x)$的伽罗瓦群是可解群,即n次对称群S_n可解,这又意味着$n\leqslant 4$.

对于$n=2$与$n=3$,式(1)中合成因子是循环的. 当$n=2$有$A_n=\{e\}$. 当$n=3$,因子的阶为2与3. 对于$n=4$,合成群列为

$$S_n\supset A_n\supset B_4\supset C_2\supset\{e\}$$

这里B_4是克莱因四元群

$$\{e,(12)(34),(13)(24),(14)(23)\}$$

C_2是它的任一个2阶子群. 合成因子的阶为2,3,2,2.

我们在下一目即将讨论的2,3与4次方程的解的公式就依赖于这些事实.

由定理5.2.2,我们还得到以下:

定理5.2.4 给定一个有限群G和一个素数p或0,那么存在一个特征为p或0的域E和E的一个伽罗瓦扩域K,使得$G(K/E)\cong G$.

证明 设G的阶为n,那么由凯莱定理,G与n次对称群S_n的一个子群H同构. 令P是一个域,它的特征等于p或0. $t_1,t_2,\cdots,t_n$是P上n个不相关不定元. 令$F=P(t_1,t_2,\cdots,t_n)$. 设K是多项式

$$f(x)=x^n-t_1x^{n-1}+t_2x^{n-2}+\cdots+(-1)^nt_n\in F[x]$$

在F上的分裂域. 则K是F的伽罗瓦扩域,它的伽罗瓦群$G(K/F)$与S_n同构. 对于S_n的子群H,有$G(K/F)$的一个与H同构的子域与它对应,仍记作H. 令E是与H对应的K/F的中间域,则K/E是伽罗瓦扩张,且$G(K/E)=H\cong G$.

附注 一般,给定一个域F和一个有限群G,是否存在F的一个伽罗瓦扩域K,使得K/F的伽罗瓦群$G(K/F)\cong G$. 这个问题的答案是否定的. 只要看一看有限域F_q或者实数域R或复数域C的情形就足以证明这一点. 当$F=Q$是有理数域时,除了个别的群G外,这个问题的一般解决也远没有得到.

5.3 二次、三次与四次方程

设F是某一个基域,我们给出F上二次、三次和四次一般方程的解.

二次方程的解 一般二次方程有形状

$$x^2+px+q=0 \tag{1}$$

令x_1,x_2是方程式(1)在$F(p,q)$的一个代数闭包内的根,方程(1)的伽罗

瓦群 S_2 由恒等置换及对换 (x_1, x_2) 构成，所以 $(x_1 - x_2)^2$ 在 S_2 的作用下保持不动，因而 $(x_1 - x_2)^2 \in F(p, q)$. 我们有

$$(x_1 - x_2)^2 = (x_1 + x_2)^2 - 4x_1x_2 = p^2 - 4q$$

于是 $x_1 - x_2 = \pm\sqrt{p^2 - 4q}$，又 $x_1 + x_2 = -p$. 所以(1) 的根的公式是

$$x_1, x_2 = \frac{-p \pm \sqrt{p^2 - 4q}}{2}$$

这里当然假定基域的特征异于 2.

三次方程的解　一般的三次方程

$$x^3 + a_1x^2 + a_2x + a_3 = 0 \tag{2}$$

首先经过代换

$$x = y - \frac{1}{3}a_1$$

这方程可以变成

$$y^3 + px + q = 0 \tag{3}$$

的形式(相应于一般求解的理论，我们假定基域的特征不是 2 与 3)，$p, q \in F(a_1, a_2, a_3)$.

解原方程，只需解式(3). 令 $F_1 = F(a_1, a_2, a_3)$. 方程式(2) 和(3) 有相同的分裂域 K/F_1，因而他们的群同构. 仍用 S_3 表示方程式(3) 的群，而用 y_1, y_2, y_3 表示方程(3) 的全部根. $S_3 = (\sigma, \tau)$，$\sigma = (123)$，$\tau = (12)$，有合成群列 $S_3 \supset A_3 \supset \{e\}$，其中 $A_3 = (\sigma)$. 方程式(3) 的判别式 $D = -4p^3 - 27q^2$. 由于 F 的特征 $\neq 2$，根据定理 2.2.1，与 $F_2 = F_1(\sqrt{D})$ 对应的 S_3 的子群是 A_3：$G(K/F_2) = A_3$. 因而 K/F_2 是一个 3 次循环扩张. 由定理 4.2.3 知道，求解 3 次循环扩张，需要添加 3 次单位根到基域 F_2. 由于 F 的特征不等于 2,3，本原的 3 次单位根 ρ 可以用根式表出 $\rho = -\frac{1}{2} + \frac{\sqrt{-3}}{2}$，另一根为 ρ^2. 将 ρ 添加到 F_2，于是 $K(\rho)$ 仍是 $F_2(\rho)$ 上的 3 次循环扩张，而且 $K(\rho) = F_2(y_1, y_2, y_3)(\rho) = F_2(\rho)(y_1, y_2, y_3) = F_2(\rho)(y_1)$. 于是应用定理 4.2.3 的附注 2，作拉格朗日预解式

$$(1, y_1) = y_1 + \sigma(y_1) + \sigma^2(y_1) = y_1 + y_2 + y_3 = 0$$

$$(\rho, y_1) = y_1 + \rho\sigma(y_1) + \rho^2\sigma^2(y_1) = y_1 + \rho y_2 + \rho^2 y_3$$

$$(\rho^2, y_1) = y_1 + \rho^2\sigma(y_1) + \rho\sigma^2(y_1) = y_1 + \rho^2 y_2 + \rho y_3$$

已知 $(\rho, y_1)^3$，$(\rho^2, y_1)^3 \in F_2(\rho)$. 应用恒等式 $X^3 + Y^3 = (X + Y)(X + \rho Y)(X + \rho^2 Y)$，计算

$$(\rho, y_1)^3 + (\rho^2, y_1)^3 = 3y_1 \cdot 3\rho^2 y_3 \cdot 3\rho y_2 = 27(-q) = -27q$$

$$
\begin{aligned}
(\rho,y_1)^3\cdot(\rho^2,y_1)^3 &= [(\rho,y_1)\cdot(\rho^2,y_1)]^3\\
&= ({y_1}^2+{y_2}^2+{y_3}^2-y_1y_2-y_2y_3-y_3y_1)^3\\
&= (-3p)^3
\end{aligned}
$$

因而$(\rho,y_1)^3$ 和$(\rho^2,y_1)^3$ 适合二次方程式 $x^2+27qx+(-3p)^3=0$,所以

$$(\rho,y_1)^3=-\frac{27}{2}q+\frac{3}{2}\sqrt{-3D},(\rho^2,y_1)^3=-\frac{27}{2}q-\frac{3}{2}\sqrt{-3D} \tag{4}$$

于是(ρ,y_1) 和(ρ^2,y_1) 分别是上两式右端的立方根,各有三个根,可以配成九对.但是(ρ,y_1) 的值和(ρ^2,y_1) 的值配成的对必须满足代数关系

$$(\rho,y_1)\cdot(\rho^2,y_1)=-3p \tag{5}$$

满足这种关系的只有三对值,任取其中一对,代入下式

$$y_1=\frac{1}{3}[(\rho,y_1)+(\rho^2,y_1)],y_2=\frac{1}{3}[\rho^{-1}(\rho,y_1)+\rho^{-2}(\rho^2,y_1)]$$

$$y_3=\frac{1}{3}[\rho^{-2}(\rho,y_1)+\rho^{-2}(\rho^2,y_1)] \tag{6}$$

就得到了式(3) 的三个根.若取其他两对代入上式得到的三根只差一个轮换.最后得到方程(2) 的三根

$$x_i=y_i-\frac{1}{3}a_1,i=1,2,3 \tag{7}$$

式(6) 和(7) 就是 3 次方程的公式解(称为卡丹公式).

实根问题　如果方程(3) 系数 p,q 所在的基域是一个实的数域F,那么有两个可能的情形:

① 方程有一个实的和两个共轭的复根.于是$(y_1-y_2)(y_1-y_3)(y_2-y_3)$ 显然是纯虚数,从而$D<0$.数$\pm\sqrt{-3D}$ 是实数,在式(4) 中作为(ρ,y_1) 我们可以选取一个实的立方根.根据式(5),(ρ^2,y_1) 也是实数.式(6) 中第一个公式给出 y_1 是两个实的立方根之和,而 y_2 和 y_3 也是共轭的复数.

② 方程有三个实根.这时,$\sqrt{D}$ 是实的.因此,$D\geqslant 0$.在 $D=0$ 时(两根相等),情况与以上一样,当$D>0$ 时,由式(4) 得出的(ρ,y_1) 和(ρ^2,y_1) 的表达式中,在立方根下面的数就是虚数,于是在式(6) 中三个(实) 数被表成虚的立方根的和,也就是,不是实的形式.

这个情形是所谓的三次方程的"不可约情形".我们来证明:在这个情形,方程

$$y^3+px+q=0$$

不可能用实的根式来解,除非方程在基域中已经分解.

设方程 $y^3+py+q=0$ 在 F 中不可约并有三个实根 y_1,y_2,y_3. 我们首先添加$\sqrt{D}$. 这时方程不可能分解(因为在最高是二次的域 $F(\sqrt{D})$ 中不可能有不可约三次方程的根),而它的群将是 A_3. 假如方程能够在添加一系列实的根式之后分解,这里根式的指数当然可以认为是素数,那么在这一串添加中必有一"临界的"添加$\sqrt[h]{a}$(h—— 素数),即在域 P 中添加了$\sqrt[h]{a}$ 后方程恰恰分解,而在 P 中方程还是不可约的. 按上一节定理 4.2.4, y^h-a 在 P 中不可约或者 a 是 P 中一个数的 h 次方. 后一个情形可以除外,否则 a 的实的 h 次根就要包含在 P 中,于是$\sqrt[h]{a}$ 的添加不可能使方程分解. 因此 y^h-a 是不可约的,域 $P(\sqrt[h]{a})$ 的次数倍为 h. 根据假定, $P(\sqrt[h]{a})$ 包含一个在 P 中不可约的方程 $y^3+py+q=0$ 的根. 因而 h 被 3 整除,于是 $h=3$ 且 $P(\sqrt[h]{a})=P(y_1)$. 分裂域 $P(y_1,y_2,y_3)$ 对于 P 的次数同样也是 3. 因此 $P(\sqrt[3]{a})=P(y_1,y_2,y_3)$. 既然域 $P(\sqrt[3]{a})$ 是正规的,所以它一定包含$\sqrt[3]{a}$ 的共轭元素 $\rho\sqrt[3]{a}$ 与 $\rho^2\sqrt[3]{a}$,也就包含单位根 ρ 与 ρ^2. 这样就得出了矛盾,因为域 $\rho(\sqrt[3]{a})$ 是实的,而数 ρ 不是.

四次方程的解 一般的四次方程

$$f(x)=x^4+a_1x^3+a_2x^2+a_3x+a_4=0$$

也可以经过替换

$$x=y-\frac{1}{4}a_1$$

变成

$$g(y)=y^4+py^2+qy+r=0$$

令 $F_1=F(a_1,a_2,a_3,a_4)$. $f(x)$ 与 $g(y)$ 在 F_1 上有相同的分裂域 E,因而 $g(y)$ 在 F_1 上的群仍为 S_4. $g(y)$ 的根记为 y_1,y_2,y_3,y_4. 对称群 S_4 有合成列

$$S_4\supset A_4\supset B_4\supset C_2\supset\{e\}$$①

有域的序列

$$F_1\subset F_1(\sqrt{D})\subset F_2\subset F_3\subset E$$

仍然设 F 的特征不等于 2, 3. 下面将看到,明显地算出 D 是不必要的. 域 F_2 可以由 $F_1(\sqrt{D})$ 添加一个元素得到. 这个元素被 B_4 的置换保持不变,但不被 A_4 的置换保持不变. 这样一个元素是

$$\theta_1=(y_1+y_2)(y_3+y_4)$$

① $B_4=\{e,(12)(34),(13)(24),(14)(23)\}$, $C_2=\{e,(12)(34)\}$.

这个元素除去上面指出的被 B_4 中置换保持不变外，下面的置换

$$(12),(34),(1324),(1423)$$

也保持它不变(这些置换与 B_4 合在一起成一 8 阶的群). 它对于 F_1 有三个共轭元素，它们由 S_4 中的置换互变，即

$$\theta_1=(y_1+y_2)(y_3+y_4),\theta_2=(y_1+y_3)(y_2+y_4)$$

$$\theta_3=(y_1+y_4)(y_2+y_3)$$

这些元素是一个三次方程

$$\theta^3-b_1\theta^2+b_2\theta-b_3=0 \tag{8}$$

的根，其中 b_i 是 $\theta_1,\theta_2,\theta_3$ 的初等对称多项式

$$b_1=\theta_1+\theta_2+\theta_3=2\sum_{i,j}y_iy_j=2p$$

$$b_2=\sum_{i,j}\theta_i\theta_j=\sum_{i,j}y_i{}^2y_j{}^2+3\sum_{i,j,k}y_i{}^2y_jy_k+6y_1y_2y_3y_4$$

$$b_3=\theta_1\theta_2\theta_3=\sum_{i,j,k}y_i{}^3y_j{}^2y_k+2\sum_{i,j,k,h}y_i{}^3y_jy_ky_h+$$

$$2\sum_{i,j,k}y_i{}^2y_j{}^2y_k{}^2+4\sum_{i,j,k,h}y_i{}^2y_j{}^2y_ky_h$$

b_2 和 b_3 可以由 y_i 的初等对称函数 $\sigma_1,\sigma_2,\sigma_3,\sigma_4$ 表示. 我们有

$$\sigma_1{}^2=\sum_{i,j}y_i{}^2y_j{}^2+2\sum_{i,j,k}y_i{}^2y_jy_k+6y_1y_2y_3y_4=p^2$$

$$\sigma_1\sigma_3=\sum_{i,j,k}y_i{}^2y_jy_k+4y_1y_2y_3y_4=0,-4\sigma_4=-4y_1y_2y_3y_4=-4r$$

$$b_2=\sum_{i,j}y_i{}^2y_j{}^2+3\sum_{i,j,k}y_i{}^2y_jy_k+6y_1y_2y_3y_4=p^2-4r$$

$$\sigma_1\sigma_2\sigma_3=\sum_{i,j,k}y_i{}^2y_j{}^2y_k+3\sum_{i,j,k,h}y_i{}^3y_jy_ky_h+3\sum_{i,j,k}y_i{}^2y_j{}^2y_k{}^2+8\sum_{i,j,k,h}y_i{}^2y_jy_k{}^2y_h=0$$

$$-\sigma_1{}^2\sigma_4=-\sum_{i,j,k,h}y_i{}^3y_jy_ky_h-2\sum_{i,j,k,h}y_i{}^2y_jy_k{}^2y_h=0$$

$$-\sigma_3{}^2=-\sum_{i,j,k}y_i{}^2y_j{}^2y_k{}^2-2\sum_{i,j,k,h}y_i{}^2y_jy_k{}^2y_h=-q^2$$

$$b_3=\sum_{i,j,k}y_i{}^3y_j{}^2y_k+2\sum_{i,j,k,h}y_i{}^3y_jy_ky_h+2\sum_{i,j,k}y_i{}^2y_j{}^2y_k{}^2+4\sum_{i,j,k,h}y_i{}^2y_j{}^2y_ky_h=-q^2$$

因此，方程式(8) 是

$$\theta^3-2p\theta^2+(p^2-4r)\theta+q^2=0$$

这个方程称为 4 次方程的三次预解式. 它的根 $\theta_1,\theta_2,\theta_3$ 可以按“卡丹公式”用根式表示. 每一个 θ 都有一个八阶的群保持，它不变，保持这三个都不变的只有 B_4，因而

$$F_1(\sqrt{D})(\theta_1,\theta_2,\theta_3)=F_2$$

域 F_3 由 F_2 添加一个元素得出. 这个元素不被 B_4 中全部置换保持不变，只

被(譬如说)单位元素与置换(12)(34)保持不变. y_1+y_2 是一个这样的元素. 我们有

$$(y_1+y_2)(y_3+y_4)=\theta_1 \text{ 与}(y_1+y_2)+(y_3+y_4)=0$$

由此得

$$y_1+y_2=\sqrt{-\theta_1},y_3+y_4=-\sqrt{-\theta_1}$$

同样有

$$y_1+y_3=\sqrt{-\theta_2},y_2+y_4=-\sqrt{-\theta_2};y_1+y_4=\sqrt{-\theta_3},y_2+y_3=-\sqrt{-\theta_3}$$

这三个无理式并不是没有关系的,而是

$$\begin{aligned}\sqrt{-\theta_1}\cdot\sqrt{-\theta_2}\cdot\sqrt{-\theta_3}&=(y_1+y_2)(y_1+y_3)(y_1+y_4)\\&=y_1^3+y_1^2(y_2+y_3+y_4)+y_1y_2y_3+\\&\quad y_1y_2y_4+y_1y_3y_4+y_2y_3y_4\\&=y_1^2(y_1+y_2+y_3+y_4)+\sum_{i,j,k}y_iy_jy_k\\&=\sum_{i,j,k}y_iy_jy_k=-q\end{aligned}$$

为了由 B_4 降到 $\{e\}$ 或者由 F_2 上升到 E,我们恰需要两个二次无理式,因为 B_4 是 4 阶的并且有 2 阶的子群. 事实上, y_i 可以由三个元素 θ(其中的两个已经够了)有理地决定. 因为

$$2y_1=\sqrt{-\theta_1}+\sqrt{-\theta_2}+\sqrt{-\theta_3},2y_2=\sqrt{-\theta_1}-\sqrt{-\theta_2}-\sqrt{-\theta_3}$$

$$2y_3=-\sqrt{-\theta_1}+\sqrt{-\theta_2}-\sqrt{-\theta_3},\ 2y_4=-\sqrt{-\theta_1}-\sqrt{-\theta_2}+\sqrt{-\theta_3}$$

这就是一般的四次方程解的公式. 由推导过程可知,它对每个特殊的 4 次方程也成立.

注意,由

$$\theta_1-\theta_2=-(y_1-y_4)(y_2-y_3),\theta_1-\theta_3=-(y_1-y_3)(y_2-y_4)$$

$$\theta_2-\theta_3=-(y_1-y_2)(y_3-y_4)$$

可见,立方预解式的判别式等于原方程的判别式. 因为我们已经知道了三次方程的判别式,所以这就给出了计算 4 次方程判别式的一个简单方法. 我们不难得出

$$D=16p^4r-4p^3q^2-128p^2r^2+144pq^2r-27q^4+256r$$

5.4 有理数域上的素数次分圆方程

设 q 是任一素数,讨论有理数域 Q 上的分圆方程 $x^q-1=0$. 在这个情形分圆多项式 $\Phi_q(x)$ 为

$$\Phi_q(x)=\frac{x^q-1}{x-1}=x^{q-1}+x^{q-2}+\cdots+x+1$$

它的次数是 $n=q-1$.

设 ζ 是所说分圆方程的根,并且是本原的. 那么由上节定理 4.1.4,分圆扩域 $Q(\zeta)$ 在 Q 上的伽罗瓦群同构于模 n 的与 n 互素的剩余类的群.

与 q 互素的剩余类的群是循环的(第一章 3.3 目). 因此它是由 n 个剩余类

$$g,g^2,\cdots,g^{n-1}$$

组成,这里 g 是一个"模 q 的原根",也就是剩余类群的生成元. 因而伽罗瓦群也是循环的并且由自同构 σ 生成,σ 把 ζ 变到 ζ^g. 本原单位根可以如下表示

$$\zeta,\zeta^g,\zeta^{g^2},\zeta^{g^3},\cdots,\zeta^{g^{n-1}},\zeta^{g^n}=\zeta$$

令 $\zeta^{g^v}=\zeta_v$,

这里 v 可以按模 n 计算,因为

$$\zeta^{g^{n+v}}=\zeta^{g^v}$$

我们有

$$\sigma(\zeta_i)=\sigma(\zeta^{g^i})=[\sigma(\zeta)]^{g^i}=[\zeta^g]^{g^i}=\zeta^{g^{i+1}}=\zeta_{i+1}$$

因此自同构把指标增加 1,σ 作用 v 次即得

$$\sigma^v(\zeta_i)=\zeta_{i+v}$$

诸 $\zeta_i(i=0,1,\cdots,n-1)$ 组成扩域 $Q(\zeta)$ 的基. 为此,我们只要证明它们是线性无关的. 事实上,这些 ζ_i 除去次序外与 $\zeta,\zeta^2,\cdots,\zeta^{q-1}$ 是一样的. 假定在它们之间有一线性关系

$$a_1\zeta+a_2\zeta^2+\cdots+a_{q-1}\zeta^{q-1}=0$$

或者消去因子 ζ

$$a_1+a_2\zeta+\cdots+a_{q-1}\zeta^{q-2}=0$$

因为 ζ 不可能适合次数小于等于 $q-2$ 的方程,所以由此推出

$$a_1=a_2=\cdots=a_{q-1}=0$$

因此诸 ζ_i 线性无关.

既然分圆扩域 $Q(\zeta)$ 在 Q 上的伽罗瓦群 G 是循环的,那么按照第一章 §4,定理 4.6.2,G 的子群可以这样来找出:

定理 5.4.1 如果

$$ef=n$$

是 n 的一个正因子分解,那么就有一个阶为 f 的子群 H,它由元素

$$\sigma^e,\sigma^{2e},\cdots,\sigma^{(f-1)e},\sigma^{fe}$$

组成,其中 σ^{fe} 是单位元素. 每个子群都可以这样得出.

根据基本定理,分圆扩域 $Q(\xi)$ 的子域由循环群 G 的子群决定:对应于每个这样的子群 H,都有一个中间域 E,它是由所有被 σ^e(因此 H 中置换)保持不变的元素组成.

$$\eta_v=\zeta_v+\zeta_{v+e}+\zeta_{v+2e}+\cdots+\zeta_{v+(f-1)e}, v=0,1,\cdots,e-1 \tag{1}$$

就是一些这样的元素.

每个 η_v 被置换 σ^e,以及它的幂保持不变,但是不被伽罗瓦群 G 中其他置换保持不变.因此每个单个的 η_v 都是中间域 E 的生成元.譬如我们取 $v=0$,就有

$$E=Q(\eta_0), \eta_0=\zeta_0+\zeta_e+\zeta_{2e}+\cdots+\zeta_{(f-1)e}=\zeta+\zeta^{g^e}+\zeta^{g^{2e}}+\cdots+\zeta^{g^{(f-1)e}}$$

这样就找出了圆域 $Q(\zeta)$ 的全部子域.

由式(1)所定义的元素 $\eta_1,\eta_2,\cdots,\eta_{e-1}$ 被高斯称为圆域的 f 项周期.

上面所说的使我们可以解出任意素数次分圆方程.例如,设 $Q(\zeta)$ 是 17 次单位根的域

$$q=17, n=16$$

$g=3$ 是模 17 的一个原根,因为所有与 17 互素的剩余类都是剩余类 3(mod 17)的幂.16 个元素

$$\zeta_0=\zeta;\zeta_1=\zeta^3;\zeta_2=\zeta^9;\cdots$$

组成圆域的一组基.

有次数为 2,4 与 8 的子域.现在我们依次地来决定它们.

8 项周期是

$$\eta_0=\zeta+\zeta^{-8}+\zeta^{-4}+\zeta^{-2}+\zeta^{-1}+\zeta^8+\zeta^4+\zeta^2$$
$$\eta_1=\zeta^3+\zeta^{-7}+\zeta^5+\zeta^{-6}+\zeta^{-3}+\zeta^7+\zeta^{-5}+\zeta^6$$

不难算出 $\eta_0+\eta_1=-1, \eta_0\eta_1=-4$.

于此 η_0 与 η_1 是方程

$$y^2+y-4=0$$

的根,它的解是

$$\eta=-\frac{1}{2}\pm\frac{1}{2}\sqrt{17}$$

4 项周期是

$$\xi_0=\zeta+\zeta^{-4}+\zeta^{-1}+\zeta^4, \xi_1=\zeta^3+\zeta^5+\zeta^{-3}+\zeta^{-5}$$
$$\xi_2=\zeta^{-8}+\zeta^{-2}+\zeta^8+\zeta^2, \xi_3=\zeta^7+\zeta^6+\zeta^{-7}+\zeta^{-6}$$

有

$$\xi_0+\xi_2=\eta_0, \xi_0\xi_2=-1;\xi_1+\xi_3=\eta_1, \xi_1\xi_3=-1$$

因此 ξ_0 与 ξ_2 适合方程

$$x^2-\eta_0 x-1=0$$

同样 ξ_1 与 ξ_3 适合方程

$$x^2-\eta_1 x-1=0$$

这些方程说明，$Q(\xi_0)$ 对于 $Q(\eta_0)$ 是二次的，这正如我们所希望的.

两个 2 项周期是

$$\lambda^{(1)}=\zeta+\zeta^{-1},\lambda^{(4)}=\zeta^4+\zeta^{-4}$$

相加与相乘后得

$$\lambda^{(1)}+\lambda^{(4)}=\xi_0,\lambda^{(1)}\lambda^{(4)}=\zeta^5+\zeta^{-3}+\zeta^3+\zeta^{-5}=\xi_1$$

因此 $\lambda^{(1)}$ 与 $\lambda^{(4)}$ 适合方程

$$\Lambda^2-\xi_0\Lambda+\xi_1=0$$

最后，ζ 本身适合方程

$$\zeta+\zeta^{-1}=\lambda^{(1)}$$

或者

$$\zeta^2-\lambda^{(1)}\zeta+1=0$$

由此可见，17 次单位根可以通过解一系列二次方程计算出.

5.5 素数次的多项式

设 $f(x)$ 是域 F 上一个不可约的可分多项式，并且它的次数是一个素数 p. 如果 $f(x)=0$ 的根可以用根式解出，那么，对于 $f(x)$ 的分裂域 K 在 F 上的伽罗华群 G，我们可以得出什么结论呢？

首先，由 $f(x)$ 的不可约性，G 应该是 p 个元素上的可迁群(定理2.1.2)，又 G 应是一个可解群.

为了得出进一步的结论，我们需要下面的引理和线性置换的概念.

引理 1 在 p 个元素上的可迁群 G 的正规子群 $H\neq\{e\}$ 仍是可迁的.

证明 设$\{0,1,2,\cdots,k-1\}(k\leqslant p)$为 H 的可迁集. 因为 $H\neq\{e\}$，故 $k>1$. 于是，这 k 个数字中每一个在 H 的置换下变成另一个数字，而除这 k 个数字外，其他数字不能再为这 k 数字的像. 现在，令 j 为任一数字. 因为 G 是可迁的，故有一个置换 $\tau\in G$，使

$$\tau(0)=j$$

从正规性：$\tau H\tau^{-1}=H$，则知

$$H(j)=\tau H\tau^{-1}(j)=\tau H(\tau^{-1}j)=\tau H(0)$$

但由于 j 在 H 的置换下变为从 0 到 $k-1$ 的全部数字，故

$$\tau H(0)=\{\tau(0),\tau(1),\cdots,\tau(k-1)\}$$

因此，j 含在这 k 个数字的某一可迁域里，换句话说，所有的可迁域具有同样的"大小"，故知 $k \mid p$. 但 p 是素数而 $k > 1$，故知 $k = p$，所以 H 是可迁的. 证毕.

下面是所需要的概念. 设 σ 是集合 $\{1,2,\cdots,n\}$ 上的置换

$$\sigma = \begin{pmatrix} 1 & 2 & 3 & \cdots & n \\ i_1 & i_2 & i_3 & \cdots & i_n \end{pmatrix}$$

这里 $i_1, i_2, \cdots, i_n$ 是 $1,2,\cdots,n$ 的一个排列. 就是说，σ 变 1，变 2，…，变 n 如下：

$$\sigma(1) = i_1, \sigma(2) = i_2, \cdots, \sigma(n) = i_n$$

如果有整数 $a(a \not\equiv 0 (\bmod n), b$ 存在，使 $\sigma(x)$ 满足线性同余式

$$\sigma(x) \equiv ax + b (\bmod n), x \in \{1,2,\cdots,n\}$$

那么 σ 叫作关于 n 的线性置换.

特别的，当 $a \equiv 1 (\bmod n), b \not\equiv 0 (\bmod n), \sigma(x) = x + b (\bmod n)$，它使 $\{1, 2,\cdots,n\}$ 中任意数变动，因此它是 n 个数字上的循环排列（轮换）.

现在，可以把所提的问题解答如下：

定理 5.5.1 设 $f(x)$ 是域 F 上素数 p 次不可约的可分多项式，它的伽罗瓦群 G 是 $\{1,2,\cdots,p\}$ 上的可迁群，那么 G 是可解群的充分必要条件是：把 $1,2,\cdots,p$ 的顺序适当改写，G 中任意置换 σ 是关于 p 的线性置换，即 $\sigma(x) \equiv ax + b (\bmod p)$，并且 G 包含线性置换 $\sigma(x) \equiv x + 1 (\bmod p)$.

证明 我们将用数学归纳法来证明条件的必要性.

假如 G 是一个（有限）可解群，就是说，有一串正规子群

$$G = G_0 \supseteq G_1 \supseteq \cdots \supseteq G_{s-1} \supseteq G_s = \{e\}$$

使得商群 G_{i-1}/G_i 的阶是素数. 于是 G_{s-1} 是循环群（因其阶是素数）.

又因为 G 是 $\{1,2,\cdots,p\}$ 上的可迁群以及 G_1 是它的正规子群，由引理 1，G_1 也是 $\{1,2,\cdots,p\}$ 上的可迁群，依此类推，$G_2, G_3, \cdots, G_{s-1}$ 都是 $\{1,2,\cdots,p\}$ 上的可迁群.

下面首先证明，G_{s-1} 中的元素都是关于 p 的线性置换. 记 G_{s-1} 的生成元为 σ，那么 σ 是一个 p－轮换，也就是 p 个数字的循环排列. 这是因为把 σ 表示成互无公共数字的轮换的乘积时，若它有一个长度短于 p 的轮换，那么这个轮换中的数字就组成 G_{s-1} 的一个可迁集，这与 G_{s-1} 的可迁集是 $\{1,2,\cdots,p\}$ 矛盾（依引理 1）.

现在将数字再作适当的新的编号，使得

$$\sigma = (1,2,\cdots,p)$$

即

$$\sigma(x)\equiv x+1(\bmod p)$$

于是,G_{s-1} 的元素就是置换

$$\sigma^m(x)\equiv x+m(\bmod p),m=1,2,\cdots,p$$

即 G_{s-1} 中任一元素都是关于 p 的线性置换.

再假设 τ 是 G_{s-2} 中的任意元素,因为 G_{s-1} 是 G_{s-2} 的正规子群,所以,$\tau\sigma\tau^{-1}\in G_{s-1}$. 令

$$\tau\sigma\tau^{-1}=\sigma^a,\tau(x)=k$$

因此

$$\tau\sigma\tau^{-1}(k)=\sigma^a(k)\equiv k+a(\bmod p)$$

于是

$$\tau\sigma(x)=\sigma^a\tau(x)\equiv\tau(x)+a(\bmod p)$$

也就是说,对任意 x,我们有

$$\tau(x+1)\equiv\tau(x)+a(\bmod p)$$

若令 $\tau(1)\equiv b+a(\bmod p)$,那么

$$\tau(2)\equiv\tau(1)+a=b+2a(\bmod p)$$

一般的

$$\tau(x)\equiv ax+b(\bmod p)$$

这就得到了,G_{s-2} 中的每个元素都是关于 p 的线性置换.

又因为当 $a\not\equiv 1(\bmod p)$ 时,有适合 $ax+b\equiv x(\bmod p)$,即 $(a-1)x\equiv -b(\bmod p)$ 的数 x 存在,所以只有 $\tau(x)\equiv x+b(\bmod p)$ 使任意数字变动,但 τ 具有形式 σ^b,因此 G_{s-2} 中使任意数字变动的置换是 G_{s-1} 中的置换,也就是说,G_{s-2} 中的 $p-$ 轮换都在 G_{s-1} 中.

现在,我们假设 G_{s-k} 具有 G_{s-2} 的性质,即 G_{s-k} 中任意置换是关于 p 的线性置换,并且 G_{s-k} 中任意 $p-$ 轮换都在 G_{s-1} 中. 如果 τ 是 G_{s-k-1} 中的置换,因为 σ 是 $p-$ 轮换,则 $\tau\sigma\tau^{-1}$ 是 G_{s-k} 中的 $p-$ 轮换①,因此含在 G_{s-1} 中,于是 $\tau\sigma\tau^{-1}=\sigma^a$. 同前面一样,我们有 $\tau(x)\equiv ax+b(\bmod p)$,因此 G_{s-k-1} 中任意置换都是关于 p 的线性置换,并且其中任意 p 项轮换都在 G_{s-1} 中,由归纳法我们得知必要条

① 这个事实可由置换的下面的简便算法得出:设 τ,σ 是两个置换,如果把 σ 写成没有公共元素的轮换的乘积,再把这个轮换中的文字用 τ 中所变换的文字来代替,那么这样得到的置换就是乘积 $\tau\sigma\tau^{-1}$. 这是因为 $\tau\sigma\tau^{-1}(\tau(x))=\tau\sigma(x)$,即 $\tau(x)\to\tau\sigma(x)$. 例如,$\sigma=(314)(25)(67)$,$\tau=(123)(567)$,则 $\tau\sigma\tau^{-1}=(\tau(3)\tau(1))\cdot(\tau(2)\tau(5))\cdot(\tau(6)\tau(7))=(124)(36)(75)$.

因此如果 $\sigma=(i_1i_2\cdots i_p)$,那么 $\tau\sigma\tau^{-1}=(\tau(i_1)\tau(i_2)\cdots\tau(i_p))$.

件成立.

下面,我们来证明充分性.

假设 G 是由关于 p 的线性置换组成的群,并且含有线性置换 $\sigma(x) \equiv x + 1 \pmod p$. 又设 N 是由 σ 生成的循环群. 我们将证明:N 是 G 的正规子群,并且商群 G/N 可解.

因为 G 中使任意数字变动的置换是 σ^b,所以它们都是 N 中的元素;也就是说,G 中任意 p 项轮换都在 N 中. 但用 G 中任意置换把 N 中任意置换变形得到的置换仍是 p 项轮换[①],因此也是 N 中的置换,所以 N 是 G 的正规子群. 假如 $\tau(x) \equiv ax + b \pmod p$ 是 G 的任意元素,那么陪集 τN 的元素为

$$\tau\sigma^r(x) \equiv ax + ar + b \equiv ax \pmod p$$

这里 $ar + b \equiv 0 \pmod p$.

如果令 τ 与数 a 对应,那么可以很容易证明,这对应是 G/N 到以 p 为模的不可约剩余类群 Z_p^*[②] 内的一个同构,所以 G/N 与 Z_p^* 的子群同构. 于是 G/N 是交换群,因而是可解群. 充分性成立. 证毕.

素数次可迁的可解群的进一步结构由下列定理给出:

定理 5.5.2 设 G 是可迁置换群,次数是素数 p,则下列命题等价:

(1)G 是可解的;

(2) 若 G 中一个元素 g 至少固定两个不同的文字,则 g 是单位元;

(3)G 恰有一个西罗子群.

证明需要下面的结论:

引理 2 设 H 是 $\{1,2,\cdots,n\}$ 上的一个 n 次可迁交换群,则 H 在对称群 S_n 中的中心化子就是自身.

证明 令 $C(H)$ 是 H 在 S_n 中的中心化子,取 $s \in C(H)$ 满足 $s(1)=1$. 由 H 可迁性,对 $i \in M$,均有 $t \in H$,使得 $t(i)=1$. 再由 H 的交换性,可写

$$s(i)=s(t(1))=t(s(1))=t(1)=i$$

故 $s=e$. 因此稳定子群 $(C(H))_1$ 是单位元群. 于是有

$$|C(H)| = [C(H):(C(H))_1]$$

利用第一章,定理 7.5.1 及其推论 2,有

$$|C(H)| = [C(H):(C(H))_1] = n = |H|$$

然后由 $H \leqslant C(H)$,即得所需结论.

---

① 参阅脚注 ①.

② 参阅第一章,§3,3.3 目.

证明 (1)→(2). 由定理5.5.1可知，对于素数p次可迁的可解群G，其置换具有形状$\sigma(x)\equiv ax+b(\mathrm{mod}\ p)$. 这是因为，同余式$x\equiv ax+b(\mathrm{mod}\ p)$，即$(a-1)x\equiv -b(\mathrm{mod}\ p)$除$a\equiv 1(\mathrm{mod}\ p)$，$b\equiv 0(\mathrm{mod}\ p)$即恒等置换外，只能有一个解. 这样，对当前的情形来说，使两个元素固定的唯一置换只是恒等置换.

(2)→(3). 因为G可迁且次数是素数p，所以有p整除$|G|$(第一章，定理7.5.1推论1)；又$|G|$整除$|S_p|=p!$. 因为p^2不是$p!$的因子(p是素数)，所以G的西罗子群的阶只能是p.

现在假设G有两个不同的西罗子群P_1和P_2，则P_1P_2是G的一个子集，根据乘积定理，有

$$|P_1P_2|=\frac{|P_1|\cdot|P_2|}{|P_1\cap P_2|}=p^2$$

因此一定有$p^2\leqslant|G|$.

设G定义在集合$\{a,b,\cdots\}$上，且$H=G_a=\{g\mid g\in G,a^g=a\}$，$N=G_{a,b}=\{g\mid g\in G,a^g=a,b^g=b\}$，则$N$是$H$的子群. 由假设条件(2)，推得$N$是单位元群：$N=E$. 于是

$$|G|=[G:N]=[G:H][H:N]$$

由于G的可迁性，推出$[G:H]=p$. 另一方面，按H的定义，对任意的$g\in H$，均有$a^g=a$，则$b^g\neq a$. 于是$|b^H|\leqslant p-1$. 从而

$$[H:N]=|b^H|\leqslant p-1$$

这里第一个等号用到了第一章的定理7.4.1，这样我们就得到了矛盾

$$p^2\leqslant|G|\leqslant p(p-1)$$

因此G只有一个p阶西罗子群.

(3)→(1). 在上面一步的证明中，已经知道G有唯一西罗子群P且其阶数是素数p，于是P是正规的(第一章，西罗第二定理，推论1)且是循环的. 由引理2推出$C_G(P)=C_{S_n}(P)=P$. 根据第一章，定理5.7.3，商群G/P同构于P的全自同构群$A(P)$的一个子群. 再由第一章，定理5.7.1，知G/P是循环的. 这样，我们就得出P以及商群G/P均可解，所以G是可解的.

定理5.5.2使得我们可以证明下面的关于素数次方程式的定理：

定理5.5.3 一个素数次不可分解的方程根式可解的充分必要条件是它的分裂域是由它的任一对根产生的.

证明 设$\alpha_1,\alpha_2,\cdots,\alpha_p$为素数$p$次不可分解方程$f(x)=0$在域$F$上的根. 作域

$$K=F(\alpha_1,\alpha_2,\cdots,\alpha_p)$$

则 K 是 $f(x)$ 在 F 上的分裂域. 选取任一对根 α_i,α_k,并作域 $E=F(\alpha_i,\alpha_k)$. 考虑 K/F 的伽罗瓦群 G,以及 K/E 的伽罗瓦群 G_{α_i,α_k},这是使 α_i 与 α_k 固定的一切置换所组成的群.

熟知 $f(x)=0$ 根式可解的充要条件是它的群 G 可解. 由定理5.5.2,素数次可迁群 G 可解的充要条件是 $G_{\alpha_i,\alpha_k}=\{e\}$. 因为 G_{α_i,α_k} 是保持域 E 中所有元素不变的最大的群,于是 $G_{\alpha_i,\alpha_k}=\{e\}$ 的充要条件是 G_{α_i,α_k} 所对应的域 $F(\alpha_i,\alpha_k)$ 是 $\{e\}$ 所对应的域,即 K. 证毕.

这个定理有很多有趣的结果.

推论 1 如果在有理数域 Q 上一个素数次的可解的不可约方程有两个实根,则它的所有的根都是实数.

推论 2 如果一个在 Q 上的不可约方程的次数是素数并且大于 3,而且它恰恰有两个实根,则它不能用根式求解.

5.6 圆规与直尺作图

我们要来讨论问题:一个几何作图问题在什么时候可以用圆规与直尺解决?

假设已知一些初等几何的图形(点、直线或者圆). 问题就是满足什么样的条件,就可以由它们作出另外一些图形.

对于已知的图形,设想已引入一个直角坐标系. 所有已知的图形就可以用数(坐标)来表示,要作的图形同样也用数表示. 如果我们能作出后面这些数(作为线段),那么问题就解决了. 全部问题就归结为由一些已知的线段来作线段. 设 $a,b,\cdots$ 是已知线段,x 是要作的线段.

现在我们首先可以给出可构造性的一个充分条件:

定理 5.6.1 如果问题的解 x 是实的并且能够由已知线段 $a,b,\cdots$ 经过有理运算以及开平方根(不一定是实的)算出,那么线段 x 可以用圆规与直尺作出.

为了清楚地给出定理的证明. 我们把在计算 x 的过程中出现的复数 $p+q\mathrm{i}$ 按熟知的方法用一张平面上直角坐标为 p,q 的点来表示,而所有要作的运算都用平面上的几何作图来实现. 实现的方法就按照:加法是向量加法,减法是它的逆运算. 乘法就是辐角相加而模相乘. 如果相乘的两个数的辐角是 φ_1,φ_2,模是 r_1,r_2,那么乘积的辐角与模 φ,r 即按方程

$$\varphi=\varphi_1+\varphi_2,r=r_1r_2 \text{ 或者 } 1:r_1=r_2:r$$

来构造.除法又是它的逆运算.最后,为了计算一个模为 r 辐角为 φ 的数的平方根,由方程

$$\varphi=2\varphi_1 \text{ 或者 } \varphi_1=\frac{1}{2}\varphi$$

与 $r=r_1{}^2$ 或者 $1:r_1=r_1:r$.就作出要求的辐角 φ_1 与模 r_1.因此所有的运算全归结为圆规与直尺的熟知的作图.

这个定理的逆也成立:

定理5.6.1**的逆定理**　如果线段 x 可以由已知线段 $a,b,\cdots$ 用圆规与直尺作出,那么 x 就可以由 $a,b,\cdots$ 经有理运算与开平方根表示.

为了证明这个结果,我们来考察一下在作图过程中究竟要用到哪些方法.它们有:任取一个点(在给定的区域上内),过两点作直线,作圆,最后是求两条直线、一直线与一圆或者两个圆的交点.

利用我们的坐标系,这些手续全可以化为代数运算.如果在一区域内要任取一个点,那么总可以假定它的坐标是有理数.其余的作图,除去最后两个(圆与直线或者圆与圆的交点)都是有理运算,而最后两个是解二次方程,也就是开平方根,这就证明了定理.

我们还需要考虑以下这种情况,即对于某些几何问题,并不是要求对于每一次特殊给定的点找出一个作图法,而是要求一个一般的作图法,它(在适当范围之内)总给出问题的解.从代数的观点来说,就是要给出一个统一的公式(它可以包含二次根式),它对于在适当范围之内的 $a,b,\cdots$ 的所有的值都给出一个有意义的解 x,它适合这个几何问题的方程.或者也可以说成,当已知元素 a,$b,\cdots$ 用不定元来代替,决定 x 的方程以及解方程所出现的二次根式等仍然是有意义的.譬如说,用圆规与直尺能不能三等分角就是一个这样的问题,利用关系

$$\cos 3\varphi=4\cos^3\varphi-3\cos\varphi$$

这个问题可以化成解方程

$$4x^3-3x=\alpha(\alpha=\cos 3\varphi) \tag{1}$$

这个问题并不是说,对于 α 每一个特殊的值用开平方来求方程(1)的一个解,而是问方程(1)是否有一个解的公式.这个解的公式对于不定元 x 是有意义的.

现在我们已经把用圆规与直尺可构造性的几何问题化为下面这样一个代数问题:在什么时候元素 x 可以由已知元素 $a,b,\cdots$ 通过有理运算与平方根表示?这个问题的解答由下面的定理给出:

定理 5.7.2　如果线段 x 可以用圆规与直尺作图,当且仅当数 x 属于Q的

一个 2^m 次的正规扩域.

证明 必要性. 设 Q 是已知元素 $a,b,\cdots$ 的有理函数域. 假如 x 可以由 a, $b,\cdots$ 经有理运算与平方根表示，那么 x 必然属于一个由 Q 经过有限多次添加平方根所得的域，这个域也就是经过有限次 2 次扩张得到的. 如果我们在每添加了一个平方根之后就把共轭元素的平方根也添加进去，这些扩张仍然是 2 次的，那么就得到一个次数为 2^m 的正规扩域，它包含 x.

条件的充分性. 因为 2^m 次的域的伽罗瓦群是 2^m 阶的，而每个阶为素数幂的群是可解的(第一章定理 6.4.3). 因此有一合成群列，它的合成因子全是 2 阶的，根据伽罗瓦理论基本定理，与之对应有一域链，其中每一个对于前一个都是 2 次的. 2 次扩张总可以由添加一个平方根得出. 因而元素 x 可以用平方根表示. 于是结论得证.

对于一些古典的问题，我们来应用上面一般的定理.

倍立方的问题化成三次方程

$$x^3=2$$

根据艾森斯坦因判别法，它是不可约的，因而它的每个根生成一 3 次扩域，但是这样一个域不可能是 2^m 次域的子域. 因之倍立方的问题不能用圆规与直尺解.

我们已经看到，三等分角的问题化成方程

$$4x^3-3x-\alpha=0$$

这里 α 是不定元. 这个方程在 α 的有理函数域中的不可约性是容易证明的：假如左端有一个对 α 是有理的因子，那么一定有对 α 是整有理的因子. 但是当 α 的线性多项式的系数没有公因子时，它一定是不可约的. 于是和上面一样，三等分角不能用圆规与直尺来作.

如果我们在 $\alpha=\cos 3\varphi$ 的有理函数域上再添加元素

$$\mathrm{i}\sin 3\varphi=\sqrt{-(1-\cos^2 3\varphi)}$$

并求

$$y=\cos\varphi+\mathrm{i}\sin\varphi$$

的方程，三等分角的方程就具有在代数上更为清楚的形式. 事实上

$$(\cos\varphi+\mathrm{i}\sin\varphi)^3=\cos 3\varphi+\mathrm{i}\sin 3\varphi$$

即

$$y^3=\beta$$

由复数的几何意义也很容易把角 3φ 的三等分问题化成上面这个纯粹方

程.

在给定圆周内正多边形的作图在 h 边形时归结为元素

$$2\cos\frac{2\pi}{h}=\zeta+\zeta^{-1}$$

的构造,其中 ζ 表示 h 次本原根.因为在分圆域的伽罗瓦群中只有置换 $\zeta\to\zeta$ 与 $\zeta\to\zeta^{-1}$ 保持这个元素不变,从而生成它的次数为 $\frac{\varphi(h)}{2}$ 的实子域,所以它的构造性的条件是:$\frac{\varphi(h)}{2}$,因而也就是 $\varphi(h)$ 是 2 的幂.对于 $h=2^{v}q_1^{v_1}q_2^{v_2}\cdots q_r^{v_r}$($q_i$ 是奇素数)有

$$\varphi(h)=2^{v-1}q_1^{v_1-1}q_2^{v_2-1}\cdots q_r^{v_r-1}(q_1-1)(q_2-1)\cdots(q_r-1)$$

(在 $v=0$ 的情形第一个因子没有)条件就是:奇素数因子在 h 中只能出现一次方($v_i=1$),并且对于每个在 h 中出现的奇素数 q_i,数 q_i-1 必须是 2 的幂,这就是说,每个 q_i 必有形式

$$q_i=2^k+1$$

具有这种形式的素数是哪些?

k 不可能被奇数 $\mu>1$ 整除,因为由

$$k=\mu\nu,\mu\text{ 是奇数},\mu>1$$

就可推出,$(2^\nu)^\mu+1$ 被 $2^\nu+1$ 整除,于是它不是素数.

因此必有 $k=2^\lambda$ 与

$$q_i=2^{2^\lambda}+1$$

$\lambda=0,1,2,3,4$ 确实给出素数 q_i,即

$$3,5,17,257,65537$$

对于 $\lambda=5$ 以及一些更大的 λ(究竟多少还不知道),$2^{2^\lambda}+1$ 不再是素数.例如 $2^{2^5}+1$ 有因子 641.

如果 h 除去 2 的幂外最后包含素数 $3,5,17,\cdots$ 的一次幂,那么正 h 边形是可构造的(高斯).我们在 5.4 目中已经讨论了 17 边形的例子.3,4,5,6,8 与 10 边形的作图法是熟知的.正 7 与 9 边形就不可能作出,因为它们引导到 6 次分圆域的三次子域.

参考文献

[1] 莱德曼 W. 群论引论[M]. 彭先愚，译. 北京：高等教育出版社，1987.

[2] 伯克霍夫 G，麦克莱恩 S. 近世代数概论：上、下册[M]. 王连祥，徐广善，译. 北京：人民教育出版社，1979.

[3] 郝镔新. 域论基础[M]. 北京：北京师范大学出版社，1988.

[4] 范德瓦尔登 B L. 代数学 I [M]. 丁石孙，等译. 北京：科学出版社，2009.

[5] 库洛什 A Γ. 群论（上）[M]. 曾肯成，郝鋕新，译. 北京：高等教育出版社，1964.

[6] 张禾瑞. 近世代数基础（修订本）[M]. 北京：高等教育出版社，1978.

[7] ROTMAN J J. 高等近世代数[M]. 章亮，译. 北京：机械工业出版社，2007.

[8] 聂灵沼，丁石孙. 代数学引论[M]. 北京：高等教育出版社，1988.

[9] 谢邦杰. 抽象代数学[M]. 上海：上海科学技术出版社，1982.

[10] 曹锡华. 抽象代数概貌[M]. 北京：科学技术文献出版社，1990.

[11] MOSTOW G D，SAMPSON J H，MEYER J P. 代数学基本结构[M]. 戴秉彝，译. 台湾：徐氏基金会出版，1972.

[12] 孙本旺. 伽罗华理论[M]. 长沙：湖南科学技术出版社，1984.

[13] 姚慕生. 抽象代数学[M]. 北京：复旦大学出版社，2005.

[14] 杨子胥，宋保和. 近世代数习题解[M]. 济南：山东科学技术出版社，2005.

[15] 冯克勤，章璞. 近世代数三百题[M]. 北京：高等教育出版社，2010.

[16] 游宏，刘文德. 代数学[M]. 北京：科学出版社，2009.

[17] HUNGERFORD T W. 代数学[M]. 冯克勤，译. 长沙：湖南教育出版社，1985.

[18] 戴执中. 域论[M]. 北京：高等教育出版社，1990.

[19] 章璞. 伽罗瓦理论：天才的激情[M]. 北京：高等教育出版社，2013.

刘培杰数学工作室

已出版(即将出版)图书目录——初等数学

书　　名	出版时间	定　价	编号
新编中学数学解题方法全书(高中版)上卷(第2版)	2018—08	58.00	951
新编中学数学解题方法全书(高中版)中卷(第2版)	2018—08	68.00	952
新编中学数学解题方法全书(高中版)下卷(一)(第2版)	2018—08	58.00	953
新编中学数学解题方法全书(高中版)下卷(二)(第2版)	2018—08	58.00	954
新编中学数学解题方法全书(高中版)下卷(三)(第2版)	2018—08	68.00	955
新编中学数学解题方法全书(初中版)上卷	2008—01	28.00	29
新编中学数学解题方法全书(初中版)中卷	2010—07	38.00	75
新编中学数学解题方法全书(高考复习卷)	2010—01	48.00	67
新编中学数学解题方法全书(高考真题卷)	2010—01	38.00	62
新编中学数学解题方法全书(高考精华卷)	2011—03	68.00	118
新编平面解析几何解题方法全书(专题讲座卷)	2010—01	18.00	61
新编中学数学解题方法全书(自主招生卷)	2013—08	88.00	261
数学奥林匹克与数学文化(第一辑)	2006—05	48.00	4
数学奥林匹克与数学文化(第二辑)(竞赛卷)	2008—01	48.00	19
数学奥林匹克与数学文化(第二辑)(文化卷)	2008—07	58.00	36′
数学奥林匹克与数学文化(第三辑)(竞赛卷)	2010—01	48.00	59
数学奥林匹克与数学文化(第四辑)(竞赛卷)	2011—08	58.00	87
数学奥林匹克与数学文化(第五辑)	2015—06	98.00	370
世界著名平面几何经典著作钩沉——几何作图专题卷(共3卷)	2022—01	198.00	1460
世界著名平面几何经典著作钩沉(民国平面几何老课本)	2011—03	38.00	113
世界著名平面几何经典著作钩沉(建国初期平面三角老课本)	2015—08	38.00	507
世界著名解析几何经典著作钩沉——平面解析几何卷	2014—01	38.00	264
世界著名数论经典著作钩沉(算术卷)	2012—01	28.00	125
世界著名数学经典著作钩沉——立体几何卷	2011—02	28.00	88
世界著名三角学经典著作钩沉(平面三角卷Ⅰ)	2010—06	28.00	69
世界著名三角学经典著作钩沉(平面三角卷Ⅱ)	2011—01	38.00	78
世界著名初等数论经典著作钩沉(理论和实用算术卷)	2011—07	38.00	126
世界著名几何经典著作钩沉(解析几何卷)	2022—10	68.00	1564
发展你的空间想象力(第3版)	2021—01	98.00	1464
空间想象力进阶	2019—05	68.00	1062
走向国际数学奥林匹克的平面几何试题诠释. 第1卷	2019—07	88.00	1043
走向国际数学奥林匹克的平面几何试题诠释. 第2卷	2019—09	78.00	1044
走向国际数学奥林匹克的平面几何试题诠释. 第3卷	2019—03	78.00	1045
走向国际数学奥林匹克的平面几何试题诠释. 第4卷	2019—09	98.00	1046
平面几何证明方法全书	2007—08	48.00	1
平面几何证明方法全书习题解答(第2版)	2006—12	18.00	10
平面几何天天练上卷・基础篇(直线型)	2013—01	58.00	208
平面几何天天练中卷・基础篇(涉及圆)	2013—01	28.00	234
平面几何天天练下卷・提高篇	2013—01	58.00	237
平面几何专题研究	2013—07	98.00	258
平面几何解题之道. 第1卷	2022—05	38.00	1494
几何学习题集	2020—10	48.00	1217
通过解题学习代数几何	2021—04	88.00	1301
圆锥曲线的奥秘	2022—06	88.00	1541

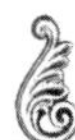

刘培杰数学工作室
已出版(即将出版)图书目录——初等数学

书　　名	出版时间	定　价	编号
最新世界各国数学奥林匹克中的平面几何试题	2007－09	38.00	14
数学竞赛平面几何典型题及新颖解	2010－07	48.00	74
初等数学复习及研究(平面几何)	2008－09	68.00	38
初等数学复习及研究(立体几何)	2010－06	38.00	71
初等数学复习及研究(平面几何)习题解答	2009－01	58.00	42
几何学教程(平面几何卷)	2011－03	68.00	90
几何学教程(立体几何卷)	2011－07	68.00	130
几何变换与几何证题	2010－06	88.00	70
计算方法与几何证题	2011－06	28.00	129
立体几何技巧与方法(第2版)	2022－10	168.00	1572
几何瑰宝——平面几何500名题暨1500条定理(上、下)	2021－07	168.00	1358
三角形的解法与应用	2012－07	18.00	183
近代的三角形几何学	2012－07	48.00	184
一般折线几何学	2015－08	48.00	503
三角形的五心	2009－06	28.00	51
三角形的六心及其应用	2015－10	68.00	542
三角形趣谈	2012－08	28.00	212
解三角形	2014－01	28.00	265
探秘三角形:一次数学旅行	2021－10	68.00	1387
三角学专门教程	2014－09	28.00	387
图天下几何新题试卷.初中(第2版)	2017－11	58.00	855
圆锥曲线习题集(上册)	2013－06	68.00	255
圆锥曲线习题集(中册)	2015－01	78.00	434
圆锥曲线习题集(下册・第1卷)	2016－10	78.00	683
圆锥曲线习题集(下册・第2卷)	2018－01	98.00	853
圆锥曲线习题集(下册・第3卷)	2019－10	128.00	1113
圆锥曲线的思想方法	2021－08	48.00	1379
圆锥曲线的八个主要问题	2021－10	48.00	1415
论九点圆	2015－05	88.00	645
论圆的几何学	2024－06	48.00	1736
近代欧氏几何学	2012－03	48.00	162
罗巴切夫斯基几何学及几何基础概要	2012－07	28.00	188
罗巴切夫斯基几何学初步	2015－06	28.00	474
用三角、解析几何、复数、向量计算解数学竞赛几何题	2015－03	48.00	455
用解析法研究圆锥曲线的几何理论	2022－05	48.00	1495
美国中学几何教程	2015－04	88.00	458
三线坐标与三角形特征点	2015－04	98.00	460
坐标几何学基础.第1卷,笛卡儿坐标	2021－08	48.00	1398
坐标几何学基础.第2卷,三线坐标	2021－09	28.00	1399
平面解析几何方法与研究(第1卷)	2015－05	28.00	471
平面解析几何方法与研究(第2卷)	2015－06	38.00	472
平面解析几何方法与研究(第3卷)	2015－07	28.00	473
解析几何研究	2015－01	38.00	425
解析几何学教程.上	2016－01	38.00	574
解析几何学教程.下	2016－01	38.00	575
几何学基础	2016－01	58.00	581
初等几何研究	2015－02	58.00	444
十九和二十世纪欧氏几何学中的片段	2017－01	58.00	696
平面几何中考.高考.奥数一本通	2017－07	28.00	820
几何学简史	2017－08	28.00	833
四面体	2018－01	48.00	880
平面几何证明方法思路	2018－12	68.00	913
折纸中的几何练习	2022－09	48.00	1559
中学新几何学(英文)	2022－10	98.00	1562
线性代数与几何	2023－04	68.00	1633

刘培杰数学工作室
已出版(即将出版)图书目录——初等数学

书　　名	出版时间	定　价	编号
四面体几何学引论	2023－06	68.00	1648
平面几何图形特性新析.上篇	2019－01	68.00	911
平面几何图形特性新析.下篇	2018－06	88.00	912
平面几何范例多解探究.上篇	2018－04	48.00	910
平面几何范例多解探究.下篇	2018－12	68.00	914
从分析解题过程学解题:竞赛中的几何问题研究	2018－07	68.00	946
从分析解题过程学解题:竞赛中的向量几何与不等式研究(全 2 册)	2019－06	138.00	1090
从分析解题过程学解题:竞赛中的不等式问题	2021－01	48.00	1249
二维、三维欧氏几何的对偶原理	2018－12	38.00	990
星形大观及闭折线论	2019－03	68.00	1020
立体几何的问题和方法	2019－11	58.00	1127
三角代换论	2021－05	58.00	1313
俄罗斯平面几何问题集	2009－08	88.00	55
俄罗斯立体几何问题集	2014－03	58.00	283
俄罗斯几何大师——沙雷金论数学及其他	2014－01	48.00	271
来自俄罗斯的 5000 道几何习题及解答	2011－03	58.00	89
俄罗斯初等数学问题集	2012－05	38.00	177
俄罗斯函数问题集	2011－03	38.00	103
俄罗斯组合分析问题集	2011－01	48.00	79
俄罗斯初等数学万题选——三角卷	2012－11	38.00	222
俄罗斯初等数学万题选——代数卷	2013－08	68.00	225
俄罗斯初等数学万题选——几何卷	2014－01	68.00	226
俄罗斯《量子》杂志数学征解问题 100 题选	2018－08	48.00	969
俄罗斯《量子》杂志数学征解问题又 100 题选	2018－08	48.00	970
俄罗斯《量子》杂志数学征解问题	2020－05	48.00	1138
463 个俄罗斯几何老问题	2012－01	28.00	152
《量子》数学短文精粹	2018－09	38.00	972
用三角、解析几何等计算解来自俄罗斯的几何题	2019－11	88.00	1119
基谢廖夫平面几何	2022－01	48.00	1461
基谢廖夫立体几何	2023－04	48.00	1599
数学:代数、数学分析和几何(10－11 年级)	2021－01	48.00	1250
直观几何学:5—6 年级	2022－04	58.00	1508
几何学:第 2 版.7—9 年级	2023－08	68.00	1684
平面几何:9—11 年级	2022－10	48.00	1571
立体几何.10—11 年级	2022－01	58.00	1472
几何快递	2024－05	48.00	1697
谈谈素数	2011－03	18.00	91
平方和	2011－03	18.00	92
整数论	2011－05	38.00	120
从整数谈起	2015－10	28.00	538
数与多项式	2016－01	38.00	558
谈谈不定方程	2011－05	28.00	119
质数漫谈	2022－07	68.00	1529
解析不等式新论	2009－06	68.00	48
建立不等式的方法	2011－03	98.00	104
数学奥林匹克不等式研究(第 2 版)	2020－07	68.00	1181
不等式研究(第三辑)	2023－08	198.00	1673
不等式的秘密(第一卷)(第 2 版)	2014－02	38.00	286
不等式的秘密(第二卷)	2014－01	38.00	268
初等不等式的证明方法	2010－06	38.00	123
初等不等式的证明方法(第二版)	2014－11	38.00	407
不等式・理论・方法(基础卷)	2015－07	38.00	496
不等式・理论・方法(经典不等式卷)	2015－07	38.00	497
不等式・理论・方法(特殊类型不等式卷)	2015－07	48.00	498
不等式探究	2016－03	38.00	582
不等式探秘	2017－01	88.00	689

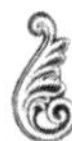

刘培杰数学工作室 已出版(即将出版)图书目录——初等数学

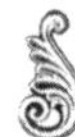

书 名	出版时间	定 价	编号
四面体不等式	2017－01	68.00	715
数学奥林匹克中常见重要不等式	2017－09	38.00	845
三正弦不等式	2018－09	98.00	974
函数方程与不等式:解法与稳定性结果	2019－04	68.00	1058
数学不等式.第1卷,对称多项式不等式	2022－05	78.00	1455
数学不等式.第2卷,对称有理不等式与对称无理不等式	2022－05	88.00	1456
数学不等式.第3卷,循环不等式与非循环不等式	2022－05	88.00	1457
数学不等式.第4卷,Jensen不等式的扩展与加细	2022－05	88.00	1458
数学不等式.第5卷,创建不等式与解不等式的其他方法	2022－05	88.00	1459
不定方程及其应用.上	2018－12	58.00	992
不定方程及其应用.中	2019－01	78.00	993
不定方程及其应用.下	2019－02	98.00	994
Nesbitt不等式加强式的研究	2022－06	128.00	1527
最值定理与分析不等式	2023－02	78.00	1567
一类积分不等式	2023－02	88.00	1579
邦费罗尼不等式及概率应用	2023－05	58.00	1637
同余理论	2012－05	38.00	163
$[x]$与$\{x\}$	2015－04	48.00	476
极值与最值.上卷	2015－06	28.00	486
极值与最值.中卷	2015－06	38.00	487
极值与最值.下卷	2015－06	28.00	488
整数的性质	2012－11	38.00	192
完全平方数及其应用	2015－08	78.00	506
多项式理论	2015－10	88.00	541
奇数、偶数、奇偶分析法	2018－01	98.00	876
历届美国中学生数学竞赛试题及解答(第一卷)1950－1954	2014－07	18.00	277
历届美国中学生数学竞赛试题及解答(第二卷)1955－1959	2014－04	18.00	278
历届美国中学生数学竞赛试题及解答(第三卷)1960－1964	2014－06	18.00	279
历届美国中学生数学竞赛试题及解答(第四卷)1965－1969	2014－04	28.00	280
历届美国中学生数学竞赛试题及解答(第五卷)1970－1972	2014－06	18.00	281
历届美国中学生数学竞赛试题及解答(第六卷)1973－1980	2017－07	18.00	768
历届美国中学生数学竞赛试题及解答(第七卷)1981－1986	2015－01	18.00	424
历届美国中学生数学竞赛试题及解答(第八卷)1987－1990	2017－05	18.00	769
历届国际数学奥林匹克试题集	2023－09	158.00	1701
历届中国数学奥林匹克试题集(第3版)	2021－10	58.00	1440
历届加拿大数学奥林匹克试题集	2012－08	38.00	215
历届美国数学奥林匹克试题集	2023－08	98.00	1681
历届波兰数学竞赛试题集.第1卷,1949～1963	2015－03	18.00	453
历届波兰数学竞赛试题集.第2卷,1964～1976	2015－03	18.00	454
历届巴尔干数学奥林匹克试题集	2015－05	38.00	466
历届CGMO试题及解答	2024－03	48.00	1717
保加利亚数学奥林匹克	2014－10	38.00	393
圣彼得堡数学奥林匹克试题集	2015－01	38.00	429
匈牙利奥林匹克数学竞赛题解.第1卷	2016－05	28.00	593
匈牙利奥林匹克数学竞赛题解.第2卷	2016－05	28.00	594
历届美国数学邀请赛试题集(第2版)	2017－10	78.00	851
全美高中数学竞赛:纽约州数学竞赛(1989—1994)	2024－08	48.00	1740
普林斯顿大学数学竞赛	2016－06	38.00	669
亚太地区数学奥林匹克竞赛题	2015－07	18.00	492
日本历届(初级)广中杯数学竞赛试题及解答.第1卷(2000～2007)	2016－05	28.00	641
日本历届(初级)广中杯数学竞赛试题及解答.第2卷(2008～2015)	2016－05	38.00	642
越南数学奥林匹克题选:1962－2009	2021－07	48.00	1370
欧洲女子数学奥林匹克	2024－04	48.00	1723
360个数学竞赛问题	2016－08	58.00	677

刘培杰数学工作室
已出版(即将出版)图书目录——初等数学

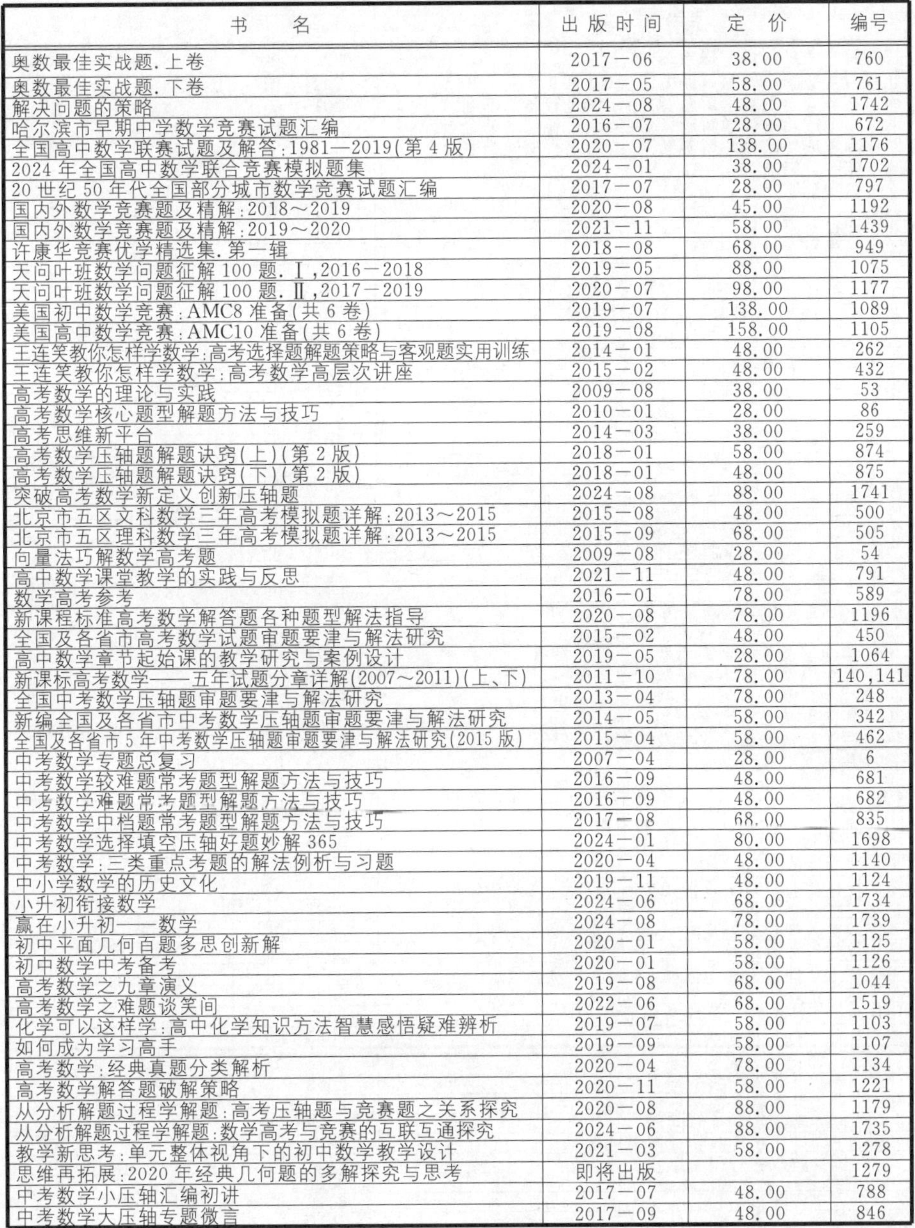

书　名	出版时间	定　价	编号
奥数最佳实战题.上卷	2017－06	38.00	760
奥数最佳实战题.下卷	2017－05	58.00	761
解决问题的策略	2024－08	48.00	1742
哈尔滨市早期中学数学竞赛试题汇编	2016－07	28.00	672
全国高中数学联赛试题及解答:1981—2019(第4版)	2020－07	138.00	1176
2024年全国高中数学联合竞赛模拟题集	2024－01	38.00	1702
20世纪50年代全国部分城市数学竞赛试题汇编	2017－07	28.00	797
国内外数学竞赛题及精解:2018～2019	2020－08	45.00	1192
国内外数学竞赛题及精解:2019～2020	2021－11	58.00	1439
许康华竞赛优学精选集.第一辑	2018－08	68.00	949
天问叶班数学问题征解100题.Ⅰ,2016－2018	2019－05	88.00	1075
天问叶班数学问题征解100题.Ⅱ,2017－2019	2020－07	98.00	1177
美国初中数学竞赛:AMC8准备(共6卷)	2019－07	138.00	1089
美国高中数学竞赛:AMC10准备(共6卷)	2019－08	158.00	1105
王连笑教你怎样学数学:高考选择题解题策略与客观题实用训练	2014－01	48.00	262
王连笑教你怎样学数学:高考数学高层次讲座	2015－02	48.00	432
高考数学的理论与实践	2009－08	38.00	53
高考数学核心题型解题方法与技巧	2010－01	28.00	86
高考思维新平台	2014－03	38.00	259
高考数学压轴题解题诀窍(上)(第2版)	2018－01	58.00	874
高考数学压轴题解题诀窍(下)(第2版)	2018－01	48.00	875
突破高考数学新定义创新压轴题	2024－08	88.00	1741
北京市五区文科数学三年高考模拟题详解:2013～2015	2015－08	48.00	500
北京市五区理科数学三年高考模拟题详解:2013～2015	2015－09	68.00	505
向量法巧解数学高考题	2009－08	28.00	54
高中数学课堂教学的实践与反思	2021－11	48.00	791
数学高考参考	2016－01	78.00	589
新课程标准高考数学解答题各种题型解法指导	2020－08	78.00	1196
全国及各省市高考数学试题审题要津与解法研究	2015－02	48.00	450
高中数学章节起始课的教学研究与案例设计	2019－05	28.00	1064
新课标高考数学——五年试题分章详解(2007～2011)(上、下)	2011－10	78.00	140,141
全国中考数学压轴题审题要津与解法研究	2013－04	78.00	248
新编全国及各省市中考数学压轴题审题要津与解法研究	2014－05	58.00	342
全国及各省市5年中考数学压轴题审题要津与解法研究(2015版)	2015－04	58.00	462
中考数学专题总复习	2007－04	28.00	6
中考数学较难题常考题型解题方法与技巧	2016－09	48.00	681
中考数学难题常考题型解题方法与技巧	2016－09	48.00	682
中考数学中档题常考题型解题方法与技巧	2017－08	68.00	835
中考数学选择填空压轴好题妙解365	2024－01	80.00	1698
中考数学:三类重点考题的解法例析与习题	2020－04	48.00	1140
中小学数学的历史文化	2019－11	48.00	1124
小升初衔接数学	2024－06	68.00	1734
赢在小升初——数学	2024－08	78.00	1739
初中平面几何百题多思创新解	2020－01	58.00	1125
初中数学中考备考	2020－01	58.00	1126
高考数学之九章演义	2019－08	68.00	1044
高考数学之难题谈笑间	2022－06	68.00	1519
化学可以这样学:高中化学知识方法智慧感悟疑难辨析	2019－07	58.00	1103
如何成为学习高手	2019－09	58.00	1107
高考数学:经典真题分类解析	2020－04	78.00	1134
高考数学解答题破解策略	2020－11	58.00	1221
从分析解题过程学解题:高考压轴题与竞赛题之关系探究	2020－08	88.00	1179
从分析解题过程学解题:数学高考与竞赛的互联互通探究	2024－06	88.00	1735
教学新思考:单元整体视角下的初中数学教学设计	2021－03	58.00	1278
思维再拓展:2020年经典几何题的多解探究与思考	即将出版		1279
中考数学小压轴汇编初讲	2017－07	48.00	788
中考数学大压轴专题微言	2017－09	48.00	846

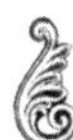

刘培杰数学工作室
已出版(即将出版)图书目录——初等数学

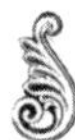

书　　名	出版时间	定　价	编号
怎么解中考平面几何探索题	2019－06	48.00	1093
北京中考数学压轴题解题方法突破(第9版)	2024－01	78.00	1645
助你高考成功的数学解题智慧:知识是智慧的基础	2016－01	58.00	596
助你高考成功的数学解题智慧:错误是智慧的试金石	2016－04	58.00	643
助你高考成功的数学解题智慧:方法是智慧的推手	2016－04	68.00	657
高考数学奇思妙解	2016－04	38.00	610
高考数学解题策略	2016－05	48.00	670
数学解题泄天机(第2版)	2017－10	48.00	850
高中物理教学讲义	2018－01	48.00	871
高中物理教学讲义:全模块	2022－03	98.00	1492
高中物理答疑解惑65篇	2021－11	48.00	1462
中学物理基础问题解析	2020－08	48.00	1183
初中数学、高中数学脱节知识补缺教材	2017－06	48.00	766
高考数学客观题解题方法和技巧	2017－10	38.00	847
十年高考数学精品试题审题要津与解法研究	2021－10	98.00	1427
中国历届高考数学试题及解答.1949－1979	2018－01	38.00	877
历届中国高考数学试题及解答.第二卷,1980—1989	2018－10	28.00	975
历届中国高考数学试题及解答.第三卷,1990—1999	2018－10	48.00	976
跟我学解高中数学题	2018－07	58.00	926
中学数学研究的方法及案例	2018－05	58.00	869
高考数学抢分技能	2018－07	68.00	934
高一新生常用数学方法和重要数学思想提升教材	2018－06	38.00	921
高考数学全国卷六道解答题常考题型解题诀窍:理科(全2册)	2019－07	78.00	1101
高考数学全国卷16道选择、填空题常考题型解题诀窍.理科	2018－09	88.00	971
高考数学全国卷16道选择、填空题常考题型解题诀窍.文科	2020－01	88.00	1123
高中数学一题多解	2019－06	58.00	1087
历届中国高考数学试题及解答:1917－1999	2021－08	98.00	1371
2000～2003年全国及各省市高考数学试题及解答	2022－05	88.00	1499
2004年全国及各省市高考数学试题及解答	2023－08	78.00	1500
2005年全国及各省市高考数学试题及解答	2023－08	78.00	1501
2006年全国及各省市高考数学试题及解答	2023－08	88.00	1502
2007年全国及各省市高考数学试题及解答	2023－08	98.00	1503
2008年全国及各省市高考数学试题及解答	2023－08	88.00	1504
2009年全国及各省市高考数学试题及解答	2023－08	88.00	1505
2010年全国及各省市高考数学试题及解答	2023－08	98.00	1506
2011～2017年全国及各省市高考数学试题及解答	2024－01	78.00	1507
2018～2023年全国及各省市高考数学试题及解答	2024－03	78.00	1709
突破高原:高中数学解题思维探究	2021－08	48.00	1375
高考数学中的"取值范围"	2021－10	48.00	1429
新课程标准高中数学各种题型解法大全.必修一分册	2021－06	58.00	1315
新课程标准高中数学各种题型解法大全.必修二分册	2022－01	68.00	1471
高中数学各种题型解法大全.选择性必修一分册	2022－06	68.00	1525
高中数学各种题型解法大全.选择性必修二分册	2023－01	58.00	1600
高中数学各种题型解法大全.选择性必修三分册	2023－04	48.00	1643
高中数学专题研究	2024－05	88.00	1722
历届全国初中数学竞赛经典试题详解	2023－04	88.00	1624
孟祥礼高考数学精刷精解	2023－06	98.00	1663
新编640个世界著名数学智力趣题	2014－01	88.00	242
500个最新世界著名数学智力趣题	2008－06	48.00	3
400个最新世界著名数学最值问题	2008－09	48.00	36
500个世界著名数学征解问题	2009－06	48.00	52
400个中国最佳初等数学征解老问题	2010－01	48.00	60
500个俄罗斯数学经典老题	2011－01	28.00	81
1000个国外中学物理好题	2012－04	48.00	174
300个日本高考数学题	2012－05	38.00	142
700个早期日本高考数学试题	2017－02	88.00	752

刘培杰数学工作室

已出版(即将出版)图书目录——初等数学

书　　名	出版时间	定　价	编号
500 个前苏联早期高考数学试题及解答	2012－05	28.00	185
546 个早期俄罗斯大学生数学竞赛题	2014－03	38.00	285
548 个来自美苏的数学好问题	2014－11	28.00	396
20 所苏联著名大学早期入学试题	2015－02	18.00	452
161 道德国工科大学生必做的微分方程习题	2015－05	28.00	469
500 个德国工科大学生必做的高数习题	2015－06	28.00	478
360 个数学竞赛问题	2016－08	58.00	677
200 个趣味数学故事	2018－02	48.00	857
470 个数学奥林匹克中的最值问题	2018－10	88.00	985
德国讲义日本考题. 微积分卷	2015－04	48.00	456
德国讲义日本考题. 微分方程卷	2015－04	38.00	457
二十世纪中叶中、英、美、日、法、俄高考数学试题精选	2017－06	38.00	783
中国初等数学研究　2009 卷(第 1 辑)	2009－05	20.00	45
中国初等数学研究　2010 卷(第 2 辑)	2010－05	30.00	68
中国初等数学研究　2011 卷(第 3 辑)	2011－07	60.00	127
中国初等数学研究　2012 卷(第 4 辑)	2012－07	48.00	190
中国初等数学研究　2014 卷(第 5 辑)	2014－02	48.00	288
中国初等数学研究　2015 卷(第 6 辑)	2015－06	68.00	493
中国初等数学研究　2016 卷(第 7 辑)	2016－04	68.00	609
中国初等数学研究　2017 卷(第 8 辑)	2017－01	98.00	712
初等数学研究在中国. 第 1 辑	2019－03	158.00	1024
初等数学研究在中国. 第 2 辑	2019－10	158.00	1116
初等数学研究在中国. 第 3 辑	2021－05	158.00	1306
初等数学研究在中国. 第 4 辑	2022－06	158.00	1520
初等数学研究在中国. 第 5 辑	2023－07	158.00	1635
几何变换(Ⅰ)	2014－07	28.00	353
几何变换(Ⅱ)	2015－06	28.00	354
几何变换(Ⅲ)	2015－01	38.00	355
几何变换(Ⅳ)	2015－12	38.00	356
初等数论难题集(第一卷)	2009－05	68.00	44
初等数论难题集(第二卷)(上、下)	2011－02	128.00	82,83
数论概貌	2011－03	18.00	93
代数数论(第二版)	2013－08	58.00	94
代数多项式	2014－06	38.00	289
初等数论的知识与问题	2011－02	28.00	95
超越数论基础	2011－03	28.00	96
数论初等教程	2011－03	28.00	97
数论基础	2011－03	18.00	98
数论基础与维诺格拉多夫	2014－03	18.00	292
解析数论基础	2012－08	28.00	216
解析数论基础(第二版)	2014－01	48.00	287
解析数论问题集(第二版)(原版引进)	2014－05	88.00	343
解析数论问题集(第二版)(中译本)	2016－04	88.00	607
解析数论基础(潘承洞,潘承彪著)	2016－07	98.00	673
解析数论导引	2016－07	58.00	674
数论入门	2011－03	38.00	99
代数数论入门	2015－03	38.00	448

刘培杰数学工作室
已出版(即将出版)图书目录——初等数学

书　　名	出版时间	定　价	编号
数论开篇	2012－07	28.00	194
解析数论引论	2011－03	48.00	100
Barban Davenport Halberstam 均值和	2009－01	40.00	33
基础数论	2011－03	28.00	101
初等数论 100 例	2011－05	18.00	122
初等数论经典例题	2012－07	18.00	204
最新世界各国数学奥林匹克中的初等数论试题(上、下)	2012－01	138.00	144,145
初等数论(Ⅰ)	2012－01	18.00	156
初等数论(Ⅱ)	2012－01	18.00	157
初等数论(Ⅲ)	2012－01	28.00	158
平面几何与数论中未解决的新老问题	2013－01	68.00	229
代数数论简史	2014－11	28.00	408
代数数论	2015－09	88.00	532
代数、数论及分析习题集	2016－11	98.00	695
数论导引提要及习题解答	2016－01	48.00	559
素数定理的初等证明.第 2 版	2016－09	48.00	686
数论中的模函数与狄利克雷级数(第二版)	2017－11	78.00	837
数论:数学导引	2018－01	68.00	849
范氏大代数	2019－02	98.00	1016
解析数学讲义.第一卷,导来式及微分、积分、级数	2019－04	88.00	1021
解析数学讲义.第二卷,关于几何的应用	2019－04	68.00	1022
解析数学讲义.第三卷,解析函数论	2019－04	78.00	1023
分析・组合・数论纵横谈	2019－04	58.00	1039
Hall 代数:民国时期的中学数学课本:英文	2019－08	88.00	1106
基谢廖夫初等代数	2022－07	38.00	1531
基谢廖夫算术	2024－05	48.00	1725
数学精神巡礼	2019－01	58.00	731
数学眼光透视(第 2 版)	2017－06	78.00	732
数学思想领悟(第 2 版)	2018－01	68.00	733
数学方法溯源(第 2 版)	2018－08	68.00	734
数学解题引论	2017－05	58.00	735
数学史话览胜(第 2 版)	2017－01	48.00	736
数学应用展观(第 2 版)	2017－08	68.00	737
数学建模尝试	2018－04	48.00	738
数学竞赛采风	2018－01	68.00	739
数学测评探营	2019－05	58.00	740
数学技能操握	2018－03	48.00	741
数学欣赏拾趣	2018－02	48.00	742
从毕达哥拉斯到怀尔斯	2007－10	48.00	9
从迪利克雷到维斯卡尔迪	2008－01	48.00	21
从哥德巴赫到陈景润	2008－05	98.00	35
从庞加莱到佩雷尔曼	2011－08	138.00	136
博弈论精粹	2008－03	58.00	30
博弈论精粹.第二版(精装)	2015－01	88.00	461
数学 我爱你	2008－01	28.00	20
精神的圣徒　别样的人生——60 位中国数学家成长的历程	2008－09	48.00	39
数学史概论	2009－06	78.00	50

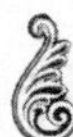

刘培杰数学工作室
已出版(即将出版)图书目录——初等数学

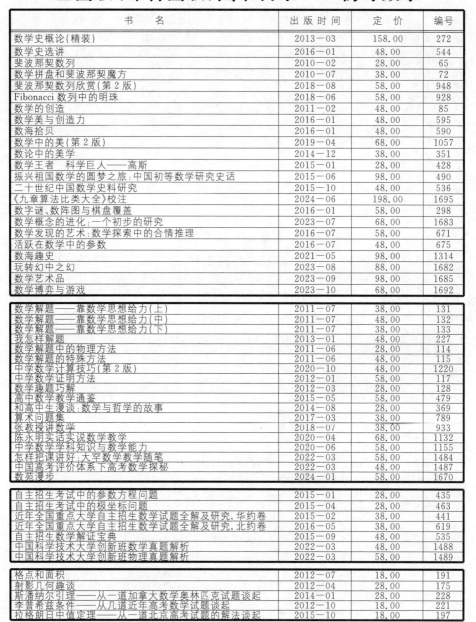

书　　名	出版时间	定　价	编号
数学史概论(精装)	2013－03	158.00	272
数学史选讲	2016－01	48.00	544
斐波那契数列	2010－02	28.00	65
数学拼盘和斐波那契魔方	2010－07	38.00	72
斐波那契数列欣赏(第2版)	2018－08	58.00	948
Fibonacci 数列中的明珠	2018－06	58.00	928
数学的创造	2011－02	48.00	85
数学美与创造力	2016－01	48.00	595
数海拾贝	2016－01	48.00	590
数学中的美(第2版)	2019－04	68.00	1057
数论中的美学	2014－12	38.00	351
数学王者　科学巨人——高斯	2015－01	28.00	428
振兴祖国数学的圆梦之旅:中国初等数学研究史话	2015－06	98.00	490
二十世纪中国数学史料研究	2015－10	48.00	536
《九章算法比类大全》校注	2024－06	198.00	1695
数字谜、数阵图与棋盘覆盖	2016－01	58.00	298
数学概念的进化:一个初步的研究	2023－07	68.00	1683
数学发现的艺术:数学探索中的合情推理	2016－07	58.00	671
活跃在数学中的参数	2016－07	48.00	675
数海趣史	2021－05	98.00	1314
玩转幻中之幻	2023－08	88.00	1682
数学艺术品	2023－09	98.00	1685
数学博弈与游戏	2023－10	68.00	1692
数学解题——靠数学思想给力(上)	2011－07	38.00	131
数学解题——靠数学思想给力(中)	2011－07	48.00	132
数学解题——靠数学思想给力(下)	2011－07	38.00	133
我怎样解题	2013－01	48.00	227
数学解题中的物理方法	2011－06	28.00	114
数学解题的特殊方法	2011－06	48.00	115
中学数学计算技巧(第2版)	2020－10	48.00	1220
中学数学证明方法	2012－01	58.00	117
数学趣题巧解	2012－03	28.00	128
高中数学教学通鉴	2015－05	58.00	479
和高中生漫谈:数学与哲学的故事	2014－08	28.00	369
算术问题集	2017－03	38.00	789
张教授讲数学	2018－07	38.00	933
陈永明实话实说数学教学	2020－04	68.00	1132
中学数学学科知识与教学能力	2020－06	58.00	1155
怎样把课讲好:大罕数学教学随笔	2022－03	58.00	1484
中国高考评价体系下高考数学探秘	2022－03	48.00	1487
数苑漫步	2024－01	58.00	1670
自主招生考试中的参数方程问题	2015－01	28.00	435
自主招生考试中的极坐标问题	2015－04	28.00	463
近年全国重点大学自主招生数学试题全解及研究.华约卷	2015－02	38.00	441
近年全国重点大学自主招生数学试题全解及研究.北约卷	2016－05	38.00	619
自主招生数学解证宝典	2015－09	48.00	535
中国科学技术大学创新班数学真题解析	2022－03	48.00	1488
中国科学技术大学创新班物理真题解析	2022－03	58.00	1489
格点和面积	2012－07	18.00	191
射影几何趣谈	2012－04	28.00	175
斯潘纳尔引理——从一道加拿大数学奥林匹克试题谈起	2014－01	28.00	228
李普希兹条件——从几道近年高考数学试题谈起	2012－10	18.00	221
拉格朗日中值定理——从一道北京高考试题的解法谈起	2015－10	18.00	197

刘培杰数学工作室
已出版(即将出版)图书目录——初等数学

书 名	出版时间	定 价	编号
闵科夫斯基定理——从一道清华大学自主招生试题谈起	2014－01	28.00	198
哈尔测度——从一道冬令营试题的背景谈起	2012－08	28.00	202
切比雪夫逼近问题——从一道中国台北数学奥林匹克试题谈起	2013－04	38.00	238
伯恩斯坦多项式与贝齐尔曲面——从一道全国高中数学联赛试题谈起	2013－03	38.00	236
卡塔兰猜想——从一道普特南竞赛试题谈起	2013－06	18.00	256
麦卡锡函数和阿克曼函数——从一道前南斯拉夫数学奥林匹克试题谈起	2012－08	18.00	201
贝蒂定理与拉姆贝克莫斯尔定理——从一个拣石子游戏谈起	2012－08	18.00	217
皮亚诺曲线和豪斯道夫分球定理——从无限集谈起	2012－08	18.00	211
平面凸图形与凸多面体	2012－10	28.00	218
斯坦因豪斯问题——从一道二十五省市自治区中学数学竞赛试题谈起	2012－07	18.00	196
纽结理论中的亚历山大多项式与琼斯多项式——从一道北京市高一数学竞赛试题谈起	2012－07	28.00	195
原则与策略——从波利亚"解题表"谈起	2013－04	38.00	244
转化与化归——从三大尺规作图不能问题谈起	2012－08	28.00	214
代数几何中的贝祖定理(第一版)——从一道 IMO 试题的解法谈起	2013－08	18.00	193
成功连贯理论与约当块理论——从一道比利时数学竞赛试题谈起	2012－04	18.00	180
素数判定与大数分解	2014－08	18.00	199
置换多项式及其应用	2012－10	18.00	220
椭圆函数与模函数——从一道美国加州大学洛杉矶分校(UCLA)博士资格考题谈起	2012－10	28.00	219
差分方程的拉格朗日方法——从一道 2011 年全国高考理科试题的解法谈起	2012－08	28.00	200
力学在几何中的一些应用	2013－01	38.00	240
从根式解到伽罗华理论	2020－01	48.00	1121
康托洛维奇不等式——从一道全国高中联赛试题谈起	2013－03	28.00	337
西格尔引理——从一道第 18 届 IMO 试题的解法谈起	即将出版		
罗斯定理——从一道前苏联数学竞赛试题谈起	即将出版		
拉克斯定理和阿廷定理——从一道 IMO 试题的解法谈起	2014－01	58.00	246
毕卡大定理——从一道美国大学数学竞赛试题谈起	2014－07	18.00	350
贝齐尔曲线——从一道全国高中联赛试题谈起	即将出版		
拉格朗日乘子定理——从一道 2005 年全国高中联赛试题的高等数学解法谈起	2015－05	28.00	480
雅可比定理——从一道日本数学奥林匹克试题谈起	2013－04	48.00	249
李天岩－约克定理——从一道波兰数学竞赛试题谈起	2014－06	28.00	349
受控理论与初等不等式:从一道 IMO 试题的解法谈起	2023－03	48.00	1601
布劳维不动点定理——从一道前苏联数学奥林匹克试题谈起	2014－01	38.00	273
伯恩赛德定理——从一道英国数学奥林匹克试题谈起	即将出版		
布查特－莫斯特定理——从一道上海市初中竞赛试题谈起	即将出版		
数论中的同余数问题——从一道普特南竞赛试题谈起	即将出版		
范·德蒙行列式——从一道美国数学奥林匹克试题谈起	即将出版		
中国剩余定理:总数法构建中国历史年表	2015－01	28.00	430
牛顿程序与方程求根——从一道全国高考试题解法谈起	即将出版		
库默尔定理——从一道 IMO 预选试题谈起	即将出版		
卢丁定理——从一道冬令营试题的解法谈起	即将出版		
沃斯滕霍姆定理——从一道 IMO 预选试题谈起	即将出版		
卡尔松不等式——从一道莫斯科数学奥林匹克试题谈起	即将出版		
信息论中的香农熵——从一道近年高考压轴题谈起	即将出版		

刘培杰数学工作室
已出版(即将出版)图书目录——初等数学

书　　名	出版时间	定　价	编号
约当不等式——从一道希望杯竞赛试题谈起	即将出版		
拉比诺维奇定理	即将出版		
刘维尔定理——从一道《美国数学月刊》征解问题的解法谈起	即将出版		
卡塔兰恒等式与级数求和——从一道IMO试题的解法谈起	即将出版		
勒让德猜想与素数分布——从一道爱尔兰竞赛试题谈起	即将出版		
天平称重与信息论——从一道基辅市数学奥林匹克试题谈起	即将出版		
哈密尔顿一凯莱定理:从一道高中数学联赛试题的解法谈起	2014—09	18.00	376
艾思特曼定理——从一道CMO试题的解法谈起	即将出版		
阿贝尔恒等式与经典不等式及应用	2018—06	98.00	923
迪利克雷除数问题	2018—07	48.00	930
幻方、幻立方与拉丁方	2019—08	48.00	1092
帕斯卡三角形	2014—03	18.00	294
蒲丰投针问题——从2009年清华大学的一道自主招生试题谈起	2014—01	38.00	295
斯图姆定理——从一道"华约"自主招生试题的解法谈起	2014—01	18.00	296
许瓦兹引理——从一道加利福尼亚大学伯克利分校数学系博士生试题谈起	2014—08	18.00	297
拉姆塞定理——从王诗宬院士的一个问题谈起	2016—04	48.00	299
坐标法	2013—12	28.00	332
数论三角形	2014—04	38.00	341
毕克定理	2014—07	18.00	352
数林掠影	2014—09	48.00	389
我们周围的概率	2014—10	38.00	390
凸函数最值定理:从一道华约自主招生题的解法谈起	2014—10	28.00	391
易学与数学奥林匹克	2014—10	38.00	392
生物数学趣谈	2015—01	18.00	409
反演	2015—01	28.00	420
因式分解与圆锥曲线	2015—01	18.00	426
轨迹	2015—01	28.00	427
面积原理:从常庚哲命的一道CMO试题的积分解法谈起	2015—01	48.00	431
形形色色的不动点定理:从一道28届IMO试题谈起	2015—01	38.00	439
柯西函数方程:从一道上海交大自主招生的试题谈起	2015—02	28.00	440
三角恒等式	2015—02	28.00	442
无理性判定:从一道2014年"北约"自主招生试题谈起	2015—01	38.00	443
数学归纳法	2015—03	18.00	451
极端原理与解题	2015—04	28.00	464
法雷级数	2014—08	18.00	367
摆线族	2015—01	38.00	438
函数方程及其解法	2015—05	38.00	470
含参数的方程和不等式	2012—09	28.00	213
希尔伯特第十问题	2016—01	38.00	543
无穷小量的求和	2016—01	28.00	545
切比雪夫多项式:从一道清华大学金秋营试题谈起	2016—01	38.00	583
泽肯多夫定理	2016—03	38.00	599
代数等式证题法	2016—01	28.00	600
三角等式证题法	2016—01	28.00	601
吴大任教授藏书中的一个因式分解公式:从一道美国数学邀请赛试题的解法谈起	2016—06	28.00	656
易卦——类万物的数学模型	2017—08	68.00	838
"不可思议"的数与数系可持续发展	2018—01	38.00	878
最短线	2018—01	38.00	879
数学在天文、地理、光学、机械力学中的一些应用	2023—03	88.00	1576
从阿基米德三角形谈起	2023—01	28.00	1578

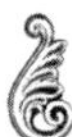

刘培杰数学工作室
已出版(即将出版)图书目录——初等数学

书　　名	出版时间	定　价	编号
幻方和魔方(第一卷)	2012－05	68.00	173
尘封的经典——初等数学经典文献选读(第一卷)	2012－07	48.00	205
尘封的经典——初等数学经典文献选读(第二卷)	2012－07	38.00	206
初级方程式论	2011－03	28.00	106
初等数学研究(Ⅰ)	2008－09	68.00	37
初等数学研究(Ⅱ)(上、下)	2009－05	118.00	46,47
初等数学专题研究	2022－10	68.00	1568
趣味初等方程妙题集锦	2014－09	48.00	388
趣味初等数论选美与欣赏	2015－02	48.00	445
耕读笔记(上卷):一位农民数学爱好者的初数探索	2015－04	28.00	459
耕读笔记(中卷):一位农民数学爱好者的初数探索	2015－05	28.00	483
耕读笔记(下卷):一位农民数学爱好者的初数探索	2015－05	28.00	484
几何不等式研究与欣赏.上卷	2016－01	88.00	547
几何不等式研究与欣赏.下卷	2016－01	48.00	552
初等数列研究与欣赏·上	2016－01	48.00	570
初等数列研究与欣赏·下	2016－01	48.00	571
趣味初等函数研究与欣赏.上	2016－09	48.00	684
趣味初等函数研究与欣赏.下	2018－09	48.00	685
三角不等式研究与欣赏	2020－10	68.00	1197
新编平面解析几何解题方法研究与欣赏	2021－10	78.00	1426
火柴游戏(第2版)	2022－05	38.00	1493
智力解谜.第1卷	2017－07	38.00	613
智力解谜.第2卷	2017－07	38.00	614
故事智力	2016－07	48.00	615
名人们喜欢的智力问题	2020－01	48.00	616
数学大师的发现、创造与失误	2018－01	48.00	617
异曲同工	2018－09	48.00	618
数学的味道(第2版)	2023－10	68.00	1686
数学千字文	2018－10	68.00	977
数贝偶拾——高考数学题研究	2014－04	28.00	274
数贝偶拾——初等数学研究	2014－04	38.00	275
数贝偶拾——奥数题研究	2014－04	48.00	276
钱昌本教你快乐学数学(上)	2011－12	48.00	155
钱昌本教你快乐学数学(下)	2012－03	58.00	171
集合、函数与方程	2014－01	28.00	300
数列与不等式	2014－01	38.00	301
三角与平面向量	2014－01	28.00	302
平面解析几何	2014－01	38.00	303
立体几何与组合	2014－01	28.00	304
极限与导数、数学归纳法	2014－01	38.00	305
趣味数学	2014－03	28.00	306
教材教法	2014－04	68.00	307
自主招生	2014－05	58.00	308
高考压轴题(上)	2015－01	48.00	309
高考压轴题(下)	2014－10	68.00	310

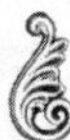

刘培杰数学工作室
已出版(即将出版)图书目录——初等数学

书　名	出版时间	定　价	编号
从费马到怀尔斯——费马大定理的历史	2013－10	198.00	Ⅰ
从庞加莱到佩雷尔曼——庞加莱猜想的历史	2013－10	298.00	Ⅱ
从切比雪夫到爱尔特希(上)——素数定理的初等证明	2013－07	48.00	Ⅲ
从切比雪夫到爱尔特希(下)——素数定理 100 年	2012－12	98.00	Ⅲ
从高斯到盖尔方特——二次域的高斯猜想	2013－10	198.00	Ⅳ
从库默尔到朗兰兹——朗兰兹猜想的历史	2014－01	98.00	Ⅴ
从比勃巴赫到德布朗斯——比勃巴赫猜想的历史	2014－02	298.00	Ⅵ
从麦比乌斯到陈省身——麦比乌斯变换与麦比乌斯带	2014－02	298.00	Ⅶ
从布尔到豪斯道夫——布尔方程与格论漫谈	2013－10	198.00	Ⅷ
从开普勒到阿诺德——三体问题的历史	2014－05	298.00	Ⅸ
从华林到华罗庚——华林问题的历史	2013－10	298.00	Ⅹ
美国高中数学竞赛五十讲.第 1 卷(英文)	2014－08	28.00	357
美国高中数学竞赛五十讲.第 2 卷(英文)	2014－08	28.00	358
美国高中数学竞赛五十讲.第 3 卷(英文)	2014－09	28.00	359
美国高中数学竞赛五十讲.第 4 卷(英文)	2014－09	28.00	360
美国高中数学竞赛五十讲.第 5 卷(英文)	2014－10	28.00	361
美国高中数学竞赛五十讲.第 6 卷(英文)	2014－11	28.00	362
美国高中数学竞赛五十讲.第 7 卷(英文)	2014－12	28.00	363
美国高中数学竞赛五十讲.第 8 卷(英文)	2015－01	28.00	364
美国高中数学竞赛五十讲.第 9 卷(英文)	2015－01	28.00	365
美国高中数学竞赛五十讲.第 10 卷(英文)	2015－02	38.00	366
三角函数(第 2 版)	2017－04	38.00	626
不等式	2014－01	38.00	312
数列	2014－01	38.00	313
方程(第 2 版)	2017－04	38.00	624
排列和组合	2014－01	28.00	315
极限与导数(第 2 版)	2016－04	38.00	635
向量(第 2 版)	2018－08	58.00	627
复数及其应用	2014－08	28.00	318
函数	2014－01	38.00	319
集合	2020－01	48.00	320
直线与平面	2014－01	28.00	321
立体几何(第 2 版)	2016－04	38.00	629
解三角形	即将出版		323
直线与圆(第 2 版)	2016－11	38.00	631
圆锥曲线(第 2 版)	2016－09	48.00	632
解题通法(一)	2014－07	38.00	326
解题通法(二)	2014－07	38.00	327
解题通法(三)	2014－05	38.00	328
概率与统计	2014－01	28.00	329
信息迁移与算法	即将出版		330

刘培杰数学工作室
已出版(即将出版)图书目录——初等数学

书　　名	出版时间	定　价	编号
IMO 50 年.第 1 卷(1959－1963)	2014－11	28.00	377
IMO 50 年.第 2 卷(1964－1968)	2014－11	28.00	378
IMO 50 年.第 3 卷(1969－1973)	2014－09	28.00	379
IMO 50 年.第 4 卷(1974－1978)	2016－04	38.00	380
IMO 50 年.第 5 卷(1979－1984)	2015－04	38.00	381
IMO 50 年.第 6 卷(1985－1989)	2015－04	58.00	382
IMO 50 年.第 7 卷(1990－1994)	2016－01	48.00	383
IMO 50 年.第 8 卷(1995－1999)	2016－06	38.00	384
IMO 50 年.第 9 卷(2000－2004)	2015－04	58.00	385
IMO 50 年.第 10 卷(2005－2009)	2016－01	48.00	386
IMO 50 年.第 11 卷(2010－2015)	2017－03	48.00	646

书　　名	出版时间	定　价	编号
数学反思(2006—2007)	2020－09	88.00	915
数学反思(2008—2009)	2019－01	68.00	917
数学反思(2010—2011)	2018－05	58.00	916
数学反思(2012—2013)	2019－01	58.00	918
数学反思(2014—2015)	2019－03	78.00	919
数学反思(2016—2017)	2021－03	58.00	1286
数学反思(2018—2019)	2023－01	88.00	1593

书　　名	出版时间	定　价	编号
历届美国大学生数学竞赛试题集.第一卷(1938—1949)	2015－01	28.00	397
历届美国大学生数学竞赛试题集.第二卷(1950—1959)	2015－01	28.00	398
历届美国大学生数学竞赛试题集.第三卷(1960—1969)	2015－01	28.00	399
历届美国大学生数学竞赛试题集.第四卷(1970—1979)	2015－01	18.00	400
历届美国大学生数学竞赛试题集.第五卷(1980—1989)	2015－01	28.00	401
历届美国大学生数学竞赛试题集.第六卷(1990—1999)	2015－01	28.00	402
历届美国大学生数学竞赛试题集.第七卷(2000—2009)	2015－08	18.00	403
历届美国大学生数学竞赛试题集.第八卷(2010—2012)	2015－01	18.00	404

书　　名	出版时间	定　价	编号
新课标高考数学创新题解题诀窍:总论	2014－09	28.00	372
新课标高考数学创新题解题诀窍:必修 1～5 分册	2014－08	38.00	373
新课标高考数学创新题解题诀窍:选修 2－1,2－2,1－1,1－2分册	2014－09	38.00	374
新课标高考数学创新题解题诀窍:选修 2－3,4－4,4－5 分册	2014－09	18.00	375

书　　名	出版时间	定　价	编号
全国重点大学自主招生英文数学试题全攻略:词汇卷	2015－07	48.00	410
全国重点大学自主招生英文数学试题全攻略:概念卷	2015－01	28.00	411
全国重点大学自主招生英文数学试题全攻略:文章选读卷(上)	2016－09	38.00	412
全国重点大学自主招生英文数学试题全攻略:文章选读卷(下)	2017－01	58.00	413
全国重点大学自主招生英文数学试题全攻略:试题卷	2015－07	38.00	414
全国重点大学自主招生英文数学试题全攻略:名著欣赏卷	2017－03	48.00	415

书　　名	出版时间	定　价	编号
劳埃德数学趣题大全.题目卷.1:英文	2016－01	18.00	516
劳埃德数学趣题大全.题目卷.2:英文	2016－01	18.00	517
劳埃德数学趣题大全.题目卷.3:英文	2016－01	18.00	518
劳埃德数学趣题大全.题目卷.4:英文	2016－01	18.00	519
劳埃德数学趣题大全.题目卷.5:英文	2016－01	18.00	520
劳埃德数学趣题大全.答案卷:英文	2016－01	18.00	521

刘培杰数学工作室

已出版(即将出版)图书目录——初等数学 

书　　名	出版时间	定　价	编号
李成章教练奥数笔记.第1卷	2016－01	48.00	522
李成章教练奥数笔记.第2卷	2016－01	48.00	523
李成章教练奥数笔记.第3卷	2016－01	38.00	524
李成章教练奥数笔记.第4卷	2016－01	38.00	525
李成章教练奥数笔记.第5卷	2016－01	38.00	526
李成章教练奥数笔记.第6卷	2016－01	38.00	527
李成章教练奥数笔记.第7卷	2016－01	38.00	528
李成章教练奥数笔记.第8卷	2016－01	48.00	529
李成章教练奥数笔记.第9卷	2016－01	28.00	530
第19～23届"希望杯"全国数学邀请赛试题审题要津详细评注(初一版)	2014－03	28.00	333
第19～23届"希望杯"全国数学邀请赛试题审题要津详细评注(初二、初三版)	2014－03	38.00	334
第19～23届"希望杯"全国数学邀请赛试题审题要津详细评注(高一版)	2014－03	28.00	335
第19～23届"希望杯"全国数学邀请赛试题审题要津详细评注(高二版)	2014－03	38.00	336
第19～25届"希望杯"全国数学邀请赛试题审题要津详细评注(初一版)	2015－01	38.00	416
第19～25届"希望杯"全国数学邀请赛试题审题要津详细评注(初二、初三版)	2015－01	58.00	417
第19～25届"希望杯"全国数学邀请赛试题审题要津详细评注(高一版)	2015－01	48.00	418
第19～25届"希望杯"全国数学邀请赛试题审题要津详细评注(高二版)	2015－01	48.00	419
物理奥林匹克竞赛大题典——力学卷	2014－11	48.00	405
物理奥林匹克竞赛大题典——热学卷	2014－04	28.00	339
物理奥林匹克竞赛大题典——电磁学卷	2015－07	48.00	406
物理奥林匹克竞赛大题典——光学与近代物理卷	2014－06	28.00	345
历届中国东南地区数学奥林匹克试题及解答	2024－06	68.00	1724
历届中国西部地区数学奥林匹克试题集(2001～2012)	2014－07	18.00	347
历届中国女子数学奥林匹克试题集(2002～2012)	2014－08	18.00	348
数学奥林匹克在中国	2014－06	98.00	344
数学奥林匹克问题集	2014－01	38.00	267
数学奥林匹克不等式散论	2010－06	38.00	124
数学奥林匹克不等式欣赏	2011－09	38.00	138
数学奥林匹克超级题库(初中卷上)	2010－01	58.00	66
数学奥林匹克不等式证明方法和技巧(上、下)	2011－08	158.00	134,135
他们学什么:原民主德国中学数学课本	2016－09	38.00	658
他们学什么:英国中学数学课本	2016－09	38.00	659
他们学什么:法国中学数学课本.1	2016－09	38.00	660
他们学什么:法国中学数学课本.2	2016－09	28.00	661
他们学什么:法国中学数学课本.3	2016－09	38.00	662
他们学什么:苏联中学数学课本	2016－09	28.00	679

刘培杰数学工作室

已出版(即将出版)图书目录——初等数学

书 名	出版时间	定 价	编号
高中数学题典——集合与简易逻辑·函数	2016－07	48.00	647
高中数学题典——导数	2016－07	48.00	648
高中数学题典——三角函数·平面向量	2016－07	48.00	649
高中数学题典——数列	2016－07	58.00	650
高中数学题典——不等式·推理与证明	2016－07	38.00	651
高中数学题典——立体几何	2016－07	48.00	652
高中数学题典——平面解析几何	2016－07	78.00	653
高中数学题典——计数原理·统计·概率·复数	2016－07	48.00	654
高中数学题典——算法·平面几何·初等数论·组合数学·其他	2016－07	68.00	655
台湾地区奥林匹克数学竞赛试题.小学一年级	2017－03	38.00	722
台湾地区奥林匹克数学竞赛试题.小学二年级	2017－03	38.00	723
台湾地区奥林匹克数学竞赛试题.小学三年级	2017－03	38.00	724
台湾地区奥林匹克数学竞赛试题.小学四年级	2017－03	38.00	725
台湾地区奥林匹克数学竞赛试题.小学五年级	2017－03	38.00	726
台湾地区奥林匹克数学竞赛试题.小学六年级	2017－03	38.00	727
台湾地区奥林匹克数学竞赛试题.初中一年级	2017－03	38.00	728
台湾地区奥林匹克数学竞赛试题.初中二年级	2017－03	38.00	729
台湾地区奥林匹克数学竞赛试题.初中三年级	2017－03	28.00	730
不等式证题法	2017－04	28.00	747
平面几何培优教程	2019－08	88.00	748
奥数鼎级培优教程.高一分册	2018－09	88.00	749
奥数鼎级培优教程.高二分册.上	2018－04	68.00	750
奥数鼎级培优教程.高二分册.下	2018－04	68.00	751
高中数学竞赛冲刺宝典	2019－04	68.00	883
初中尖子生数学超级题典.实数	2017－07	58.00	792
初中尖子生数学超级题典.式、方程与不等式	2017－08	58.00	793
初中尖子生数学超级题典.圆、面积	2017－08	38.00	794
初中尖子生数学超级题典.函数、逻辑推理	2017－08	48.00	795
初中尖子生数学超级题典.角、线段、三角形与多边形	2017－07	58.00	796
数学王子——高斯	2018－01	48.00	858
坎坷奇星——阿贝尔	2018－01	48.00	859
闪烁奇星——伽罗瓦	2018－01	58.00	860
无穷统帅——康托尔	2018－01	48.00	861
科学公主——柯瓦列夫斯卡娅	2018－01	48.00	862
抽象代数之母——埃米·诺特	2018－01	48.00	863
电脑先驱——图灵	2018－01	58.00	864
昔日神童——维纳	2018－01	48.00	865
数坛怪侠——爱尔特希	2018－01	68.00	866
传奇数学家徐利治	2019－09	88.00	1110

刘培杰数学工作室

已出版(即将出版)图书目录——初等数学

书　　名	出版时间	定　价	编号
当代世界中的数学.数学思想与数学基础	2019—01	38.00	892
当代世界中的数学.数学问题	2019—01	38.00	893
当代世界中的数学.应用数学与数学应用	2019—01	38.00	894
当代世界中的数学.数学王国的新疆域(一)	2019—01	38.00	895
当代世界中的数学.数学王国的新疆域(二)	2019—01	38.00	896
当代世界中的数学.数林撷英(一)	2019—01	38.00	897
当代世界中的数学.数林撷英(二)	2019—01	48.00	898
当代世界中的数学.数学之路	2019—01	38.00	899
105 个代数问题:来自 AwesomeMath 夏季课程	2019—02	58.00	956
106 个几何问题:来自 AwesomeMath 夏季课程	2020—07	58.00	957
107 个几何问题:来自 AwesomeMath 全年课程	2020—07	58.00	958
108 个代数问题:来自 AwesomeMath 全年课程	2019—01	68.00	959
109 个不等式:来自 AwesomeMath 夏季课程	2019—04	58.00	960
110 个几何问题:选自各国数学奥林匹克竞赛	2024—04	58.00	961
111 个代数和数论问题	2019—05	58.00	962
112 个组合问题:来自 AwesomeMath 夏季课程	2019—05	58.00	963
113 个几何不等式:来自 AwesomeMath 夏季课程	2020—08	58.00	964
114 个指数和对数问题:来自 AwesomeMath 夏季课程	2019—09	48.00	965
115 个三角问题:来自 AwesomeMath 夏季课程	2019—09	58.00	966
116 个代数不等式:来自 AwesomeMath 全年课程	2019—04	58.00	967
117 个多项式问题:来自 AwesomeMath 夏季课程	2021—09	58.00	1409
118 个数学竞赛不等式	2022—08	78.00	1526
119 个三角问题	2024—05	58.00	1726
紫色彗星国际数学竞赛试题	2019—02	58.00	999
数学竞赛中的数学:为数学爱好者、父母、教师和教练准备的丰富资源.第一部	2020—04	58.00	1141
数学竞赛中的数学:为数学爱好者、父母、教师和教练准备的丰富资源.第二部	2020—07	48.00	1142
和与积	2020—10	38.00	1219
数论:概念和问题	2020—12	68.00	1257
初等数学问题研究	2021—03	48.00	1270
数学奥林匹克中的欧几里得几何	2021—10	68.00	1413
数学奥林匹克题解新编	2022—01	58.00	1430
图论入门	2022—09	58.00	1554
新的、更新的、最新的不等式	2023—07	58.00	1650
几何不等式相关问题	2024—04	58.00	1721
数学归纳法——一种高效而简捷的证明方法	2024—06	48.00	1738
数学竞赛中奇妙的多项式	2024—01	78.00	1646
120 个奇妙的代数问题及 20 个奖励问题	2024—04	48.00	1647

刘培杰数学工作室
已出版(即将出版)图书目录——初等数学

书　　名	出版时间	定　价	编号
澳大利亚中学数学竞赛试题及解答(初级卷)1978～1984	2019－02	28.00	1002
澳大利亚中学数学竞赛试题及解答(初级卷)1985～1991	2019－02	28.00	1003
澳大利亚中学数学竞赛试题及解答(初级卷)1992～1998	2019－02	28.00	1004
澳大利亚中学数学竞赛试题及解答(初级卷)1999～2005	2019－02	28.00	1005
澳大利亚中学数学竞赛试题及解答(中级卷)1978～1984	2019－03	28.00	1006
澳大利亚中学数学竞赛试题及解答(中级卷)1985～1991	2019－03	28.00	1007
澳大利亚中学数学竞赛试题及解答(中级卷)1992～1998	2019－03	28.00	1008
澳大利亚中学数学竞赛试题及解答(中级卷)1999～2005	2019－03	28.00	1009
澳大利亚中学数学竞赛试题及解答(高级卷)1978～1984	2019－05	28.00	1010
澳大利亚中学数学竞赛试题及解答(高级卷)1985～1991	2019－05	28.00	1011
澳大利亚中学数学竞赛试题及解答(高级卷)1992～1998	2019－05	28.00	1012
澳大利亚中学数学竞赛试题及解答(高级卷)1999～2005	2019－05	28.00	1013

书　　名	出版时间	定　价	编号
天才中小学生智力测验题.第一卷	2019－03	38.00	1026
天才中小学生智力测验题.第二卷	2019－03	38.00	1027
天才中小学生智力测验题.第三卷	2019－03	38.00	1028
天才中小学生智力测验题.第四卷	2019－03	38.00	1029
天才中小学生智力测验题.第五卷	2019－03	38.00	1030
天才中小学生智力测验题.第六卷	2019－03	38.00	1031
天才中小学生智力测验题.第七卷	2019－03	38.00	1032
天才中小学生智力测验题.第八卷	2019－03	38.00	1033
天才中小学生智力测验题.第九卷	2019－03	38.00	1034
天才中小学生智力测验题.第十卷	2019－03	38.00	1035
天才中小学生智力测验题.第十一卷	2019－03	38.00	1036
天才中小学生智力测验题.第十二卷	2019－03	38.00	1037
天才中小学生智力测验题.第十三卷	2019－03	38.00	1038

书　　名	出版时间	定　价	编号
重点大学自主招生数学备考全书:函数	2020－05	48.00	1047
重点大学自主招生数学备考全书:导数	2020－08	48.00	1048
重点大学自主招生数学备考全书:数列与不等式	2019－10	78.00	1049
重点大学自主招生数学备考全书:三角函数与平面向量	2020－08	68.00	1050
重点大学自主招生数学备考全书:平面解析几何	2020－07	58.00	1051
重点大学自主招生数学备考全书:立体几何与平面几何	2019－08	48.00	1052
重点大学自主招生数学备考全书:排列组合·概率统计·复数	2019－09	48.00	1053
重点大学自主招生数学备考全书:初等数论与组合数学	2019－08	48.00	1054
重点大学自主招生数学备考全书:重点大学自主招生真题.上	2019－04	68.00	1055
重点大学自主招生数学备考全书:重点大学自主招生真题.下	2019－04	58.00	1056

书　　名	出版时间	定　价	编号
高中数学竞赛培训教程:平面几何问题的求解方法与策略.上	2018－05	68.00	906
高中数学竞赛培训教程:平面几何问题的求解方法与策略.下	2018－06	78.00	907
高中数学竞赛培训教程:整除与同余以及不定方程	2018－01	88.00	908
高中数学竞赛培训教程:组合计数与组合极值	2018－04	48.00	909
高中数学竞赛培训教程:初等代数	2019－04	78.00	1042
高中数学讲座:数学竞赛基础教程(第一册)	2019－06	48.00	1094
高中数学讲座:数学竞赛基础教程(第二册)	即将出版		1095
高中数学讲座:数学竞赛基础教程(第三册)	即将出版		1096
高中数学讲座:数学竞赛基础教程(第四册)	即将出版		1097

刘培杰数学工作室

已出版(即将出版)图书目录——初等数学

书　　名	出版时间	定　价	编号
新编中学数学解题方法 1000 招丛书. 实数(初中版)	2022—05	58.00	1291
新编中学数学解题方法 1000 招丛书. 式(初中版)	2022—05	48.00	1292
新编中学数学解题方法 1000 招丛书. 方程与不等式(初中版)	2021—04	58.00	1293
新编中学数学解题方法 1000 招丛书. 函数(初中版)	2022—05	38.00	1294
新编中学数学解题方法 1000 招丛书. 角(初中版)	2022—05	48.00	1295
新编中学数学解题方法 1000 招丛书. 线段(初中版)	2022—05	48.00	1296
新编中学数学解题方法 1000 招丛书. 三角形与多边形(初中版)	2021—04	48.00	1297
新编中学数学解题方法 1000 招丛书. 圆(初中版)	2022—05	48.00	1298
新编中学数学解题方法 1000 招丛书. 面积(初中版)	2021—07	28.00	1299
新编中学数学解题方法 1000 招丛书. 逻辑推理(初中版)	2022—06	48.00	1300
高中数学题典精编. 第一辑. 函数	2022—01	58.00	1444
高中数学题典精编. 第一辑. 导数	2022—01	68.00	1445
高中数学题典精编. 第一辑. 三角函数・平面向量	2022—01	68.00	1446
高中数学题典精编. 第一辑. 数列	2022—01	58.00	1447
高中数学题典精编. 第一辑. 不等式・推理与证明	2022—01	58.00	1448
高中数学题典精编. 第一辑. 立体几何	2022—01	58.00	1449
高中数学题典精编. 第一辑. 平面解析几何	2022—01	68.00	1450
高中数学题典精编. 第一辑. 统计・概率・平面几何	2022—01	58.00	1451
高中数学题典精编. 第一辑. 初等数论・组合数学・数学文化・解题方法	2022—01	58.00	1452
历届全国初中数学竞赛试题分类解析. 初等代数	2022—09	98.00	1555
历届全国初中数学竞赛试题分类解析. 初等数论	2022—09	48.00	1556
历届全国初中数学竞赛试题分类解析. 平面几何	2022—09	38.00	1557
历届全国初中数学竞赛试题分类解析. 组合	2022—09	38.00	1558
从三道高三数学模拟题的背景谈起:兼谈傅里叶三角级数	2023—03	48.00	1651
从一道日本东京大学的入学试题谈起:兼谈 π 的方方面面	即将出版		1652
从两道 2021 年福建高三数学测试题谈起:兼谈球面几何学与球面三角学	即将出版		1653
从一道湖南高考数学试题谈起:兼谈有界变差数列	2024—01	48.00	1654
从一道高校自主招生试题谈起:兼谈詹森函数方程	即将出版		1655
从一道上海高考数学试题谈起:兼谈有界变差函数	即将出版		1656
从一道北京大学金秋营数学试题的解法谈起:兼谈伽罗瓦理论	即将出版		1657
从一道北京高考数学试题的解法谈起:兼谈毕克定理	即将出版		1658
从一道北京大学金秋营数学试题的解法谈起:兼谈帕塞瓦尔恒等式	即将出版		1659
从一道高三数学模拟测试题的背景谈起:兼谈等周问题与等周不等式	即将出版		1660
从一道 2020 年全国高考数学试题的解法谈起:兼谈斐波那契数列和纳卡穆拉定理及奥斯图达定理	即将出版		1661
从一道高考数学附加题谈起:兼谈广义斐波那契数列	即将出版		1662

刘培杰数学工作室
已出版(即将出版)图书目录——初等数学

书　　名	出版时间	定　价	编号
代数学教程.第一卷,集合论	2023－08	58.00	1664
代数学教程.第二卷,抽象代数基础	2023－08	68.00	1665
代数学教程.第三卷,数论原理	2023－08	58.00	1666
代数学教程.第四卷,代数方程式论	2023－08	48.00	1667
代数学教程.第五卷,多项式理论	2023－08	58.00	1668
代数学教程.第六卷,线性代数原理	2024－06	98.00	1669
中考数学培优教程——二次函数卷	2024－05	78.00	1718
中考数学培优教程——平面几何最值卷	2024－05	58.00	1719
中考数学培优教程——专题讲座卷	2024－05	58.00	1720

联系地址:哈尔滨市南岗区复华四道街10号　哈尔滨工业大学出版社刘培杰数学工作室

邮　　编:150006

联系电话:0451－86281378　　13904613167

E-mail:lpj1378@163.com